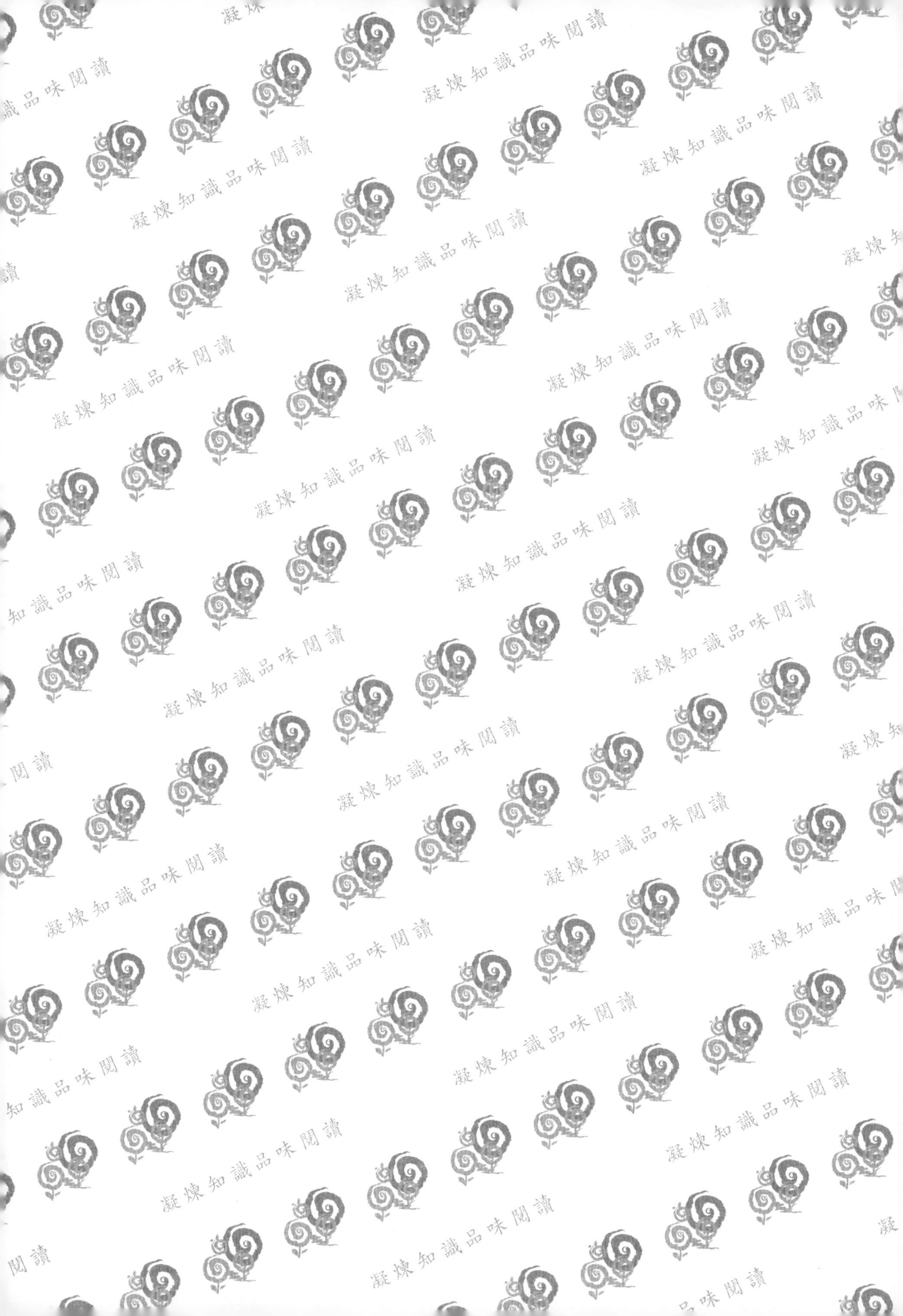
凝煉知識品味閱讀

凝煉知識品味閱讀

徐國裕 編著

第二版2nd

船舶操縱 理論與實務

Ship Maneuvering

五南圖書出版公司 印行

編輯大意

一、本書原為作者講授「操船實務」與「船舶操縱」課程之講義，為配合教學上之需要，乃蒐集多方面資料，加上個人海上實務經驗，整理編寫而成。本書新版除文字修正外對部分章節亦稍作增刪，內容涵蓋並符合STCW-2010修正案有關船舶操縱之知識內容標準，適合大專航海、商船科系「船舶操縱」必修二學分課程及「操船實務」選修二學分課程教學之用，亦適於船上駕駛人員參考。由於內容涵蓋廣泛，大學必修課程可擇其基礎部分講授之。

二、本書內容為作者在博士班研習船舶運動與操控相關課程中蒐集及研讀之中外書籍與文獻，整理編寫而成，學理與實務應用兼俱。為求書中內容的完整性，實務應用部分內容乃參考採用多位專家學者之論述，特為致意。有關操縱模擬部分，徵得大陸學者張顯庫先生之同意，特引以專章介紹，俾對船舶運動及操控有興趣的同學，可以研究參考之用。

三、船舶操縱屬船藝之精華部分，更是科學與藝術的綜合具體呈現，船舶操縱涉及領域至為廣泛複雜，唯有具備基本的學理並輔以經驗之累積，方能達成靈巧完美之操船境界。

四、本書之編成應感謝高雄港引水人辦事處胡主任延章及蔣大可、彭志淩等三位領港提供寶貴的資料與意見，此外交通部高雄港務局提供封面圖片亦一併致謝。至於商船學系吳建興、劉千豪、張廷璐及吳琪楓同學在資料整理及編輯方面，予以多方面的協助，特致謝意。

五、作者才疏學淺，工作繁忙之餘，刻力完成此書，疏漏之處在所難免，尚祈各界不吝賜正。

徐國裕　謹識於
中華海洋事業協會
2011年1月

目錄

第九章　特殊水域操船　329

第十章　荒天與應急操船　355

第十一章　案例分析　397

第一章 緒　論

船舶為海上之運輸工具，海上安全為其首要目標。研究海上安全的學者，對於船舶的行為列為海上交通工程之重要探討項目。美國海岸防衛隊海軍中將Price，更將船舶的操縱能力歸納為海上交通工程整體構成的首要組成部分。無論船舶行為或船舶操縱能力都與船舶的特性及操縱性能有關。因此，學習船舶操縱相關知識並善於運用，是航海駕駛人員不可或缺的能力。

船舶從甲地航行至乙地的整個航行過程中，根據不同之操船環境，船舶操縱的任務大致可分成三個階段，即大洋中操船、沿岸操船、狹窄水道及港域操船。大洋航行時，船舶沿預定航線進行保向操縱，其主要問題是遇到大風浪時，船舶應根據本船在風浪中的操縱性能和風浪強度，採取妥善適當的操船措施，減輕船舶搖盪運動，防止船舶過大橫搖而引起貨物移位甚或導致船舶傾覆。

沿岸航行時，來往船舶較多，需經常進行改向避讓操縱。駕駛人員應根據海上環境及本船操縱性能區別不同情況實施避讓操縱。尤其在緊急情況或其他特殊情況下，如能見度不良等，應考慮是用減速避讓、滿舵避讓還是俥舵結合避讓，更應思考哪種方法更為有效，更適合當時的環境。

狹窄水道、港內航行及繫離泊操縱時，由於水域寬度受限、水深較淺、船舶密度大，給船舶操縱與避讓帶來一定困難。尤其對於大型船舶，航行時易出現淺水效應、岸壁效應、船舶間相互作用及浪損，船速越高，這些現象越為明顯。為了安全起見，船舶應減速航行，包括船舶在接近泊地時，均應及早停俥淌航。但船舶在低速狀態下，舵效變差，受風流影響大，尤其在風流較強時，可能無法控制船舶。因此，船舶在狹水道或港內航行時，應借助俥、舵、錨、纜、側推器以及拖船，充分考慮外界環境對操船的影響，作出正確操船方案決策。

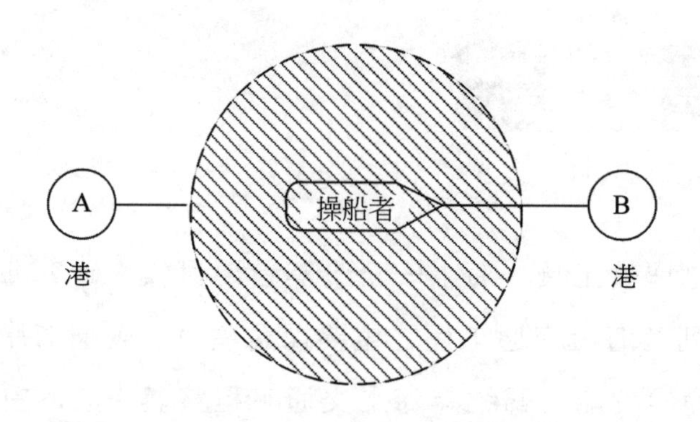

圖 1-1　人／船／環境系統

在如圖 1-1 所示的操船系統示意圖中，船舶操縱系統由人、船舶和操船環境三個子系統組成。在人／船／環境系統中，操船者在一定外界環境條件下，利用船舶本身或其他手段如俥、舵、錨、纜、拖船等，以保持或改變船舶運動狀態為目的而進行的必要觀察、分析、判斷、指揮、實施等，總稱為船舶操縱（Ship Maneuvring or Ship Handling）。

從操船中的人／船／環境之間的相互關係中可以看出。操船者是行為的主體，船舶是操船的客體，環境作為對該行為和結果的影響因素亦占其應有位置。它們三者相互之間以鏈環的形式形成一個系統，其關係圖如圖 1-2 所示。

船舶駕駛人員作為人／船／環境系統的主要組成部分，必須通過大量資訊的掌握和處理，向船舶輸入指令，保持或改變船舶運動狀態以達到預定的操縱

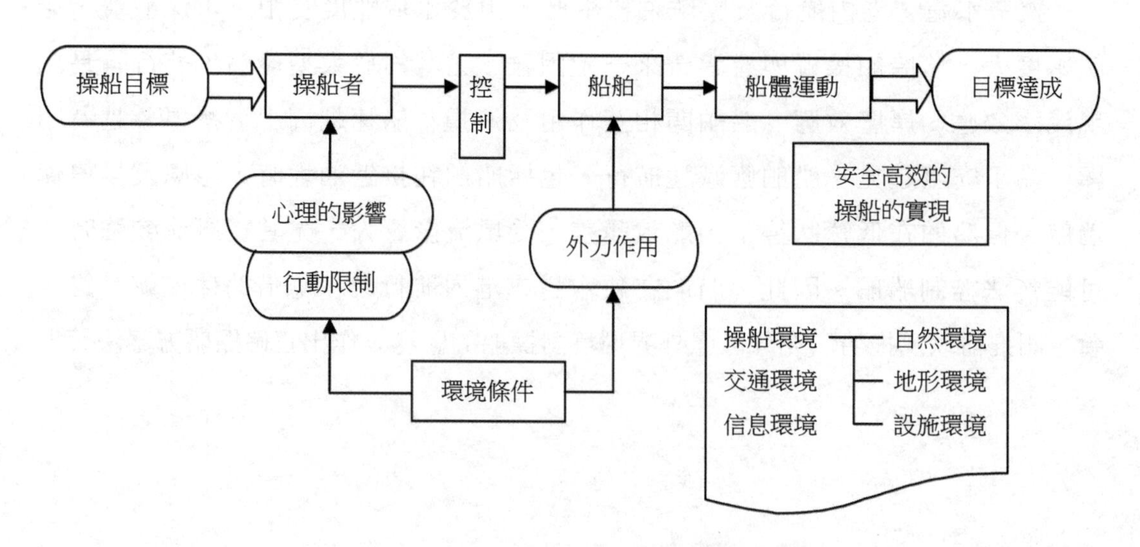

圖 1-2　人／船／環境鏈環形式的系統構成

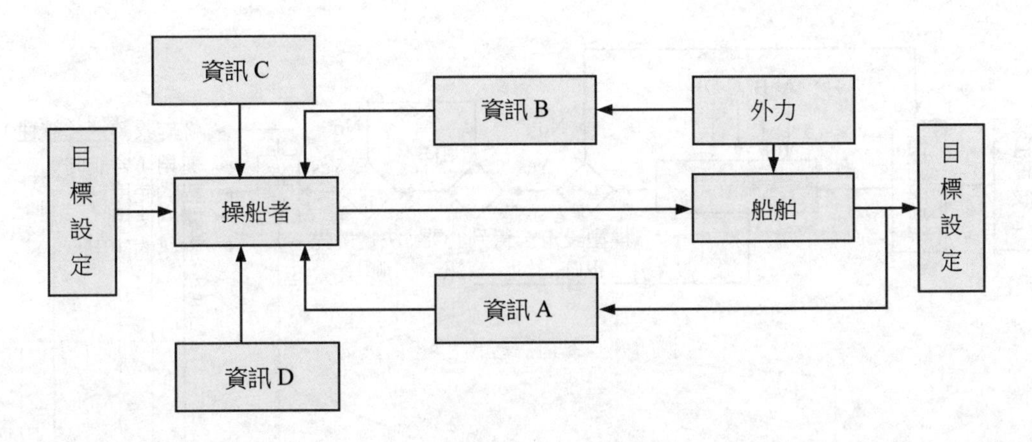

圖 1-3　船舶操縱資訊

目的。因此，在這個系統中掌握資訊對操船極其重要。從船舶操縱過程來看，駕駛人員所需的資訊如圖 1-3 所示。

這些資訊包括以下內容：

資訊A：本船的運動：狀態（當時的船位、航向、航速、轉速及其變化趨勢等）。

資訊B：自然環境（風、流、浪湧等情況）。

資訊C：航行環境（包括交通環境如他船動態、大小、密度等；航道環境如航道的水深、可航寬度、礙航物，以及助航設施、航行支援系統等）。

資訊D：操船手冊（包括本船的操縱性能、有關法規等）。

操縱船舶需要足夠資訊，但有了足夠資訊後能否正確操船，尚需駕駛人員對資訊進行分析和處理。處理資訊的流程如圖 1-4 所示。

在設定操船目標（如靠離泊、錨泊、航行等具體操船任務）之後，操船者應根據船舶操縱的學理知識，結合自己多年經驗所得，制定適合本船和當時環境情況較為合理的操船方案，然後對所得到的資訊與制定的方案進行比較，若有不符合，對方案進行修訂，接著再繼續預測下一步的情況，並將最有效的資訊放在最優先的位置，然後再根據此一資訊對船舶發出適當的指令。

船舶操縱屬應用科學，是船藝的精華部分，更是科學與藝術的具體呈現。早期的操船者，憑藉經驗的傳承，對於船舶的運動控制現象在於知其然，面對船舶科技之發展，現代的航海駕駛人員更應知其所以然，如此方能確切掌握船舶的操控，應付錯綜複雜的操船環境。

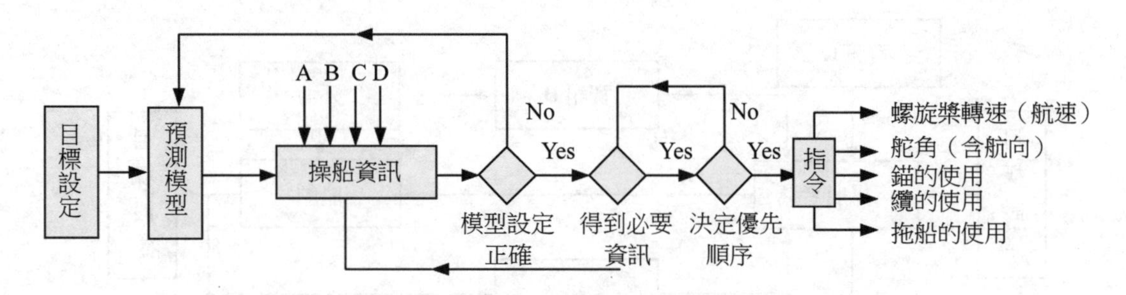

圖 1-4　操縱資訊處理流程

第二章 船舶操縱特性

船舶操縱性是指船、螺旋槳、舵在水中運動所產生的水動力，使船舶保持和改變其運動狀態的性能。船舶操縱性能可分為固有操縱性和控制操縱性兩種。一般所指的船舶操縱性能是狹義的固有操縱性，包括船舶追隨性、船舶定常迴轉性和船舶航向穩定性。廣義的固有操縱性則包括船舶控速性能。控制操縱性則包括船舶改向性、船舶迴旋性和船舶保向性。

第一節　船體之自由度（Freedom of Motion）

船舶為一剛體（Rigid Body），其浮揚於水中在受外力影響情形下，產生的運動方式，如圖2-1所示，在固定座標系統中，分兩大系統，即平行（Translatory）及旋轉（Rotation）。並依相對軸系（X, Y, Z）之不同，而有前後（Surge）、左右（Sway）、上下（Heave）之平行運動及橫搖（Roll）、俯仰（Pitch）、迴轉（Yaw）之旋轉運動，上述六種運動型態稱之為船體運動之六個自由度（Six Degree of Freedom）。因此，船舶在水中受外力影響之運動可分為橫搖（Rolling）、橫移（Swaying）、垂盪（Heaving）、浮仰（Pitching）、艏搖（Yawing）及縱移（Surging）等六種運動現象。

1. 橫搖（Rolling）：浮體繞縱軸（X軸），向左右舷方向，作週期運動之現象。
2. 浮仰（Pitching）：浮體繞橫軸（Y軸），前升後降或前降後升之運動現象。
3. 艏搖（Yawing）：浮體繞垂直軸（Z軸），艏艉向左右迴擺之運動現象。
4. 橫移（Swaying）：浮體沿橫軸（Y軸）方向左右移動之運動現象。
5. 垂盪（Heaving）：浮體沿垂直軸（Z軸），上下移動之現象。
6. 縱移（Surging）：浮體沿縱軸（X軸），前後移動之運動現象。

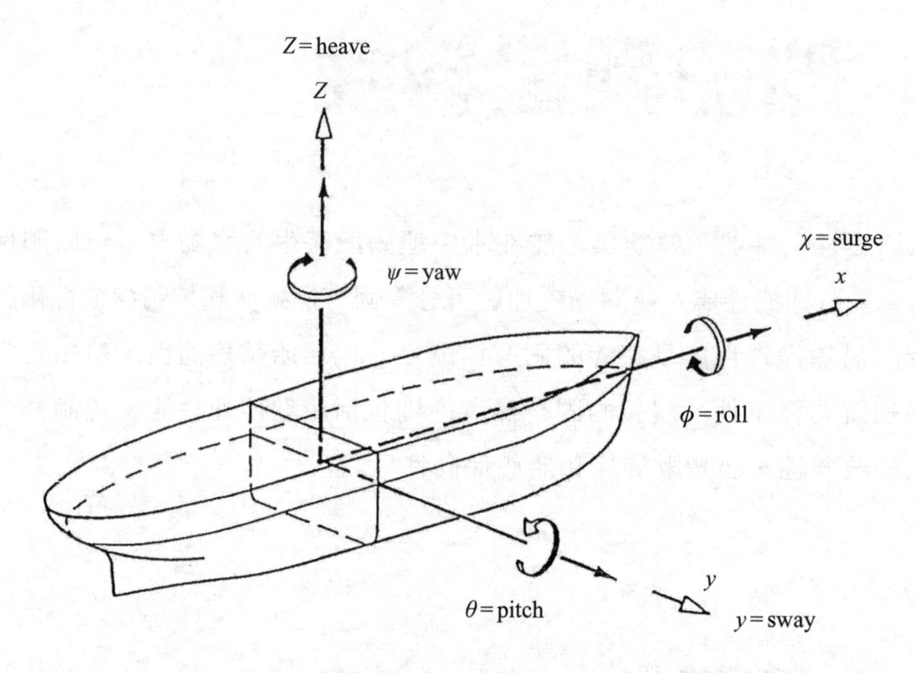

圖 2-1　船體六種自由度

第二節　船舶操縱性能概述

近年來由於船舶尺度越來越大、航速越來越高，以及運輸量的增加，船舶的航行安全性越來越受關注。從近期發生的海上碰撞事故來看，缺乏操縱性資料，操縱引起的誤差是產生碰撞的主要原因。為此國際海事組織正式建議，船上必須具備操縱性和制動性資料，並於 1971 年規定所有船舶必須提供統一的操縱性手冊。繼國際海事組織以後，各國海事部門紛紛響應，其中美國海岸防衛隊最為積極。美國海岸防衛隊規定，在美國水域中航行的所有船舶（包括外國船），均應隨船備有操縱性能的資料。1980 年美國造船協會操縱性專業組建議了如下三種型式的隨船資料：

1. 領航資料卡：包括本船的主尺度、操縱裝置性能以及船在不同載重，主機在不同轉速下的航速，其格式內容如圖 2-2 所示。
2. 船舶操縱性圖：包括深水和淺水（$H/T=1.2$），滿載和壓載情況下船舶的迴旋軌跡及制動性能。

3. 船舶操縱性手冊：是美國很多海事部門協助下制定的一份詳細的有關操縱性能和法規的小冊子。

PILOT CARD

Name of Vessel : M.T CHEMROAD　　　Port : KOAHSIUNG

Voy. No. : 009　　　Date : 20 th. May.2007

Draft Fore : 9.60 m After : 10.00 m Mid : 9.80 m　LOA : 174.38　BEAM: 27.70

Call Sign	: 3 EGK	Flag	: PANAMA
Kind of Ship	: CHEMICAL TANKER	Port of Resistry	: PANAMA
Plying Limit	: OCEAN GOING	Official No.	: 32002-06
Year Built	: 2006	IMO No.	: 9325855

Present Displacement :	36,729			Present Dead Weight :	28,807
Gross Tonnage	: 20117 t	L.O.A	: 174.380 m	Keel Laid	: 14 th.Dec.2004
Net Tonnage	: 9182 t	L.B.P	: 167.000 m	launching	: 11 th.May.2006
Light ship	: 7922 t	Breadth	: 27.700 m	Builder	: SHIN KURUSHIMA DOCKYARD JAPAN.
Displacement	: 41771 t	Depth	: 16.000 m		
Dead Weight	: 33849 t	Draft	: 11.023 m	Bulbous Bow :	Yes

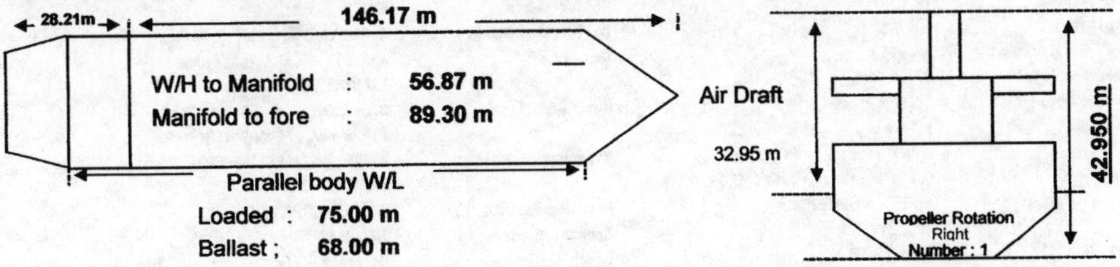

Type of Engine: KOBE DIESEL 6 UEC 52 LS			Maximum power : 7980 KW (10850 PS) X 120 RPM					
Manoeuvring Engine Order		RPM	Speed (knots)					
			Loaded	Squat	UKC	Ballast	Squat	UKC
Ahead	Full at Sea	117.0 RPM	15.00 knots	3.49	1.35	16.0 Kts	3.97	1.40
	Full	83.0 RPM	10.60 knots	1.74	1.17	11.8 Kts	2.16	1.22
	Half	55.0 RPM	7.40 knots	0.85	1.08	8.4 Kts	1.09	1.11
	Slow	48.0 RPM	6.50 knots	0.66	1.07	7.4 Kts	0.85	1.08
	Dead Slow	38.0 RPM	5.20 knots	0.42	1.04	6.0 Kts	0.56	1.06
Astern	Dead Slow	38.0 RPM	Full ahead to full astern			: 13 min. 16 sec		
	Slow	48.0 RPM	Engine Critical RPM			: 58 - 71 RPM		
	Half	55.0 RPM	Time Limit Astern			: NIL		
	Full	83.0 RPM	Max. no. of consecutive starts			: 24		
Port Anchor : 11 Shackles Stbd Anchor : 11 Shackles			Minimun Steerage			: 3.0 Kts		
Enlarged closed chock: SWL 102T – Bollards: SWL 64T / Closed chock: SWL 62T — Bollard: 52T								

PILOT　　　　Master

圖 2-2　領航資料卡

SHIP PARTICULARS

Ship Name			Official No.	910630	
Owner	A & L CF MARCH (5) LIMITED		Port of Registy	London	
Nationality	U.K.		Callsign	MKKZ7	
Type	FLUSH DECKER		Inmarsat ID. No.F		
Inmarsat ID.NO.C	423500848		Tel:	764547512	
MMSI No.	235009850			764547515	
IMO No.	9300398		Fax:	764547513	
LR Class No.	9300398		Deck Plan	1	
LR Class Notation	LRS+100A1, Container Ship, ShipRight		Bulkhead	10	
	(SDA, FDA, CM), *IWS, LI, EP, +LMC, UMS		Holds	8	
Built Keel Laid	22nd March 2005		Hatch Covers	78	
Launched	6th July 2005		Cranes(Provisions)	112.8/19.6KN x 7/14M/MIN x 1 SET	
Delivered	14th November 2005		Derricks/Winches	NIL	
Builder	MITSUBISHI HEAVY INDUSTRIES,		Main Engine Type	MITSUBISHI SULZER	
	LTD.			10RTA96C	
Material	STEEL		Engine Maker	MITSUBISHI HEAVY	
Special Survey	2010			INDUSTRIES, LTD	
	Designed	Registered	Engine Placed	SEMI-AFT	
Length O.A.	abt. 300M		HP x RPM	MCR:54,900 kw x 100 min-1 (74,700PS x 100RPM)	
Length B.P.	285.00M	285.65M		NOR:49,410 kw x 96.5 min-1 (67,180PS x 96.5RPM)	
Breadth MLD.	42.80M	42.80M	Consumption	at Port A/C 33.3t/DAY	
Depth MLD.	24.20M	20.14M		at Sea A/C 245.9t/DAY	
Draft Designed	14.20M		Bow Thruster	TCT-200 (Techno Nakashima)	
Summer	14.20M		KW x RPM	1,150kw x 1,180rpm x 2	
Gross Tonnage	75,246		Aux.Boiler Type	VERTICAL,	
Net Tonnage	39,564			WATER TUBE BOILER	
DeadWeight	78,636 t		Boiler maker	MHI Nagasaki	
Displacement	107,537 t		Boiler Working Pressure	0.69MPa (7kg/cm2)	
Light Displacement	28,901 t		Gen. Eng.	MAN B&W HOLEBY 7L32/40	
Speed Sea Trial	27.88 knots			LINDENBERG D2866TE	
Service Speed	25.3 knots		Gen. Capacity	3,625.0KVA, AC450V 4SETS	
Container	6 Tiers	6,480 TEU		218.8 KVA, AC450V 1SET	
	6 & 7 Tiers	6,820 TEU	Wireless	MF/HF INSTALLATION 800W	
	6,7 & 8 Tiers	7,024 TEU		INMARSAT-C	
	(REF. 839RECEP.)		Nav. Equipments	GC, ES, DS, GPS, FAX	
			Special Equipments	INMARSAT-F	
Fuel Oil "C"	8,847.9CUB.M		Hatch Cover	Cover Sizes(m):	Way Sizes (m):
	(incl. Over flow TK)		NO.1 H.C.	12.965 x 13.260 (C)	12.72 x 13.04
"A"	587.0CUB.M		NO.2 H.C.	12.965 x 7.628 (C)	12.72 x 23.25
Fresh Water	587.4CUB.M			12.965 x 7.893 (C P&S)	
Ballast Water	27,348.5CUB.M		NO.3 H.C.	12.965 x 7.628 (C)	12.72 x 33.45
Panama Tonnage	-			12.965 x 7.628 (C P&S)	
Suez Tonnage G/T	G/T	79,198.37 ton		12,965 x 6.342 (P&S)	
	N/T	67,415.02 ton	NO.4,5,6,7,8,9,10,	12.965 x 7.628 (C)	12.72 x 38.64
Canadian Tonnage	G/T	-	11,12,13,15,16,17 H.C.	12.965 x 7,628 (C P&S)	
	N/T	-		12.965 x 7.937 (P&S)	
			NO.14	12.965 x 5.342 (C P&S)	12.72 x 13.09
				12.965 x 7.937 (P&S)	

圖 2-3　船舶規格明細表

以上這些說明近年來對操縱性的重視，以法律形式加以肯定，將推動操縱性標準的發展，要求拿出最科學、合理的標準來，以保證操縱的安全性。這些標準即為操縱性指標。船舶操縱性指標是指以定量的數據來評量船舶操縱性能優劣之依據。

第十五屆「國際船模試驗會議」（International Towing Tank Conference; ITTC）操縱性委員會上，將船舶操縱性分為固有操縱性和控制操縱性兩種概念。前者指船舶在開放條件下，不依賴於外界環境條件（如風、浪、流外擾動及航道），和駕駛員（或自動駕駛儀）的品質而自身固有的操縱特性，後者則指在封閉條件下，考慮外界條件及駕駛員品質時的操縱性能。

船舶固有操縱性指標，可分為兩類，一類稱為「直接的指標」，它是由自由自航試驗（Free Running Test）直接測定的參數。通常有：迴旋試驗的縱距、橫距、戰術直徑、穩定迴旋直徑等；Z試驗的時間滯後和超越角；螺旋或逆螺旋試驗遲滯迴線的環寬和環高等。另一類稱為間接的（或分析）指標，如野本（Nomoto）的K、T指數，諾賓（Norrbin）的p指數等。由於船舶固有的操縱性指標與船舶的使用有關係，因此一般都對自由自航船舶操縱性的試驗項目有規定，如第十四屆ITTC操縱性委員會規定了八種試驗方法來測定船舶的固有操縱性，即：迴旋試驗、回舵試驗、零速啟動迴旋試驗、Z試驗、螺旋與逆螺旋試驗、航向改變試驗、制動試驗和側向推進裝置試驗。

船舶操縱性（Ship Manoeuvrability or Ship Manoeuvrmg Characteristics）是指船體、螺旋槳和舵在水中運動所產生的水動力，使船舶保持和改變其運動狀態的性能，或者說船舶對駕駛人員實施操縱的響應能力。

一、船舶操縱性的分類

船舶操縱性可分為固有操縱性和控制操縱性兩種概念。固有操縱性是指船舶不考慮外界環境條件、操舵裝置性能、駕駛人員的技術水準等之差異所表現的自身固有的操縱性。控制操縱性則是考慮了上述因素的船舶，在具體操船環境下實操時所表現的操縱性能。一般所指的船舶操縱性是狹義的固有操縱性，包含船舶追隨性、船舶定常迴轉性和船舶航向穩定性三個性能。廣義的固有操縱性則包括船舶控速性能。

二、船舶固有的操縱性能

駕駛人員操縱時要求船舶具有良好的操縱性。通常要求施舵後舵效好以及正舵時幾乎能直線航行。

（一）船舶追隨性（Yaw Quick Responsibility）

船舶追隨性是指當船舶施舵後，船艏是否能很快轉頭以及回舵時是否很快轉入直航狀態的性能。它表示船舶追隨操舵而進行轉頭的快慢程度。

（二）船舶定常迴轉性（Steady Turning Ability）

船舶定常迴轉性是指當船舶向左（右）操舵後，船舶進入定常迴旋時是否具有較小的迴旋圈，是否較快地進行迴旋的性能。它表示船舶在一定舵角下迴旋的強度。

（三）船舶航向穩定性（Course Stability）

航向穩定性是指船舶在受到外力的瞬時干擾作用，船艏發生偏轉，當干擾消失後在船舶保持正舵的條件下，船舶轉頭運動將如何變化的性質。航向穩定性亦稱方向穩定性。追隨性好的船其航向穩定性也好。

這三個性能是隨著船舶水線下形狀、作用於船體的水動力及迴轉力矩的變化而變化的，三者不是一致的。具體而言，船舶是根據實際需要選擇各性能的優劣的。總言之，方形係數 C_b 小的船如貨櫃船，其追隨性和航向穩定性較優，而迴旋性較差。C_b 大的船如油輪尤其是超大型油輪，其迴旋性較好，但追隨性和航向穩定性則較差。

三、船舶控制操縱性能

在不同外界環境條件下，根據實際操船需要，船舶應具有良好的控制航向性能，它與上述固有操縱性能密切相關，但又不是完全相同的概念。

（一）船舶改向性（Course Changing Ability）

船舶改向性表示船舶改向靈活的程度。通常由船舶改向試驗時從原航向改駛到新航向的距離來表示改向性的優劣。

（二）船舶迴旋性（Turning Ability）

船舶迴旋性不僅包括前面所述的定常迴轉性，也包括定常迴旋前的加速迴旋的過程。

（三）船舶保向性（Course Keeping Ability）

船舶保向性是指船舶在外力作用下（如風、流、浪等），由操舵水手（或自動舵）通過羅經識別船舶艏搖狀況，並通過操舵抑制或糾正艏搖，使船舶駛於預定航向的能力。船舶保向性不僅決定於航向穩定性，也受舵工操舵技術水準、操舵裝置性能的優劣所影響。雖然保向性與航向穩定性並非同義詞，但由於一般舵工技術、操舵裝置性能無甚差異，因此航向穩定性直接影響著保向性的好壞。

四、船舶控速性能

船舶控速性能（Speed Control Ability）包括啟動加速性能、減速性能、停俥性能和倒俥性能等幾個方面的性能，其中停俥性能和倒俥性能統稱為停船性能。

第三節　船舶操縱性能標準

1978年國際海事組織（IMO）作出了有關提供和顯示船舶操縱資料的建議，其內容有領航資料卡（Pilot Card）、駕駛台張貼的有關本船操縱性能試驗結果和模擬結果的明細圖表（Wheelhouse Poster）和操船手冊（Manoeuvring Booklet）三種。領航資料卡應記入領航員登船後可立即掌握的最低限度的重要性能資料。駕駛室張貼的性能明細表也是一種較詳盡的性能資料，而操船手冊則應最詳盡地記入本船操縱性能，使駕駛人員能充分了解本船操縱性能的資料。

一、IMO A.751（18）決議案

IMO 於 1993 年通過的 A.751（18）決議案，有關「船舶操縱性暫行標準」（Interim Standards for Ship Manoeuvrability），規定了船舶幾種操縱性能標準。該標準適用於1994年7月1日或之後建造的螺槳推進方式、長度≧100公尺的船舶，化學品油輪及液化汽船不限長度。該標準規定的幾種操縱性指標及容許界限值，如表2-1所示。試驗之條件要求為平靜深水中，滿載平吃水，以試驗速度穩定直航。

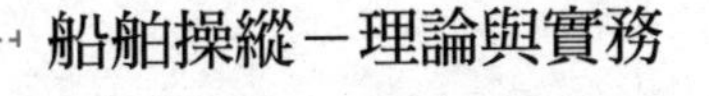

表 2-1　操縱性指標及容許界限值

衡量指標	容許界線範圍
迴旋性	進距 ≦ 4.5 L，迴旋初徑 ≦ 5 L
初始迴旋性	操左（右）舵 10°時，當艏向改變 10°時，船舶前進距 ≦ 2.5 L
偏轉抑制性 航向穩定性	10°/10°　Z形試驗 第一慣性角 ≦ 10°　$L/V<10$ s ≦ 20°　$L/V \geq 30$ s $\leq \left[5+\frac{1}{2}(L/V)\right]$　$10\text{s} \leq L/V < 30$ s 第二慣性超越角 ≦ 第一慣性超越角+15° 20°/20°　Z形試驗　第一慣性超越角＜ 25°
停船性	倒俥衝程 ≦ 15 L（大型船舶可修正）

二、IMO MSC.137（76）決議案

IMO 於 2002 年 12 月再次採納了有關船舶操縱性能標準之建議案 MSC.137（76）。該決議案中，建議各國政府對於 2004 年元月以後建造之船舶，需適用該項標準。有關MSC.137（76）決議案中之規定，大致與1993年通過之A.751（18）決議案相同。其性能評估項目及容許界限，如表2-2所述。適用公約規定之每一船舶，應在試航時或以其他適當時機儘可能取得詳盡之船舶操縱性能資料，以便在實際操船時加以利用。有關操縱性能標準之詳細內容，請參閱附錄II及III。

表 2-2　MSC.137 決議案船舶操縱性能標準

衡量指標	容許界限範圍
迴旋性	進距 ≦ 4.5 L，迴旋初徑 ≦ 5 L
初始迴旋性	操左（右）舵時，當艏向改變 10°時，船舶前進距 ≦ 2.5 L
偏轉抑制性 航向穩定性	10°/10°Z形試驗 第一慣性超越角 ≦ 10°，$L/V<10$ s ≦ 20°，$L/V \geq 30$ s $\leq \left[5+\frac{1}{2}(L/V)\right]$　$10\text{s} \leq L/V < 30$ s 第二慣性超越角 ≦ 25°，$L/V<10$ s ≦ 40°，$L/V \geq 30$ s ≦ $(17.5+0.75\,(L/V))$，$10\text{s} \leq L/V < 30$ s 20°/20°Z形試驗　第一慣性超越角＜25°
停船性	倒俥衝距 ≦ 15L，大型船舶主管機關依實際情況可予修正，唯無論如何，不得大於 20 L。

第四節　實船操縱性能試驗

各類型船舶之操縱特性有所不同，為使船舶駕駛人員在操縱船舶時能有資料參考，國際海事組織規定船上需備有船舶操縱性能手冊，並在駕駛台需有該船有關迴旋圈及停船距離之資料，俾使駕駛及引航人員參考，通常在新船建造或船舶構造及主機重大改變時，船廠在作海上試航時，上述有關船舶操縱特性之資料，都列為重要試驗項目。

實船操縱性試驗依ITTC操縱委員會之規定共有八種試驗，本節則介紹包括迴旋試驗（Turning Test）、Z形試驗（Zig Zag Maneuver Test）、螺旋試驗（Spiral Test）或逆螺旋試驗（Reverse Spiral Test）、停船試驗（Stopping Test）與回舵試驗（Pull Out Test）等五種。

為使實船試驗之資料儘可能準確可靠，試驗時一般應注意作到下列事項：

1. 選擇海面平靜、海流潮流較小的水域。螺旋試驗要求無風和靜水，逆螺旋試驗和Z形試驗要求風力不超過四級。
2. 試驗水域要有足夠的水深，水深至少應大於4倍吃水。停船試驗時水深應不小於 $\sqrt[3]{Bd}$（B 為船寬，d 為吃水）。
3. 一般應在滿載條件下進行試驗，油輪與散貨船還應進行壓載狀態的試驗。
4. 試驗前主機轉速、航速應達到穩定的試驗速度。
5. 校準有關儀器設備。
6. 俥葉沒入水中的深度不小於俥葉直徑（D）的0.45倍。

一、迴旋試驗

迴旋試驗的目的是測定船舶迴旋圈，從而確定船舶迴旋要素，評價船舶迴旋的迅速程度與所需水域的大小。迴旋試驗通常是在試驗速度下以最大舵角分別向左、右舷進行迴旋操縱，艏向角變化達360°時（有輕微風流影響時應為540°）測定其迴旋圈。其中試驗速度依國際海事組織（IMO）之操縱性暫行標準規定，至少為主機最大輸出功率85%時對應船速的90%。根據需要，測定不同裝載情況（滿載、半載、壓載）、不同船速（全速、半速、低速）與不同舵角（10°、15°、20°、35°）之情況下的迴旋資料。迴旋試驗操作步驟一般大致如下：

(1)調整好預定的航向和航速，並作記錄。

(2)發出操舵口令，並應儘可能快速操舵至規定舵角δ。

(3)從轉舵開始，艏向角變化了1°、5°、15°、30°、60°及以後每隔30°分別記下對應的時間和航速、船位以及螺旋槳轉速。

(4)當艏向角變化達到360°（540°）以後，回復直線航行。

(5)試驗過程中記錄橫傾角的變化。

實際中可根據情況採用不同的方法測定迴旋圈的軌跡。測定船舶迴旋軌跡的方法有：

(1)用位於艏艉之電羅經，同時分別測定一浮標與船舶艏艉面之夾角的方法測定船舶的迴旋圈，這種方法在新造船出廠試航測定船舶迴旋圈時常用，所測定的迴旋圈比較準確，但測定的過程比較複雜，且需要有兩台電羅經。其具體的測定方法可參考有關的文獻。

(2)用雷達定位測定船舶的迴旋圈

使用雷達測定迴旋圈要素的方法比較方便，可選擇裝有雷達反射器的浮標或其他適當的浮標作為測量物標，如圖2-4所示。船舶按計畫航向航行，當駛至物標附近的適當位置，如距離浮標正橫前約30°時，下令轉舵，並用雷達和羅經觀測浮標的距離和方位，同時啟動秒錶。以後分別在船艏開始轉動及船艏每轉過5°時分別記錄時間、所測定的船位、航向等數據。當航向轉過30°以上時，可以按船艏每轉過30°記錄所測的數據。利用所測定的觀測數據，在大比例尺海圖上連續標繪各個船位點，並把它們圓滑地連接為曲線，便可描繪出船舶的迴旋軌跡。

(3)使用GPS定位測定迴旋圈

GPS尤其是DGPS定位系統，是目前所知可繪出高精度連續定位的最好定位系統。船舶迴旋中利用GPS系統獲得準確船位，同時利用電羅經獲得準確航向，在準確定時的基礎上，經計算製圖可直接得到船舶迴旋資料。即使不具備條件，無計算機可供製圖，但只要確保定位、定向的同時性，採用人工製圖法，也可得到相當準確的迴旋圈。唯應注意的是在利用雷達或GPS定位測定船舶的迴旋圈時，在船舶尺度較大的大型船上，還需考慮雷達天線或GPS接收機在船上的安裝位置，並將該位置測出的船位數據換算為船舶重心G處的數據。

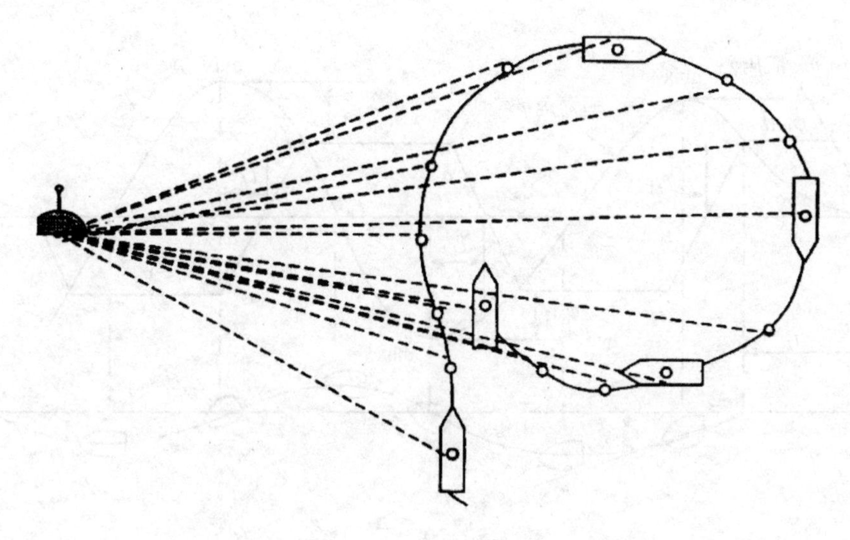

圖 2-4　用雷達定位測定船舶的迴旋圈

另外，測定船舶迴旋圈的方法還有測定航速及艏向角的積分方法、無線電定位或用六分儀測定某一固定物標的水平仰角進行定位測定船舶迴旋圈的方法等。

二、*Z* 形試驗

Z 形操縱試驗是 Kempf 提出的測定船舶對操舵響應的一種很重要的操縱性試驗法。通過測定船舶左右來回操同樣舵角時作蛇航運動一週期所航進的距離來判斷操縱性。如該距離與船長 L 之比越大，則操縱性越差，反之則好。*Z* 形試驗又叫做標準操縱性試驗。1957 年日本學者野本謙作（Nomoto）提出利用 Z 形試驗的結果進行理論分析，求取操縱性指數 K、T。根據野本的建議，*Z* 形試驗通常採用 10°/10° 試驗（分子表示舵角，分母表示操相反側舵時的艏向改變量）。

Z 形試驗的目的是求船舶的操縱性指數 K、T，從而評價船舶的迴旋性、追隨性和航向穩定性等重要操縱性能。由 *Z* 形試驗可以判斷出船舶用舵後的初始運動及舵效優劣、迴旋性能、追隨性能和船舶迴轉慣性。

1. 試驗方法

(1) 以規定航速保持均速直航。

(2) 操右舵 10°，並保持之。船艏向右轉向，當船艏向右迴轉的角度達 10°，即轉艏角與所操舵角相等時，立即回舵並操左舵 10°，並保持之。

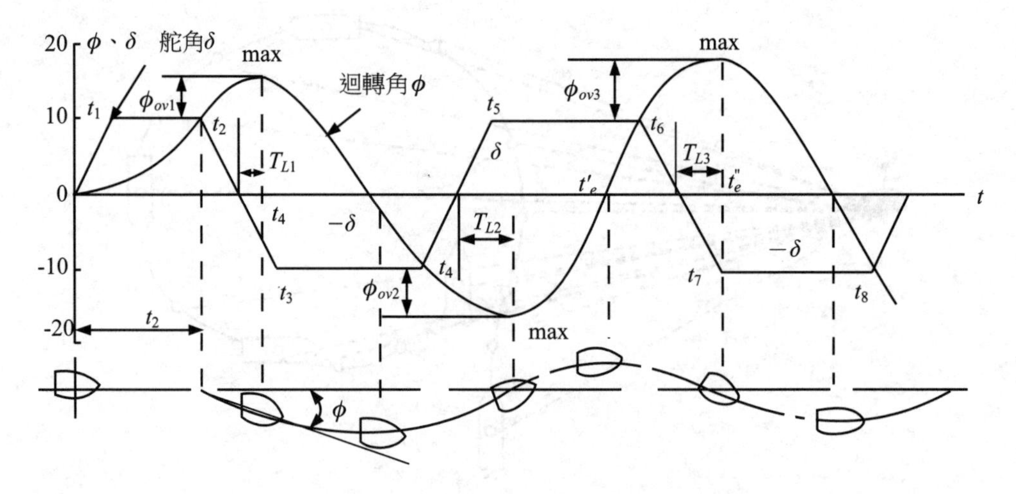

圖 2-5　10°Z形試驗

(3)船艏在向右迴轉達最大值後，開始向左迴轉並當航向向左偏離原航向達 10°，即轉艏角出現與所操舵角相等時，立即回舵再操右舵 10°。

用該方法如此繼續，共完成至少三次蛇航運動（最好五次）為止。在試驗中應準確記錄各舵到位時間、特徵迴轉角的時間和慣性超越角的大小。將這些數據描繪成 $\delta-t$、$\psi-t$ 曲線，如圖 2-5 所示。

2. 試驗結果分析

（1）從試驗結果曲線分析

可直接從試驗曲線上的有關操縱特徵參數來分析船舶操縱性。

①圖中 t_a 為船舶初始迴轉時間，即操一定舵角 δ_0 後，艏向改變一定角度所需時間。t_a 越小，初始迴轉性越好，反之則差。

②慣性超越角 ϕ_{0v} 和轉艏遲滯時間 T_L 可用來評價船舶偏轉抑制能力。慣性超越角係指操相反舵時的瞬時艏向角和最大艏向角間的差值，如圖中的 ϕ_{0v1}、ϕ_{0v2}、ϕ_{0v3}。轉艏遲滯後時間 T_L 是指回舵通過零舵角位置的瞬時最大迴轉角的時間間隔，如圖中 T_{L1}、T_{L2}、T_{L3}。

（2）計算 K、T 值

對 Z 形試驗結果還可進行 $K-T$ 分析的標準算法，從而求取 K、T 數。如考慮所操舵角中存在固定的舵角誤差 δ_r，則操縱運動的一階近似方程式應為：

$$T\dot{r}+r=K(\delta+\delta_r) \quad (2\text{-}1)$$

式中：$\dot{r}$ 為迴轉角加速度，r 為迴轉角速度。將上式從時間 $t=0$ 至 $t=1$ 時間積分後可得：

$$T[r(t)-r(0)]+[\phi(t)-\phi(0)]=K\left[\delta_r(t-0)+\int_0^t \delta dt\right] \quad \text{(2-2)}$$

①如圖 2-6 所示，在試驗曲線 ϕ，$\delta-t$ 上 $t=0$ 處作艏向 $\phi(t)$ 曲線之切線，其斜率記為 $r(0)$，並在艏向角曲線 $\phi(0)$ 上作切線 $r(0)$ 之平行線，在三個峰上的切點分別為 e、e'、e''，其對應的時間分別記為 t_e、t_e'、t_e''，此三點斜率顯然為 $r(t_e)=r(t_e')=r(t_e'')=r(0)$，此三點處所對應的艏向角為 $\phi(t_e)$、$\phi(t_e')$、$\phi(t_e'')$，可從試驗曲線上量得。

對操舵角曲線 $\delta(t)$ 幾個典型點依次序記為 t_1、t_2……t_7，分別對應於曲線 $\delta(t)$ 曲線各轉折點相應時間。其中 t_2、t_4、t_6 三點相應艏向角 $\phi(t_2)=\delta_1$、$\phi(t_4)=\delta_2$、$\phi(t_6)=\delta_3$，相應的迴轉角速度 $r(t_2)$、$r(t_4)$、$r(t_6)$ 可分別從 $\delta(t)$ 曲線上的斜率求得。整個計算過程即對上述六個特徵點進行。

②分別從 $0\rightarrow t_e'$，$0\rightarrow t_e''$ 積分，可得：

$$\varphi(t_e')=K\int_0^{t_e'}\delta dt+K\cdot\delta_r\cdot t_e' \quad \text{(2-3)}$$

$$\varphi(t_e'')=K\int_0^{t_e''}\delta dt+K\cdot\delta_r\cdot t_e'' \quad \text{(2-4)}$$

將上二式聯立求得 K 和 δ_r，並將 K 記為 $K_{6.8}$。

③將方程式由 $t=0$ 至 t_e 積分，得：

$$\varphi(t_e)=K\int_0^{t_e}\delta dt+K\cdot\delta_r\cdot t_e \quad \text{(2-5)}$$

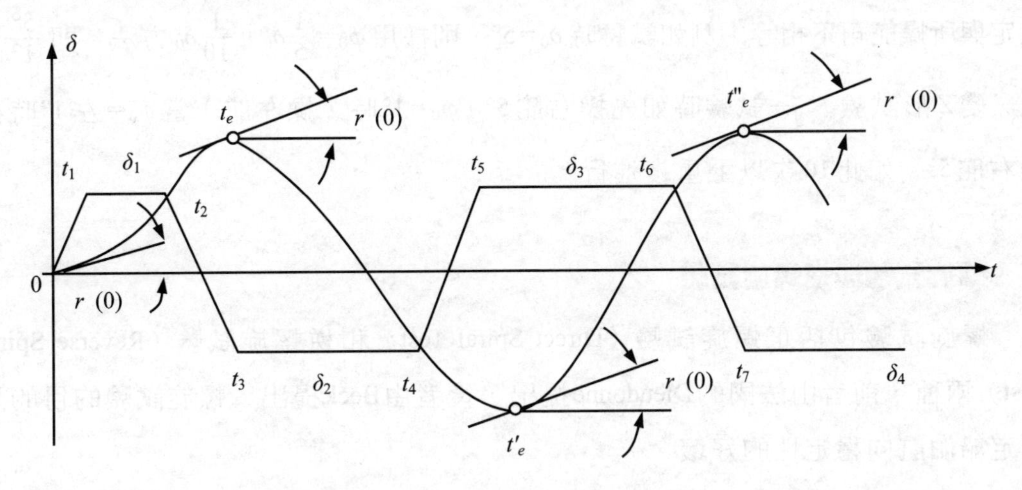

圖 2-6　由 Z 形試驗結果求 K'、T'

將上面已求得的δ_r代入上式，即可求得K，記為K_4，取$K_{6.8}$和K_4的平均值作為整個試驗過程中之K值。

$$K=(K_{6.8}+K_4)/2 \quad (2\text{-}6)$$

④從$t_2 \to t_e$、$t_4 \to t_e'$、$t_6 \to t_e''$積分，可得到：

$$T[r(0)-r(t_2)]+[\phi(t_e)-\phi(t_2)]=K\int_{t_2}^{t_e}\delta dt+K\cdot\delta_r(t_e-t_2) \quad (2\text{-}7)$$

$$T[r(0)-r(t_4)]+[\phi(t_e')-\phi(t_4)]=K\int_{t_4}^{t_e'}\delta dt+K\cdot\delta_r(t_e'-t_4) \quad (2\text{-}8)$$

$$T[r(0)-r(t_6)]+[\phi(t_e'')-\phi(t_6)]=K\int_{t_6}^{t_e''}\delta dt+K\cdot\delta_r(t_e''-t_6) \quad (2\text{-}9)$$

將已求出的δ_r、K_4代入上式（2-7），將求得的T記為T_4；將已求出的δ_r、$K_{6.8}$代入上式（2-8）及式（2-9），求得的T分別記為T_6、T_8。整個試驗過程中的T值為：

$$T=\frac{1}{2}\left[T_4+\frac{1}{2}(T_6+T_8)\right] \quad (2\text{-}10)$$

至此，由Z形試驗結果曲線可求得K、T。無因次化後可得K'、T'。

在上述求解過程中各特徵量可由試驗曲線直接求得。對舵角的積分，可以按不同的積分域，分別求舵角δ曲線與橫軸t所包圍的面積。

對於船型肥大的大型船，通常採用變型Z形試驗，這是因為這類船舶在Z形試驗中若將船舶迴轉角度也設定為所操舵角相等時才回舵並操相反舵角，就會出現所操相反舵抑制不了船舶迴轉運動的情況。在變Z形試驗中船舶迴轉角度設定與所操舵角不相等，例如試驗時$\delta_0=5°$，則採用$\phi_0=\frac{1}{5}\delta_0$，$\frac{1}{10}\delta_0$方法。即$\frac{5°}{1°}$，$\frac{5°}{0.5°}$變$Z$形試驗。$\frac{5°}{1°}$試驗時如先操右舵5°，$\phi_0=1°$時，操左舵，當$\phi_0=$左1°時再操右舵5°。如此10次以上重複進行。

三、螺旋試驗與逆螺旋試驗

螺旋試驗包括正螺旋試驗（Direct Spiral Test）和逆螺旋試驗（Reverse Spiral Test）兩種，前者由法國的Dieudonne提出，後者由Beck提出。螺旋試驗的目的是判定船舶航向穩定性的好壞。

正螺旋試驗是指求取船舶操某一舵角時船舶所能夠達到的定常迴旋度的試驗方法。其試驗方法是，首先從右滿舵開始求取其對應的定常迴旋角速度r，而後少量減小其右舵角，再求取其定常迴旋角速度；然後順次求出正舵、左舵，直至左滿舵迴旋時的定常迴旋角速度；最後再從左滿舵向右滿舵一步步過渡，依次求出各舵角所對應的定常角速度。這樣可以求出每一舵角所對應的定常迴旋角速度，並繪出 $r-\delta$ 曲線，如圖 2-7 所示。

不論任何船舶，正螺旋試驗得到的 $r-\delta$ 曲線不外乎兩種基本類型。如屬於 aoa'oa 類型的，因 $r-\delta$ 具有單值對應關係，則說明船舶具有航向穩定性；如 $r-\delta$ 曲線呈現出ABCDA'EDBA類型、帶有BCDE這種環形範圍的，因 $r-\delta$ 在環形範圍內具有多值對應關係，則說明該類船舶在環形範圍內不具備航向穩定性。該曲線的環形範圍越寬、面積越大，則船舶的航向不穩定程度越高。有關的經驗說明，當大型船舶的環形範圍寬度大於20°時，操縱就感到困難。

逆螺旋試驗是指求取為使船舶達到其一迴旋角速度而需操的平均舵角的試驗方法。其試驗方法與正螺旋試驗正好相反。該試驗方法比較省時、省力，但必須有測定船舶轉艏角速度儀（Rate Gyro）。試驗得到的 $r-\delta$ 曲線如果成單值對應，曲線近似於一條直線，線上各點的斜率均為正，說明船舶具有良好的航向穩定性；相反，如果 $r-\delta$ 曲線呈 S 形，在臨界舵角範圍內 $r-\delta$ 曲線成多值對應關係，則說明船舶的航向不穩定性越強，這與螺旋試驗所求出的不穩定環的寬度所表示的含義是完全一致的，如圖 2-8 所示。

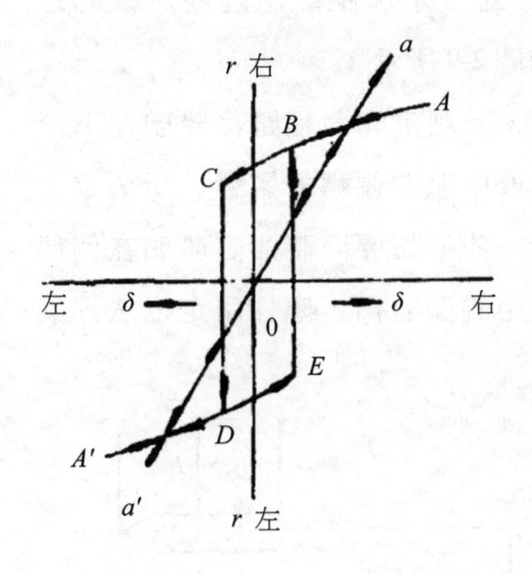

圖 2-7　正螺旋試驗的 $r-\delta$ 曲線

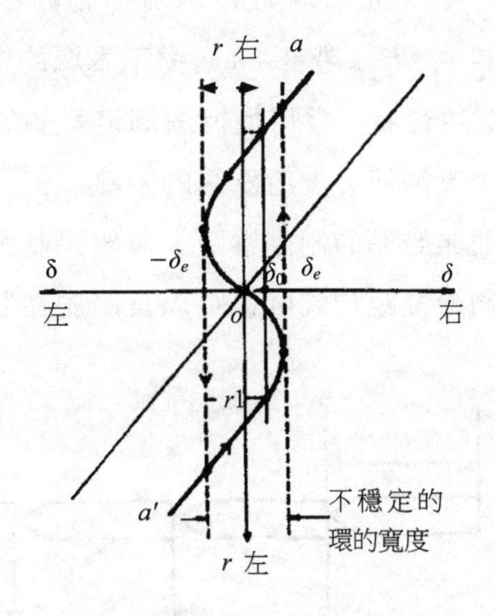

圖 2-8　逆螺旋試驗的 $r-\delta$ 曲線

四、停船試驗

停船試驗（Stopping Test）測定時應選擇在無風、流影響的水中進行，水深應以不影響船所受阻力為準，一般不應小於 $\sqrt[3]{Bd}$（m）。通常測定船舶在空載和滿載狀況下，主機在不同轉速時使用停俥和倒俥的衝程和衝時。至少應進行船舶從全速至停俥、半快進俥至停俥的停俥衝程試驗和全速進俥至全速倒俥及半快進俥至全速倒俥的倒俥衝程試驗。測定時，船舶應保持正舵，船舶測定衝程的方法很多，可用電子定位、光學儀器定位或岸標的方位、距離定位或 GPS 定位等方法，通過連續測定船位求得衝程。但目前仍有許多船舶採用傳統的擲木塊法，下面簡要介紹該方法測定衝程的操作要領。

船舶從穩定的航向、航速作直線航進，兩觀測組分別立於船艏及船艉的固定點。當駕駛台發出停俥（或倒俥）令時，船艏觀測組立即沿垂直於艏艉線方向擲出第一塊木塊，並啟動秒錶；當第一木塊通過船艉觀測組時，艉觀測組即發出信號通知駕駛台及船艏，船艏接到停號時立即擲下第三塊木塊，駕駛台則記錄時間及艏向，如此循環往復，直至船舶完全停止前進為止，按停碼錶。碼錶上記錄的時間即為發令起至船完全停住所需的時間，衝程可由下式求取。

衝程 $=L(n-1)+$ 最後木塊移動的距離 $=nL-$ 最後木塊距離船艉觀測組的距離。其中，L 為船長；n 為拋下木塊的總數，如圖 2-9 所示。

應注意者，當用拋板法測定船舶的衝程時，所測定的衝程雖係船舶在下令停俥（或倒俥）後所航經的距離，但由於受倒俥中船舶偏轉的影響，所測定的衝程並非船舶的制動縱距，而要比制動縱距大一些。如要同時測定船舶在倒俥後的制動縱距和制動橫距以及船舶在制動過程中的偏航角，應採用定位法等其

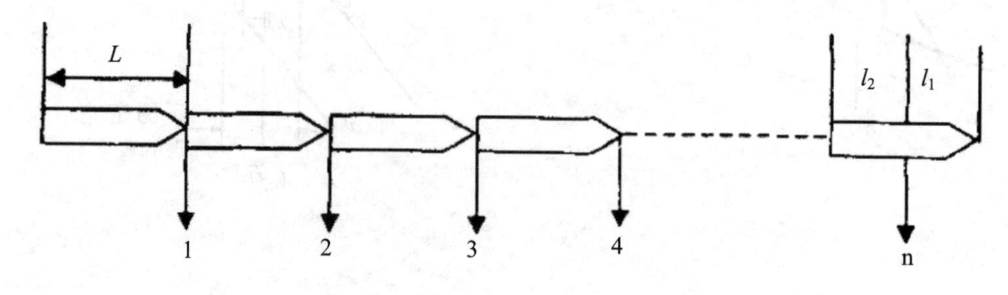

圖 2-9　拋板法測定船舶衝程的方法

他方法測定其停船性能。

五、回舵試驗

回舵試驗（Pull Out Test）是布瑟爾（Burther）於1969年提出有關船舶航向穩定性的一項定義試驗。該試驗方法實質上為迴旋試驗（或螺旋試驗）的延續。當船舶進入定常迴轉後，即令回正舵，同時測定轉艏角速度（或艏向角、航速）隨時間的變化，直到船舶進入新的定常狀態（直航或定常迴轉狀態）時為止。回舵試驗可以對左、右舷分別進行，一般操舵角可取15°（亦可以與迴轉試驗或螺旋試驗時的最大操舵角相同，作為此類試驗的延續）。該試驗不論對實船和自航船模皆可方便地進行。

通常將回舵試驗結果繪成如圖 2-10 所示的試驗曲線。顯然，對於具有直線運動穩定性的船舶，最終的迴旋角速度均趨近於零，即在零舵角下，船舶將恢復為直線航行。這正是船舶具有直線運動穩定性的一種特徵。對於不具有直線穩定性的船舶，最終將以某角速度值作定常迴旋，表示即使舵角為零，船舶依然作迴轉運動，這正是船舶不具有直線運動穩定性的特徵。圖 2-10(a)中的 *ab* 之間距離也就相當於螺旋試驗中遲滯環線的環高，可表徵不穩定程度。

對直線運動穩定的船，回舵試驗的結果也可表示為圖2-10(b)的方式，其中縱座標是角速度的自然對數，橫座標是時間。英國海軍實驗技術研究所（AEW）提出Ln(r)~t曲線的斜率來表示船舶直線運動穩定程度，斜率為：

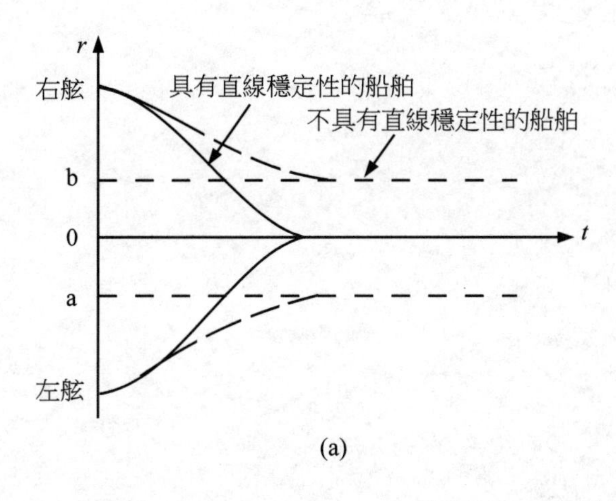

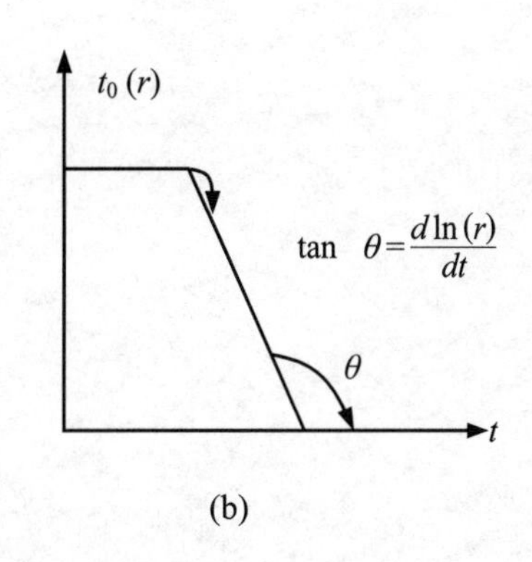

圖 2-10　回舵試驗曲線

$$\frac{d\ln(r)}{dt}=\tan\theta \quad (2\text{-}11)$$

實際上，在線性簡化下，由於 $r=C\cdot e^{-\frac{t}{T}}$ 取對數後可得：

$$\ln r=\ln C+\left(-\frac{1}{T}\right)\cdot T \quad (2\text{-}12)$$

其中：C 為常數。式（2-12）兩邊對時間 t 求導，則：

$$\frac{d\ln r}{dt}=-\frac{1}{T} \quad (2\text{-}13)$$

將式（2-13）代入式（2-11），則得：

$$\tan\theta=-\frac{1}{T} \quad (2\text{-}14)$$

由上述可知，採用對數表達的回舵試驗曲線的斜率值與船舶的 T 指數有關，證明了直線運動的穩定度。

進行回舵試驗常使用速率電羅經（Rate Gyro）來測量迴轉角速度。當沒有這種儀器直接測量角速度時，也可用回舵到船舶進入定常運動之間，艏向角的總變化量來估計其穩定性。它相當於回舵試驗中迴轉角速度對時間的積分。如測得艏向角變化為 15°～20°。則表示有很好的穩定性；若艏向角變化為 35°～40°，則表示有適中的穩定性；艏向角變化為 80°～90°時，則相當於臨界狀態；大於 90° 往往表示船舶不具直線穩定性。

其他的實船操縱性試驗還有航向改變試驗、零速啟動迴旋試驗與側向推進裝置試驗等，限於篇幅，不作一一介紹，請參閱附錄 III 內容之說明。

六、實船海上試俥操縱特性記錄

MAIN PARTICULARS OF THE SHIP（實船規格資料）

Generel

Type	5,500 TEU CLASS CONTAINER CARRIER
Ship name	
Building no.	1222

Princinal Dimensions

Lengih overall	274.69 m
Length berween perpendicular	263.00 m
Breadrh (moulded)	40.00 m
Depch (mculded)	24.20 m
Dreh (design)	12.00 m
(scanding)	14.00 m

Main Engine

Type and number	HYUNDAI-SULZER10RTA96C
Power	MCR 74,700 BHP × 100.0 rpm
	NCR 67,230 BHP × 96.5 rpm
Free moment at MCR	
	M_{1V} = 1,757.0kN-m
H-moment at MCR	M_{2V} = 337.0kN-m
	M_{1H} = 1,757.0kN-m
X-moment at MCR	M_{10H} = 1,38.0kN-m
	M_{3X} = 1,777.0kN-m
	M_{4X} = 1,844.0kN-m
	M_{7X} = 1,994.0kN-m

Prooeller

Number of blades	5
Type	Fixed Pirch Propelier
Diameter	8.6 m

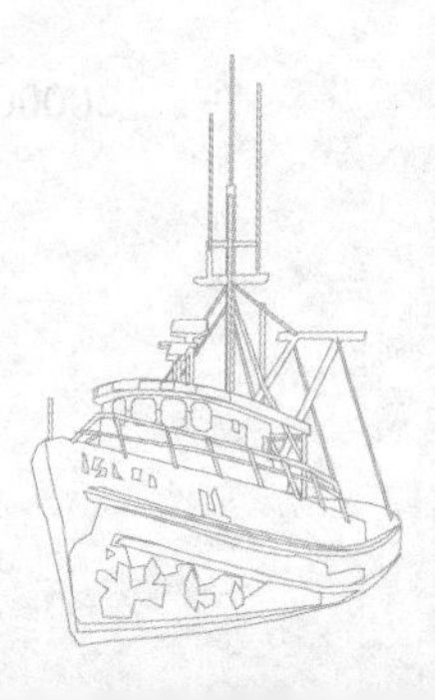

附件 2-1　速率／馬力曲線

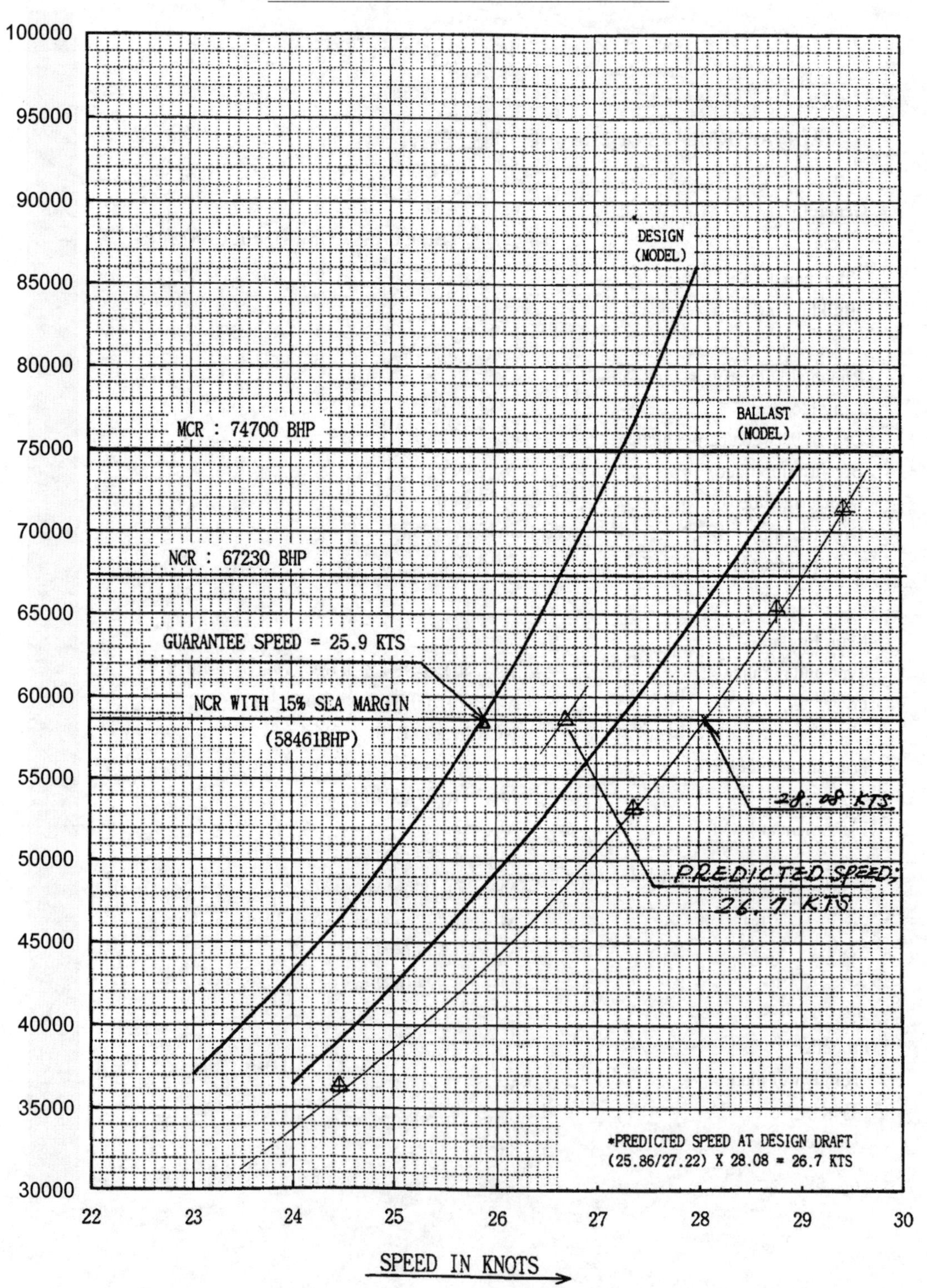
HULL NO, 1340　SPEED - POWER CURVE
100000
95000
90000
85000
80000
75000
70000
65000
60000
55000
50000
45000
40000
35000
30000
DESIGN
(MODEL)
BALLAST
(MODEL)
MCR : 74700 BHP
NCR : 67230 BHP
GUARANTEE SPEED = 25.9 KTS
NCR WITH 15% SEA MARGIN
(58461BHP)
28.08 KTS
PREDICTED SPEED;
26.7 KTS
*PREDICTED SPEED AT DESIGN DRAFT
(25.86/27.22) X 28.08 = 26.7 KTS
22
23
24
25
26
27
28
29
30
SPEED IN KNOTS

附件 2-2 迴旋試驗

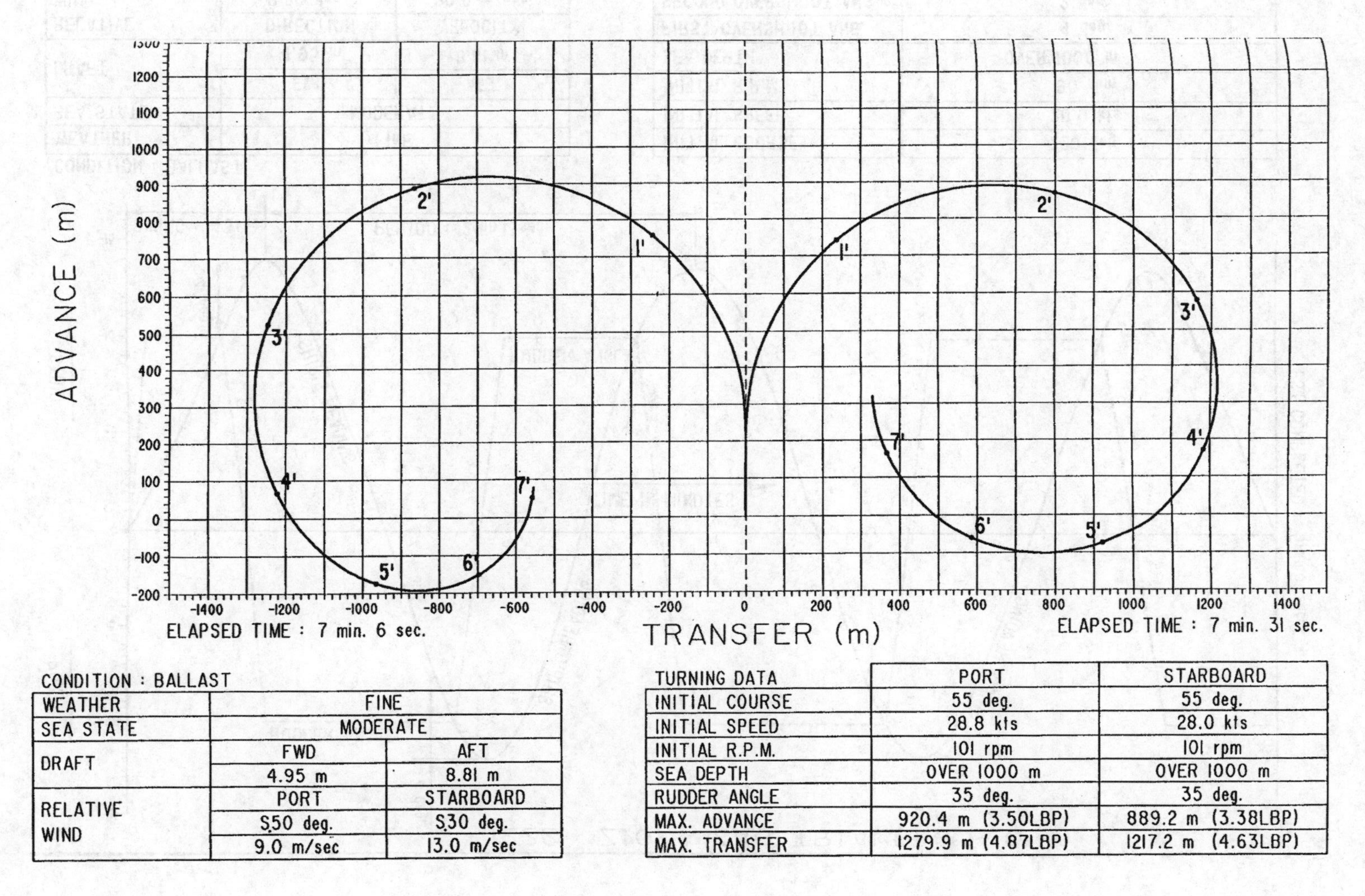
ADVANCE (m)
TRANSFER (m)
ELAPSED TIME : 7 min. 6 sec.
ELAPSED TIME : 7 min. 31 sec.
CONDITION : BALLAST
WEATHER FINE
SEA STATE MODERATE
DRAFT FWD 4.95 m AFT 8.81 m
RELATIVE WIND PORT S50 deg. 9.0 m/sec STARBOARD S30 deg. 13.0 m/sec
TURNING DATA PORT STARBOARD
INITIAL COURSE 55 deg. 55 deg.
INITIAL SPEED 28.8 kts 28.0 kts
INITIAL R.P.M. 101 rpm 101 rpm
SEA DEPTH OVER 1000 m OVER 1000 m
RUDDER ANGLE 35 deg. 35 deg.
MAX. ADVANCE 920.4 m (3.50LBP) 889.2 m (3.38LBP)
MAX. TRANSFER 1279.9 m (4.87LBP) 1217.2 m (4.63LBP)

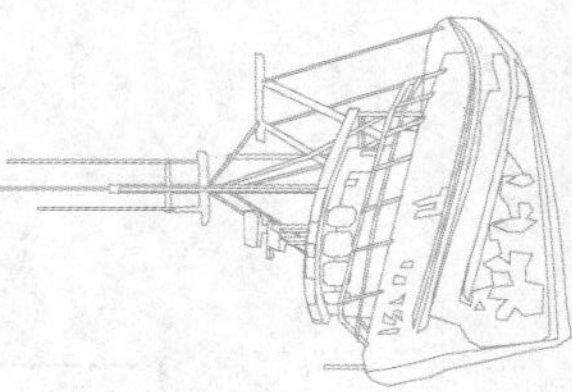

附件 2-3 Zig-Zag 試驗（10°）

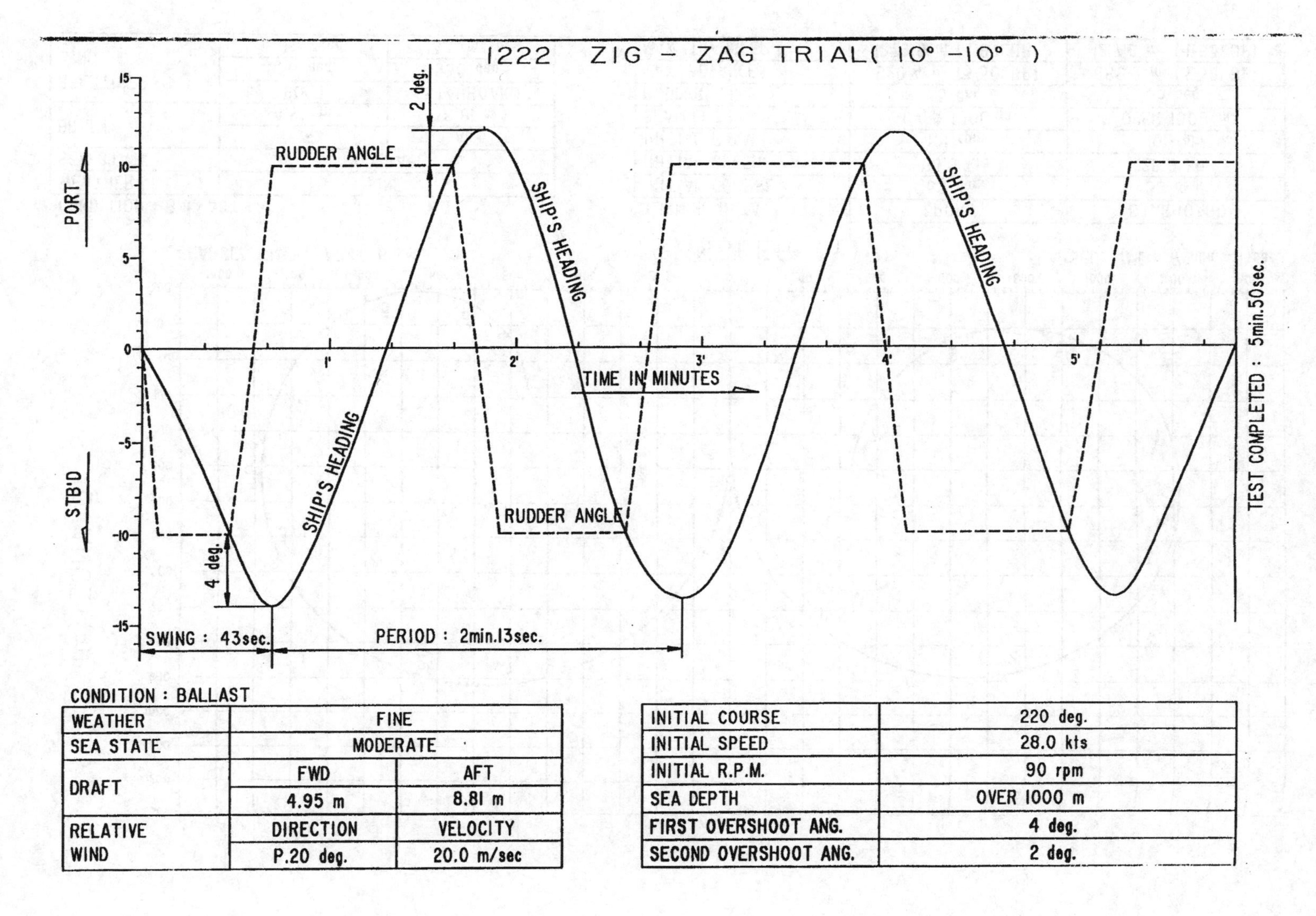

CONDITION : BALLAST

WEATHER	FINE	
SEA STATE	MODERATE	
DRAFT	FWD	AFT
	4.95 m	8.81 m
RELATIVE WIND	DIRECTION	VELOCITY
	P.20 deg.	20.0 m/sec

INITIAL COURSE	220 deg.
INITIAL SPEED	28.0 kts
INITIAL R.P.M.	90 rpm
SEA DEPTH	OVER 1000 m
FIRST OVERSHOOT ANG.	4 deg.
SECOND OVERSHOOT ANG.	2 deg.

附件 2-4　Zig-Zag 試驗（20°）

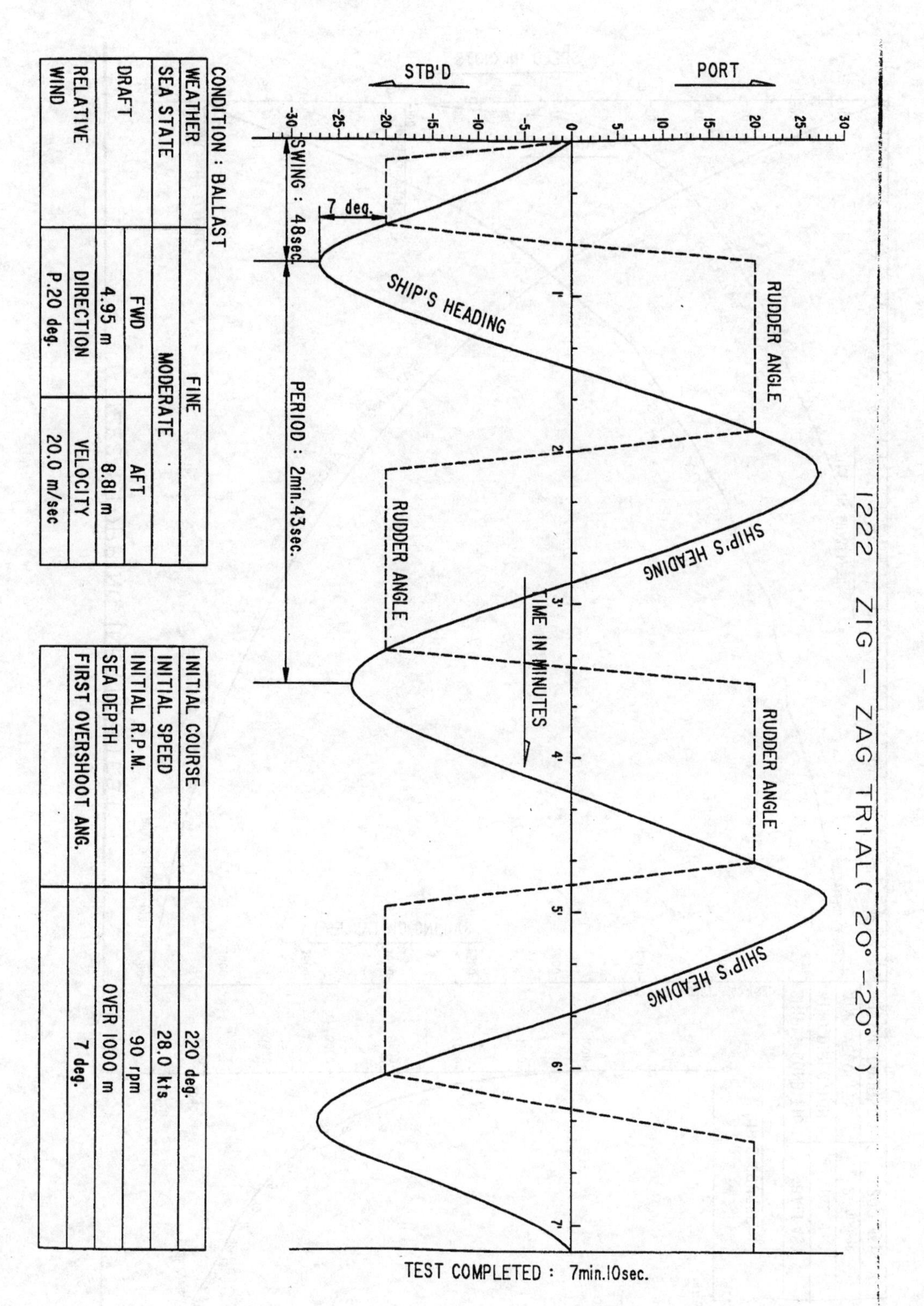

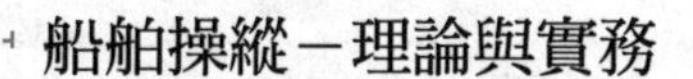

附件 2-5　停船慣性試驗

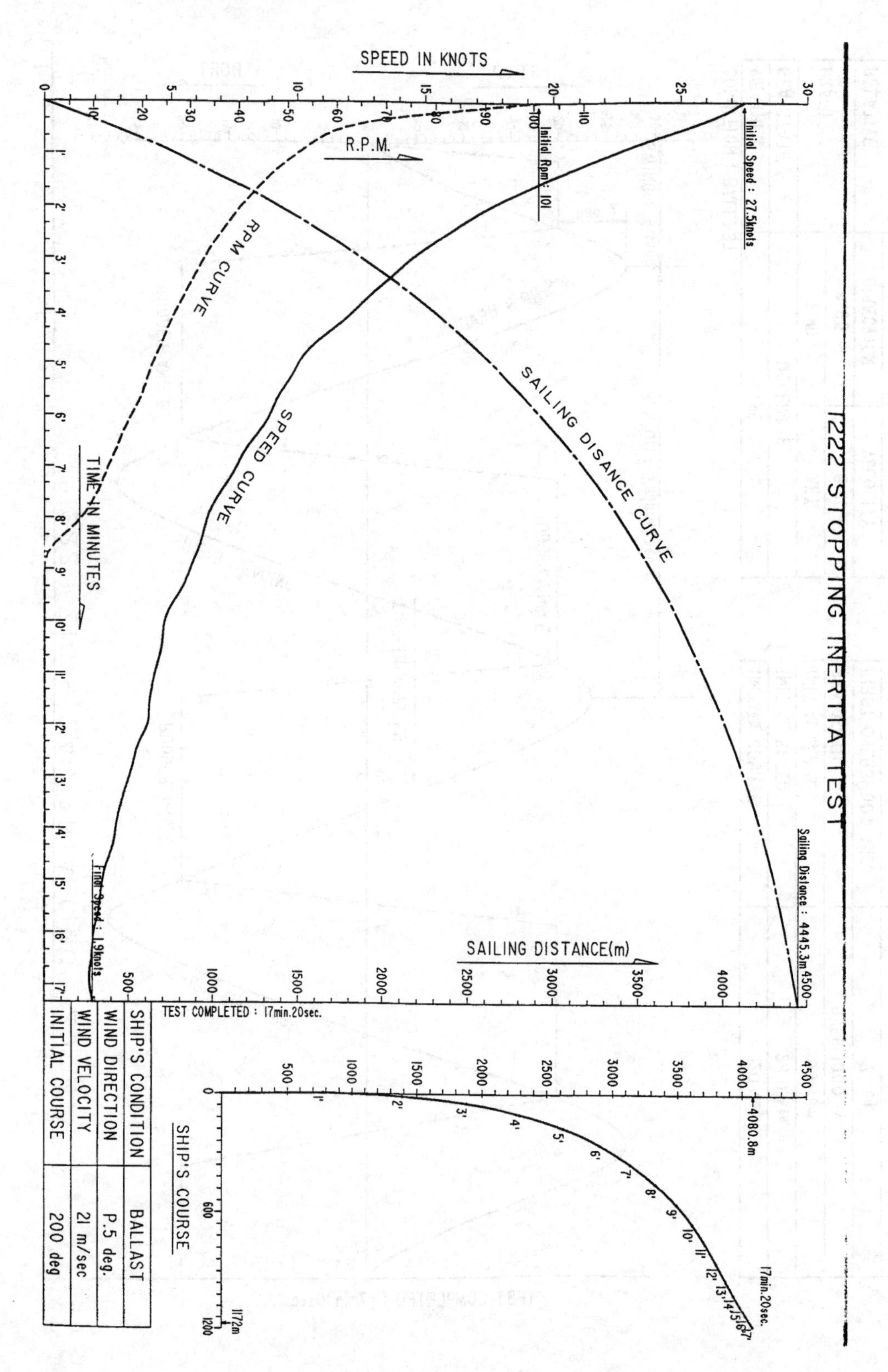
1222 STOPPING INERTIA TEST
SPEED IN KNOTS
R.P.M.
Initial Speed : 27.5knots
Initial Rpm : 101
RPM CURVE
SPEED CURVE
SAILING DISANCE CURVE
TIME IN MINUTES
Final Speed : 1.9knots
SAILING DISTANCE(m)
Sailing Distance : 4445.3m
TEST COMPLETED : 17min.20sec.
SHIP'S COURSE
4080.8m
17min.20sec.
1172m
SHIP'S CONDITION　BALLAST
WIND DIRECTION　P.5 deg.
WIND VELOCITY　21 m/sec
INITIAL COURSE　200 deg

附件 2-6　倒俥試驗

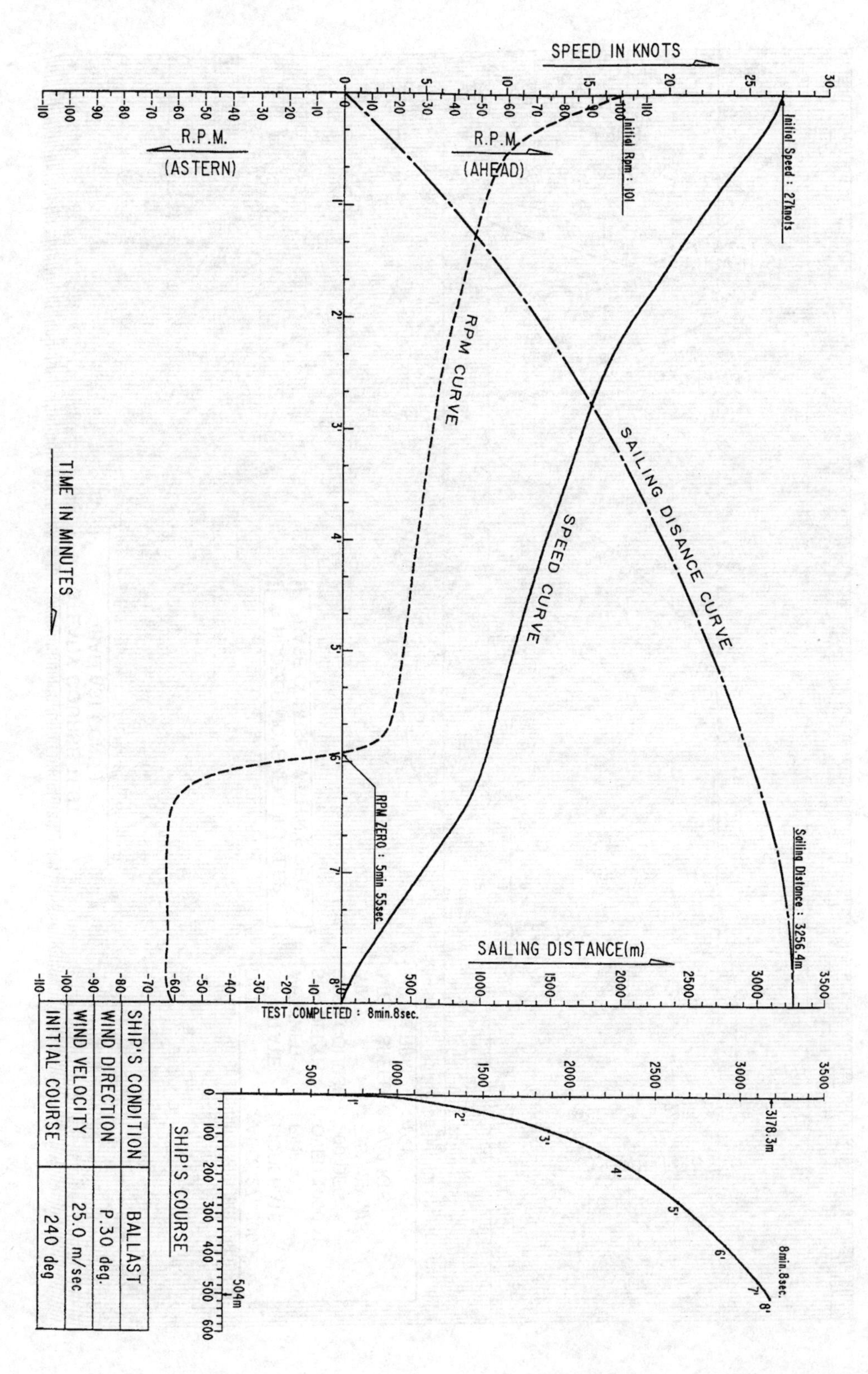
SPEED IN KNOTS
R.P.M. (ASTERN)
R.P.M. (AHEAD)
Initial Rpm : 101
Initial Speed : 27knots
RPM CURVE
SPEED CURVE
SAILING DISANCE CURVE
TIME IN MINUTES
RPM ZERO : 5min 55sec
Sailing Distance : 3256.4m
SAILING DISTANCE(m)
TEST COMPLETED : 8min.8sec.
SHIP'S COURSE
-3178.3m
504m
8min.8sec.
SHIP'S CONDITION　BALLAST
WIND DIRECTION　P.30 deg.
WIND VELOCITY　25.0 m/sec
INITIAL COURSE　240 deg

附件 2-7 穩向試驗

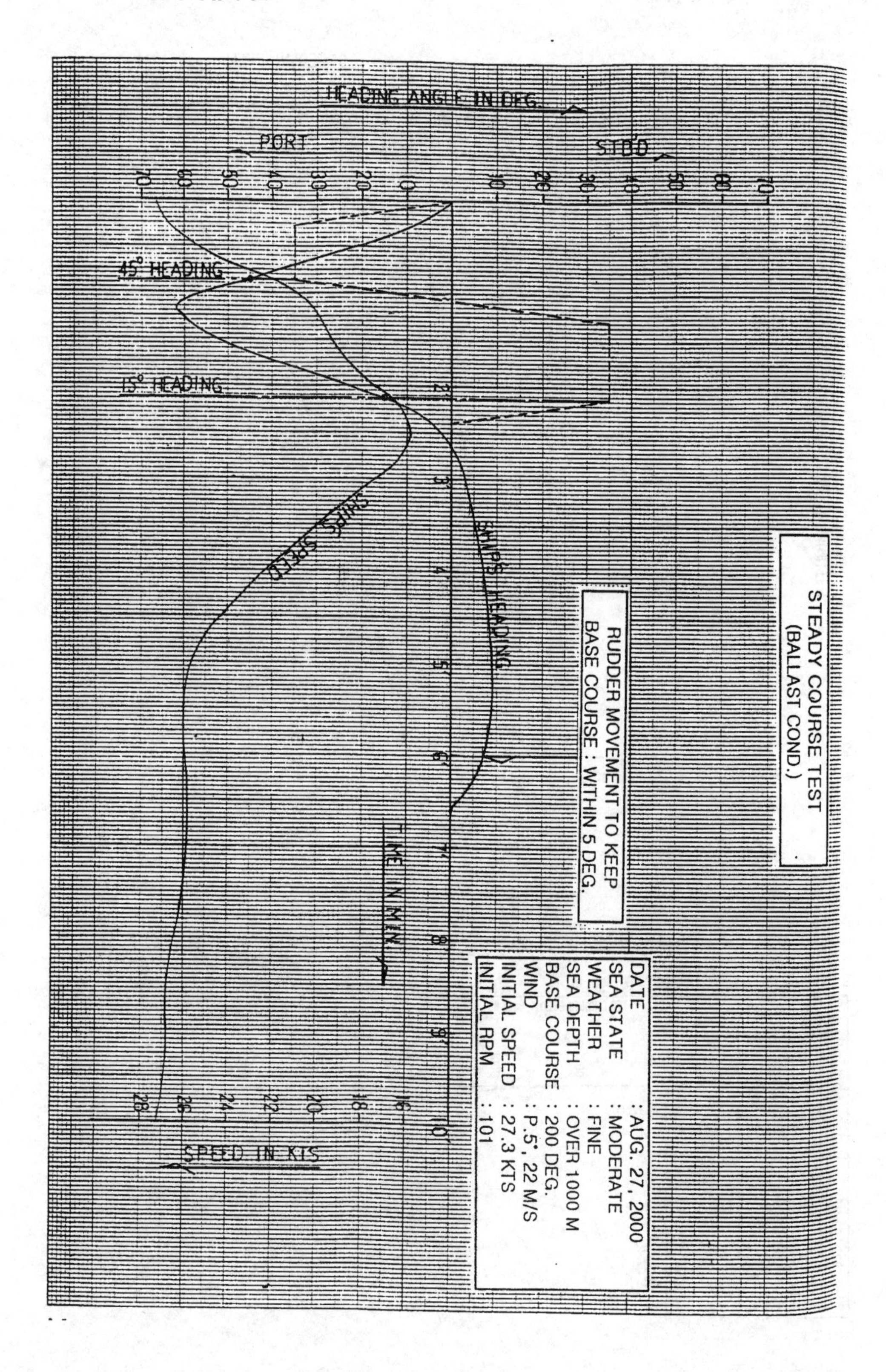
STEADY COURSE TEST
(BALLAST COND.)
RUDDER MOVEMENT TO KEEP
BASE COURSE : WITHIN 5 DEG.
DATE : AUG. 27, 2000
SEA STATE : MODERATE
WEATHER : FINE
SEA DEPTH : OVER 1000 M
BASE COURSE : 200 DEG.
WIND : P.5°, 22 M/S
INITIAL SPEED : 27.3 KTS
INITIAL RPM : 101
HEADING ANGLE IN DEG.
PORT
STBD
45° HEADING
15° HEADING
SHIPS SPEED
SHIPS HEADING
TIME IN MIN.
SPEED IN KTS

附件 2-8　穩向試驗

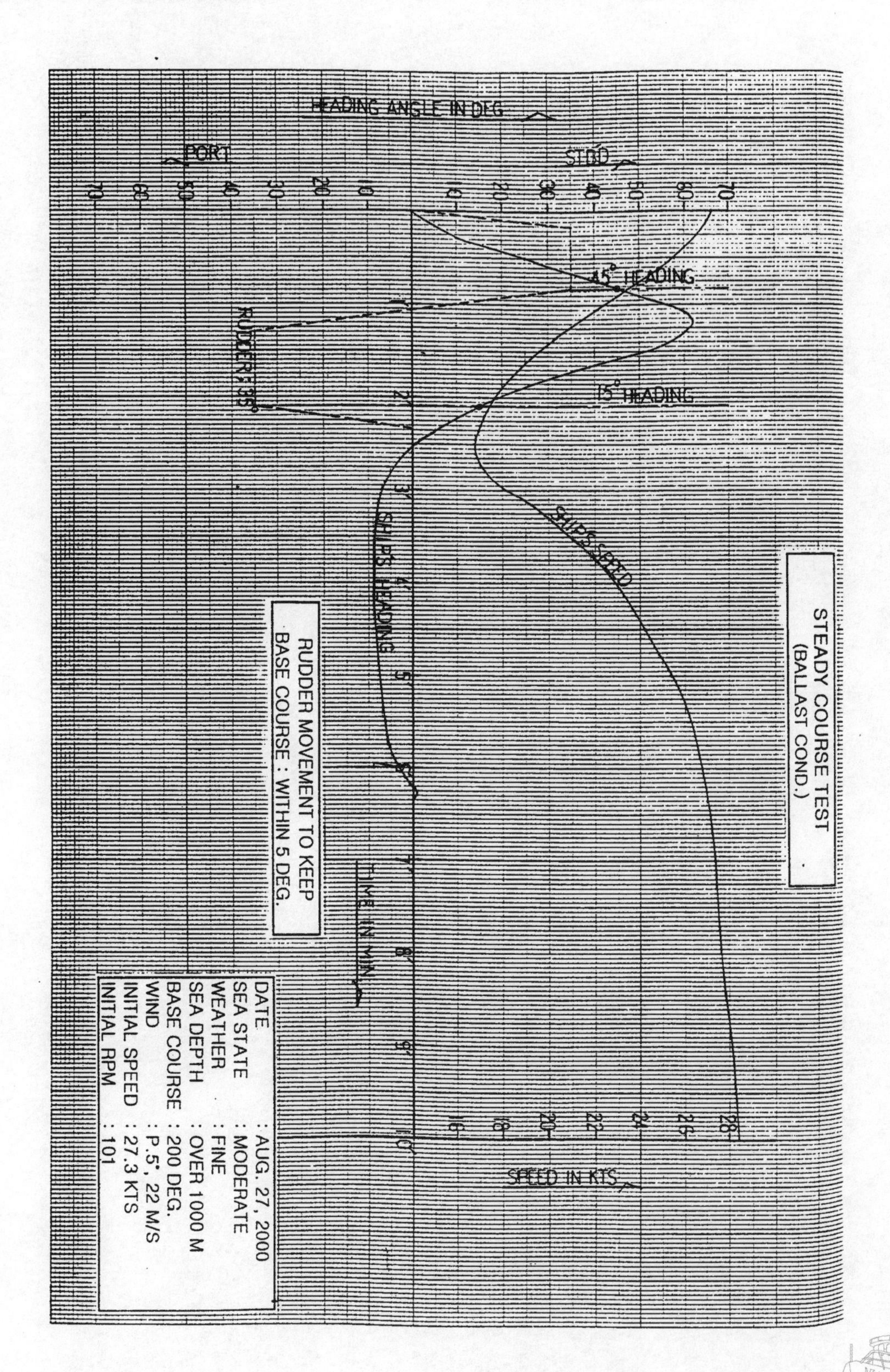

HEADING ANGLE IN DEG
PORT
STBD
70
60
50
40
30
20
10
10
20
30
40
50
60
70
45° HEADING
15° HEADING
RUDDER P. 35°
SHIP'S HEADING
SHIP'S SPEED
STEADY COURSE TEST
(BALLAST COND.)
RUDDER MOVEMENT TO KEEP
BASE COURSE : WITHIN 5 DEG.
TIME IN MIN.
DATE : AUG. 27, 2000
SEA STATE : MODERATE
WEATHER : FINE
SEA DEPTH : OVER 1000 M
BASE COURSE : 200 DEG.
WIND : P.5°, 22 M/S
INITIAL SPEED : 27.3 KTS
INITIAL RPM : 101
SPEED IN KTS
16
18
20
22
24
26
28

第三章 船舶穩向與迴旋運動

船舶最主要的操船運動乃是利用舵，也就是經由操舵維持在航向上所謂的「穩向」（Steady 或稱「穩舵」）及藉由改變航向使船轉向之所謂「迴旋」（Turning）運動。

第一節 舵之性能

一、舵之單獨性能

就舵本身說明其性能如下：

1. 對舵之作用力

將舵單獨置於水中，使之全部沒入水中前進，或置於流動的水中，並對水流成一角度，亦即使產生一舵角。如此，舵的周圍將如圖 3-1 所示，除運動方向為平行之水流外，由於舵之存在，如圖上在舵周圍循環的水流。因此在舵的前面，亦即在用舵之一側，此二道平行的水流與附加的水流將相遇而會合，使流速減小。而在舵的後面，由於流向相同而相加，其結果，舵的前面水流的壓力增加，而後面則減少。圖 3-1 為表示無舵角時的流壓為基準。壓力較之增大時標以（＋），而減小時標以（－）。

如此，在舵的兩面上產生了壓力差，則壓力增加的一側更有舵推向減小的一側之作用力，此力即稱為舵力，此力隨著兩面壓力差愈大將愈大，此力為如圖 3-1(a)箭頭所示。

P：垂直於舵面之作用力（垂直力、直壓力）

T：作用於舵面之摩擦力（摩擦力）

R：作用於舵面上之合壓力（合壓力，舵力）

A：作用於與水流成直角方向之 R 的分力（揚力）

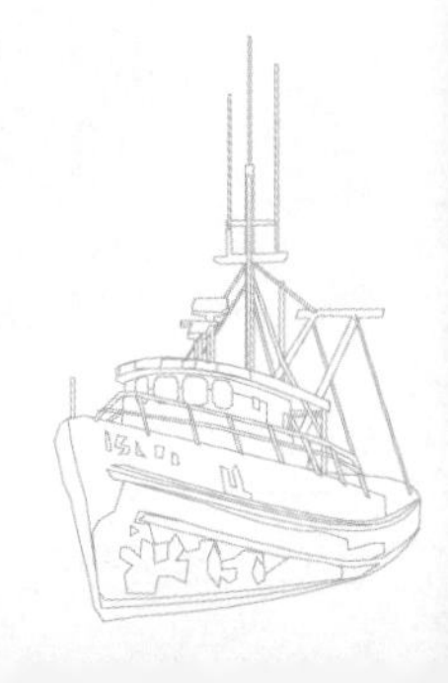

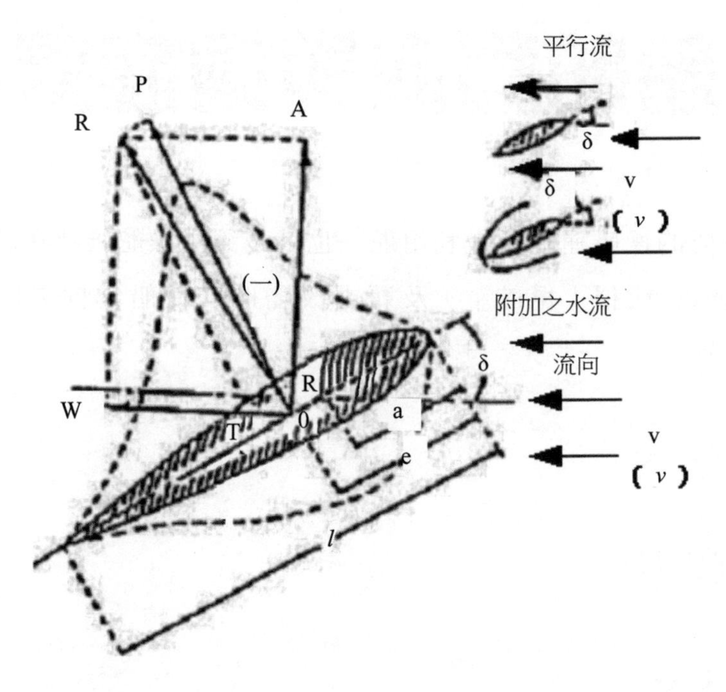

圖 3-1(a)

W：作用於水流成平行方向之 R 的分力（阻力）

且此等作用力，被 $1/2 \cdot \rho F v^2$（ρ：水的密度，F：舵的面積，v：舵的前進速度）除後，各成為垂直力係數（C_ρ）、摩擦力係數（C_T）、合壓力係數（C_R）、揚力係數（C_L）及阻力係數（C_W）等。就舵的性能而言，乃希望增大揚力減少阻力，此揚力與阻力之比稱為揚阻比，此為比較舵性能的一種尺度。

但由於此等加諸於舵的作用力，其大小，或作用之中心位置，隨著舵的面積、輪廓、尺寸比、斷面形狀、或舵角以及前進速度等而有不同，迄至目前依據實驗已有許多計算的公式，如下列的實驗式即可求出其近似值。

（1）垂直壓力

$p = 58.5 F v^2 \sin\delta (\text{kg})$（Beaufoy 公式） ……（3-1）

$p = \dfrac{10.942 F V^2 \sin\delta}{0.195 + 0.305 \sin\delta}$（Jossel 公式） ……（3-1'）

（2）垂直壓力的作用中心位置

$e = (0.195 + 0.305 \sin\delta)\, l$ ……（3-2）

（3）繞舵前緣的力矩

$Ne = p \cdot e = 10.942 F V^2 \sin\delta \cdot l$ ……（3-3）

式中，如圖 3-1 所示：

F= 舵的側面積（m^2）

v= 舵的前進速度（m/sec）

V= 舵的前進速度（knot）

δ= 舵角（deg）

l= 舵寬（m）

e= 自舵的前緣至壓力中心的水平距離

（4）揚力與阻力

船舶直線前進時轉舵，由於船速及螺旋槳之排出流作用於舵正面之水壓力，及舵背產生之吸引壓力，因兩面壓力不等，產生一合壓力垂直作用於舵，稱為舵壓力。此垂直壓力，又可分為兩種分力，與船舯線垂直者為揚力（Lifting Force），平行者為阻力（Retarding Force）。操船者用舵迴轉，重視的為揚力部分。

由圖 3-1(b)所示，若舵角為δ，則舵垂直壓為：

$P_n = K \cdot F \cdot V^2 \sin\delta$ ……………………………………………（3-4）

式中 P_n 為舵壓力（噸）

K 為常數（約 1/5700）

F 為舵面積（m^2）

δ 為舵角

V 為船速（節）

揚力 $P_2 = P_n \cdot \cos\delta$

阻力 $P_1 = P_n \cdot \sin\delta$

故揚力 $P_2 = K \cdot F \cdot V^2 \sin\delta\cos\delta$ …（3-5）

阻力 $P_1 = K \cdot F \cdot V^2 \sin^2\delta$ ………（3-6）

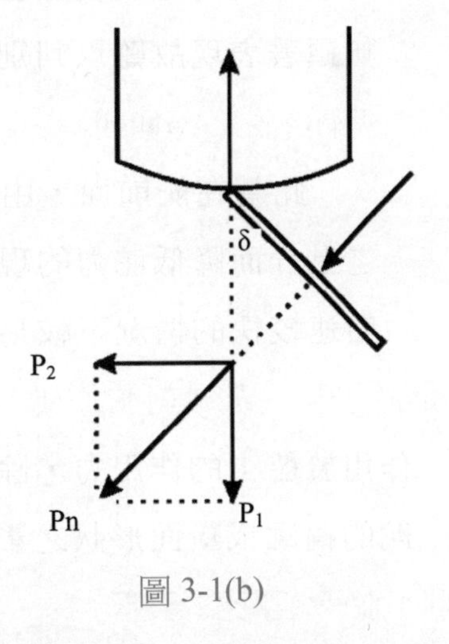

圖 3-1(b)

由揚力 $P_2 = 0.5K \cdot F \cdot V^2 \sin 2\delta$ 中，可知舵角 45°為最大值，然由於氣渦現象及舵後背壓，一般商船的最大有效舵角約 35°。

2. 使舵力減小的流體現象

作用於舵上之力，雖是靠舵前面壓力上升與後面壓力下降所生兩面的壓力差所造成，但由於流體作用若在舵的周圍產生渦流，則兩面的壓力差將變小，而使舵力突然減小。引起此作用的流體現象，主要有下列數種。

（1）失速現象（Stall）

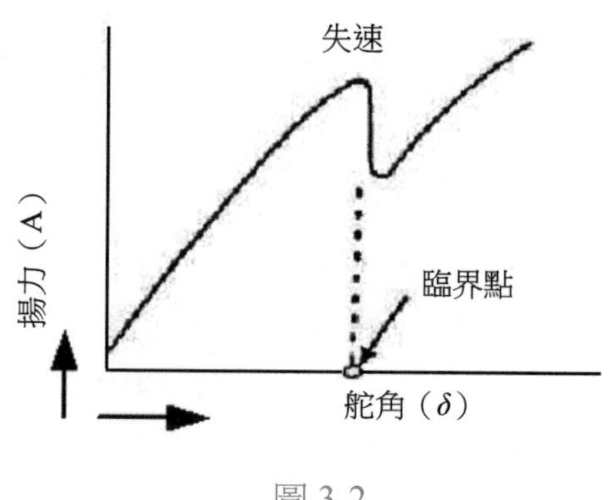

圖 3-2

此為因舵周圍之流線從舵後端脫離，而在其附近產生渦流，致突使揚力減少阻力增加，而降低舵效之現象。如圖 3-2 所示，當舵角 δ 逐漸增加時，揚力亦隨著增加，但當達於某舵角附近時，揚力將突然減少。此時即表示發生失速現象。而此時之限界舵角稱為臨界角（Critical Angle）或旋渦點（Burbling Point）。一般在舵單獨的情況下，發生於舵角 20° 附近。

（2）空洞現象（Cavitations）

此為舵後面所生壓力之下稍降劇時，將在該處產生空洞，而使揚力減少的現象。此種現象雖僅限於舵的斷面形狀，特別是前緣的曲率大的情形下或舵的前進速度相當大的情況下才會發生，但與失速現象一樣，由於並無顯著表現故難以判別。

（3）吸氣現象（Aeration）

此為在舵前面，由於吸入大氣中的空氣，而在該處發生渦流致使流壓之上升而降低舵力的現象。當舵位於水面附近或其一部分露出水面上，且船速較快的情況下較易發生。

3. 舵的尺寸、形狀對舵力的影響

作用於船上的作用力，除受所述舵面積，舵角及前進速度等影響之外，並受舵的輪廓或斷面形狀之影響。

（1）舵面縱橫比之影響

舵面之縱尺寸與橫尺寸之比，稱縱橫比或高寬比（Chord Span Ratio or Aspect Ratio），該值愈小則舵愈向橫力擴大，在這種情況下於舵的上緣與下緣處，從舵前面來的水流向後進入，使舵後面壓力減小的範圍減小，因而使舵兩面壓力差減小而減小舵力。故高寬比愈小，亦即縱向尺寸愈小，則舵力愈小。

圖 3-3 為Fischer所作關於高寬比對流線斷面的舵其揚力（圖中以揚力係

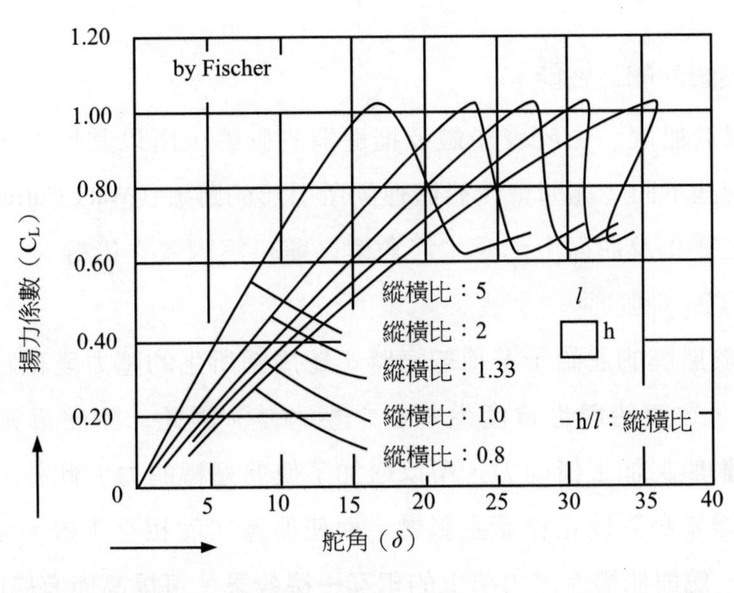

圖 3-3

數表示）影響之圖解。高寬比愈大，揚力係數（C_L）對舵角（δ）之梯度 $\alpha C_L/\alpha\delta$ 值將愈大，小舵角時之揚力亦大。因此，高寬比愈大，藉小舵角抵消船艏平擺（Yawing）以滿足操船上的要求愈容易。

相反的，高寬比大時由於較快發生失速現象，而發生失速時之舵角亦較小，故不利於使用大舵角迴旋。但將舵實際裝於船上時，由於受構造上之限制，從吃水方面其縱向尺寸受限，而從船艉形狀方面，則舵面橫向尺寸受限。此外，橫向尺寸對於繞舵軸之力矩尤大有影響，且受操舵機力量的限制。由以上各點的考慮，故實際上裝於船上的舵，其高寬比多為1～2.5的範圍。

（2）舵輪廓的影響

舵的輪廓本身在一般實用中的舵並無顯著的影響。但由於舵輪廓會影響舵裝置在船艉時，造成與船艉船體之間隙，而會招致不良後果。

（3）舵斷面形狀之影響

舵的斷面形狀以採流線形為佳，所以多數船舶均採此種形狀的舵。至於流線形舵的厚度問題，Jachobs為探討流線形舵其斷面形狀對舵力之影響，將斷面形狀的最大厚度（t）與舵面寬（l）之比，予以比較之。據結果，t/l=0.12～0.18厚度的舵，揚力最大，而阻力最小，故此種厚度的舵最佳。

二、裝置於船艉的舵之性能

當舵裝置於船艉，由於受船體及推進器的影響，所以其性能，與舵單獨時的性能多少有些不同。亦即會受船體運動所引起的跡流（Wake Current）、因推進器所致流速之變化及舵面上承受水流角度之變化等因素之影響。

1. 與船體之干擾，船艉形狀之影響

當對裝置於船艉的舵給予某種舵角時，舵周圍所生的壓力變化將及於船艉船體的一部，致使船體也會產生左右之壓力差。因此，除舵單獨所生的舵力外，由於對船另加上橫向力，所以增加了使船迴轉的力。此外，舵裝置於船艉上，船體本身對舵也會產生影響，而使船體與舵相互干擾。依照 Gawn 之研究，此一舵與船體流體力學上的相互干擾效果，可提高僅有舵時的20～30%左右之舵力，且此一效果於船艉力材愈大、舵與船艉之間隙愈小時愈為增加。

2. 跡流及俥葉流之影響

（1）跡流及其影響

船於航行時，船體周圍一部分的水將追隨船體運動而造成跡流。故而使船艉處舵附近的水流，亦即使作用於舵面上水流之流速，較船速為小。作用於舵面上水流的速度為：

$$V'_S = V_S(1-\omega) \qquad (3\text{-}7)$$

因此，舵所產生之垂直壓力為：

$$P = \frac{1}{2}\rho C'_P V_S^2 (1-\omega)^2 F \qquad (3\text{-}8)$$

式中：

V_S：船速

ω：平均跡流係數

P：舵之垂直壓力（噸）

ρ：水之密度

C'_p：舵之垂直壓力係數（船後）

F：舵面積

但由於在船後舵附近處的跡流係數，一般為0.4左右，所以由式（3-8）可知，對船後所加予舵的垂直壓力，即舵力，較單獨的情況，亦即沒有跡流影響的情況為小。

表 3-1 單俥單舵船其跡流、俥葉流的影響（船後舵之垂直／單獨舵之垂直力）

船速	舵角	跡流影響	俥葉流影響	綜合影響
8kt	15°	0.35	2.58	0.90
8kt	30°	0.43	2.58	1.09
10kt	15°	0.40	2.40	0.97
10kt	30°	0.46	2.40	1.14

表 3-2 雙俥單舵船其跡流、俥葉流的影響（船後舵之垂直／單獨舵之垂直力）

船速	舵角	跡流影響	俥葉流影響	綜合影響
8kt	15°	0.39	0.93	0.37
8kt	30°	0.51	1.11	0.56
10kt	15°	0.44	0.93	0.42
10kt	30°	0.60	1.09	0.65

表 3-1 及表 3-2 為 Baker 與 Bottomiey 二氏所作之實驗結果，用以表示舵單獨時之垂直壓力，即將舵裝置於船後其垂直壓力的比。如式（3-8）所示，可知船後所產生之垂直壓力與作用於舵之流速 $V_S(1-\omega)$ 之平方成正比。

在船舶向泊地前進的過程中，於停俥的瞬間，雖仍保持相當的前進速力，但舵突然不生效，即係因為航跡流所生之舵力減少的緣故。尤其大型肥胖船，航跡流也大，此種現象極為顯著。

（2）俥葉流及其影響

在舵裝於船後的情形下，與前述因船體跡流之影響作用於舵面之流速減低的現象相反的，由於裝在舵前面的推進器產生之俥葉流（Screw Race）使作用於舵面之流速增加，因此而增加之舵力。從前例 Baker 等實驗結果之表 3-1 及表 3-2 亦可看出，俥葉流將舵之垂直壓力增加。

在單俥葉船的情形，由於俥葉流所致作用於舵之流速，平均約可增加船速之 50% 左右，故依式（3-1）之情形同樣來看，如考慮俥葉流所致流速增加之情形，則對於表 3-1 所示俥葉流之影響而使舵之垂直壓力增加之原因應可理解。又如表 3-2 所示，雙俥葉船的情形，由於俥葉流之正後方並沒有舵，不受其影響，故未能增加舵之垂直壓力。

舵裝於船後的情形下，因跡流使流向舵之流速減低及因推進器使流速增加兩者互相重合而作用於舵上，其結果，單俥單舵船的情形與舵單獨的情形其垂直壓力相當。而在雙俥單舵的情形下，由於單俥葉不直接作用於舵上，故為舵單獨情形下其垂直壓力之40～60%。

（3）推進器滑失（Slip）增加之影響

當推進器旋轉而俥葉流作用於舵面時，將會增加舵的垂直壓力。此時作用於舵面的流速雖較船速為快，舵力增加之比例當推進器的滑失愈大時將愈大。由於舵所產生的垂直壓力，如式（3-5）所示，是與作用於舵面的流速的平方成正比，所以滑失增加後所致流速之增加當然會加入舵的垂直壓力。滑失之增加所致垂直壓力增加之比例為：

$$\Delta P = K'S^{1.5} \quad (3\text{-}9)$$

式中　ΔP：舵垂直壓力之增加率

S：滑失比

K'：比例常數

亦即滑失若增加則舵的垂直壓力將約以滑失之1.5次方比例增加。例如在向泊地前進時之減速操作或於繫泊操船時，將主機做停止－前進，停止－前進，使船的速度一面俥力削減一面使有效發揮舵力之操作，即係想利用推進器之滑失所致舵壓力垂直增加的效果。

3. 迴轉運動所致作用於舵之流向之變化

船從直線航行之狀態下用舵之後，開始時水流約與船艏艉方向平行而作用於舵面，水流的角度亦約舵角δ相等。但當船一開始迴旋，由於船艉kickout，船艉的水流會從推進器及舵的斜前方流入。

設迴旋運動中的船朝船艉端的切線方向ϕ，由圖3-4可知

$$\sin\phi = \frac{K'L}{KL} = \frac{K'}{K}$$

$$\therefore \phi = \sin^{-1}\frac{K'}{K} \quad (3\text{-}10)$$

亦即，就幾何上來說，在船艉端S點處，水流以與SQ相反方向ϕ的角度流入。因此，作用於舵的水流的角度較舵角為小。由於此一對舵流向減小，於迴旋半徑愈小時愈顯著，所以迴旋所致舵位置之橫流角於使用滿舵作穩定迴旋時約可達 20°左右。但實際上由於船體及推進器有整流作用，所以對舵流向角度之減小約為此迴旋所伴橫流角的一半。

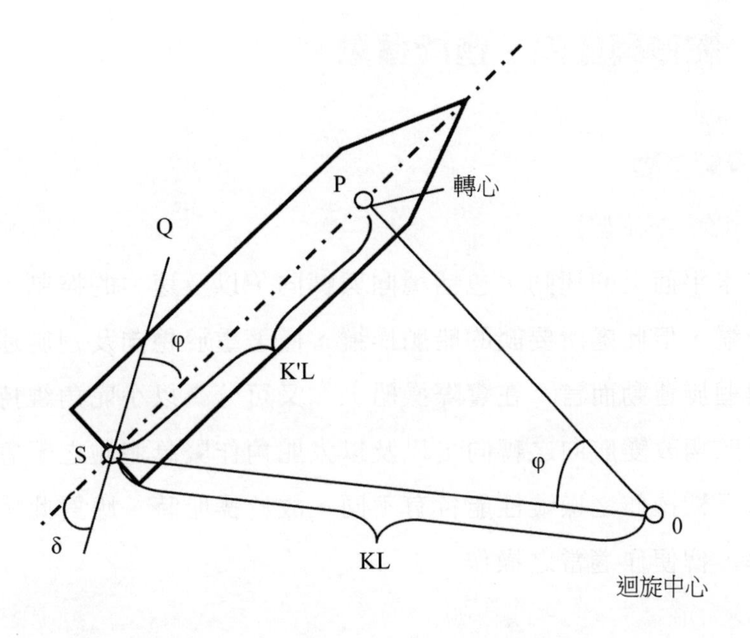

圖 3-4

如上所述，船體因迴旋運動所致對舵之流向較舵角為小，所以於滿舵作穩定迴旋時之有效舵角，約減少10°，因此即使以大舵角做迴旋，亦不致產生失速現象，且隨著舵角之增加，舵力亦增加。

三、舵的種類與特性概要

1. 單板舵與複合舵

以一枚平板為主體的舵稱為單板舵，用於帆船或舊式之船舶。此種舵隨著舵角之增加其舵效愈差，愈早發生失速現象，且阻力也大。而在舵骨架的周圍附上舵板者稱為複合舵，通常其斷面形狀多為流線型，較單板舵之舵力為優，阻力也較小，舵效良好。

2. 平衡舵與不平衡舵

舵軸位於舵板前緣者稱為不平衡舵（Unbalanced Rudder），單板舵通常為不平衡舵。而為使繞舵軸轉的舵迴轉力矩減小使操舵容易，並使操舵機所需馬力減小起見，將舵板的一部分配列於舵軸前方，使舵板的壓力中心置於舵軸附近者稱為平衡舵（Balanced Rudder）。此外，若將舵軸前的舵板面積減小，減小平衡的程度，而介於平衡與不平衡者，稱為半平衡舵（Semi-balanced Rudder）。

第二節　舵效與穩向、迴旋運動

一、船之操縱運動

1. 穩向、迴旋的操縱運動

船所作水平面上的運動，包括穩向與轉向，以及速力的控制，這是廣義上的船舶操縱，但此處所要談的船舶操縱，僅著重於穩向及迴旋運動二者。但就穩向與迴旋運動而言，在實際操船上，又可分為以小舵角維持航向之穩向、以常用舵角改變航向之轉向，以及以大舵角作緊急避碰之緊急迴旋三種。由於對這三種操作之操縱性能各有不同，故於操船時，應對此等之操縱性能有所了解，俾便作適當之操作。

2. 初期迴旋力矩

將舵至於中央，船作直進航行的情形下，若船體周圍的水流對稱，則垂直於船艏艉方向的左右作用力互相平衡，船將繼續做直進運動。從前述狀態下，若將舵偏向一方轉舵（或操舵），則舵將產生非對稱力，亦即舵力，而賦予船一種繞垂直軸迴轉的力矩。其結果終會使船作迴旋運動。於船在正舵（舵中央）直進航行中轉舵時，為使船迴轉，由舵所產生繞重心之力矩，即稱為初期迴旋力矩（Initial Ship Turning Moment）。

此力矩，如圖3-5所示，並由式（3-1）得：

$$N=p\cdot d\cong KF\cdot V_s{}^2\sin\delta\frac{1}{2}L\cos\delta$$

$$=\frac{1}{4}L\cdot KF\cdot V_S{}^2\sin 2\delta \cdots\cdots\cdots\cdots\cdots\cdots \text{(3-11)}$$

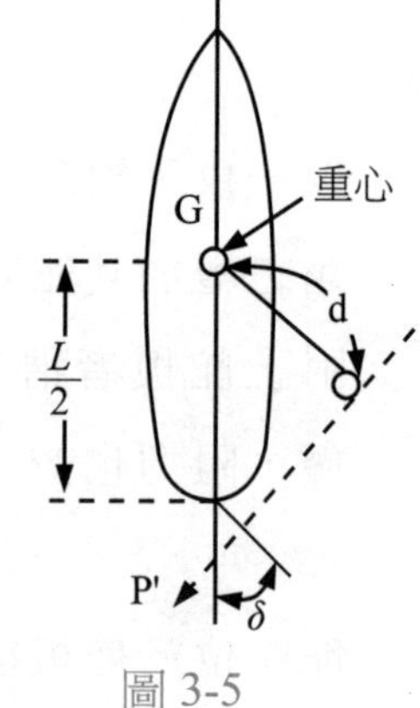

圖 3-5

可知，除與船長（L）、舵面積（F）、船速（V_S）之平方成正比外，並受舵角（δ）及舵力係數（K）所左右。

$\sin2\delta$ 的值於當 $\delta=45°$ 時為最大，故若（3-11）式中其他因素不變，則在舵角45°時之力矩為最大。但 k 值於迴轉初期與舵角增大至 45° 相反的亦有減少的情形，且由於在大舵角時阻力增加，操舵機馬力增大，以及操船上如此的大舵角幾乎並無必要，故除特殊經常出入港口之特殊任務或拖船外，有效最大舵角皆為 35°左右。代替式（3-11），舵所致迴旋力矩，通常多以下列表示之：

$$N=\frac{1}{2}\rho C_n L^2 d V_S{}^2 \quad \cdots\cdots\cdots \quad (3\text{-}11')$$

式中：

ρ：水的密度

C_n：迴旋力矩係數

d：船吃水

圖3-6為模型實驗之結果，用以表示式（3-11′）中之迴旋力矩係數，由圖中亦可看出推進器滑失的影響。

3. 操縱運動式

操舵以保持航向作迴轉運動時，其水平面內船的運動，可由圖 3-7 過船體重心作垂直角座標軸，由

$\begin{cases}\text{沿 } xy \text{ 軸方向之並進運動} \\ \text{繞 } z \text{ 軸（垂直軸）之迴轉運動}\end{cases}$ 之連成運動組合之。並可

導出下列運動方程式：

$$\left.\begin{aligned} m(\dot{u}-vr)&=X \\ m(\dot{v}+ur)&=Y \\ I_{zz}\dot{r}&=N \end{aligned}\right\} \quad \cdots\cdots\cdots \quad (3\text{-}12)$$

式中 m：船的質量

u：x軸方向的速度（U：切線速度）

v：y軸方向的速度

r：迴轉角速度（繞z軸之角速度）（ϕ）

I_{zz}：繞 z 軸之慣性力矩

X：作用於船全體之x軸方向之流體合力（含舵）

Y：作用於船全體之y軸方向之流體合力（含舵）

N：作用於船全體之z軸之流體合力矩（含舵）

將座標原點訂於船艏艉中央時，本應對與重心G間之距離所致之差量予以修正，但差量小時在實用上式（3-12）即可滿足需要。式（3-12）右邊X、Y、N之各項，亦即作用於船體之流體力及流體合力矩，因與舵角或迴旋軌跡之曲率以及漂流角皆有關係，故它們分別是船速及加速度，迴轉角速度及角加速度，操舵角及操舵速度之函數。因此，用這樣的函數表示3-12式中的X、Y、N，即可解出聯立方程式。但由於船艏尾方向的速度變化與其它的複合作用較弱，所以在式中排除第1項，而把操縱運動處理成橫向運動與迴轉運動的

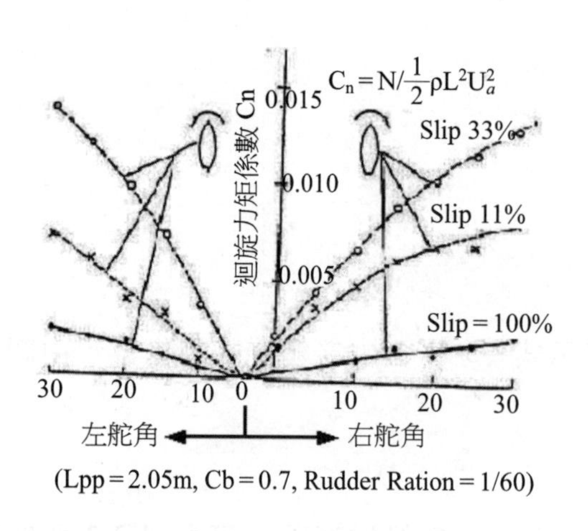

(Lpp = 2.05m, Cb = 0.7, Rudder Ration = 1/60)

圖 3-6

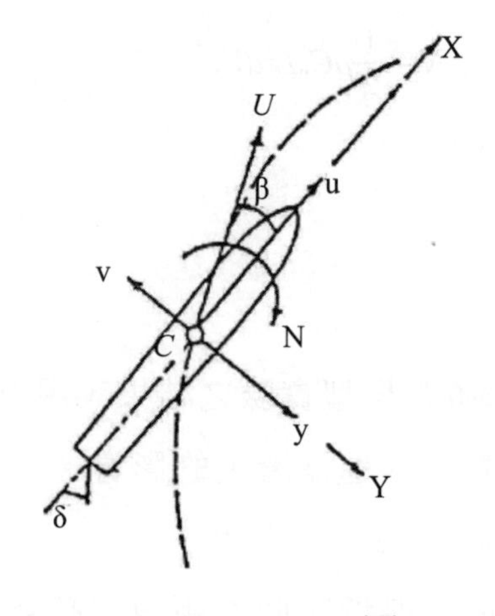

圖 3-7

複合運動。對於式 3-12 中第 2 及第 3 的 Y、N 兩項，將支配它們的函數代入，按附錄IV中所述的線性範圍處理，並解該二聯立方程式，則可導出伴隨操舵的操縱運動式如下：

$$T_1T_2\ddot{r}+(T_1+T_2)\dot{r}+r=K\delta+KT_3\dot{\delta} \quad (3\text{-}13)$$

此為日本學者野本氏（Nomoto）著名之船舶操縱運動式，式中：

T_1、T_2、T_3：表示追從性之操縱性指數

K：表示迴旋性之操縱性指數

r：迴旋角速度（$\dot{\varphi}$）

δ：舵角（弧度角，1/57.3）

如式（3-13），船的操縱運動是由對應於操舵性指數所決定，但其中 T_1、T_2、T_3 係數並非具同等重要性。T_2 與 T_3 可包含於 T_1 表之。故式（3-13）可簡化為：

$$T\dot{r}+r=K\delta \quad (3\text{-}14)$$

上式中 $T=T_1+T_2-T_3$，為綜合地表示追隨性之指數。上述公式之推導過程，請參閱附錄IV。

若將操舵迴旋之運動其受迴旋力矩（與舵角成正比）及阻力（與迴旋角速度成正比）時之關係表如下式：

$$I\cdot\frac{d\dot{\varphi}}{dt}+b\dot{\varphi}=a\delta \quad (3\text{-}14')$$

I：迴轉（迴旋）之慣性力矩

a：舵所致之迴旋力矩係數

b：迴旋阻力力矩係數

將上式與式（3-14）對照之，則可得：

$T=I/b$：迴轉之慣性與迴旋阻力之比。

$K=a/b$：迴旋力與迴旋阻力之比。

二、操縱性指數

1. 操縱性指數之意義

若將式（3-14），求解 r，則：

$$r=K_{\delta}+C\cdot e^{-t/T} \quad \text{(3-15)}$$

式中 C：積分常數

t：操舵後之經過時間

於正舵直進中開始用舵，於起始條件 $t=0$ 時 $r=0$，故操舵開始後 r 之變化，由式（3-15）可得：

$$r=K\delta(1-e^{-t/T}) \quad \text{(3-15′)}$$

圖 3-8 為根據式（3-15）表示 t～r 之關係，由圖可知操舵後之經過時間內迴旋角變化的趨向。亦即當 $T>0$ 時，式（3-15）之右邊第 2 項隨著時間而衰減，故如圖 3-8 所示，迴旋角速度最後將停留定值 $K\delta$。即 $r=K\delta$。

在式（3-15′）中，若 $t=T$ 則：

$$r=K\delta(1-0.368)\fallingdotseq 0.63K\delta \quad \text{(3-16)}$$

故如式（3-16）所示 T 即可確定。

如上所述，操舵時之迴旋運動其角速度，決定於 T 與 K 之值，而將 T 與 K 稱為操縱性指數（Maneuvering Indices），其各具有如下之性質：

（1）追隨性指數 T

此為自操縱舵後，支配迴旋角速度達於最大所需時間之要素。若 T 值小，則式（3-15′）右邊第 2 項將很快接近零，圖 3-8 中 $K\delta_{e}^{-t/T}$ 迅速減少，故較快即能穩住於迴旋角速度 $K\delta$，由上述可知 T 為船之迴旋慣性或對舵之追隨性之影響因素，此值愈小，對舵之應答愈快，亦即舵效愈佳。

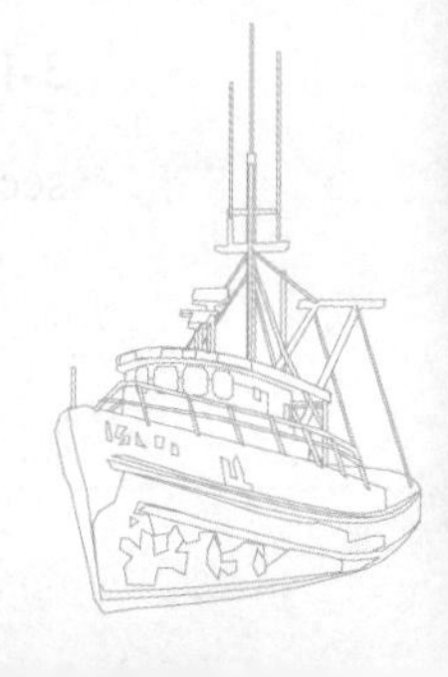

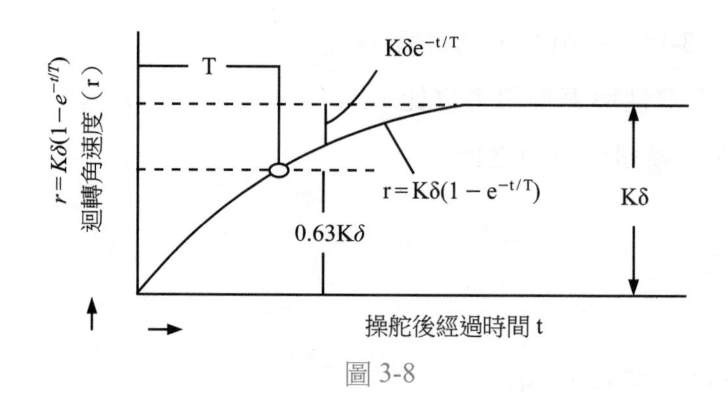

圖 3-8

（2）迴旋性指數K

此為表示迴旋運動之最大角速度大小之要素。即為表示操舵後，船最後究以何角度迴轉之衡量標準。從式（3-15′）之右邊第 1 項及圖 3-8 可知，K 值愈大則迴旋角速度愈大，迴旋性佳。如式（3-14′）與式（3-14）之比較所述，K 為表示迴旋力。

如上所述，操船時，船的性質受追隨性及迴旋性所支配，二者之關係為 K/T= 迴旋力／慣性，故具有相反的性質。若將船之操縱性，依 K、T 予以分類，則可如圖 3-9 分為下列 4 種類型比較之：

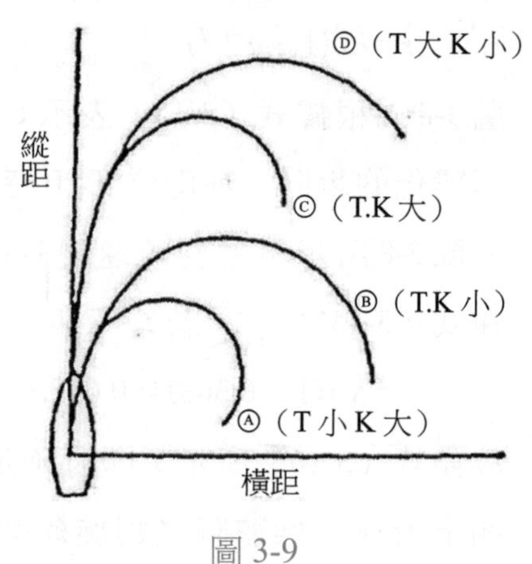

圖 3-9

①追隨性與迴旋性皆優的船。

②追隨性優但迴旋性劣的船。

③迴旋性優但追隨性劣的船。

④追隨性與迴旋性皆劣的船

2. 操縱性指數之值及其求取方法

船之操縱性指數 T、K 之值，除依船之大小、排水狀態、船型外，另依舵角、速力及水深等環境條件而有不同。故 T、K 值必須以迴旋及操縱性實驗，按船之狀態及條件求出。野本氏根據 Z 型試驗，求取操縱性指數 T、K 之值。圖 3-10 及 3-11 為野本氏之實驗結果，用以表示 T、K 值之一例。圖中將 T（單位 sec）、K（單位 1/sec），作如下處理使其無因次化。

$$\left.\begin{aligned} K' &= K(L/V) \\ T' &= T(V/L) \end{aligned}\right\} \qquad (3\text{-}17)$$

式中　L：船長（m）

V：船速（m/sec）

無因次化後的船舶操縱性指數 K'、T' 由於已經除去船舶尺度與航速的影響，故可直接用來比較不同船舶或同一船舶在不同條件下的操縱性優劣及其變化趨勢。相對而言，當兩船 K、T 值相等時，欲使其操縱性能也相同，則其船長與船速亦應相同。

對於具備一般的操縱性能的船舶，在滿載狀態下的 K'、T' 值應在下列數值範圍之內：

滿載貨船（L:100～150m），$K'=1.5\sim2.0$, $T'=1.5\sim2.5$。

滿載油輪（L:150～250m），$K'=1.7\sim3.0$, $T'=3.0\sim6.0$。

在實際操船艸，每一船舶在不同裝載和舵角條件下的 K'、T' 數值大小，可從船舶的操船資料中查取。倘無該項之船舶可透過實船Z型試驗測定，下表 3-3 為部分船舶操縱性指數 K'、T' 值實測數據。圖 3-10 中為舵角 10°～15°時之情形，橫軸 $C_b/L/B$ 之 C_b（方塊係數）對迴旋性具有重要關係，L（船長）與 B（船寬）之比對航向之穩定性有影響，而以 $C_b/L/B$ 來代表船型。由圖可知，肥胖型船之 T 較大，而追隨性較差，瘦細型船之 K 較小而迴旋性較差。

表 3-3　部分船舶操縱性指數 K'、T' 值實測數據

船型	裝載	$L\times B\times d\times D$	$\Delta(t)$	航速（kn）	K'	T'	Z型試驗／舵角
貨船	壓載	152 × 20.6 × 4.02 × 12.7	8828	17.2	0.74	0.64	15°
貨船	半載	150 × 20.5 × 7.05 × 12.9	13840	18.5	1.00	1.22	10°
貨船	滿載	157 × 19.6 × 8.25 × 12.5	16000	17	1.29	1.48	10°
貨船	滿載	133 × 18.6 × 8.10 × 10.4	15160	14.5	1.69	2.77	10°
油輪	滿載	276 × 43 × 16.5 × 22.2	162000	16.5	3.2	6.2	10°
油輪	滿載				1.6	2.8	15°
油輪	滿載				1.3	1.9	20°
油輪	滿載	192 × 26.5 × 10.4 × 13.9	43100	16	1.7	3.44	10°
油輪	滿載	154 × 20.0 × 9.02 × 11.5	20583	12	2.3	3.0	10°
小客船	–	80 × 13.4 × 3.88 × 6.25	2325	17	0.95	1.65	20°
渡船	半載	111 × 17.4 × 4.78 × 6.8	5370	14.5	1.44	1.51	15°
巡邏艇	–	51.5 × 7.7 × 2.73 × 4.5	534	13	1.66	1.62	10°

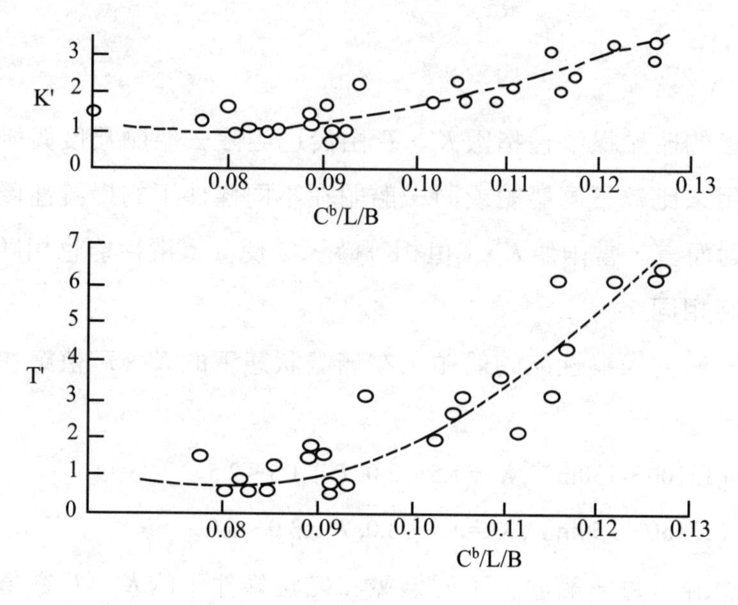

圖 3-10

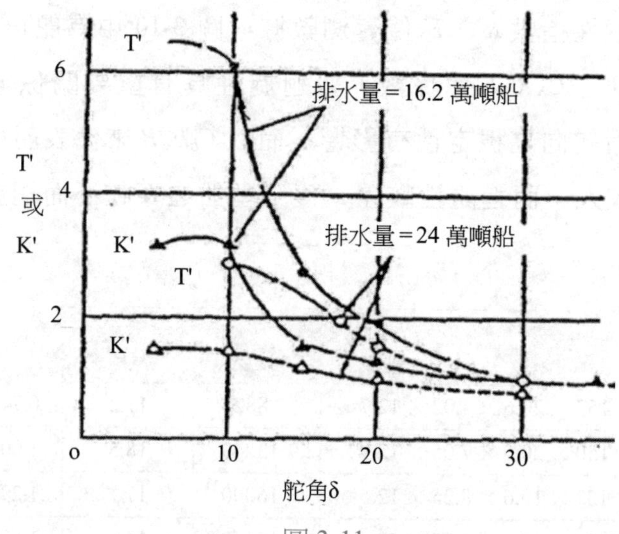

圖 3-11

3. 影響K'、T'數值之因素

船舶操縱性指數K'、T'值，將隨舵角、吃水、吃水差、水深與吃水之比、船體水下線型等因素的變化而變化，且其規律較為複雜，但一般而言，具有如下表 3-4 所列之趨勢。

從上表中可看出，船舶K'、T'值是同時減小或同時增大，即提高船舶迴旋性的結果將使其追隨性受到某種程度的降低，而追隨性的改善將導致迴旋性的某些降低。值得注意的是當舵角增加時，K'、T'值同時減小，但T'值減小的

表 3-4

影響因素	舵角增加	吃水增加	艉傾增加	水深變淺	船型愈肥大
K'、T' 變化	同時減小	同時增大	同時減小	同時減小	同時增大

幅度要比 K' 值減小的幅度大，因此船舶的舵效反而變好。

諾賓指數（Norbine）指數，亦稱 P 指數，亦可用來反映船舶的初始迴轉性能。

$$P=\frac{K'}{2T'}=\frac{1}{2}\times\frac{V^2}{L^2}\times\frac{K}{T}$$

P 指數乃指操舵後船舶移動 1 倍船長時，單位舵角引起的迴轉角大小。P 值愈大，船舶初始迴轉性能愈好。操舵後，初始階段的舵效亦較好。

三、航向穩定性與舵效

船以固定的航向航駛時，乃希望不會受風或波浪等外力的作用偏離航向，俾能向前直進，而即使在受外力干擾致偏離航向，於外在干擾消除後即能迅速停止迴轉。

船於正舵直進航行中，受到外力干擾而稍離航向後，若外力迅即消失，則迴轉力矩對船體作用的程度，以及作用的結果，迴轉消長的情形，其有關的性質，稱為船的航向穩定性（Course Stability）或方向穩定性（Directional Stability）。在一定的航向穩向前進時，航向穩定性好的船，即使不頻繁用舵也易於保持航向，而於改變航向時，用舵後能迅速迴轉，舵效良好。

1. 靜航向穩定性與不穩定力矩

如圖 3-12，船於受外在干擾而稍離航向時，若設重心仍在原航向上作斜航前進，則姿勢角（β）是否逐漸變大的性質，稱為靜航向穩定性（Statical Course Stability）。

若將姿勢角及繞垂直軸之力矩（N）如圖附以符號，則：

$\frac{\partial N}{\partial \beta}>0$ 時 …………………………………………… 靜航向穩定

$\frac{\partial N}{\partial \beta}<0$ 時 …………………………………………… 靜航向不穩定

斜航時之迴轉力矩，在其 β 之範圍內，雖如圖 3-13 所示之一例，但由於經常係不穩定力矩，故船經常係靜航向不穩定，其不穩定的程度，於當艏俯時，

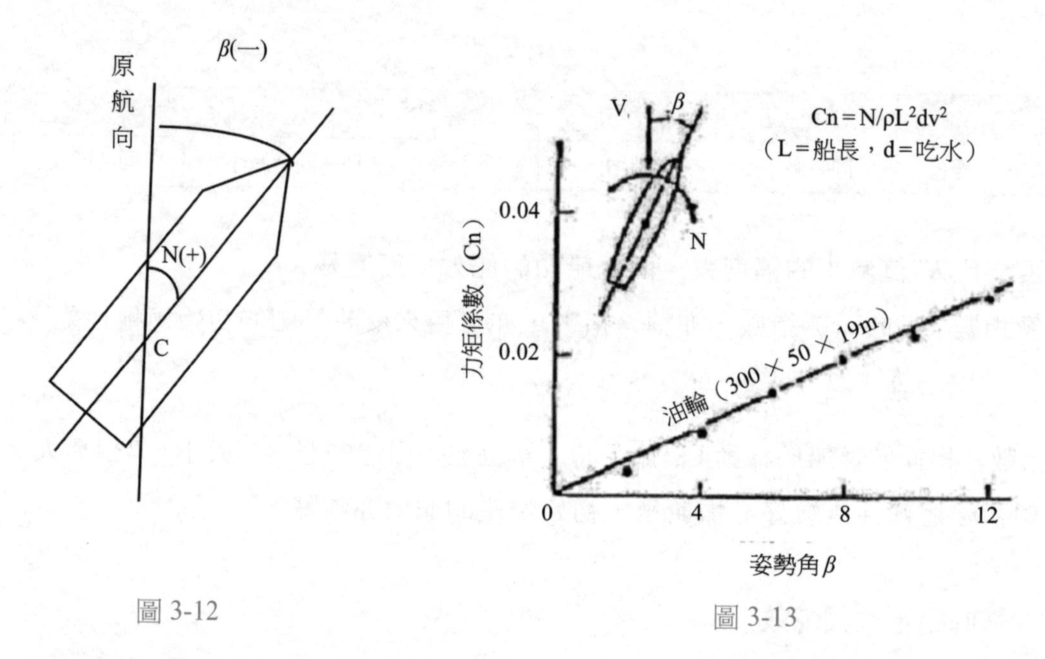

圖 3-12

圖 3-13

船體側面積之形狀愈多分布於船艏的情況下，其不穩定的程度愈有增加之傾向。

2. 動航向穩定性與舵效

船於航行中，受外力干擾而偏離航向，實際上已離開原航向。在此種的情況下，於外力消除後，在不用舵下，或隨即穩定於新航向，或繼續偏離原航向。有關此種性質稱為動航向穩定性（Dynamical Course Stability），前者稱為動航向穩定，後者稱動航向不穩定。

一般所稱航向穩定性係指動航向穩定性，航向不穩定船，為求保持航向必須不停的操舵，為其缺點。

於前述式（3-14）中，設舵角 $\delta=0$，得：

$$T\dot{r}+r=0 \qquad (3\text{-}18)$$

解此特解方程式，則：

$$r=Ce^{-t/T} \qquad (3\text{-}19)$$

上式為表示在正舵進行中，因外力干擾偏離航向，於外力消除時之迴旋角速度。式中 C 為受外力作用時之起始角速度，式（3-19）為表示此起始角度變化之情形，由該式：

$T>0$ 時 r 衰減 …………………………………… 航向穩定

$T<0$ 時 r 增加 …………………………………… 航向不穩定

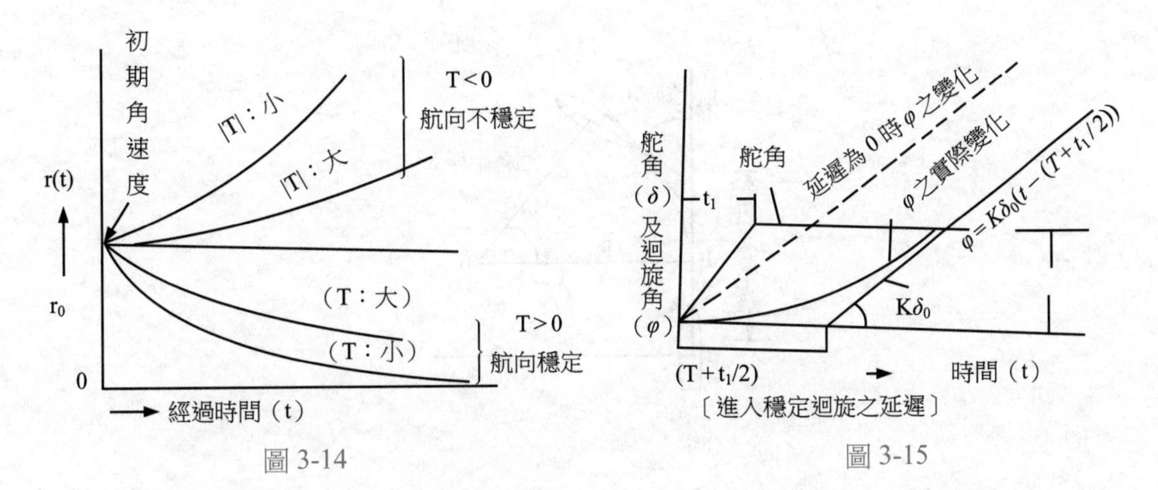

圖 3-14　　　　圖 3-15

又如圖3-14所示，由操舵性指數 T 是正或負，以及值之大小，可判別航向穩定性之良否。式（3-19）中，$T>0$ 時，若 T 值愈小，則 $e^{-t/T}$ 愈快減小，r 之衰減快，使航向愈快穩定。此與在式（3-15）時所述到達迴旋角速度所需時間較短，完全相同。而所謂航向穩定性佳，係指對操舵能快速追隨，亦即舵效良好之意。故航向穩定性好的船，舵效良好，易於維持預定航向，其定向性（Course Keeping Quality）較優。

3. 舵效與操船要素

在穩舵或操船的初期，船在反應上，對於舵之追隨性能一般都具有支配性的功能。在此擬就受舵效所支配的操船要素，舉例說明之。

（1）迴旋進入距離（Reach）

以舵角零度直進航行中，如圖3-15所示，若設以操舵時間 t，操至舵角 δ，則在操舵開始後任意時刻 t 之迴轉角 ϕ，以式（3-14）解之，可得如下：

$$\phi_1(t)=K\delta\left\{t-\left(T+\frac{t_1}{2}\right)+\frac{T_2}{t_1}\left(e^{\frac{t_1}{T}}-1\right)e^{-t/T}\right\} \quad (3\text{-}20)$$

在此式中若操縱性指數 T，K，舵角 δ_0，操舵時間 t_1 為已知，則可求出於 t 時間後之迴轉角 $\phi(t)$，其變化為如圖3-15所示。當時間經過後，式（3-20）的 $e^{-t/T}$ 將接近於0，故：

$$\phi(t)=K\delta_0\left\{t-\left(T+\frac{t_1}{2}\right)+0\right\} \quad (3\text{-}21)$$

而達於穩定狀態。

若將此種情形與假設操舵後迅速即進入穩定迴旋，「延遲為零」之情形相較，則僅有式（3-21）中於 $\phi=0$ 時 t 值之延遲。

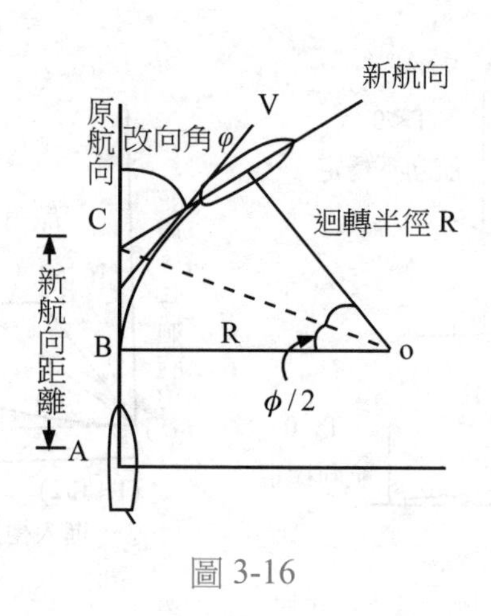

圖 3-16

$$t=T+\frac{t_1}{2} \quad \cdots\cdots (3\text{-}22)$$

此一時間延遲稱為迴旋時間延遲（Turning Lag），相當於舵效，此與後述迴旋運動軌跡圖，如圖 3-16 所示一樣，以長度（距離）表示稱為Reach，可用下式表示：

$$D_r=V\left\{T+\frac{t_1}{2}\right\} \quad \cdots\cdots (3\text{-}23)$$

航向穩定性差（T 大的船），由式（3-23）迴旋進入距離（D_r）大，而使開始迴旋的延遲變大。

（2）新航向距離（Distance to New Course）

船以某航向進行中，要改變航向時，係於轉舵後在接近新航向的適當時機「回舵」，「當舵」穩於新航向上。在此種情形上，從轉舵迄至進入新航向之延遲距離，亦即圖 3-16 所示從轉舵位置沿原航向量至新舊航向交點間之距離，稱為新航向距離。此為改變航向之際，決定開始用舵地點必要之要素。

由圖之記號，新航向距離可以下式近似之：

$$\overline{AC}=\overline{AB}+\overline{BC}=D_r+R\tan\frac{\varphi}{2} \quad \cdots\cdots (3\text{-}24)$$

若將（3.23）式代入上式，則：

$$\overline{AC}=V\left(T+\frac{t_1}{2}+\frac{1}{K\delta}\tan\frac{\varphi}{2}\right)\text{（近似式）} \quad \cdots\cdots (3\text{-}24')$$

式中：δ 為弧度角，$1°=1/57.3$。定常迴轉圈半徑 $R=\frac{V}{K\delta}$。

〔V 為切線速度（m/Sec），$R=\frac{V}{K\delta}$，或 $R=\frac{L}{K'\delta}$〕

$$K'=K(L/V)\text{，}K=\frac{K'}{L/V}\text{，}T=\frac{T'}{V/L}$$

$$R=\frac{V}{\frac{K'}{L/V}\delta}=\frac{VL/V}{K'\delta}=\frac{L}{K'\delta}$$

新航向距離亦受到迴旋性所影響，迴旋性愈好的船愈小。

〔例題〕某油輪船長200公尺，船速$V_S=16$節時，操20°舵角到位需時10秒，追隨性指數$T'=2.0$，迴旋性指數$K'=2.4$，則該船操20°舵角，當航向改變60°時的新航向距離為多少？

〔解〕$\overline{AC}=\overline{AB}+\overline{BC}=Dr+R\tan\frac{\phi}{2}$

$$AC=V(T+\frac{t_1}{2}+\frac{1}{K\delta}\tan\frac{\phi}{2})$$

$t_1=10\text{Sec}$，$\delta=20/57.3$，$\phi=60°$，$V_S=8.22\text{ m/Sec}$

$$K=\frac{K'}{L/V}=0.0986\text{，}T=\frac{T'}{V/L}=48.66$$

代入得

$$AC=8.22(48.66+5+\frac{57.3}{0.0986\times 20}\cdot 0.57735)=579\text{m}$$

(3) 回舵與迴轉惰性

為改變航向做操舵迴轉時，亦即將進入新航向前回舵，在進一步以擋舵作小調整以穩住航向。回舵之時機，需視迴轉角速度，該船之航向穩定性等憑經驗予以把握而操作之。於操舵迴轉中，將舵回至正舵（$\delta=0$）時，則其後之迴轉惰性，由式（3-15）或式（3-19）為：

$$r=Ce^{-t/T}$$

若設回舵前之迴轉角速度為ϕ_0，則：

$$r=\phi_0 Ce^{-t/T} \quad \text{（3-25）}$$

自回舵迄時間t後迴轉停止之迴轉角，可將3-25式積分之而得：

$$\psi=[\phi e^{-t/T}]_0^t\cong\phi_0\times T \quad \text{（3-26）}$$

T值大，航向穩定性不佳的船，從式（3-26）可知迴轉慣性（ψ）值大，故有必要及早回舵。

4. 對定向性之影響要素

欲使船的定向性（Course Keeping Quality）或追隨性良好，一如迄至目前所述須使式（3-14）中表示追隨性之指數（T）減小，而使航向穩定性良好及對迴轉所致水的阻力增加。茲將對定向性之主要影響因素，列舉如下：

（1）船型

船型對船的迴旋阻力、迴轉慣性影響甚大，能左右船的定向性。

與船寬相較，船的長度愈長而瘦（L/B 值大），C_b 小的船，其定向性愈佳。（參考圖 3-10）

水線下的船體側面形狀，於船艉部面積愈大者，其定向性愈佳。若使船艏Cut Up則定向性佳，若船艉Cut Up，則定向性差。船艉力材（Dead Wood）對改善定向性亦有幫助，力材愈大則愈佳。

（2）船的狀態

若改變船的排水狀態，或改變吃水差，則與(1)改變水線下船體形狀的情形一樣，會影響船的定向性。圖 3-17 為巨型船穩向操舵（穩舵）紀錄之一例，用以比較輕載與滿載時穩舵所用之舵角。輕載時最大操舵為 4°左右，滿載時所操舵角則超過 10°。輕載時為艉俯，定向性較佳，但於滿載時約近縱平浮（Even Keel），定向性差。

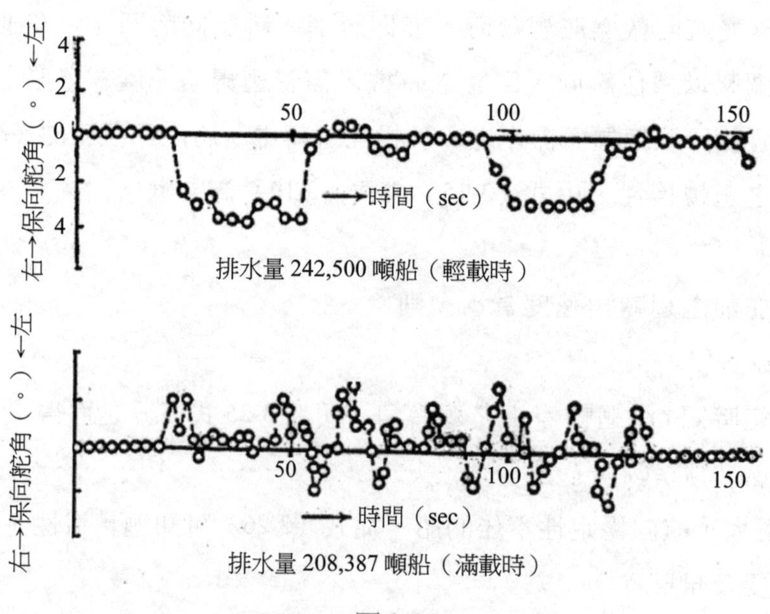

圖 3-17

（3）船的速力

若將操縱性指數如式（3-17）予以無因次化來表示，則亦如圖 3-18 所示，同一船約為定值。從式（3-17），追隨性指數為：

$$T=T' \times \frac{L}{V}$$

所以，若設同一船之 T' 及 L 為一定，則 T 與速力 V 成反比。亦即，船速愈大，操舵延遲時間 T 愈小，定向性愈佳而提高舵效。若推進器之 Slip 增加亦會提高舵效。

（4）舵角

如圖 3-11 之一例所示，若舵角增加，則表示追隨性之指數 T' 將減小。亦即當舵角增加時舵效將提高。此外，肥胖型船如圖 3-18 所示，於小舵角時航向不穩定，故有些船，於用舵後不向用舵方向迴旋，反而向相反方向迴轉。巨大型船亦有此種性質，故於操舵時，有必要使用充分超過該範圍的舵角。

（5）其他

定向性（亦即舵效）會受環境影響之影響，水淺時定向性提高，水流或浪由後方來時，定向性變差等，這些都會受環境條件所影響。

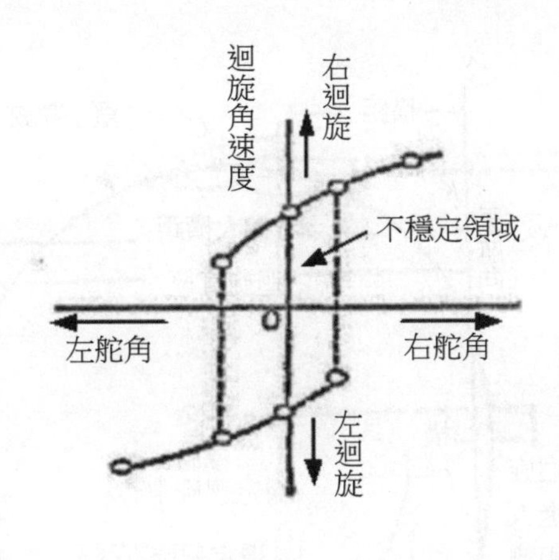

圖 3-18

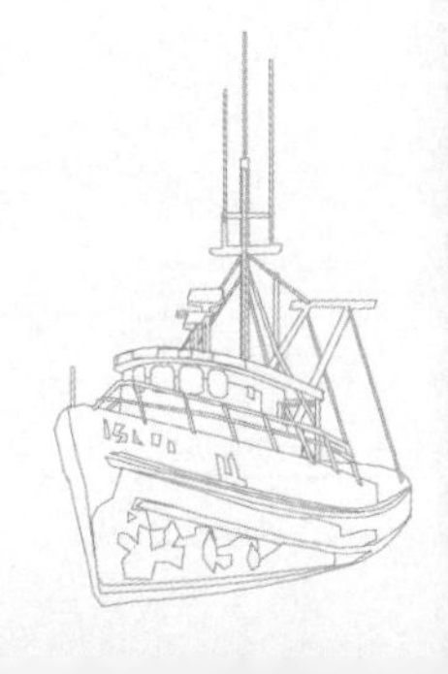

四、迴旋運動

1. 迴旋運動之過程與迴旋性

船從正舵直進航行狀態，若給予相當的舵角如滿舵 35° 後維持不變，則船將一面迴轉而作如圖 3-19 所示之曲線運動。此種運動廣義來說，即所謂船的迴旋運動（Turning Motion of Ship）。當船舶全速前進，操舵自中線轉至右滿舵（$\alpha=35°$），則船舶因轉向做迴轉運動，其過程可分為初期迴轉、不穩定迴轉及穩定迴轉等三階段，並使船舶產生偏移、船速降低和傾斜等三種現象。（參閱圖 3-19-1，3-19-2）

（1）初期迴轉－偏移現象（第一階段）

當操右舵至舵角（α）時，因舵面受到水流衝擊及船身受水壓推動致產生迴轉力矩（M）作用，將使船艉向迴轉中心之外側擺移而船艏則向內側移動。此時船舶重心（G）受轉舵力（$P_n \cdot \cos\alpha$）之作用，船體不但不應舵轉向，反而沿用舵之反側偏離原航線，須經相當時間或行駛相當距離後，始能迴轉調頭，此偏離原航線移動現象稱為偏移（Kick）。如圖 3-19-1 所示，此項偏移實乃因初期迴轉時，船舶重心受舵力作用，致偏流角（Drift Angle）變動不定之故。

(A)Kick 對操船上有利之情形：

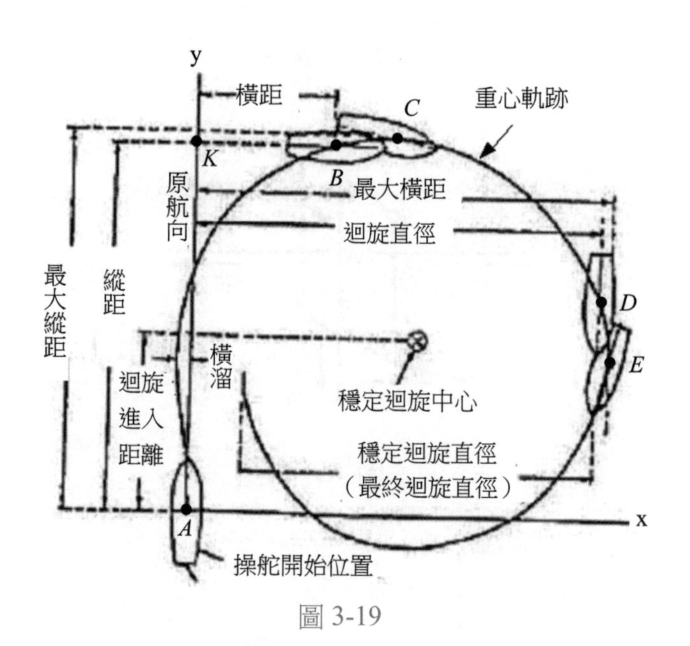

圖 3-19

①航行中欲避開前方近距離之障礙物，須在距離 3～4L 以上時，即行轉舵較為安全。否則需用急滿舵，讓障礙物越過船艏，在反轉用舵，使船艉 Kick Out 以迴避之。

②航行中人員落水時為避免船艉推進器傷害落水者，應作滿舵至人員落海一側，使船艉 Kick Out 以策安全。

③他船在河岸靠泊時，本船從旁近距離通過，此時可急速作滿舵，使本船船艉 Kick Out 以避免碰撞之虞。

④船舶於起錨後或繫浮筒解纜後，可利用Kick Out，以避開浮筒。

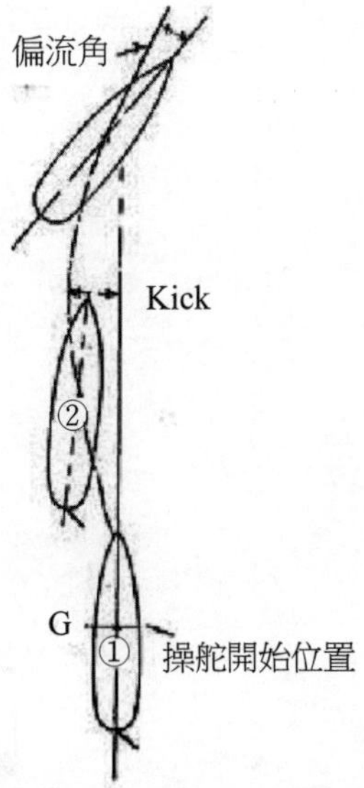

圖 3-19-1　迴轉時之偏移

⑤當靠泊或離泊時，操船作業中若船舶之靠離態勢弄亂，即艏過份接近而艉偏離太遠，或變成相反型態，致有陷入危險境界時，可利用Kick Out 以滿舵及快短俥糾正之。

(B)Kick 對操船上不利之情形

①船舶出港時，通過停靠碼頭之他船，若使用快俥大舵角，則船艉因 Kick 作用，常導致俥舵碰觸碼頭或他船之虞。

②本船與他船互相追越時，當本船使用大舵角轉向迴避他船，往往因本船船艉急遽地發生Kick Out，而造成碰撞之危險。

（2）不穩定迴轉－減速現象（第二階段）

當船舶迴轉至20°左右不再偏移，而重心向內彎曲移動，此時由於舵阻礙水流所形成之拖力（Drag），及船運動方向與船艏線夾成之偏流角（δ）所致，使前進阻力（R）增大，相對地俥葉推進力（T）卻減低，結果在迴轉中之船速不斷遞減，船舶之船跡亦逐漸成圓形迴轉運動。

依據迴轉運動力學，船迴轉時由於舵壓力、水壓力及離心力等作用，而產生迴轉力矩，如圖 3-19-2 所示，舵壓力在 B 點之力矩為 $P_n \cdot \cos\alpha \cdot \overline{GB}$，水壓力係因偏流角（$\delta$）造成之阻力（$R$），作用於轉心（$E$）點之力矩為 $R \cdot \sin\beta \cdot \overline{GE}$，而離心力（$w/g \cdot v^2/\rho$）則作用於重心（$G$）點。

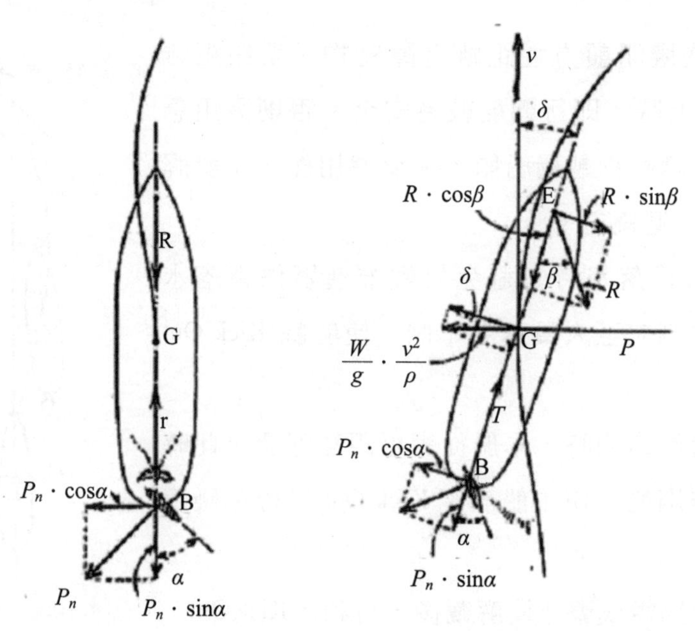

圖 3-19-2　迴轉運動力分析

船舶開始迴轉時，由於偏流角所產生之船體前進阻力（$R \cdot \cos\beta$），以及舵壓力所形成之拖力（$P_n \cdot \sin\alpha$），使船速開始減低，繼續迴轉時，此項阻礙前進力逐漸增大，船速隨著繼續下降。一旦偏流角成為定值後，船速也保持穩定而不再遞減，此時船舶將循其重心軌跡而作迴轉運動，其方程式如下：

$$\frac{w}{g} \cdot \frac{dv}{dt} \cdot \cos\delta = -\frac{w}{g} \cdot \frac{v^2}{\rho} \cdot \sin\delta - R \cdot \cos\beta - P_n \cdot \sin\alpha + T \quad (1)$$

$$\frac{w}{g} \cdot \frac{dv}{dt} \cdot \sin\delta = \frac{w}{g} \cdot \frac{v^2}{\rho} \cdot \cos\delta - R \cdot \sin\beta + P_n \cdot \cos\alpha \quad (2)$$

式中迴轉外側移動為（+）。

$$\frac{i}{g} \cdot \frac{d^2\phi}{dt^2} = -R \cdot \sin\beta \cdot \overline{GE} + P_n \cdot \cos\alpha \cdot \overline{GB} \quad (3)$$

上述諸式中：

w：船之排水量附加質量。

I：過點之垂直軸慣性力矩。

g：重力加速度。

ρ：迴轉半徑。

δ：偏流角。

ϕ：船之迴轉半徑。

R：船之前進阻力

T：俥葉之推進力。

P_n：舵角 α 之直壓力。

v：穩定迴轉中之圓周速度。

上列第(3)式之右邊第一項於開始運動時為（+），俟迴轉角速度增加後，則迴轉半徑變小。又離心力增加時，第(1)式之右邊第一～三項數值表示前進阻力亦增加，船速受阻力之影響而逐漸減低。

（3）穩定迴轉－傾斜現象（第三階段）

當偏流角、偏移、船速、外向傾斜角、迴轉半徑均成定值後，船舶即循其重心軌跡，而作圓周迴轉運動，此狀態稱為穩定迴轉階段。船舶迴轉時，有下列三種作用力使船體產生傾斜情形，依圖 3-19-2 及 3-19-3 所示，說明之：

①向心力～作用於 G 點，使船體向外側傾斜之作用力為 $w/g \cdot v^2/\rho \cdot \cos\delta$。

②舵壓力～作用於 B 點，使船體向外側傾斜之作用力為 $P_n \cdot \cos\alpha$。

③水壓力～作用於 E 點，使船體向內側傾斜之作用力為 $R \cdot \sin\beta$。

上述三種作用力，在迴轉初期，向心力、舵壓力與水壓力成相對作用，

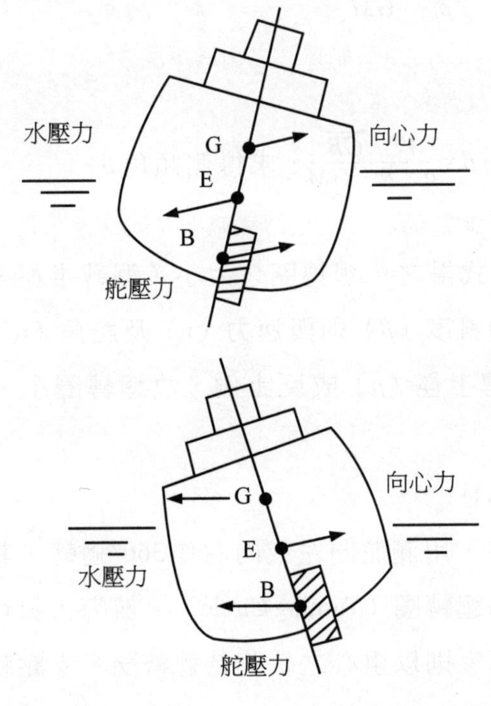

圖 3-19-3　迴轉時，先向內傾斜後向外傾

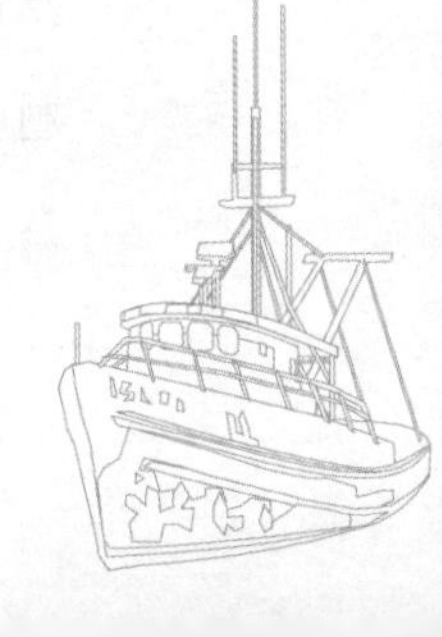

首先船體向舵迴轉舷（即內側）傾斜。迴轉繼續，其向心力在重心 G 起作用與水壓力成為力偶，超過舵壓力時，船體即由內側傾斜逐漸呈直立狀態，然後改變為向外側傾斜。例如新型快速貨櫃船，因甲板貨櫃及建築物多，離心力增加，故當快速航行中作迴轉，其傾斜角可達15°之多。

今再就穩定迴轉時，船體向外側傾斜，加以討論。依上述第(3)式可知舵壓力和水壓力之迴轉力矩相等，而且角速度或離心力均保持定值，假設加速度為零，則運動方程式分別如下：

$$T=\frac{w}{g}\cdot\frac{v^2}{\rho}\cdot\sin\delta+R\cdot\cos\beta+P_n\cdot\sin\alpha \quad (4)$$

$$\frac{w}{g}\cdot\frac{v^2}{\rho}\cdot\cos\delta+P_n\cdot\cos\alpha=R\cdot\sin\beta \quad (5)$$

$$P_n\cdot\cos\alpha\cdot\overline{GB}=R\cdot\sin\beta\cdot\overline{GE} \quad (6)$$

解(5)和(6)式消去 $R\cdot\sin\beta$，得迴轉半徑：

$$\rho=\frac{w\cdot v^2\cdot\cos\delta}{g\cdot P_n\cdot\cos\alpha\left\{\frac{\overline{GB}}{\overline{GE}}-1\right\}} \quad (7)$$

設向外側傾斜角為 β，可用下列近似公式表示之：

$$\therefore \sin\beta=0.268\cdot\frac{v^2}{\rho}\cdot\frac{h}{GM} \quad (8)$$

式中　h：舵壓力中心至船體重心之垂直距離（m）。

GM：定傾高度（m）。

亦可由式 $\tan\beta=\frac{V^2\cdot\overline{GB}}{g\cdot R\cdot GM}$，求得側傾角 β。

式中，V：切線速度m/sec，R：定常迴轉半徑，g：重力加速度（m/sec^2）

分析(7)、(8)式得之，迴轉圈之大小（迴轉半徑）與船速有密切關係。但船體向外側傾斜度（β）則與速力（v）及舵角（α）成正比，而與定傾高度（GM）及迴轉半徑（ρ）成反比例，故迴轉圈小、速力快之船舶，其傾斜度較大。

2. 迴轉圈（Turning Circle）

船舶以定速前進時，用滿舵向左或向右作360°迴轉，其船身運動之航跡大致為曲線圓，稱之為迴轉圈（Turning Circle）。航海人員均以迴轉支點之軌跡為迴轉圈，而造船學家則以重心之軌跡為迴轉圈。支點軌跡之迴轉圈較重心者為小，但船艉之軌跡圈為最大。

(1) 迴轉圈之專用名詞(參閱圖 3-19、圖 3-19-1、圖 3-19-2)

①縱距(Advance)

自開始操舵迴轉至某一艏向為止，在原航向上所達之距離，稱為縱距，又名前進距離。如圖中 *AK* 為 90° 之縱距，Max advance＝3～5L，一般船隻迴轉 90°所需之時間約為 2 至 3 分鐘。

②橫距(Transfer)

船體迴轉至某一艏向時，其迴轉重心與原航線垂直之距離，稱為橫距(亦稱 Side Reach)。如圖中 BK 為 90° 之橫距，Transfer at 90°＝2*L*。

③迴轉直徑(Tactical Diameter)

當船體迴轉 180° 之橫距，通常等於最大縱距，約為 4*L*，常較前進距離稍大，亦稱為戰術直徑。

④最終直徑(Final Diameter)

當船體繼續作迴轉運動至軌跡已幾乎成圓形時，此平穩迴轉之直徑謂之最終直徑。

⑤偏流角(Drift Angle)

迴轉圈上任一點之切線與艏尾線間所形成之夾角。因偏流角產生Kick，致迴轉直徑必大於最終直徑。偏流角 δ 約為 $(L/C) \times 180°$，*C* 為迴旋圈，*L* 為垂標間距。

⑥迴轉支點(Pivot Point)

當船體於前進迴轉時，船艏向內而船艉向外，其中有一點保持不動，此點稱為迴轉支點，又名轉心。如圖 3-22 中的 *P* 點。

⑦新航向距離(Head Reach 或 Distance to New Course)

船於航行中改變航向時，由原航向之航路上開始轉舵處至新舊航路交點間之距離。

(2) 迴轉支點及偏流角

當船在迴轉中，其艏艉線與迴轉圈(重心軌跡)上任一點之切線偏斜成角度，此角度即為偏流角。偏流角以船艉 *B* 點為最大，向艏移動逐漸遞減，至 *P* 點(轉心)等於零，如再繼續向前，則 *u* 流角反而遞增，故此偏流角等於零時 *P* 點即所謂迴轉支點。換言之，迴轉運動中船之航跡軌跡道，其切線速度分為前進速度 u 與橫向速度 v，但前進速度 u 在船體任何位置均為同值，而橫向速度 v 隨位置不同而異，其中速度 v 為零時之點，此點即是迴轉支點。操船者將發現當船舶用舵迴轉時，船艏必依用舵一舷向內偏轉，而船艉則向外偏轉，此時在船之艏艉線上必有點保持不動，該點即為迴轉點（Pivot Point）。船一經用舵，則舵所生之力，除將給予船一繞其垂直之軸之迴轉力矩外，亦給船一項側面作橫移動之力及對前進運動之阻力。於一開始用舵時，並不馬上迴轉，而是一面稍向用舵的反方向作橫向滑動，一面前進。但此一期間極為短促，隨著舵角之增加，一會兒即開始迴轉。其間，船重心之軌跡如圖所示向原航向的外側偏出。不久，隨著船斜航運動所致流力作用之增加，迴轉逐漸增加，船再度越過原航向而向用舵的一側快速的偏位迴旋。

如此，隨著迴轉的增進，對水流之漂流角（Drift Angle）亦增加，船速隨著減低，終將達到對應於舵角之穩定迴旋角速度，漂流角及船速，並繞一固定中心點迴旋，形成一固定之圓軌跡。如此，迴旋發展到穩定狀態後之運動稱為穩定迴旋運動（Steady Turning Motion），大約於離開原航向 90° 迴轉時達成。進入此穩定迴旋運動之性質稱為迴旋性能，有別於前述之追隨性（或航向穩定性）。而自進入此運動後之迴轉角，如前述可用式（3-15）表之，與 $K\delta_0$ 成正比。又進入穩定迴旋後之迴轉角速度由式（3-21）可得：

$$r \equiv \dot{\phi} = K\delta \quad \cdots\cdots (3\text{-}27)$$

故與表示迴旋性之指數（K）成正比。因此，K 值愈大，則對迴旋所生船體阻力愈小，迴旋力愈大，迴旋性愈佳。此進入穩定迴旋運動後之迴旋性，在操船上，例如為避碰或避免擱淺，需要儘快以大角度迴轉時，或為符合軌跡圓之直徑小的要求時，特顯其重要之性質。然而，此迴旋性能，與前述定向性（追隨性），在根本上為不同的性質，所以如圖 3-20 所示，一般的船若定向性佳則迴旋性差，相反的，若迴旋性佳則定向性差。彼等之關係，如圖 3-21 所示具有其各自特徵之運動軌跡。

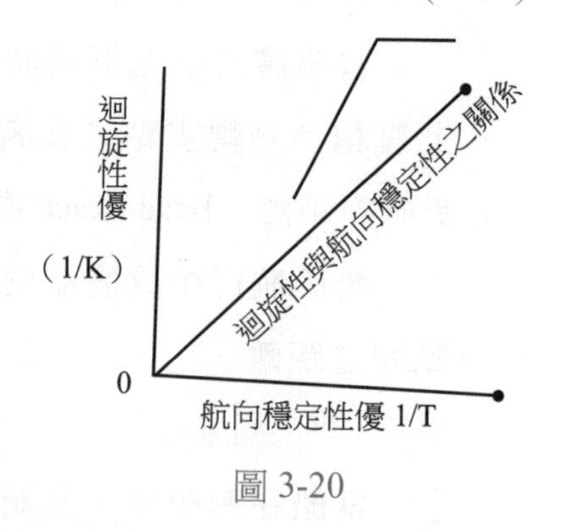

圖 3-20

3. 迴旋運動之構成要素

（1）橫溜（Kick）

如圖 3-19 所示，船轉舵後剛開始會從原航向，朝轉舵的另一邊偏去，其偏位量稱為橫溜。這是基於轉舵後，舵力之橫分力及船體周圍水流的變化而引起之流力作用，隨著船速、舵角、操舵速度、排水狀態及船型等而有不同。亦即船速、舵角及操舵速度愈大，橫溜愈大，而對船體橫移之阻力愈小的船型或輕載狀態等情況，由於會導致舵力增大或橫移增大，所以橫溜也愈大。

通常橫溜係指船體重心之偏位量，其最大值位於滿舵大約船長之 1/100 左右，此為迴轉達於圖 3-19-1 ②點前後時達於最大。因此，船艉從原航向偏出的量，有可能達船長之 1/5～1/10。因此在操船有下列之措施：

①航行中有人員落水時，為防捲入船艉推進器之危險，立即朝落水之一側轉舵，使船艉 Kick Out，以保落水者之安全。

②於突然發現前方非常近的距離有障礙物，為急速迴避，迅即以滿舵迴轉，以使障礙物離開船艏。而於估計船艉已能避開障礙物再度時舵反轉，以使船艉 Kick Out 避免碰撞。等應伺機妥當地利用或控制橫溜之作用。

（2）迴旋進入距離（Reach）

船於直進航行中，即時轉舵，船不會馬上進行迴避，如前所述，會像圖 3-19 所示，於直進航行後才進入迴旋運動。在此期間中之「延遲距離」與舵效有直接的關係，可用式（3-23）表示之。該值通常為船長之 1～2 倍之範圍，其與船長之比例亦稱為迴旋舵力係數，為衡量舵效之一種標準。

（3）縱距、橫距與迴旋直徑

船自開始轉舵後沿原航向所測的航行距離稱為縱距（Advance），係指如圖 3-19 所示，迄至原航向迴轉 90°時之縱距稍大。

另一方面，轉舵後，對原航向之橫偏位距離，稱為橫距（Transfer），與縱距之情形一樣也是特指迴轉 90°時之橫距。而迴轉 180°時橫距，稱為迴旋直徑（Tactical Diameter），離原航向最遠時之橫距，稱為最大橫距（Maximum Transfer）。而達於迴旋之軌跡圖之直徑，稱為穩定迴旋直徑或最終迴旋直徑（Final Diameter）。

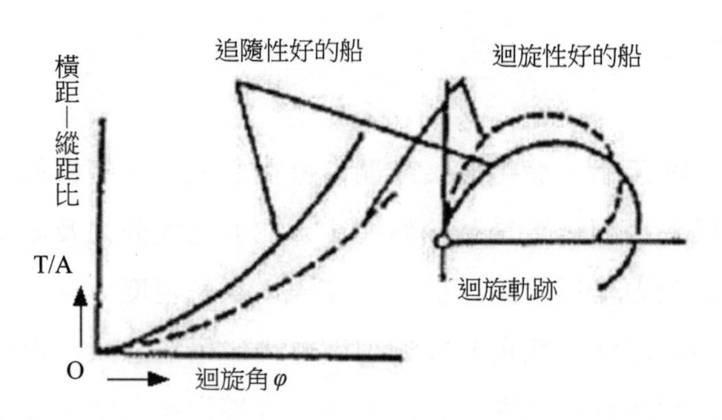

圖 3-21

縱距與橫距之大小，與舵效亦即操縱性及迴旋性有密切的關係，為衡量操縱性與迴旋性的一種標準。茲設操舵後之橫距與縱距比（Transfer Advance Ratio）為 T/A，如圖 3-21 所示，在迴旋初期，與迴旋角（ψ）增加的同時，T/A 亦急速增加，此種情形於追隨性（操縱性）愈好的船，愈快發生。亦即對縱距（A）而言，橫距（T）愈大，操縱性愈佳。相反的，愈小時，迴旋性愈佳。

（4）樞心（Pivoting Point）

船於作迴旋運動時，船本身迴轉的中心稱為樞心（Pivoting Point）。如圖 3-22，茲設迴旋運動中心為 M，自 M 做艏艉線之垂線 MP，其垂足為 P，G 為重心，則該各點之切線速度可如下表示之：

$$\left.\begin{aligned} V_S &= \dot{\phi}\overline{MS} \\ V_g &= \dot{\phi}\overline{MG} \\ V_S &= \dot{\phi}\overline{MP} \end{aligned}\right\}$$

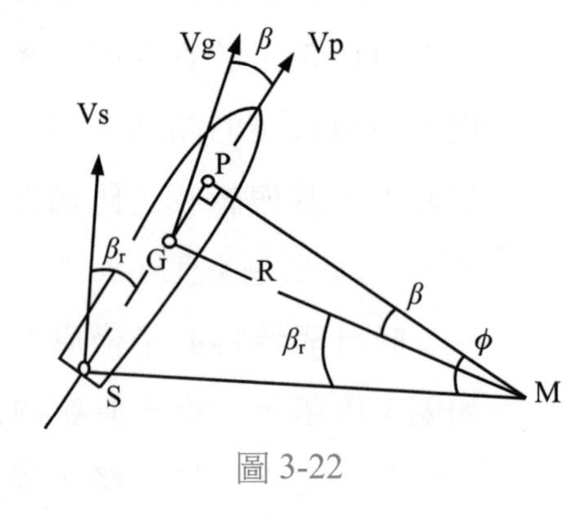

圖 3-22

從上列各式，船艉方向之分速度為：

$$\left.\begin{aligned} V_S\cos\beta_r &= \dot{\phi}\cdot\overline{MS}\frac{\overline{MP}}{\overline{MS}} = \dot{\phi}\cdot\overline{MP} \\ V_g\cos\beta &= \dot{\phi}\cdot\overline{MG}\cdot\frac{\overline{MP}}{\overline{MG}} = \dot{\phi}\cdot\overline{MP} \\ V_P &= \dot{\phi}\cdot\overline{MP} \end{aligned}\right\}$$

故全部相等。而橫方向之分速度則為：

$$\left.\begin{aligned} V_S\sin\beta_r &= \dot{\phi}\overline{MS}\cdot\frac{\overline{PS}}{\overline{MS}} = \dot{\phi}\cdot\overline{PS} \\ V_g\sin\beta &= \dot{\phi}\cdot\overline{MG}\cdot\frac{\overline{PG}}{\overline{MG}} = \dot{\phi}\cdot\overline{PG} \\ V_P\sin 0 &= 0 \end{aligned}\right\}$$

與 P 間之距離成正比。

因此，船係以 P 點為中心作迴旋運動，P 即相當於樞心。船之迴轉中心（樞心），一般為於重心之前方，距船艏約 $1/4L$（L 為船長）附近之處，隨著操舵迴旋之進行，其位置逐漸向前移。在圖 3-22 中，迴旋中樞心 P 之位置，可表如下式：

$$\overline{GP} = R\sin\beta = \frac{V}{\phi}\sin\beta \cong \frac{V\beta}{\phi} \quad \cdots\cdots (3\text{-}28)$$

以滿舵作穩定迴旋中之船，其樞心之位置，一般商船為位於中心之前方（1/3～1/6）船長附近，於船速愈大且迴旋直徑愈小而 β 愈大時，愈向前移。

(5) 迴旋中船速之低減

船於開始迴旋時，由於斜航致水的阻力及舵的拖力增加，且由於推進器效率之降低，使船速較未迴旋前為小。於操舵剛一開始，而尚未迴旋之前，船速幾乎無變化，但隨著迴轉之進行，會急速減小，進入穩定迴旋後才達於定值。此迴旋所致船速低減之程度，受迴旋直徑之大小之比例所支配，於迴旋直徑小的情形下，船速之低減亦較急遽。

圖 3-23 為進入迴旋狀態前船速（Approach Speed）（v_a），與以滿舵作穩定迴旋中之船速（Turning Speed）（v_t）之比，與迴旋直徑/船長比（$T.D/L$）之對照圖。$T.D/L=3$ 左右，迴旋性非常好的船，速力約降低 50～60%左右（肥胖型船之速力低減較急劇，大型油輪等 $T.D/L=3$ 左右的船，約為 40%

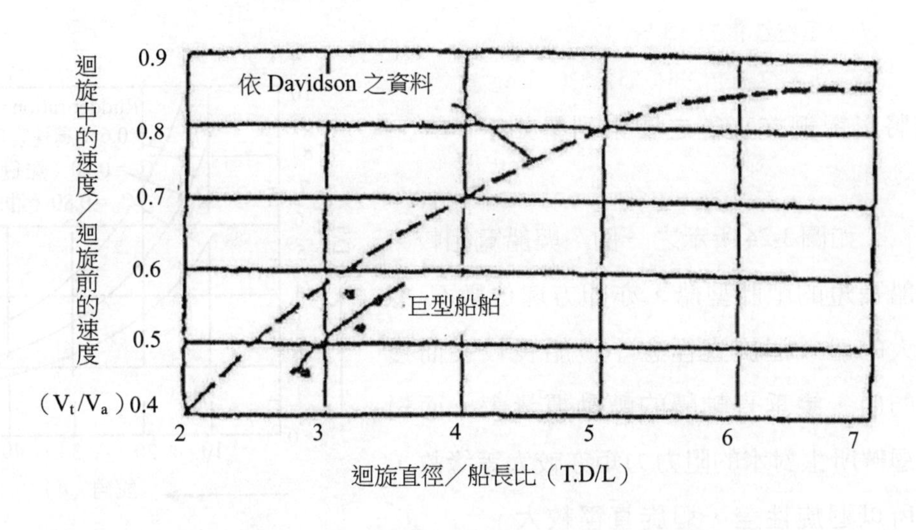

圖 3-23

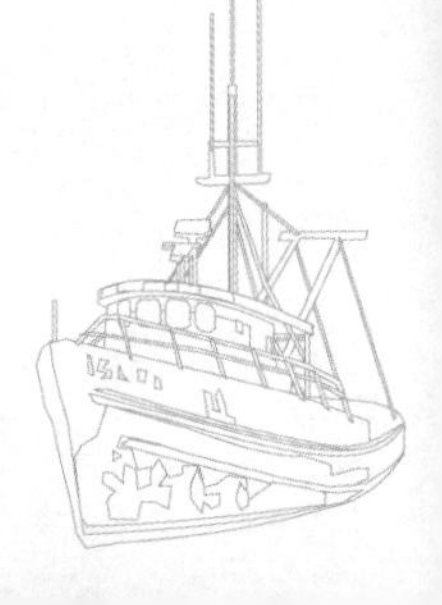

表 3-5　K_s 之值

∇ / SL	0.04	0.05	0.06	0.07	0.08	0.09	0.10	0.11	0.12	0.13	0.14	0.15
K_s	4.25	3.77	3.33	2.97	2.68	2.45	2.27	2.13	2.02	1.94	1.88	1.83

∇＝排水量，S＝水線下的船體側面積，L＝船長

左右）。如上所述，船於迴轉後船速將下降，至有關穩定迴旋時之船速，依 Schoenherr 可得下式以表示之：

$$\frac{V_t}{V_a}=1-\frac{\delta}{K_S}\times\frac{F}{S}$$

V_t：穩定迴旋中之船速

V_a：迴旋前之船速

上式中，δ 為舵角

F/S 為舵面積比

K_s 為表 3-5 所示之係數

4. 迴旋直徑之大小及影響要素

船的迴旋直徑之大小，通常船於滿舵時約為船長的3～6倍。〔迴旋直徑 $D \fallingdotseq 6L(L-B)/(6+3B)$〕而最終迴旋直徑則為其90%左右。又根據迴旋角速度 $r=K\delta$ 之結論，船舶定常迴轉直徑 D，可用下式估算之：

$$D=\frac{2V_S}{K\delta}$$

D：直徑（m）

V_S：迴轉切線速度（m/Sec）

K：迴轉性指數（1/Sec）

δ：所操之舵角（1/57.3）

茲將影響迴旋直徑之要素列舉如下：

（1）船型

如圖 3-24 所示之一例，與船寬相較，船長短的肥胖型船，亦即方塊係數 C_b 愈大的船，迴旋直徑愈小。船長較長而瘦的船，繞垂直軸轉的轉動慣量大，而對迴轉所生對水的阻力力矩亦較大等緣故，所以迴旋性差，迴旋直徑較大。

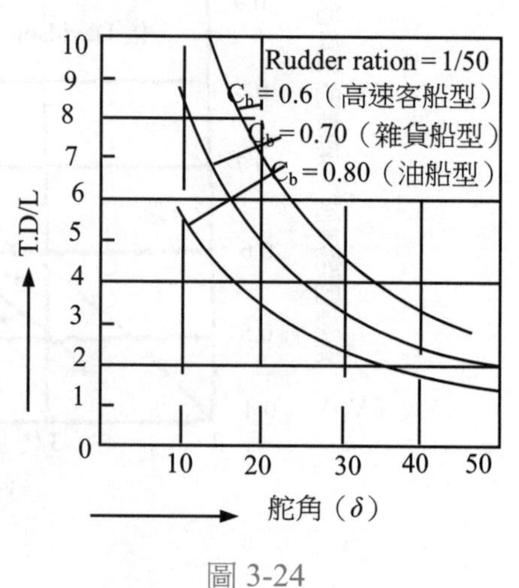

圖 3-24

（2）水線下側面

水線下之船型對迴旋有很大的影響。尤其側面的形狀亦即船艉舵附近及船艏部的形狀有很大的影響。船艉瘦削（Cut Up）者迴旋性較佳，相反的，船艉力材大的船定向性佳，但迴旋直徑則較大。

（3）舵角

舵的垂直壓力如式（3-1）所示，隨著舵角之增加而增大，而迴旋直徑亦受舵角所支配。圖 3-25 為以舵角 35° 之迴旋直徑（$T.D_{\delta}=35$）為基準，與各任意舵角所對 T.D 之比例，所作之比較。由圖可知，隨著舵角之減小，迴旋直徑急遽增加。

此外，圖 3-26 為以船迴轉 180° 所需的時間以比較操舵角之影響。舵角小時，迴轉 180° 所需航駛之距離增加（迴旋直徑增加），故所需時間增加。本圖是以舵角 35° 時所需時間 $T_{t.\delta=35°}$ 為基準，以比較各舵角所需時間之比例。

（4）舵面積

若增加舵面積，則與增加舵角一樣會增加垂直壓力，故迴旋直徑變小。但舵面積增加之同時，迴轉之衰減力矩亦會增加，所以提高了定向性。因此，舵面積若增加至某一程度以上，則由於提高了定向性，無法期待改善迴旋性，故迴旋直徑不會減小。亦即舵面積之大小，於減小迴旋直徑上，存在有一最適值。此一最適值依志波氏之實驗，一般雜貨船型，其舵面積比大約為 1/40～1/50 左右。

但船舵之大小，除操縱性或迴旋性外，另應對操舵機的力量、船體阻力、船艉形狀之比例及船的用途等予以綜合考慮後決定，故目前所採用之

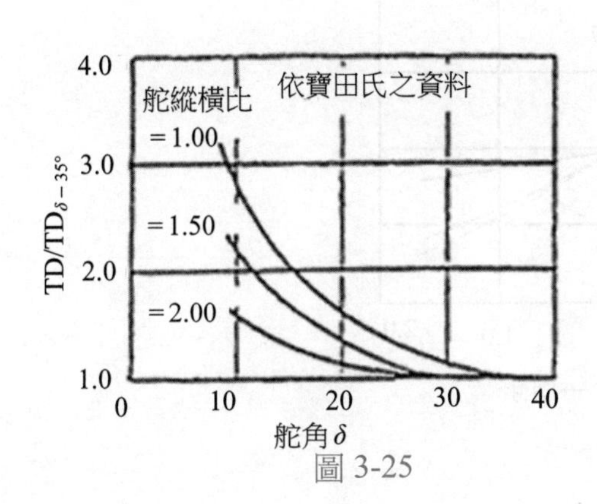

圖 3-25

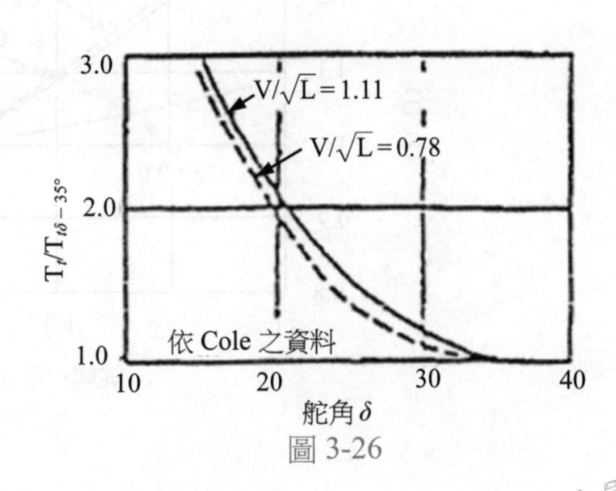

圖 3-26

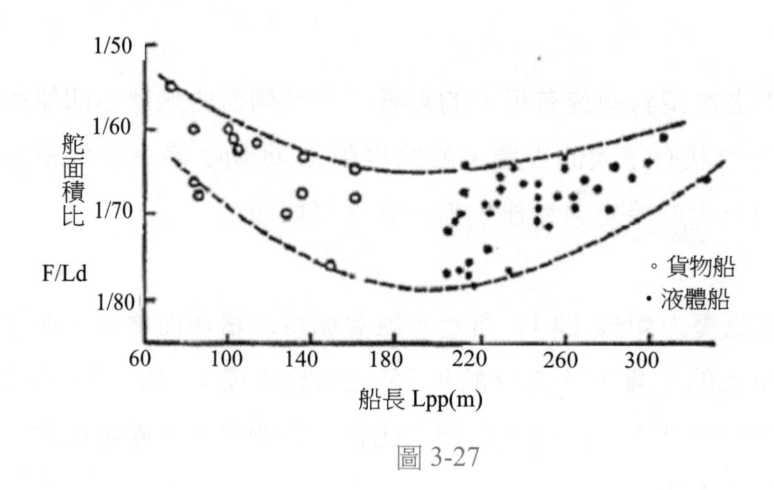

圖 3-27

舵面積比，約如下列所示：

客船…1/50～1/60，雜貨船…………1/60～170

漁船…1/30～1/40，大型油輪…………1/65～1/75

軍艦…1/30～1/50，拖船…………1/20～1/25

圖 3-27 為液體船及雜貨船，以船長為底的比較圖。

（5）吃水差

當船的吃水深改變時，水線下船體側面的中心將向前或後移動。因此使水線下側面的形狀改變，而影響迴旋直徑。亦即，當艉俯（Trim by Stern）時，迴轉之衰減力矩增加，而提高了定向性，所以迴旋直徑增大。圖 3-28 為由模型實驗所得吃水差變化後，迴旋直徑增減的情形。亦即，以縱平浮（Even Keel）時之迴旋直徑 $T.D_0$ 為基準，與各吃水差時之迴旋直徑 T.D 之比

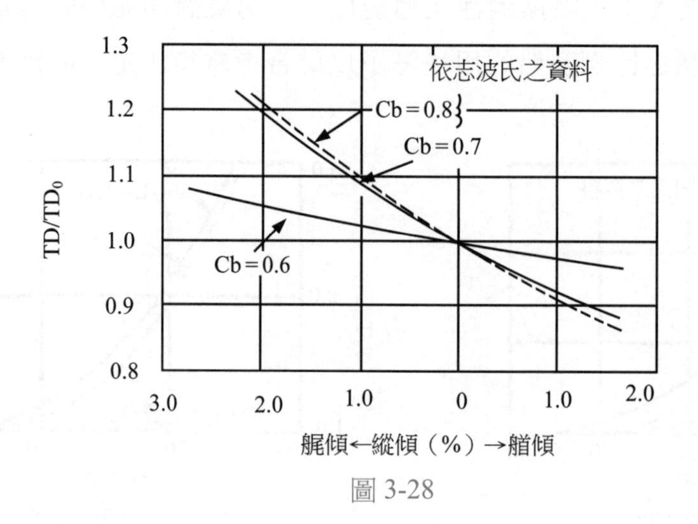

圖 3-28

較。該圖中，吃水差係以船長之百分比（%）表示。由圖可知，吃水差之變化對迴旋直徑之影響相當大，例如空船時艉俯甚大，所以迴旋直徑急遽增大。

（6）船速

作用於航行中船的合壓力、轉動慣量及對舵的作用力，由於在通常的航行速度範圍內，約與船速之平方成正比。由式（3-27）及式（3-17）可得穩定迴旋半徑為：

$$R = \frac{V}{K\delta} = \frac{L}{K'\delta}$$

K' 在一定範圍內與船速無關，所以船速對穩定迴旋直徑幾乎沒有影響。但如果船速增快，則船因興波（Wave Making）及因此而造成船艉吃水差變化時，操縱性指數 T 及 K 皆會減小，因此而提高定向性而使迴旋性變差，迴旋直徑因而變大。

此外，在低速的情況下，因艏平擺（Yawing）及橫搖所產生的力以及為了修正此力量致舵力減小，使得定向性及迴旋性皆變劣，而使迴旋直徑增大。圖 3-29 為表示船速改變時，迴旋直徑變化的情形。以 $V/\sqrt{L}$（V：船速，單位為節；L 為船長，單位為呎）=1.0 時之迴旋直徑 $T.D_l$ 為基準，以表示各船速時迴旋直徑之比例。由圖可知，在 $V/\sqrt{L}$ 大於 1 時之高速下，T.D 將急遽增加。

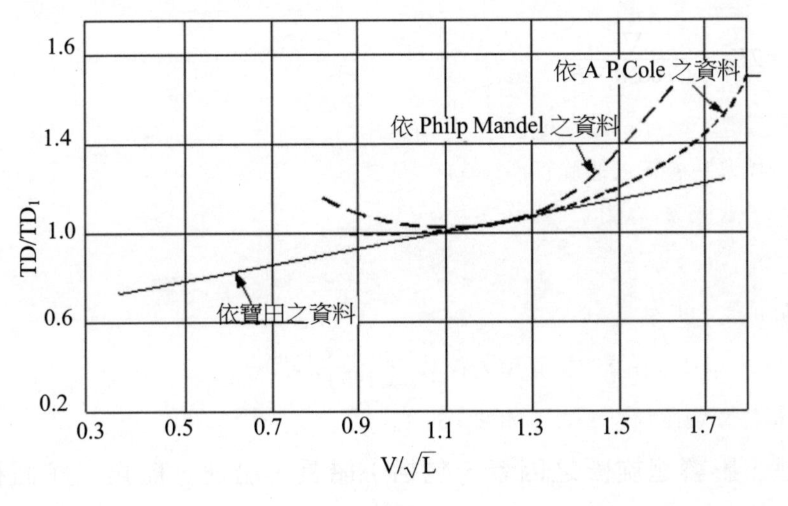

圖 3-29

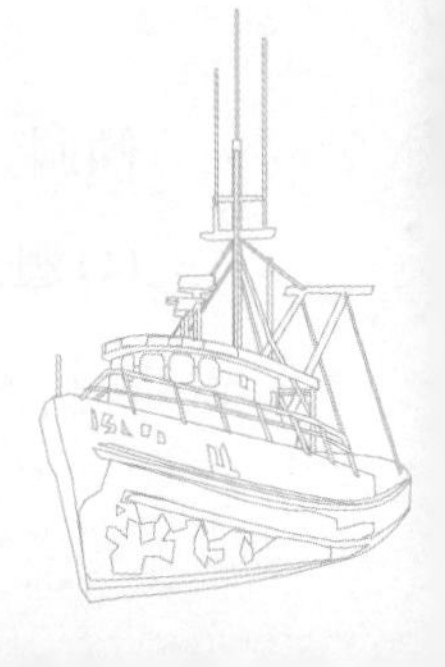

（7）推進器之迴轉方向

推進器作用對船迴轉的影響，將於下段及第四章中詳述，於單俥船的情形，當推進器的旋轉方向與船的迴轉方向一致時，其迴旋直徑較相反方向迴轉之迴旋直徑稍大。

（8）船體污損的程度

當船體污損時，迴旋性將變差，這是因為污損造成摩擦力之增加而加大迴旋阻力之故。但船體污損對迴旋直徑的影響很小。

（9）操舵速度

操舵速度愈快，舵效愈良好，迴旋縱距愈小。操舵後的迴旋延遲時間（Turning Lag）若以式（3-22）表示，則迴旋縱距可以下式表之（參閱圖3-19）：

$$A = V_0\left(T + \frac{t_1}{2}\right) + R \quad \cdots\cdots (3\text{-}29)$$

式中 R：穩定迴旋半徑

V_0：船之初速

因此，操舵速度，亦即操舵所需時間 t_1 所致縱距之變化，可求之如下：

$$\frac{dA}{dt_1} = \frac{1}{2}V_0 t_1 \quad \cdots\cdots (3\text{-}30)$$

由上式可知，縱距隨 t_1 增加而增加。如上所述，迴旋直徑之大小受各種因素所支配，若以Even Keel舵角35°，船速 $V/\sqrt{L}=1$ 為標準狀態，可以下式求之：

$$T.D_s = 2K_3 \cdot \frac{\nabla}{C_P \cos\delta \cdot F} \quad \cdots\cdots (3\text{-}31)$$

式中：

T.Ds：標準狀態下之迴旋直徑（m）

∇：船的排水量（M/T）

δ：舵角（deg）

F：舵面積（m^2）

C_p：由式（3-1）可得舵垂直壓力係數 $= \dfrac{0.811\sin\delta}{0.195 + 0.305\sin\delta}$

K_3：根據實驗所得之係數，如圖3-30所示之值

綜合上述，影響迴旋圈之因素，包括：船長、船速、舵角、舵面積、船體傾斜（List）、俯仰角（Trim）與水深（Depth）等因素。同時可歸納如下之結論：

(1)迴旋圈較小者，比迴旋圈較大者易於迴轉。

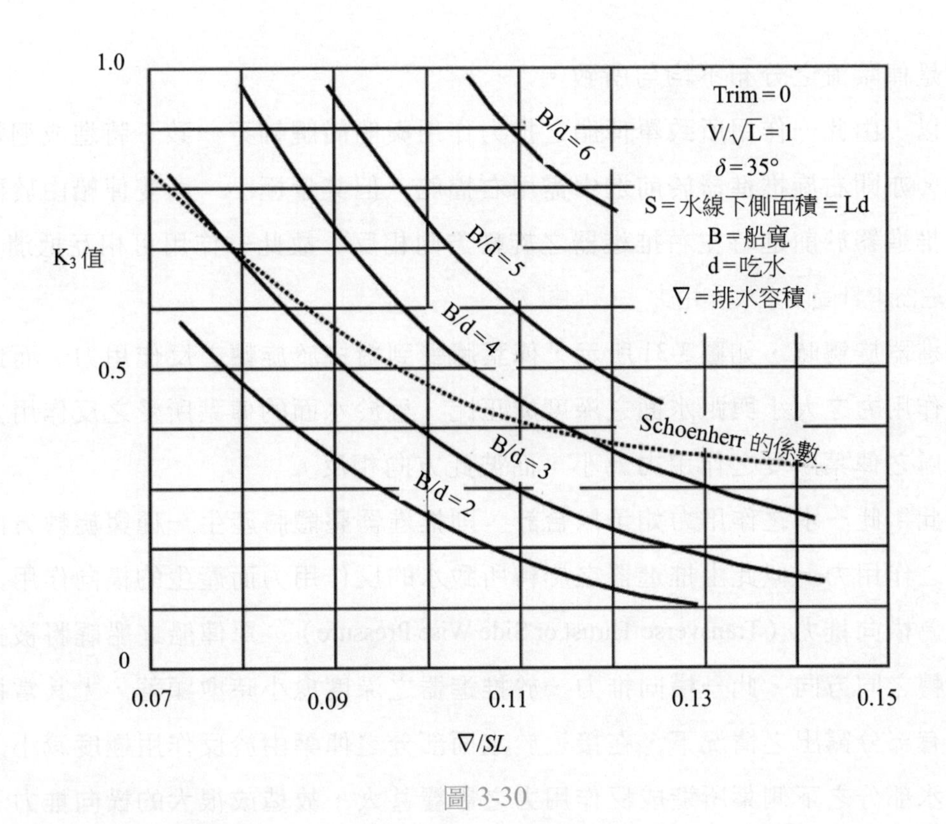

圖 3-30

(2)迴旋圈隨船速增加而加大，船速減低而縮小。

(3)船舶左傾斜，易於右轉，反之，右傾斜易於左轉。

(4)艏俯較艉俯易於轉向。

(5)橫傾（List）角度愈大，則迴旋圈愈小。

第三節　推進器作用與迴轉效果

由船的推進器所產生的俥葉流，當流向舵板的水流速度增大時，會增強舵的效用，但同時也會對船艉造成一左右不對稱的力，致使船有迴轉的效果。

一、推進器旋轉作用所產生的迴轉力

1. 推力中心之偏位所產生的迴轉力

推進器所產生推力之作用中心，與推進器之中心線不一致，一般皆偏向旋轉方向之一舷。亦即推進器為右旋時，其推力中心稍偏推進軸右方。此一現象

應是俥葉流之分布不均勻所致。

所以，由此一作用所致單俥船之推力作用與船艏艉軸不一致，將造成迴轉力矩。亦即右旋推進器於前進中需用右擋舵，但其量極小。而雙俥船由於兩蛇之推進器於前進時左右推進器之旋轉方向相反，故此一作用可相互抵消。

2. 推進器本身受水之反作用力－橫向推力

推進器旋轉時，如圖 3-31 所示，俥葉將受到對抗於旋轉之反作用力。而此一反作用力之大小與距水面之深度成正比，近於水面的俥葉所受之反作用力較深處之俥葉所受之作用力為小，而彼此方向相反。

因此，此一水之作用力如予以合計，則推進器整體將產生一種與旋轉方向相同之作用力。似此由推進器之旋轉所致水的反作用力而產生的橫向作用力，稱為橫向推力（Transverse Thrust or Side Wise Pressure），單俥船之船艉將被推向旋轉之同方向。此一橫向推力，於推進器之深度愈小時愈顯著，尤其當推進器有部分露出之情況下，在接近於水面部分之俥葉由於反作用極度減小，而深水部分之下側葉所造成反作用力之影響甚大，故造成很大的橫向推力。此外，於船體從停止狀態開動時或主機於作反轉操作其 Slip 大時，該效果更為明顯。

3. 由俥葉流所產生的迴轉力

於推進器旋轉時，向推進器流入之水流稱為吸入流（Suction Current），由推進器流出之水流稱為排出流（Discharge Current）。

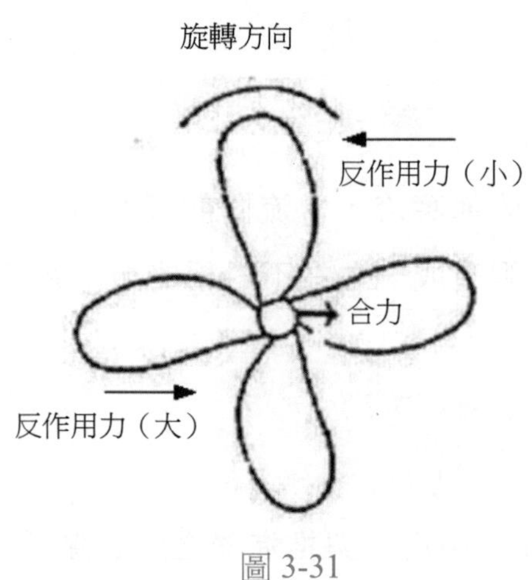

圖 3-31

（1）吸入流之效果

此一水流約與船體平行流動，左右對稱，故於船作前進航行時，其本身對船沒有迴轉效果。但於後退中將直接作用於舵上，若予操舵則由吸入流所致沖擊到舵之流速將增大，而增強舵的效果。又，當船的運動與主機之操作相反時，亦即在主機作各種使用之過渡階段中，在舵及推進器周圍之水流將變得複雜，而助長不穩定的狀態。因此在此種情況下，若有其他力量作用時，船之迴轉將更易於該作用力所左右。

（2）排出流之效果

推進器雖具有整理船艉水流的效果，但由於其旋轉而排出之水流，卻一面稍作螺旋運動而沖擊於舵或船艉材。故沖擊於舵面或艉材之水流，因左右不對稱而賦予一橫向力，前述圖 3-31 為表示右旋單俥船於前進時所生舵垂直壓力之傾向，由於此排出流之不對稱作用，於右舷側垂直壓力較大。亦即，即使在正舵下，由於舵本身原已受有與推進器旋轉方向相同之垂直壓力，故或多或少具有向右迴轉的傾向。因此為求左右舵力之平衡，需用稍許的左擋舵。

此不對稱性，Slip愈大時將愈大，意即當船由停止狀態發動主機時愈會表現出來。而於後退時，右旋俥葉船之排出流強力沖擊船艉右舷，此種情形與前進時一樣，使船艏向右轉。如上所述，排出流直接作用於舵或船艉，由於左右不對稱之力而具有迴轉效果，但除此之外，於後退離岸時，其射流沖擊於岸壁後反射，此反射流將沖擊於船艏而賦予迴轉力，而使船艉之離岸受阻。

圖 3-32 為與圖 3-6 相同情況下的模型實驗結果，為表示由推進器旋轉所引起橫壓力或因推進器所致船之迴轉力矩，當船於停止中使推進器旋轉時之情形。於繫泊操船時，船於停止之狀態使推進器反轉，或於慣性惰力前進中使推進器反轉等之情形下，船艏右轉之作用極為強勁。

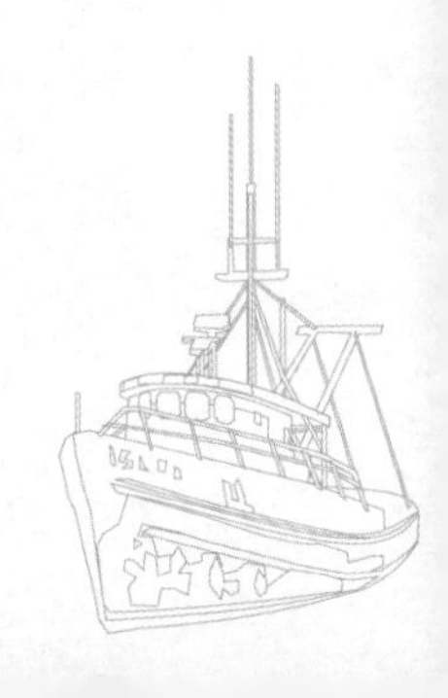

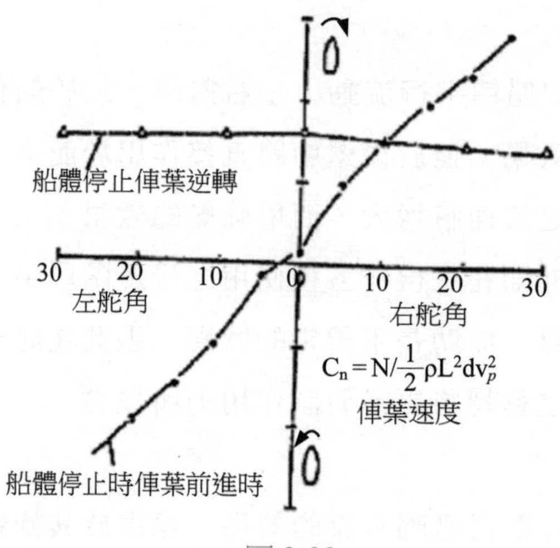

圖 3-32

二、右旋單俥船之推進器所致綜合迴轉效果及其應用

如上所述，推進器之旋轉，對船具有迴轉的效果，而該等作用綜合而言即所謂橫向力（Transverse Thrust）。此橫向力於前進航行較小，且由於直進之慣性力也大的關係，所以幾乎沒有影響。但於主機發動或停止（發停）時，尤其是倒俥啟動時，則顯得相當明顯，所以在港內操船時若能善予併用舵與主機，控制並活用此橫向力，極為重要。

1. 推進器與舵及其迴轉綜合效果

（1）前進航行之情形

在此種情形下，推進器所產生之排出流及吸入流幾乎沒有影響，橫向力主要係由橫向壓力（Side Wise Pressure）所產生之向右力量所構成。因此，對船艏的合作用力為如圖 3-33 所示，向左迴轉較為優勢。

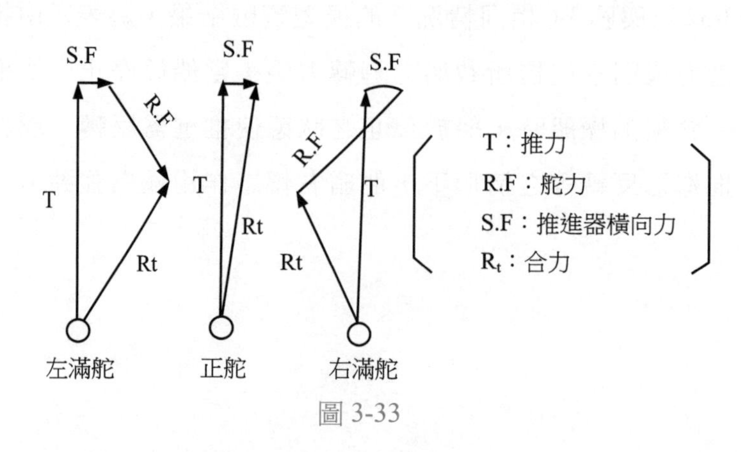

圖 3-33

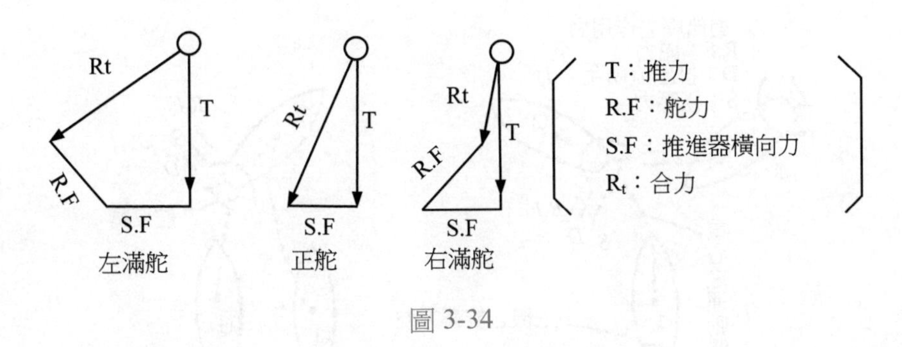

圖 3-34

(2) 從船停止中開進俥之情形

在此種情形下，推進器之排出流所產生向左之力雖亦發達，但橫向壓力所產生向右之力更加較優勢，所以橫向力為向右作用。向左迴轉較優勢且較(1)之情形為強，但隨著前進速度之增加，最後將與(1)之情形相同。

(3) 從船體停止中倒俥之情形

在此種情形下，由推進器左旋所產生向左之橫向壓力較優勢，尚且向右舷船艉沖擊之排出流且向左之推力不小，故其合橫向力向左之作用甚大。另一方面，吸入流弱小，舵力差，而後退時之推力，較前進時為小，所以橫向力所占之比例較大，如圖 3-34 所示，船艉左轉之合作用很大，所以有時候使用滿舵亦無法與之對抗。

(4) 主機反轉之情形

船體於後退運動中使主機反轉（進俥）時，將會經過(2)之狀態，而最後變成(1)之狀態，約略該等情形相同，易於以舵操縱。又於前進中使主機反轉（倒俥）時，最後將與(3)之情形相同，在此種情形下其船艉將劇烈左轉而難予控制之狀況與(3)之情況完全相同。

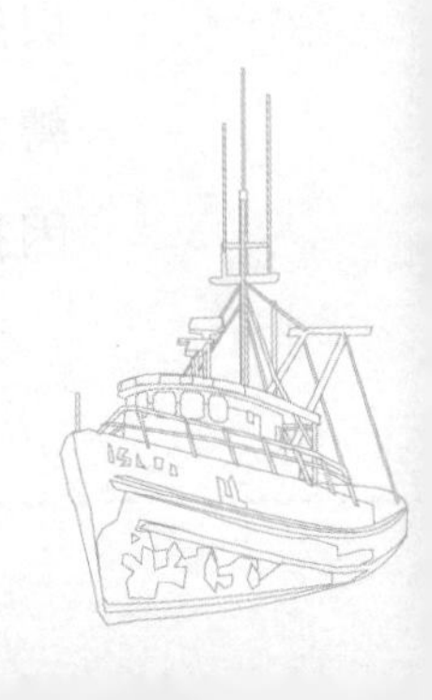

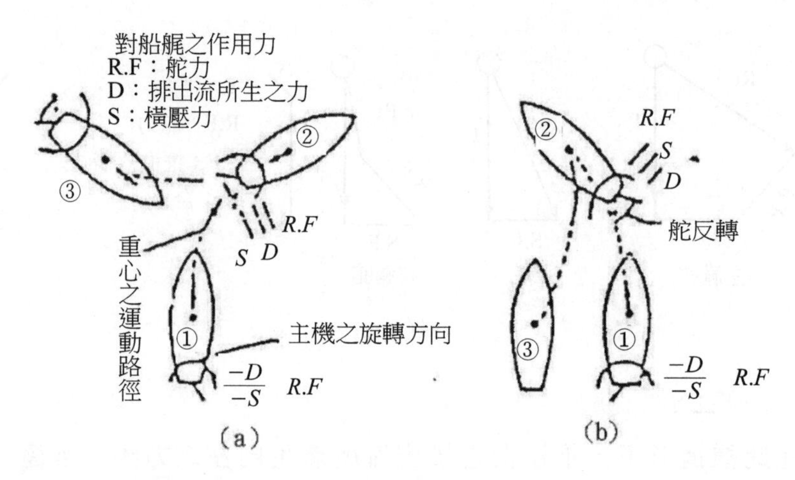

圖 3-35

2. 利用推進器作短距迴轉

由推進器迴轉所產生的迴轉作用，如前所述，於發停階段尤其顯著。茲將利用此一作用之右旋單俥船其短距迴轉作下列模型之說明：

（1）對向右迴轉之效果

利用舵與主機作向右迴轉之短距迴轉，若如圖 3-35(a)予以操作，充分利用進俥之舵，及倒俥時之推進器所生之迴轉作用，可獲致極佳之效果。

（2）向左迴轉之情形

此種情形，如圖 3-35(b)所示，於進俥中為使發揮舵力，將會產生迴轉力，但於倒俥時推進器之迴轉效果將大大阻礙向左迴轉，且舵亦弱，故隨著船之後退，將返回原航向。所以，在此種情形下之矩距迴轉可說極為困難。

三、雙俥船推進器迴轉效果之特性

雙俥船的情形，其各個推進器本身所造成之推進器作用，均與迄至目前所述者一樣，但由於各個軸並不位於船體中央，所以在操作使船迴轉上，具有如下之特徵：

1. 因推力而產生之迴轉力矩

與船艏艉中心線平行之推力，按各軸與船艏艉中心線間的距離，各會產生迴轉力矩。因此，若兩主機一為進俥一為倒俥，或僅一主機進俥或倒俥，則會因推力關係而產生迴轉力矩。

2. 因俥葉流而產生之迴轉效果

由於各推進器並不位於艏艉中心線上，就各推進器而言，俥葉流對船體並非對稱。例如一舷進俥，一舷倒俥，將對船體施予左右不對稱之水流，產生不穩定力矩，而助長迴轉效果。

3. 兩推進器間之相互作用

在兩主機相互進俥倒俥以作短矩迴轉之情形下，各排出流相互被吸入對方，使船艉舵附近之水流變得複雜，使舵效惡化，並阻礙迴轉效果。尤其於淺水時，因船艉之水極不穩定。有時無法發揮藉推力而產生迴轉力矩之效果。所以，在此種情形下，多預先使一舷之推進器產生迴轉力後才開動另一舷之推進器，效果較佳。另新型設計之Azipod推進器，可藉推進器之轉動控制進而改變船艉迴轉之效果。

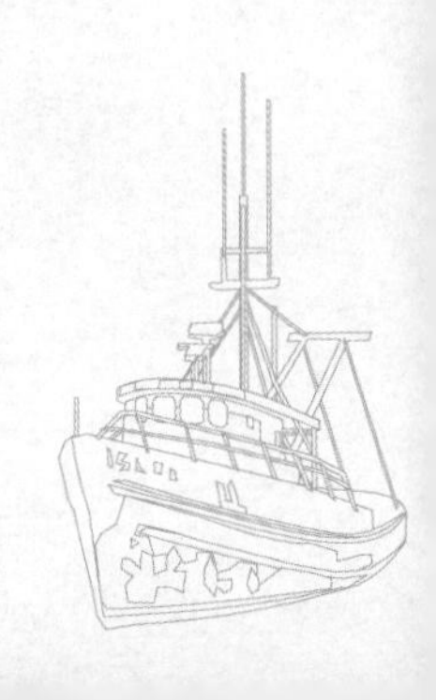

第四章　船舶阻力與推進

第一節　船舶阻力

一、阻力概述

在特定速度下，船的阻力是指流體作用在船體上的與船的運動方向相反的力，它等於在與船運動平行的方向上流體力的分量總合。在船舶流體力學中，習慣用術語「Resistance」表示阻力；而在空氣動力學中則常用「Drag」表示阻力，該詞也常用於潛體，在圖 4-1 中，說明了某些物體在理想流體和在黏性流體中，在水面或在水下很深處運動時的阻力曲線，橫座標是傅汝德係數（Froude's Number）：

$$F_n = \frac{V}{\sqrt{gL}}$$

而縱座標是如下述定義中的阻力係數：

$$C = \frac{R}{\frac{1}{2}\rho V^2 S}$$

式中，V 是速度，L 是物體長度，g 是重力加速度，ρ是密度，S 是物體表面積。

總阻力以 R_T 表示，它可以分解成幾個不同的成分，這些阻力成分是由不同的原因引起的而且以極為複雜的方式彼此影響。為了能以實際的方法處理阻力問題，必須以實際的方法來討論總阻力，即必須考慮總阻力可由不同的成分以不同的方式組成。圖 4-2 中，船的阻力係數（$R/\frac{1}{2}\rho V^2 S$）是以傅汝德數的函數定出的。

圖中說明了幾種可能的成分。按 ITTC 的定義，這些成分可敘述如下：

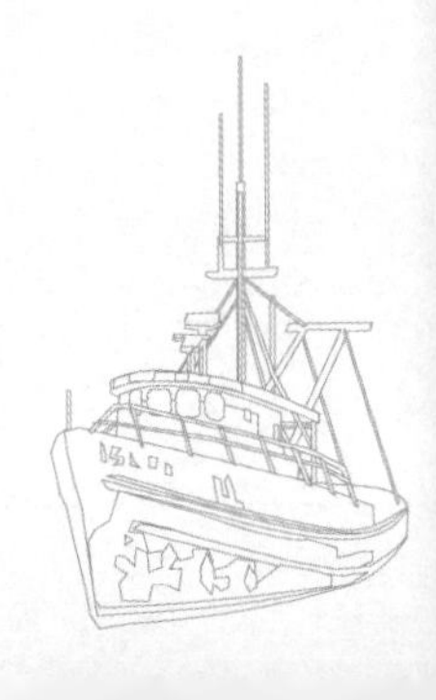

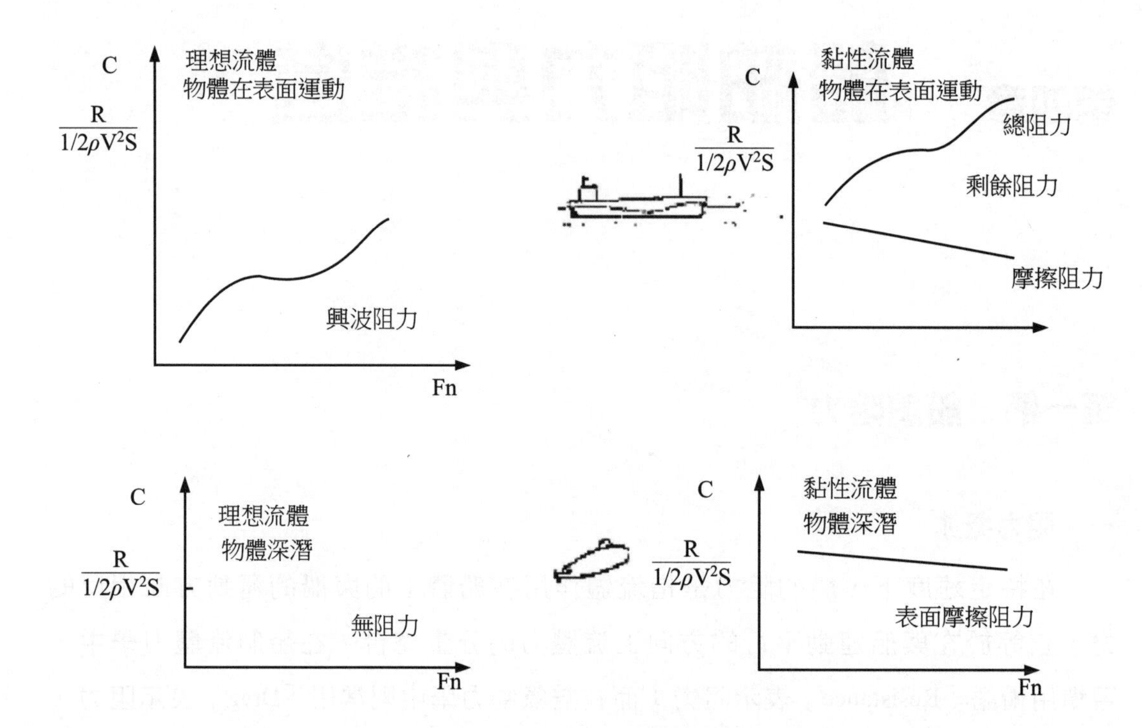

圖 4-1 阻力係數曲線

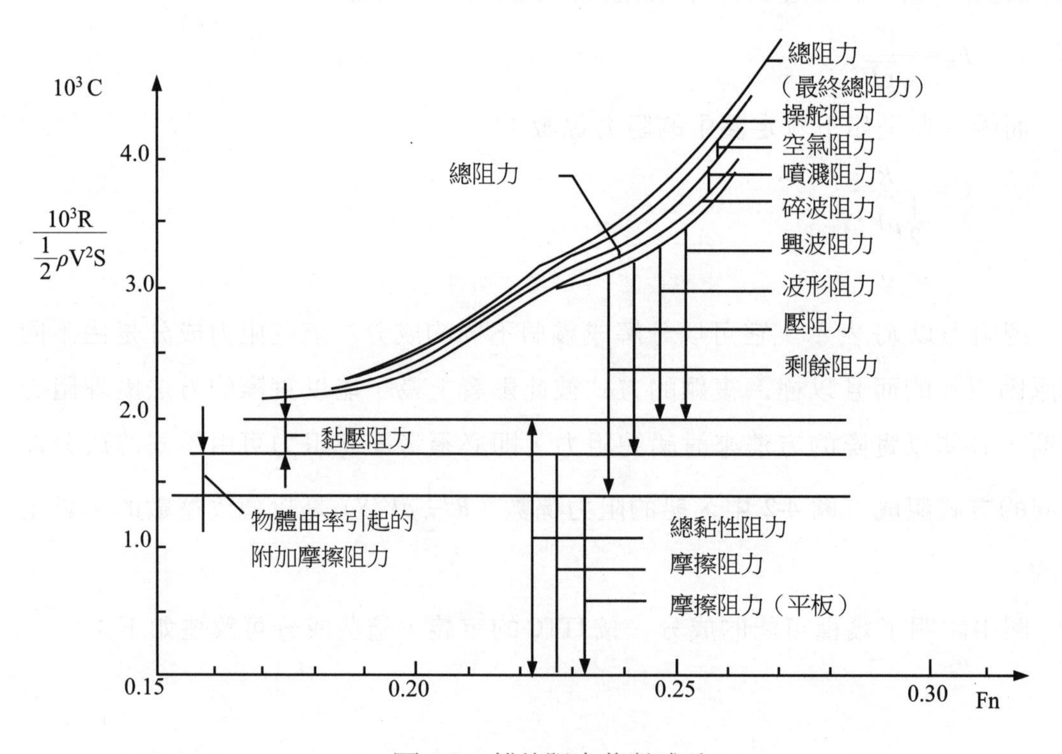

圖 4-2 船的阻力係數成分

摩擦阻力 R_F：摩擦阻力是將船體表面的切應力在運動方向的分量沿整個船體表面積分而求得的阻力分量。

剩餘阻力 R_R：剩餘阻力是船的總阻力減去一個用任意摩擦阻力公式計算所得的摩擦阻力後剩餘的量。一般說來，商船的剩餘阻力的主要部分是興波阻力。

黏性阻力 R_V：黏性阻力是與克服黏性作用而導致能量消耗有關的阻力成分。

壓阻力 R_P：壓阻力是將船體表面法向應力在運動方向的分量沿船體表面積分所求得的阻力成分。

黏壓阻力 R_{PV}：將由於水流的黏性和湍流運動所引起的表面法向壓力在運動方向的分量沿船體表面積分所求得的阻力成分，稱為黏壓阻力。對於全潛物體，黏壓阻力即為壓阻力，可以用測量方法求得該項阻力；除此之外，還不能用測量方法直接求得該項阻力。

興波阻力 R_W：興波阻力是與因興波引起能量損耗相關的阻力成分。

波型阻力 R_{WP}：這個阻力成分是用測量遠離船或船模處的波面升高求得的。這裡假定，水面以下的速度場及由此相關的流體的動量可用線性理論與波面高度相聯繫。這樣求得的阻力不包括碎波阻力。

碎波阻力 R_{WB}：碎波阻力是一種與船艏波浪破碎相聯繫的阻力成分。

噴濺阻力 R_s：噴濺阻力是與形成噴濺所引起的能量消耗有關的阻力成分。

除了上述阻力成分外，還應補充另外一些附加的阻力成分：

附體阻力：這是由軸支架、軸包架、軸、船底龍骨及舵等引起的阻力。應用物理模型時，附體安裝在模型上，於是附體阻力就包括在測量阻力之內了。但通常船底龍骨是不安裝的。如船體不帶有附體，其阻力就叫做裸船體阻力。

粗糙阻力：這是由船體表面粗糙，如船體表面銹蝕和污底，所引起的阻力。

空氣阻力：這是因為船航行時由船體水上部分和上層建築所受到空氣作用產生的阻力。

操舵阻力：為了要保持直線航行，通常需要不斷用舵進行校正。由於使用舵而產生的附加的阻力成分，叫做操舵阻力。

航行環境也對阻力有影響。如船在限制水域中航行，水域的邊界如果太靠近就會影響船的阻力（這裡所謂限制只是指水平方向的水域邊界，水深度也能影響船的阻力，叫做淺水效應）。如比較船的性能特徵通常是指船在長度、寬度和深度都不受限制的水域中的性能特徵。此外，在海上航行時，其阻力將有所變化，變化的原因如下：

1. 由風作用在船體及上層建築所引起的附加阻力。
2. 由於船的搖擺運動引起的阻力。
3. 由於波浪對船體作用產生的附加阻力。
4. 由於風浪作用，以及操舵引起的船的偏航角所導致的阻力增加。

二、影響船舶之阻力

所謂在波浪中的平均阻力（R_{AW}）增加，應該理解為在相同的平均速度下，船在風和波浪中的阻力比靜水中的阻力的增加值。在本章的下面各節中，將要更進一步介紹影響船舶的阻力及克服阻力所需之推進力。

（一）阻力函數

阻力：$R \propto \rho^a \cdot V^b \cdot L^c \cdot \mu^d \cdot g^e \cdot P^f$

$$R \propto \rho^a \cdot V^2 \cdot L^2 \cdot f\left[\left(\frac{\rho VL}{\mu}\right)^d \cdot \left(\frac{gL}{V^2}\right)^e \cdot \left(\frac{P}{\rho V^2}\right)^f\right]$$

式中 $a, b, c, \cdots, f$ 為無因次因素，故上式可改寫為：

$$\frac{R}{\frac{1}{2}\rho \cdot SV^2} = f\left[\frac{\rho VL}{\mu}, \frac{gL}{V^2}, \frac{P}{\rho V^2}\right]$$

式中 $\frac{R}{\frac{1}{2}\rho \cdot SV^2}$ 為阻力係數。

1. 船速：V
2. 船之尺寸：L
3. 流體密度：ρ
4. 流體黏度：μ
5. 重力加速度：g
6. 流體中每單位面積之壓力：P

（二）船舶總阻力（RT）

RT=摩擦阻力(Rf)＋剩餘阻力(Rr)＋空氣阻力(Ra)＋船體附加阻力＋推進器阻力

（1）摩擦阻力（Frictional Resistance）

$$R_f=\sigma \cdot \lambda\{1+0.0043(15-t)\} \cdot S \cdot V^{1.825} \quad \text{(4-1)}$$

Rf：公斤力

σ：海水比重

λ：摩擦阻力係數 $(M^2) \fallingdotseq 0.1392+\frac{0.258}{2.68+L}$

t：海水溫度

S：海水濕面積 $(M^2) \fallingdotseq (1.7d+C_b \cdot B)L$

L：船長（M）

B：船寬（M）

d：吃水（M）

C_b：方形係數

V：船速（m/sec）

（2）剩餘阻力（Residual Resistance）〔包括興波阻力（Wave Making Resistance; Rw）＋渦流阻力（Eddy Making Resistance；Re）〕

$$R_r=\frac{1}{2}\rho \cdot C_r \cdot S \cdot V^2 \quad \text{（經驗式）}$$

R_r：公斤力

C_r：剩餘阻力係數（查表值）

ρ：海水密度（標準值，104 kg · sec²/m⁴）

$S \cdot V$：同上式

（3）空氣阻力

$$R_a=\frac{1}{2}\rho \cdot C_a \cdot A \cdot K(\theta) V_w^2 \quad \text{(4-2)}$$

R_a：空氣或風壓阻力（公斤力）

A：船體正面受風面積（m²）

ρ：空氣密度（標準值，0.124 kg · sec²/m⁴）

V_w：相對風速（m/sec）

$k(\theta)$：風向影響係數（查表值）

C_a：空氣阻力係數（查表值）

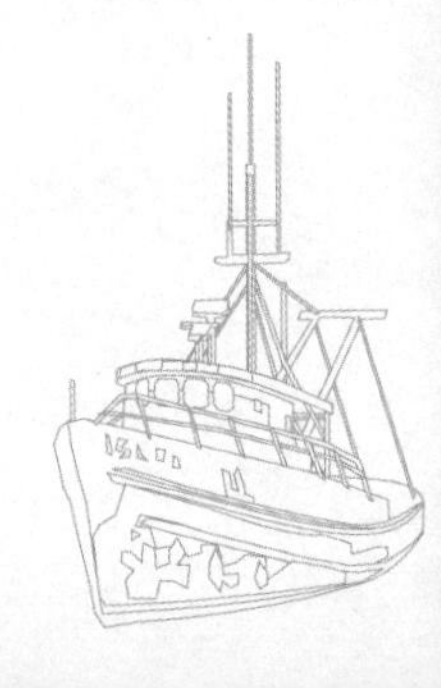

（三）船舶阻力（Resistance of Ship）

船舶在水面上航行時，擾動空氣及水兩種流體，流體對船舶的反作用力稱為船舶阻力。船舶阻力的組成如圖 4-3 所示。

按其來自何種流體劃分，船舶阻力可分為空氣阻力和水阻力。空氣對水線以上的船體的阻力稱為空氣阻力；水對水線以下的船體的阻力稱為水阻力。船舶阻力 R 按船舶承受阻力的部位劃分，可分為基本阻力（主體阻力）R_o 和附加阻力（附體阻力）ΔR 兩部分，即 $R=R_o+\Delta R$。

(1)基本阻力，新出塢的裸船體（不包括突出於裸船體之外的附屬體，如舵、龍骨、軸支架等所增加的阻力）在平靜水面深水中行駛時水對船體的作用力。它包括摩擦阻力 R_f 和剩餘阻力 R_r，而剩餘阻力又包括渦流阻力 R_e 和興波阻力 R_w。

(2)摩擦阻力 R_f（Frictional resistance），當船體運動時，由於水的黏性，在船體周圍水和船體濕表面積之間產生的摩擦阻力。

(3)渦流阻力 R_e（Eddy-making Resistance），在船體表面形狀急劇變化之處產生漩渦，這種漩渦形成的阻力稱為渦流阻力。由於這種阻力與船體的形狀和對水流的位置有關，所以又稱為形狀阻力。

(4)興波阻力 R_w（Wave-making resistance），船在水面航行時產生船行波，沿著船體艏艉方向，由於興波而構成壓力差所產生的阻力稱為興波阻力。

對於船舶，其基本阻力 R_0 的大小與吃水 d 及船速 V_s 有關。當船速 V_s 一定時，基本阻力隨吃水的增加而增加；當吃水 d 一定時，基本阻力隨船速的提高

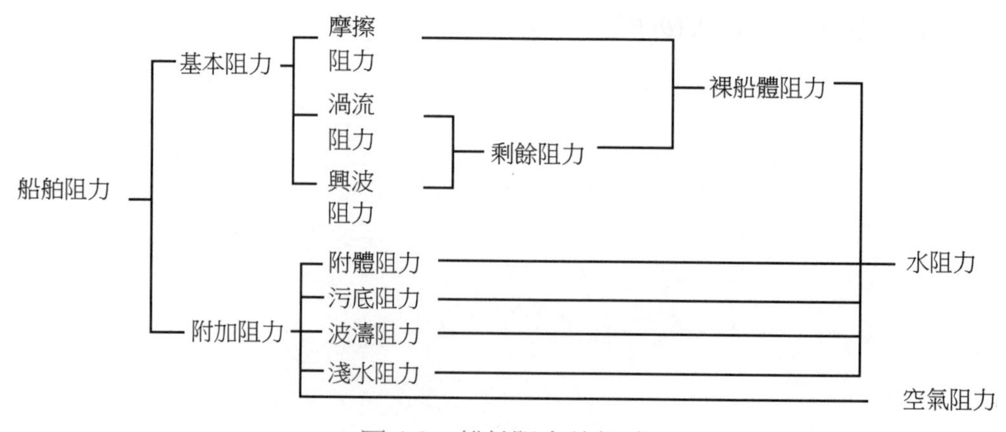

圖 4-3　船舶阻力的組成

而增加，在船速較低時，基本阻力增加較為緩慢，與船速近似成線性變化，而船速較高時，基本阻力明顯增加，約與船速的平方成正比。其原因不僅是由於摩擦阻力增加，而且因為興波阻力約與船速的4～6次方成正比；渦流阻力約與船速的平方成正比。

基本阻力中各阻力占總阻力的比重是不同的，由於它們隨船速的變化率不同，所以所占比重也隨船速而變，在一般商船速度範圍內，摩擦阻力所占比重最大，約占總阻力的70%～80%，低速時所占比重更多。隨著船速提高，興波阻力所占比重增大；而渦流阻力一般不足10%，流線型船可在5%以下，短寬肥大型船該阻力所占比重較大。估算時，一般在3級風以下的空氣阻力A_x計入基本阻力。

附加阻力ΔR由污底阻力R_F、流體阻力R_A、洶濤阻力R_R、淺水阻力R_S和空氣阻力A_X組成。附加阻力所占總阻力的比重大小，決定於風流的大小、船體污底輕重以及航道淺窄情況。其中空氣阻力在無風時約占基本阻力的2%～3%，風力4～5級時，為10%～15%，風力達到8～9級時，為30%～40%。

第二節　船舶推進

一、推進器

船舶航行中受到阻力作用，為了使船能保持一定的速度前進，必須提供一定的動力，以克服其所受的阻力，該動力稱為推力。船舶將主機發出的功率轉換為推船運動功率的產生推力的工具，總稱為推進器（Propeller）。推進器的種類很多，目前應用最多的是螺旋槳，其他種類的推進器還有明輪（Paddle wheel）、平旋推進器（Cycloidal propeller）、噴水推進器（Jet propulsion）和Z型推進器（Schottel propeller）。

目前使用的螺旋槳（Screw propeller）大多是固定螺距螺旋槳（Fixed pitch propeller; FPP）。現在有些船舶也採用可控螺距螺旋槳（Controllable pitch propeller; CPP），CPP是透過控制螺槳的螺距角來進行停俥、正俥或倒俥操縱，以適應船舶的各種航行狀態。CPP不需要改變螺旋槳的旋轉方向和轉速就可達到換向或改變推力大小的目的。因此，其停船性能良好，但該螺旋槳結構較複雜，維修保養較為困難。

船舶大多裝有一只螺旋槳稱為單槳船。當螺旋槳正俥旋轉時從船艉往船艏看，螺旋槳作順時針旋轉，倒俥時作逆時針旋轉，則該螺旋槳稱為右旋式槳；反之稱為左旋式槳，商船大多採用右旋式槳。

有些船舶裝有兩只螺旋槳，左右各一，稱為雙螺旋槳船（或稱雙俥葉船）。按螺旋槳旋轉方向劃分，雙俥葉船可分為外旋式和內旋式兩種。所謂外旋式，是指進俥時，左舷螺旋槳左轉，右舷螺旋槳右轉；反之，稱為內旋式。一般雙槳船大多採用外旋式，而CPP雙槳船則多採用內旋式。

二、螺旋槳的推力

在主機驅動下，螺旋槳正俥旋轉推水向後，而被推的水給槳葉一個反作用力，這個反作用力在船艏方向的分量就是推船前進的推力T（Thrust）。倒俥時，則水對槳葉產生一個指向船艉的反作用力，該反作用力在船艏艉方向的分量稱為倒俥推力或拉力。

螺旋槳旋轉時，產生螺旋槳流。螺旋槳流由吸入流和排出流組成，如圖4-4所示；吸入流是指流向螺旋槳盤面的水流。其特點是，範圍較寬，流速較慢，流線幾乎相互平行。排出流是指流離螺旋槳盤面的水流。其特點是：範圍較窄，流速較快，流線具有較強的螺旋性。螺旋槳產生推力的工作原理如同機翼產生升力和阻力的機翼原理一樣。螺旋槳的槳葉如同是一個扭曲的機翼。漿葉朝舵

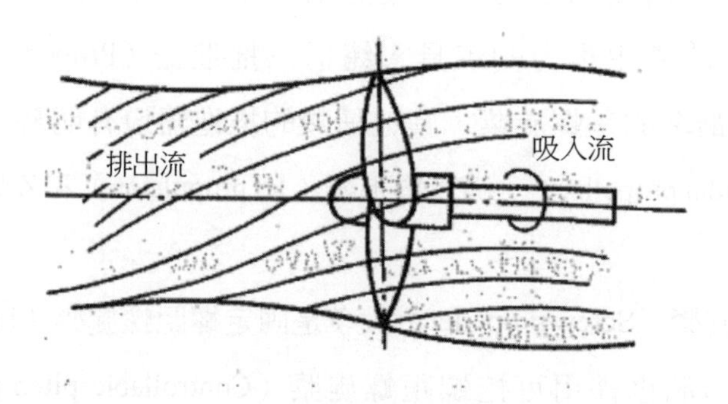

圖 4-4　螺旋槳流

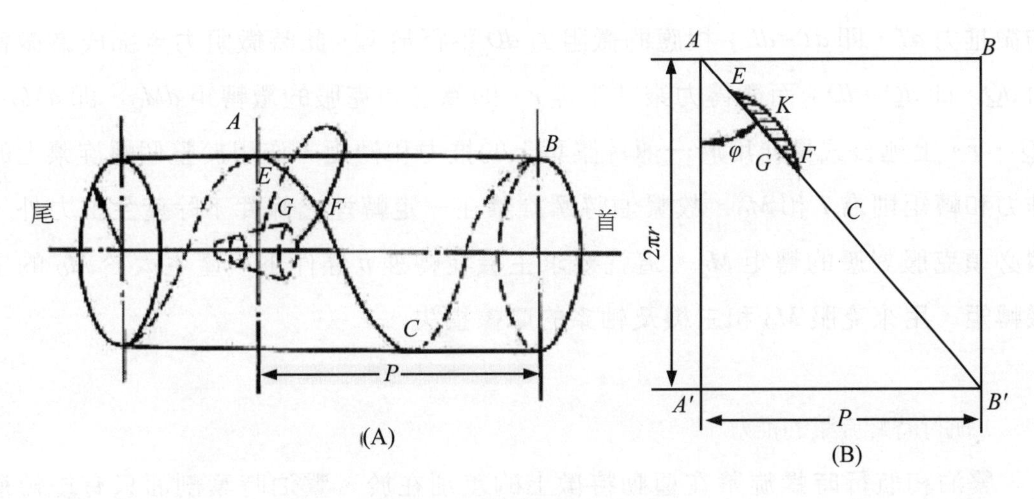

圖 4-5　葉剖面與螺距角

的一面是一個螺旋面，如圖 4-5 所示。在螺旋面上距槳軸半徑為 r 處用一柱面切割槳葉後，所得的截面稱為葉剖面（Blade section）。將該葉剖面展開後，相當於把槳葉剖面的旋轉運動變為平面運動。∠B'AA' 稱為半徑 r 處葉剖面的螺距角 φ_0 從圖 4-5 可以看出：

$$\tan\varphi = \frac{P}{2\pi r} \quad (4\text{-}3)$$

φ 的大小對槳的工作效能有顯著的影響。當螺距 P 為定值時，則槳葉上不同半徑 r 處的螺距角 φ 是不同的。對於整個螺旋槳，則用螺距比 P/D（Pitch ratio）來表徵其螺距角，其中 D 為螺旋槳直徑。P/D 和 D 是螺旋槳重要的幾何要素。

(一)繫泊時螺旋槳的推力

船舶在靜水中繫泊時，由於船速為零（$v_S=0$），若不計船體對螺旋槳的影響，則此時螺旋槳的進速 $v_A=0$。當以轉速 n 轉動螺旋槳時，則在半徑 r 處葉剖面與水的相對速度 v_r 僅為切向速度，即 $v_r=n \cdot 2\pi r$。此時葉剖面的冲角 α 即為螺距角 φ，如圖 4-6 所示。故微升力 dL 垂直於 v_r，此時微升力全部成為推船前進

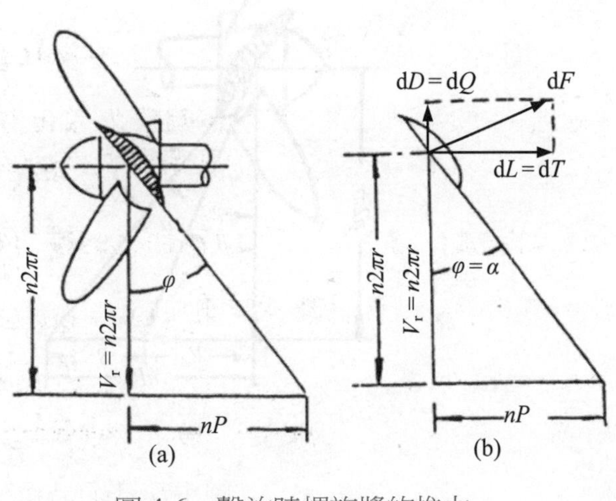

圖 4-6　繫泊時螺旋槳的推力

的微推力 dT，即 $dT=dL$；相應的微阻力 dD 平行於 v_r，此時微阻力全部成為微轉力 dQ，即 $dQ=dD$；而微轉力乘其半徑 r，即為必須克服的微轉矩 dM_Q，即 $dM_Q=dQ \cdot r$。上述公式是作用於一薄片槳葉上的推力和轉矩，作用於整個螺旋槳上的推力和轉矩則為 T 和 M_Q，故繫泊時螺旋槳在一定轉速之條件下除產生推力外，還必須克服對應的轉矩 M_Q。這就要求主機在轉速 n 條件下，產生大於 M_Q 的主機轉矩，用來克服 M_Q 和主機及軸系的摩擦損失。

（二）航行時螺旋槳的推力

繫泊和航行時螺旋槳在運動特徵上的差別在於，繫泊時葉剖面只有旋轉運動，而船舶航行時，一方面作旋轉運動，半徑為 r 處的葉剖面，若轉速為 n，則旋轉時的切線速度 $v_r=n \cdot 2\pi r$；另一方面還有跟隨船一起前進的運動，設螺旋槳進速為 V_A，因此，葉剖面的來流速度 v_r 就是進速 v_A 與旋轉切線速度 $n2\pi r$ 的向量合成，如圖 4-7(a)所示。

由於螺旋槳在水中工作，不同於螺母在剛體中運動，所以常會產生滑失現象，即螺旋槳旋轉一週前進的路程（稱為進程）h_A 較螺距 P 為小。同樣，螺旋槳旋轉 n 轉後（n 為轉速），螺旋槳的進速 V_A 較理論上前進速度 nP 小。在圖 4-7 (a)中，進速 V_A 所對的角度稱為進程角 β；滑失速度（理論前進速度 nP 與進速 V_A

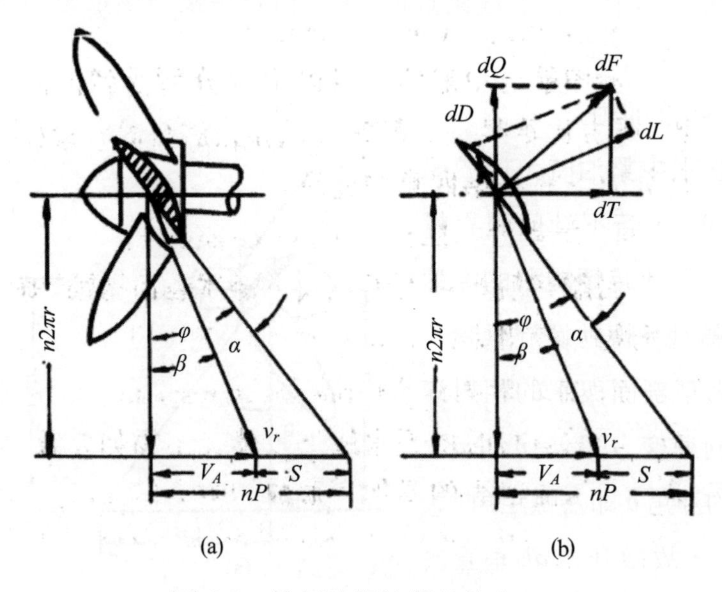

圖 4-7　航行時螺旋槳的推力

之差）所對的角度稱為葉剖面的沖角 α；由於理論前進速度所對角度為螺距角 φ，因此：

$$\varphi=\alpha+\beta$$

當葉剖面以沖角 α，速度 v_r，與水作相對運動時，將會產生如圖 4-7(b)所示的與水流相對運動方向垂直的微升力 dL（$dL\perp v_r$）及平行於水流相對運動方向的微阻力 dD（dD 平行 v_r）。根據理論推導的結果可知，dL 和 dD 的大小與 v_r^2 成正比，葉剖面與水相對運動速度 v_r 越大，微升力 dL 和微阻力 dD 越大；在一定範圍內沖角 α 越大，dL、dD 值也越大。

由微升力 dL 和微阻力 dD 合成的葉剖面所受的水動力 dF，由此可以求出微推力 dT 以及垂直於軸後的分量旋轉微轉力 dQ，如圖 4-7(b)所示。

由於 $dL\perp v_r$，dD 平行 v_r，dL 和 dT 以及 dD 和 dQ 間夾角為 β，故有：

$$dT=dL\cos\beta-dD\sin\beta \quad \text{(4-4)}$$

$$dQ=dL\sin\beta+dD\cos\beta \quad \text{(4-5)}$$

葉剖面轉動時所受到的微轉矩 dM_Q 為微轉力 dQ 乘以半徑 r，即：

$$dM_Q=dQ\times r \quad \text{(4-6)}$$

式（4-4）和式（4-6）是作用於葉剖面上的微推力和微轉矩，故作用於整個螺旋槳上的推力和轉矩即為：

$$T=Z\int_{\frac{d_0}{2}}^{\frac{D}{2}} dT \quad \text{(4-7)}$$

$$M_Q=Z\int_{\frac{d_0}{2}}^{\frac{D}{2}} dM_Q \quad \text{(4-8)}$$

式中 T：總推力；

M_Q：總轉矩；

Z：槳葉數；

D：螺旋槳直徑

d_o：槳轂直徑。

對於一般船舶，其螺旋槳產生推力和轉矩的大小決定於轉速 n，船速 v_s 和螺旋槳軸在水中的沉深 h，如圖 4-8 所示。當船速 v_s 一定時，推力 T 與轉速 n^2 成正比，轉矩 M_Q 也與轉速 n^2 成正比；當轉速 n 一定時，則如果相應方向的船速 v_s 的提高，螺旋槳推力 T 逐漸下降；即在轉速一定的條件下，螺旋槳的推力 T 是隨船速的提高而降低。

前已述及，船體的阻力 R 卻是隨船速提高而增大的，從這裡也可以看出推力與阻力之間的關系：當 $T>R$ 時；船舶作加速行駛運動。當 $T=R$ 時，船舶作等速行駛運動；當 $T<R$ 時，船舶作減速行駛運動。船舶從靜止狀態中開俥，如果馬上要求達到較高的船速，則必須開高轉速，此時主機的轉矩超過額定轉矩，會使主機超負荷工作，容易造成主機損壞。正確的操作應是，在開俥時先開低轉速，隨著船速的增加，逐漸加大轉速，這就需要有一個逐漸加速的過程，才能達到所要求的船速。

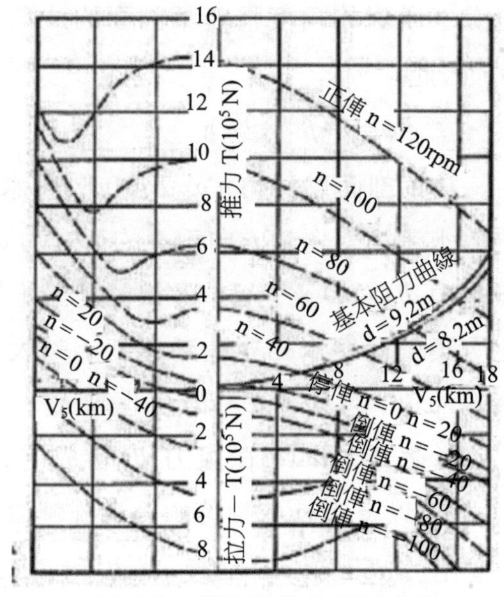

圖 4-8　螺旋槳推力轉性曲線

在一般情況下，螺旋槳正俥時產生推力，倒俥時產生拉力。由於螺旋槳結構和主機結構方面的原因，在相同的轉速、船速條件下，倒俥給出的拉力比正俥給出的推力低，一般船舶僅達60%～70%左右，大型船舶就更小，只有30%～40%。

（三）滑失（Slip）與滑失比（Slip ratio）

如前所述，螺旋槳旋轉一週前進的路程 h_A 較螺距 P 為小。同樣，螺旋槳轉速為 nr/s，螺旋槳的前進速度 V_A (m/s)比理論上應能前進的速度 nP 小。

螺距 P 與進程 h_A 之差稱為真滑失S（Real slip）。即，螺旋槳理論上應能前進的速度 nP 與推進器實際對水的速度 V_A 之差，稱為滑失速度，也可以稱為真滑失 S，如圖 4-7(a)所示。

$$S=nP-V_A \qquad (4\text{-}9)$$

真滑失與螺距 P 之比，稱為真滑失比 S_r（Real slip ratio）。也可將真滑失比定義為滑失速度與理論上應以前進的速度 nP 之比。即：

$$s_r=\frac{P-h_A}{P}=1-\frac{h_A}{P} \text{ 或 } S_r=\frac{nP-V_A}{nP}=1-\frac{V_A}{nP} \qquad (4\text{-}10)$$

當螺旋槳緊靠船後時，由於船體航跡流 W_A 的影響，故螺旋槳對水速度 $v_A=v_S-W_A$，如圖 4-7 所示。若用船速 v_s（即螺旋槳的絕對進速）代替上述各式中

的 V_A，則：

$$S' = nP - v_S \quad \text{(4-11)}$$

$$S'_r = \frac{nP - v_S}{nP} = 1 - \frac{v_S}{nP}$$

S' 稱為虛滑失（Apparent slip）；S'_r 稱為虛滑失比（Apparent slip ratio）。

船舶前進時存在航跡流，螺旋槳對水速度 $v_A < v_s$。故船後螺旋槳的推力 T 將比遠離船艉的螺旋槳的推力大。由此可見，航跡流是提高螺旋槳推力的一個有利因素。為了利用航跡流這個有利因素，宜將螺旋槳盡量設置在航跡流較大的位置處。通常情況下 $S'_r < S_r$。但船舶靜止或後退中，不管進俥還是倒俥，由於螺旋槳不存在航跡流，此時 $S'_r = S_r$，則螺旋槳負荷大，推力大。

從圖 4-7(b) 可知，螺旋槳工作時產生的推力大小取決於滑失（比）大小。滑失越大，沖角 α 便越大，若轉速一定，則螺旋槳的推力和轉矩越大。由此可見，當船舶轉速一定時，船速越低，滑失比就越大，推力越大。當船速不變時，提高轉速，滑失比增大，推力也增加。船舶在靜止中繫泊時用俥，船速為零，滑失比 $S_r = 1$，此時推力很大。

從上述滑失比的概念可知，滑失比的大小與船舶運動狀態和螺旋槳的轉速有關。對於一定的船舶而言，若船舶航行時，船體污底嚴重，風浪越大，或航行於淺窄航道中，同樣轉速下船速越低，滑失比就越大。若船舶浮態變化，例如吃水增加，過大的艏傾，則轉速相同時船速越低，滑失比越大，推力和轉矩越大。因此，駕駛人員在上述條件下航行，如船舶阻力較大時，應注意避免因轉速過高、滑失比過大而導致主機超負荷運轉。

第三節　主機功率和船速

一、主機功率

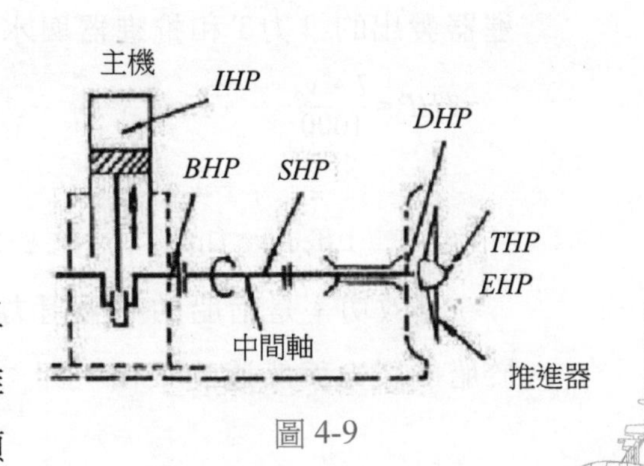

圖 4-9

從圖 4-9 所示的功率傳遞過程來看，主機所發出的功率，除了驅動螺旋槳產生推力為船舶運動提供有效功率之外，還必須提供螺旋槳產生相應的轉矩所需要的功率以及克服主機和傳動軸系摩擦所需要的功率。因此，主機發出的功率比最終推動船舶所需的功率來得大，實際上船舶航行所需功率僅及主機功率的一半左右。

1. 有關推進的功率名稱

（1）機器功率（Machinery horse power; MHP）

主機發出的功率。根據主機種類的不同，測定機器功率的部位不同，機器功率在不同類型主機中就有不同表示。

①指示功率（Indicated Horse Power; IHP）

指示功率是表示往複式發動機汽缸內活塞所作的功率。蒸汽機的主機功率常用IHP表示。

②制動功率（Brake Horse Power; BHP）

制動功率是指能輸出主機之外可實際加以利用的功率。柴油機的機器功率常以BHP表示。

③軸功率（Shaft Horse Power; SHP）

軸功率是指傳遞到直接聯結推進器的中間軸上的功率，可根據中間軸所受到的轉矩來確定。對於汽輪機一類機器，無法求出其主機內部發出的IHP，就用軸功率SHP來表示其機器功率。

（2）輸出功率（Delivered Horse Power; DHP）

輸出功率是指主機功率傳遞至主軸尾端，通過船艉軸管（Stern Tube）提供給螺旋槳的功率。

（3）推力功率（Thrust Horse Power; THP）

推進器在收到功率後，產生推船行進的功率稱為推力功率。它等於推進器發出的推力T和推進器與水相對速度v_p的乘積，即：

$$THP=\frac{T\cdot v_p}{1000} \qquad (4\text{-}12)$$

式中：推力T的單位為N；v_p的單位為m/s；THP的單位為kW。[$1K_w=1.3579$ ps]

（4）有效功率（Effective Horse Power; EHP）

有效功率是指船舶克服阻力及以一定船速外行進所必須的功率，它等於船舶阻力與船速的乘積，即：

$$EHP = \frac{R \cdot v_S}{1000} \quad \text{(4-13)}$$

式中：船舶阻力 R 的單位為N；v_S 單位為m/s；EHP 單位為kW。

2. 各功率之間的關係

(1) 傳送效率 η_c：輸出功率 DHP 與機器功率 MHP 之比 $\frac{DHP}{MHP}$，稱為傳送效率。螺旋槳的傳送效率一般為 0.95～0.98。機艙在船舯，通過直聯式軸系連結螺旋槳，傳送效率約在0.95～0.97；機艙在船艉的主機，傳送效率約為0.97～0.98。

(2) 推進係數 η_p：有效功率 EHP 與輸出功率 DHP 之比 $\frac{EHP}{DHP}$，稱為推進係數（Propulsive Coefficient），或稱為推進器效率。螺旋槳一般該值為0.60～0.75。

(3) 推進效率 η_e：有效功率 EHP 與機器功率 MHP 之比 $\frac{EHP}{MHP}$，稱為推進效率（Propulsive Efficiency）。螺旋槳的推進效率約為0.50～0.70。由此可見螺旋槳作為推進工具，主機發出的功率變為船舶推進有效功率後損失將近一半。

二、船速

1. 額定船速（Rating Speed）

根據一定標準驗收後的主機，其額定功率作為衡量主機強度的標稱輸出功率，也是可供海上長期安全使用的最大功率。在可以忽略淺水影響的平靜水域中，在主機額定功率條件下，所得到的主機穩定的轉速稱為主機的額定轉速。在額定功率和額定轉速條件下，船舶在可以忽略淺水影響的深水域時所能達到的靜水中航速，即為該船的額定船速。在新船試航時，可透過實船測速試驗測得額定船速。船舶的額定船速並不是一直不變的，新船投入營運後，由於主機的磨損和船體的老舊，額定船速會降低。因此在修船之後的情況下，船速發生變更時，應重新測定額定船速。對某一定船舶，額定船速是船舶在深水中可供使用的最高船速。

2. 海上船速（Sea Speed）

測速試驗時可確定船舶的額定船速，但在實際海上航行時，為確保長期安全航行，需留有適當的主機功率儲備，因此主機的海上常用功率較其額定功率為低，通常為額定功率的85%左右。如海上常用功率為額定功率的80%～90%範圍時，則相應的海上常用轉速為額定轉速的93%～97%。

主機以海上常用功率和海上常用轉速運行時，所得到的靜水中航速即為海上船速。有時在海上航行期間，以節約燃料消耗、降低營運成本為目的，根據航線條件等特點而採用經濟航速（Economic Speed）航行。一般情況下，經濟航速比海上船速低。

3. 港內船速（Harbour Speed）

在港內及近岸航行時，船舶密集，水深較淺，彎道較多，用舵頻繁。為防止船舶間相互作用、浪損、淺水效應、岸壁效應等現象，同時為了不致使主機超負荷運轉，以及便於臨時加俥提高舵效，有利於操縱，保證避讓的安全，港內航行的最高速度應比海上船速低。通常將主機功率降至常用功率一半左右，採用備俥航行。港內的轉速約為海上常用轉速的70%～80%。港內速度的大小因船的大小、主機的種類、主機最大功率的大小等之不同而有所不同。

港內船速除按主機輸出功率的比例不同劃分為「全速前進（Full Ahead）」、「半速前進（Half Ahead）」、「慢速前進（Slow Ahead）」之外，還有「微速前進（Dead Slow Ahead）」。微速前進時的功率和轉速，是主機能發出的最低功率和最低轉速。

倒俥一般分為「全速後退（Full Astern）」、「半速後退（Half Astern）」、「慢速後退（Slow Astern）」，及「微速後退（Dead Slow Astern）」。通常港內「全速後退（Full Astern）」時的轉速約為海上常用轉速的60%～70%。在港內或某些內海航區，為保證航行安全，規定了最高限速，若本船所用港內船速高於該限速時，則應遵守有關的限速規定航行。

三、船速與主機輸出

（一）螺槳推進器所產生之推力

所謂推進器為指在水中加速，藉其反作用力產生推力（Thrust）以便船前進或後退的裝置。廣泛被使用之船用推進器主要為螺旋式推進器（Screw Propeller），包括傳統採用之固定螺具推進器（Fixed Pitch Propeller; FPP）及可控螺距推進器（Controllable Pitch Propeller; CPP）。圖 4-10 為從推進器軸取半徑 r 上之翼素（薄螺槳的段面部分），就其速度線圖與翼素上所作用之推力予以繪圖者。

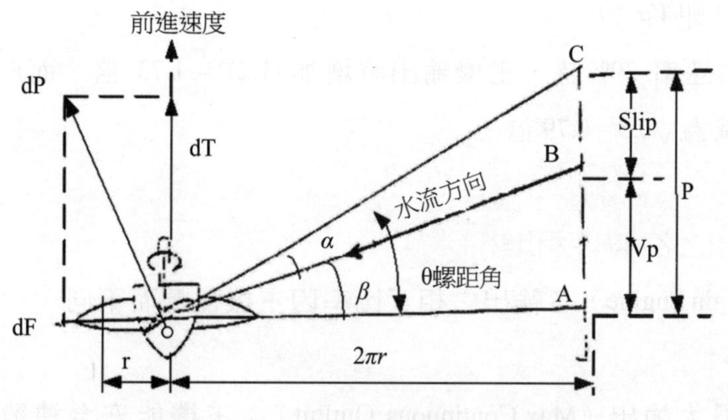

圖 4-10　螺槳推進器推力與速度線圖

螺距（Pitch）為 p，螺距角（Pitch Angle）為 θ 之翼素，於一迴轉時將以螺距 p 向前推進，但由於滑失（Slip）之故，螺槳之移動距離 V_p 將較 p 為小。因此流進翼素之水流為螺槳轉一圈所產生之流速 $2\pi r$ 與 V_p 合成之 BO 之水流，此水流於沖擊翼素之前面（Face）時，即產生推力 dP。其船艏艉方向的分力為 dT 縱向推力，使船前進，船寬方向的分力 dF 為橫向推力使船產生迴轉作用。此外，所產生的轉距 $dQ=rdF$ 則藉推進器軸使船體產生振動。

（1）推進器的推力與轉矩

推力與轉矩為作用於各翼素之力的總和，若設螺槳直徑為 D_P，每分鐘轉速為 n，可得式：

推力 $=\rho_n{}^2D_P{}^4K_P$，轉矩 $=\rho_n{}^2D_P{}^4K_q$

式中 ρ 為海水密度，K_p、K_q 分別為推力係數、轉矩係數。大型船之螺槳葉數通常為 5～6 葉，葉數增加則推力增加，且作用於螺槳軸之轉矩亦可均勻化，可減輕船體震動。

此外，螺距角可變化之可變螺距螺槳（CPP）與傳統型固定螺距螺槳（FPP）相較，其優點為在主機轉速固定的情況下，短時間內即可作正反、停止等改變之操作。

（2）主機輸出所致船速的變化

船速一定時，螺槳所產生的推力與船體阻力相互平衡，通常船體阻力與船速 V 平方成正比，故主機輸出（馬力）P 與速率之三次方成正比。亦即：

$P \infty V^3$ 即 $V \infty \sqrt[3]{P}$

故於增加速率 20%時，主機輸出將增加 $(1.2)^3 \fallingdotseq 1.73$ 倍，而於主機輸出減半時，船速將減為 $\sqrt[3]{0.5} = 0.79$ 倍。

（二）主機輸出之名稱與互相比率

主機（Main Engine）各輸出之相互比率因主機種類而不同，一般大約如表 4-1 所示之程度。

(1)連續最大輸出（Max.Continuous OutPut）：主機能安全連續運轉的最大輸出。此為主機強度計算的基礎，為主機之標稱輸出，該輸出之定格值稱為 MCR（Max Continuous Rating）。

(2)正常輸出（Normal Output）：為求船在大洋上得到航海速率所採用之正常輸出，於計畫滿載吃水線時，以正常輸出所能到達的速率稱為正常速率（Normal Speed）。

(3)超載輸出（Over Load Output）：超過速績最大輸出，短時間內可用的輸出。

(4)倒俥輸出（Astern Output）：船於後退時最大的輸出。

在各輸出時，主軸之每分鐘轉速RPM（Revolution Per Minute）為以滿載航行時為基準。

（三）海上餘裕（Sea Margin）

船為求維持正常速率，應先考慮海上航路之海象、氣象或船底污損之影響，有必要預估馬力增加之餘裕，此餘裕即稱為海上餘裕，通常可達 15%之譜。

表 4-1

種類	輸出比
連續最大輸出	100%
正常輸出	80-90%
過負荷輸出	105-110%
倒俥輸出	40-60%

（四）俥鐘命令與船速

船在海上雖以航海速率航駛，但於進入港口水域或通過狹水道等處時則以俥鐘從駕駛台向機艙傳達「主機備便（Stand by Engine）」之指令。此時，機艙將使主機輸出降低至常用輸出的一半以下，俾讓主機隨時可做起動、停止、加減速操作之狀態。同時將燃料油由C重油改換為A重油〔註〕。此時之速率相對於航海速率，即稱為運轉速率（Maneuvering Speed）或港內速率（Harbor Speed）、或者備便速率（Stand by Speed）。

主機用之命令（Engine 0rder）如下列：

主機命令	對正常輸出之標準航速
全速前進（Full Engine）	70%
半速前進（Half Engine）	45%
慢速前進（Slow Engine）	25%
極慢速前進（Dead Slow Ahead）	20%

（但柴油船約高10%）

倒俥時將上述之 Ahead 改為 Astern（倒俥）以發令之。倒俥速率較前進速率為慢。

「Finished with Engine」（停止用俥）－進出港時，由備便速率改為航海速率或停止用俥之命令，解除進出港部署。以航海速率之全速前進稱為航海全速（Navigation Full），與備便速率時之全速前進稱運轉全速（Maneuvering Full）有所區別。

（五）推進相關之馬力名稱

主機所產生之馬力為運轉船速傳遞到螺槳前，由於存在摩擦等機械損失，實際使船航駛所需之馬力約僅達主機產生馬力之一半。

（1）推進相關之馬力名稱

a.指示馬力（Indicated Horse Power; IHP）：主機汽缸內部產生的實際馬力。

〔註〕：船用燃料A重油與C重油

商船為求節約燃料費，於航海速率時使用C重油，而於主機開停多的備便速率時用A重油。A重油與引擎油的性狀相似，故質較優，C重油則與煤焦油（Coal Tar）相似，黏度高、低質而碳素高，燃燒效率較差。

b.制動馬力（Brake Horse Power; BHP）：實際上送出主機外部可利用的淨馬力。

c.軸馬力（Shaft Horse Powet; SHP）：與螺槳軸直接連結的中間軸上傳達的馬力。

d.輸出馬力（Delivered HOrse Power; DHP）：通過尾軸套（Stern Tube）供給於螺槳的馬力。

e.推力馬力（Trust Horse Power; THP）：為螺槳所產生的馬力，由螺槳產生的推力T(kg)，螺槳對水的速度Vp（m/sec），可得下式：

$$THP = T \cdot V_P/75 \quad (4\text{-}14)$$

f.有效馬力（Effective Horse Power; EHP）：為船體以速率V（m/sec），在船體阻力Rt(kg)之情況下航駛時所需的馬力，可得下式：

$$EHP = Rt \cdot V/75 \quad (4\text{-}15)$$

（2）主機馬力的表示

依主機種類而有不同的量測方法，通常往復蒸氣主機（Steam Recovering Engine）為IHP；柴油主機（Diesel Engine）為BHP：透平機（Turbine Engine）以SHP表示之。

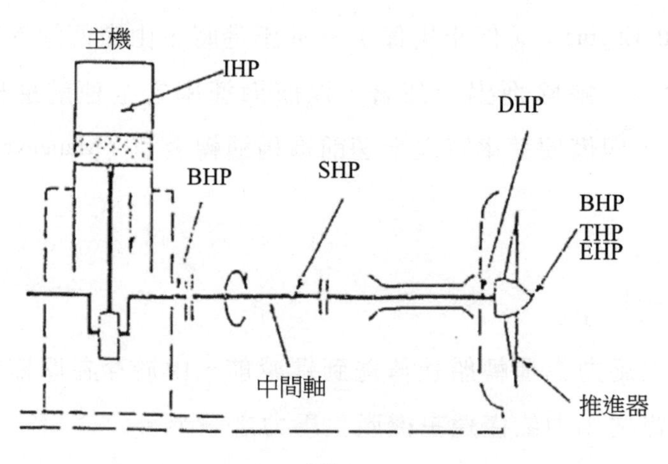

圖 4-11

〔註〕比較前段所述（4-11, 4-12），本段公式表示方式單位為英制（馬力），前段為公制（公斤－力），1 kw = 1.3579 Ps。

（六）求前進力及後退力之計算

1. 船舶主機備便中各轉數之前進力及後退力之計算

(1)常用航行速度時之前進力，求其計算方法

以常用航行速度為 K（KNOT）秒速為：

$$\frac{1852M}{60 \times 60(\text{Sec})} \times K = 0.514K$$

$$\frac{E.H.P（有效馬力）}{B.H.P 或 SHP（軸馬力）} = 有效推進效率 = 0.65$$

若以常用航行速度時之推動力為 T（Ton），1 馬力為 75 kg m/s，因此

$$T = \frac{B.H.P \times 75}{0.514K} \times 0.65 \div 1000 = \frac{B.H.P}{K} \times 0.0948（噸）$$

(2)對於主機備便中之全速（Full Ahead）迴轉數之前進推進力，求其計算方法為：

若以為前進力對主機備便中全速之迴轉速。

$$T' = T \times \frac{（主機備便中全選之回轉速）^2}{（常用航行速度之回轉速）^2}$$

同樣可求前進推進力對前進半速及前進微速時之迴轉數之推力。

(3)主機備便中之對各速迴轉數之後退推進力之計算式。

後退推進力為同迴轉數之前進推進力之約一半。但慣性前進中之後退推進力被推定為後退中之後退推進之 1.5 倍。即若以後退推進力為 T' 時：

$$T'' = T' \times \frac{1}{2} \times 1\frac{1}{2}$$

$$= T' \times 0.75$$

計算例

【例 1】某船 9.555 總噸，常用航行時速 18 knots，每分鐘迴轉數 110，這時之 B.H.P 為 9,628 HP，港內各速之迴轉數如下：

各速迴轉數	極微速	慢速	半速	全速
前進	40	50	60	80
後退	40	50	60	80

常用航行之推進力 T（Ton）為：

$$T = \frac{B.H.P}{K} \times 0.0948 = \frac{9,628}{18} \times 0.0948 = 50.7 \text{ (Tons)}$$

若以 $T'F$ 為全速前進推力，轉速為 80。

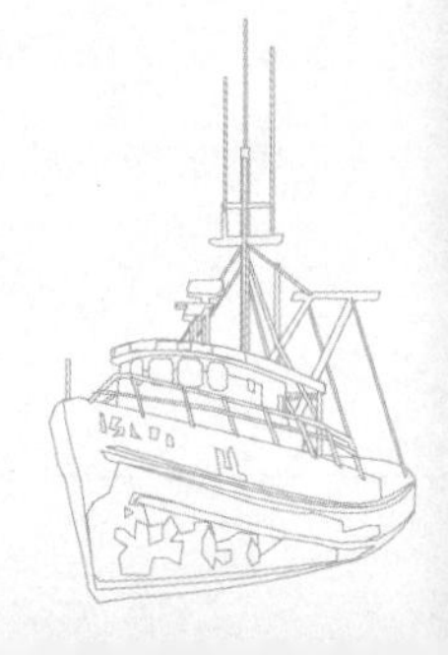

$$T'F = T \times \frac{80^2}{110^2} = 50.7 \times 0.53 = 26.9\ (\text{Tons})$$

若以 $T'H$ 為半速前進推力，迴轉數為 60。

$$T'H = 50.7 \times \frac{60^2}{110^2} = 15.08$$

若以 $T'S$ 為慢速前進推力，迴轉數為 50。

$$T'S = 50.7 \times \frac{50^2}{110^2} = 10.5\ (\text{Tons})$$

若以 $T'DS$ 為極微速前進推力，迴轉數為 40。

$$T'DS = 50.7 \times \frac{40^2}{110^2} = 6.7\ (\text{Tons})$$

若以 $T''F$ 為全速倒車（後推），迴轉數為 80。

$$T''F = 26.9 \times 0.75 = 20\ (\text{Tons})$$

若以 $T''H$ 為半速倒車（後推），迴轉數為 60。

$$T''H = 15.1 \times 0.75 = 11\ (\text{Tons})$$

若以 $T''S$ 為慢速倒車（後推），迴轉數為 50。

$$T''S = 10.5 \times 0.75 = 8\ (\text{Tons})$$

若以 $T''DS$ 為極微速倒車（後推），迴轉數為 40。

$$T''DS \times 6.7 \times 0.75 = 5\ (\text{Tons})$$

【例 2】小型船 1.630 總噸，常用航行時速為 13.24 knots，每分鐘迴轉速 156，B.H.P 為 1144 HP，S/B 中之迴轉數如下：

S/B 中之迴轉數	SLOW	HALF	FULL
前進	60	80	100
後退	60	80	100

$$T = \frac{B.H.P}{K} \times 0.0948 = \frac{1.144}{13.24} \times 0.0948 = 8.19\ (\text{Tons})$$

$$T'F = T \times \frac{100^2}{156^2} = 8.19 \times \frac{100^2}{156^2} = 3.4\ (\text{Tons})$$

$$T'H = 8.19 \times \frac{80^2}{156^2} = 2.2\ (\text{Tons})$$

$$T'S = 8.19 \times \frac{60^2}{156^2} = 1.2\ (\text{Tons})$$

慣性前進中開倒俥之對後退原速之後推推進力為 $T''F$，對後退半速之後退推進力為 $T''H$，對後退微速之後退推動力為 $T''S$，即：

$T''F = 3.4 \times 0.75 = 2.6$ (Tons)

$T''H = 2.2 \times 0.75 = 1.7$ (Tons)

$T''S = 1.2 \times 0.75 = 0.9$ (Tons)

2. 停止距離

慣性低速前進中若以機械反轉至船體停止之前進距離為S：

$S = 0.0135 \dfrac{mK^2}{F}$ (m)……………………………………………（荒木式）

F：因機械反轉之後退推進力（Ton）

m：船之類合質量（Apparent Mass）（Ton）（排水量之加20%重量）

K：慣性前進中之時速（knot）

慣性衝力之速度判斷不易。以其推定之相差，其停止距離可有很大之差別。即停止距離為本船之質量與惰力前進速度平方成正比而與反轉之後退力成反比例。一般空船之排水量與滿載時之排水量之比大約 1：3，因此滿載時之停止距離約為空船的3倍，其情形如下二表所示，空船／滿載及大型船／小型船，停船距離之比較表。

計算例1　某高速貨船

	排水量（噸）	類合質量（噸）	慣性時速（噸）	後退力（F）（Ton）			
				Full	Half	Slow	D.Slow
某高速貨船	滿載時 17,101	20,520	3 2 1	129m 57m 14m	235m 140m 26m	369m 164m 41m	646m 287m 72m
	空船時 5,915	7,098	3 2 1	45m 20m 5m	73m 36m 9m	128m 57m 14m	224m 99m 25m

計算例2　一般中型船

	排水量	類合質量	慣性時速	後退力（F）（Ton）		
				Full（2.5）	Half（1.6）	Slow（0.9）
基準中型船	滿載時 1,600	1,920	3 2 1	94m 42m 10m	146m 65m 16m	369m 164m 41m

第四節　螺槳（Screw-Propeller）對操船之作用

螺槳（Screw-Propeller）以下簡稱為推進器（Propeller），迴轉時正舵，舵會產生向左或向右震動，此乃推進器葉片之振動力。當推進器流經船體，舵受左右之力不對稱為橫向力產生之原因，使船艉受到控制力之優勢，此乃螺槳對操船之作用。此等作用由於船在低速操船時之離靠岸或繫浮筒（Buoy）時特別顯著，應留意船舶之迴轉特性，操船時應考慮其影響之綜合效果，操船時不對此活用，無法達成操船之目的。

圖 4-12 所示為船舵及推進器（Propeller）之綜合作用向量圖，*T* 表示推力，*P* 表示舵力，*F* 表示推進器之橫向力，*R* 為合力，而 *R* 之橫向分力提供船之迴轉力。

一、螺槳對操船作用所生之迴轉原因

單軸右旋固定螺距螺槳（FPP），對於舵面及俥葉流產生迴轉作用之原因分析如下：

（一）俥葉流（Screw Current）之作用

當俥葉旋轉時，吸入流，由於俥葉之作用放射出強勁的排出流，並帶來以下之作用：

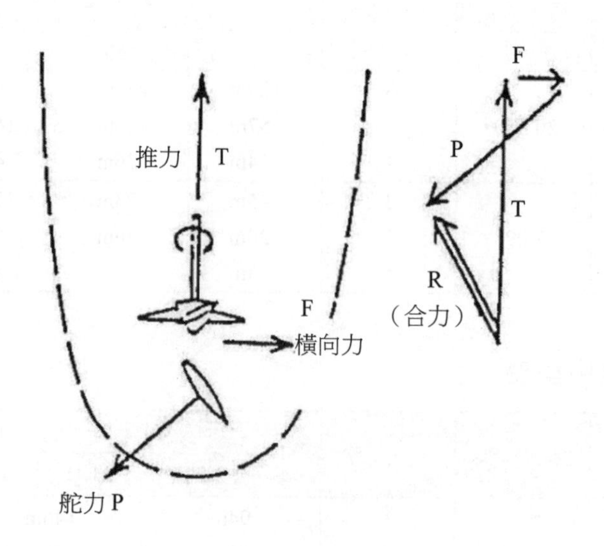

圖 4-12

1. 吸入流（Suction Current）之作用

船前進時，在水面下之艉部線（Buttock Line），於船底向上斜流入單俥葉之迴轉圓流入。在螺槳之迴轉圓之右半圓環轉時，左半圓之迴轉推力增加，全部之推力軸緣使船體中心線向右，導致艏偏向左。後退時，艉之中央無作用，舵反得裡面吸入流之作用控制船艉之方向。

2. 排出流（Discharge Current）之作用

船前進時，如圖4-13所示，在右旋時所產生之排出流時係由左向右，其切水角（Attack Angle）於下部時較大，以下部舵壓為優勢，故即時於正舵的情況下，船艏亦向右迴轉。尤其於舵上部露出於水面上時，舵上部面積變小，使向右迴轉之傾向更強。像懸舵（Hanging Rudder）其上部之舵面積較大的船，則會含有與上述相反的迴轉現象。此外，於俥葉旋轉的情況下，即使沒有前進的速度，亦仍有舵效。

後退時俥葉之排出流由船艉向船艏流去，此水流對船艉右舷之船側外板，以深的切水角且以較廣之範圍作放射性排放，故將船艉強力推向左方。此作用稱為排出流之側壓作用（Lateral Wash of Screw Current），與用舵方向無關，將產生明顯的右迴轉現象。

（二）橫向壓力（Sidewise Pressure）作用

旋轉之螺槳由於槳翼，其橫推力於水面上下位置而產生差異，下翼較上翼

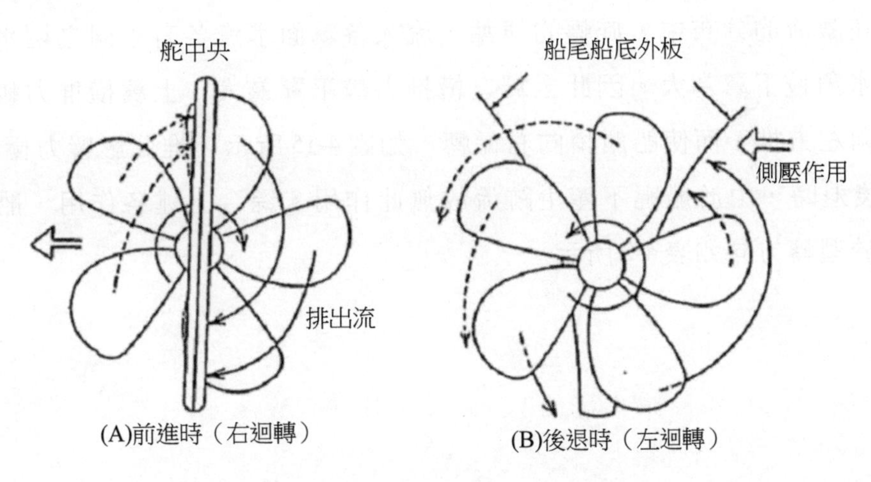

圖4-13　推進器排出流之作用

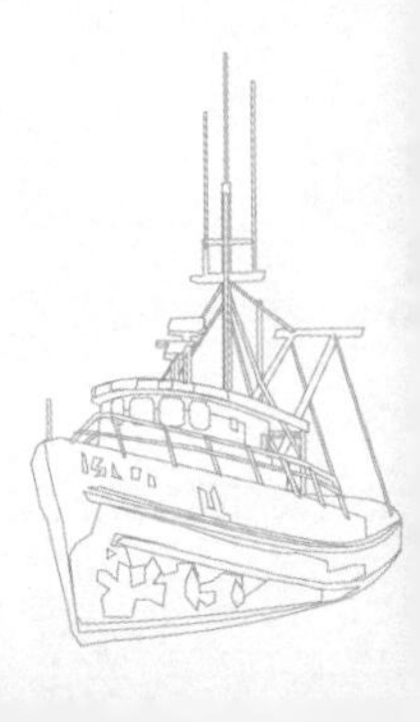

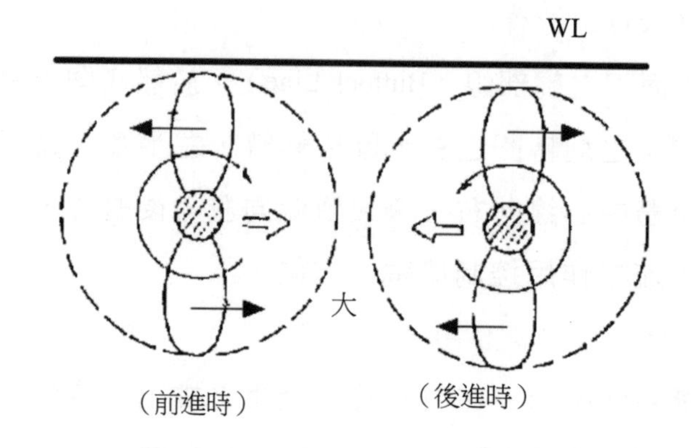

圖 4-14

為優勢，因而產生迴轉作用。於前進時螺槳右旋，故船艉推向右；後退時螺槳反轉為左旋，故船艉推向左，如圖 4-14 所示。此橫推合力之作用稱為橫向壓力。

此係因為螺槳翼於迴轉接近水面時，上翼之橫推力，由於空氣吸入（Air Drawing）與氣泡（Bubbling）之現象，較下翼之橫推力為弱，故船艉壓向作用於下翼占優勢之橫推力方向。

（三）跡流作用對橫壓力之影響

追隨於船體集水流稱為跡流（Wake Current）。跡流位於船艉俥葉旋轉圈附近，越靠近船艉端之水面將越強，越靠近船底龍骨附近將越弱。簡言之，船艉附近垂直面上跡流強度之流速分布為呈 V 字型。

亦即流進俥葉旋轉圈下部之水流其流速與船速之比較小，上部則較接近於船速。在激流的分布中，旋轉的俥葉，流入各翼面水流各有不同之切水角。上翼之切水角較下翼為大。因此上翼之橫推力較下翼為大，上翼橫推力較大，故將船艉向左方推，而使船艏稍向右偏轉，如圖 4-15 所示，惟此影響力極小。

於後退時，由於船艉不產生跡流故無此作用。綜合上述各作用，船艉之進行方向於迴轉方向如表 4-2 所示。

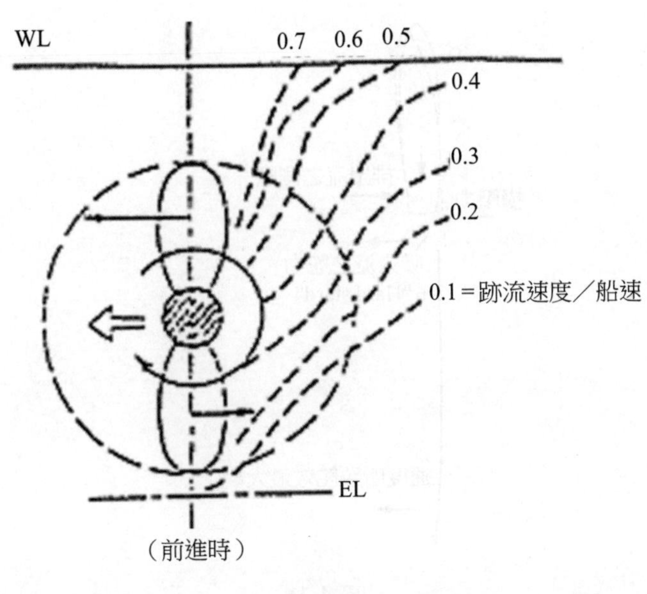

圖 4-15

表 4-2

作用之要因	用舵	船艉之作用方向	
		前進時	後退時
吸入流	正舵 右 左	右 右 右	一 右 左
排出流	正舵 右 左	左 左 右	與用舵無關 皆強力向左
橫壓力	無關	右	左
跡流	無關	左	一

二、俥葉所致迴轉現象之一般傾向

（一）正舵前進中之船艏偏向

船艉之吃水深時有向左迴轉之傾向；相反的，於吃水淺時有向右迴轉的傾向。此係因為船艉吃水深時，吸入流或橫壓力之作用較強，於船艉吃水淺時，排出流之影響較其他作用占優勢之故。但無論如何，其作用皆為以2°～3°之擋舵即可保持穩舵之程度。

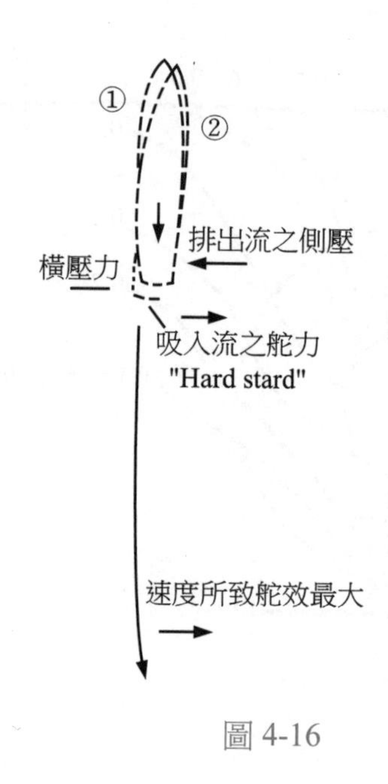

圖 4-16

（二）左右之旋轉性能

通常右迴旋較左迴旋雖差別不大，但迴旋性能稍差。此為迴旋之內側與外側沿船體之水流間，內側的水流較外側的水流受跡流影響為大，故側葉翼面上流入角的翼面幾乎為失速狀態。在此狀態下較易吸入空氣。

因此，船艉跡流較強峙之迴旋內側，於俥葉翼面下由下向上旋轉時吸入；由上向下旋轉時，則易於吸入空氣。由於單俥右旋船於右迴旋時較易吸入空氣，舵力減低，故與左迴旋之情況相較，其迴旋性較差。但由海上實船之試驗結果，由於受風外力之影響，左舵之迴旋圈並非一定較右舵之迴旋圈為小。

（三）正舵後退時之迴轉特性

船艏將向右迴轉的同時，船體將向左後方強力迴旋以後退之。此為俥葉於倒俥時，因排出流之側壓力之作用，船艉將強力壓向左舷方，此為 FPP 單俥右旋船於倒俥時所表現之迴轉特性。

三、利用倒俥時迴轉特性之操船法

FPP單俥右旋船於倒俥時所表現之右迴轉特性，可應用於下列所示之操船方法中（以無風狀態為例）：

（一）正後方後退操船法

右滿舵，主機倒俥。如前所述，俥葉左旋時，俥葉之橫壓力作用，以及向船艉右舷倒流入之排出流其側壓作用，將使船艉壓向左舷側。對此可藉右舵使作用於舵背面之吸入流及後退行程所生之舵力，以產生與之抗衡之相反力量。此二力之失去平衡，船艉將向一邊迴轉，如船艉向右迴轉，可即刻正舵，若向左迴轉則可停俥，以降低轉速，如此反覆操作，可持續其後退之操船。

（二）向右之短距迴轉（Turning Short Round to Right）

將舵與主機靈活操作，以在狹窄水域內，使船調頭180°之操作，於開始時以向右調頭，將較向左調頭容易（參見圖3-35）。若妥為操作，可於直徑2L 左右之圓內調頭180°。船從停止位置開始，向右作短距迴轉的操船要領，由於排出流之側壓作用及橫壓力作用強力將船艉壓向左方，對向右調頭有很大的幫助。小型船由於俥葉之作用相當強，於調頭 180 ° 前，均維持右滿舵不變，將主機前進，後退重複操作，亦可完成調頭。若為向左短距迴轉，而於開始向左調頭，則從前進到後退之階段時，即使用右滿舵，亦僅直直向後退，無法使船向左調，結果僅是主機前進、後退反覆而已，如圖 4-17 所示。不得已而需向左調頭時，可拋左錨，以之為中心，用錨調頭。但若能利用船艉的向風性，則向左調頭亦為可行。

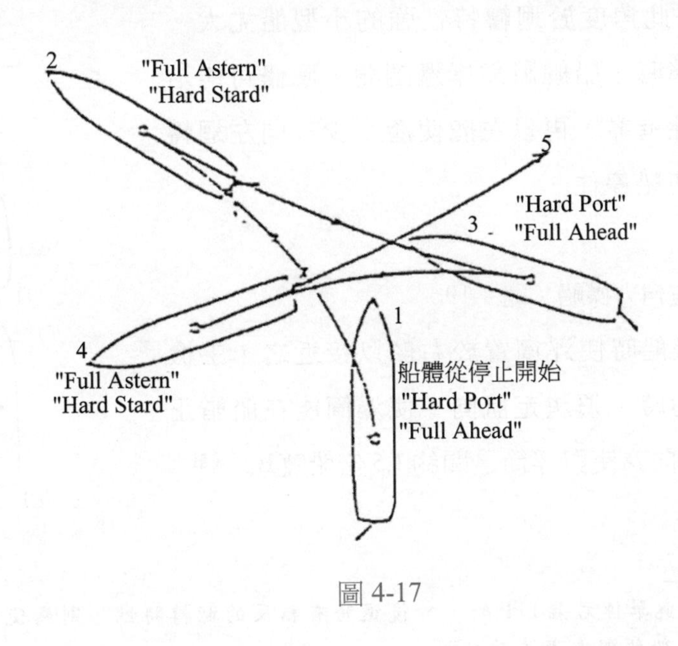

圖 4-17

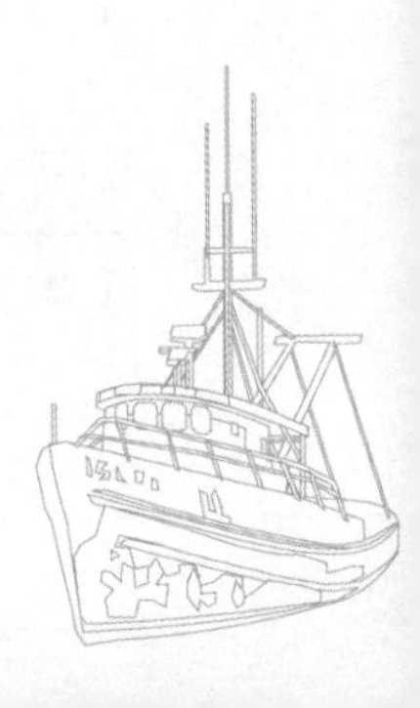

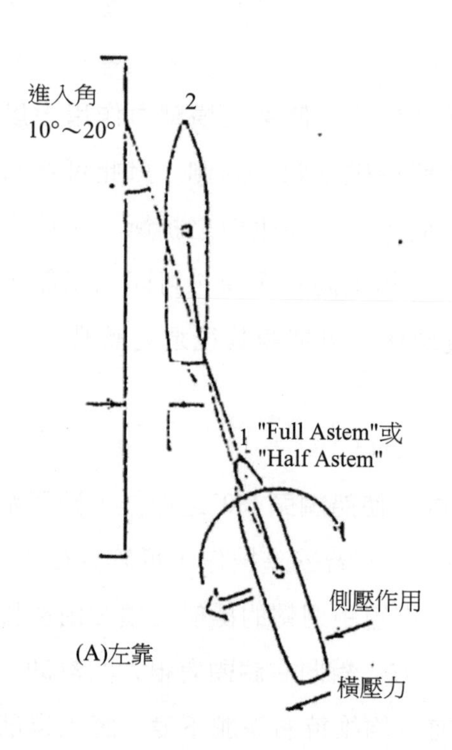

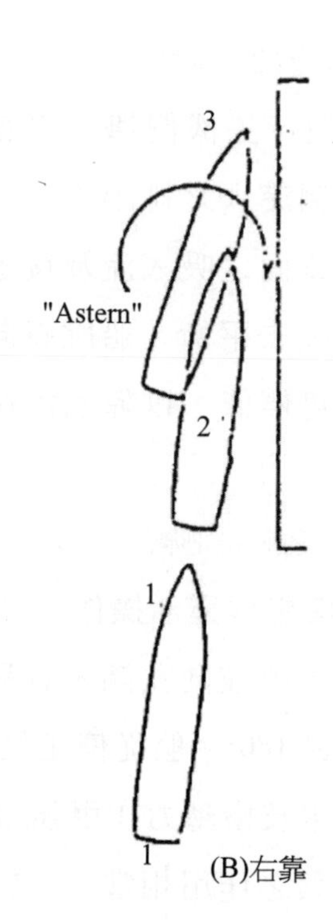

圖 4-18

（三）靠岸時之自力操船（圖 4-18）

左舷靠岸，因倒俥時船艏將向右迴轉，故較右舷靠岸容易。此時岸壁之切線角約 10°～20°，此角度於迴轉特性強的小型船尤大。右舷靠岸，於倒俥時，船艉將靠岸邊調開，應儘可能沿岸壁線以前進慣性進靠，再以左舵使產生少許向左迴轉力的同時倒俥以使船停住。

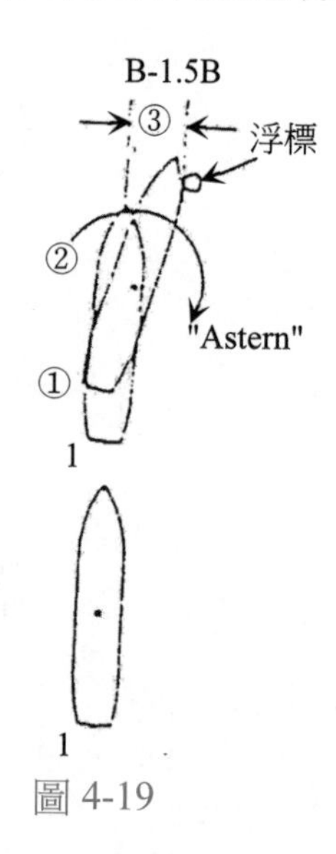

圖 4-19

（四）單點繫浮筒之自力操船（圖 4-19）

原則上，於操船時使浮筒置於右舷以接近之，主機倒俥以抑制前進力時，須決定航向，使浮筒能在船艏正下方。通常所取航向為使與浮筒之間約 1.5 倍船寬B。〔註〕

〔註〕：若 CPP 船要與單俥右舷 FPP 船，於後退時有相反的迴轉特性，則應使 CPP 之俥葉迴轉方向，由船艉觀之為左旋才可。

（五）雙俥船短距迴轉時俥葉之作用

應就FPP雙俥船與CPP雙俥船，其外旋式（Outward Turning）與內旋式（Inward Turning）俥葉，探討於一方旋轉時俥葉作用之影響。雙俥葉船於短距迴轉時不僅使用舵，亦同時使用兩舷之主機，迴轉舷之主機倒俥，非迴轉舷之主機進俥，主要利用兩主機推力產生之迴轉力矩。該主機之利用，與單俥船僅靠舵力迴轉的情況相較，大為有利。

1. FPP 雙俥船之情況

外旋雙俥船，其壓力作用、排出流之側壓作用、吸入流所致之減壓，皆壓向船艉而有助於船之調頭，故較內旋雙俥船有力，如圖 4-20 所示。

2. CPP 雙俥船之情況

CPP 船以改變俥葉螺距角（翼角），即可做進俥倒俥或停止，故俥葉軸以固定之轉速及固定之方向旋轉之，因此俥葉旋轉方向對橫壓力之作用，與兩舷主機之前退、後退操作無關，可相互抵消，但提供後退力之旋轉舷其俥葉之排出流，於外旋式時右旋俥葉流沿著船艉船側外板以排出，但內旋式之左旋俥葉流則以大切水角向船艉船側外板排出，不論左右哪一方向，皆使船迴轉，故其排出流之側壓作用有助於迴轉，且作用亦較強。因此 CPP 雙俥船其內旋式俥葉之作用可妥善予以利用，如圖 4-21 所示。

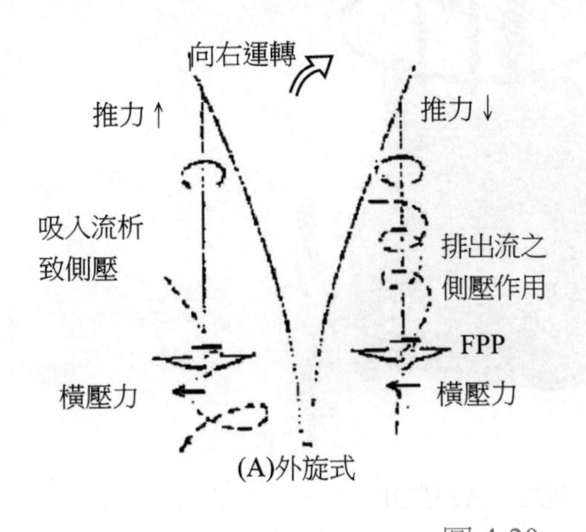

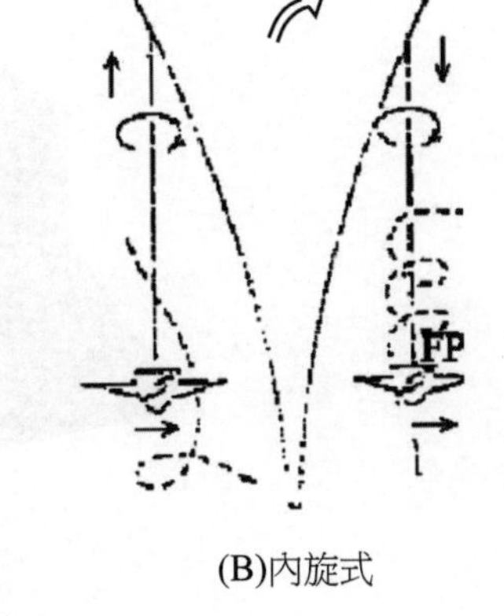

圖 4-20

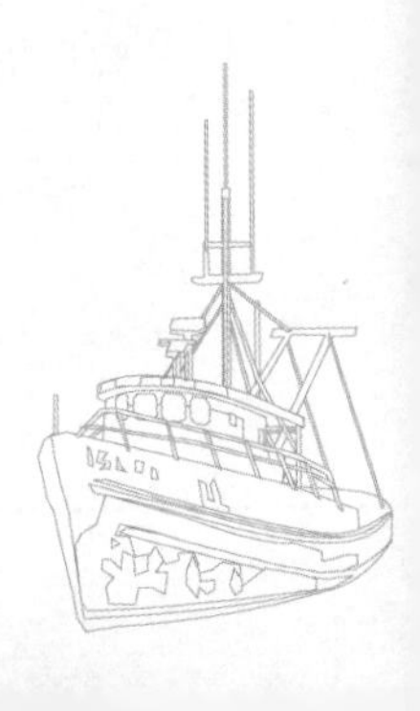

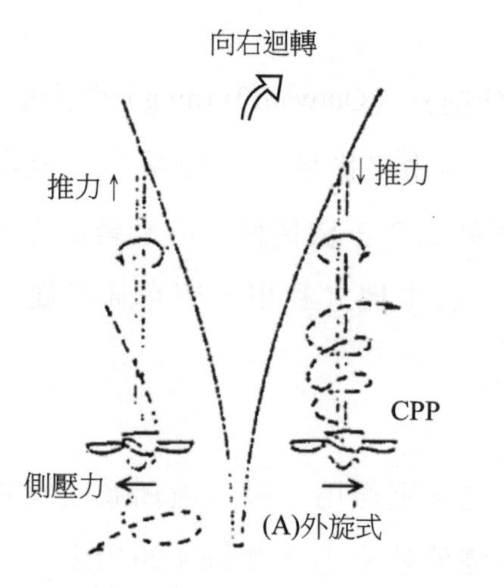

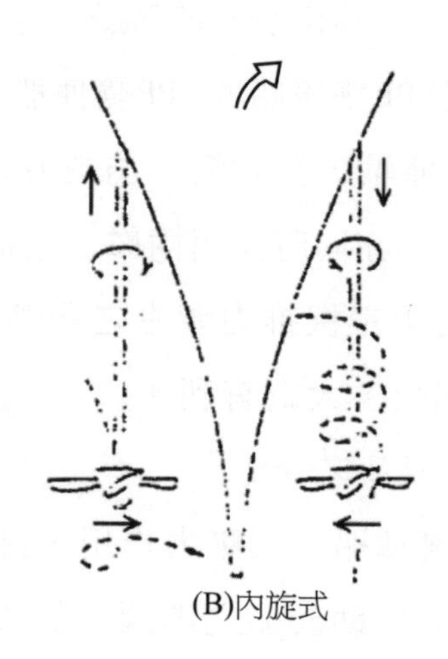

圖 4-21

3. Azipod 螺旋槳

AZIPODS 為一種 azimuth propulsion system，有人將它譯做「動力吊艙」，也有人將它稱做「動力莢艙」，是 ABB（Asea Brown Boveri；ABB 跨國集團總部設於芬蘭）的專利產品。它是一種使用置於莢艙內的電動機轉動推進螺葉，提供船舶所需的推進力；而此動力莢艙又可在水平方向作360°的方位改變，使得此「莢艙體」可以取代傳統舵板的功能，而提供船舶轉向時所需要的舵力。

圖 4-22　AZIPOD

圖片來源：hhtp://www02.abb.com/Azipod+technical+presentation.pdf

圖 4-23　船艉之二具 AZIPOD

圖片來源：hht://www.internationalpilots.org/haberdetay

AZIPODS 位於船艉之「動力莢艙」係採用倚靠電力之「電動機」，以產生莢艙車葉之推進力，所以不需要傳統船舶推進系統自主機一直連結到俥葉的軸系，大大節省了軸系所需之空間。另外，因為是使用電力推進，在精密電控系統之控制下，主機採取穩定輸出功率運轉，因此可獲致較佳之燃燒效果，使得NOx的排放量亦顯著減低。而船用燃油亦因俥葉改為朝前所獲致的風車效應、流體動力等因素，使得燃油大為節約。

在駕駛人員所關心的船舶操縱性能上，AZIPODS與傳統的船舵有極大的不同。派任此等船舶之船長與船副皆須做特殊之操船訓練，否則極可能發生極大的「操反舵」之操作失誤。AZIPODS之操船模式可分為「巡航模式：cruise mode」以及「港內操船模式：Maneuvering mode」。

巡航模式時，其POD的水平方位改變量與傳統舵相同，但是根據一艘1998年開始營運之郵輪 Elation 號（GT70367）所作的全速迴轉試驗（Turning Circle Test），與其同型姊妹船所得之結果比較（參見圖 4-24），展現出船舶的操縱性能大為改進。

當船舶採取「港內操船模式：maneuvering mode」時，廠商已設計保護裝置使得其俥葉輸出功率會自動降低，以免過大應力之產生。在港內操船模式時，位於船艉之「動力莢艙」可做水平方位360°的改變，因此可產生對船艉任何水平方位所需之推力，而可減省或代替傳統拖船之使用。提供操船者極大的便利性及安全性。

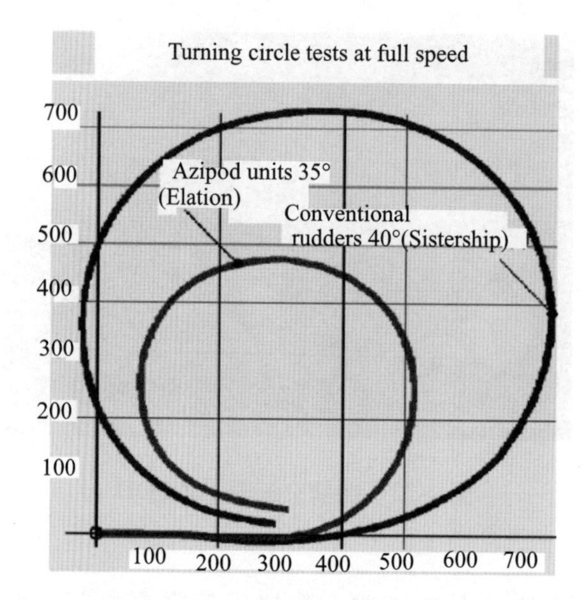

圖 4-24　郵輪 Elation 全速 turning circle test 與其同型姊妹船之比較

圖片來源：http://www02.abb.com/pod+technical+presentation.pdf

第五節　慣性操船與停止性能

船於作加減速或轉向時，在達到穩定運動之前，會以加速度運動持續著，此為由於船的慣性，致使船的反應對加減速的輸入有延遲現象。此一加速度運動持續的期間，存在著所謂的慣性（Inertia）。操船上的慣性，就速度慣性而言，有啟動慣性、停止慣性、反轉慣性等，另有轉向時的迴轉慣性。

(1)啟動慣性：船體從停止中啟動主機前進，達到該主機輸出相應速率之前的慣性。

(2)停止慣性：於穩定速率前進中，主機停止後以迄船減速達於某速率（2kt～4kt）前的慣性。

(3)反轉慣性：於前進中主機打倒俥，船體達於停止前的慣性。

(4)迴轉慣性：於轉向中，從回復正舵以迄穩舵的慣性。

對此等慣性的評估，總言之，可用慣性存在連續期間的變遷量，亦即前進距離（S）或轉向角（Ψ）以表示之。其中緊急停止時的反轉慣性對了解船的停止性能至關重要。

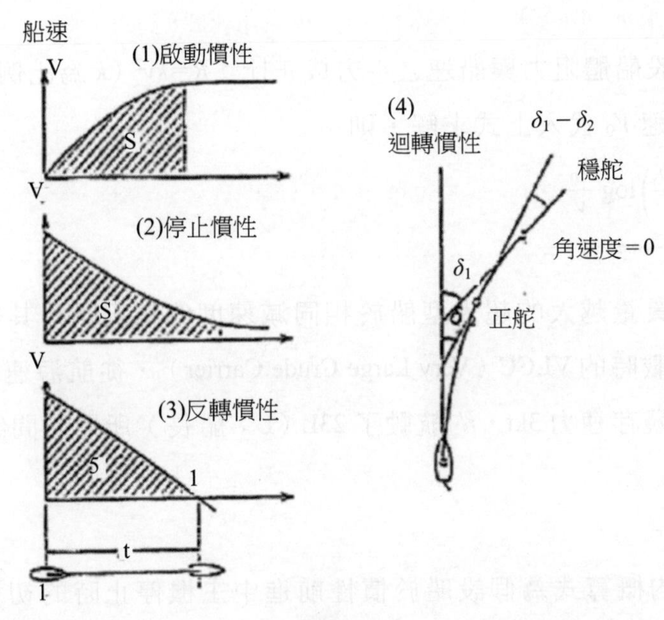

圖 4-25

一、慣性停止的前進距離

（一）主機停止後的船速（v）與前進距離（S）的關係

主機停止後作用於船上的外力僅只船體阻力（R）而已，若設加速度為（dV/dt）則虛質量〔註〕（$m+m_x$）之船於減速時的運動方程式如下式：

$$(m+m_x)\,\frac{dv}{dt}=-R \qquad (4\text{-}16)$$

因此，若設前進方向之附加質量為 M^x，橫移動之附加質量為 m^y 則：

前進方向之虛質量　$M_a^x=m+M^x=m\times k^x$　……（4-17）

橫移動之虛質量　$M^y=m+m^y=m\times k^y$　……（4-18）

如虛質量係數 k^x、k^y 可由實驗求得，即可得知虛質量。例如 VLCC 之肥大船型為約：

$k^x=1.07$，$k^y=1.754\sim1.8$

〔註〕：虛質量（Virtual Mass）
使具某形狀之物體於流體中作加減速運動，則該物體除本身之質量（m）外，另須加上該物體周圍之流體所產生之附加質量（Added Mass），所合成之虛質量，且由於物體之動向依物體之形狀或運動之方向而不同，所以對細長之船型而言，其前後、左右及迴轉之動向其附加質量亦不同。

式中，質量 $m=W/g$；W：排水噸位；g：重力加速度 9.8 m/sec²。

上式中，若設船體阻力與船速之平方成正比，$R=kv^2$（k 為比例常數），若將主機停止時的初速 V_0 代入上式求解，則：

$$S=\left(\frac{m+m_x}{k}\right)\log\frac{V_0}{v} \quad \text{(4-19)}$$

$$v=V_0\cdot e^{-ks(m+mx)} \quad \text{(4-20)}$$

很顯然地，質量越大的超大型船於相同減速度的情況下，其航駛的距離也越長。例如，滿載時的VLCC（Very Large Crude Carrier），從航海速率航駛中，將主機停止，以迄殘存速力3kt，約航駛了23L（L：船長）所需時間約為30分鐘。

（二）經驗的概算式

Topley 船長的概算式為假設船於慣性前進中主機停止時的初速從 $V_o(kt)$ 經 t（分）後的速率，倒俥 $Vk\ (kt)$ 以下式表示之：

$$V_k=V_{0k}\times 2^{-t/c} \quad \text{(4-21)}$$

上式中c為達初速 V_{0k} 之1/2時所需的時間，以分為單位，係一常數。亦即時間 t 隨 2c、3c、4c……經過時，速度成 1/4、1/8、1/16……減少之謂，基於此一想法，可求得t（分）後前進距離S（浬）為：

$$S=0.024c\times V_{ok}(1-2^{-t/c}) \quad \text{(4-22)}$$

當前進速率趨近零時，該時間 t 趨近於無限大時的衝止距（Inertia Stopping Distance），S_o（浬）可由下式表之：

$$S=0.024c\times V_{ok} \quad \text{(4-23)}$$

（三）減速因素（Decelerating Factor）

如從全速到半速，降低轉速以減速時，於減到與半速前進相當的速率前，船將前進某些距離。將此一變速時因慣性所致的前進距離，以新舊速率差除之所得的值，亦即對每1kt變速時船的移動距離，稱為減速因數。此值可作為接近泊地時，考量速率遞減時操船計畫的參考。下述 a、b 兩表為載重噸（DWT）27萬噸之VLCC滿載時衝止距與減速因素。

表 a　主機停後的前進距離與所要的時間

（初速）	（5kt 時）	（3kt 時）
航海速率（16kt）	13km（49 分 40 秒）	18.7km（1 小時 37 分）
運轉全速（12.5kt）	10.2km（43 分 20 秒）	15.9km（1 小時 31 分）

表 b　減速因數

（主機減速命令）	（m/kt）	（時間／kt）
從全速（12.5kt）到半速	4,100 m	12 分 10 秒
從半速（10 kt）到慢速	4,200 m	16 分 00 秒
從慢速（7.5 kt）到最慢速	4,400 m	23 分 30 秒

以上皆設為運轉速率（Maneuvering Speed）之前進速率。

二、主機反轉之衝止距

前進中的船於進行避碰或靠泊操船時，必須將主機反轉以便將前進的「餘速」剎住，即所謂「停止操船」，故對「反轉衝止距（Reverse Stopping Distance）」有必要加以了解。在船舶全速航行時，為避險而全速後退，急速緊急停船所行駛之距離，稱之為「緊急衝止距（Crash Stopping Distance）」或稱為「最短衝止距（Shortest Stopping Distance）」。

表 4-3　各類型船舶之緊急衝止距

種類	DWT(t)	Lpp	D(m)	MCR(ps)	主機	V(kt)	S(m)	S/Lpp
高速定期船	11,600	145	9.5	12,000	D	20.1	1440	9.9
礦砂船	55,700	211	11.8	13,800	D	16.0	1875	8.9
汽車船	–	150	–	9,950	D	20.0	1758	11.9
貨櫃船	–	175	–	23,800	D	24.9	2310	13.2
油輪	90,000	240	14.5	20,700	D	15.4	3177	13.2
	124,000	256	15.8	24,000	T	15.5	3145	12.3
	153,000	281	16.6	28,000	T	17.0	4165	14.8
	209,000	326	17.7	33,000	T	16.6	4750	14.6
	332,000	320	24.8	37,400	T	14.8	3241	9.8

註：D：Diesel；T：Turbine；S：緊急衝止距

表 4-4　實船海上試驗之結果

（DW）	（主機）	（緊急衝止距）
5 萬噸級	柴油機	8～11 L
10 萬噸級	透平機	10～13 L
15～20 萬噸級	透平機	13～16 L

（一）緊急衝止距之概算值

高速貨船、貨櫃船及汽車船（Pure Car Carrier; PCC）等，就船舶之大小相對而言，載有較高輸出的主機，故後退推力較強。緊急衝止距為約 7～8 L。反觀油輪雖大型化，但航海速率僅達約 16～18 kt，故所載主機之輸出就船的大小而言則較小。故前進制動力較弱，且於超過 DW 10 萬時，主機採用較柴油機主機反轉還慢的蒸氣透平機，所以停止性能差，緊急衝止距約如表 4-4 所示。

（二）緊急衝止距（S）與停止時間（t）之推算式

將（4-16）式進一步考慮後退力 T_P，則主機反轉時之運動方程式為：

$$(m+m_x)\frac{d_v}{d_t}=-T_p-R \qquad (4\text{-}24)$$

設船體阻力 $R=kv^2$，對主機反轉時之初速 V_0，求解上式可得下式：

$$S=\frac{m+m_x}{2k}\log\left(1+\frac{kV_0{}^2}{Tp}\right) \qquad (4\text{-}25)$$

$$t_s=\frac{(m+m_s)}{k}\sqrt{\frac{k}{Tp}}\tan^{-1}\left(V_0\sqrt{\frac{k}{Tp}}\right) \qquad (4\text{-}26)$$

日本谷教授將螺槳推力其時間變化予以簡化，在與上式相同假設的條件下，在計算較易的方程式中使用 T_s、K_s 兩指數，求得下列之推算式：

$$S=T_s\log\left(1+\frac{1}{K_{TS}}\frac{V_0{}^2}{n_s{}^2}\right)+\frac{1}{2}V_0t_r \qquad (4\text{-}27)$$

$$t=\frac{2T_s}{n_s\sqrt{k_s}}\tan^{-1}\left(\frac{V_o}{n_s\sqrt{k_s}}\right)+\frac{1}{2}t_r \qquad (4\text{-}28)$$

上式中　$T_s=\frac{m+m_x}{2k}$ 為螺槳前進之慣性係數

$K_s=\frac{K_{Ts}\rho D_p{}^4}{k}$ 為螺槳後退推力係數

K_{TS}：螺槳逆推進係數

D_p：螺槳直徑

n_s：螺槳之後退轉速

t_r：螺槳從開始反轉以迄進俥停轉所需時間

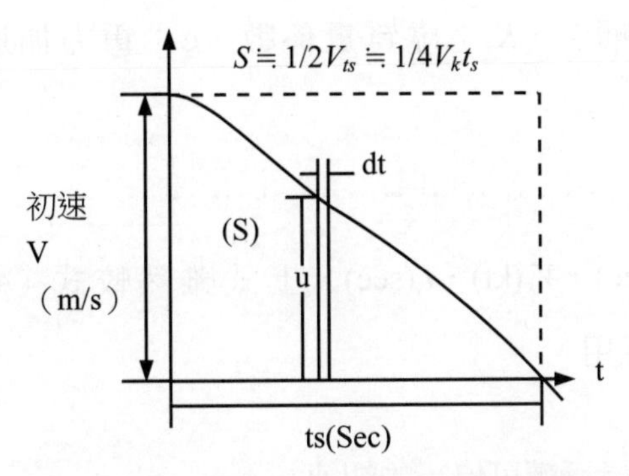

圖 4-26　逆轉停止距離 S 與速度之變化

（三）緊急衝止距之標準

主機反轉時的船速 v 從其時間之經過來看，約如圖 4-26 以減加速度減速之。由於此速度曲線與時間軸所圍的面積為衝止距 S，故從實船的海上試驗所得對 K_{TS} 之比例數值予以整理，即可得緊急衝止距 S(m)。茲設速度 V_k (Kt)，t_s (sec)，C 為係數值，即可得如下之推算式：

$$S=\int_o^t vdt=CV_K t_S \quad \text{（4-29）}$$

上式中：

$C=0.25\sim0.27$（一般貨船）

$0.27\sim0.29$（大型油船）

谷教授針對超大型油輪的概算式如下所示：

$$S=16V_k t_m \quad \text{（4-30）}$$

上式中 t_m 為停止時間（分），該式無論主機種類或吃水狀態皆可使用。

（四）力學基本式的概算

由於初速度為零時，船舶的動能等於船停止前其後退力 T_p 所作的功，故：

$$\frac{1}{2}(m+m_x)V_o^{\,2}=T_pS \quad \text{（4-31）}$$

$$\therefore \mathrm{S}=\frac{1}{2}\frac{(m+m_x)V_o^{\,2}}{T_p}=\frac{Wk_x}{2T_pg}V_0^{\,2} \quad \text{（4-32）}$$

且由於此期間動量的變化等於後退力的衝量，故：

$$(m+m_x)V_o=T_pt_s \quad \text{（4-33）}$$

$$\therefore t_s=\frac{(m+m_x)V_o}{T_p}=\frac{Wk_x}{T_pg}V_o \quad \text{（4-34）}$$

上式中 W：排水量（噸），K_x：虛質量係數，g：重力加速度，且由4-34式，可將4-32式改寫如下式：

$$S=\frac{1}{2}V_0t_s \cong \frac{1}{4}V_kt_s \quad \text{(4-35)}$$

上式之單位為 V_0(m/sec)，V_k(kt)，t_s(sec)，上式雖然較式（4-29）為粗略，但於低速時之衝止距應足可應用。

（五）於船長L的距離內主機反轉可停止的初速

設式（4-32）之 $S=L$，若 $2kL/(m+m_x)=\beta$，則：

$$V_0=\sqrt{(e^{\beta}-1)\frac{T_p}{K_x}} \quad \text{(4-36)}$$

上式中 β 甚小，故 $e^{\beta}-1 \fallingdotseq \beta$，初速（$V_0$）可由下式推估之：

$$V_0=\sqrt{\frac{2T_pLg}{Wk_x}} \quad \text{(4-37)}$$

比較式（4-32），當 $S=L$ 時之式相同。靠泊操船時的衝止距與所需時間，足可由式（4-32）及式（4-34）概算得之。

〔例題〕於排水量26,820噸的船，船速4節，慣性前進施後退力。試計算停止時的距離及時間。

設前進方向的虛質量係數為1.07，BHP＝21,000 ps，後退輸出為前進輸出之50%，推力為BHP每100 ps為一噸。

（解）因與低速之停船性能有關，可由4-34式、4-35式概算之。

停止時間 $t_s=\frac{W\cdot K_s}{T_p\cdot g}\cdot V_0=\frac{26820\times 1.07\times 0.514\times 4}{1\times(21000/100)\times 0.5\times 9.8}$

$=57.3\cong 57_{SEC}$

衝止距 $S=\frac{1}{2}V_0t_s=\frac{1}{2}\times 0.514\times 4\times 57.3=58.9\cong 59\text{ m}$

（六）簡易計算公式

日本學者荒木氏之停船距離公式：

$$S=0.0135\times\frac{\Delta\cdot Kt^2}{F}$$

式中 S 為停船距離（m）

Δ 為排水量（複合排水量，噸）

Kt 為船速（節）

F 為制動力（噸）

三、對緊急衝止距之影響

從4-31式之構成要素可了解主機反轉之衝止距有關的影響包括：

（一）吃水狀態與船型之肥瘦

若設船速與後退力為一定時，則虛質量大的船衝止距也較長。亦即以吃水狀態而言，滿載時較空船時，其衝止距較長；另以船型而言，肥大船（方塊係數 C_b 大）較附加質量小或瘦小的船（C_b 小），其衝止距較長。

（二）主機之種類

柴油機船較蒸氣透平機船之衝止距短，此為因主機之反轉操作時間、主機性能之差別所致。

1. 主機反轉操作時間

柴油主機於燃料供給停止後，在降到某前進轉速前，僅空轉並使轉速下降，但當供給啟動用之壓縮空氣時，將可使其反轉，故可在較高的轉速下早一點反轉。蒸氣透平主機，則除前進用透平機外，另有後退用透平機，於後退發令後，即停止供給前進透平機之蒸氣，接著供給後退透平蒸氣後，使螺槳反轉。為使能儘快產生後退力，雖應供給大量的蒸氣，但後退透平機或減速裝置之轉速，轉矩（Torque）受到限制，故於轉換成前進停止或後退時，螺槳軸之旋轉模式為漸減漸增型，故耗時較長。

2. 後退輸出之強度與出現方式之差異

後退輸出對前進之常用輸出比，於柴油船時較透平船為大，且從後退輸出出現之時間經過來看，柴油主機很快就反轉，且後退力亦如階梯般急速上升，

表 4-5

DWT	主機		MCR/DWT
	MCR(PS)	種類	
5 萬噸	17×10^3	柴油	0.34
10 萬噸	23×10^3	柴油	0.23
15 萬噸	26×10^3	柴油	0.17
20 萬噸	30×10^3	透平	0.15
25 萬噸	36×10^3	透平	0.14
35 萬噸	40×10^3	透平	0.114
45 萬噸	42×10^3	透平	0.094

但蒸氣透平機則因螺槳轉速逐漸增加，且後退推力亦為漸增型，故最初的前進制動力較弱。

（三）FPP與CPP之差異

與傳統固定螺距螺槳（FPP）船相較，可控螺距螺槳（CPP）船，由於從發令到主機運轉之操作時間短，且螺距轉到後退的同時，即產生最大的後退推力，因前進／後退制動力快且強，一般衝止距亦較短。

表4-6為將CPP船螺距固定，使主機反轉的情況：與將CPP船主機轉速固定，改變螺距角，使之緊急停止的情況，以比較其停止性能，由表4-6可知，CPP船較FPP船其衝止距短，約6～8成左右。

（四）吃水或排水量

慣性停止之衝止距約與排水量之1/3次方成正比。輕載時因較滿載時排水量為小，故衝止距較滿載時為短，約為滿載時的8成左右。主機反轉時則更短。

表4-6

船	螺槳	主機輸出 (MCR) ps	FPP反轉停止		CPP前進制動		S_{CP}/S_{FP}
			距離（S_{PP}）	時間	距離（S_{FP}）	時間	
A	FPP	15,000	1300m	（3.3分）	—	—	—
B	CPP	15,000	* 920m	（3.0分）	580m	（2.3分）	0.63
C	CPP	15,000	* 1200m	（4.4分）	760m	（2.8分）	0.36
D	CPP	15,000	* 1130m	（3.3分）	900m	—	0.80
E	CPP	19,800	*900m	（93.0分）	720m	（2.7分）	0.80

（註）符號*為表CPP之螺距固定而螺槳反轉之情況，表中之船皆為L-154m之傳統型貨輪。

表4-7

Beaufort風力	0	4	6	8	10
緊急衝止距（km）	4.0	4.3	4.4	4.6	5.2
增大率（%）	0	7.5	10	15	30

（註）吃水深／吃水＝1.4的情況

表 4-8

水深／吃水	1.2	1.4	2.0	3.0
緊急衝止距	4.5	4.8	5.0	5.4
增小率（%）	83	89	93	100

（註）模型實驗的結果

（五）外在條件

逆風時因風壓關係，衝止距較短，順風時則較長。此外，於淺水域時，由於船體阻力增加，故較深水時的衝止距稍短，表 4-7、表 4-8 為其一例。

此外，船底污損（Fouling）時，將會增加船體阻力，衝止距將變短。

四、緊急停止中的迴轉現象

單俥右轉船（FPP）於前進中主機反轉時，由於螺槳排出流之側壓作用與橫壓力作用，一般皆於迴轉的同時一面減速，一面偏轉，滿載船迄至停止由於耗時長，故如大型油輪者，將調頭達 100°～180° 之譜，如圖 4-27 所示。

於輕載狀態下，由於係艉俯故較能保持航向的穩定，且由於前進制動亦較佳，故反轉停止時的迴轉角和橫向的偏差亦較小。螺槳反轉制動中的迴轉現象

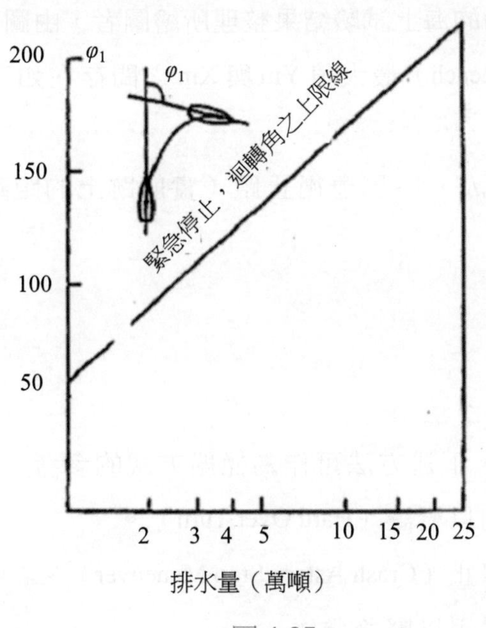

圖 4-27

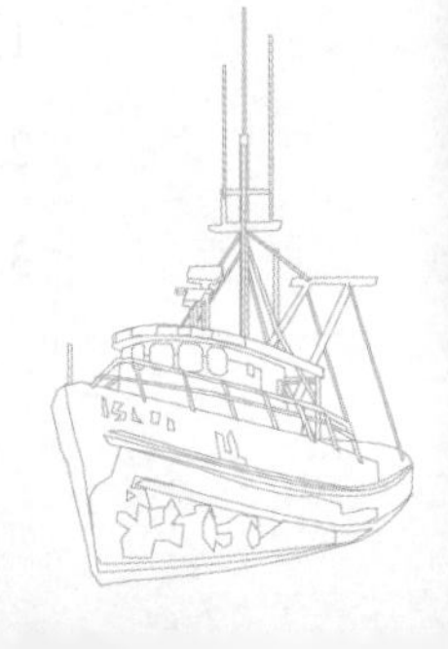

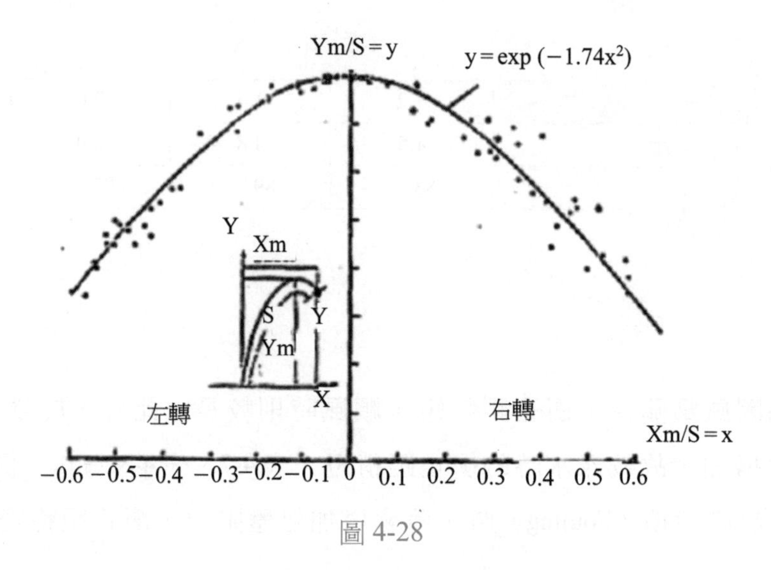

圖 4-28

若以前進係數 J 整理之，一般而言，於 J 值小時向右迴轉，於 J 值大時則出現向左迴轉。亦即港內操船時，在低速前進中施予強勁的後退力，將向右迴轉，相反的，若於常用速率航行中，施於弱小後退力，則將出現向左迴轉的傾向。

在此，$J=V/(D_p n)$，V 為船速（m/sec）、D_p 為螺槳直徑（m）、n 為螺槳每分鐘轉速、J 為表示螺槳作動狀態的係數。實船於螺槳反轉時的航向安定性將變差，故較易受風浪的影響，且舵效變差，故無論向左或向右迴轉的現象，皆難於捉摸，在操船時應加以注意。

圖 4-28 為從大型油輪的海上試驗結果整理所繪圖者，由圖可知，縱距離（Head Reach）與橫距離（Side Reach）最大值 Ym 與 Xm 之間存在如下的關係：

$$y=\exp(-1.74x^2) \qquad (4\text{-}38)$$

上式中 $y=Y_m/S, x=X_m/S$，S= 緊急衝止距（實船跡上的距離 Track Reach）

五、緊急避碰操船

（一）轉舵抑或主機反轉

於緊急避讓他船時，下述方法可作為操船方式的參考：

1. 打滿舵以改變航向以避讓（Hard Over Turn）。
2. 全速後退以緊急停止（Crash Astern Stop Maneuver）。
3. 滿舵與全速後退併用以緊急避碰。

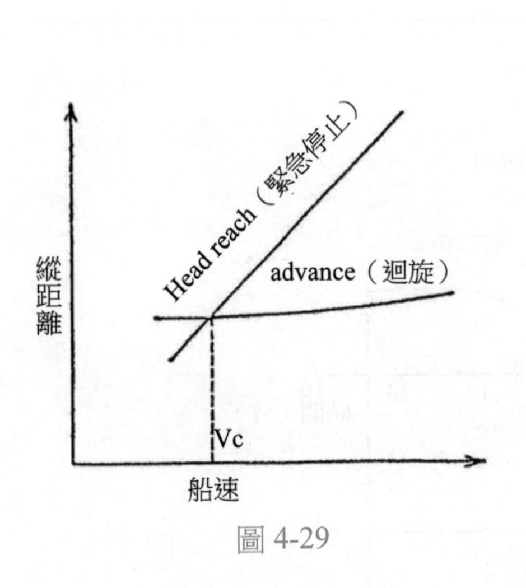

圖 4-29

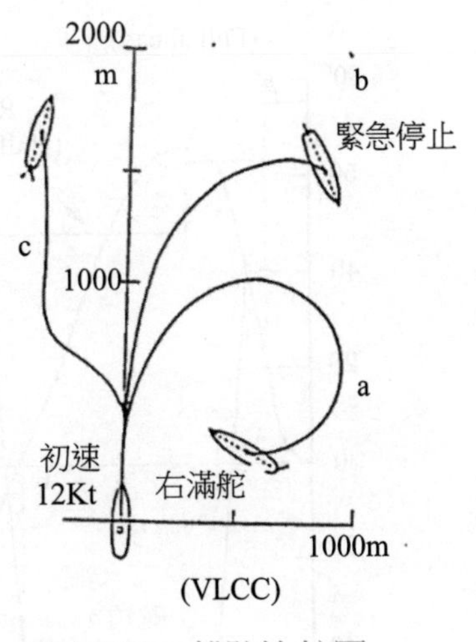

圖 4-30　船跡比較圖

在上述方法中以何者最為有利？上圖為優劣判斷的基準，可藉原航向上的縱距離予以比較之。在圖 4-29 中將會受初速影響的緊急停止其縱距離及與初速無甚關係的迴旋最大縱距（Max Advance）二者予以比較之。如圖所示，若以較速率限度v_c高的速率，則迴轉時較為有利，較v_c低的速率迴轉時則以主機反轉較為有利。

此外，從 VLCC 避碰模擬計算結果，亦顯示向前衝止之縱距為a.滿舵時的縱距為最短，其次為b.全速後退與滿舵併用，c.僅全速後退時則較長。因此於開濶水域內作緊急避讓時，於選擇操船方法上宜謹慎行之。航跡的比較如圖 4-30所示。

（二）停止操船法（Zig-zag stop Maneuver）

英國造船協會（BSRA）曾提出VLCC緊急操船法的建議方案，最初稱為Rudder Cycling Stopping Maneuver。此方法的前進制動力，除由主機反轉產生後進力外，藉由船的「Z」字運動所生的迴旋阻力，一則於最初由於使用單邊舵，可抑制捉摸不定的擺頭運動，增進避碰一方的指向性，二則主機輸出於前進與後退間之移轉時可圓滑地進行，為其優點。但於緊急時在操作上仍稍嫌麻煩。其方法為由左迴旋開始操舵與主機操作之步驟如下述，如圖 4-31 所示。

a.舵角 δ= 左 35°

b.轉向角 ϕ= 左 20°時，從 Sea Speed 改發「Maneuvering full Ahead」

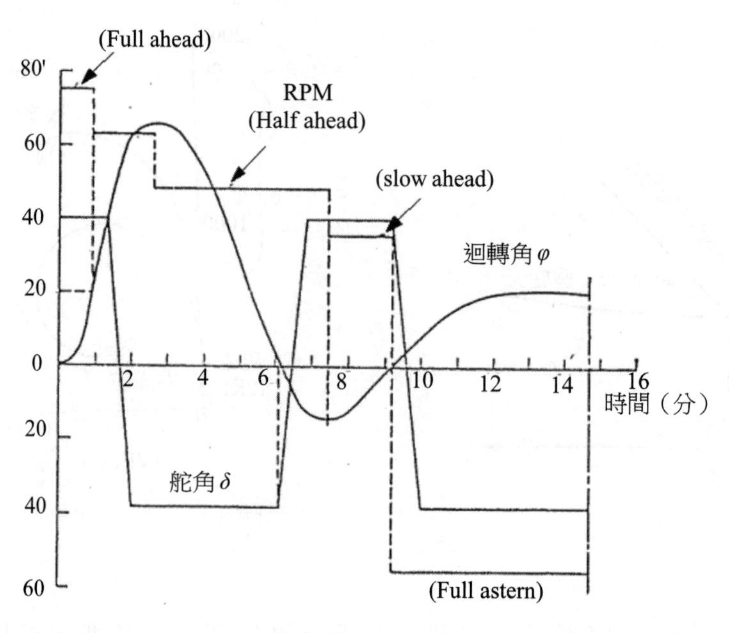

圖 4-31

c.ϕ = 左 40°時，δ = 右 35°。

d. 於朝左轉向最大時，發令 Half Ahead。

e.ϕ = 0°（返回原航向）時，δ = 左 35°

f. 於朝右轉向最大時，發令"Slowahead'

g. 於再度成為 ϕ = 0°時，δ = 右 35°，發令「Full Astern」

六、各種前進制動法之應用

（一）藉螺槳後退力的前進制動法

由於藉主機反轉時（CPP 為螺距角的變化）可容易地得到強勁的後退力，故不論船型、速率或港內外，最為操船上所採用。但於大洋螺旋槳高速運轉航行全速中，於感到有碰撞危險時，採用 Crash Astern 的情況，尚屬罕見。

（二）藉主機與舵併用的前進制動法

對於如 VLCC 般有大輸出主機裝備的大型船，可有效使用前述「Z」字停止操船法。

（三）藉大舵角轉舵以利用船體迴旋阻力的前進制動法

360°迴旋於回復原航向時，速率可減為原初速度的1/3。如能將之利用，則與慢慢地使速率遞減以接近泊地的情況二者予以比較，時間上應可較早進港，「Z」字停止操船法的利用上也相同。

（四）藉錨之前進制動法

走錨阻力之利用目前限於DW 1萬噸級以下的船，且拋錨速率需在2～3 kt以下使用之。大型油輪由於錨機之制動力不足，故不宜採用。

（五）以拖船作前進制動

本船速度6～7 kt，依吃水狀況之不同，若使用拖船，利用拖船的推拉力，亦可發揮控制本船的速力。

表4-9為各種前進制動法的有效利用範圍。

表4-9

制動力	制動方法	有效速率領域	可利用的操船環境
藉後進退力的增加	本船螺槳反轉（CPP則螺距可變）	不論高速或低速	不論大洋或港內外，所有水域
	使用拖船	低速域	港內操船
藉前進阻力的增加	藉大舵角迴旋以達速率的制動	高速域	於接近泊地時的減速操船
	Parachute 等輔助裝置的使用*	高速域	大洋上的緊急停止法
	使用錨的走錨阻力	低速域	港內操船
藉後退推力與前進阻力之增加	藉舵與主機之使用以制動	高速域	大洋上緊急停止、接近泊地之減速操船

（註）*：研究開發中，尚未實用化

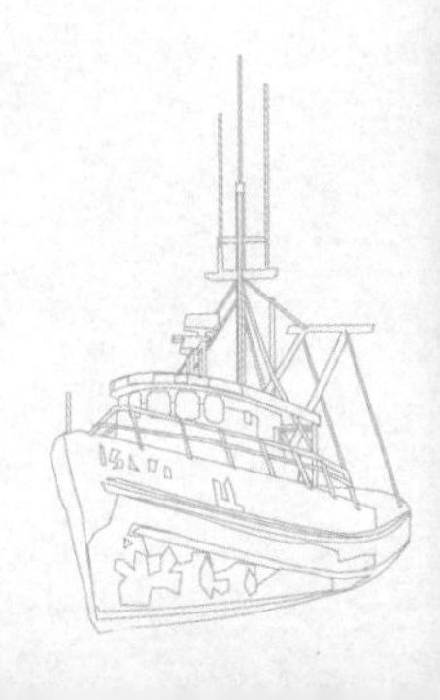

第五章 風與流對操船之影響

船舶無論在大洋中或在港內航行，無時無刻都受著外在環境的影響，這些影響來自海水的運動、氣流或這些介質所造成的壓力。停泊中的船會受風吹水動，而繫泊操船時當他船移動的情況下，或在有風有流的水域內航行的情況下，都會受到風壓或流壓的作用。其結果，停泊中的船將增加其錨鏈及繫纜的負荷，而在港內操船時將增加移動或迴轉的阻力，至於航行中的船亦會因向下風偏轉，而難以保持航向。

第一節　船舶所受之風壓力與流壓力

一、風壓力與風壓力矩

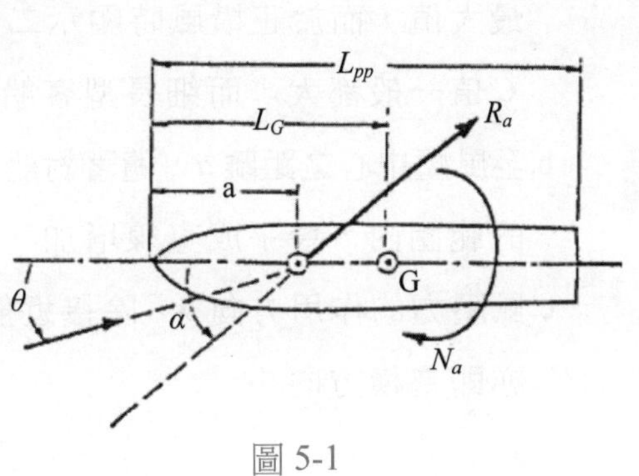

圖 5-1

（一）風壓力與作用中心

當船受風時，如圖 5-1 所示，若設：

θ：相對風向（deg）

R_a：風壓合力（kg）

a：風壓合力的作用方向（風壓力角）（deg）

a：從船艏至風壓中心之距離（m）

L_{pp}：船長（m）

N_a：風壓力矩（kg-m）

則船將受到如下式所示之風壓合力（或簡稱風壓力）：

$$R_a=\frac{1}{2}\rho_a C_a V_a{}^2(A\cos^2\theta+B\sin^2\theta) \quad \text{(5-1)}$$

式中 ρ_a：空氣的密度（以 kg · scc²/m² 表之，以 0.124 為標準值）

C_a：風壓（合力）係數

V_a：相對風速（m\scc）

A：水線上的船體正面投影面積（m²）

B：水線上的船體側面投影面積（m²）

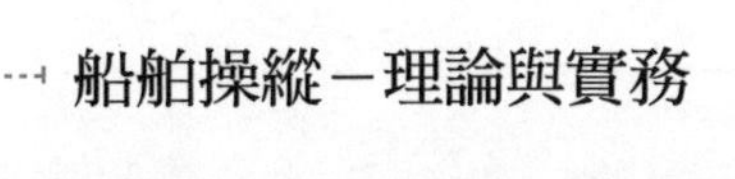

也就是船受到以距離船艏 a 距離為作用中心，與船艏艉線成 α 角度之作用力 R 之風壓力。而風壓係數 C_a、風壓中心之距離 a 以及風壓力之作用方向 α 都會因船體上部構造物之形狀或配置之不同而有不同的值，所以通常須以該船之風洞試驗求之。

為了便於計算船的運動，可將作用於船體風壓合力分解為艏艉向分力 X_a 及橫向分力 Y_a，並分別表示如下：

$$X_a = \frac{1}{2}\rho_a C_{xa} V_a^2 B \quad \text{（式 5-1-1）}$$

$$Y_a = \frac{1}{2}\rho_a C_{ya} V_a^2 B \quad \text{（式 5-1-2）}$$

圖 5-2 至圖 5-3，為表示表 5-1 所列船舶其風洞試驗的結果。圖 5-2 為對 C_a 之變化，圖 5-3 為對 α 之變化，圖 5-4 為對 a 之變化，其各對應於相對風向 θ 之變化情形，各該變化具有下列之傾向：

a. 風壓係數 C_a，於船艏艉受風時最小，當 θ=30°～40° 及 140°～160° 附近時具最大值，而於正橫風時顯示二個低的山形曲線。雜貨船型，尤其三島型之 C 值一般都大，而細長型客船以及構造單調的液體船則較小。

b. 至風壓中心之距離 a，隨著對船艏艉線之風向角之增大，在 a/L_{pp} 大約 0.2～0.8 的範圍內，幾乎成直線增加。

c. 風壓力的作用方向 α，除接近船艏艉線之情況者外，幾乎全為 80°～100°，亦即為橫方向。

表 5-1

記號	A−1	A−2	B−1	B−2	C−1	C−2	D−1	D−2	E	F	G
船種	油輪（船艉橋）		貨櫃船		汽車搬運船		雜貨船（三島船）		渡船	漁船（鮪）	漁船（鰹）
L_{pp}	290.0 m	290.0 m	175.0	175.0	150.0	150.0	128.0	128.0	113.2	29.5	29.5
B	47.5 m	47.5 m	25.0	25.0	23.4	23.4	17.5	17.5	15.85	6.0	6.0
D	24.0 m	24.0 m	15.4	15.4	20.4	20.4	10.4	10.4	6.8	3.0	3.0
dm	16.08 m	9.33	9.4	6.5	7.0	5.44	7.94	4.25	4.43	2.4	2.4
△	183,200 t	96,713			14,633	10,828	3,450	6,440		300	300
A	1.030 m²	1,280	522.2	609.4	447.2	499.3	285	370	261.8	26.7	34.2
AR_A	0.457	0.567	0.836	0.975	0.817	0.912	0.931	1,208	1.042	0.742	0.950
B	3.212 m²	5,180	2,311	2,377	2,351	2,590	999	1,490	1,312	108.4	140.5
AB_B	0.038	0.062	0.076	0.078	0.105	0.115	0.061	0.091	0.102	0.125	0.161

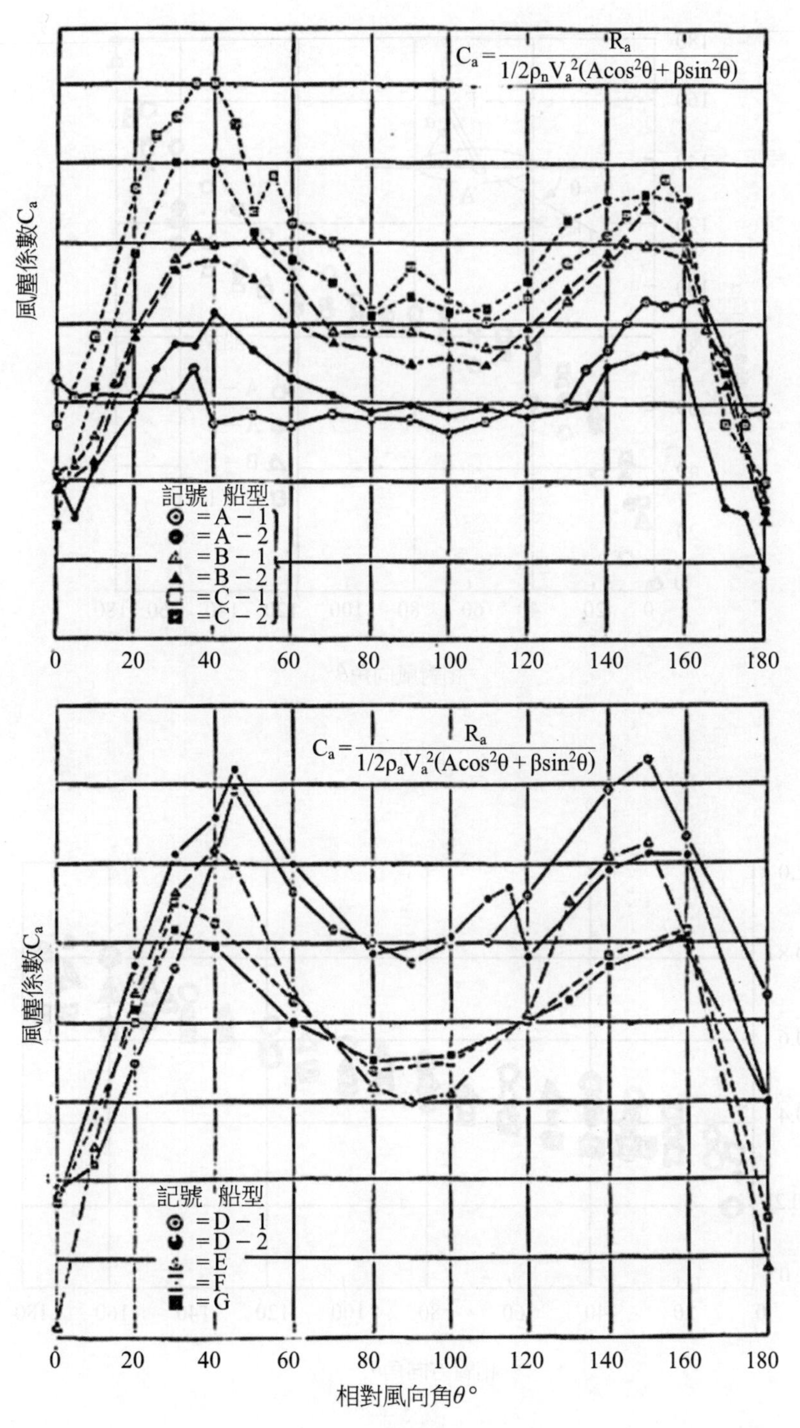

$C_a = \frac{R_a}{1/2\rho_n V_a^2(A\cos^2\theta + \beta\sin^2\theta)}$
風壓係數C_a
記號 船型
=A－1
=A－2
=B－1
=B－2
=C－1
=C－2
0 20 40 60 80 100 120 140 160 180
$C_a = \frac{R_a}{1/2\rho_a V_a^2(A\cos^2\theta + \beta\sin^2\theta)}$
風壓係數C_a
記號 船型
=D－1
=D－2
=E
=F
=G
0 20 40 60 80 100 120 140 160 180
相對風向角$\theta°$

圖 5-2

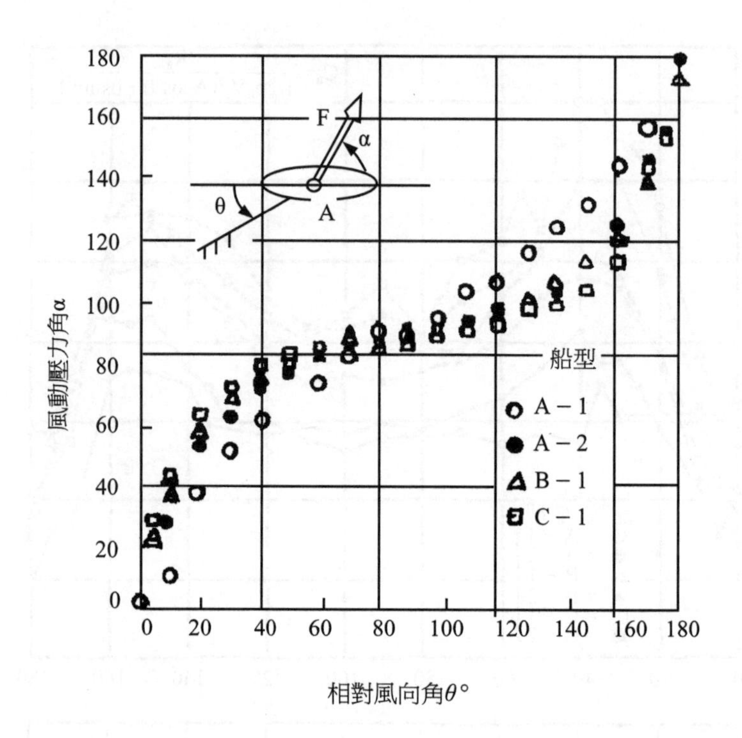

圖 5-3

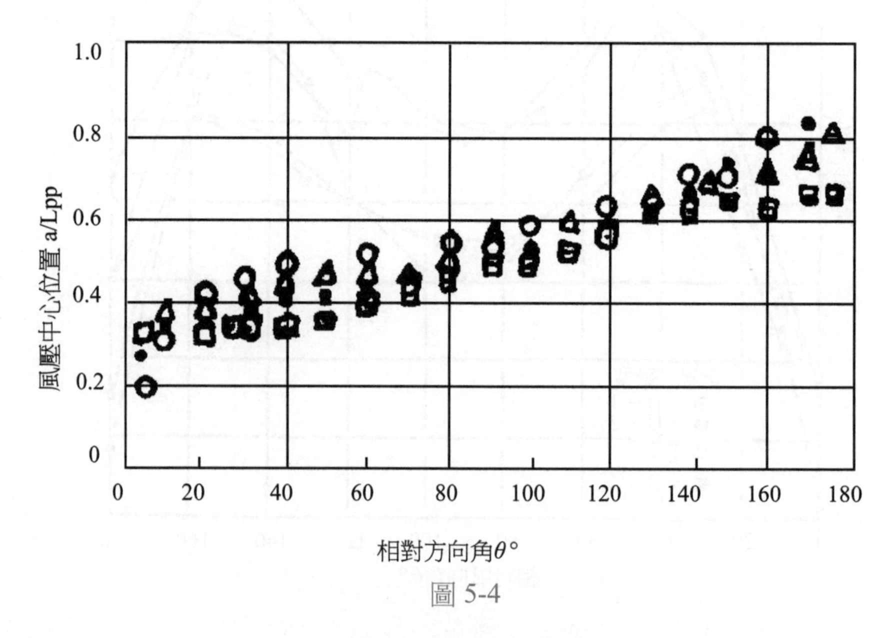

圖 5-4

受風面積之計算，在計算船舶之受風面積時，如要正確求得船體水面上的正面面積（A）以及側面積（B），就必須在一般位置圖上積分，如圖 5-5，在實船資料上，在各個船舶類型的 A 與 B 整理後，用下式所示縱橫比（C_1, C_2）形式

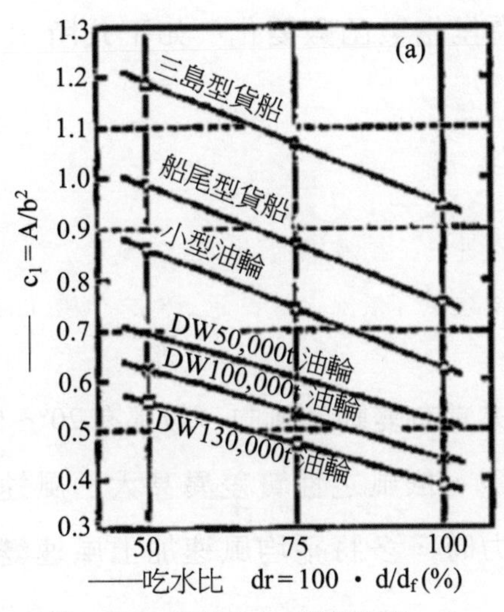

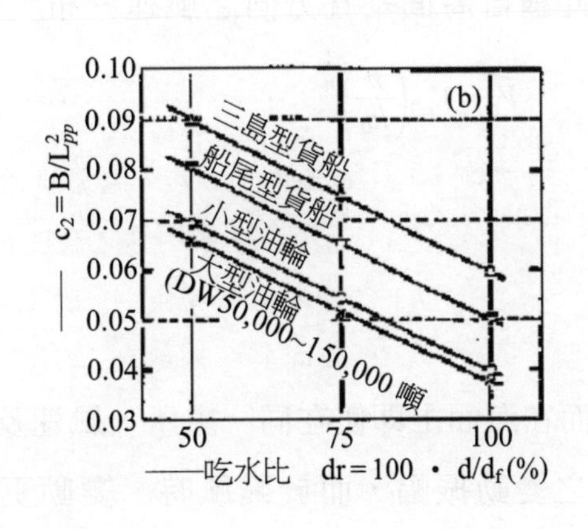

註：d/d_f：當時吃水／滿載吃水

圖 5-5

表示之圖表。使用時，只要挑選船型及排水量狀態（滿載吃水比），從圖中查得 C_1 與 C_2，則可概算 A 與 B，$A = C_1 \times b^2$，$B = C_2 \times L_{pp}{}^2$，式中的 b 為船寬，L_{pp} 為垂間長度。

如上所述，C_a、α及 a 之各值，非以該船之風洞實驗求之不可，若將迄至目前主要的實驗結果予以整理，則可得表 5-1 所示範圍的值。另簡易計算風壓力之方法，可以下列公式估算之：

（1）$F_w = 0.076 \times A \times (V\sin\theta)^2$ ………………………………………… (5-2)

式中 F_w 為風壓力（Kg）

A 為受風面積（m²）

V 為風速（m/sec）

θ 為風向與艏艉線夾角

（2）$F_w = V^2/18$ ………………………………………… (5-3)

式中 F_w 為每 1,000 m² 受風面積風壓力（噸）

V 為風速值（m/sec）

（二）風速之垂直分布及陣風率

海面上吹送的風，由於與海面摩擦，所以接近海面時風速將變小。也就是說，浮於海面上的船，在水線附近風速幾乎近於零，距海面越高，風速越增加，終與風速約近相同。

此種自海面垂直方向之風速分布，一般為呈指數函數變化，如下式所示：

$$V_a = V_{a0}\left(\frac{h}{h_0}\right)^{\frac{1}{n}} \quad \text{(5-4)}$$

式中　V_a：在海面上高度 h 處之風速

V_{a0}：為風速達約相等之高度 h_o 處之風速，（約為風速計所測之風速）

n：為依海面水域條件，颱風或高氣壓之風等依風之性質而不同之係數（在寬廣海面上一般為 8～12）

而在海面上即使在同一處所，風速及風向亦常有變動。風向一般都有 20°～90° 範圍之變動振幅，而於颱風時，變動更為激烈，依風之性質差異甚大。風速之變動也因風之性質而有不同，故於計算風壓力時，多將平均風速加上風速變化之程度（即所謂陣風率），以決定風速。

於變動少時：平均風速

處於颱風時：平均風速 × 1.25

處於暴風時：平均風速 × 1.50

此外風向或風速之變動週期也會隨著風的性質而不同，但一般以 1 分鐘左右的週期居多。

（三）風壓力矩

船受風壓時船重心（G）周圍之迴轉力矩（N），由圖 5-6，可由下式表之：

$$N_a = R_a \times \sin\alpha \times (1_g - a) \quad \text{(5-5)}$$

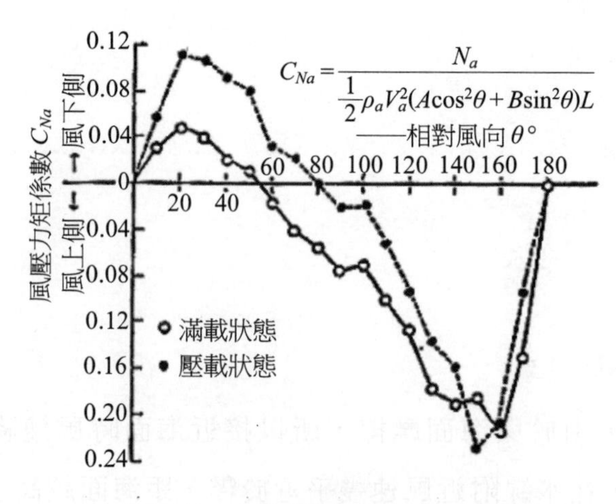

圖 5-6　大型液體船其風壓力矩係數

即若對應於風壓（合）力 R_a 及對相對風向之 α 及 a 若為已知，則可計算出風壓力矩，至於船的近似重心位置則可設於船體中央。

若將因風所致之迴轉力矩以類似公式（5-1）情況之方式表示之，則如下式：

$$N_a = \frac{1}{2}\rho_a C_{na} V^2{}_a (A\cos^2\theta + B\sin^2\theta)L \quad \cdots\cdots (5\text{-}6)$$

式中　C_{Na}：風壓力矩係數

若代替 5-6 式，將風壓力矩以下式表示：

$$N_a = \frac{1}{2}\rho_a V_{na} V^2{}_a BL \quad \cdots\cdots (5\text{-}7)$$

二、流壓力及流壓力矩

當船體移動時，或於繫泊中船受潮流或水流作用的情況下，船體水線下所作用之流壓及流體力矩（因流所致繞船之垂直軸迴轉之力矩），原理上可利用與風壓之情形相同的方式求之。

$$R_w = \frac{1}{2}\rho_w C_w V_w^2 Ld \quad \cdots\cdots (5\text{-}8)$$

$$N_w = \frac{1}{2}\rho_w C_{Nw} V_w^2 L^2 d \quad \cdots\cdots (5\text{-}9)$$

式中　ρ_w：海水之密度（標準值為 104.5 kg sec^2/m^2）

V_w：相對流速（m/sec）

L：船長（m）

d：船吃水（m）

C_w：流壓（合力）係數

C_{NW}：流壓力矩係數

又對船所作用之流壓力與風壓的情形一樣，為便於作運動計算，多將式（5-8）變換，分船艏艉方向的分力（X_w）與橫方向的分力（Y_w），而採用下列所示者：

$$X_w = \frac{1}{2}\rho_w C_{xw} V_w{}^2 Ld \quad \cdots\cdots (5\text{-}10)$$

$$Y_w = \frac{1}{2}\rho_w C_{yw} V_w{}^2 Ld \quad \cdots\cdots (5\text{-}11)$$

式中 C_{xw}、C_{yw} 各為船艏艉方向及橫方向之流壓係數。

因流壓所致對船作用之 R_w 或 X_w、Y_w 以及 N_w 等，會因相對流向而受影響。圖 5-7～圖 5-10，為表示船模試驗結果之一例。

圖 5-7 及圖 5-8 為表示流向角大的情形，相當於繫泊中船受流的作用或船作橫向移動時的情形。而圖 5-9 及圖 5-10 為表示流向角小的情況，相當於航行中受風而漂流（斜航）時的情形。

流壓及流壓力矩，當水深在淺水區域受限制下，其值將變大（關於此點將於限制水域對操船的影響中另述），圖 5-7 及 5-8 亦將淺水情況的值記入。潮汐落差大及流水強的港口及航道，在低速航行操駛時，難以保持在既定航道上。有時艏艉受流的不同，造成船舶的偏轉，因而造成危險。通常橫向流速大於 1 節時，在港域操船，由於為了抑制平衡的結果，往往船速過快，容易造成危險的慣性衝距。

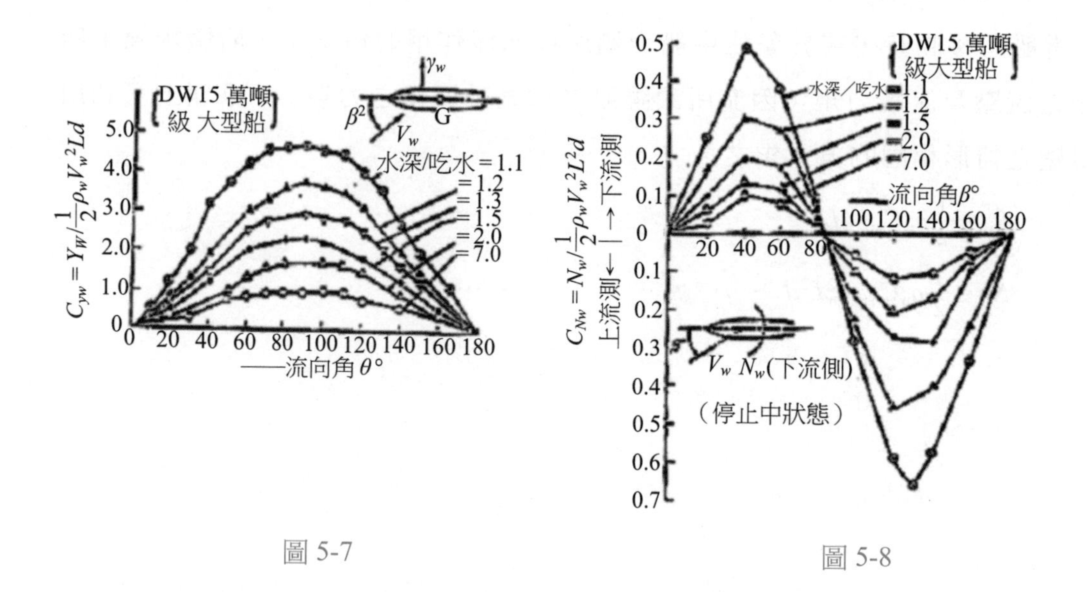

圖 5-7

圖 5-8

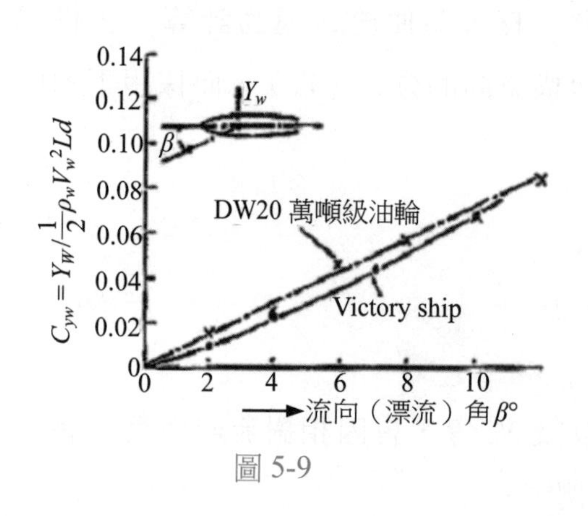

圖 5-9

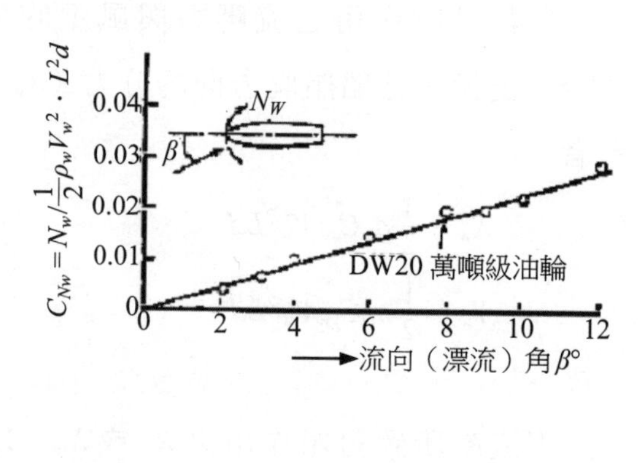

圖 5-10

正橫受流壓力，可參考下式估算之：

$$F_e = f \times L \times d \times V^2 \quad \cdots\cdots (5\text{-}12)$$

式中 F_e：正橫受流壓力（Ton）　　f：水深／吃水比係數

L：船長（m）　　f_1：0.0387（1.1 倍水深）

d：平均吃水（m）　　f_2：0.0193（2 倍水深）

V：流速（kn）　　f_3：0.0161（3 倍水深）

第二節　風及流對操船之影響

一、因風所致之迴轉作用及其利用

當船受到與其艏艉線以外方向的風吹拂，而其作用中心與船的樞心不一致時，風的作用將給予船迴轉的力矩。

另一方面，當船受到風壓，船體雖向下風被壓流，但於此同時，在水線下的水亦對此壓流產生反作用力。結果，此一水線下的水所生的阻力亦將予船迴轉的力矩。

因此，船受到由風所致直接的迴轉力矩及由壓流所致水的阻力而產生的迴轉力矩，此兩種力矩之消長作用，將決定船向下風或向上風迴轉。

（一）前進航行時的迴轉作用

船於前進航行時的樞心，位於重心位置之前距船艏約船長 l/3 的距離處。

與此相對的，風壓中心的位置，如圖 5-11 所示，當風向角小的時候，為位於船艏近處而在迴轉軸前面的地方，但隨著風向角的增加，將會向後方移，而移到較迴轉軸後方之處。

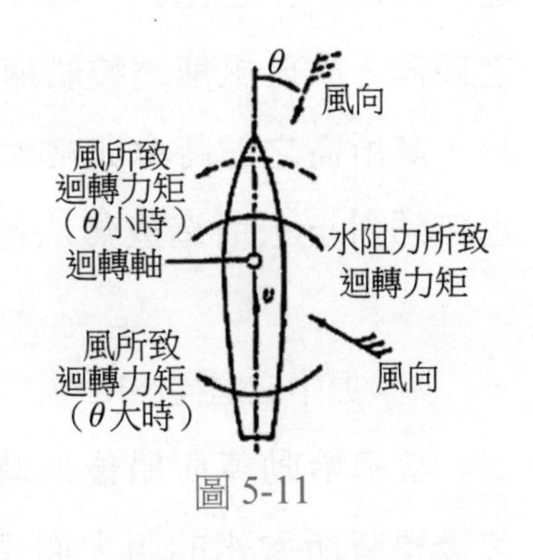

圖 5-11

因此，因風所致的迴轉力矩，如圖 5-11 所示，當風向近於船艏時，船艏將向下風迴轉，但隨著風向角的增加，將變而朝上風方向迴轉。

另一方面，因風所致船體之流壓而產生的斜航運動造成水線下水的阻力稱為Head Pusher，常對船艏的下風側產生作用，故給予船艏向上風迴轉的迴轉力矩。

由上所述，船於前進航行時，尤以風向接近於船艏的情況除外，橫風所致之直接力矩及因水的阻力所致之迴轉力矩二者皆會造成使船向上風迴轉的作用，亦即賦予船朝上風迴轉的傾向，且隨著風向角的增加，因風所致之迴轉力矩也會增加，而於橫風時之迴轉作用為最大。

當風向接近於船艏時，其因風所致之迴轉力矩造成船朝下風之迴轉作用，雖會與因水之阻力所生向上風之迴轉力矩產生對抗作用，但一般由於因水所致之阻力產生的力矩較大，其結果與前述一樣，船仍會上風迴轉。但是特別當船速小，而相較風速非常大的情況下，因風所致向下風偏的迴轉矩將占優勢，故有時會使船艏朝下風偏轉。

針對像這樣因風所致之迴轉作用，吾人將採取所謂「擋舵」，使賦予船一種為保持航向之對抗作用，而保持航向所必需之操舵量約與風速之平方成正比，亦即依風速之平方正比例增加，並於風向越接近正橫時越大。圖5-12為Gawn所做試驗數據之整理，於船受橫風時將保持航向所需舵角（下風舵，Lee Rudder）與船速及風速所作之比較，藉此亦可了解如前所述之傾向。故於風速遠較船速為大，而船速很小時，其所需之舵將會非常大，甚至採用滿舵，也無法對抗，而造成無法操舵之情況。

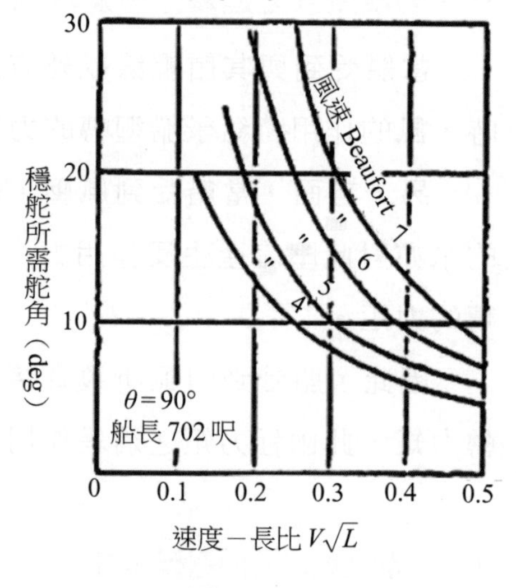

圖5-12

（二）後退中之迴轉作用

當初始動俥使船後退時，與前進時的情形一樣，迴轉中心位於重心前方，其後退時所致水的阻力而產生之迴轉力矩即因風所致迴轉力矩之關係，為如圖5-13所示。然而在船體後退情形下，船體所受水的阻力，由於船艉部較船艏部為肥大，並具有推進器或舵等裝置，所以船艉部所受水的阻力非常大。況且船的迴轉中心軸還位於前方，船艉因水的阻力所致向上風之迴轉力矩非常大，所

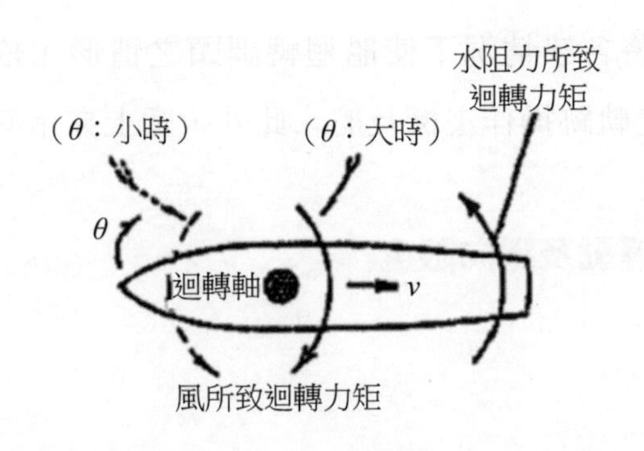

圖 5-13

以船艉會朝上風迴轉。

亦即當船後退時，船艏經常會朝下風偏轉，而船艉則朝上風挺出。另在後退時，船除不易保持航向外，舵力也很小，所以對於這種風的迴轉作用，除風速弱的情況外幾乎無法對抗。

（三）吃水、吃水差對迴轉作用的影響

即使同一艘船，若改變它的吃水或吃水差狀況，則由於迴轉之中心軸或風壓面及水壓面之面積、形狀、分布等也會隨著改變，故會產生本章所述，因風所致迴轉作用之差異。

乾舷大的船於輕載航行時期所受的風壓固然很大，但因此時都具有較大的艉俯（Trim by Stern）的狀態下，船艏向上風之迴轉作用增加，且幾乎對所有範圍之風向，都會有朝上方偏轉之傾向，愈益加大向上風迴轉的作用。

（四）原地調頭時風的利用

一如在港內操船的情形，船速受到極大的限制，而主機於開（進與退）、停及舵角變換調頭等操作頻繁之操船情況下，受風的影響非常的大。況且在此種情況下，利用舵或推進器作用之迴轉力不大，而風本身又非操船者所能控制，所以會有使操船處於危險的情況。因此，固然應預先估計因風所致之迴轉作用或船體之漂流量，以策萬全，但若能有效利用風的作用，使達到所希望的迴轉或變位運動，方為善策。

圖 5-14 為利用因風所致之迴轉作用以操船之一例，將原地調頭（Turning Short or Short Round）之操船作模型式之圖解。圖中，依風從正船艏、斜船艏、正橫及

斜後方吹送之情形，將各該情況下使船迴轉調頭之情形，依圖(a)、(b)、(c)、(d)，循各圖所附編號次序之軌跡操作主機及舵。此外，圖上亦示有主機及操舵之方向。

二、因風所致之漂流運動及穩向限度

（一）航行中之風壓差

船於航行中受船艏艉以外方向，亦即橫向風吹襲時，船除因風壓而會向下風漂流外，亦受因風所致迴轉矩及因壓流所致水線下水阻力所產生之迴轉作用。

亦即船於受風時一面行走的同時將向下風壓流，致其船艏向與船移動的方向將不一致，而是採取一斜行的姿勢。此斜行角即稱為風壓差（Lee Way）或風漂流角。其大小為表示航行中船飄流的程度。如圖 5-15 所示，受一定風速 V_a 之風以相對方向 θ 吹襲，而以一定航速U航行，風向下風壓流採舵角 δ，而風壓差（Lee Way）以保持航向之船舶所作用之橫向力及迴轉力矩如下：

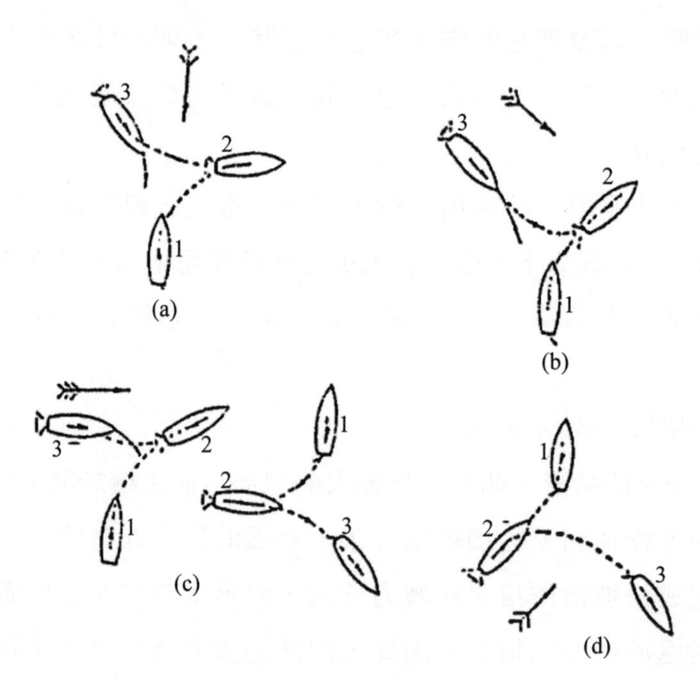

圖 5-14

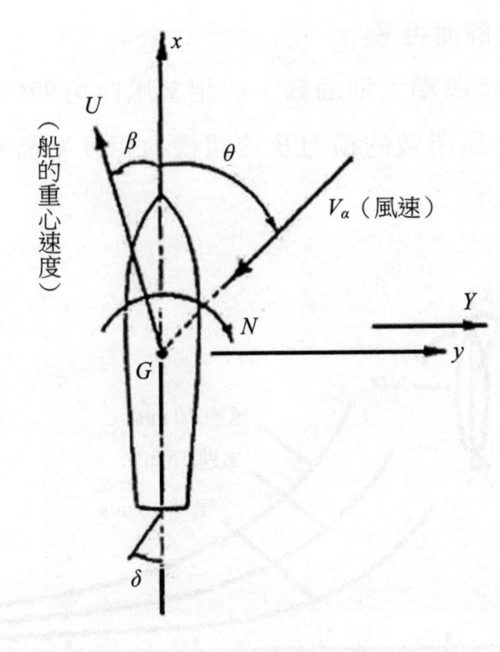

圖 5-15

$$Y = Y_w(\beta) + Y_a(V_a) + Y_\delta(\delta) \quad \text{（5-13）}$$

$$N = N_w(\beta) + N_a(V_a) + N_\delta(\delta) \quad \text{（5-14）}$$

式中　Y，N：橫向合力及迴轉合力矩

$Y_w(\beta)$，$N_w(\beta)$：因漂流角 β 致水所生之橫向力及迴轉矩

$Y_a(V_a)$，$N_a(V_a)$：因風所生橫向力及迴轉矩

$Y_\delta(\delta)$，$N_\delta(\delta)$：因舵所生橫向力及迴轉矩

a. 船是否會朝上風迴轉之判斷

將舵置於中央，欲知船是否會朝上風迴轉，須先從式（5-13），設：

$$Y_w(\beta) + Y_a(V_a) = 0$$

求出因風所致之橫向力與因水所致之橫向力平衡下之漂流角 β。將此 β 代入 5-14 式求得之：

$$N = N_w(\beta) + N_a(V_a)$$

則只要能得知 N 之正負，即可判斷是否會朝上風迴轉。亦即當 $N_w(\beta)$ 大於 $N_a(V_a)$ 時，船將朝上風迴轉。

b. 直進中之漂流角於受風航行中，操舵穩向時的風壓差 β，可由式（5-13）及式（5-14）中，設：

$$Y = 0，N = 0$$

求其聯立方程式之解而得。

圖 5-16 為表示 DW 15 萬噸大型油輪，於相當風向角 90°受風航行時，當 $N=0$ 可操舵穩向的情況下，風所致的橫力及流體橫力相互平衡時計算風壓差所得的結果。

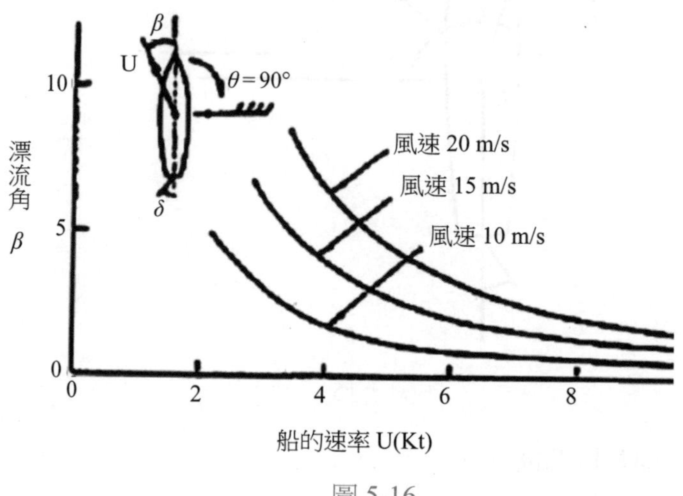

圖 5-16

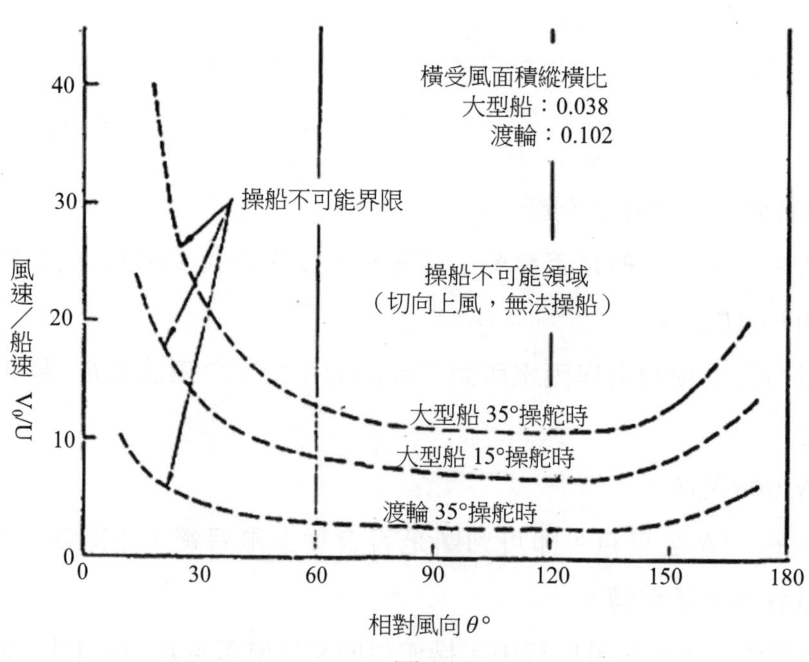

圖 5-17

（二）在風壓下的穩向界限

船於受風航行時，當風速很大或船速很小的情況下，因風所致向下風之壓流將增大，致使船艏向下風或向上風偏轉。

此時為保持航向所採取之擋舵常需非常大，甚至採用滿舵有時亦難以「對抗」。像這樣，在風壓下，使盡舵角亦無法穩向之限度，可由式（5-13）及式（5-14），設滿舵角（35°）將兩式聯立之而予以求出。圖 5-17 為在此種風壓情況下操船可能限度之示例。

圖中所示各曲線之上方為表示無法以舵對抗之範圍，這是受相對風向及風速與船速比所支配的。在風速不甚大的情況或船速甚大時，亦即風速／船速比小的時候，朝所希望的方向迴轉仍屬可能，但在風勢強勁的情況下或船速小而使風速／船速比變大，因風所致船艏向上風迴轉的趨勢增強，終至無法以舵對抗。圖 5-18 為表示大型油輪於低速航行時，依據船速，在各不同的相對風向角的情況下，其可操舵穩向之界限。

（三）主機停止中之漂流

船於海上，主機停止的情況下受風吹襲時，前述式（5-13）及（5-14）將成為：

$$Y_w(\beta)+Y_a(V_a)=0$$

$$N_w(\beta)+N_a(V_a)=0$$

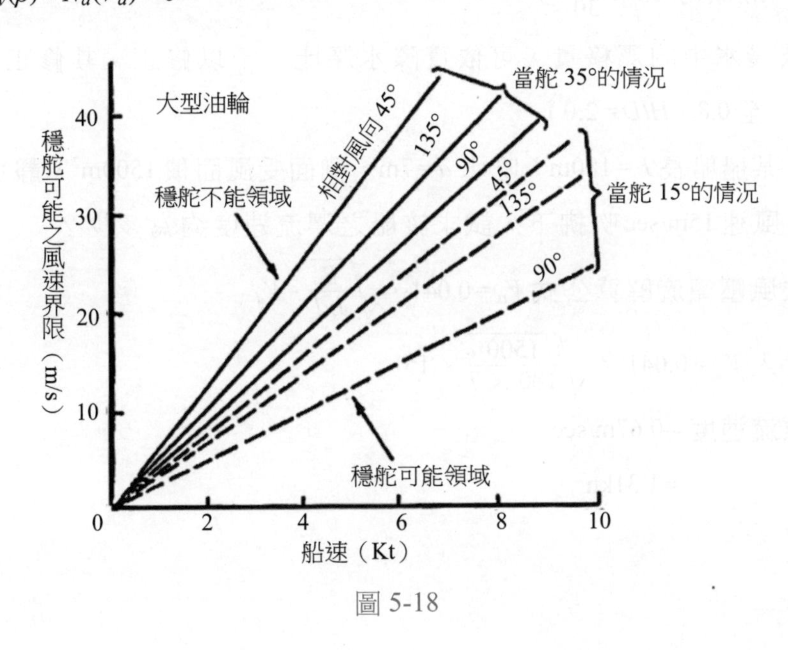

圖 5-18

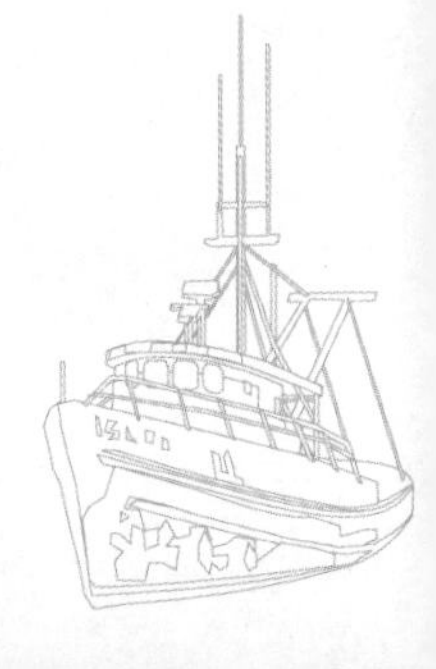

當風所致迴轉力矩達相互平衡狀態時，亦即船艏偏向下風，風位為自船艏100°的姿勢，船將以風壓與水阻力平衡狀態的速度向下風漂流。

為求漂流速度之近似，茲設於一定風速下正橫受風而造成橫漂流，並設水面上作用之風壓力與水面下的阻力相等，則自式（5-1-2）及（5-11）可得：

$$\frac{1}{2}\rho_a C_{ya} Va^2 B = \frac{1}{2}\rho_w C_{yw} V_w{}^2 Ld \quad \text{(5-15)}$$

式中 C_{ya} 為對正橫風之阻力係數。因此，從式（5-15）可導出漂流速度如下：

$$V_w \sqrt{\frac{\rho_a}{\rho_w}\frac{C_{Ya}}{C_{YW}}}\sqrt{\frac{B}{Ld}}V_a = k\sqrt{\frac{B}{Ld}}V_a \quad \text{(5-16)}$$

式中 $\frac{\rho_a}{\rho_w} \fallingdotseq 1/835$，且 C_{ya}/C_{yw} 雖依船型或排水狀態有不同，一般約為 1.40，若將之代入，則式（5-16）為：

$$V_w \fallingdotseq 0.041\sqrt{\frac{B}{Ld}}V_a \quad \text{(5-17)}$$

式中　B：正橫受風面積（m^2）

L：船長（m）

d：吃水（m）

V_a：風速（m/sec）

漂流速度與風速及正橫受風面積與水線下側面積之比成正比。又依安井在海洋觀測船之觀測結果的 $k=0.039$，此值甚為接近。實務上，大型船舶空載時，$V_w \fallingdotseq \frac{1}{20}V_a$，滿載時 $V_w \fallingdotseq \frac{1}{30}V_a$。

在港域淺水中的漂移量，可依實際水深比，予以修正。其修正係數為 0.6（$H/D=1.1$）至 0.8（$H/D=2.0$）。

〔例題〕：某船船長 $L=180$m，吃水 $d=7$m，側面受風面積 1500m^2，靜止中在正橫風速 15m/sec 吹拂下，試求該船之漂流速度約為多少？

〔解〕：依風壓漂流解算公式 $V_a=0.041 \cdot \sqrt{\frac{B}{Ld}} \cdot V_d$

代入 $V_w=0.041 \times \sqrt{\frac{1500}{180 \times 7}} \times 15$

漂流速度 ≑ 0.67m/sec

≑ 1.31kn

（四）前進中漂移速度：日本學者平岩經由試驗，提出的估算公式：

$$V'_W = 0.097\sqrt{\frac{B}{L \cdot d}} \cdot e^{-0.14V_S} \cdot V_a$$

式中　V'_W：漂移速度 m/sec

V_S：船速 m/sec

V_a：正橫風速 m/sec

B：水線上側面積（M^2）

三、風與流所致船的運動軌跡

圖 5-19 為大型油輪於受橫風時，在正舵的情形下，船艏朝上風偏轉時的運動軌跡之計算例，而圖 5-20 為大型油輪於正橫受流時的運動軌跡之計算例。

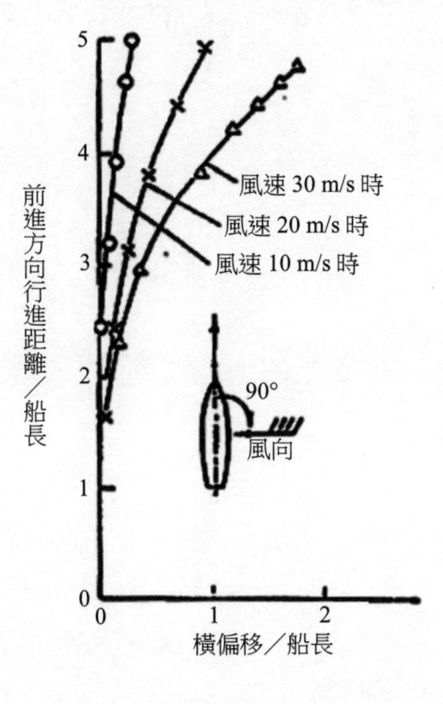

圖 5-19

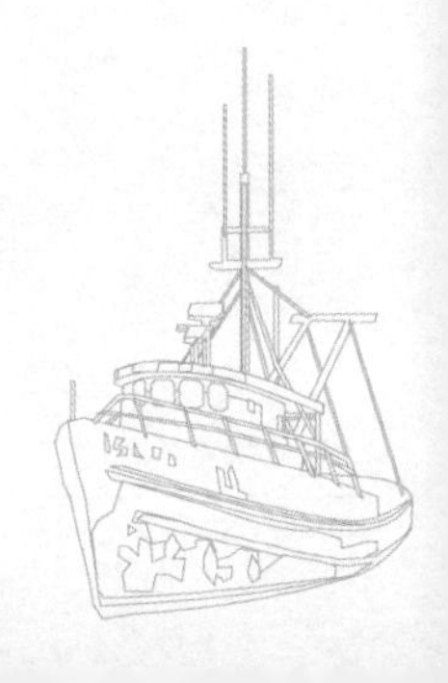

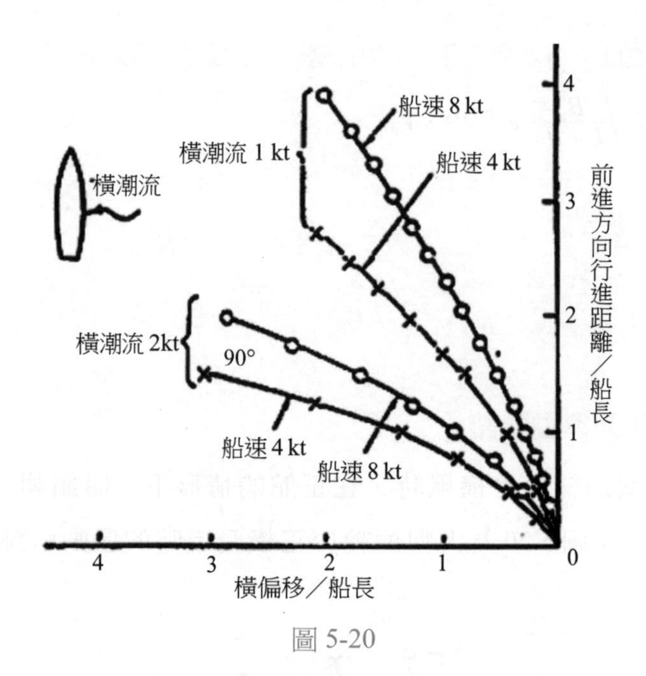
橫潮流
船速 8 kt
橫潮流 1 kt
船速 4 kt
前進方向行進距離／船長
4
3
2
1
0
橫潮流 2kt
90°
船速 4 kt
船速 8 kt
4
3
2
1
橫偏移／船長

圖 5-20

第六章 限制水域對操船之影響

所謂限制水域（Restricted Water or Confined Water）為淺水之水域（Shallow water or Shoal Water）或狹窄水道（Narrow Channel），因水淺或水域狹隘以致對於船之運動發生種種流體力學上的作用，致對操船有影響的水域。對操船控制而言，深水域（deep water）指吃水與水深比大於 3.0（$h/T>3.0$），中層水域（medium water）為 $1.5<h/T<3.0$，淺水域（shallow water）為 $1.2<h/T<1.5$，極淺水域（very shallow water）為 $h/T<1.2$。

第一節 船體下沉及吃水差變化

一、船體周圍之水壓分布及水流之變化

船於航行時，由於在船體前後處一面將水排除發散一面前進，故如圖 6-1 所示，在船艏及船艉處水之壓力升高，而在船體中央部壓力下降，水流迅速。因此，在船艏及船艉近處，壓力上升的結果，水位升高，而在船體中央部附近，因水壓下降使水位降低。而造成水位上升處為峰，水壓下降處為谷之波從船邊傳播，此即所謂造波現象。

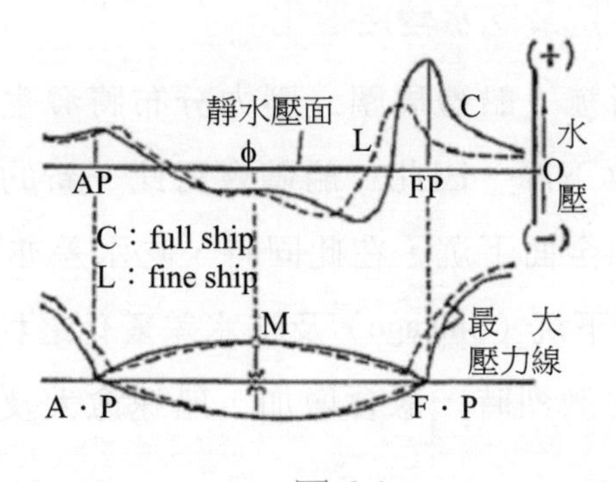

圖 6-1

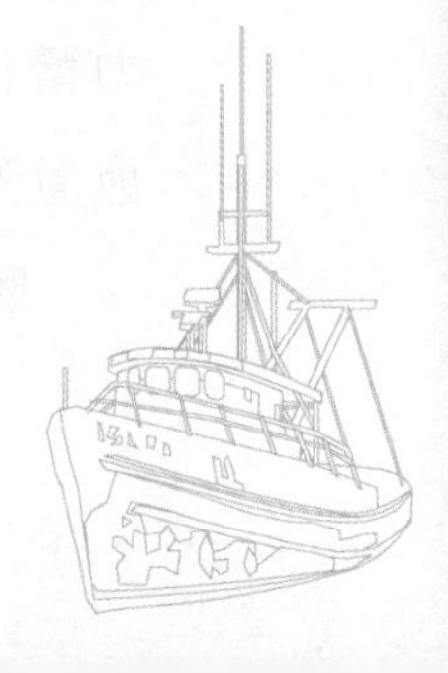

船體周圍之壓力變化，一如圖示之傾向，船型肥胖（Full）之船較劇，而客船之類較細瘦（Fine）之船較緩。而船速愈大時，變化亦較劇烈，興波增大。此外，此種壓力變化所及之範圍，會隨著與船邊距離之增加而急速減小，所以在船體中部船側處，於距離船側約2倍船寬時，一般而言幾無變化。

船於進入淺水之水域時，由於船底與海底之間隙（Bottom Clearance）變小，故沿著船體向下之水流減小而變為沿水平面的水流。而由於船底下之間隙變小，因而使水流之速度增加，壓力之變化更大，且壓力變化所及的範圍擴大，而加強興波。

於水淺之情形下，尤其在船體中央部之壓力下降範圍向船艉方向擴大，此隨著船速之增加而會使船艉下沉，故而更加阻礙向下之水流，而使壓力變化愈益增大。

航行中之船體周圍其壓力變化之現象，於水道寬度狹小或與陸岸、岸壁及他船等接近通行時，由於與船側之間隙減小，以致船體側面之水流增強，故此種現象更為明顯。

當船靜止時，船是受水之靜壓力所支持。但當船一作運動，水流即對船產生動壓力，但由於靜壓力與動壓力之和為一定，所以靜壓力會減少該部分之力。此靜壓力之減少，隨著水流之增加而加大，在限制水域內，此一現象更易於劇烈顯示出來。

此靜壓力之減少，隨著水流之增加而加大，在限制水域內，此一現象更易於劇烈顯示出來。

二、水深充裕時之船體下沉及吃水差之變化

船於航行時，如上所述，船體周圍之壓力分布將發生變化，而以船體中央部為中心，其船側之水位下降。因此，船體會對此一新的水位產生平衡作用，而使船體較靜止時之狀態全面下沉，在此同時，吃水差亦將產生變化。

隨著航行所致船體之下沉（Sinkage）及吃水差變化之程度，於船體周圍之壓力變化，亦即水位變化愈激烈時，愈會增加，船速愈大及船型愈肥胖者，變化愈激烈。

圖6-2為D. W. Taylor所作模型試驗結果之一部分，以表示在水深充裕之寬廣

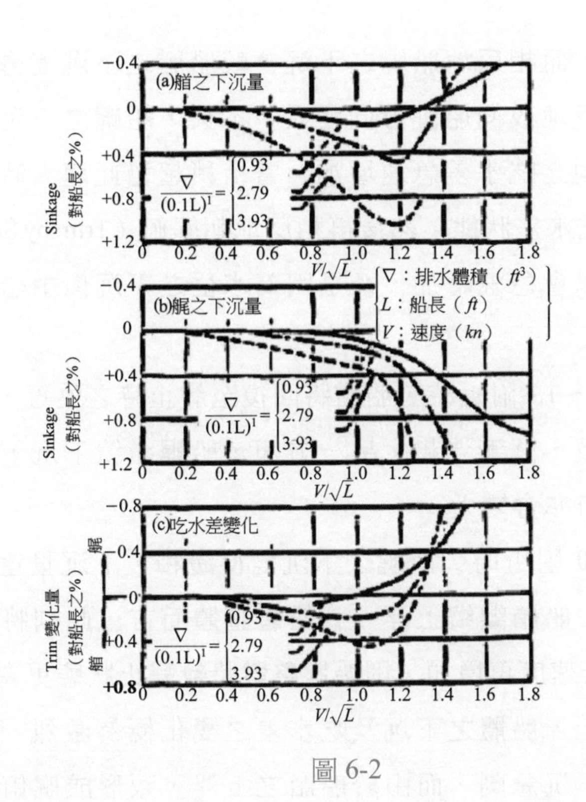

圖 6-2

水域（Deep and Open Water）中航行時，所生船體下沉及吃水差變化之情形。圖中之資料，其稜形係數 C_p 為 0.55～0.65，表示肥瘦度之 $\nabla/(0.1L)^3$（∇：排水體積 ft^3，L：船長 ft）之值為 0.93，2.79，6.98 之船，船艏及艉之下沉各為如圖之(a)及(b)，吃水差之變化為如圖之(c)所示。

圖中所示均以靜止狀態為基準（Zero），各航行速力 $V/\sqrt{L}$ 上（V：速力Knot，L：船長 ft）所相對之變化量，各以船長所對之百分率表示之。

由上述試驗結果或由更高速航行之其他試驗結果綜合來看，由航行所引起船體之下沉及吃水差之變化，於深水中，對應於速力，具有如下之傾向（此所謂之速力，係以 $V/\sqrt{L}$ 來表示）：

（一）當速力 $V/\sqrt{L}$ 達於 0.2～0.4 附近時，船艏及艉皆會下沉。在此速力下，由於船體周圍水位之下沉，為以中央部之稍前為中心，所以船艏下沉較艉下沉為大，因而吃水差向船艏方向變化。於低速時，變化量極微，但隨著速力之增加而增大。而 $\nabla/(0.1L)^3$ 大的肥胖船，即有相當之變化。

（二）當 $V/\sqrt{L}$ 於 1.0～1.2 附近時，船艏之下沉量最大，不久即相反地開始浮起。另一方面，船艉之下沉在此刻後會急速增加，因此，朝船艏方向吃水差之增加亦終止，而相反地船艉之下沉會較船艏之下沉變得更大，使得吃水差與前述相反地改向船艉方向變大。不久，船艉之下沉會急速增加，致使朝船艉方向之吃水差急速增加，當稍稍超過此速力時，會回復原來最初靜止時之吃水差狀態，然後再相反地朝艉俯（Trim by Stern）改變。而船艉下沉之所以會急速增加，乃是因為水位之下沉係由船體中央部朝後方增加之緣故。

（三）當 $V/\sqrt{L}$ 達於 1.2～1.4 附近時，船艏將回復至靜止時之位置，然後更進而越過靜止時之位置，逐漸浮起。另一方面，船艉繼續下沉，除船體整體逐漸下沉外，艉俯亦會變大。

（四）當 $V/\sqrt{L}$ 達於 2.0 附近時，船艉之下沉變得緩和，下沉量達於最大不再增加。另一方面，船艏繼續上浮，就船體整體而言，此刻將回復至最初靜止時之狀態。若速度再增加，則船體整體將較靜止狀態更為上浮。似此，隨著速力之變化，船體之下沉及吃水差之變化極為激烈，而隨著速力之增加，船艉之下沉急劇，而由於船艏之上浮，致形成艉俯之狀態，特稱為艉部下座（Squatting）－高速時艉部下座。

（五）開濶深水域下沉量：Barrass簡易估算式，下沉量 $S_b = \frac{1}{100}Cb(V)^2$。式中，$S_b$：深水下沉量（m），$Cb$：方型係數，$V$：船速（節）。

三、在淺水區域之船體下沉及吃水差之變化

船於特殊水淺之水域航行時，由於船體側面水位下降很大且沿著船側擴大範圍，所以船體之下沉及吃水差之變化在沒有充裕水深之淺水域內，由於此一船體下沉，將使船底下之間隙更為減小，而招致如後述極度妨礙操縱性之後果。如水深更減小時，由於船底下沉劇烈，因此會發生船底接觸海底的事故。如上所述，在淺水區域內船體之下沉及吃水差之變化極為重要，且其變化之程度很大，故應予充分之考慮。

船在淺水中航行，由於水底與船底間通過的水流斷面減小，引起的船底下面的流速增大，壓力下降，使船體下沉，同時航進中水深限制了船波的水質點正常運動，而形成橢圓形軌跡，波長增大，波速變慢，興波加劇，使船身近處水位下降。當水深接近於吃水，即 $H/d<1.5$ 時，船體下沉量更為明顯，如高速航

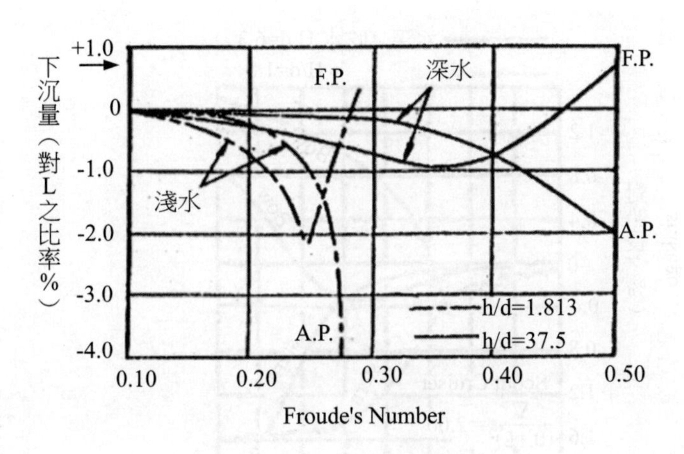

圖 6-3　傅汝德數值與下沉量

行，將會產生吸底現象。此即：

傅汝德數值：$F_r=\dfrac{V}{\sqrt{L\cdot g}}>0.25$ 時，船艏突然停止下沉，相反地顯出尖端的變化曲線，急速地開始上浮。船艉依然繼續下沉如上圖 6-3 所示，這就是所謂的Squat。

船艉下沉量可用下式估算：$D=V\times 5.2\%$

式中：D：船艉下沉量（M）

V：航速（kn）

圖 6-4 為表示水深改變時，某客輪船體下沉之差異情形，將水深／吃水比 $H/d=1.8$ 之淺水情形，與 $H/d=16.3$ 水深影響之情形予以比較之。

由圖可見，船體之下沉，於速力在 $V/\sqrt{L}=1$ 附近以下之範圍內，在淺水時遠較在深水時為大，且在水淺的情況下，於低速時會產生船體下沉，其增加亦極急劇。又船艏開始上浮之時機亦早。因此，吃水差之變化亦於低速時變化劇烈，由艏俯變為艉俯之時機亦較提前。圖 6-5 為大型液體船所作模型試驗之結果，由圖可見艏俯最大之時機及變為艉俯之時機，隨著水深變淺逐漸向低速移動。

因此在淺水區域內航行時，船體之下沉及吃水差之變化劇烈，且與深水區域相較，於低速時將顯示出來，但大型商船在不同水域航行時，其下沉量究竟多少，應予以討論。嚴格來說，必須對各種船一一測定或作模型試驗才能求出。但對實船進行測定實有困難，而目前對各式各樣的船作模型試驗亦有難行，故僅就迄至目前所作之試驗資料予以推估。船舶在淺水域下沉量的計算方法，參見後段第五小節中之敘述。

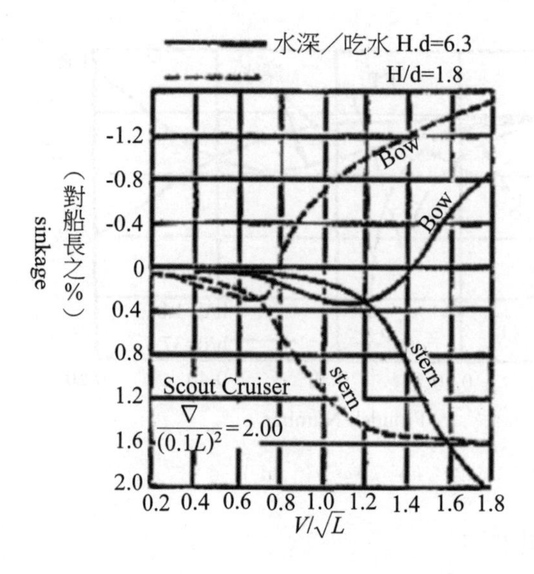

圖 6-4

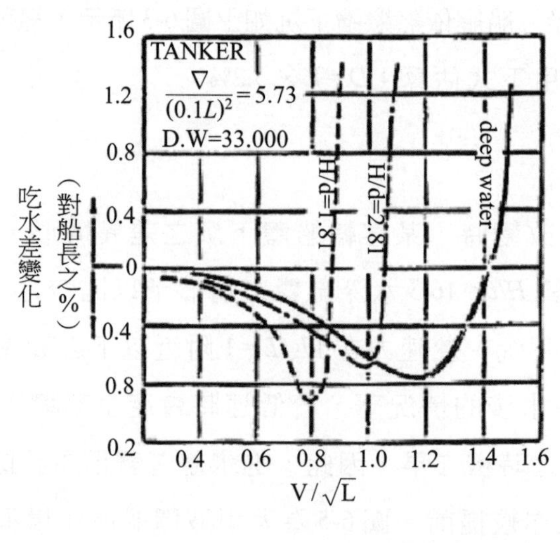

圖 6-5

圖 6-6 為根據試驗資料所求水深與船體下沉之關係，而在該水域內航行之大型商船其速力選擇 $V/\sqrt{L}$ 上為 0.3、0.4 及 0.5 而予以整理之。（水深以對吃水之比例表之）

此外，圖 6-7 為對大型船所作模型試驗結果。圖示為以船長為 300m之船為基準，船長不同之船舶（船長 Li），可得圖示之下沉量乘以 $\sqrt{\frac{L_i}{300}}$ 而求得其近似值。

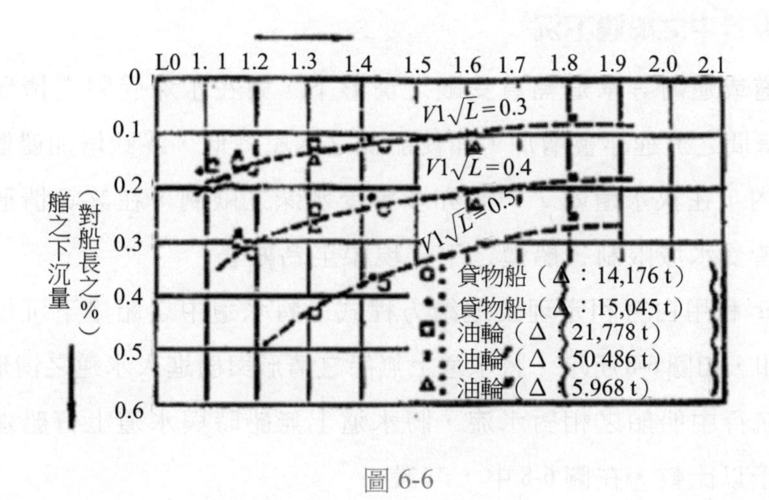

圖 6-6

又，圖 6-6 及圖 6-7 之所以僅表示船艏之下沉量，乃因為如圖 6-4 或圖 6-5 所示，在此速力範圍內，船艏之下沉量較大的緣故。但當水深極度變淺，推進器之吸入流變大時，艏俯將減小。又，船在淺水區域作迴旋運動時，隨著船艏部，尤其船艏漂流側水壓之增加，將造成船艉之迴旋內側處水壓之減低，有時會改變為艉俯。

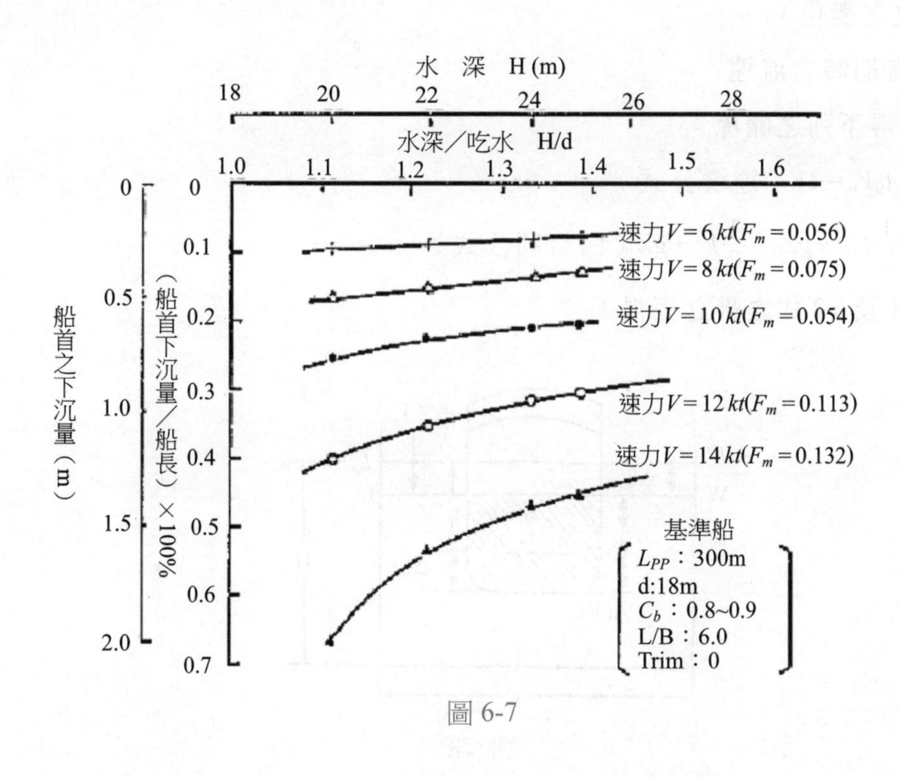

圖 6-7

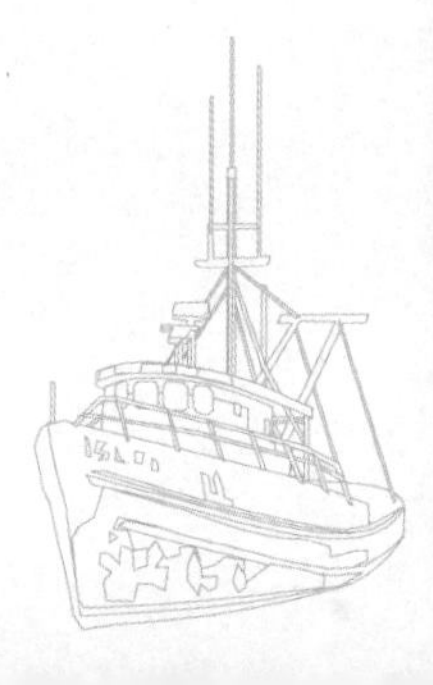

四、狹水道航行中之船體下沉

在狹水道或運河等水道幅員受限之情形下，與在水深受限之情形相同，船側與水道岸壁間之流速亦會增加，而使船側之水壓降低，終致增加船體之下沉。不僅在運河內，在狹水道處，一般亦多會受水深之限制，在該等情形下，船底與船側二者皆受水域限制，船體之下沉現象至為顯著。

J. Kreitner 利用白努利定理及連續方程式，將水道中之船體下沉以下述方式近似之，亦即，如圖 6-8 所示，將水道上無船之情形與船進入水道之情形作比較。

考慮對航行中船舶之相對水流，將水道上無船時與水道上有船進入時，該水道之水流予以比較。在圖 6-8 中，若設：

W_0L_0：無船時之水面線

WL：有船時之水面線

$A_0=wH$：無船時之水道斷面積（H= 水深，w= 水道寬）

V_0：無船時之流速

$A=A_0-A_w-\Delta h\cdot w$：有船時之水道斷面積（$A_w$= 水線下之船體橫斷面積，$\Delta h$= 水位之變化）

V：有船時之流速

則可得下列之關係：

$$A_0V_0=AV \text{（連續公式）} \quad (6\text{-}1)$$

$$\frac{1}{2}V_0^2+gZ_0=\frac{1}{2}V^2+gZ \text{（白努利公式）} \quad (6\text{-}2)$$

由 6-1 及 6-2 式之聯立可得：

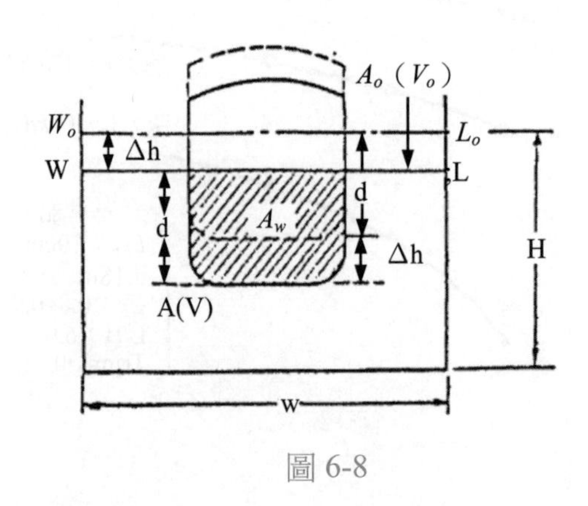

圖 6-8

$$\Delta h = \frac{V_0{}^2}{2g}\left\{\left(\frac{A_0}{A}\right)^2 - 1\right\} \quad \cdots\cdots (6\text{-}3)$$

式中 $\triangle h = Z_0 - Z$，故船進入時水道之水位變化（下降）量 Δh 可求出。因此，船即對應於此水位之下降量，而為船體之下沉量，此即為在水道航行時之船體下沉量。

Kreitner 所導出之式（6-3），雖可提供概略的數值，但由於將限制水道中船體周圍複雜的流體現象頗多省略，所以含有相當之誤差。E. O. Tuck，對限制水道中之船體下沉及吃水差之變化予理論解析，並將它與在水道寬裕，僅水深為淺之水域航行時之情形予以比較。將五種船型之計算結果，如圖 6-9 表示。在圖中，以水道有效寬度與船長之比為底，以表示限制水道中之船體下沉及吃水差之增加量，隨著水道幅員之減少而急速增大。

五、淺水域航行下沉量之計算方法

船舶在淺水域航行的安全問題之一即是船體水下需要有一定的餘裕水深（UKC）。在考慮裕餘水深的各因素中，波浪餘裕水深和航行時船體下沉量皆為傳統上最難以確定的因素，此乃因為缺乏對各種解析式和經驗公式的驗證數據。其中船舶航行下沉量的計算精度對估計安全航行所需水深具有重要的影響。

目前，有很多種關於船舶航行下沉量的計算方法。1967 年 Tuck 利用細長體理論，首先提出了一種估算方法；之後，在此基礎上，出現了許多解析式或半

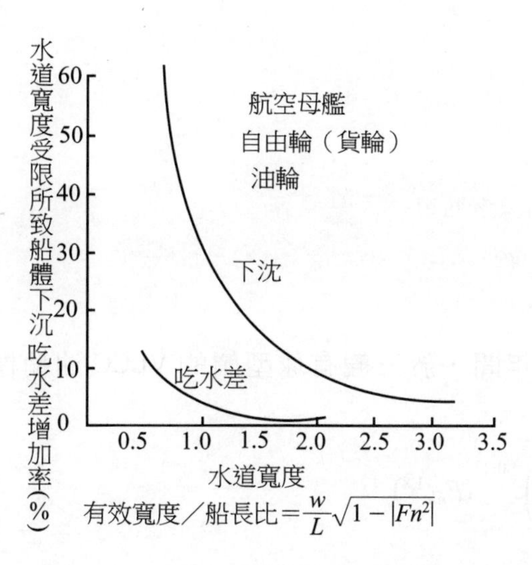

圖 6-9　船體下沉與吃水差變化率

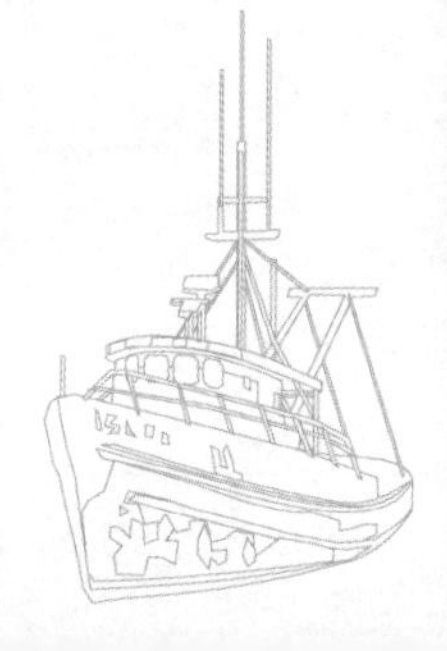

經驗的計算公式。了解這些公式的適用範圍及其應用條件，有助於確保船舶在淺水中的航行安全。

（一）計算公式

根據船舶流體力學的有關理論，在商船的船速範圍內，一般來說，船艏下沉量比船艉下沉量要大。因此，本節僅討論商船的最大下沉量，即船艏下沉量 S_b。

第23屆ITTC操船委員會提出了一些實際應用比較廣泛的計算公式。今採用其中比較常用的9個公式，列述如下：

1. Hooft 公式（1974）

Hooft在1974年利用Tuck和Taylor於1970年提出的計算方法，提出如下公式：

$$S_b = 1.46\frac{\nabla}{L_{pp}^2}\frac{F_{nh}^2}{\sqrt{1-F_{nh}^2}}K_s + 0.5L_{pp}\sin\left(\frac{\nabla}{L_{pp}^3}\frac{F_{nh}^2}{\sqrt{1-F_{nh}^2}}K_s\right)$$

式中　$F_{nh} = v/\sqrt{gh}$

h 水深

K_s：blockage factor

2. Huuska 公式（1976）

Huuska在1976年以類似的方式，提出了下列計算公式：

$$S_b = 2.4\frac{\nabla}{L_{pp}^2}\frac{F_{nh}^2}{\sqrt{1-F_{nh}^2}}K_s$$

$K_s = 7.45S_1 + 0.76$，若 $S_1 > 0.03$

$K_s = 1$，若 $S_1 \leqq 0.03$

$$S_1 = \frac{A_s}{A_{ch}} \cdot \frac{1}{K_s}$$

A_s：船舯部面積

A_{ch}：航道橫斷濕水面積

在開濶水域（open water）：S_1 非常小，因此 $K_s = 1$

3. Eryuzlu 公式（1978）

Eryuzlu等在1978年間，於三艘有球型艏的VLCC油輪模型試驗的基礎上得出如下的計算公式：

$$S_b = 0.113\left(\frac{h}{T}\right)^{-0.27}(F_{nh}^{1.8})$$

式中，T 為吃水。

4. Barrass 公式（1981）

Barrass 在 1979 年，根據實船試驗及在模型試驗基礎上提出了船舶在開濶水域和受限水域之船艏下沉量計算公式：

$$S_b = \frac{1}{30} C_b \left(\frac{A_m}{A_c - A_m} \right)^{2/3} (v)^{2.08}$$

受限水道 $1.1 \leqq h/T < 1.5$

1981 年 Barrass，又對上式進行了簡化，對於開濶水域，可按下式計算，即：

$$S_b = \frac{1}{100} C_b (v)^2$$

$0.06 < A_m/A_c < 0.30$

式中，v 為船速（節）。

5. Romisch 公式（1989）

Romisch 在 1989 年對 Frchrer 和 Romisch（1974）的計算公式進行了修正，提出如下公式：

$$S_b = C_v C_F K_{\Delta T} T$$

其中：

$$C_v = 8\left(\frac{v}{V_{cr}}\right)^2 \left[\left(\frac{v}{V_{cr}} - 0.5\right)^4 + 0.0625\right]$$

$$C_F = \left(\frac{10 C_b B}{L_{pp}}\right)^2$$

$$K_{\Delta T} = 0155 \sqrt{\frac{h}{T}}$$

$$V_{cr} = 0.58 \left[\frac{h}{T} \cdot \frac{L_{pp}}{B}\right]^{0.125}$$

6. Millward 公式（1990）

Millward 在 1990 年，於船模試驗的基礎上提出了，當 C_b 介於 0.44～0.83，及船長／水深比（L/h）為 6～12 時之船艏下沉量計算公式為：

$$S_b = \left(15.0 C_b \frac{B}{L_{pp}} - 0.55\right) \frac{F_{nh}{}^2}{1 - 0.9 F_{nh}} \frac{L_{pp}}{100}$$

該公式可能對船體下沉量估計過大，但其結果是偏於安全的。

7. Millward 公式（1992）

Millward 在 1992 年，又在 Tuck 公式的基礎上，進行了修正並提出了船艏下沉量公式：

$$S_b=\left(61.7C_b\frac{B}{L_{pp}}-0.6\right)\frac{{F_{nh}}^2}{\sqrt{1-{F_{nh}}^2}}$$

8. Eryuzlu 公式（1994）

Eryuzlu 於 1994 年，在模型試驗的基礎上提出了 C_B 係數 0.44～0.83，及船長／水深比（L/h）為 6～12 的船艏下沉量計算公式：

$$S_b=0.298\frac{h^2}{T}\left(\frac{v}{\sqrt{gT}}\right)^{2.289}\left(\frac{h}{T}\right)^{-2.297}K_b$$

對於開濶水域，航道影響係數 $K_b=1$。

9. Ankudinov 公式（1996）

Ankudinov等學者，於1996年在考慮船型、螺旋槳、水深／吃水比，以及船速等因素的影響基礎上，提出了淺水中平均下沉量計算公式：

$$S_M=(1-K_P^S)P_{HULL}P_{H/T+}P_{Fnh}P_{CH1}-0.005{F_{nh}}^{10}\left[(1-C_B)\frac{L_{PP}}{B}\frac{1}{(1-0.95{F_{nh}}^{10})}\right]$$

相應之船舶在淺水中航行產生縱傾變化量計算公式如下：

$$Trim=-2.5P_{HULL}P_{Fnh}K_{TRIM}P_{H/T-}P_{CH2}-0.005{F_{nh}}^{10}\left[(1-C_B)\frac{L_{pp}}{B}\frac{P_{H/T+}}{(1-0.95{F_{nh}}^{10})}\right]$$

則船舶最大船艏下沉量為：

$$S_b=L_{pp}\cdot(S_M+0.5\cdot|Trim|)$$

其中，P_{HULL} 為船體形狀影響因素，對於淺水，其計算公式為：

$$P_{HULL}=1.2C_B\frac{BT}{{L_{pp}}^2}+0.004{C_B}^2$$

P_{Fnh} 為水深傅汝德數（船速）影響因素，其計算公式：

$$P_{Fnh}={F_{nh}}^2+0.5{F_{nh}}^4+0.7{F_{nh}}^6+0.9{F_{nh}}^8$$

P_{CH1} 和 P_{CH2} 為航道寬度影響參數，在開敞水域中，均取值為 1。$P_{H/T+}$ 為水深吃水比影響因素，$P_{H/T-}$ 為螺旋槳效應引起的縱傾變化，其計算公式為：

$$P_{H/T+}=1+0.35\left(\frac{T}{h}\right)^2$$

$$P_{H/T-}=1-e^{\left[25\left(1-\frac{h}{T}\right)\frac{1}{Fnh}\right]}$$

$$K_{TRIM}=C_B^2-(0.15+K_P^T+K_B^T+K_{TR}^T+K_{in}^T)$$

其中，${K_P}^S$ 和 ${K_P}^T$ 為螺旋槳影響因素，對於單螺旋槳，${K_P}^S=0.1$、${K_P}^T=0.1$，對於雙螺旋槳，${K_P}^S=0.13$、${K_P}^T=0.2$；${K_B}^T$ 為球型艏影響因素，對於具球型艏船舶 ${K_B}^T=0.1$，無球型艏船舶 ${K_B}^T=0$；${K_{TR}}^T$ 為艉横向寬度影響因素，${K_{TR}}^T=0.1B_{TR}/B$，

B_{TR} 為艉部寬度；$K_{in}{}^{T}$ 為初始縱傾影響因素，其計算公式為：

$$K_{in}^{T} = (T_{AP} - T_{FP})/(T_{AP} + T_{FP})$$

上述計算公式中之船型影響參數 P_{HULL} 中第一項的係數在各種參考文獻中，選取值稍有不同，但其大小對計算結果影響較大。依學者洪碧光之研究及多次計算認為該係數取 1.2 比較合理。

（二）公式之適用範圍

	h/T	C_B	L/B	船型
Hooft（1974）	—	—	—	—
Huuska（1976）	—	—	—	—
Eryuzlu（1978）	1.08～2.78	—	—	VLCC
Barrass（1981）	1.1～1.5	0.50～0.90	—	—
Romisch（1989）	—	—	—	—
Millward（1990）	—	0.44～0.83	—	—
Millward（1992）	—	—	—	—
Eryuzlu（1994）	1.1～2.5	≧0.8	6.7～6.8	Bulk
Ankudinov（1996）	—	—	—	—

（三）計算公式之計算結果精度

大陸學者洪碧光等，對於上述九種計算公式，分別在表 6-1 等不同船型，以及水深與吃水比 1.2 之開濶水域，並在船速 2～14 節之間予以計算。

獲致結果如下所示：

表 6-1　計算用船型數據表

船型	L_{pp}	B	T	C_B
5 萬噸級散裝貨輪	181.6	30.5	11.82	0.821
巴拿馬型散裝貨輪	225.0	32.2	12.53	0.830
10 萬噸級油輪	246.0	40.2	15.00	0.820
15 萬噸級散裝貨輪	275.0	44.0	17.96	0.839
30 萬噸級油輪	320.0	60.0	20.88	0.838
6,800 TEU 貨櫃船	287.5	42.8	14.00	0.662

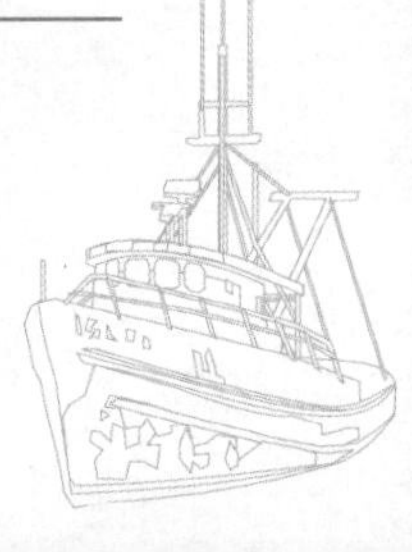

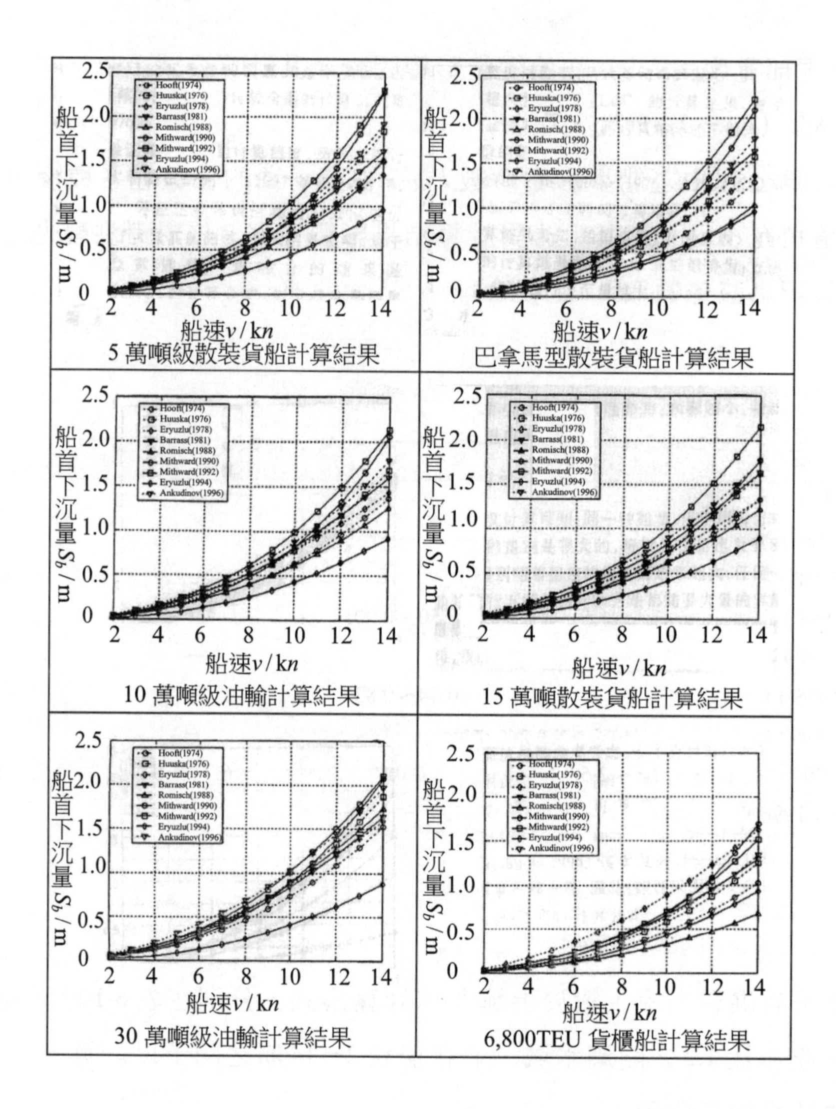

從上述各種船型的計算來看，如果不考慮 Millward（1990/1992）兩個公式，從安全的角度出發，對於各種船型 Ankudinov（1996）、Barrass（1981）及 Huuska（1996）公式過於複雜，而Barrau（1981）公式考慮的因素又過於簡單，因此對於開濶的淺水域船艏下沉量之計算，洪碧光認為比較適合的是Huuska（1976）之計算公式。

（四）簡易估算公式

$$S=\frac{C_b \times V^2}{50}$$

S：淺水中下沉量（m），C_b：方型係數，V：船速（kn）

六、受限航道船舶之限速

海洋運輸隨著貿易的發展及船舶科技的進步，日益趨向大型化與高速化，交通亦日益繁忙。許多水域，如麻六甲水道及港口水域的交通密度越來越大。考量可航水道之餘裕水深，船舶航行之下沉量必須予以考量，因此船速為一重要考量因素。

（一）船舶限速之原則與方法

船舶限速的原則為堅持安全第一，其次再考量營運效率。船舶限速中應考量的主要危險，包括浪損、碰撞、擱淺、觸底及錯過潮時。至於為了克服因航速不當帶來的危險，船舶限速應考量的因素則為：船舶興波、航體下沉量、潮高、航道曲度、航舶交通密度、能見度、風、流、礙航物分布、資訊服務及航道設置等。

（二）限速之基準

1. 防止浪損

根據理論上定性分析與實際調查得知，防止浪損的船舶限速值須滿足的條件為傳汝德數 $F_{nh} \leqq 0.57$。

2. 防止觸底之限速

考量餘裕水深，對船體下沉量的計算（參閱上一節之計算公式），可使用簡化的 Tuck-Taylor 公式：

$$S = C\frac{\Delta}{{L_{pp}}^2}\frac{{F_{nh}}^2}{\sqrt{1-{F_{nh}}^2}}$$

考慮到下沉與縱傾雙重因素，計算公式中的係數取值為：雜貨船 $C=1.55$，散裝船 $C=0.75$，油輪 $C=1.91$。

3. 航道曲度與限速

對有障礙物隱蔽的彎曲航道，其避碰要求為兩船的倒俥停船距離之和不能小於其互見時兩船間航道的長度。如船舶緊急停船距離為 n 倍船長，兩船互見距離為 S，則限速應滿足 $2nL \leqq S$。

第二節　移動阻力之增加及船速之低減

一、虛質量及虛轉動慣量之增加

物體在流體中移動時，隨著物體本身之運動，物體周圍水流之一部分也跟著運動。亦即，在流體中使物體移動時，除須使物體本身移動外，另須物體周圍之一部分流體移動才可。此種現象宛如增加了物體本身的重量一樣。

相當於此重量所增加之部分，一般稱為附加質量（Added Mass），此附加重量與本來質量之和稱為虛質量（Virtual Mass）。對於在流體中作迴轉運動物體之轉動慣量亦一樣被視為有附加轉動慣量（Added Mass Moment of Inertia）及虛轉動慣量（Virtual Mass Moment Of Inertia）。

對船之運動，此等附加質量及附加轉動慣量之比例，於水深充裕之情形下，約如下列之值：

前後方向附加質量＝船體質量 ×（0.07～0.1）

橫方向附加質量＝船體重量 ×（0.75～1.0）

附加移動慣量＝船體轉動慣量 ×1.0

唯上述之附加質量或附加轉動慣量，於水淺或水道寬度受限時將愈為增加。

圖 6-10 及圖 6-11，各表示水變淺時，其附加質量（橫方向）及附加轉動慣量增加之比例。在該等圖內，為以水深足夠深時之附加質量及附加轉動慣量為基準，以表示在水淺時增加之比例。水淺時，附加質量及附加轉動慣量增加之程

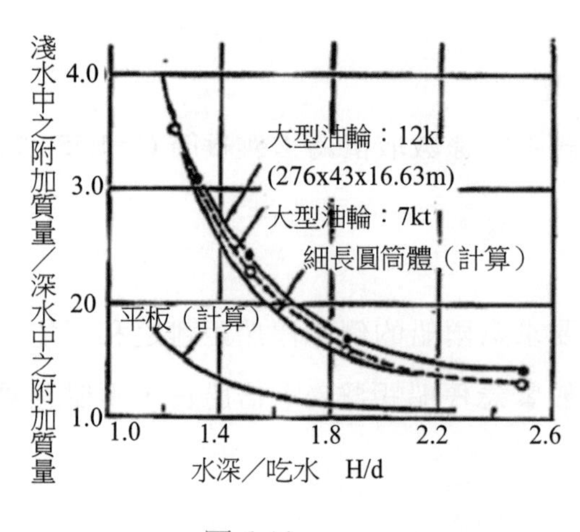

圖 6-10

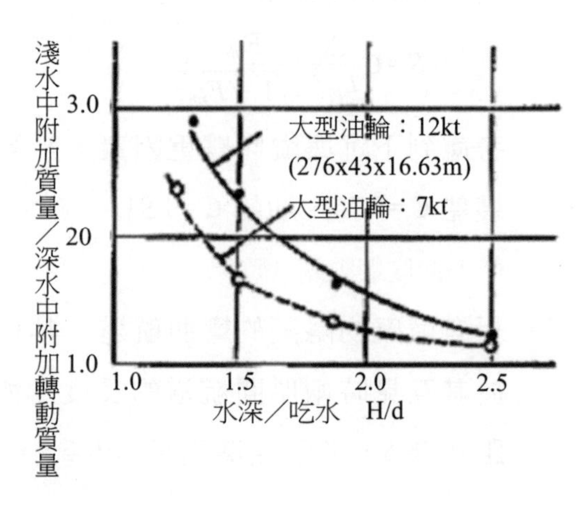

圖 6-11

度，於船愈肥胖愈顯著，當進入水深（H）為船吃水（d）之 2 倍以下（$H/d<2$）之淺水區域時將變得相當大，且於 H/d 小於 1.5 左右時將急遽增加。

二、橫阻力及迴轉力矩之增加

繫泊中的船，於受橫向來之水流作用或於靠泊操船作橫移動時，船所受阻力及迴轉力矩之大小，已如第五章（風與流對操船之影響）圖 5-7 及圖 5-8 所示，隨著水深之減少而增加。

此等因受水深影響而增加之比例，大約與附加質量或附加轉動慣量增加之情形相同程度，於水深為吃水之 2 倍左右以下時變得相當大。此外，類似此種阻力之增加，一如接近岸壁時之情形，於有側壁時將變得更大。圖 6-12 為日本造船學會對操船性能之實務報告，表示向岸壁作橫移動等運動時限制水域之影響，僅就水淺之情形及岸壁與船側間之距離不同之情形作比較。當船接近岸壁至船寬之 1.7 倍左右距離時，即會顯現。類似這種對水域受限制情況之橫移動所產生之阻力增加或迴轉力矩之增加，會使得操船顯現困難。

三、速力之低減

船於淺水區域航行時，船體周圍之壓力變化激烈，增大了船體之下沉及吃水差之變化，且隨著興波（Wave Making）之增加，致船體周圍之向後流速加大而增加了船體阻力。又由於船艉俥葉附近之跡流及渦流增加，俥葉效率低減。

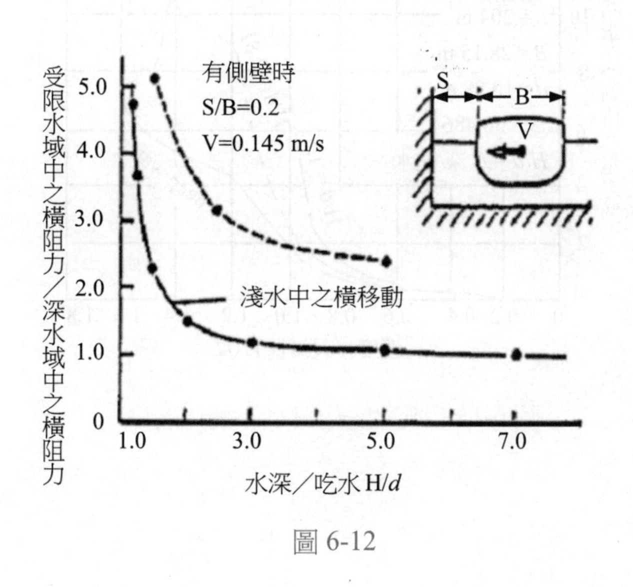

圖 6-12

因此相較於深水域航行之情形，速力較為低減。

（1）淺水影響所致阻力增加之傾向

水深變化時阻力變化之一例，如圖 6-13 所示。

此外，水深與吃水之比 H/d 各為 1.81，2.81 及深水時之比較，在各速度長度比 $V/\sqrt{L}$（V：knot，L：ft）的情況下，其全部阻力（Total Resistance）以排水量之百分比表示之。

隨著水深變淺，阻力急遽增加，遠較在深水域時之阻力為大。此外，對此等船體阻力，依至目前試驗之結果，將會顯現水深影響之界限。

亦即：

不會增加阻力之水深 $H=10d\,(V/\sqrt{L})$：當水深（H）約達吃水 4 倍以上時，水深之影響幾可忽視不計。

（2）淺水域中之速力損失量

在淺水域中將增加船體阻力及減低推進效能，其結果將導致速力低減，較在深水域航行時之速力為小。此速力低減之程度相當複雜，但實用上，可以圖 6-14 所示 Schlichting 之圖表求出近似值。亦即，如圖 6-14 所示，從當時之水深及速力，各先求 $\sqrt{A_m}/H$ 及 V^2/gH 出後，其各相對之速力之減少比例即可由圖之曲線求之。

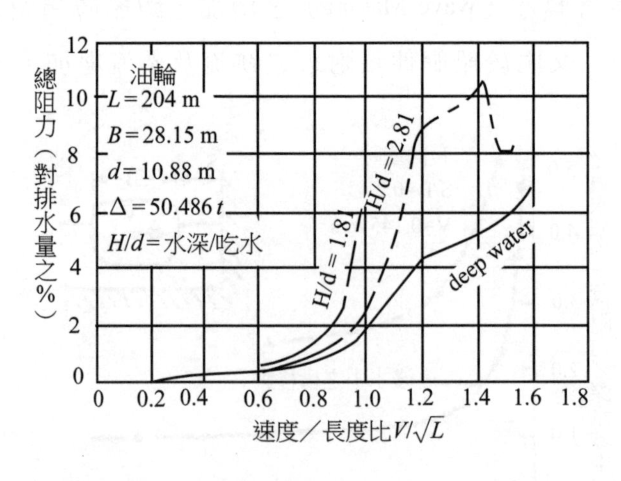

圖 6-13　阻力變化與水深變化關係

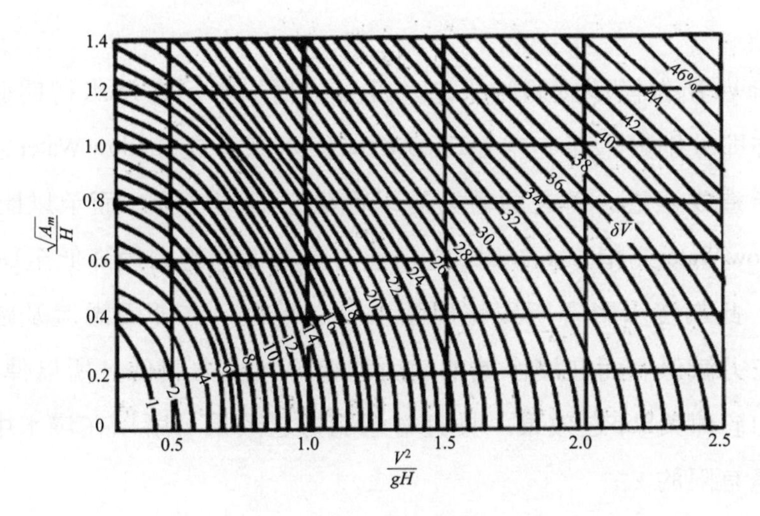

圖 6-14　淺水域航行之減速率

圖中，δV：淺水域中之速力減量

V：深水域中之速力

H：水深

Am：船體中央部橫斷面積（水線下）

g：重力加速度

第三節　對操船性與迴旋性之影響

船於進入限制水域時，由於船底間隙（Bottom Clearance）之減少或船側與陸岸接近，以致較在深水（Deep Water）航行時，會受到舵力減少或迴旋操縱性低劣等流體力學上之作用。

一、淺水效應

當水深減小時，船體周圍，尤其船底下之水流成為水平流，而增加流速。因此，與船體之下沉增加及船艉吃水差增加之同時，此水流在船艉驟然向上擴散，而在船艉及舵附近急劇造渦。此外，船艉之跡流（Wake Current）增加，虛質量亦增加之結果，航向穩定性變好，然而，舵力減小，迴旋性變差，而難以操船。

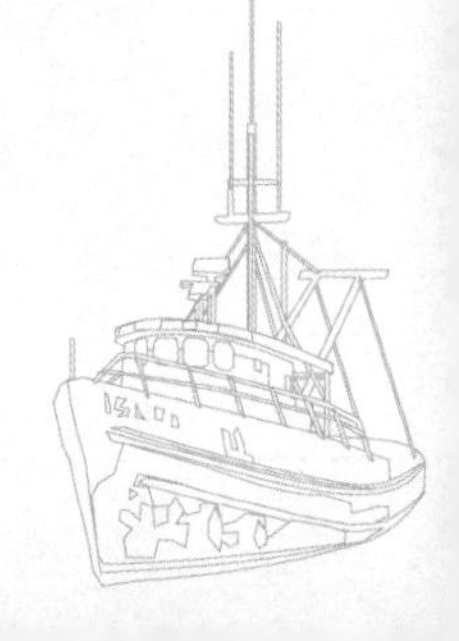

（一）舵力之低減

圖 6-15 為 Gawn 所做模型試驗結果之一部分，用以表示在淺水初期迴旋能力低下之一例。亦即分別對水深充裕之Deep Water與水深小之Shallow Water之情形，在各舵角下舵所造成繞重心轉之迴轉力矩以係數之形式表示，而予以比較。

在此，Shallow Water為指 H/d 為 1.65 之情形，具初期迴轉力矩降低至Deep Water時之 70%左右。此為淺水影響所致舵周圍水流之變化，亦即因渦流及跡流增加之結果，以致舵力減低。而在淺水域如前所述會導致速力減低，所以俥葉之Slip增大。因此，由於俥葉Slip之效果，具有增進舵力之效果，所以在淺水中舵力之低減實際上亦是有限的。

（二）航向穩定性之提高

船於進入淺水域，船體周圍尤其船底下之水流變為二次元流而肇致流速增加等流體力學之變化。且與船產生吃水差變化之同時，亦會導致對船迴轉之阻力增加或舵力減少等現象。

船迴轉阻力之增加，追隨性指數 T 減小，而使船之航向穩定性較在深水中為高。所謂船之航向穩定性，是指對於因外在干擾而偏離原航向時，當外在干擾除去後是否能迅速穩住航向之性質。亦即當船一面做斜航運動一面迴轉時，其是否會迅速衰減之性質，由對船斜航向之衰減力（Sway Damping）作用位置與船之迴轉角速度所伴隨之流體力（Yaw Damping）作用位置之關係可決定船的穩

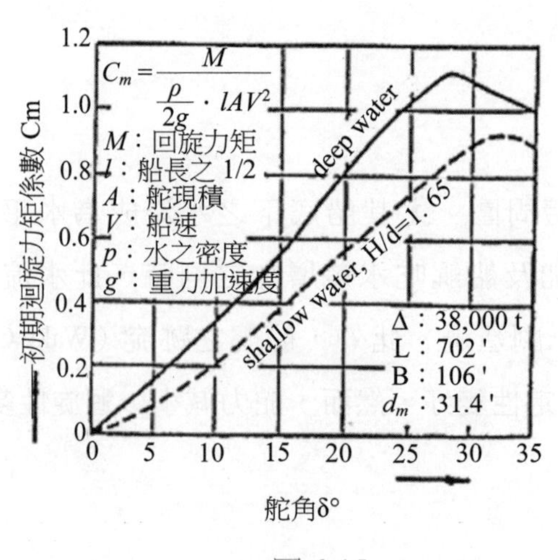

圖 6-15

定性。

圖 6-16 為船由深水域進入淺水域時，對航向不穩定所作之試驗結果。於進入淺水區域時，一般不穩定區域將變小。另在圖 6-17 為日本學者元良誠三等所作實船 *Z* 型試驗之結果，以表示淺水影響對超越（Overshoot）角之影響。此結果中，顯示從水深達於吃水之4倍附近起，與水深減小之同時，超越角急遽減小，且隨著水深之減小，航向穩定性也愈提高。

此外，像大型船等非常肥胖的船，於進入淺水域其水深與吃水比達 2 左右時，航向穩定性變差，若水深與吃水比進一步減小，則有些船之航向穩定性則反而提高。船進入淺水域中，流體現象之變化對船之操縱運動之影響可說是極為複雜的。

（三）迴旋性之降低

船於進入淺水域時，與航向穩定性提高相反的，迴旋性反而降低。於進入淺水域時，與舵之初期迴旋力矩減小之同時，由於對迴旋之船體阻力增加，表示迴旋性之操縱性指數 *K* 變小而使迴旋性降低。圖 6-18 為從日本學者小關信篤等模型試驗結果所求迴旋直徑T.D之大小，以表示淺水影響之一例。圖中為以深水時之T.D為基準，以表示在淺水時T.D之比例。隨著水深變小，T.D將變大，當

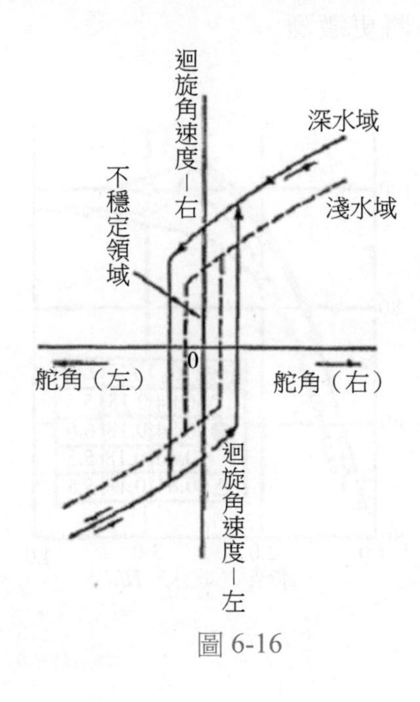

圖 6-16

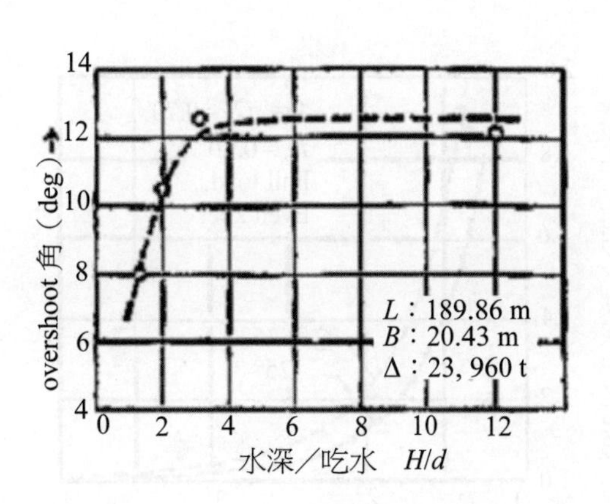

圖 6-17

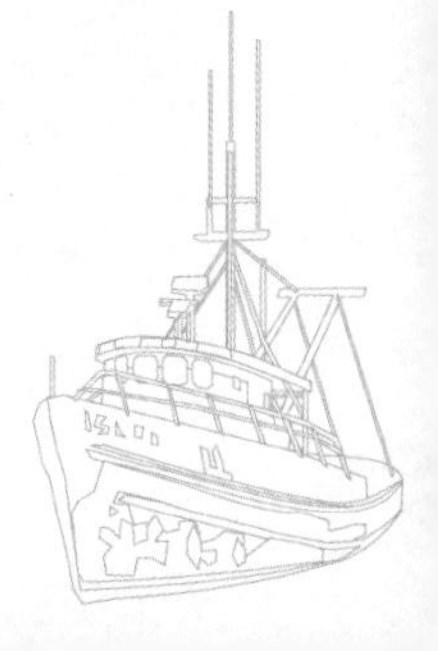

水深／吃水比達於2以下時，T.D將急遽變大。

圖 6-19 為以迴旋角速度之變化來表示水深對迴旋性之影響。亦即，將進入淺水域時迴旋角速度之大小與在深水域之值比較之，圖示中的值均為表示巨大型船之情形。整體而言，於水深為吃水之2倍左右時，迴旋角速度急遽變小而迴旋性降低。而依船型之不同，亦有些船當水深與吃水比在 2～3 之範圍時迴旋角速度反而變大，此點應予留意。

當船在水深與吃水比小的淺水域航行時，與舵力減小之同時迴旋力亦會降低，而肇致操船上不良之結果，此於水深愈淺時愈顯著。當水深極度變淺時，終將無法獲得操舵所希望之迴轉，而成為所謂無法操縱之狀態。

二、岸壁效應

如在狹水道或運河航行一樣，於水道寬度受限制時，船體周圍尤其船側之水流變化激烈，船之操縱受顯著的影響。亦即於操船時，將有下列之現象：

（一）作用於船體之不穩定迴轉力矩增大

圖 6-20 為Brard對船稍作斜航（Drift）時之迴轉力矩（不穩定力矩）所作模型試驗之結果。圖中表示在水淺之情況下，進一步水道寬度受限制時之影響，由圖可知，於水道寬度受限制時對船作用之流體力將更激烈。

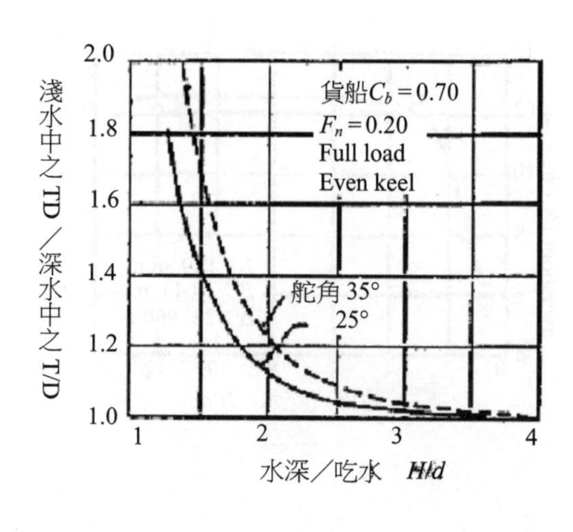

圖 6-18

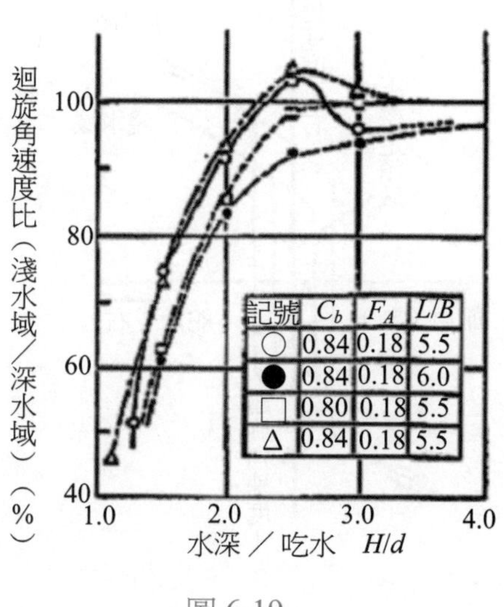

圖 6-19

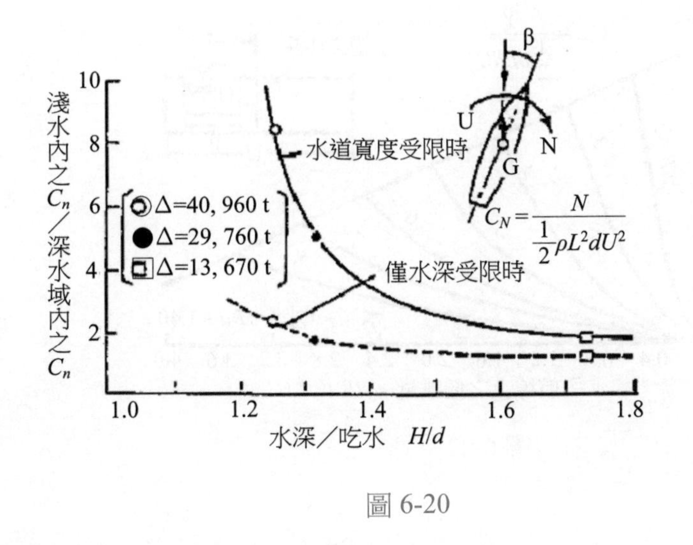

圖 6-20

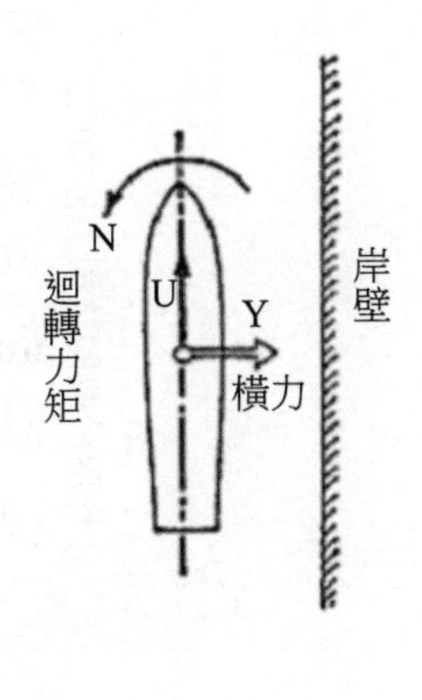

圖 6-21

（二）不對稱力與不對稱力矩之產生

船於水道中央直進時，理論上作用於船之流體力為左右對稱。但，如圖 6-21 所示，當航向偏向水道之一方時，將受到朝向接航岸方向之橫力並同時受到與接航岸反方向之迴轉力。一般稱此橫力為吸引力（Suction or Attraction），稱迴轉作用為反作用（Cushion or Reaction），合稱為岸壁效應（Wall or Bank Effects）。

於狹水道或運河等水道寬度受限制之水域，或趨近島或海上構造物航行時，由於此左右不對稱流體之作用，使船於穩舵操船時，會有偏離航向等現象產生，應予留意。船舶所受左右不對稱之流體作用，於愈接近一側之岸邊時愈明顯。圖 6-22 及圖 6-23 為表示在運河航行中的船，從水道中心偏向一邊之岸接近時，對於船所受流體橫力及迴轉力矩所作模型試驗結果而求得之圖示。從二圖中可得橫力及迴轉力矩如下式：

橫力（吸引力）：$Y=\frac{1}{2}\rho LdU^2\times C_{yw}\times\alpha$ ……………………………… （6-3）

迴轉力矩（排斥力）：$N=Y\times L\times x$ ……………………………… （6-4）

式中各記號如圖所示。

圖 6-22 由於係水深吃水比為 1.40 之情形，所以水深不同之情形可由圖 6-23 求出修正係數α代入式（6-3）求得。對穩舵操船時之左右不對稱流體作用，須利用操舵以對抗之。亦即船所受之岸壁效應，可利用穩舵所需舵角而比較得出。圖 6-24 及圖 6-25 為 Garthene 等對大型軍艦（295.2m × 37.1m × 10.58m）所作模型試驗

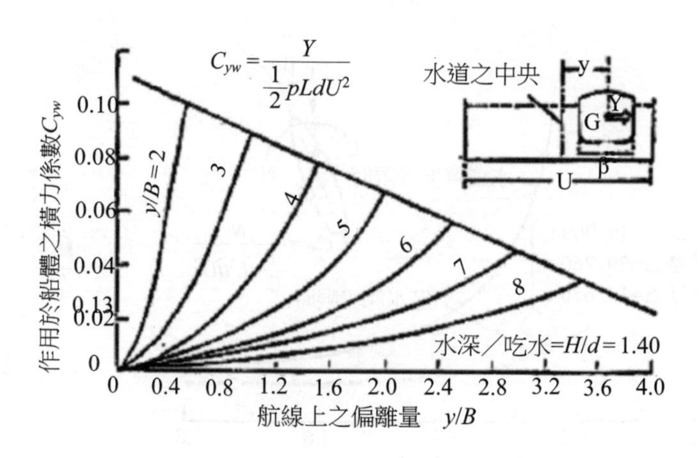

圖 6-22

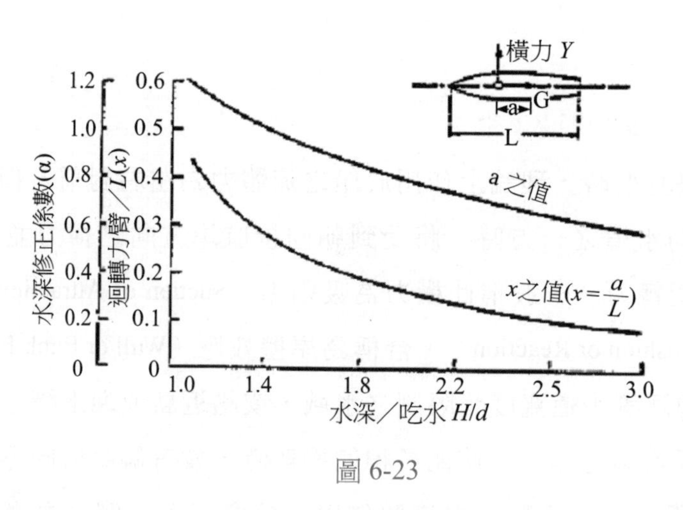

圖 6-23

資料整理所得者，此為表示水道航行岸壁效應之一例。二圖均表示於向運河一側之岸壁接近以平行之航向行駛時，為對抗 Bank Effect 保持航向時所需之舵角量，此穩舵所需之舵角愈大，即表示 Bank Effect 愈大。

圖 6-24 為比較至岸壁之接近距離之影響，至岸壁之距離以與船寬之比 *Z*/*B* 表之，分別表示水道寬為船寬 6.17、4.42 及 2.65 倍時其所需穩舵之舵角之關係。又，圖 6-25 為比較水深之影響，水深與吃水之比以 *H*/*d* 表之，當水道寬為船寬之 4.42 倍時，對應於各種 *H*/*d* 所需穩舵之關係，而以 *Z*/*B* 為參數表之。由以上之結果所示，岸壁效應之特點如下：

1. 於愈接近岸壁航行時愈強烈，於 *Z*/*B* 為 1.5 以下之極近處所，穩舵所需之舵角亦超過常用舵角之程度。因此，於實際穩舵時變得非常困難。

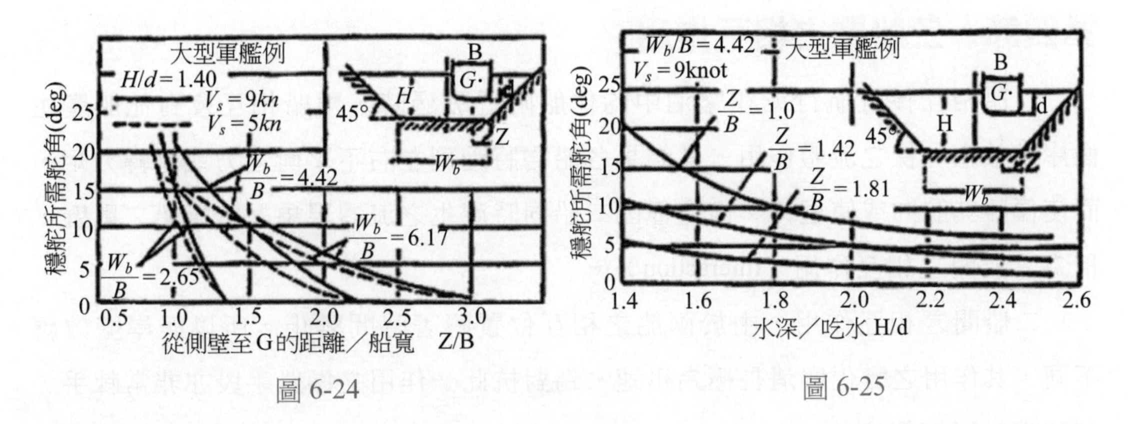

圖 6-24　　　圖 6-25

2. 水道寬愈小時愈強烈，於此同時若愈接近岸壁，則穩舵所需之舵角將急遽增加。
3. 船速愈大時愈強烈。
4. 水深愈淺時愈強烈。亦即，愈是淺的狹水道，穩舵所需之舵角愈增加。

又與淺水效應之情形一樣，船型愈肥胖者岸壁效應亦愈大。圖 6-26 為大型油輪（219.71m × 30.49m × 9.80m）之例，為船舶與岸壁平行接近航行時穩舵所需舵角與船至岸壁接近距離之比較。在圖中，由圖 6-25 取 $H/d=1.40$ 時之值將之以點線表之以作比較。由此觀之肥胖的船其岸壁效應遠為大些，雖水道寬及船速多少有些不同，但穩舵所需之舵角，約為軍艦之2倍以上。

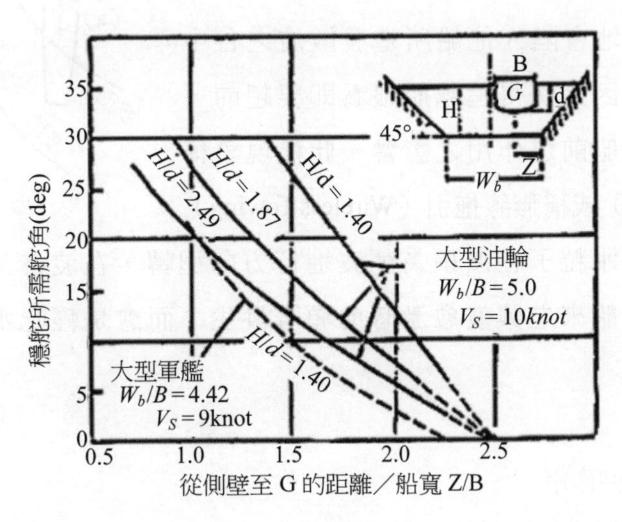

圖 6-26

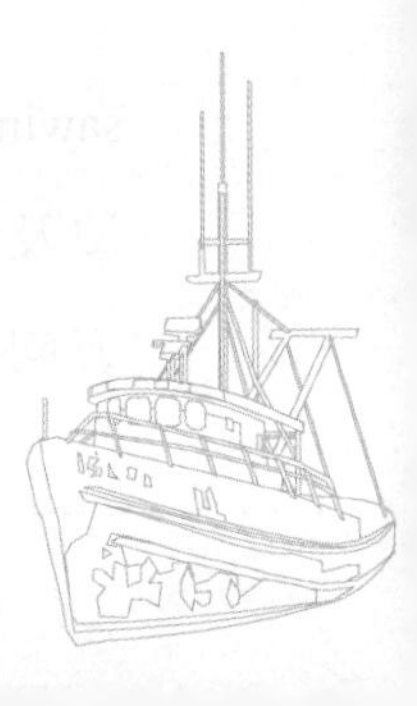

第四節　二船間之相互作用

二船相互接近航行或在繫泊中的他船附近駛過時，兩船相互會對他船產生像岸壁效應一樣之流體作用。其結果各船均將受到左右不平衡之力或迴轉力矩，而使偏離其航向或使迴轉。像這種因二船同時產生之流體現象對於操船之影響，稱為二船間之相互作用（Interaction）。

二船間之相互作用，由於兩船之相互位置隨著時間變化，所以與岸壁效應不同，其作用之變化與消長極為迅速，為對抗此一作用之操船手段亦非常棘手，有時造成碰撞等事故。

一、船平行接近航行時所產生之現象

（一）波盪（See-sawing）

二船為平行追趕之關係時，將受到追越船或被追越船所造發散波之作用，圖 6-27 所示在(a)的位置時將進入二波之間而被加速，而在已進入二波之間的(b)位置時，相反地會被阻止越出波之間而受減速。

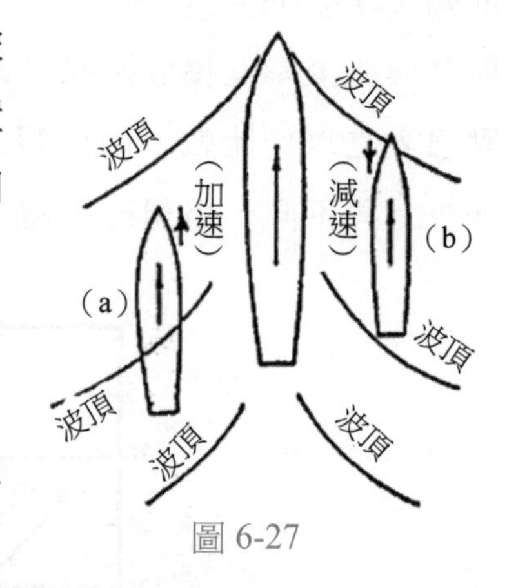

圖 6-27

其結果，很快地會陷入他船所造發散波之谷中而被拉引著航駛。因此使得追越船眼看即要超前，相反地卻會受到他船前述作用之影響。此種現象稱為波盪（See-sawing）或稱無線拖引（Wireless Towing）現象。此為因波的水粒子在波頂為朝波進行方向迴轉，在波谷為朝反方向迴轉所引起者，當從他船來之興波愈激時愈顯著發生，而愈是輕吃水之小船愈易受此影響。

（二）因波所致之迴轉作用

他船所造之發散波，除會造成使追趕船或被追趕船加速或減速之所謂 See-sawing現象外，亦使船產生迴轉之作用。如圖 6-28 可見，由於發散波係以斜方向波及追趕船或被追趕船，隨著波之迴轉運動乘於波頂上之船體部分受到波進行方向之力，位於波谷之船體部分受到與其相反方向之力，結果使船受到由此所

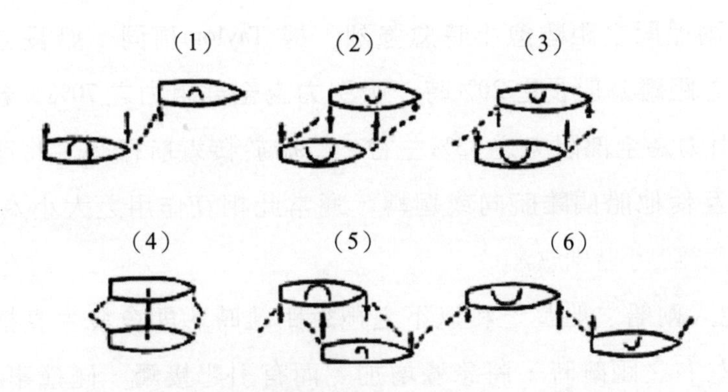

圖 6-28(a) 追越時之交互作用

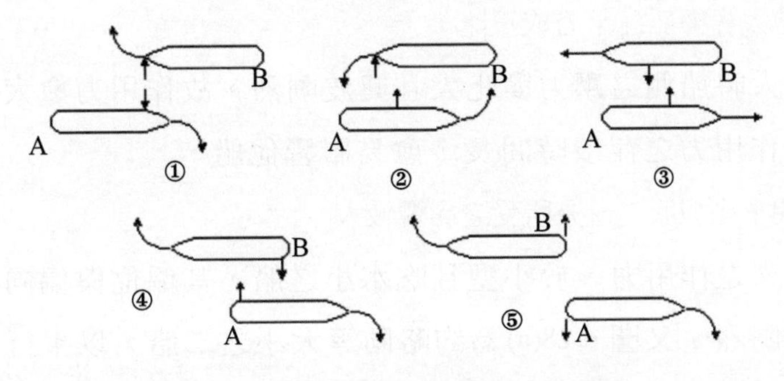

圖 6-28(b) 迎面互過時之交互作用

造成迴轉之力矩。此現象於他船之興波愈大時愈激烈，小型特別吃水淺之船於受高速大型船之發散波時尤為顯著。

（三）吸引與排斥之作用

航行中的船，由於船艏及船艉之水位升高，因此水壓之上升對接近航行之他船加予排斥之力，而船體中央部附近由於水位下降，因此水壓降低故對他船施予吸引力。例如追趕船之船艏與被追趕船之船艉相近時，則二船在該處時相互排斥，而使他船產生迴轉力矩。若追趕之關係進一步進行，於船抵達他船之中央部附近時，船艏將被他船所吸引，而產生朝向他船之迴轉力。

如上所述，當船接航時，隨著兩船間流體變比之增加將相互對他船施予吸引或排斥之作用，且依兩船之關係位置，該作用之增減變化劇烈。此吸引與排斥之作用於兩船間之距離愈小時愈強烈，據 Taylor 稱同一船長之船於接近並航時，當期間之距離為船長之20%時，吸引力為全部阻力之70%，若間隔為船長之30%時，吸引力為全部阻力之35%左右。二船於接近航行時，將產生如前述之相互作用，相互使他船偏離航向或迴轉，通常此相互作用之大小為：

1. 船之接近距離愈小時則愈大

   一般於進入兩船之船長之和以下之極近距離時，即會發生直接之作用，當達到其1/2左右之距離時，將急遽增加，而有引起接觸、碰撞事故之危險。

2. 同向航行時較相互反方向航行時之影響為大

   相互反方向航行時，由於相互影響所經之時同極為短促，結果，其效果在尚未發生時即已駛過，或作用力迅速消滅而馬上恢復。但在同向追趕的關係下，經過之時間長，作用力所及時間較長，故影響大。

3. 航速愈大時愈大，與船速平方成正比

   由於速力愈大時船側之壓力變化大且興波劇烈，故作用力愈大。且兩船速力差愈小時，作用力之存續時間長，愈易影響他船。

4. 在大小兩船間，小型船之一方所受之影響較大

   對於從他船來之作用力，於小型且吃水小之船，其偏位與偏向較易，且於他船愈大時愈劇烈。又圖 6-28(a) 為約略同等大小之二船，以平行之航向接近，當成為追趕之關係時，其相互作用關係之模型圖示。

二、因二船之相互作用而碰撞之類型

兩船接近航行之相互作用，會依兩船之關係位置而劇烈變化，因此與追趕之同時，應順次適應地操船，否則會如前述招致碰撞事故，茲將接近航行之二船發生碰撞之類型列舉如下：

（一）於後續船即將趕上時，前行船將其航向阻斷而發生碰撞之類型

兩船接近時，由於追趕船之船艏壓將前行船之船艉向外側排斥之同時，追趕船之發散波所致之迴轉作用，使前行船向內側（追趕船之側）改向而碰及追趕船之前部。此為被大型高速船追趕時，小型而輕吃水之船急速被追趕船之船艏所牽引而改向即為此類型。

（二）因吸引作用致船艏突入他船之船艉或中央部而碰撞之類型

此為前列圖 6-28(a)中(2)與(5)之關係所產生者，在此種關係位置時，將受他船舯部之壓力下降所產生之吸引力，即使僅稍使追趕船改變亦會因急速接近而導致碰撞。此外，在圖 6-28(a)之(4)之關係位置時，從船側至船艉與他船之中央部碰撞之情形亦很多。

三、近距離內駛過對繫泊船之影響

二船間之相互作用，於一船正繫泊中，他船在其極近距離內駛過之情形同樣會發生。唯在此種情形下由於一船係停止中，所以對駛過的船作用很小，而對於繫泊中的船影響則很大。

亦即，繫泊中的船除會因駛過的船受到相互作用外，亦受到發散波經岸壁反射而作用於船體，致除增加艉艏平擺（Yawing）或前後移動（Surging）外增加橫搖（Rolling）及船身起伏（Heaving），因此而會招致船體接舷側之損傷或因對繫泊船形成過度之應力而使繫纜破斷之結果。尤其在水流中靠泊之情形，因艏艉平擺而旋出（Swing Out）時，受岸壁與船體之間流入之水流所沖擊之船體，將因而有更大之負荷，而易於誘發事故。因此，為防止事故發生，應採取下列措置：

（一）駛過船之措置：除應儘可能遠離繫泊船外，應減低速力，使加之於他船之流體作用，尤其波浪之作用減小之。於港內要求用緩速（Moderate Speed）行駛，即含有此意。

（二）繫泊船之措置：除應增加繫纜，並使各纜之負荷均勻分散外，亦應充分增加碰墊以防船體損傷。

第五節　淺水域航行時之餘裕水深

一、餘裕水深及其意義

船於限制水域航行時或在泊地作繫泊操船之際，水深愈淺，所受流力作用愈強，不僅使操船困難，於水深極淺時，亦有陷入危險之可能。亦即水深愈淺時：

（一）操縱變得困難，航行時用舵來穩向（Steady）及改變航向之操作極為不良。有時操舵之效果無法顯現，而陷於無法操船。

（二）於繫泊操船時之橫移動時候，受到非常大的阻力，除需要很大的支援外，亦難於控制。

（三）由於航行時船體下沉增加，而有招致船底與海底接觸而使船體損傷或機艙、推進器損害之情事。

因此，為求船體與航行之安全，水深應有限度，且應依水域之條件或狀況，操船之方法、條件、保持充裕之水深航行之，此水深之餘裕量通稱為餘裕水深（Under Keel Clearance）。為方便計，茲以圖 6-29 表示餘裕水深，如圖所示，（餘裕水深）=（海圖水深）+（當時之基準潮高）−（靜止時船之吃水），而所謂基準潮高為指由潮汐表所求該時刻該場所之潮高之意。

二、餘裕水深之構成與決定之條件

於決定餘裕水深時，其構成之條件可大別為以下二種：

（一）為使船底不與海底接觸之餘裕。

（二）為使操船不致困難之餘裕。亦即令操縱性不致有顯著的困難。

為使船底不致觸底其餘裕水深應考慮之要素，於淺水域航行時，如前所述，為防止船體損傷或對機艙損害等之發生，應確保充裕之水深。因此，餘裕水深應將下列事項一併考慮之：

1. 水深之誤差

如圖 6-29 中所示，海圖記載之水深與當時該場所之潮位，亦即由潮汐表所求之潮高（為方便計，稱之為基準潮高）之和視為水深。然而實際之水位，依當時之海象、氣象條件而變化，海圖水深中亦含有誤差。因此，為求取有效水深，仍須對下列各量予以修正，此必須包含於餘裕水深。

2. 水位之變化量

①潮高之誤差（求取實際之潮高）。

②因大氣壓之變化所致水位誤差。（氣壓於增加 1mb 時水位約降低 1cm）

③因海水比重之差所需之修正。

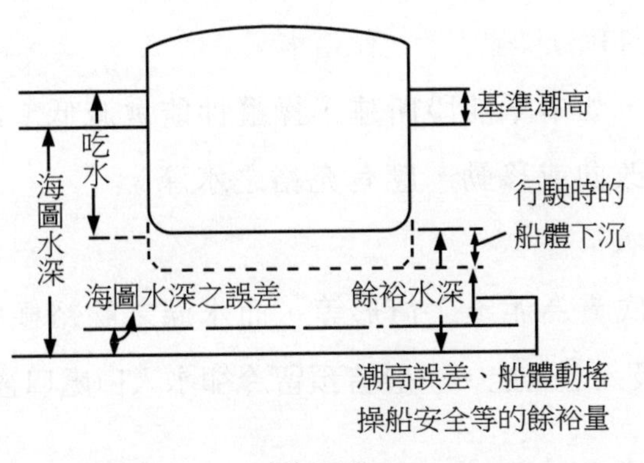

圖 6-29

此並非導致水位之變化，而是會使船之吃水產生變化，而由下式求之：

$$\triangle d = d_1 \frac{C_b}{C_w}\left(\frac{\rho_1}{\rho_2} - 1\right)$$

式中 Δd：進入海水比重為 ρ_2 之海水時吃水之增加量（負之情形為減少）

d_1：開始之吃水（海水比重 ρ_1 之吃水）

C_b、C_w：船之肥瘦係數及水線面積係數

3. 海圖之誤差及海底障礙物

①海圖所含之測量誤差

海圖所記載之水深雖含有測量上的誤差，若依國際標準，其可容許之誤差如下：

水深範圍 20 m 以下：容許誤差 0.3 m

水深範圍 20 m 以上 100 m 以下：容許誤差 1.0 m

②航行中之船體下沉量

所謂下沉量（sinkage）如本章第一節中所述。

③因船體動搖所產生之船體下沉量

此為航行中，船因橫搖、縱搖或起伏（Heaving），而使船發生船側 Bilge 部、船艏艉端及船體全體下沉之謂。上述現象所致之影響量可以下式近似之：

對於橫搖：1/2（船寬）× sin（橫搖角）

對於縱搖：1/2（船長）× sin（縱搖角）

對於起伏：起伏變位量

為求操船安全餘裕水深所應考慮之要素：

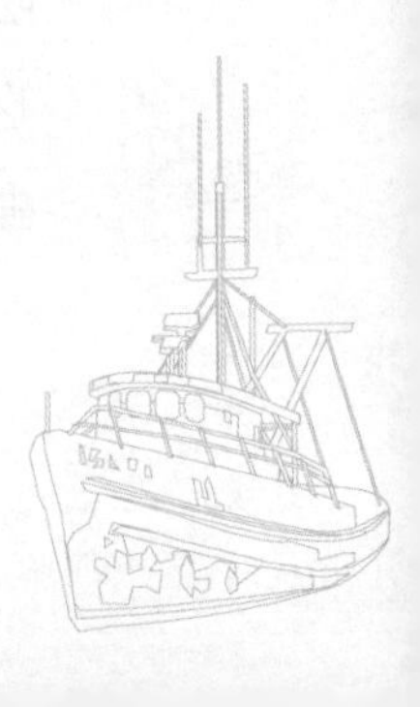

1. 為確保必要之操縱性以維操船安全之餘裕水深

於進入淺水域時，如本章前段所述，操縱性能會減低。故為使安全地且有效率地當舵穩向，改向或移動，應有充裕之水深。

2. 為保護主機之餘裕水深

航行中，若海底底質為泥土之情形等，而水深之餘裕極度小時，從主機冷卻水入口有將砂土吸入之可能。一般皆預留冷卻水入口處口徑之1.5～2倍之水深。

三、決定餘裕水深之條件

船於淺水域航行時之餘裕水深，係由不致發生觸底等障害及確保安全之操船二方面來考量。但由於在淺水域時，船的運動或操縱性，受船之狀態或環境條件所支配，故應針對各該狀態，設定適切的容許量。亦即除應著重於防止觸底或著重於確保操船性能外，另應考慮下列因素以為決定餘裕水深之條件：

1. 船之狀態

船速，排水量狀態（含吃水差）等。

2. 環境條件

海象、氣象條件，水道之形狀或寬度，船舶交通之輻輳程度等。

3. 航行支援狀況

航路警戒或引導船之支援、助航設備之狀況等。

此外，歐洲引水人協會（EMPA），提議以下列標準為餘裕水深：

外海水道：吃水之20%

港外水道：吃水之15%

港內水道：吃水之10%

實務上，在港內水道，對所有船舶以其吃水之10%作為餘裕水深。抵船席前之餘裕水深，則為：

吃水 <9m 時，吃水之 5%

吃水 <12m 時，吃水之 8%

吃水 >12m 時，吃水之 10%

碼頭岸邊之最少餘裕水深為 0.3m。

四、特殊規定

油輪航行麻六甲海峽水域，新加坡海事當局之規定，其UKC最少為3.5 M。因此凡油輪欲通過麻六甲水域，應特別注意裝載水尺，以符合當時吃水及航速下之UKC限制。另IMO亦建議，船上的引航卡（Pilot Card）亦需載明船舶在不同裝載及不同航速下的船體艉座及最小UKC之要求。本書第二章圖2-2所示之引航卡資料，即為新式引航卡，內容包括有UKC之相關數據。

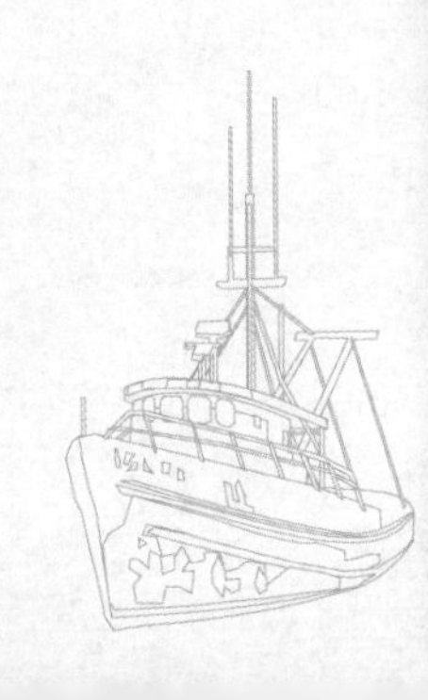

第七章 輔助設備與拖船之運用

船舶在正常航行狀態下，主要以俥速及操舵來控制船舶之運動，然而當船舶俥舵失靈，或者在港域航行、錨泊及繫泊作業，此時船舶必須運用船舶其他設備與港勤支援系統中之拖船或繫纜艇（Mooring Boat）的協助，方得以控制船舶，順利完成作業。

船舶輔助設備依船舶設備因數（Equipment Factor）之規定，基本上包括纜繩（Mooring Rope）、錨與錨鏈（Anchor and Chain）。有些船舶，特別是貨櫃船，為了營運上之便利，諸如方便離靠碼頭，抑或減少拖船之使用，船上都裝置側推器（Side/Lateral Thruster）。一般僅裝置艏側推器（Bow Thruster）居多，亦有艏艉均裝置側推器者，對操船者而言，更易操控船舶。拖船之運用，在協助無動力船舶之操控及船舶繫離時，至為重要，操船者應充分明瞭各拖船之作業性能與限制，並善於運用。

第一節　繫纜

一、功用與種類

（一）功能

船舶靠離碼頭或移泊時，如不使用俥或舵，則常用繫泊纜索、鋼索或錨鏈等之拉力來控制船舶。惟船舶移動較大距離時不能完全依賴繫纜之拉力，最好仍以主機推動為宜，因為一艘大型船舶所產生的慣性動力，即使用最好材料之繫纜，亦有被拉斷的可能，故有時必用主機來平衡繫纜之受力，特別是在風流潮壓情況下，勿使繫纜之應力超過破斷負荷。

（二）種類

船舶使用之繫泊纜繩種類甚多，舉凡柔軟細長之材料，均可製造繩索，但船上所適用之纜繩，依其原料可分為植物纖維纜、人造纖維纜、鋼絲纜及繫鏈等四類。

（1）植物纖維纜

植物纖維乃將植物之葉、莖等纖維經乾燥、漂白、精紡後撚製而成者，如白棕（Manila）、瓊麻（Sisal）、苧麻（Hemp）等原料所製成。茲綜合其特性如下：

a. 軟而有柔韌性。

b. 重量較輕能浮於水面。

c. 強度較差。

d. 容易腐爛及磨損。

e. 吸收水份後變硬，而失去彈性。

（2）人造纖維纜

人造纖維是一種化學合成纖維，如尼龍（Nylon）及特多龍（Terylene）兩種。其他質較輕之玻璃普羅彼龍（Polypropylene）以及玻璃得龍（Polythene）等。其中以尼龍的強度為最強，餘次之，由於人造纖維優點多，已廣泛被使用作為繫纜。茲綜合其特性如下：

a. 強度佳，經久耐用。

b. 質料較輕，易於使用與保管。

c. 吸收潮溼，不致腐蝕。

d. 無鏽蝕損害。

e. 在繫纜樁上易滑動，必須多繞幾圈，以茲安全。

f. 熔點較低，容易磨損。

g. 柔韌而有彈性，操作性能優異。

（3）鋼絲纜

鋼索不如纖維索之柔順，且又笨重，操縱較為困難。船用鋼絲纜是用鍍鋅的鋼絲絞製而成，一般繫泊用 6×37 結構之鋼絲索，其大小可至40mm。茲綜合其特性如下：

a.強度大。

b.質料較硬，不易操作。

c.受潮容易鏽蝕。

d.產生扭結（Kink），便無法再行拉平。

（三）破斷力

白棕之破斷力可依下列公式予以估計之：

白棕繩之破斷力 $=\frac{2D^2}{300}$（噸）

式中 D 代表繩之直徑。若以纜繩之直徑 D（mm）表示，則各種人造纖維纜之破斷力可依下列公式予以估計之：

玻璃得龍繩之破斷力 $=\frac{3D^2}{300}$（噸）

特多龍繩之破斷力 $=\frac{4D^2}{300}$（噸）

尼龍繩之破斷力 $=\frac{5D^2}{300}$（噸）

鋼絲纜之破斷力可依下列公式計算之：

6×24 鋼絲繩之破斷力 $=\frac{20D^2}{500}$（噸）

6×37 鋼絲繩之破斷力 $=\frac{21D^2}{500}$（噸）

式中 D 為鋼絲繩之直徑，以公釐 mm 表示。

（四）繫纜之配置及功用

一般船舶上所配置之繫纜，如圖 7-1 所示。繫泊用纜的名稱和作用如下：

(1)艏纜（Head Line）

(2)前橫纜（Forward Breast Line）

(3)前倒纜（Forward Spring Line）

(4)後倒纜（Aft Spring Line）

(5)後橫纜（Aft Breast Line）

(6)艉纜（Stern Line）

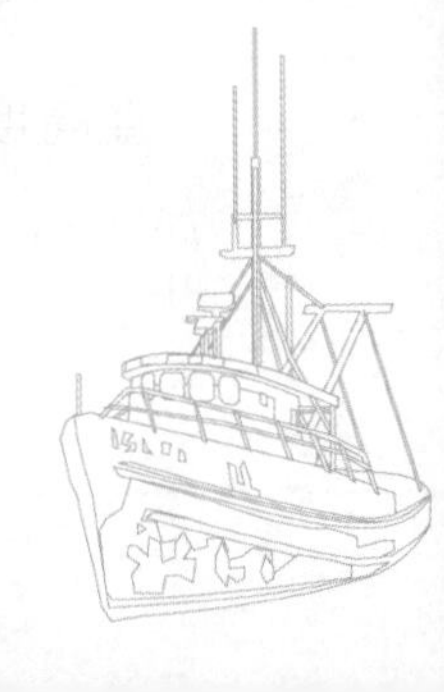

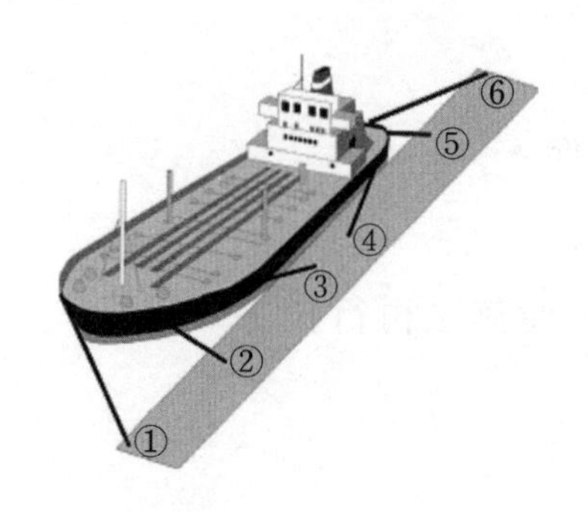

圖 7-1

上述各纜不論由船上何處帶至岸上，儘可能帶成接近水平角度，以便獲得最佳拉力。若帶上較長之纜繩，則比較容易適應因漲落潮差，或貨物裝卸及吃水增減之起伏變化。

船上之每條纜繩各具有其不同功用，如頭纜與後倒纜可以將船體拉住，並防止船舶向後移動，用以調整船位。前倒纜與艉纜可以將船體拉住，並防止船舶向前移動，用以調整船位。前橫纜與後橫纜可以將船體靠攏在碼頭旁之功用。

一般帶纜至岸上所成之角度呈陡直者，大多拉力不佳。如把纜繩帶成斜一點，則必須帶至遠處，這樣多半會妨礙陸上交通，故商船較少採用，實際上能將船舶橫拉靠攏碼頭，應算是橫纜最能發揮功用。

（五）繫纜之分力

垂直分力 $S_V = S \cdot \mathrm{Sin}\varphi$

水平分力 $S_H = S \cdot \mathrm{Cos}\varphi$

S：繫纜之破斷力

φ：垂直面之俯仰角（碼頭面高）

其中僅有水平分力對繫泊發生作用，此力又可分為：

縱向水平分力（縱向束縛力）：$R_l = S\cos\varphi \times \cos\theta$

橫向水平分力（橫向束縛力）：$R_h = S\cos\varphi \times \sin\theta$

θ 角為纜繩與船艏線之夾角

欲增加繫泊效力，應減少 φ 角度（$\cos\varphi$ 小，$\sin\theta$ 則大），亦即與碼頭面之垂直高度愈小愈好。

二、靠泊繫纜順序

船舶在靠泊時通常應先帶船艏纜繩，後帶船艉纜繩。船艏則應先帶艏纜，後帶前倒纜或前橫纜。船艉帶纜必須在駕駛台授意下進行，以免影響動俥。

在流水港或風較強的靜水港，船舶通常採用頂流：頂風靠泊，為阻止船身後移，特別是在拖錨駛靠時，只要一停俥，船身就會被向後方向的錨鏈拉力作用而後退，此時一般是船艏先帶艏纜，船艉先帶艉倒纜。如繫靠短碼頭，由於艏纜的碼頭纜；樁在較遠處，一時難以帶上，則可在靠泊舷稍後處的帶纜孔出一根頂水纜，暫起艏纜作用。

而在風較小的靜水港，出纜的順序則需根據當時操縱和泊位情況而定。比如，重載船為防止船前衝慣性可先帶艏倒纜，或由於泊位船艉部有另一開檔較小靠泊船，為防止船舶後移可要求先帶艏纜。

當船舶靠泊時，吹開風或吹攏風較強，此時一般應先帶前橫纜，或將艏纜與前倒纜同時帶上，並儘快絞緊。吹開風較強時，如不迅速絞緊艏部纜繩，艏易被吹開而靠不上碼頭。吹攏風較強時，絞緊艏部纜繩，可防止船艉被風壓攏過快。

而艉部出纜順序視具體情況確定：在船舶重載、頂流較強時，應先帶後倒纜，而後帶艉纜、後橫纜。在流較弱，而風從艉來，且風力影響大於流的影響時，應先帶艉纜，後帶後倒纜、後橫纜。在船空載，吹開風較強時，宜先帶後橫纜，後帶艉纜、後倒纜較好。

總之，帶纜的先後順序應以安全和迅速靠妥碼頭為目的。船艏、船艉人員應在駕駛台統一指揮下，前後協調配合，密切聯繫，隨時調整前後各纜的鬆緊，使船身能平穩地靠攏碼頭，並繫妥各纜。

三、離泊用纜

離泊時的解纜順序是根據一般情況下艉部先離的特點，應先解清艉部纜繩，後解艏部纜繩。若在艏部先離的特殊情況下，則應先解清艏部纜繩，後解艉部纜繩。

1. 離泊備俥前纜繩的調整

應在試俥前檢查並調整和收緊前後各纜，使之受力基本均勻，以防試俥時由於船身移動，纜繩受力不均而造成斷纜。

2. 離泊單綁

備俥完畢後，為了離泊操縱順利進行，需先進行單綁（Single up）。單綁從廣義上講就是先行解去離泊操縱中用不著的各纜。一般情況下離泊單綁（頂流或順流），船艏應留外檔艏纜及前倒纜各一根；船艉留一根後倒纜和一根艉纜。靜水港則依風向而定。離浮筒單綁，是根據實際情況適時解掉前後單頭纜或錨鏈，只留前後回頭纜各一根。

3. 倒纜的運用

靜水港內，主機功率不大的中小型船離碼頭時，常採取使船艉先擺出一定角度，再倒俥退離碼頭的辦法，俗稱艉先離。在流水港口，中小型慢速船頂流吹攏風離泊，如請一艘拖船協助拖艏離泊，則先留前倒纜，並用俥舵甩艉，將船艉擺出一角度，再由拖船拖艏離泊。

艉離前，要選擇強度大、品質好的纜繩作前倒纜，並儘可能靠近船艏處出纜，將其繫於貼靠碼頭邊而接近船舯的纜樁上，並將其挽牢，以使它有足夠長度，減少其所受應力。艉離時，前倒纜必須先緩緩受力拉緊。通常先解掉艉部各纜後，可採用絞收艏纜或片刻微進，船稍前移即停俥來收緊前倒纜。視前倒纜拉緊後，船艏內舷備好碰墊，操內舷滿舵，待船艏貼靠碼頭後，用微進俥或慢進俥甩艉，船艉即徐徐離開碼頭。值得注意的是，甩艉過程中切勿使前倒纜受到頓力，否則前倒纜極易破斷。

對重載大船，微進推力就可以超出前倒纜的安全負荷，而且未必能在頂流稍大時把艉甩出，因此，應謹慎使用。為了安全，請拖船協助離泊較妥。除了利用前倒纜艉先離外，還可用後倒纜進行艏先離。在頂流有力或吹開風時，留後倒纜並使之吃力後，鬆艏纜並操外舷舵使艏外擺。內舷受流，外擺加快，達一定角度之後，迅速解去艏纜，慢進俥。待艉倒纜鬆弛後解掉收進，艉部清爽後用俥、舵駛離碼頭。當風、流不利時，也可用短暫慢倒俥協助艏離，但同樣應注意勿使後倒纜受頓力。

4. 溜纜

離泊時，船艏或船艉的最後一根纜繩，有時為了阻滯船艏或船艉的偏轉，或控制船體的前衝後退，需將其作一時溜出、一時挽牢的操作，這根纜的操作法俗稱溜纜。溜纜一般使用鋼絲纜，尼龍纜在溜出中易磨損，甚至燒損。溜纜一般不適用於大型船舶，因為大型船一旦起動，慣性很大，很難用纜控制。因此，只適用於中小型船。溜纜的速度不宜快，一次溜出不宜長，應將需溜出的纜繩在甲板上理順，以防溜不出或造成斷纜。船上操作人員應站在溜出的相反一側，由熟練水手擔任，以策人身安全。在頂流吹攏風拖艏離碼頭情況下，當船艉甩出和拖船起拖後，為防船艏擺出太快，常用溜艏倒纜的辦法加以控制，避免由於艏擺出太快而使艉過快擺回碼頭。

四、絞纜移泊

(1)停靠中的船舶，不用俥、舵，僅憑絞收纜繩使船向前或向後沿碼頭移動若干距離的操作，稱為絞纜移泊（Warping the Berth）。

(2)向前移時，收進橫纜，將裡舷艏纜、艉纜解掉並移繫至前方纜樁，前倒纜適當前移。外檔艏纜及前移的後倒纜上絞纜機絞收，在駕駛台指揮下，使船平行前移。一次不夠，可反覆進行。

(3)向後移時，如向前移時要求相似，但絞收的是艉纜和前倒纜。

(4)絞纜移泊時還應注意：

a.始終保持船艏有一根艏纜和（或）一根前倒纜隨時帶力，以免船艏偏離碼頭過多，而危及船艉俥舵安全。

b.隨時控制一根艉纜，使船身平行移動。

c. 通過控制艏纜或艉纜來把握好船身後退或前移的速度。

d. 在絞收纜繩的同時，注意鬆出反向作用的纜繩。

e. 絞纜時要在駕駛台指揮下，前後配合、協調，不要硬絞。

f. 適時挽樁，絞妥後調整並帶好各繫纜。

g.外力影響太大時，用俥、舵或請拖船協助移泊為妥。

五、使用繫纜應注意事項

（一）停泊中繫纜之配置原則

應盡量使船體受力成前後左右對稱之狀態，以便構成對等之彈簧常數 k_0。繫纜彈簧常數之意義為：使繫纜產生單位長度拉伸量所施加之外力負擔，即：

$K=P/\Delta l$

式中：

K：繫纜彈簧常數（9.8 kN/m）

P：繫纜所受之拉力負荷（9.8 kN）

Δl：繫纜被拉伸長度之長度（m）

$k=AE/l$

式中：

A：繫纜橫截面積（cm^2）

l：繫纜長度（m）

E：繫纜之彈性模數（9.8 kN/cm^2），通常情況下，鋼絲纜之 E=9800KN/cm^2，纖維纜之 E=91.9kN/cm^2

彈性模數意義為：單位截面積上所受之拉力與相對伸長率之比，即 $E=\dfrac{PlA}{\Delta l/l}$，它表示的材質是性質。船舶之一般情況下都採用同質繫纜。由上式可知，粗而短之繫纜較細而長之繫纜 k 值為大。若繫纜同材質，同尺寸，則繫纜長的 k 小，在一定外力作用下，繫纜允許拉的長度也大，但 $l/\Delta l$ 應是一定值。

1. 停泊中使用纜繩

(1) 正常情況下，一般萬噸級船舶至少各帶三根艏艉纜加前後倒纜。而四、五萬噸級以上船舶通常艏艉另各加一根艏艉纜和一根前後倒纜。並應盡量使用同材質、同尺寸的繫纜，且使它們盡量受力均勻。如遇強風、流或其他一些特殊情況時（比如周圍高速船的影響），船舶應相應增加繫固纜繩的數量。增加繫纜時，也應儘可能使用同材質同尺寸的纜繩，並盡量調整到同樣受力狀態。增加繫帶的纜繩的繫泊力一般從第三根纜算起只能按一半的破斷強度計算。

(2) 停泊中的船舶因潮汐、裝卸貨物、風流等影響，纜繩的受力情況發生變化，應及時檢查並調整各繫纜受力狀況，使之經常保持基本均勻受力狀態。

(3) 各繫纜與碼頭、纜孔、其他纜之間的磨擦部位應加以包紮襯墊，減小磨損。

2. 靠泊中使用纜繩

(1) 船舶靠泊時應及時迅速地帶上第一根纜繩，在鬆出纜繩時，應防止纜繩絞纏錨或錨鏈。船艉應防止鬆出的纜繩纏上正在旋轉的螺旋槳。特別是對於CPP螺旋槳的船舶更須注意。

(2) 在船舶將要貼靠碼頭前，要減緩絞纜速度。特別是船艏，以防止過快靠攏速度，造成船殼和碼頭的損壞。必要時，可短時停頓一下（或收緊外檔錨鏈），等船以慣性貼靠上碼頭後，再迅速絞緊纜繩。如發現船艏靠攏速度過快，駕駛台可令船艉絞緊艉纜，以減緩船艏靠攏速度。對於大型船舶，應協調好前後絞纜速度，保證船舶平行貼靠碼頭。

(3) 在吹開風靠泊時，挽樁道數要足夠，且要收緊挽牢。靠泊挽樁時，須待第二根纜絞緊後，方可將其中之一根上樁。吹攏風靠泊時，艏纜和前倒纜應及時收緊上樁，可防止船艉被風壓攏過快。

(4) 各繫纜的水平俯角應盡量減小，和碼頭線夾角應小，即纜繩盡量與碼頭線接近平行（除橫纜外）；當主要受吹開風影響時，前、後倒纜角度應增大，艏艉纜角度要適中。

3. 離泊中使用纜繩

船舶在離泊用纜操縱過程中，由於船的質量大動能也大，遠超過纜繩的彈性儲能範圍，應嚴防纜繩受頓力而繃斷，尤其在使用前倒纜甩艉時更應注意。離泊中的溜纜操作應溜得出，挽得住，嚴防斷纜傷人。離泊操縱還應及時解清最後一根纜繩並注意其操作安全。

4. 繫離浮筒使用纜繩

繫浮時各單頭纜應盡量從接近艏艉中心線的一個纜孔出纜，並應盡力保持受力均勻，鬆緊適當；回頭纜不宜吃力。前後浮筒泊位如有他船繫離時，應及時檢查並調整前後各繫纜。離浮時，先解下風流處的單頭纜和回頭纜，後解迎風流處的單頭纜和回頭纜。如風流太大，估計回頭纜難以抵禦時，應請拖船協助，同時還應事先縮短船艉回頭纜，並儘快收絞，以便能及時動俥。

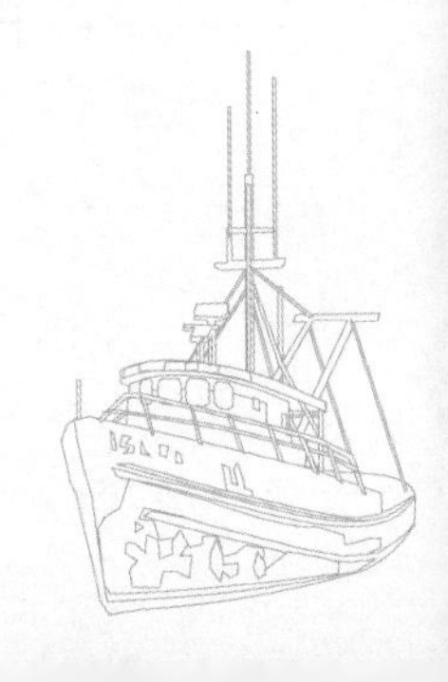

第二節　錨與錨鏈（Anchor and Chain）

一、功能

錨為操船不可缺少之重要屬具，除用於碇泊之外，尚可用來幫助迴轉調頭或靠離碼頭、遇到意外時可作緊急投錨阻止船身前進，以避免擱淺或碰撞之危險。若有強風強潮時又可協助船舶操縱控制偏航，特別是在港域狹窄、船隻擁擠情況下，用拖錨可減煞前進速度與增加舵效，甚或還可用於穩住船身和鎮擺作用。總之，錨在操船上用途甚廣，有云「錨好比窮人的拖船」，某些情況下，它亦可權替拖船的功能。至於船舶上之錨裝置，係包括錨、錨鏈、起錨機、錨鏈筒、制鏈器及錨鏈艙等。

商船所使用的錨鏈每節長度為15噚（Fathom），約27.5公尺，一般左右艏錨各備有10～15節不等，視船舶之載重噸大小而定。當船舶遇強流或颱風時，在港灣水道內繫帶浮筒或停泊碼頭，為加強抵抗拉力起見，通常使用錨鏈取代繫纜。至於錨鏈之特性如下所示：

(1)強度大。

(2)笨重操作不便，費時費力。

(3)抗磨損力強。

(4)受海水之鏽蝕影響不大。

(5)使用錨鏈，必須解脫錨並縛固之，耗費過多時間。

此外，錨鏈是由無數個鏈環（Link）連接起來，鏈環之大小，依據船舶之排水量而定，一般係量取鏈環之鐵棒之直徑。至於錨鏈之破斷力可依下列公式求之：

$$第一級鏈之破斷力=\frac{20D^2}{600}（噸）$$

$$第二級鏈之破斷力=\frac{30D^2}{600}（噸）$$

$$第三級鏈之破斷力=\frac{43D^2}{600}（噸）$$

上述各式中D表示鏈環鐵棒之直徑，以公釐（mm）表示。

二、錨鏈抓著力之計算

目前商船均使用無桿錨，這類型錨經設計於平臥海底時，仍然能鑽進海底，而把錨本身埋起來，故有很大拉力，倘如海底底質太硬錨掌無法鑽進去時，亦可以抓住任何突出之硬物。錨在海底之抓著力（Holding Power），依錨重、鏈長、底質及水深之不同而有所差異。

若就錨重而言，一只三噸重之錨，可使一艘載重噸三千之船舶碇泊於海上，並非完全依賴錨與海底之磨擦阻力來繫住，一般錨重僅為抓著力之1/10，故除錨重之外，尚有其他影響錨抓著力之因素，包括錨鏈之懸垂力及錨地底質等。此外，就施放錨鏈之長度而言，錨要有良好抓著力，必須放長錨鏈貼近海床，使拉力成水平方向。若施放錨鏈之長度不足，使近錨處之錨鏈形太大水平，則錨之抓著力將大受影響。經試驗證明其關係如下：

錨鏈水平角	錨之抓著力（最大抓著力之百分率）
5度	80%
10度	60%
15度	40%

因此，適當放長錨鏈，不僅使錨平臥於海底，而且錨鏈可沿水平方向施拉以增加錨之抓著力，甚或使鏈成懸垂曲線狀態可增加彈性與吸收急拉力。所以拋錨時究竟應該放出多長錨鏈，並無一定規則，但仍須依照上述原則作決定。

英國海運建議放鏈長度之標準如下：當船舶在平靜天氣，水流五節之情況下，拋錨至少放出鏈長為：

鍛鐵錨鏈	$45\sqrt{D}$ 呎鏈長
鍛鋼錨鏈	$50\sqrt{D}$ 呎鏈長
特製鋼錨鏈	$70\sqrt{D}$ 呎鏈長

上式中 D 代表水深呎數，由上述可看出，新鋼製品之錨鏈，強度較大，但重量較輕，需用錨鏈愈長，方可使錨抓牢。

日本船長協會對放鏈長度，拋錨時為確保抓著力，所放出錨鏈長度可用下式計算：

普通天氣時	放出鏈長 $S=3D+90$（公尺）
惡劣天氣時	放出鏈長 $S=4D+145$（公尺）

式中 D 為高潮時錨地之水深。

我國航海界先輩憑實際海上工作經驗，獲得一套放鏈長度之概略算法：

好天氣時　　　　放出鏈長約3～5倍水深

壞天氣時　　　　放出鏈長約5～7倍水深

三、錨之有效使用

錨為船舶必備的設備屬具，亦是船舶操縱中與主機動力及舵並列之船舶自身性能重要項目。錨除了在港域停船碇泊功能外，在港內操船艄亦具下列功用：

- 迴轉調頭。
- 減速與停止船舶前進速。
- 制止風壓及水壓流造成的橫移。
- 拖錨行駛保持航向。
- 繫泊時緩和船體的動能。
- 緊急下錨，避免碰撞或擱淺。

依力學原理，用錨制止船舶所需的力量，可用下列公式表示之：

$$F = ma = \frac{W}{g} \times \frac{V^2}{2S}$$

式中　W：排水量（M/T）

V：船速（m/sec）

S：制止距離（m）

g：重力值（9.8m/sec^2）

（一）錨之抓著力

$P = P_A + P_C$（P_A：錨之抓著力，P_C：錨鏈之抓著力）

$P_A = W \times \lambda_\alpha$（$W$：錨在水中重，$\lambda_\alpha$：錨之抓著係數）

$P_C = W \times \lambda_c$（W：錨鏈在水中重，λ_c：錨鏈之抓著係數）

錨與錨鏈在水中之重量，以其比重值比數（0.875）推定之。錨重對抓著力所能承受之負荷，依英國勞氏驗船協會之檢查與檢驗，提出之報告有如表7-1所示：

表 7-1

錨重（噸）	1	5	10	30
承受負荷（噸）	20.3	67.4	97.1	140.0

表 7-2

底質 抓著係數	軟泥	硬泥	砂泥	砂	貝砂	砂礫	岩石
錨之抓著係數 λ_a	10	9	8	7	7	6	5
錨鏈之抓著係數 λ_c	3	2	2	2	2	1.5	1.5

表 7-2 中雖以錨重之承受負荷表示，然在船體設備規範中，錨重與錨鏈之規格自應成一定的相對比值。兩者之抓著係數依使用狀態（停船錨泊或拖錨停航）不同及底質不同而有所差異。

1. 一般停船錨泊

僅受風壓及水流之影響，錨及錨鏈之作用為抗阻性，其相關係數如表 7-2 所示：

2. 拖錨狀態

船舶以緩慢速度行駛，其前進力為 T 噸前進下錨後，船舶狀態之變化可有下列三種：

第一種：拖錨隨船移動，即 $T>P$（$PA\times\lambda_a+PC\times\lambda_c$）

第二種：拖錨移動之界線，即 $T=P$

第三種：拖錨後抓海底，即 $T<P$

下列表中為日本工業協會（JIS）所列拖錨狀態下錨及錨鏈之抓底係數：

表 7-3

錨之抓著係數（λ_a）	
狀態	抓著係數
泥質土	2～3
砂質土	4～6
拖錨中	1.5

表 7-4

錨鏈之摩擦抵抗係數（λ_c）		
狀態	泥質土	砂質土
拖錨直進	1.0	0.75
拖錨中	0.6	0.75

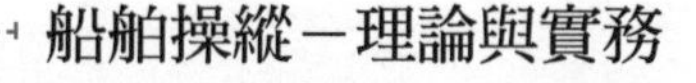

表 7-5

	水深	錨鏈長	水中之錨鏈長	錨之阻力	錨之阻力
		水深		拖錨	錨在水中之重量係數
1	13m	1.5 倍	19.5m	0.80 Ton	0.76
2	13m	2.0 倍	26 m	1.23 Ton	1.16
3	13m	2.5 倍	33 m	1.72 Ton	1.6
4	13m	3.0 倍	39 m	2.14 Ton	2.0
5	13m	3.5 倍	46 m	2.56 Ton	2.4

（二）拖錨阻力與水深之關係

拖錨之阻力雖不易觀察，但亦可依上述之方式計算其抓著力。港內操船，因水深及錨鏈長度之不同，其阻力亦不同。在《港內之操船》書中，所作的平均實測值，有如表 7-5 的記載：

此數值為經數次實驗之平均值，但亦可知其概略之值。拖錨之錨阻力與本船之後退力可作約略比較。

四、單錨泊出鏈之長度

以單錨泊船錨泊情況看，保證安全錨泊之必要條件必須使錨泊力等於或大於船體所受之外力。因此，在不同外界環境條件下，出鏈長度是不盡相同的。

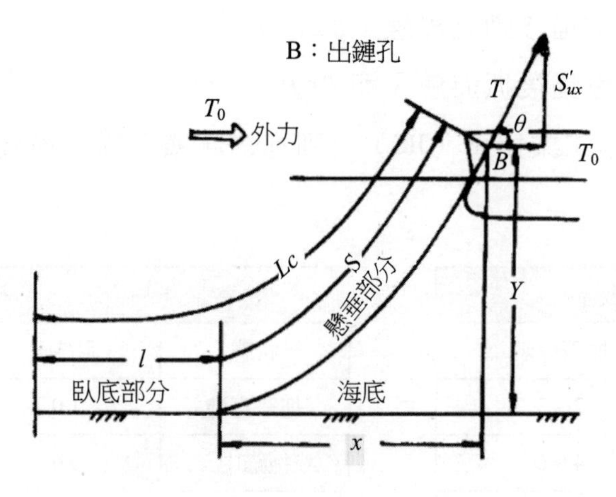

圖 7-2　單錨泊出鏈之長度

1. 理論計算

錨鏈長度$L_c=l+s$；l為臥底部分，s為懸垂部分（Catenary）。

s長度之求法：

$$T=T_o+W'c \quad \cdots\cdots \quad (a)$$

$$\left(Y+\frac{T_o}{W'c}\right)^2-s^2=\left(\frac{T_o}{W'c}\right)^2 \quad \cdots\cdots \quad (b)$$

由(b)

$$s^2=Y^2+2\left(\frac{T_o}{W'c}\right)Y\text{；}s=\sqrt{Y\left(Y+\frac{2T_o}{W'c}\right)Y}$$

根據$P=\lambda_a W'_a+\lambda_c W'_c l \geqq T_0$（作用於船體之水平外力）可知$l \geqq \frac{T_0-\lambda_a W'_a}{\lambda_c W'_c}$，即安全錨泊出鏈長度應為：

$$L_c=S+l \geqq \sqrt{Y\left(Y+\frac{2T_0}{W'_c}\right)}+\frac{T_0-\lambda_a W'_a}{\lambda_c W'_c} \quad \cdots\cdots \quad (7\text{-}1)$$

式中：第一部分為垂鏈長度s，第二部分為臥底鏈長l，如圖7-2所示。其中，Y是出鏈孔至海底之垂距（m）；T代表錨鏈上任一點之張力；W'_c是水中每米鏈重（t/m），即$W'c=0.87\times W_c$。

由上式可知，在已知定常水平外力T_0時，可求出最短出鏈長度，或者在一定出鏈長度時，可求出錨泊船所能抵禦之外力極限。顯然，在外力T_0增大時，臥底鏈長就會縮短，而減小錨之總抓力，當減小到不夠抵抗外力之作用時，就可能引起走錨。尤其是發生偏盪時，根據井上欣山之模型試驗，錨鏈所受衝擊張力比定長張力大五倍左右。因此，在外力變化較大之錨地錨泊時，應加長出鏈長度，以保證錨泊安全。

2. 經驗估算

實際操作時，用經驗進行估算出鏈長度往往較實用。下述估算是較為常用且具有一定代表性。

當風速為20 m/s時，（蒲福風力8級）出鏈長度為

$$Lc=3H+90\text{ m} \quad \cdots\cdots \quad (7\text{-}2)$$

當風速為30 m/s時，（蒲福風力11級）出鏈長度為

$$Lc=4H+145\text{ m} \quad \cdots\cdots \quad (7\text{-}3)$$

式中：H－水深（m）

利用上述之公式確定出鏈長度時，遇有風力增強、偏盪或浪伏應增加出鏈之長度。某些港口錨地按上述之公式估算出鏈長度還顯不夠，此點應予注意。在潮流湍急之水域不得已必須拋錨時，根據英國海軍船藝所載，在 5kn 流之水域確定拋錨出鏈長度時，按錨鏈之材料可取為：

$Lc = 28\sqrt{H}(\mathrm{m})$（鍛鐵鏈） …………………………………………… （7-4）

$Lc = 39\sqrt{H}(\mathrm{m})$（特種鋼鏈）

五、拖錨淌航

船舶在用錨操作時，常拖錨航行一段距離。為能使錨準確地拋至預定地，船舶駕駛人員應掌握船舶在不同條件下之拖錨淌航距離，才能準確確定拋錨之時機。拖錨淌航之距離是指船舶在一定餘速及大致保向之前提下，以拋錨點開始憑藉拖錨阻力煞減餘速使船制動，直至停船點之間之距離。該距離與當時情況下之船舶排水量、餘速、拖錨抓力、船體阻力及流速有關。實際作業中需留意船舶不同載況、餘速、出鏈長度及水深情況下之拖錨淌航距離。

靜水中，拖錨淌航餘速較低，船體阻力很小，因此不予考慮。根據動能定理，$P_aS_t = \frac{1}{2}mV_s^2$，即 $S_t = \frac{mV_s^2}{2P_a}$，轉換單位後，可得拖錨淌航距離為：

$St = 0.0135\frac{\Delta {V_s}^2}{P_a}$（荒木式） …………………………………………… （7-5）

式中 St：拖錨淌航距離（m）

Δ：船舶排水量（t）

V_S：開始拖錨時船舶餘速（kn）

P_a：拖錨錨抓力（9.8kN），該值大小可查表 7-6 後算出

〔例〕某輪 $\Delta = 15{,}000$t，錨重 5.25t，水深 11m，在餘速 2kn 時於靜水中出鏈 1 節入水拖單錨，求拖錨淌航距離。

〔解〕由 $L_C/H = 27.5/11 = 2.5$，$P_a/W_a = 1.39$，根據 7-5 式

表 7-6　錨的抓力與鏈長、水深之關係

出鏈長度／水深	1.5	2.0	2.5	3.0	3.5
抓力／錨重（在空氣中）	0.66	1.01	1.39	1.74	2.09

註：水中錨重（Wa'）＝空氣中錨重（$Wa \times 0.87$）

$$S_t = 0.0135 \frac{15,000 \times 2^2}{1.39 \times 5.25} = 111.0\,\text{m}$$

在實務操作中估算落錨點時，除了考慮拖錨淌航距離外，還應考慮出鏈長度之縱向水平投影長度。根據經驗，滿載萬噸級船舶以 2 kn 餘速拖單錨，如在10m左右水深中出鏈 1 節入水時，拖錨淌航距離為 1 倍船長；1.5 kn餘速拖單錨，淌航距離為 1/2 船長。如拖雙錨，在餘速 3 kn 時，淌航距離為 1 倍船長；若 2 kn 餘速時，該距離為 1/2 船長。

第三節　錨鏈絞纏及其清解

一、錨鏈的絞纏

雙錨錨泊的船，在風流影響不利時，若總向一舷迴轉，則雙鏈就會發生絞纏（Foul Hawse）。根據雙鏈絞纏數目之多少分別稱為：

1. 半個絞花

   船舶向一舷迴轉半圈，兩錨鏈只交叉一次。

2. 一個絞花

   船舶向一舷迴轉一圈，兩錨鏈交叉二次。

3. 一個半絞花

   船舶向一舷迴轉一圈半，兩錨鏈交叉三次。

4. 二個絞花

   船舶向一舷迴轉二圈，兩錨鏈交叉四次。

錨鏈絞纏將使錨和鏈受到局部彎曲和的扭轉負荷而引起損壞，或使抓力大為減小，並對起錨和收藏造成困難，所以應及時進行清解（Clearing Hawse）。

二、錨鏈絞纏的清解

當錨鏈絞纏成半個絞花狀態時，可以先絞進絞花下面的錨鏈，當一個錨絞起以後即可重新張開。當絞花在一個以上，清解較為複雜。如當時風流較弱，有拖船協助時，可使船體按絞花的相反方向轉頭進行清解。

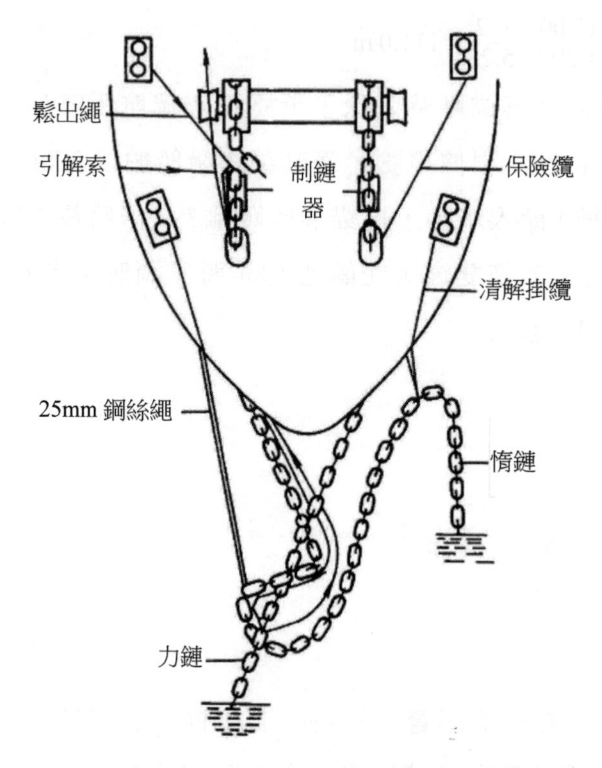

圖 7-3　自力清解錨鏈絞纏

如果當時遠離港口或在港內無拖船協助時，就須在風流較弱時自力清解。以下介紹切斷錨鏈法，步驟如圖 7-3 所示。

(1)將受力之鏈絞進，使絞花全部露出水面。

(2)將清解掛纜繫在鬆弛錨鏈（惰鏈）的水上部分並絞緊，使惰鏈的重量吃在此纜繩上，再用保險纜繫在清解掛纜附近，收緊後固定在繫纜樁上。

(3)將引解索一端自惰鏈的鏈筒穿出，依惰鏈反方向繞過力鏈，再回進惰鏈筒，繫在要拆開的錨鏈連接卸扣的前面，另一端圍繞在錨機絞纜筒上。

(4)用制鏈器將惰鏈夾住，並用錨機將惰鏈鬆出若干，拆下聯結卸扣，然後在其鬆出端繫上引解索的一端和鬆出繩的一端。

(5)打開制鏈器，絞進引解纜，相應放鬆出繩。有時出現引解纜絞不動，可略收緊掛纜，絞緊力鏈，使相互的鏈環變位鬆動。這樣，將斷開的惰鏈鬆出惰鏈筒，退出絞花，鏈端清解，直至解清為止。將完全解清了的惰鏈端與留在甲板上的惰鏈用連接卸扣相接，恢復原狀，將保險纜、掛纜和綁扎去掉，便處於解清狀態。

該方法操作複雜，需人手較多，在強風時或夜間進行作業往往有一定的困難和危險性。

第四節　拖錨之運用

一、拖錨之利用

用一艘拖船操船靠岸時，經常使用拖錨（Drag Anchor），尤其是後退力較差之透平機（Turbine）船或強風吹向碼頭時之靠岸，常有效地被利用來抑制船之衝力及艏橫偏向力。其他如拖船不夠或來不及時也常以拖錨代替拖船。

利用拖錨時，必須知道因錨鏈長度所受之錨的抵抗力（阻力），然後以拖錨之阻力與其船後退力之比較，用以加減錨鏈之長度，可不必用倒俥消除衝力或停止。又可以拖錨運用所產生阻力減低主機備便中之各轉數之前進力而消減其衝力，同時因有Propeller之排出流可充分保持舵效。

二、拖錨之效果

這是在無拖船或準備來不及之港口行使之操船運用。當然是以拖錨為主之操船運用，在極狹窄之地方被認為必須使用拖船之狀態時，可安全地靠岸之操船法。即在船艏用錨拖底開俥，其前進運動被抑制，但其俥葉後流之舵力卻可強烈顯出。前進力弱時，船將不前進而原位轉向。若主機加速即會拖錨以微速前進。用拖錨抑制前進力之量決定於錨鏈的長度與底質。用拖錨前進時比無錨拘束前進時船之操縱大不相同。方向轉變與前進運動之變化的比例決定於所用錨鏈的長度。錨鏈固定以 Short Stay 時，迴轉中心（Pivot Point）會向前移，若放長會越朝船艏前移，因此以操舵產生橫方向之強力作用，使船急速轉向。

三、拖錨之實際

靠岸操船用拖錨時，應計算下令拋錨時至錨鏈放出所需長度錨機剎俥後錨開始拖底之時間。然後決定拋錨之時間與位置。茲舉下例，G.T. 7,000 之本船於

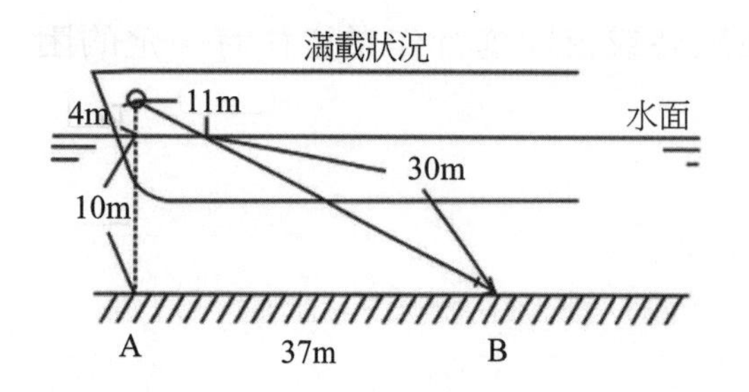

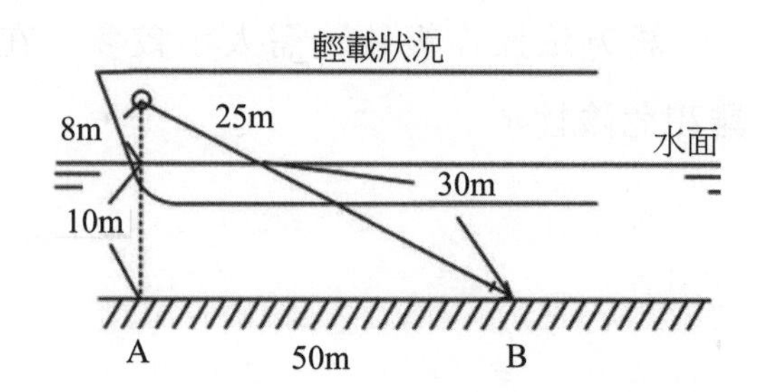

圖 7-4

前進中拋錨前進至放出其錨鏈一節在水面時，（One Shackle長約 30 m）之距離（A. B.）如圖 7-4 所示，空船時約為 50 m，滿載時為 37 m。

又 G.T. 7,000 之本船以輕載吃水之舵力前進中拋錨後拖錨開始至本船停止之距離，及當其停止距離約為 30 m 應相差不多。因此由本船拋錨位置至拖錨有效使衝力停止為止之距離為 50 m + 30 m = 80 m。

（一）拖錨前進之抑制力之應用

後退力較弱的透平機（Trubin）船，若以慣性力前進至船席前，由於後退力不足，常令人感到不安。此時利用拖錨即在適當位置拋錨，至船席之近前時若無衝力，稍用微速前進補充衝力。若衝力之遞減較遲，因有拖錨而有時間上之餘量，因此可放心用後退力停止衝力。

（二）前進抑止力與調頭中心點前移之應用

配一艘拖船於船艏部（尤其配於左舷艏部）橫靠之拖船操船時，在船席前將前進慣性力抑止後，用拖錨盡量抑制其微速前進分力，將迴轉中心點移向船艏，以舵效之橫分力將船艉偏向碼頭橫靠。

四、強風吹向碼頭時

靠岸時通常為以慣性力前進船席，但強風吹向碼頭時本船因側面受風舵效極差，有時甚至無舵效。這時老練的領港為使舵產生效用，主機以極微速或微速前進，但同時又用拖錨與舵力進行之同一低速進行接近船席。這時之靠岸操船，將其分為三種介紹如下：

（一）不用拖船時

G.T. 2000左右之小型船其拖錨之錨之阻力因相應錨鏈伸出之長度等於由主機備便中（Stand by Engine）之微速至原速之前進推力，所以靠岸前將主機開微速時因拖錨衝力降低，但因用進俥仍然有舵效，所以將本船向碼頭保持適宜之角度進行靠岸。

（二）使用兩艘拖船時接近船席成靠岸態勢後欲以慣性力進行靠岸時受強力橫風，因風之壓流致不能保持航向無法接近船席。通常若有兩艘拖船協助，操船無不可能。但尤其是空船輕身、主機之起動／停止，增速遲鈍之蒸汽透平機（Turbine）船應用拖錨，一邊阻其前進力，一邊使用主機以保持舵效，操至船席附近，此乃更為安全之運用。

（三）使用一艘拖船時

小型船（G.T. 2,000左右）靠岸時，同如不用拖船以拖錨操船，但若將拖船配於船艏部，利於保持船艏方向，使靠岸更加容易。

準大型船（7,000～8,000）若將拖錨之水中錨鏈長度為水深三倍以上，偶有其錨掉進海底之凹處時，將抓住海底而無法應用拖錨，因此強風靠岸是危險的。拖錨錨鏈之長度必須為（水面下）水深之約三倍為安全。然而約三倍錨鏈之錨的阻力，較大型船主機備便中之微速前進力差。為要在船席前消除衝力，又需用進俥使產生舵效，以期利用舵效將本船與碼頭保持平行靠岸，若只用微速前進，在強風時恐非安全的操船。此時安全操船為將拖船配於船艉部。如圖7-5所示以（A）之拖錨操船減速接近船席，由碼頭面將拖錨之錨鏈長度（由錨鏈孔處至錨長度）離開若干，來到船席外面時改用極微速衝力及停俥。不久船艏因受風壓逐漸接近碼頭。又船艉也將因受風壓逐漸接近碼頭。但船艉應用拖船控制其壓速，使船全體與碼頭平行進靠。

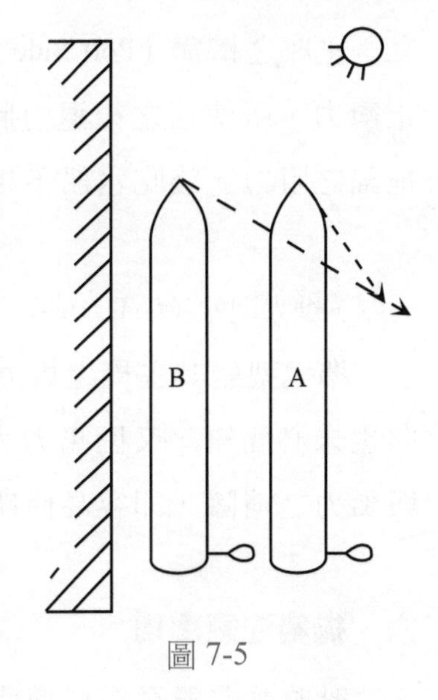

圖7-5

五、無風壓時之拖錨操船

風弱時如何技巧地運用拖錨，分別以主機種類、吃水深淺、靠岸舷及大型船等四項考慮如下：

（一）主機種類

主機為柴油機之起動馬力強，因此主機一起動，因強大之俥葉流使船在有衝力前即可有舵效。渦輪蒸氣機因其起動力不強，當有舵效時已有衝力，這缺點可以拖錨彌補。然而渦輪蒸氣機船之靠岸操船，拖錨運用是不可缺的。

（二）吃水深淺

吃水深之船因接近滿載吃水，即使以滿舵船艉之偏向也遲鈍。這時若利用拖錨，因轉心之前移與衝力之消除，船艉即容易偏向。

（三）靠岸舷別

左舷之橫靠（Port Side Alongside）雖無問題，但右舷橫靠時為在碼頭近前停止衝力，所使用之後退力將使船艉遠離碼頭。為縮短這時之後退力之使用利用拖錨之阻力。淺吃水船不用倒俥又可橫靠。

（四）準大型船（G.T. 6,000～10,000）

準大型船其主機之馬力為6,000 HP以上，船體也大，因此即使淺水時船艉偏向也未必簡單，又因馬力大易有衝力。如同深吃水船若利用拖錨因轉心之前移與衝力之消除，即容易使船艉偏入。

六、拋錨注意事項

船舶並非隨意在任何水域都可以拋錨，如果錨地選擇不良，將造成失錨或走錨等情況，甚至發生更嚴重事故，所以當船駛往錨地從事拋錨前，或進港擬欲拋錨等待船席之前，應選擇適當錨地，如初次駛抵陌生港口，除預先詳察海圖，參閱航行指南外，尚須了解錨地水深、海底底質、錨位範圍及風潮情形，從而估計應施放錨鏈之長度為何。其次，錨位附近之海上陸地顯著目標，均應默記於心，俾作定位之依據。有時原選定之錨地，船駛近時卻發現他船已占領，以致必須臨時改變主意再選錨位，如此匆促繁忙情況容易肇事，故若能事先預選二至三個錨地，以備萬一緊急之需，始能從容不迫地操船為上策。因此，拋錨前應注意之事項為：

（一）水深之選擇

從海圖上尋找有足夠水深之錨地，而且水之深淺要適宜，應避免在過深或過淺之處拋錨，此外還須注意當地潮汐漲落情況，並與本船吃水核對比較之。

（二）錨地底質狀況

利用手測錘，測取海底底質，再從海圖上所載標誌比較之，以了解海底底質之好壞，從而決定錨能否抓牢海底，其中黏土具有最好抓力，其次是沙和泥，最壞是石底。

（三）錨地是否能避風潮

錨地對風浪和潮流掩蔽之程度，諸如潮流方向與強度、潮差大小、風力及風向等情況，應考慮當遇有天氣轉變時，船舶受到風潮影響，當會造成走錨，所以錨地宜選周圍有擋風之高山或島嶼之處為最佳。

（四）旋轉範圍是否足夠

錨位應以船舶長度及錨鏈長度之和為半徑，而繞錨為中心之旋轉範圍，所選擇錨地應有足夠水域，以供船舶在錨泊因風潮迴旋時不致受到阻礙或撞及他船之虞。

（五）避開航道水域

錨地應盡量避開船隻來往穿梭頻繁之主航道附近之處，以及避免接近船舶太擁擠之處，以策安全。

（六）錨地附近無障礙物

錨地附近無海底電纜，或其他礁石、沉船、淺灘等危險物存在，否則轉動時常會發生擱淺、觸礁等事故，所以選擇錨地應離開障礙物較遠之處。

第五節　側推器

側推器（Side/Lateral Thruster）如圖 7-6 所示。為裝設於設計水線下之船艏、船艉部較低處，其軸向與船舶艏艉面相垂直之隧道推進器，其原動機有電動機、液壓馬達、汽輪機及柴油機等。其功率約為主機額定功率 1/10，視實際需要而定。裝於船艏底部者為艏側推器（Bow Thruster），裝於船艉者為艉側推器（Stern/Quart Thruster）。

安裝側推器之船舶一般多為有特殊用途之船舶，如工程船、受風面積較大之駛上駛下船、貨櫃船及渡船等。其目的是提高自力操縱之機動性及控制性能。一般均可直接在駕駛台遙控，透過操縱柄控制轉動方向及轉速，轉速分為 2～3 級，可根據需要選用。

側推器只有在船舶處於低速時才能發揮其效用。隨著船速逐步提高，其效用將相應降低。經驗得知，有效發揮側推器作用之速度範圍為 4 kn 以下，且低速後退時較明顯，當船速超過 6 kn時，效率不明顯。例如載重噸 6 萬之貨櫃船，當船速 3 kn 之側推器與舵聯用，轉船力矩比單獨用舵要大 2.5 倍；當船速 7 kn 時

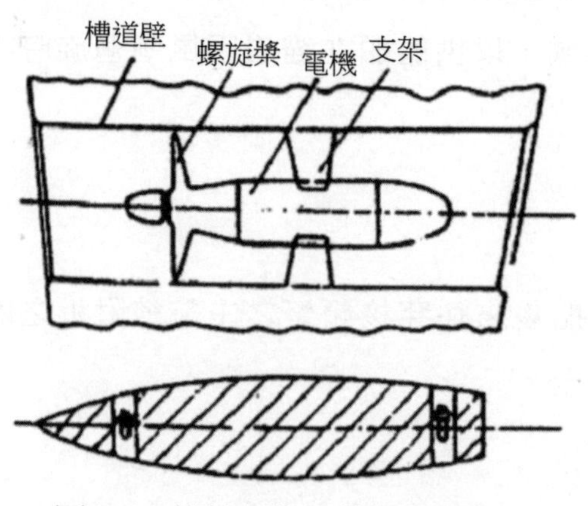

圖 7-6　船舶側推器結構示意圖

側推進器與舵聯用，轉船力矩僅比單獨用舵大 0.28 倍。無論側推進器採用何種原動機作為動力，對於可變螺距側推裝置而言，必須把螺距調整到零位才能啟動。

一、功能效益

艏側推器（Bow Thruster）之設置，其主要用途除了減低風壓影響外，尚具有下列功能：

（一）離靠碼頭時為防止船體受岸壁碰傷，平行靠離碼頭為必要條件，故此時可以借助艏側推器之功能來加以完成。

（二）因港灣水道之狹窄環境，拖船行動受到限制時，側推器即可發揮功效。

（三）當船舶打倒俥以減低速，又要慮及航向之維持時，因為打倒俥時船艉都會偏向左邊，此時則可利用側推器來保持航向。

（四）當船舶通過水閘之閘口時，拖船受到限制而無法接近協助時，則可藉側推器來保持艏向。

（五）船舶於低速航行時舵效不良，可藉側推器保持適當之航向。

（六）船舶在無拖船設備之港口，仍可順利靠離碼頭。

（七）俥舵故障時，可利用側推器協助保持船位。

（八）協助船舶大轉彎或迴轉調頭。

二、迴旋支點之運用

當船舶在不同之行進狀態時，其迴旋支點亦會有所不同。當船舶靜止不動時，其迴旋支點處於船舯部位，當船舶漸漸向前航行時，其迴旋支點則向艏部移動；反之，船舶漸漸向後行駛時，其迴旋支點亦會向艉部移動。因此，當迴旋支點離側推器愈遠時，力臂愈長，推動力自然愈強；反之，迴旋支點離側推器愈近時，力臂較短，推動力自然較小。

三、與拖船之比較

（一）優點

1. 在狹窄處拖船無法協助，側推器可發揮穩向效果，無空間限制。

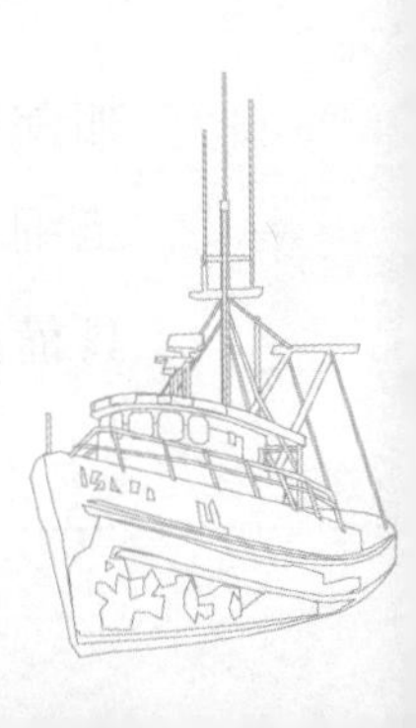

2. 出力方向與船艏艉成直角，不像拖船推頂或拖拉時之角度會產生船速之變化。
3. 機動性、操縱性佳，可隨時控制左右方向之推力。
4. 不需繫帶纜繩，減少船上作業。

（二）缺點

1. 一般而言，馬力不及拖船，強風中，效能稍嫌不足。
2. 受航速限制，航速大於5節時，幾乎無作用。
3. 縱傾過大，距水面少於2呎時，效益降低。
4. 側推器只能左右施力不若拖船可前後施力，可拖拉及抑制船速。

四、使用上之限制

側推器之排出流在船停止時，其方向與艏艉線呈垂直，當船舶有速度時，則側推器之排出流就會與艏艉線形成某一角度曲折，當船舶低速時此角度較小，側推器之推動力尚好。若船舶高速運轉時，則此角度將趨於更大，則側推器之推動力就顯得更差。因此使用側推器時以船速不超過4節較佳。此外，於使用側推器時尚有以下幾點注意事項：

（一）離靠碼頭鬆解纜繩時，應特別防患纜繩為側推器所吸入。

（二）船速超過3節時，側推器則益效較差，其效果還不如舵效。

（三）貼靠碼頭時，因吸入水流不足，效果亦不佳。

（四）在船舶吃水太淺時，使用效果不佳，因側推器至少須距水面2呎始具效果。

（五）在強風8m/sec以上時，非藉拖船協助不可。

第六節　拖船及其運用

早期拖船的主要功能為協助大型船舶出入港口、執行離港或靠泊的作業、加強被拖船舶的航行能力、兼負救助遭難船舶之任務等。近年來，由於船舶分工細密，許多港區內非營業之船舶（如：採礦設備、鑽油井及挖泥船等）多不具備動力，因此，港區拖船也負擔浮體設備的拖帶。

直至今日，拖船除仍然肩負拖帶運送、協助船舶的初始功能外，又另外被賦予了多功能的用途，現代化的拖船往往具備執行海難救助、消防、破冰、保安、發送電波信號、供給電力、蒸汽或純水等作業的功能，使得拖船在運用上具有更佳的功能性及彈性。由於拖船的用途多樣化，使得其功能隨著運用的方式、場所等而產生差異化，不同的作業性質需具備對應的拖船結構、設備、動力、操作方式及人員訓練等，茲簡略分類拖船如下：

一、以使用功能區分

拖船之分類，若單純以使用功能來加以區分，可區分如下為：

（一）港勤拖船（Harbor Tugs）：在港區內部作業，主要任務為協助大型船隻靠離碼頭，由於港區風浪較小，港勤拖船通常不需具備遠洋拖船大型化的特性，在我國的港勤拖船有法定出港作業的限制，正是根據其無法克服惡劣天候作業的特性而制定。

（二）護航拖船（Escort Tugs）：自石化工業發達以來，油輪建造日趨大型化，大型油輪所導致的原油污染事故，往往對海洋環境造成巨大的破壞，艾克森瓦德茲（**Exxon Valdez**）油輪的污染事件，更是拖船新用途的重要發展關鍵點，為降低大型船舶在狹窄或危險水域的航行風險，因此發展出此類型的用途。

（三）搜救拖船（Rescue And Salvage Tugs）：此型拖船作業於海事事故救難，船體往往與遠洋拖船相同大小，有時甚至更大型，裝備有潛水打撈器具，非作業期間待機備便，可隨時在事故船舶發出緊急求救信號後前往現場執行作業。

（四）消防拖船（Fireboats）：除具備拖船作業功能外，另加裝消防滅火用的設備，可抽取大量的海水，供滅火之用。

（五）探勘研究拖船（Research Tugs）：用於海洋研究作業。

二、以作業水域區分

拖船之分類，若以作業水域來區分，則可區分為：

（一）遠洋拖船（Ocean Going Tugs）：能在海上執行拖帶任務，由於外海風浪較港內大，因此其設備常較港勤拖船完善，而其船體也較大，以適應惡劣天候下的航行狀態。

（二）近洋拖船（Coasting Tugs）：在沿海近陸地區協助船舶靠岸與離岸，常用來拖帶駁船，運送貿易物資。

（三）港勤拖船（Harbor Tugs）：在港口內協助船舶進出及靠離船席。

（四）河川拖船（River Tugs）：在內河水域拖帶無動力駁船，以運送貿易物資為主要用途，在結構上具備吃水淺的特性，以適應河川的淺水環境。

（五）運河拖船（Canal Tugs）：顧名思義，其作業地區為連接海洋系統的內陸水道，其結構特點為船橋特低，以通過一座座的橋樑建築。

拖船之運用端視商船本身之限制（受風面、長度、吃水、運轉性能），以及需要進出港口之水域寬窄、風力及潮流等外在影響因素，以及港內活動船舶之擁擠度，與其他影響船舶操縱之當時情況等，均為使用拖船以協助離、靠碼頭之先決條件。世界各港口基於港航安全理由，並顧及港口運作效率，多備有足夠的拖船提供服務。因此，需使用幾艘拖船及使用多大馬力之拖船，以及拖船應配置在商船何位置，是拖拉或是推頂始能有效協助等問題，均為引航員以及商船船長所應了解的。雖然船舶是由引航員指揮，但港內的海事碰撞最後還是由船長負責，引航員僅受行政處分，所以商船船長對拖船的運作亦需有適度了解。表 7-7 為各種類型拖船的主要特性。

（一）僱用拖船之考慮因素

1. 進港或出港：一般操船而言，出港較進港為簡單。
2. 商船狀況：如輕載、滿載、船型及長度等，大型重載船之運轉較困難。
3. 拖船性能：主機種類、馬力大小及運轉性能等。
4. 水道情況：如水深、水道寬窄、碼頭席位等。
5. 外力影響：當時風力、風向、流向、流速及波浪等。
6. 商船性能：主機、舵機及運轉特性等。

表 7-7　拖船種類及其主要特性

主要特色 \ 拖船種類		Z 型	VSP 型	CPP 型	FPP 型
主機	柴油機轉速	中高速	中速	低速	低速
	操作	可控制推力及其方向	可控制推力及其方向	僅可控制推力	僅可控制推力
操縱性能	起動、停止性能	優	優	良	差
	迴旋性（迴旋直徑）	原地調頭（1～1.5 L）	原地調頭（1～1.5 L）	稍差（1.5～2.0 L）	較差（3～4 L）
	橫向移動	可以	可以	不可以	不可以
	耐波性	好	好	差	差
拖力	前進拖力（每 100PS）	1.5 × 9.5 kn	0.95 × 9.8 kn	1.35 × 9.8 kn	1.0 × 9.8 kn
	後退拉力與前進拖力之比	91%	88%	54%	82%
舵的配置		無舵	無舵	導流管、舵	普通舵

（100PS＝73.55kw，1kw＝1.359PS）

（二）拖船在操船上之功用

1. 協助商船調頭或急轉彎。
2. 協助商船靠泊碼頭、繫浮筒或拋錨。
3. 減煞船之前進衝力，以避免緊急危險。
4. 防止因風壓或流壓而避航。
5. 供作救難用及消防滅火用。
6. 作為大型船舶之護航拖船。
7. 作為航道警戒船。

三、拖船的運用方式

（一）吊拖

吊拖（Leading Ahead）亦稱拎拖或直拖。由拖船出纜，繫於本船纜樁上，也可由本船出纜繫掛於拖船拖鉤上。在拖艉離泊過程中以拖船出纜為佳。為了充分利用拖船的有效拖力及操縱靈活性，應使拖纜水平俯角越小越好。一般情況

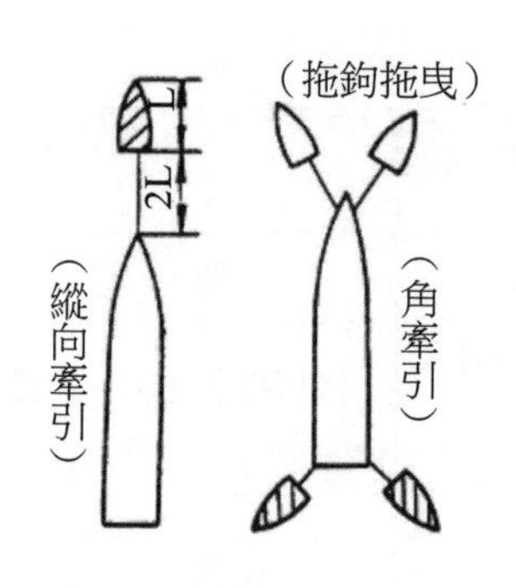

圖 7-7(a)　吊拖方式

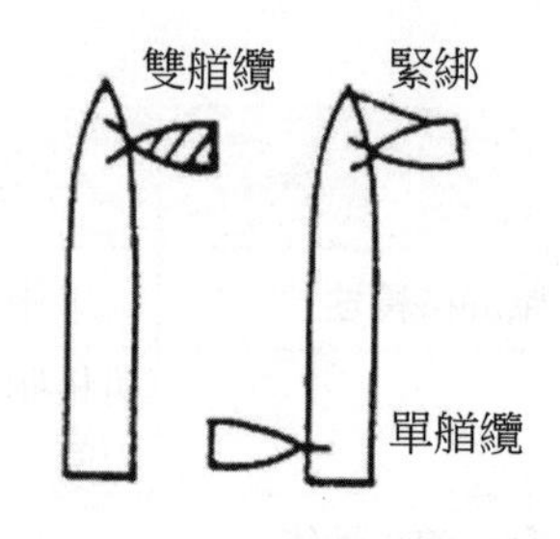

圖 7-7(b)　頂推方式

下應使之小於 15°，即拖纜長度應大於被拖船拖纜出口至水面高度的四倍，如該高度很低，拖纜長度也不應小於 45 m。實用上，拖纜長度取拖船長的二倍左右，但還要視實際操縱水域而定。

單拖船吊拖是一種只可進不可退的牽引方式。若被拖船無動力，停船位置就很難準確控制，而且因其容易產生偏盪而影響航行。因此，拖帶大型船時，應採用可進可退、操縱性良好的四角牽引的吊拖方式，如圖 7-7(a)所示。圖中帶剖面線的拖船應儘可能採用 Z 型或 VSP 型，其他可用一般拖船。

（二）頂推

拖船助操時，如拖力作用點位置及方向處於經常變換的情況下，採用頂推（Pushing）方式為好。由拖船出纜也可由本船出纜。帶纜方式有單艏纜、雙艏纜和緊綁（除此雙艏纜外，拖船船艉另加一根穩定纜）三種，如圖 7-7(b)所示。頂推助操時，拖船可使本船轉向及橫移。拖船頂推位置在船舶重心（船舯附近）時，船舶橫移；頂推位置遠離船舶重心（艏艉附近）時，船舶轉動最為明顯。

（三）傍拖（Towing Alongside）

拖船船艏向偏於內側，緊靠在大船舷邊的拖帶方式。如圖 7-8 所示，傍拖時的各纜名稱及作用如下：

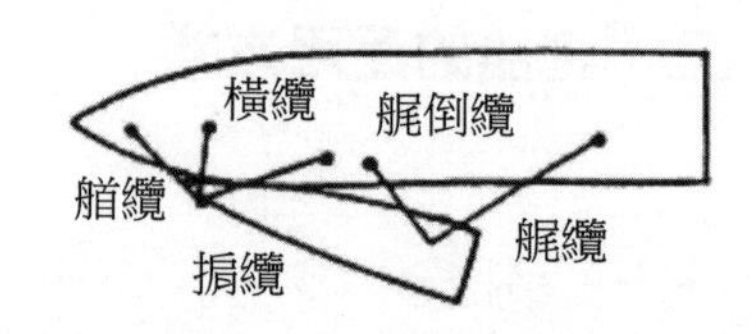

圖 7-8　傍拖方式

1. 傍拖艏纜：一般為鋼絲纜，由拖船出纜。該纜起兩個作用：一是拖船倒俥時，拉住大船，起制動和後退作用；二是拖船用舵向其傍靠舷相反一側（向左）轉向時，牽動大船同時轉向。

2. 拖船掮纜：必須為鋼絲纜，習慣上由大船出纜。它是傍拖拖船的主拖纜。在拖帶大船前進中，該纜受力最大，因此強度要高。
3. 拖船艉纜：要求為鋼絲纜，習慣上由拖船出纜。該纜也起兩個作用：一是拖船進俥時，與掮纜一起受力，拖動大船前進；二是拖船用舵向其傍靠舷（向右）轉向時，牽動大船轉向，這是該纜起的主要作用。

以上三根纜都應繫緊，使拖船與大船形成一個整體，以免纜繩過鬆而引起拖纜受頓力而斷裂。另外，遇風浪時，拖船還可再加繫一根艏橫繩和艉倒纜起加固作用。

（四）作舵船用

用作舵船的拖船應用Z型或VSP型，繫於被拖船舶艉部，如圖7-10所示。若採用傍拖繫纜方式，拖船既可用作舵船，也可用於推進及減速制動（圖7-9(a)）。若採用吊拖式繫纜，因其減速、制動困難，故僅可作舵船用（圖7-9(b)）。

（五）組合拖曳

拖帶無動力大船時，為同時解決大船的推進、制動、保向、變向等問題，需用多艘拖船按上述方式予以組合拖帶，以保證大船具有足夠的操縱性能，如圖7-10所示。

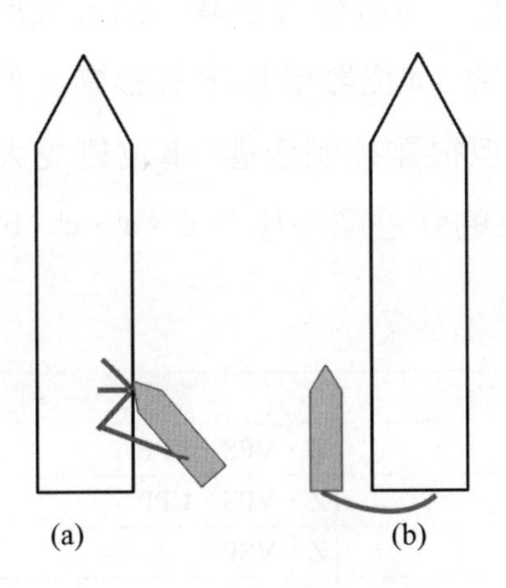

圖7-9　拖船用作舵船

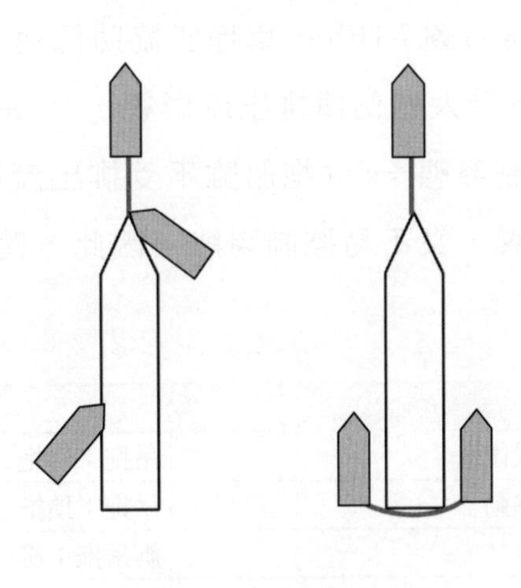
圖7-10　組合拖曳方式

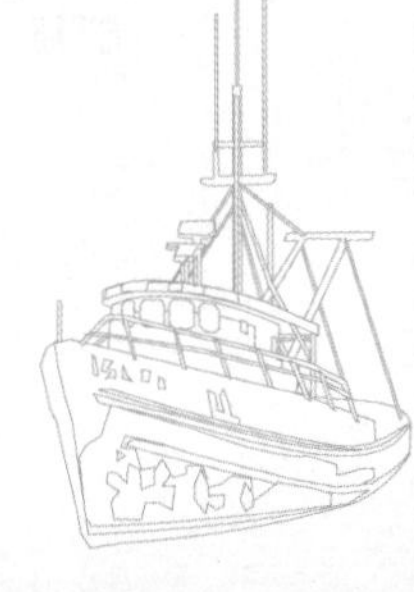

四、拖船的配置與數量

（一）拖船種類及拖帶方式的選擇

在實操中，選擇合適的拖船及拖帶方式，將有利於完成助操任務和保證船舶安全，如表 7-8 所示。

1. 帶導流管的CPP型拖船最適合用於吊拖。Z型也適用，但它用作傍拖和頂推時比吊拖更有效。
2. 吊拖與頂推的選擇。

在實操時需較長時間向前或向後拖帶時，選吊拖方式為宜。如水域受限，拖帶方式和位置變換較多，則以頂推方式為好。若拖船拖鉤位置靠近拖船重心，則選用吊拖方式為好；若拖船拖鉤靠近拖船船艉，則最好採用頂推方式。

（二）拖船助轉時各種配置方法的比較

低速運動的滿載大船用單拖船助轉時，其配置方法對助轉效果有較大影響。如圖 7-11(a)所示，低速前進的滿載大船，向左迴轉時其轉心在船舯之前，故拖船配置在船艉助轉效果好，由於 a 位拖船姿態控制及拖力比 b 位好及大，故 a 位拖船助轉效果最好，b 位次之。而 d 位與 c 位相比，d 位拖船更有利於控制姿態。因此，助轉效果的好差順序是 a、b、d、c。

再看圖 7-11(b)，單拖船協助低速後退大船，向右後方迴轉，由於拖船配置在 d' 位不受大船倒俥排出流影響，且易控制姿態；a' 位雖受排出流影響，但拖船可以控制姿態；c' 位拖船雖不受排出流影響，但很難控制姿態；b' 位既受大船排出流影響，又不易控制姿態。因此，助轉效果的好差順序應為 d'、a'、c'、b'。

表 7-8　拖帶方式的選擇

助操的任務	可採取的拖帶方式	可選用的拖船種類
前進或後退	吊拖；傍拖	Z、VPS、CPP
橫向移動	吊拖；頂推	Z、VPS、CPP
制動	艉吊拖；傍拖	Z、VSP
調頭	頂推；吊拖；作舵船	Z、VSP

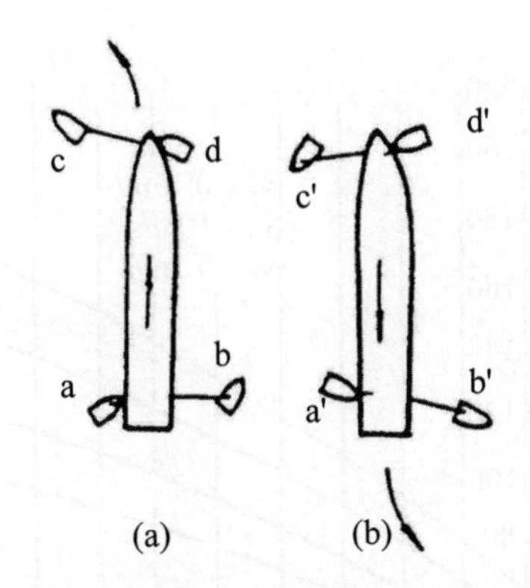

圖 7-11　單拖船助轉效果比較

（三）所需拖船的總功率和數量

港內操船艸需要拖船助操的情況較多，特別是大型船舶在狹窄水域轉向、調頭、靠離泊等情況。在確定助操所需拖船的功率和艘數時，應充分考慮本船排水量、水線上下側面積、水深與吃水之比、大船操縱性能、俥舵和錨的現狀、可航水域範圍、風流的大小及方向、泊位現狀、繫離泊方式、碼頭強度和最大允許靠泊速度及船舶密度、周圍環境等因素。

日本學者岩井聰提出，所需最大拖船功率的條件為：克服推船入泊時的水阻力和克服推船入泊時橫風流影響兩項。即拖船應提供的總推力可用下式計算：

$$p=\frac{1}{2}\cdot p_w C_{wy} Ld(v_y+v_c)^2+\frac{1}{2}\cdot p_\alpha C_{ay} B_\alpha {v_\alpha}^2 \cdots\cdots\cdots \quad (7\text{-}6)$$

式中各項及符號含義可參閱第五章風流影響有關公式及內容。為了使用方便，通過計算提供了查取所需推力、各類拖船總功率的曲線圖表，如圖 7-12 所示。圖中橫軸為船舶淨載重量（萬噸），縱軸為所需拖船推力（T）和各類拖船的總功率（Ps）。根據所需拖船的總功率，結合實際助操條件，就可得出所需拖船的種類和艘數。

對於載重量為4～15萬噸的大型油輪，通常條件下可用下列經驗公式估算所需拖船的總功率：

$$\text{所需拖船總功率}(kW)=5.44(DWT)^{0.6}$$

式中：DWT = 船舶載重量（t）

用於估算所需拖船總功率的經驗公式還有（風速<15 m/s，流速<0.5 kn時）：

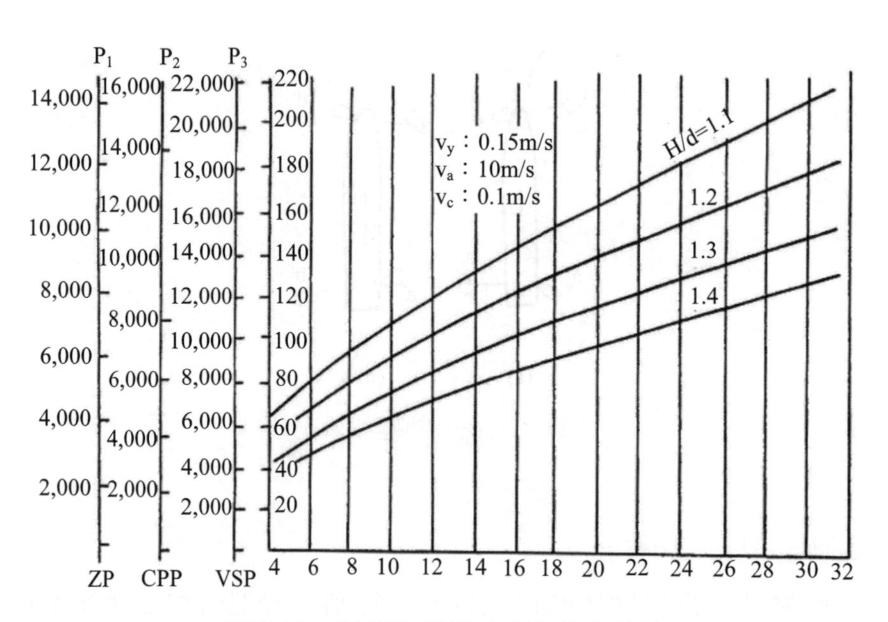

圖 7-12　所需拖船總功率和推力曲線

DW 萬噸級船舶：$DWT \times 7.4\%$(kW)；(GT) × 11%(kW)

(DWT) × 10%(Ps)

VLCC 滿載時：(DWT) × 5.15%(kW)；(DWT) × 7%(Ps)

VLCC 空載時：(DWr) × 3.68%(kW)；(DWT) × 5%(Ps)

知道所需拖船總功率後，就可按所需拖船種類和功率確定艘數。通常在一般情況下，簡易算法是：每 10,000 載重噸所需功率 735 kW（1000 Ps）。需要協助的拖船數量尚需考慮港口拖船的配備量。

五、使用拖船時被拖船的運動

使用拖船時，被拖船的運動狀態與拖船的配置位置、拖帶方式及拖力的大小和方法有關。

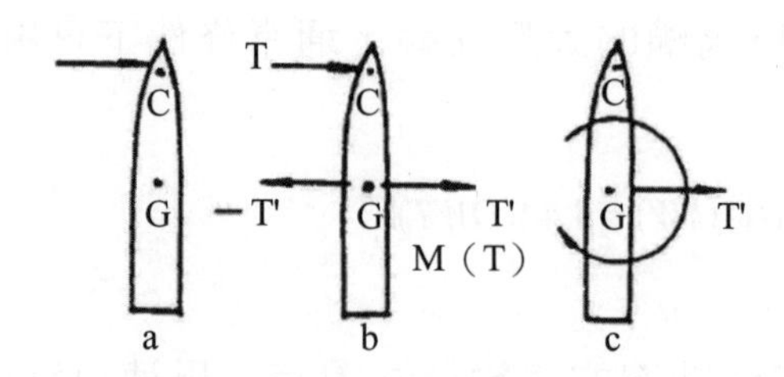

圖 7-13　單拖船頂推（吊拖）時大船的轉動與橫移

（一）靜止中的船舶被拖帶時的運動

1. 靜止中的船舶被垂直頂推（吊拖）時的運動

如圖 7-13 所示，設一拖船以垂直大船艏艉線方向頂推或吊拖大船，拖力為 T，作用點 C。根據力的平移，T' 使船舶橫移，而 T 與 $-T$ 構成力矩使船迴轉。因此，為使大船取得最大轉船力矩，拖力作用點應選在遠離重心 G 的船艏艉處，對於橫移的快慢則應通過拖力 T 的大小來控制。如要使大船減小偏轉而盡量橫移，則 T 的作用點應選在重心 G 附近。

被拖船在既偏轉又橫移的運動中顯然同樣存在著轉心 P。由於該點處轉頭線速度與橫移速度等值且反向，故該點橫向速度為零。轉心距重心的距離 GP 值可用估算。式中 L 為船長（m），GC 為拖力作用點 C 至重心 G 的距離（m），如圖 7-14 所示。顯然，當 $GC=0.4L$ 時，$GP \approx 0.31L$，即當拖船配置在船艏垂直頂推或吊拖時，大船轉心約在距艉 1/5 船長處；當拖船配置在船艉時，轉心約在距艏 1/5 船長處。當 $GC<0.25L$ 時，GP 值將大於 0.5L，P 點的位置將處於本船無拖船端的艏艉延長線上。

2. 靜止中的大船被一拖船斜向拖帶時的運動

如圖 7-15(a)所示，將拖船拖力 T 沿平行和垂直大船艏艉方向分解為 T_1 和 T_2。則 T_1 使船前移並迴轉，T_2 使船橫移並迴轉。總迴轉力矩 $M=T \cdot \sin\theta \cdot b - T \cdot \cos\theta \cdot a$。因為船舶縱向移動時的虛質量和阻力遠較橫移時小，因此拖力作用

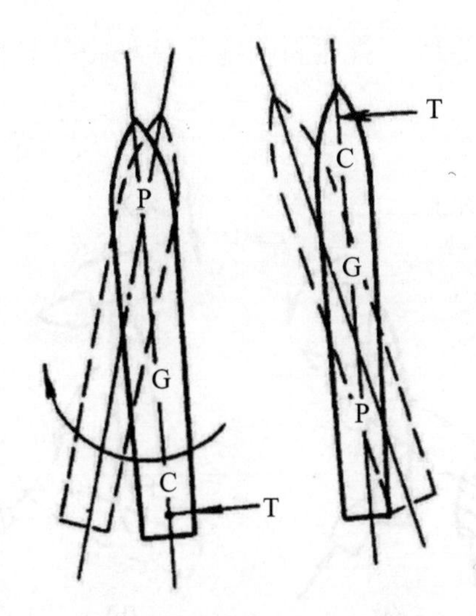

圖 7-14　單拖船橫推時大船的轉心位置

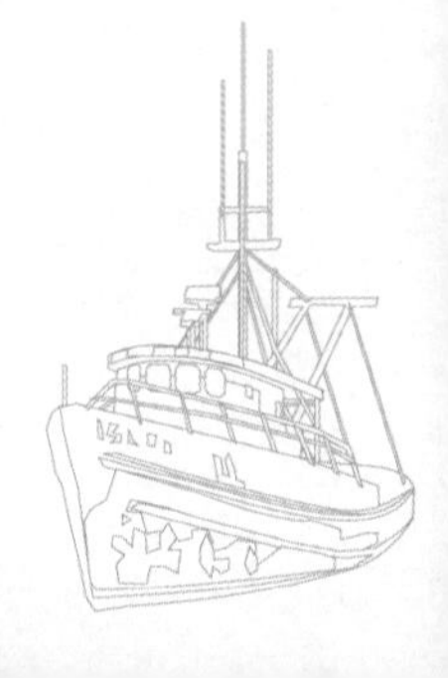

的效果是使船縱向移動大於橫向。轉頭與移動的效果，將使大船沿著較拖曳方向稍偏於艏艉線方向 T' 移動。

3. 靜止中的大船艏艉被兩艘拖船同時斜向拖帶時的運動

如圖 7-15(b)所示，如拖力大小和方向相等時，這種情況大致相當於單拖船拖艏和拖艉斜航的疊加，如視船體前後對稱，則可認為大船所受合力矩為零。同樣，由於大船縱向和橫向移動虛質量和阻力存在較大差異，所以，船舶將沿較拖力方向更靠近艏艉線，以角度 α 斜航，如圖 7-15(b)中 GT' 方向，$\alpha=\tan^{-1}\frac{k_x}{k_y}\tan\theta$，式中 k_x：縱向虛質量，k_y：橫向虛質量。

4. 對水靜止中的大船，在頂流中拖船協助轉頭時的運動

如圖 7-16(a)所示，將拖船配置在下流一端頂艉轉頭，使拖力迎著水流作用，水流的壓力與拖力方向相反，在大船調頭過程中，其向下游漂移小。且水流壓力轉矩與拖力轉矩的方向相同，大船的迴轉也極為容易。如圖 7-16(b)所示，將拖船配置在上流一端拖艏轉頭，使拖力順著水流作用，水流的壓力與拖力方向相同，故大船的漂移大。

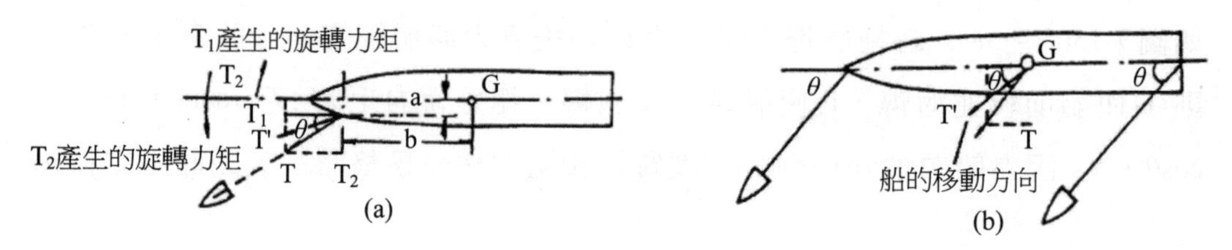

圖 7-15　拖船斜向拖帶時大船的運動

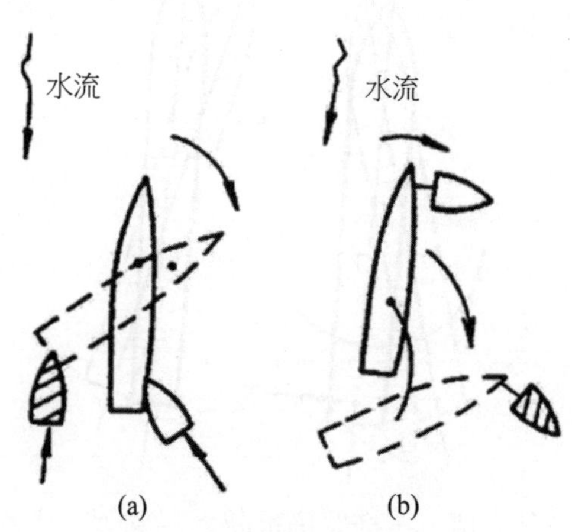

圖 7-16　大船迎流漂移時頂艉與拖艏的比較

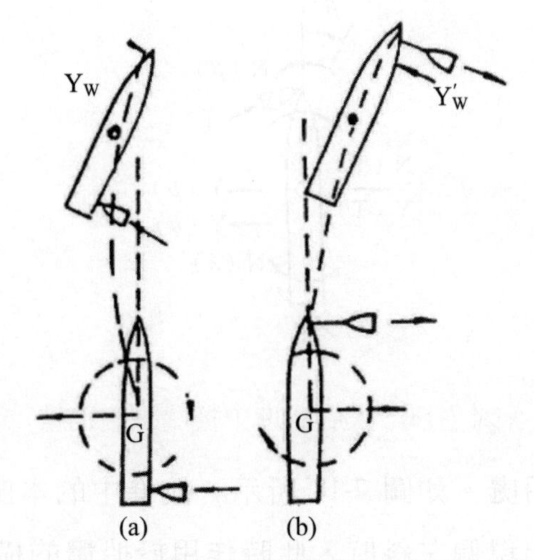

圖 7-17　大船慢進時頂艉與拖艏的比較

（二）低速前進中的船舶被拖帶時的運動

1. 本船低速航進中拖船頂艉時的運動

如圖 7-17(a)所示，拖船頂艉右舷助大船右轉，顯然，轉心位於重心之前，船艉有明顯的向左的橫移量並出現斜航運動。此時，水從左前方流向船體，水動壓力的橫向分力 *Yw* 所產生的轉船力矩與拖船推力的轉船力矩疊加，更加速了大船的迴轉，提高了大船的迴旋性。

2. 本船低速航進中拖船拖艏時的運動

當拖船在大船艉端頂推時，使大船邊前進、邊向左橫移，此時大船作斜航運動，水從左前方流向船體，因而產生的水動壓力的橫向分力 Yw 更加速了大船的迴轉，但大船船艉的反移量較大。如圖 7-17(b)所示，當拖船在大船艏拖拉時，由於大船的漂角β偏向迴轉一側，故產生的水動壓力橫向分力Yw'阻礙了大船的迴轉，即迴轉效果差，當大船進速大時，可能無法轉向，甚至反向迴轉。

（三）本船航行中拖船協助轉頭時的極限航速

拖船協助大船轉頭時，僅能提供克服自身阻力後剩下的剩餘推力或拉力，而且剩餘推力或拉力隨著其航速的增加而遞減。實驗證明，如將拖船配置在船艉，剩餘的拖力與舵力並用還是有效的；如將拖船配置在船艏，在船舶達到一

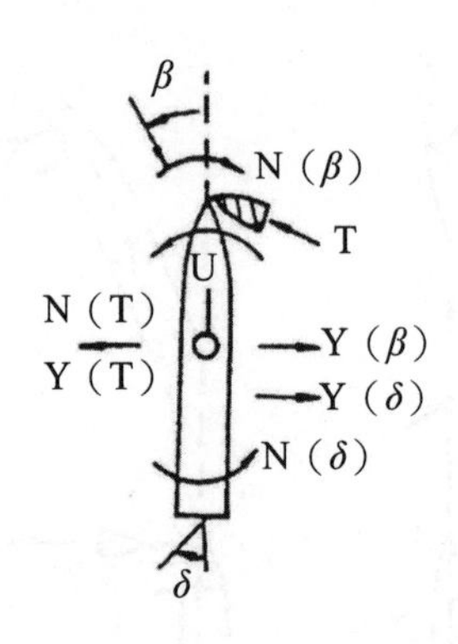

圖 7-18　大船航進中拖船頂艏助轉

定航速後，就會毫無用處。如圖 7-18 所示，航進中的本船，左舵與拖船頂推右舷艏同時並用，船舶出現偏左斜航，此時作用於船體的橫向力 Y 和轉頭力矩 N 可表達為：

$$Y = Y(\beta) + Y(T) + Y(\delta) \quad ①$$
$$N = N(\beta) + N(T) + N(\delta) \quad ② \qquad (7\text{-}7)$$

式中　$Y(\beta)$、$N(\beta)$：船體斜航所產生的橫向分力及轉頭力矩
$Y(T)$、$N(T)$：拖船剩餘推力產生的橫向分力及轉頭力矩
$Y(\delta)$、$N(\delta)$：舵力的橫向分力及轉船力矩

當 $Y=0$ 時，可由①式求得 β，並代入②式，N 就可求出。N 的方向決定了船舶的轉頭方向。

由於隨著航速的增加，$N(T)$ 逐步減小，而 $N(\beta)$ 卻增大，當航速達到某一值時，就可能出現 $N(\beta) > N(T) + N(\delta)$，此時船舶將不向預定方向偏轉而出現反轉，而該航速就是拖船協助轉頭時本船的極限航速。

實驗證明：前進中本船在拖船協助轉頭時的極限航速一般為 5～6 kn；後退中頂艉時，類似情況也會出現，而且出現該情況的航速會變得更低。

六、使用拖船時之注意事項

（一）不管進行何種作業，為了使其順利且有充分的時間進行作業，必須盡力充分準備。使用拖船時也不例外，其必要之準備事項如下：

1. 應提早申請使用拖船，儘可能在本船抵港前確定拖船船名，以便接近港口時可與拖船直接聯絡。
2. 如可與拖船聯絡，可問好港內及碼頭狀況。

3. 如果風浪高懷疑可否拖船作業時，應先與拖船船長確定港內海上情況即能否作業，一般拖船可作業風速為8 m/sec，浪高約半公尺為止。有時本船認為不太要緊，但對拖船來說多數已造成行動上之困難，因此最好的方法是預先與拖船船長聯絡其情況。
4. 抵達錨地前應決定使用拖船之配置，並準備帶纜用之錨機、絞俥、撇纜等。
5. 使用兩艘以上之拖船時，應拖船之性能決定其配置以便充分利用。例如 Kort Nozzle Rudder CPP 拖船用以艉拖，艄貼或橫抱用快動作而迴旋大的Schneider型拖船較好。
6. 使用三艘以上拖船時為防喚錯拖船船名發令，宜謹記各拖船之名稱及部位或用厚紙畫上拖船配置圖放於身邊。

（二）開始作業前應向拖船船長說明其作業要領，使他充分了解。尤其初次進港時及需要複雜的操船，必須舉行說明會。

（三）拖船帶纜至少費時五分鐘。使用兩艘以上拖船，艉拖或橫抱須十分鐘以上。其間應考慮本船因將受風壓或水流影響而決定帶拖纜之位置。可能的話本船先拋錨，等拖船一切備妥後再起錨開始作業。

（四）帶拖纜時之注意事項。本船正在碼頭或拋錨中是沒有問題，但帶仍有衝力中之船時，最好本船應先停俥，盡量減低衝力，其衝力最好在兩節以下，尤其帶有艉拖或拖船之拖纜時除減低衝力外，為預防萬一拖纜絞入推進器或拖船處於危險狀態時立即可採取適宜之措施，本船前後甲板之指揮者應始終注視拖船行動。

（五）使用拖船操船時操船者應站位於一望即可看到本船拖船及港區全部之駕駛台邊端或頂部。此時應有傳達者向機艙或駕駛室傳令。在駕駛室內操船，對講機效率降低。前後甲板上指揮者也須不時注意拖船狀況與駕駛台作必要的聯絡，因在巨型船舶作業時拖船多數被本船擋住不易看到。

（六）為充分發揮拖船能力及顧其安全，應盡量減低本船衝力，貼艄之拖船如本船之衝力大時無法將其船體以垂直貼住本船舷或為直角貼住使用其大部分推力因而大大地減低其主要之推動任務。其推力是本船之衝力0時最大，衝力3節以上時幾乎無法發揮，又為保持艉拖拖船艉纜之張力，必須保持比拖船較低之速度。

（七）嚴防横拖與倒拖，如圖 7-19 所示，拖船吊拖大船艏、艉時，若拖纜與拖船艏艉線交角大於 45°，當大船有過大前衝或後退時，產生拖纜對拖船的拉力 T_1，當 T_1 與拖船本身推進器所產生的推力 T_2 之合力 T 的方向與拖船艏艉面垂直時，出現拖船被横拖（Girding）的現象。嚴重的横拖可能導致拖船大角度横傾甚至傾覆。

如圖 7-20 所示，拖船吊拖大船艏、艉時，若拖纜與拖船艏艉線一致，在大船有過大的衝勢或退勢時，拖纜對拖船的張力超過拖船本身的拉力，大船反而拖動拖船倒行，此時拖船在拖纜的張力 T 和拖船倒行所受的水動壓力 Fw 之合力 F 的作用下，很快靠近大船，甚至觸碰大船。這種現象稱為倒拖（Reversed Towing）。倒拖時，拖船失去舵效，也可能造成横拖。

横拖與倒拖均為使用拖船不當而產生的極有害的現象，應予嚴格防止。船舶在使用拖船助操時，應嚴格控制用俥，並隨時消除本船過大的衝勢或退勢；一旦發現拖船被横拖或倒拖，應立即停俥，減小前衝、後退，必要時立即解去

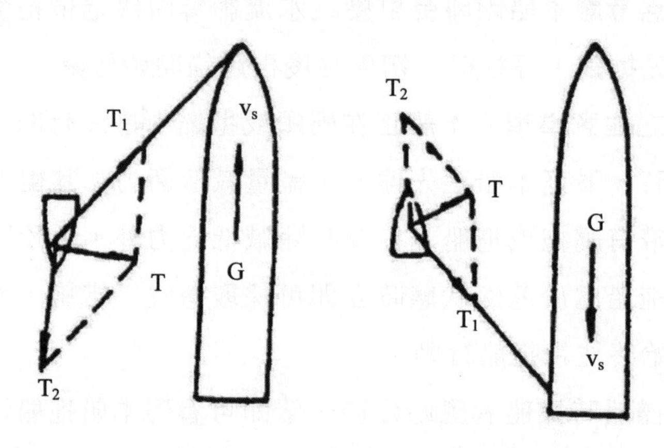

圖 7-19 横拖現象

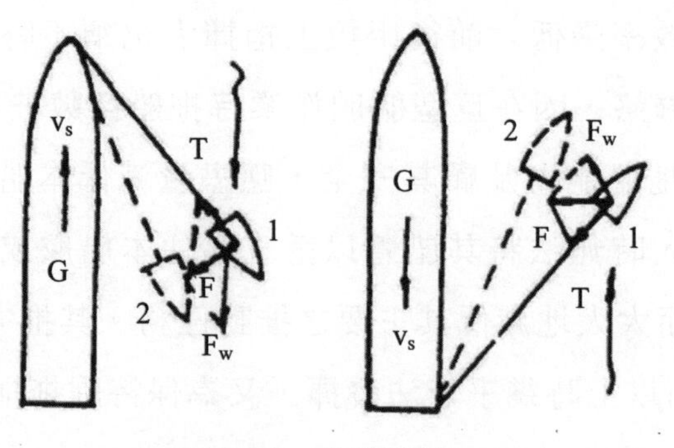

圖 7-20 倒拖現象

拖纜。拖船在協助大船操縱時，應隨時注意和調整自己與大船之間的相對位置及拖纜受力大小和方向，密切注意大船的運動態勢，一旦發現自己被橫拖或倒拖時，應立即緩解拖纜受力或及時解去拖纜，這是最有效的應急措施。

（八）不得焦急，發出某種指令後，拖船回答並採取行動，須有相當時間，應細查拖船狀況後發出指令，一面確定其應答而採取次一步驟。因此發指令時，必須考慮包含時間上與距離上所須之準備。

（九）不能疏忽對講機的用法，如用法不當，作業中必須重複幾次指令反問等造成互相焦急不安。使用對講機應注意事項如下：

1. 作業開始應與各拖船試通對講機。
2. 指令應慢，簡單明瞭。
3. 如有他船或其他單位對講機之干擾，這時指令及應答之前應附船名以免錯誤執行指令。

（十）使用艏貼或橫抱拖船時船舷應注意不要放水，拋錨時應特別注意拖船，主要是避免讓拖船在本船錨下。

（十一）當本船Let Go拖船拖纜時應隨時確定拖船狀況放纜，尤其Schneider拖船容易絞擺，因此 Let Go 時應先給予提示，看拖船狀況後，如放置於拖船後甲板上是有必要的。

（十二）風大出港時船長總希望盡量利用船頭之艉拖拖船，但應浪大前 Let Go 拖船以免危險。又在下風橫抱之拖船也應在港內浪靜時 Let Go 拖纜，因風大本船受風壓下風橫抱拖船可能被本船吸住而不易脫離，一般Let Go 拖纜時應本船安全無虞，停俥減低衝力。

七、拖船之一般作業舉例〔註〕

（一）使用一艘拖船配置艉部橫靠碼頭（左舷橫靠參考圖 7-21）

1. 條件

(1) 八千噸級以下貨船，離岸風三級以下。

(2) 本船是單俥船，無艏側推器。

〔註〕：「拖船及其使用法」引水協會。

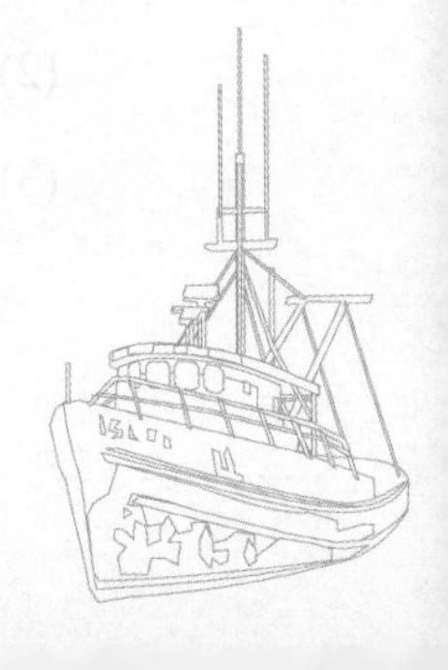

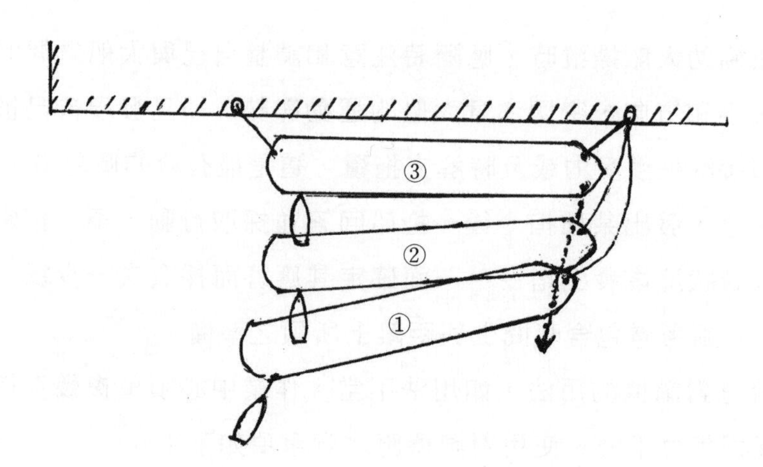

圖 7-21　單俥船下錨靠碼頭

(3) 開船以一拖協助離泊。

2. 要領

(1) 左舷靠，拖船在艉右後方帶纜。

(2) 為抑制倒俥艏向右偏，可用拖船朝後拖捶減低船速。（圖①）

(3) 船席前 10 公尺，距碼頭 2～3 倍船寬抛下右錨（離泊時當開錨用），並鬆艏纜由纜艇帶至碼頭艏纜樁之位置。（圖②）

(4) 艏纜帶上後，收絞艏纜，拖船在右船艉貼上推頂，鬆鏈，調節橫移速度，使本船整體平行靠近碼頭。（圖③）

(5) 如有艏側推器，則不用下錨，利用側推器及拖船推項，橫靠碼頭。

（二）使用一艘拖船推頂艏部橫靠碼頭（左右舷任何一邊均可，參照圖 7-22）

1. 條件

(1) 風由碼頭外吹。

(2) 本船船席之前方沒有拖船拖航餘地。

(3) 本方法又可用於右舷橫靠。

2. 要領

(1) 將本船與碼頭平行地停留於稍上於預定停靠位置。

(2) 拖船將本船推靠碼頭邊前方，保持本船推靠之角度向後方推進。

(3) 本船向非靠碼頭邊打滿舵以 D/Slow Ahead 大體上如慢退調節衝力靠向碼頭。

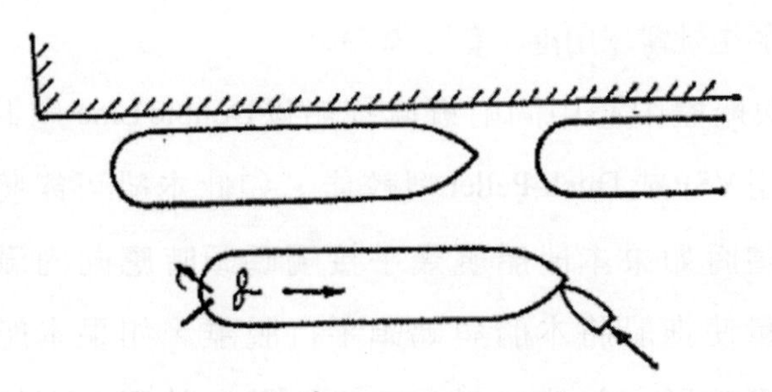

圖 7-22　單俥船左舷靠岸

（三）使用一艘拖船橫靠碼頭

使用一艘拖船橫靠碼頭除上述兩種方法外，有將拖船艏貼於本船重心與碼頭線平行如將本船橫移頂靠之方法。風由碼頭外吹時，很難正確地決定，以拖船頂靠位置，但其位置多數可能在本船重心點稍前地方。利用本方法時拖船之拖纜最好帶Double Line，因為讓它推後如知其艏貼位置不對時可鬆Double Line之一端，收另一端容易變動位置。

（四）使用一艘拖船拖艉離岸出港（參照圖 7-23）

1. 條件
   (1) 本船是單俥船。
   (2) 離岸後有足夠的寬度在碼頭前方調頭。
2. 要領
   (1) 以拖船拉本船船艉。
   (2) 將碰墊向前移動，或以碰墊為支點，收緊艏纜及艏倒纜。
   (3) Let Go本船艉纜，以拖船將本船船艉往直角方向（脫離碼頭），直至本船碼頭約成30°～45°時 Let Go 艏纜。
   (4) 拖船繼續將本船船艉脫離碼頭，這時本船應適當地使用船舵與主機調節後退與衝力及迴頭惰力，注意不使拖船成為橫拖。
   (5) 當離開碼頭至約船長之1/2以上時一旦停止本船衝力接著出港之調頭。
   (6) 調至完成之約40°前拖船應停止拉拖，並 Let Go 拖纜本船開進俥出港。
   (7) 進港橫靠時本船有拋錨時操船更為簡單，可以同時Let Go前後纜後船艉由拖船船開，同時絞錨離開碼頭。

（五）使用一艘拖船拖艸離岸出港（參照圖 7-24）

本船船艏材與船體中心中間附近處拖船以Double Line 艏貼方式將本船脫離碼頭。這時之拖船用 VSP 或 Duck-Peller 型較佳。如此本船可能將保持前進之傾斜斜斜地離開碼頭。這時如果本船船艉幾乎接觸碼頭時應向內滿舵以慢俥使船艉離開碼頭。又為盡量使拖船將本船與碼頭平行脫離，如果本船與碼頭成斜時應將離碼頭較遠之拖纜放鬆，並使該斜內方之拖纜有其張力而拖拉。本方法將使拖船之排出流衝到本船，因此後退力將減弱甚多，而且如遇相當內吹攏風時（由海向碼頭）即難於實行。

（六）使用兩艘拖船調頭橫靠（參照圖 7-25）

1. 拖船配置

   A：VSP 或 Duck 非靠岸方之後部以 Powered Tie Up。

   B：VSP 或 CPP 非靠岸方之前方以艏貼。

2. 要領

   (1) 進港靠岸時可在碼頭前停止本船，以兩艘拖船推進橫靠之。

   (2) 在碼頭前調頭為出港方向橫靠時應與碼頭距約船長之 1/2 以上，在①之位置停止本船。

   (3) A之VSP將推進器之排出流向直角方向排出推動本船船艉調頭。B之拖船應以倒俥拖拉本船船艏幫助調頭。

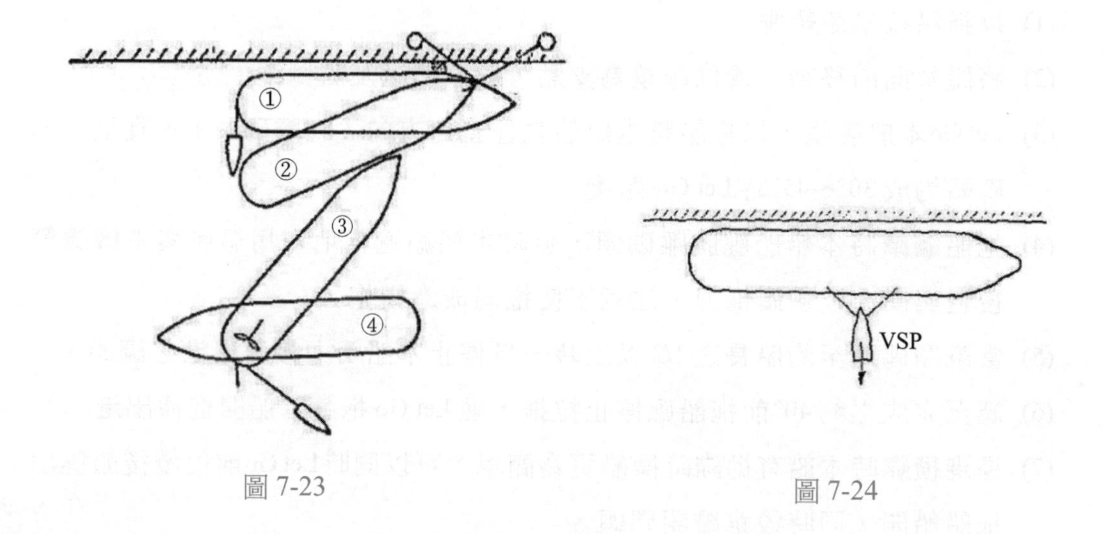

圖 7-23　　圖 7-24

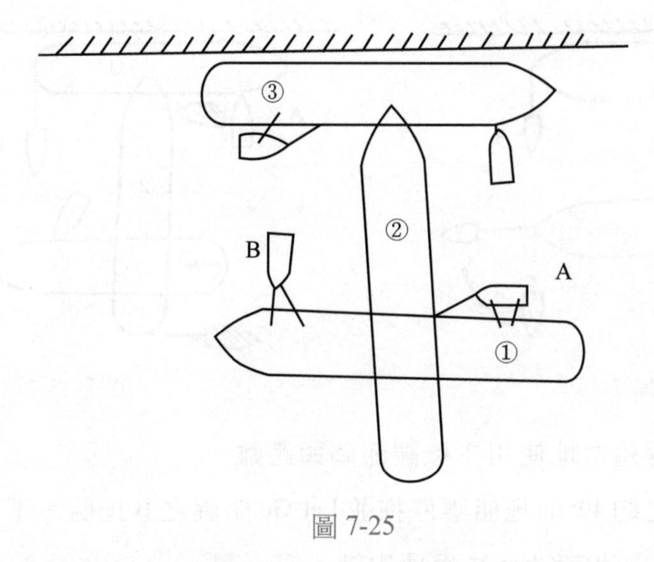

圖 7-25

(4) 完成調頭後拖船 A、B 應協助將本船推靠碼頭。

（七）使用兩艘拖船離岸出港（參照圖 7-26）

1. 拖船配置

本船船艉以艉拖方式各帶一艘。A 船之拖纜使用本船，B 船使用拖船，事後較好作業。

2. 要領

(1) Let Go 艏艉碼頭纜後以 A、B 兩拖船將本船拖離碼頭，充分離開後兩拖船同時 Let Go。確認 Clear 後本船即開俥出港。

(2) 需要將拖船伴隨時充分脫離碼頭後向拖船預告讓其就之伴隨位置，待確定一切妥當後開俥出港。

（八）使用兩艘拖船調頭離岸出港（參照圖 7-27）

1. 拖船配置

A：VSP 或 Duck 以 Double Line 艏貼。

B：VSP 或 CPP 以艉拖方式，拖纜均出自拖船較佳。

2. 要領

(1) Let Go 艏艉以 A、B 拖船拖離碼頭。

(2) 距碼頭約船長 1/2 以上處，B 拖船處以直角拖轉本船船艉，A 拖船即推轉

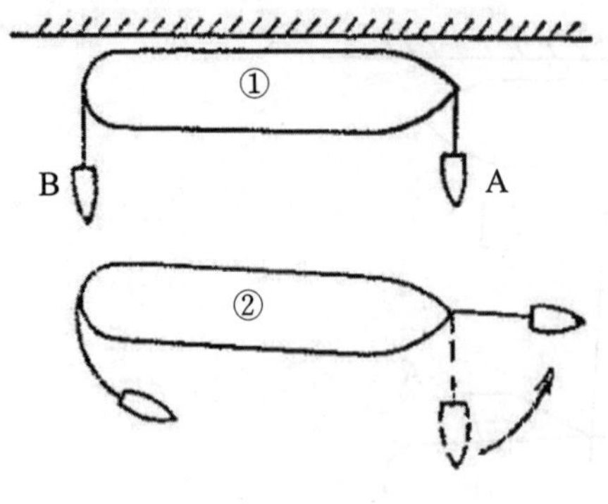

圖 7-26

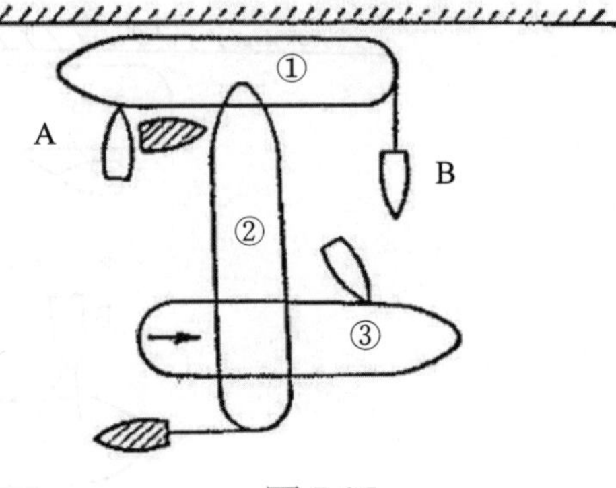

圖 7-27

船艉這時應適當地使用主機調節碼頭距離。

(3) 完成調轉之約40°前拖船應停拖並Let Go船艉之B拖船，不必要時A拖船也可Let Go。確定Clear後用俥出港。

（九）D.W 10 萬噸型之橫靠（參照圖 7-28）

1. 拖船配置

使用2,000匹馬力級拖船四艘。

A：CPP艉拖。

B：VSP或Ducku以Double Line艏貼為本船之保航用。

C：VSP或Duck以Double Line艏貼。

D：VSP或Duck以舵船型帶於本船船艉，通常艏貼於船艉之非靠岸方。應隨需要也可移至靠岸方。

2. 要領

(1) 以①之配置接近至預靠碼頭前面離碼頭約50～100公尺處，將本船與碼頭線平行停止其衝力，此時以B.C.D.拖船確停本船衝力，同時保持本船與碼頭線平行。

(2) 放開A拖船送至碼頭援助靠岸作業。

(3) 本船與碼頭平行停止時放開C拖船令其艏貼於本船非靠岸方前部。

(4) 以B.C.D.推本船開始向碼頭橫移。A拖船即援助碼頭帶纜作業完成後艏貼於②之位置參加推靠作業。

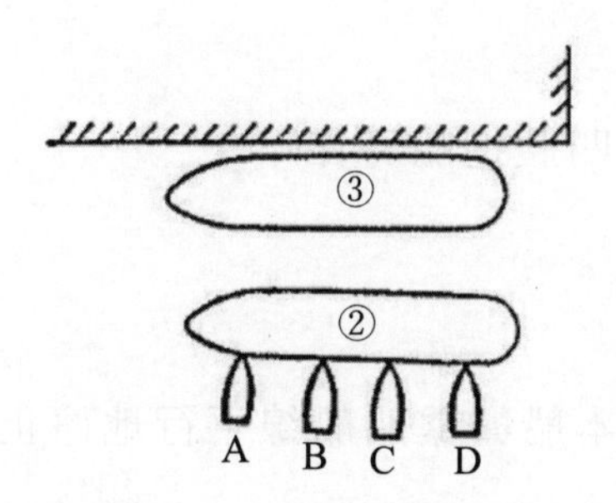

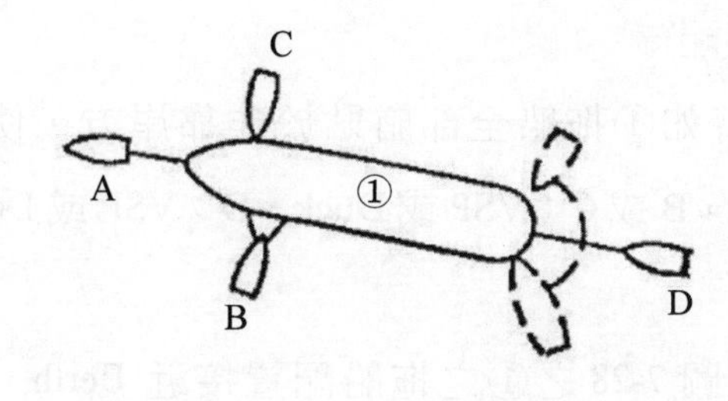

圖 7-28

(5) 本船之橫移應慢並保持本船與碼頭線平行。接觸碼頭時本船之橫移速度被認為 15 cm/sec 以下為佳。因此橫移中應一面觀察其衝力，一面以推推停停重複之。

(6) 靠岸前為緩和之衝擊應令所有拖船以退俥拖住本船。

（十）巨型船之繫船台之橫靠（參照圖 7-29）

1. 注意事項

(1) 繫船台 Dolphin 及其碰墊是無法抵受 15 cm/sec 以上之靠岸速度，因將使本船外板凹入或損壞繫船台，因此在繫船台時，大致應以 10 cm/sec 以下之衝力速度且船身與繫船台應保持平行進行。

(2) 巨型船以滿載橫靠時水深餘量極少，因此橫移時之水的抵抗力很大，又會出現因水動而引起之複雜的影響。

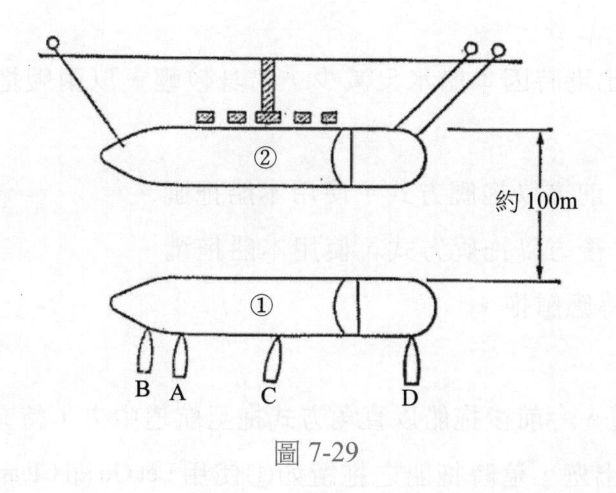

圖 7-29

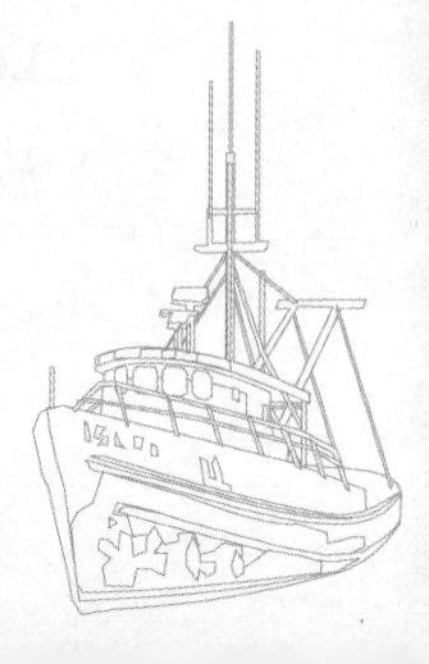

2. 拖船之配置

橫移時如①拖船全部艏貼於非靠岸方，使用四艘拖船時如下：

A.CPP，B 或 C：VSP 或 Duck，D：VSP 或 Duck。

3. 要領

(1) 以圖 7-28 之①之拖船配置接近 Berth，將本船與繫船船線平行地停止於距船席 100m 處。

(2) 拖船就位於ABCD，一齊將本船推向繫船台，這時應常看羅盤，調節拖船推動，以使本船與繫船台線平行移動。

(3) 與繫船台距離約等於本船寬度時令一艘拖船停推，拖船應為防止本船橫移之惰力作倒拉準備，測量自拖船停推至本船近約半艘船寬之速度，衝力太大時應令拖船倒拉防止惰力，又這時也應適宜地使用拖船修正斜度，以使本船與繫船台平行。

(4) 靠岸前（約 5m 前）令全部拖船倒拉停止衝力。

(5) 在繫船台碼頭為接合碼頭之卸油用油管與本船之卸油用油管被要求正確橫靠位置。要將巨型船一次就靠上正確位置極為困難，無論如何也應一旦靠岸後，再以碼頭纜與拖船修正位置。因此好的方法是開始就選擇靠岸位置於約 10m 前處，待妥纜後再以這些纜與拖船慢慢移至正確位置。

（十一）巨型船之離開繫舶台出港（參照圖 7-30）

1. 拖船配置

從繫船台碼頭出港時因本船水尺減少，船身較輕，以兩艘拖船似夠，兩艘應配置如下：

A：CPP 2,000 ps 前方以拖艉方式，使用本船拖艉。

B：CPP 2,000 ps 後方以拖艉方式，使用本船拖纜。

如果使用 VSP 時應艏拖。

2. 要領

Let Go 碼頭帶纜，令前後拖船以直角方式拖至航道中央，待充分離開碼頭後，放開拖纜開俥出遊，這時拖船之拖纜如①使用 Let Go 即 Clear 並可立即開俥。

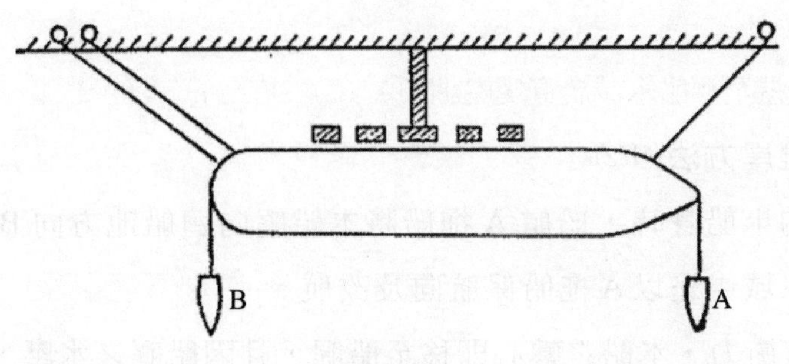

圖 7-30

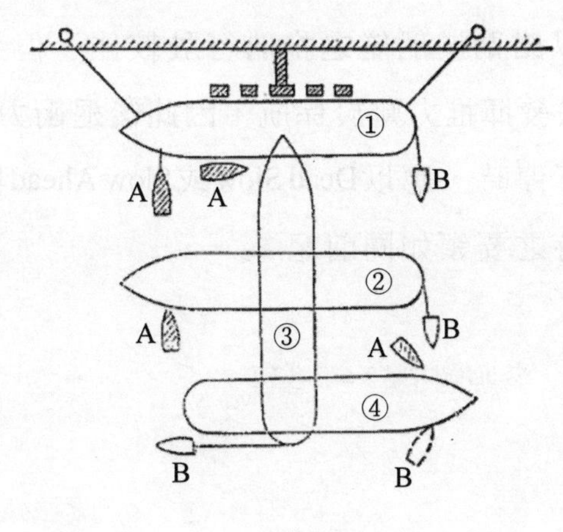

圖 7-31

（十二）巨型船之離開繫船台調頭出港（參照圖 7-31）

1. 拖船配置

A：VSP 或 Duck2,000 ps 艏貼於船艏。

B：不分種類，艉拖法。

2. 要領（在船席前調頭出港時）

(1) Let Go 碼頭纜後，令 AB 拖船將本船拖至碼頭約船長一半距離位置。

(2) 在此，A 拖船推動本船船艏，B 船即如②拖拉本船船艉調頭，這調頭依拖船拖法，本船多少有前後之移動，因此本船應適當地使用主機調節與碼頭距離。這調節應儘可能使其有後退衝力，以使本船船艏安全調過碼頭。

(3) 船艏調過碼頭後，本船應以 Dead Slow Ahead 阻止後退衝力，同時以右滿舵協助調頭。

(4) 完成調頭約 40° 前 Let Go 船艉拖纜，20° 前船艏拖船應停止推押，本船開俥出港。

3. 要領（離岸後退至迴船水域於寬濶處調頭）

(1) 這時之離岸方法如②。

(2) 離岸至約半船身時，船艏 A 拖船將本船艉向迴船池方向 B 拖船將本船拖向迴船水域中途以 A 拖船保航向及改航。

(3) 後退一有衝力，本船之轉心即移至船艉，且因船艉之水壓，將變得很大，迴轉船艉變難，另一方面本船船艏變輕，容易左右擺動。因此本船後退中之保航及改航以艏貼於船艏之拖船行駛較佳。但如後退衝力較大，將使船艏之拖船無法發揮推力難於保航，因此後退衝力保持 2 浬以下較佳。衝力過大及搖擺不停時，應以 Dead Slow 或 Slow Ahead 停止衝力調整姿勢。

(4) 在迴船水域調頭時之要領如同前記。

（十三）石油碼頭之進出港（參照圖 7-32，7-33）

1. 進港靠岸

（1）拖船配置

A：VSP 或 CPP 2,000 ps 艏貼。

B：VSP 或 CPP 2,000 ps 艏貼。

（2）要領

艏向繫船台中央附近接近，拋錨位於約 200m 前處，A、B 兩拖船艏貼於非靠岸方前後處在繫船台前與其線平行停止衝力以 A、B 拖船推靠之。若港口當局規定危險品不准下錨，則適當控制餘速，以艏拖推拉控制，平行靠泊。

2. 離岸出港

（1）拖船之配置

A：VSP 2,000 ps 艏貼。

B：CPP 2,000 ps 艉拖。

（2）要領

一面絞錨一面由 AB 拖船拖離至之位置。錨上後照之要領，以船推動右前方以 B 船拖船艉，以左轉原地調動，這時使用本船主機及艉舵之調節本船位置，同時協助調頭，完成調頭之 40° 前之 Let Go 拖船，開俥出港。若無下錨，

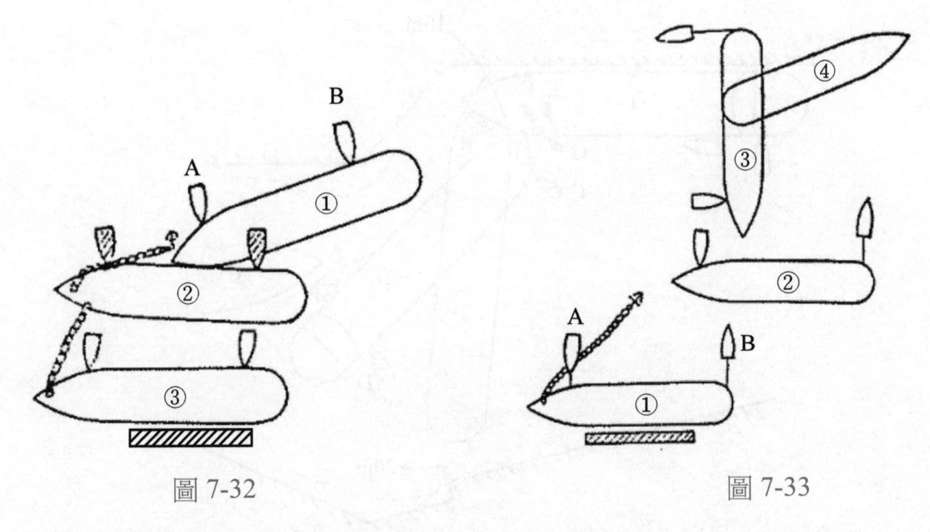

圖 7-32　　　　　　　　圖 7-33

則直接由艏艉拖船。平行拉開至足夠空間水域，若前方水域足夠，亦可拉艏，頂艉迴轉調頭出港。

（十四）狹窄水域之出港船位調頭橫靠（有效地利用 Powered Tie Up 之例參照圖 7-34）

如利用Schneider型拖船以Powered Tie Up法橫抱。可全面活用其優點，如此可在極狹窄水域行使出港船位調頭橫靠作業。

1. 條件

(1) 迴船水域之餘量約有 30m（L/8）。

(2) 風速在 5m 以下。

(3) 本船 4 萬 D.W.T. 以下並在輕載狀態。

2. 拖船之配置

A：VSP 1,000～1,500 ps Powered Tie Up。

B：種類不拘，1,000 ps 艏貼。

C：VSP 或 CPP 1,000 ps 艏貼。

D：VSP 1,000 ps 艏貼。

E：F.G. 拖船 350 ps。

3. 要領

(1) 以②之拖船配置進港，在②之位置用本船主機以 Slow Astern 將本船衝力降至 1 浬。

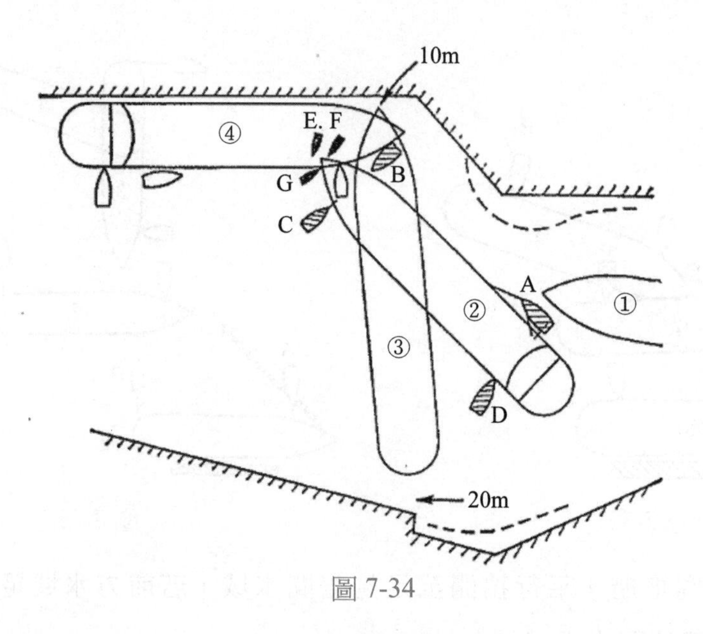

圖 7-34

(2) 令左船艏之 C 及 G 拖至②之位置，完全停其衝力於此。在之位置本船之中心在距碼頭 $L/2+10$m 地方。為要正確地將本船移至本位置，操船者應先確認當時船橋位置之串視線。由①至②之位置以A拖船調節本船之衝力。

(3) 到達②之位置後，以 A 船之橫推，與 C 及 G 之推押開始調頭。預先決定本船與碼頭成直角時之駕駛台之串視線，以此為目標細細地調節迴頭速度及前後距離調頭。以 A 拖船調節這前後距離。前後甲板指揮應常將前後之衝力及與碼頭距離向船橋報告。

(4) 迴轉速度之調節與將本船船艏保持於直角迴頭處之預定位置，其任務由 B、C 拖船及推船分擔。

(5) 調頭完成後，C、D 船及移至非靠岸側參加推船作業。

（十五）狹窄水域之出港船位調頭橫靠（將船頭貼近碼頭調轉時－參照圖 7-35）

1. 條件

(1) 迴轉水域之餘量約在 30 m。

(2) 風速 5 m 以下。

(3) 木材輕載船。

2. 要領

(1) 這時是將本船船頭貼於碼頭之碰墊，運用 Winding Ship 方法將其拉向碼頭

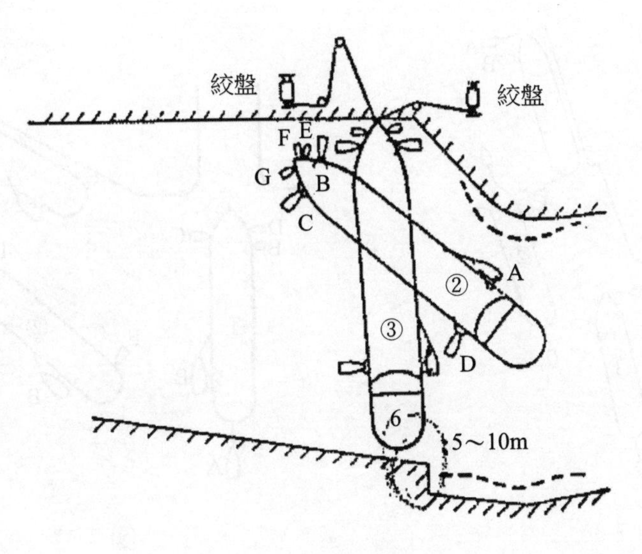

圖 7-35

調頭，因此應預先在碼頭如圖設置絞俥及準備帶索，（ϕ24 鋼索 × 100 m × 2 條）。

(2) ②於之位置將本船衝力之停止之要領完全與前例相同。

(3) 在②之位置將 G 推船送至碼頭接受拉本船船頭用之鋼索交給本船。

(4) 本船將其帶於纜椿碼頭方將這些鋼索掛上絞俥如圖，準備絞動。這些準備期間，本船保持於②之位置。

(5) 以上備妥後，用拉索及 A 拖船極慢地接近碼頭將船頭貼於碰墊，這時本船之衝力應以 3cm/sec 以下（1 m 以約 30 秒之速度）船頭貼住碰墊後，以絞俥絞拉一面 A 船以橫推將本船至出船方向。調頭中應注意船頭之貼住狀況，尤其 A 船應稍微前進似地注意以橫推不時將船頭貼住碼頭。其他拖船即擔任迴頭速之調節與船艏之保持工作。

(6) 超過直角迴頭時，放開外邊之拉索，調頭將本船推靠碼頭。

（十六）於造船廠所進塢及出塢之例（參照圖 7-36，7-37）

1. 進塢

進塢船多為無動力船舶，因此進塢時因不能使用本船主機，所以用拖船由離岸帶至塢口（如圖 7-36），在塢口由塢方向本船帶拉索以絞俥拉進本船。這時用拖船應將本船保持船塢之中心線。

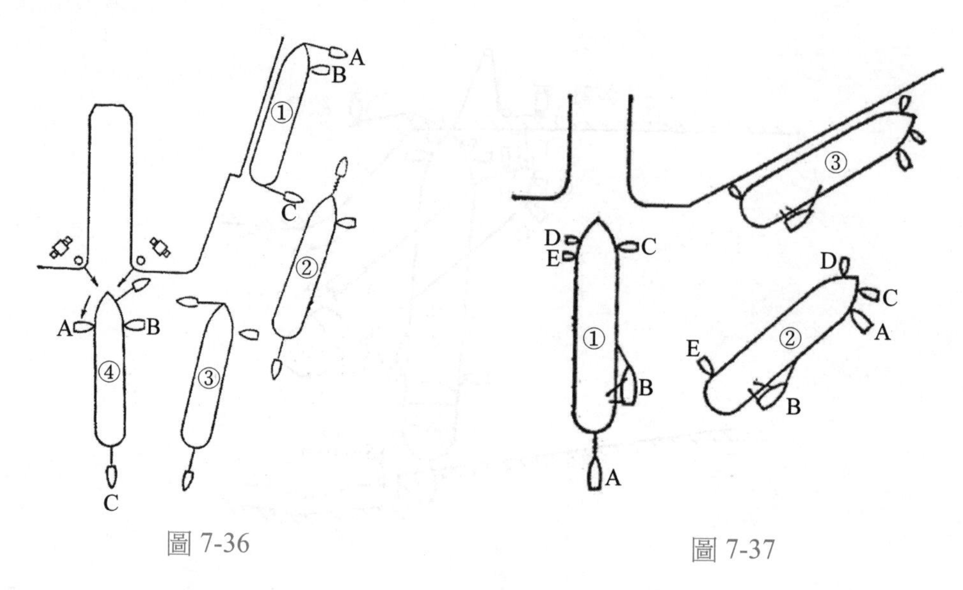

圖 7-36

圖 7-37

2. 出塢

這時以進場之相反方法即可，出塢（圖 7-37）之例是使用B:VSP Powered Tie Up; CDE：推船。這配置是對出塢後調為出港方向靠岸時尤為方便。

（十七）使用拖船失敗之例（參照圖 7-38，7-39）

1. 迎接進港之拖船（往復機雙俥），因帶艉拖式拖纜失敗，以致翻覆沉沒之例，進港船因抵港口附近帶拖船位置而停了俥，拖船為要帶艉拖式拖纜接近以餘速 2-3 浬惰力進行中之本船左舷船艏，由本船前甲板投下來之撇纜結帶準備於其後甲板之拖纜時，拖船為離開本船想左方離出，但不知為何變成為由本船右方離出之態勢，本船之左舷船艏材附近接觸到拖船之右舷中央部稍後之地方，瞬間翻覆沉沒。原因乃是帶拖纜之拖船太靠近本船，正想左離時拖船之右舷船艉接觸到本船船頭，拖船被向右扭轉並被本船之殘存衝力推壓以致急傾斜沉沒。如上述，為要帶拖纜之拖纜，拖船因太接近本船失敗以至於沉沒之例，為數甚多。
2. 將擱淺於河口淺灘之本船，拖船以船艉方式與用本船主機之後退，脫離該灘時，因脫離成功之本船繼續全速倒俥，以致後退衝力太大，拖船不但無法跟隨，甚至失去放纜時機，橫拖拖船，因此翻覆。

有關拖船之運用，在港域操船章節中，亦將予以介紹，讀者可相互比較參考之。

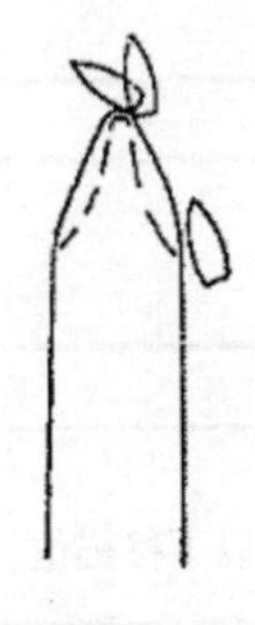

圖 7-38

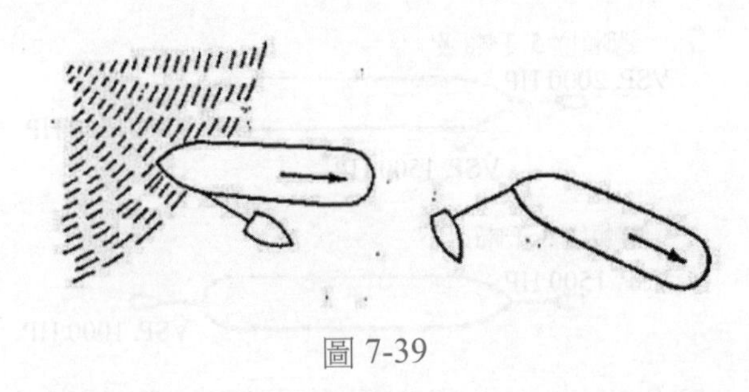

圖 7-39

八、無動力船舶之拖船運用

（一）無動力船舶（Dead Ship）/（No Power）/（Not Under Command）

1. Dead Ship 之拖船操船

（1）拖船之拖航力與數量

因本船為 Dead Ship，因此除了一般船之拖船操船所需拖船外，又需要拖船用與制動用之拖船。二萬總噸以下之 Dead Ship 是根據船之大小及移錨之 Berth 必須 3～4 艘拖船。其標準如圖 7-40 所示。

目前在 Dead Ship 之拖船操船，其拖船全部使用 V.S.P 或 Z.P. Tug。

（2）Dead Ship 之操舵裝置能用與不能用時

拖船操縱 Dead Ship 之本船時，以本船之操舵裝置能用與不能用時（入塢修理中之本船多數船內之電源停止）之拖船操船多少有異。

本船之操舵不能使用時：

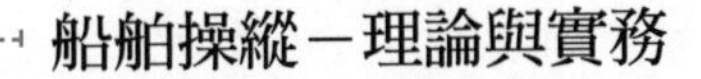

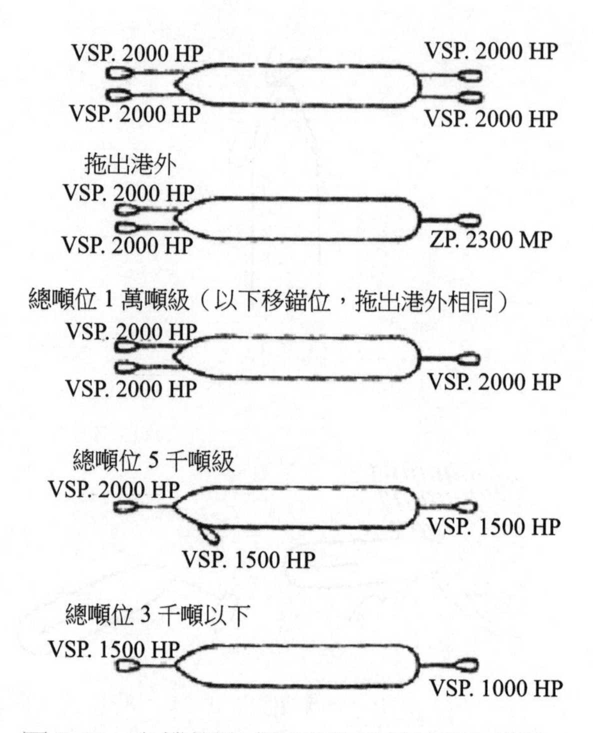

圖 7-40　主機故障或因不能修理使用之船舶

①定航運用

本船之舵完全不能使用時，即使用船艉拖船控制其偏向，船艏只用一艘拖船時不易全船定航。又船艏部艏貼拖船在本船速度有 4～5 浬時不發生效力。這時拖行拖船用兩艘以Bridle型（牽馬索型）拖航對變向或保持航向最有效果。如圖 7-41 所示。

②變向運用

若兩艘拖船同時開始向同一方向變向，因兩艘拖纜即成為牽馬索型拖引本船船艏，本船船艏立即隨拖船方向變向。拖船定航時兩艘拖船之拖纜因如用收緊牽馬索，抑制本船船艏之偏向，本船即停止其回頭朝向拖船方向定航。

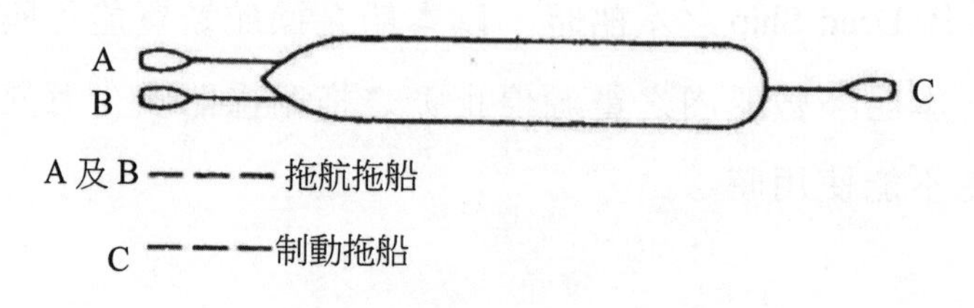

圖 7-41

圖 7-42

圖 7-43　Dead Ship G.T. 5,000 噸級

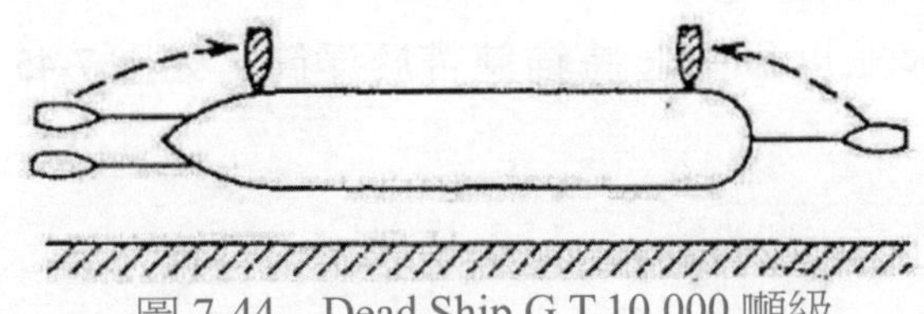

圖 7-44　Dead Ship G.T.10,000 噸級

本船之操舵可以使用時：

G.T.6,000 噸以上之死船其操舵裝置無論能不能用，通常使用兩艘拖船，其拖纜以牽馬索型拖航，G.T.6,000 噸以下船時，因拖船之馬力有 2,000，使用一艘即可充分拖航。

於圖 7-42 所示，只用一艘拖航拖船 A 與本船之操舵，因本船之迴轉半徑大而用船艏部之舵拖船 B 之推或拖之運用縮小本船之回頭路徑。船艉拖船 C 即常懸掛於本船船艉，這是抑止本船船艉，因此有效於制止本船船艏之左右偏向，容易定航。

A 拖航拖船，B 舵拖船，C 制動拖船。

（二）Dead Ship 靠岸之拖船操船

在船席前以船艏部拖船與移至船艏部之制動拖船兩艘橫推本船靠岸，如圖 7-43 所示。

當本船抵達船席前拖航拖船改為一艘並令外側之船艏拖船繞至船艏部以當靠岸時推壓之舵拖船。在船席前用船艏部拖船與移至船艏部之制動拖船兩艘共同將本船橫推靠岸，如圖 7-44 所示。

（三）本船帶浮筒時用拖航拖船與舵拖船如同在船艏左右張開手臂似地抑制著

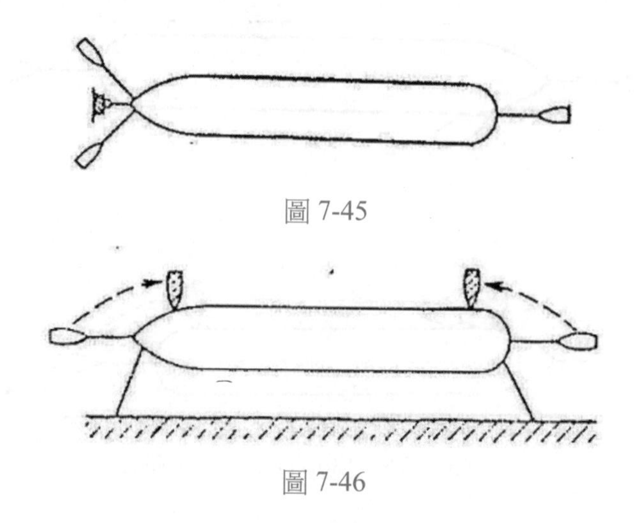
圖 7-45

圖 7-46

船艏，收緊 Buoy Rope 並以 Shackle 將錨鍊帶於浮筒，如圖 7-45 所示。

（四）G.T. 3,000 噸以下之小型船舶

G.T. 3,000 噸以下之 Dead Ship 用 V.S.P. 1,000 之船艏拖航拖船 V.S.P. 1,000 之船艉制動拖船之兩艘拖船操船。靠港或帶浮筒時，若為靠岸將船艏之拖航拖船移至船艏部，船艉制動拖船移至船艉部以橫推靠岸。又若為帶浮筒，令船艏拖航拖船繞至船艏部當舵拖船帶於浮筒，如圖 7-46 所示。

（五）海上拖航應注意事項

1. 拖帶船開始拖航時，應力求兩船風壓差相等，並避免拖纜突然緊張，需用間歇慢正俥（Kick Ahead），開短暫慢進俥後，立刻停俥，反覆進行，賦予被拖船徐緩前進力，然後逐漸微俥增加，待拖船速度增加至兩節後，主機才可維持繼續轉動，船速仍緩慢漸進，直至所需的拖航速度為止。
2. 被拖船起步時之慣性阻力，所需的前進拖力較大，萬一不慎，拖纜可能斷裂。初始以直線相同航向開始拖航。若是成 90° 角方向前進，初應力是用來轉向。
3. 拖船之應力，可觀察拖纜的懸垂線測知，切勿拉直，露出水面。拖纜不可完全露出水面，其最低部分應得保持在水面下 6～12 公尺處。
4. 如天氣惡劣，拖纜被波浪衝擊，彈出水面而有被拉斷的危險，則需將拖速減低，或放長拖纜，若在狹窄水域，則須縮短拖纜長度。
5. 拖纜長度不適當，在風浪中，易造成一鬆一緊而拉斷，轉航角度應逐步為之，

每次不超過20°。

6. 接近港口，儘早減速，被拖船速度確實慢了，再逐次減之。

7. 解纜前，最好兩船都同時下錨。

九、無動力船舶拖航力之計算

（一）計算之條件

1. 選擇為標準之船型，甲輪為一萬噸級之一般貨船，乙輪為三萬噸級之礦砂船，丙輪為五萬噸級之貨櫃船。

2. 拖航方向為正船艏方向。

3. 船體阻力因低速，可忽視興波阻力、漩渦阻力，而只算出摩擦阻力。

4. 不考慮被拖船Propeller之阻力。

5. 風壓，考慮其安全運航，由正船艏方向不拘拖航速度一律以受相對風速 10m/sec之風力計算。

6. 船舶之港內速度如果太慢將招致港內之交通阻塞，阻礙交通所以船舶之拖航拖速最低以三節，可能的話以五節。因此以三節與五節為計算條件。

（二）算式

1. 摩擦阻力

$R_f = 0.0439SV^{1.83}$〔註〕

R_f：摩擦阻力（Kg），V：船速（Knot），S：船體浸水面積（m^2）

$S = 1.7Ld + \nabla/d$（Deuny 算式）

∇ = 排水容積，d：平均吃水。

2. 風壓阻力

$R_a = \rho_a C_a V_a{}^2 (A\cos^2\theta + B\sin^2\theta)$（Hughes之實驗式）

Ra：風壓阻力（Kg），ρ_a：空氣密度0.125(Kg./m^3)

V_a：相對風速（m/sec）θ，：相對風向（Deg）

A：水線上正面投影面積（m^2），約為$\frac{6}{10} \times B \times D$

B：水線上側面投影面積（m^2）

〔註〕：日本領港協會監修西阪廣之助編，《拖船運用與操船》。

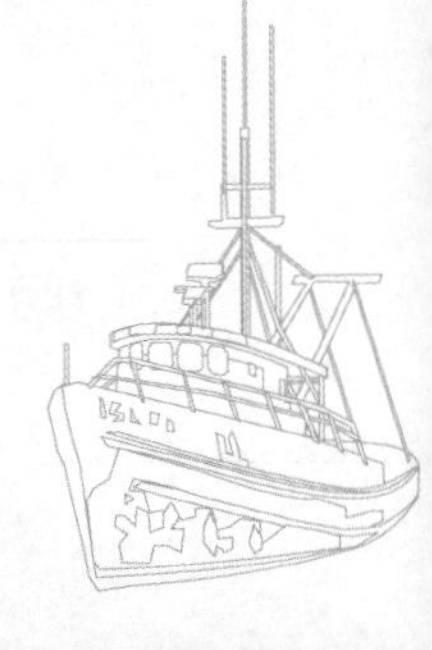

C_a：風壓係數（θ=0 時，C_a=0.8）

3. 考慮受淺水影響之摩擦阻力 Rf'（類合質量）

考慮以 H/d=1,732，20%增加。〔註〕

H：水深，d：平均吃水。

十、各標準船舶之拖航速度三節及五節之船體阻力

（一）甲輪（一般貨船）

尺度 $L_{oa} \times L_{pp} \times B \times D \times d$

$\times$9.6（滿載）

167 × 156 × 22.6 × 13.3

$\times$3.48（空船）

總噸位 10,793

吃水	排水量	D/W
3.48	6,196 MT	0
4.50	8,374 MT	2,178 MT
9.62	20,351 MT	14,155 MT

平均吃水 4.50 無裝貨 Bunker 滿載 水滿載

	3 節	5 節
S	3,009m²	3,009m²
R_f	1.12t	2.88t
R_f'	1.34t	3.46t
R_a	3.25t	3.25t
$R_f'+R_a$	4.59t	6.71t

A=650m²

平均吃水 9.62m 滿載船

	3 節	5 節
S	4,614m²	4,614m²
R_f	1.519t	3.848t
R_f'	1.824t	4.62t
R_a	2.67t	2.67t
$R_f'+R_a$	4.49t	7.29t

A=534m²

〔註〕：日本作業船協會巨大型船制動用拖船報告書（1972 年 3 月）。

（二）乙輪（礦砂船）

尺度　$L_{oa} \times L_{pp} \times B \times D \times d$

$224 \times 221 \times 31.8 \times 17.5$　11.75（滿載）

2.05（空船）

總噸位	34,746	D/w	56,623 MT
滿載排水量	66,793 MT	Bunker 總量	3,940 MT
Ballast	53,373 MT	淡水總量	608 MT

平均吃水 11.7m　滿載

$$S = 1.7 \times 221 \times 11.7 + \frac{66,793 \div 1,025}{11.7} = 9.7662\text{m}^2$$

	3 節	5 節
R_f	3.21 t	8.14 t
R_f'	3.85 t	9.77 t
R_a	2.57 t	2.57 t
$R_f' + R_a$	6.42 t	12.34 t

$A = 514m^2$ Upper deck 以上之正面投影面積約為 $6/10 \times B \times D$（實測）。

平均吃水　7.0m　Ballast 狀態

Ballast, Bunker 及淡水半載

即　Ballast 半載　$53,373 \div 2 = 26,686$ MT

Bunker 半載　$3,940 \div 2 = 1,970$ MT

淡水　半載　$608 \div 2 = 340$ MT

D/W26,686 + 1,970 + 304 = 28,960 MT

依 28,960 MT 之吃水下沈為 $28,960 \div 58 = 4.99$(m)

Ballast 狀態之吃水為 2.02（空船）+ 4.99 = 7.01m

d=7.01m 之排水量為 10,170（空船）+ 28,960 = 39,130 MT

$$S = 1.7 \times 211 \times 7.0 + \frac{39,130 \div 1,0.25}{7} = 7,965$$

	3 節	5 節
R_f	2.61t	6.65t
R_f'	3.13t	7.98t
R_a	3.34t	3.34t
$R_f' + R_a$	6.47t	11.32t

$A = 667\text{m}^2$

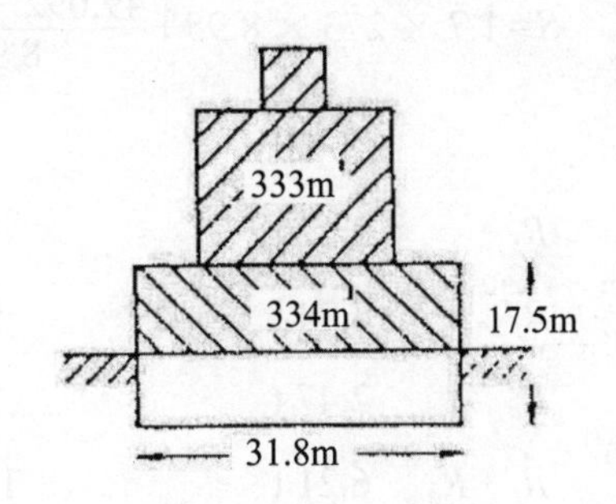

（三）丙輪（貨櫃船）

尺寸 $L_{oa} \times L_{pp} \times B \times D \times d$

289.5 × 273 × 322 × 24.3 × 12.00（滿載）

× 5.25（空船）

總噸位	58,438	滿載排水量	68,545 MT
D/W	43,896 MT	空船排水量	24,649 MT

平均吃水 12.00m　滿載

$$S = 1.7 \times 273 \times 12.0 + \frac{68,545 \div 1,025}{12} = 11,42\ \text{m}^2$$

	3 節	5 節
R_f	3.65 t	9.26 t
R_f'	4.38 t	11.11 t
R_a	4.38 t	4.38 t
$R_f' + R_a$	8.76 t	15.49 t

$A = 876\text{m}^2$

平均吃水　8.75m　Ballast 狀態

空船排水量　24,649 MT

空船吃水　5.25 m

Ballast滿載12,050 MT、Bunker滿載11,413 MT、淡水滿載900 MT，合計24,443 MT。

平均每公分下沉量 66 t（TPC）

因 D/W 24,443 MT 之下沉量（TPC）為 24.443 ÷ 66 = 3.70（m）

所以 Ballast 狀態之吃水量為 5.25 + 3.70 = 8.95 m

其排水量為 24,443 + 24,649 = 49,092 MT

$$S = 1.7 \times 273 \times 8.95 + \frac{49,092 \div 1,025}{8.95} = 9,505\ \text{m}^2$$

	3 節	5 節
R_f	3.12 t	7.93 t
R_f'	3.74 t	9.52 t
R_a	2.47 t	2.47 t
$R_f' + R_a$	6.21 t	11.99 t

$A = 494\ \text{m}^2$

十一、行駛距離

（一）依前所述欲將前述之一般貨輪（吃水4.5 m）頂風（10 m/sec）以五節之拖航速度拖航，若有6.7t以上之水平拖航力拖船即可拖航。但以6.7t拖航力其速度永不達到五節。於是試想拖航力與行駛距離之關係。

$$(\mathrm{m}+\mathrm{km}')v=T-R$$

於上述運動方程式中：

m：船體質量（$=\Delta/g$）（Δ：排水量，g：重力加速度9.8m/sec^2）

m′：船體附加重量0.07m〔註〕，K：淺水影響係數1.2

V：船速（m/sec），T= 拖航力，R：船體阻力

其次達到速度五節之工作量（功）為相等於拖船力與船體阻力之差乘上距離。

$$\frac{1}{2}(m+km')V_a{}^2=(T-R)S$$

V_a：最後速度五節（2.5 m/sec），T：拖航力

S：行走距離（m），R：船體阻力之積分平均

S：$\dfrac{(m+km')V_a{}^2}{2(T-R)}$

$T=R$時，$S=\infty$，亦即若以水平拖航力五節時之船體阻力拖航行走距離為無限大。然而若不以$T>R$之拖航力的拖船拖航，其速度無法達到五節（R為拖航開始時與到達時之阻力之平均，即R_a與（R_a+R_f'）之平均值）。

（二）以標準船甲輪（一般貨船）、乙船（礦砂船）及丙船（貨櫃船）之五節時之船體阻力兩倍之拖航力拖航時，其到達拖航速度五節及三節之行走距離分別計算如下：

1. 甲輪

（1）到達拖航速度五節之行走距離

$d=9.622$m（滿載）

拖航力$7.3\times 2=14.6$ t

$$\mathrm{m}+\mathrm{km}'=\frac{20{,}351}{9.8}+\frac{20{,}351}{9.8}\times 0.07\times 1.2=2.251$$

$$S=\frac{(m+km')V_a{}^2}{2(T-R)}=\frac{2{,}251\times 2.5^2}{2(14.6-5)}\left(R=\frac{2.67+7.29}{2}=4.98\fallingdotseq 5.00\right)=733\,\mathrm{m}$$

〔註〕：參照日本海難防止協會編《超大型船指南》。

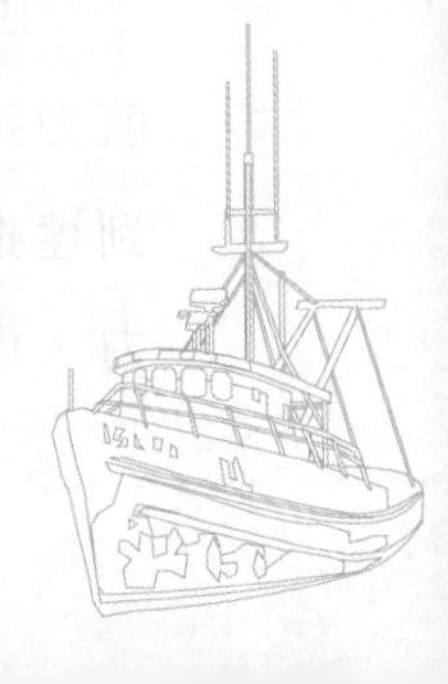

（2）以同拖航力 14.6t 到達拖船速度三節之行走距離為 $m+km'=2{,}251$

$$S=\frac{(m+km')V_1{}^2}{2(T-R)}=\frac{2{,}251\times 1.5^2}{2(14.6-3.6)}\left(R=\frac{2.67+7.29}{2}=3.6\right)$$

$=230\text{ m}$

2. 乙輪

（1）到達拖航速度五節之行走距離

$d=11.7\text{ m}$（滿載）

拖航力 $12.34\times 2=24.68\text{ t}$

$$\text{m}+\text{km}'=\frac{66{,}793}{9.8}+\frac{66{,}793}{9.8}\times 0.07\times 1.2=7.388$$

$$S=\frac{(\text{m}+\text{km}'V_\alpha{}^2)}{2(T-R)}=\frac{7.388\times 2.5^2}{2(24.7-7.5)}\left(R=\frac{2.57+12.34}{2}=7.5\right)$$

$=1{,}342\text{ m}$

（2）以同拖航 24.7t 到達拖船速度三節之行走距離

$$S=\frac{(m+km')V_\alpha{}^2}{2(T-R)}=\frac{7.388\times 1.5^2}{2(24.7-4.5)}\left(R=\frac{2.57+6.42}{2}=4.5\right)$$

$=464\text{ m}$

3. 丙輪

（1）到達拖航速度五節之行走距離

$d=12.00\text{ m}$（滿載）

拖航力 $15.5\times 2=31\text{ t}$

$$\text{m}+\text{km}'=\frac{68{,}545}{9.8}+\frac{68{,}545}{9.8}\times 0.07\times 1.2=7.531$$

$$S=\frac{(m+km'V_\alpha{}^2)}{2(T-R)}=\frac{7.531\times 2.5^2}{2(31-10)}\left(R=\frac{4.4+15.5}{2}\fallingdotseq 10\right)$$

$=1{,}128\text{ m}$

（2）以同拖航到達拖船速度三節之行走距離

$$S=\frac{(m+km'V_\alpha{}^2)}{2(T-R)}=\frac{7.531\times 1.5^2}{2(31-6.6)}\left(R=\frac{4.4+8.8}{2}\fallingdotseq 6.6\right)$$

$=350\text{ m}$

由以上各標準之計算結果得之，以拖航速度五節時之船體阻力之兩倍的拖航力拖航時，到達拖航速度五節之行走距離為 700～1,300 m 左右，又以同拖航力到達拖航速度三節之行走距離約為 1/3，即 250 ～450 m，似乎多少有餘量之拖航力，但因船體阻力之計算為五節之低速，所以除摩擦阻力以外，應考慮比實際的船體阻力增加10～15%。因此可考慮以拖航速度五節之船體阻力的兩倍拖航力為Dead Ship拖船妥當之拖航力。

十二、拖船之拖航力與船速之關係

一般考慮拖船之拖航狀態，因為是從船速零（如靠港狀態）至出航之多方面之作動，其推進器設計之條件將影響推力變化。

若使用可變螺距（CPP），可利用與船速無關係之主機全部出力，但若使用固定螺距（FPP）時將受迴轉數及迴轉力之限制，於某船速時將比主機最大出力更低之出力行動。圖7-47中「C」之狀態將在某船速為界，拖航力急速下降。求拖航力之急速下降方法如下：

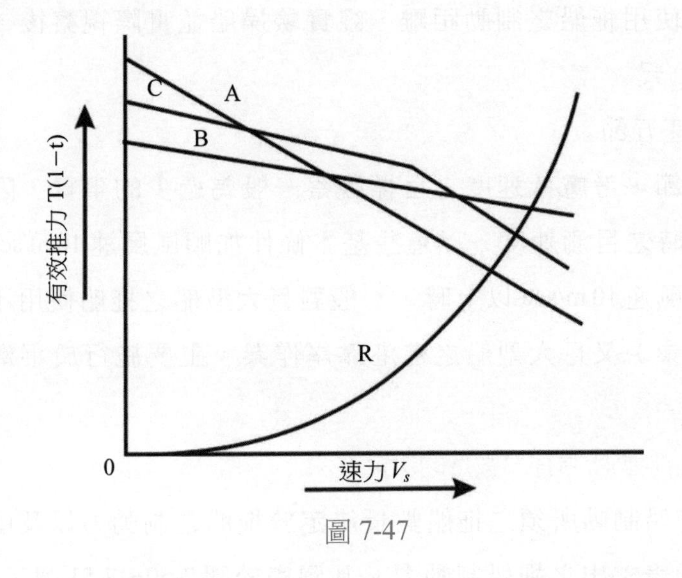

圖 7-47

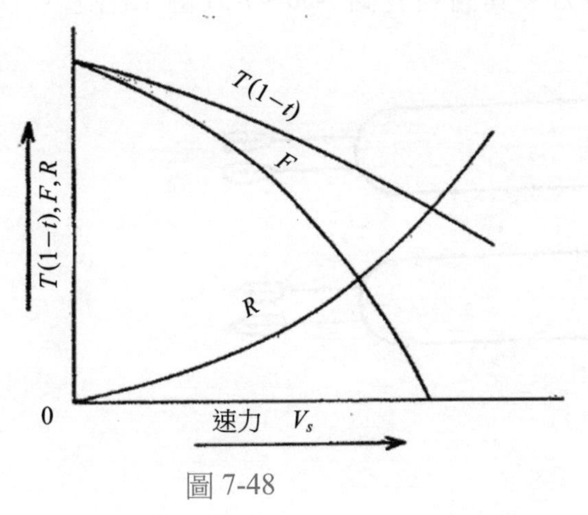

圖 7-48

F=T（1−t）−R

F：拖航力

T（1−t）：有機推力

R：拖船之阻力

T（1−t）：由Propeller性能曲線求知。

R：由試俥結果推定。

F：由上述求之。

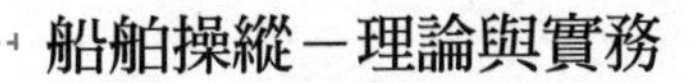

十三、巨大型船舶之拖船作業

(一)制動巨大型船舶之拖船運用

1. 為急速停止巨大型之拖船運用

(1) 我國及日本因拖船為 V.S.P tug 或 Z.P tug，因此大多用後退力以制動，但在歐洲用鈎拖之拖纜用前進力制動。(如圖 7-49)

(2) 本船之急速停止只用拖船制動之操船，須保留本船主機逆轉之制動力，以因應緊急之用為原則。

(3) 用拖船制動巨大型船時的基本條件。

a. 制動距離 700 m

巨大型船使用拖船之制動距離，經實驗操船並實際視察後，認為制動距離為700公尺。

b. 本船初速五節

初速以五節，考慮低速度之目標觀察一般為過少的事實，因此以四節為實際操船時之目測速度。以這些基本條件加順風風速 10 m/sec 為其最凶惡條件。(風速 10 m/sec 以上時，一般對巨大型船之拖船使用不易，因此取消進港作業)又巨大型船之進港靠岸作業，主要施行於平潮時，因此不考慮潮流。

2. 巨大型船之拖船制動所須拖船數量的決定方法

巨大型船之拖船制動所須之拖船數量決定於拖船之制動力以及由滿載排水量與制動距離圖表求出之拖船制動力。其圖表於圖 7-50～7-51 圖示出之。

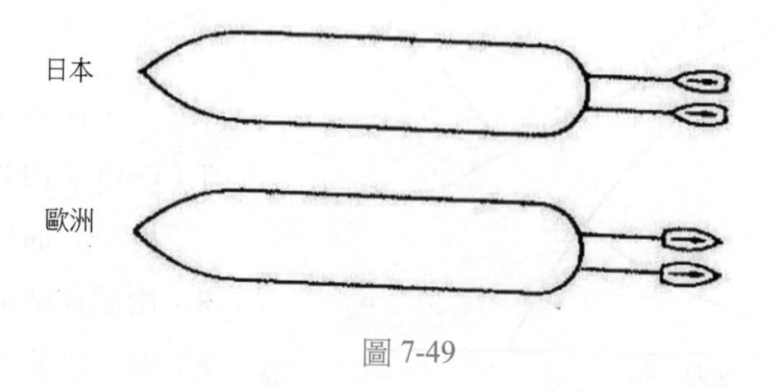

圖 7-49

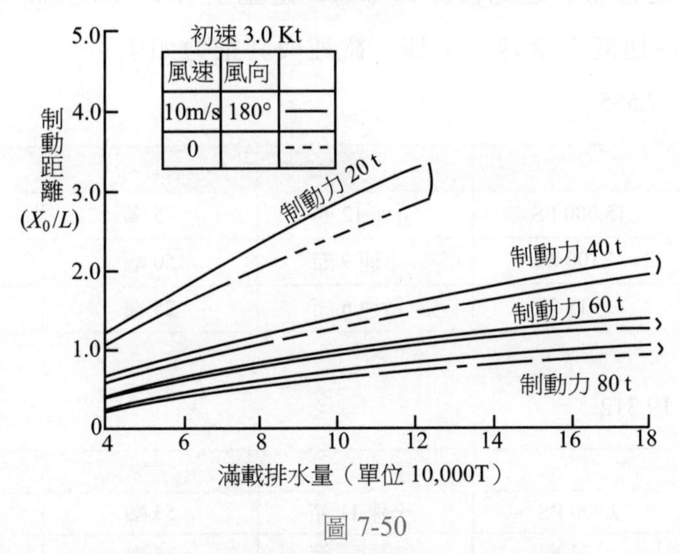

圖 7-50

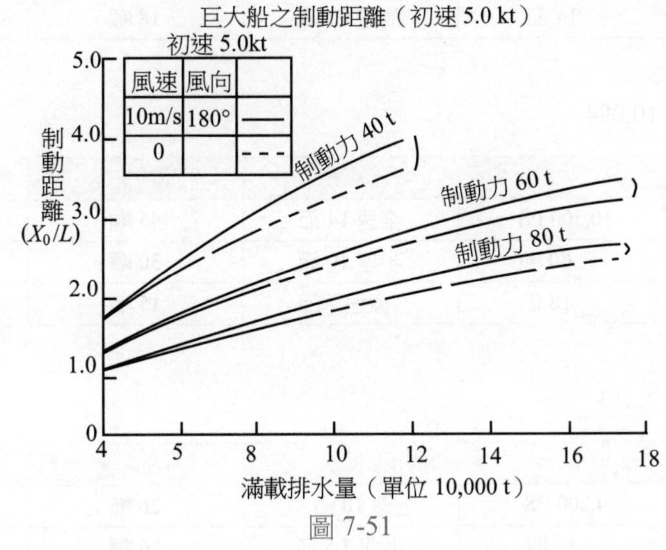

圖 7-51

上述資料為在深水作業之資料，所求出之制動距離為深水數值。因實際上在淺水海面上作業與圖表之數值有若干不同，但船體阻力，水深越淺越增加。因此由這些圖表求出制動距離可視為安全方面之數值。

十四、一般船舶之應用例

一般船舶之進港靠岸之拖船操船作業中，主機故障，或渦輪蒸汽機之發動延遲時，用船艉拖船之制動距離為以本船之後退推力與船艉拖船之後退推力（v.

s.p.或z.p. tug之後退推力）之比較作為考慮。選出由5,000噸至30,000噸之船舶五艘求出各船之港內速度之全速、半速、微速與其推力如下：

(1)甲輪　總噸位37,555

		港內速力	前進推力	後退推力
常用最大出力	15,000 PS	全速12節	75噸	45噸
常用最大推力	100噸	半速9節	50噸	30噸
航海速力	15節	微速6節	25噸	15噸

(2)乙輪　總噸位19,312

		港內速力	前進推力	後退進力
常用最大出力	9,900 PS	全速11節	55噸	33噸
常用最大推力	74噸	半速8節	35噸	21噸
航海速力	14節	微速5.5節	18噸	11噸

(3)丙輪　總噸位10,094

		港內速力	前進推力	後退進力
常用最大出力	10,500 PS	全速14節	45噸	27噸
常用最大推力	60噸	半速10節	30噸	18噸
航海速力	18節	微速7節	15噸	9噸

(4)丁輪　總噸位7,213

		港內速力	前進推力	後退進力
常用最大出力	4,200 PS	全速10節	26噸	16噸
常用最大推力	32噸	半速7.5節	16噸	10噸
航海速力	13節	微速5節	8噸	5噸

(5)戊輪　總噸位5,082

		港內速力	前進推力	後退進力
常用最大出力	4,600 PS	全速10.4節	26噸	16噸
常用最大推力	35噸	半速7.5節	18噸	11噸
航海速力	13節	微速5.0節	9噸	5噸

上述資料可作為拖船在本船主機故障時，拖曳作業之參考。

〔例題〕：某船排水量10000 M/T，在港內停俥後以6節餘速航進，拖輪在正船艉處拖纜帶力跟隨前進。發現正前方有障礙物，欲用倒俥失靈，隨即令拖輪以最大出力18噸向後拖拉。試問：

1.該船之停船距離。

2.若在停船之前，發現目標太接近，而有碰觸危險，則應採何種行動，以化解危機。

註：港內淺水係數為1.2，縱向附加質量為7%。

（解）：依荒本氏倒俥力停止距離計算公式 $S=0.0135\times\dfrac{W\times V_0^2}{A}$

1. $S=0.0135\times\dfrac{(10000\times1.2\times1.07)\times6^2}{18}$

$=347$ m……停船距離

2. (1)下雙錨抑制船舶前衝量。

(2)若右前方為安全水域，則拋下右短錨，同時令拖船向左後方拖拉。

(3)若左前方為安全水域，則拋下左短錨，同時令拖船向右後方拖拉。

十五、拖船推頂船艉時之下沉量

（一）推押全貨櫃船之船艉部時拖船之船艏吃水的下沉量與危險預防

近代全貨櫃船，其船艉外板，斜深者與水平面呈30°以上夾角，通常以約45°之斜度凹入。試想推頂此類船艉部時拖船船艏吃水下沉量與伴隨之危險性，拖船操船時應予以預防。特舉下述計算例，作為實際操作上的參考。

1. 拖船之Trim之變化

於圖7-52中 OA 為拖船之推船力，OB 為沿傾斜外板之分力，OP 為直角地推上傾斜外板之分力，OC 為 OB 之垂直分力（給予拖船Trim之變化）。

$OB=OA\cos\alpha$　　$OC=OB\sin\alpha$

因此 $OC=OA\cos\alpha\times\sin\alpha$

$=\dfrac{1}{2}OA\sin2\alpha$　　$(\sin2\theta=2\sin\theta\cos\theta)$

以 α 為30°與45°之兩種情況看

$a=30°$ 時

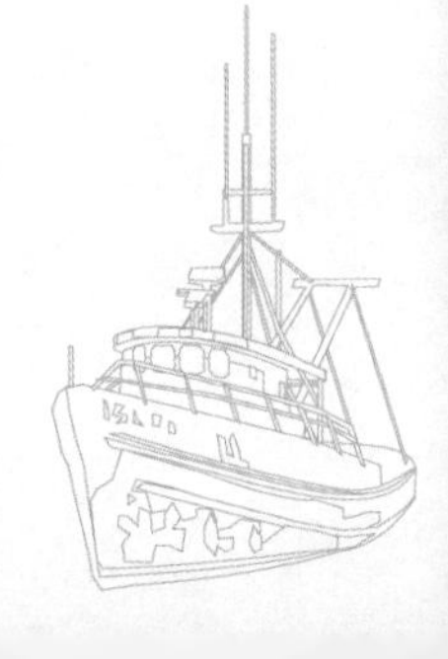

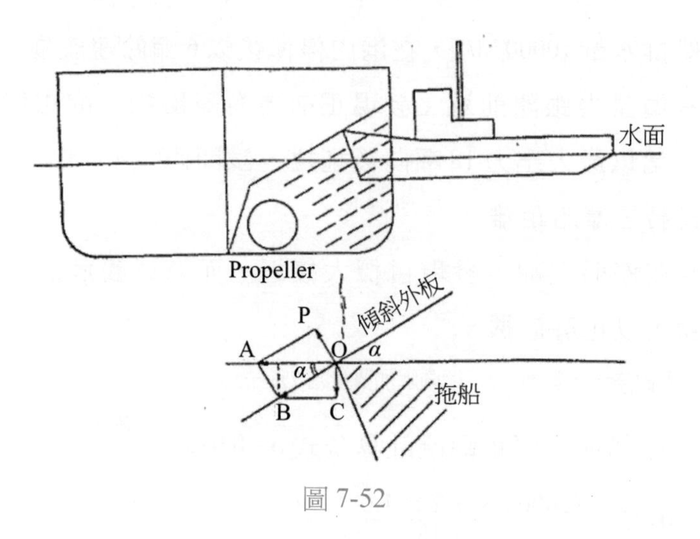

圖 7-52

$\cos a \sin a = \cos 30° \sin 30° = 0.050 \times 0.87 = 0.435$

$a = 45°$

$\cos a \sin a = \cos 45° \sin 45° = 0.71 \times 0.71 = 0.504$

(1) V.S.P Tug 2,000HP，拖航力 20 噸，船長 30 m 之例

$OA = 20$ 噸。

傾斜角 45°時之改變拖船 Trim 之力量 W（OC）為：

$OC = 20 \times 0.504 = 10.08$ 噸。

傾斜角 30°時之改變拖船 Trim 之力量 W 為：

OC ＝ 20×0.435 ＝ 8.70 噸。

(2) Z.P Tug 2,300HP 拖航力 29 噸，船長 26 m 之例

$OA = 29$ 噸。

傾斜角 45°時之改變拖船 Trim 之力量 W（OC）為：

$OC = 29 \times 0.504 = 14.6$ 噸。

傾斜角 30°時之改變拖船 Trim 之力量為：

$OC = 29 \times 0.435 = 12.6$ 噸。

Trim 1 cm 所變化之 Moment 為：

$$\frac{W \times GM_L}{100 \times WL} \fallingdotseq \frac{w}{100} \text{（mTon）}$$

W：排水噸數

GM：船之穩心高度

WL：吃水線之長度（船長）$GM \fallingdotseq WL$

Trim之變化量 $=\dfrac{W\times\frac{1}{2}L}{\text{改變 Trim 1 cm 之 Moment}}$（cm）

因而改變V.S.P Tug 2,000 Hp（港內作業時排水噸數310噸）之Trim 1 cm的Moment為：

$W=310$ 噸，$W/100=3.1$ mTon

推傾斜角45°之外板時之Trim之變化量為：

$10.08\times 15/3.1=48.8$（cm）

推傾斜角30°之外板時之Trim之變化量為：

$8.7\times 15/3.1=42.1$（cm）

改變Z.P Tug 2,300Hp（港內作業時排水噸數310噸）之Trim 1cm的Moment為：

$W=310$ 噸，$\dfrac{W}{100}=3.1$ mTon

推傾斜角45°之外板時之Trim之變化量為：

$14.6\times 13/3.1=61.2$（cm）

推傾斜角30°之外板時之Trim之變化量為：

$12.6\times 13/3.1=52.8$（cm）

2. 船體之下沉量

因V.S.P 2,000 HP之拖船及Z.P 2,300 HP拖船其每公分排水量數（T.P.C）均為2.2噸，求推船力之拖船船艏之下推分力，因OC之船體下沉量為：

(1) V.S.P 2,000 HP 拖船之傾斜角45°時之 OC 為10.08噸，因而船體下沉量為 $10.08\div 2.2=4.5$ cm

傾斜角30°時之 OC 為 $8.7\div 2.2=4.0$（cm）

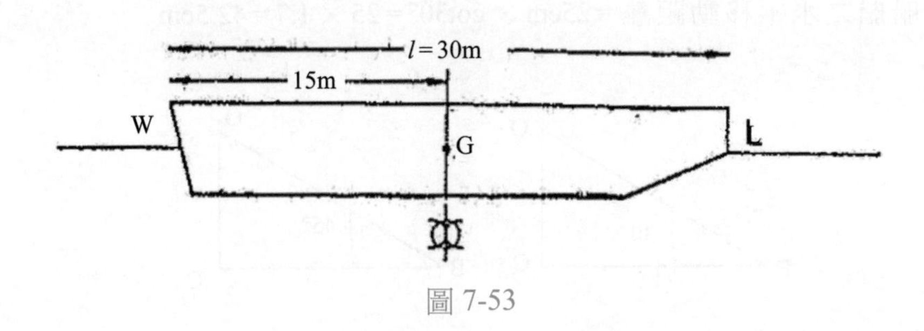

圖 7-53

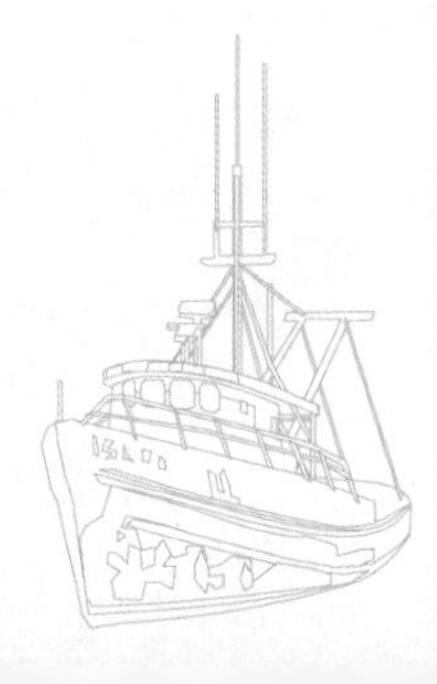

(2) Z.P 2,300HP 拖船之傾斜角 45° 時之 OC 為 14.6 噸，因而船體下沉量為 14.6 噸 ÷ 2.2 = 6.6（cm）

傾斜角 30° 時之 OC 為 12.6 噸，從而船體下沉量為 12.6 ÷ 2.2 = 5.7（cm）

3. Trim 之變化量與綜合船體之下沉量之船艏吃水之下沉量

求 Trim 之變化量與綜合船體之下沉量之拖船船艏吃水之下沉量其式如下：

$\frac{\text{Trim 之變化量}}{2}$（cm）＋因推船力之向下 OC 之下沉量（cm）

(1) 前述 V.S.P 拖船推傾斜角 45° 外板時其船艏吃水之下沉量為：

$\frac{49}{2}$（cm）＋4.5（cm）＝29.0（cm）

推傾斜角 30° 外板時之船艏吃水之下沉量為：

$\frac{42}{2}$（cm）＋4.0（cm）＝25（cm）

(2) Z.P 拖船推傾斜角 45° 外板時其船艏吃水之下沉量為：

$\frac{61}{2}$（cm）＋6.6（cm）＝37.1（cm）

推傾斜角 30° 外板時之船艏吃水之下沉量為：

$\frac{53}{2}$（cm）＋5.7（cm）＝32.2（cm）

4. 拖船船艏陷入本船船艉下之水平距離

推押傾斜外板，拖船船艏吃水下沉時，因拖船船艏之水面上高度降低，拖船船艏將陷入本船船艉部下面。於圖 7-54 若以 BC 為船艏之水平移動距離，OC 為船艏吃水之下沉量 $\cot\alpha = \frac{BC}{OC}$，陷入船艏之水平距離 $BC = OC \cot\alpha$

因此對於 V.S.P（2,000HP）Tug

(1) 傾斜角 30° 時之狀況

船艏之水平移動距離 ＝25cm × cot30° ＝ 25 × 1.7 ＝ 42.5cm

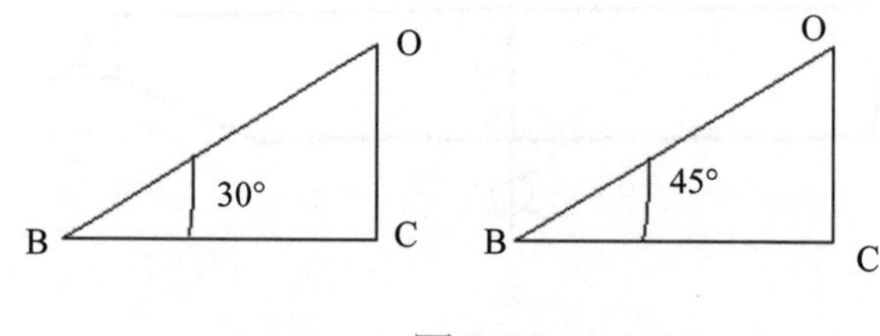

圖 7-54

(2) 傾斜角45°時之狀況

船艏之水平移動距離 = 29cm × cot45° = 29 × 1.0 = 29 cm

【角度大，水平距離移動少】

對於Z.P（2,300HP）Tug

(1) 傾斜角30°時之狀況

船艏之水平移動距離 = 32.2cm × cot30° = 32.2 × 1.7 = 54.7cm。

(2) 傾斜角45°時之狀況

船艏之水平移動距離 = 37.1cm × cot45° = 37.1 × 1.0 = 37.1cm。

當拖船之船艏推押與水平面成30°傾斜角度之船艉部外板時，看來像是因為沿著船艏端外板下滑而不能推船，但實際上V.S.P Tug的情形乃是拖船船艏下沉25cm向水平插入42.5cm，Z.P Tug為下沉32.2 cm向水平插入54.7cm而可以推船。因此為安全地推押傾斜船艉外板，其船艏貼上傾斜外板時之拖船的船橋之前面上端或桅桿之前端與本船外板之水平距離必須比前述求出之距離有若干餘量。因此應如圖7-55所示拖船之推船位置定於船艉傾斜外板較低之前面。又當推押傾斜外板時，因拖船船艏將下沉陷入於本船船艉之下方，因此避免與本船Propeller接觸而避開其附近。

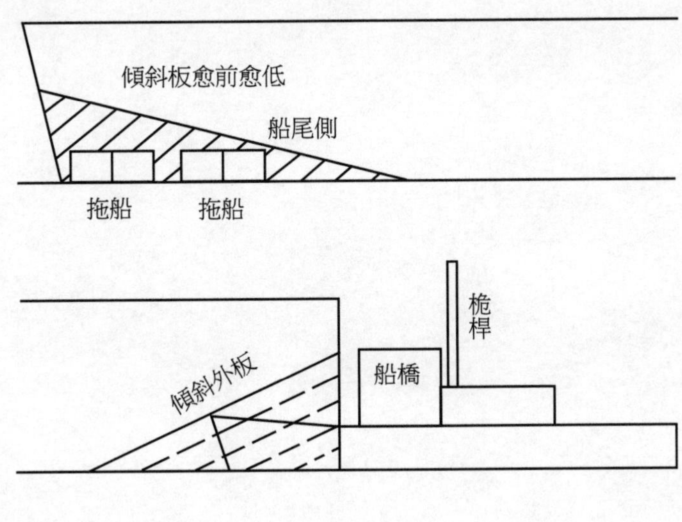

圖7-55

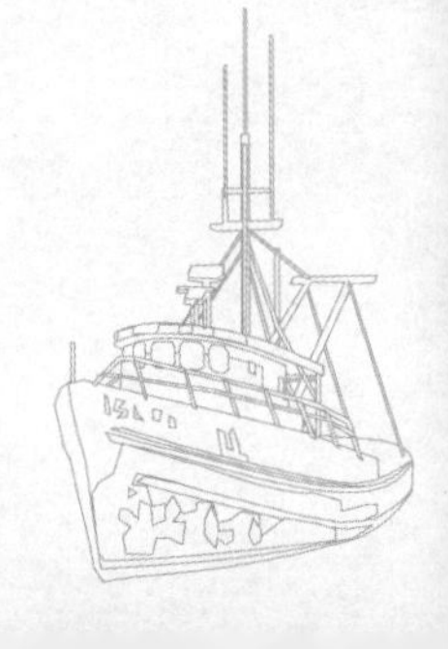

第八章 港域操船

港域操船乃船舶操縱領域中最精緻，在操控應用上亦為最複雜的一環。除了到港船速控制，錨泊操縱，尚包括離靠碼頭與浮筒。在慢速操船舯受風壓、流壓以及水域環境的影響甚巨。除小型船舶在天候良好情況下可運用自力操船外，一般均需依賴外力如拖船之協助。本章各節介紹之內容，乃一般實務上所採行較為安全妥適的操控原則與方法。每個地區港口水域條件或有所不同，加以當地引航人員作業模式及拖船帶纜方式亦未盡相同，因此在作業上非全然一致。操船者只要掌握基本原則與要領，當能順利安全地完成港域操船作業。

第一節　錨地選擇及接近泊地操船

一、錨地選擇

船舶選擇錨地通常會遇到二種情況，一種是港方指定錨地，在這種錨地錨泊安全性相對較高。第二種是在某些非專用錨泊水域進行錨泊，在這種情況下，就更需要根據航海資料、水文氣象預報作出更謹慎的選擇。錨地的選擇主要應考慮以下幾個方面：

（一）適當的水深

在錨地選擇的水深這一方面，應考慮船舶吃水、海圖水深、潮高、波高、船舶的搖盪及深水拋錨中錨機的負荷等因素。在遮蔽良好、無浪湧侵入的錨地，當短時間錨泊且需自力操船時，所選錨地的水深至少應保持在低潮時大於 1.2 倍的吃水；在有拖船協助時，至少也要大於 1.1 倍的吃水。

事實上遮蔽良好、無浪湧侵入的錨地是比較少的。通常在考慮水深時應注意當時及以後可能出現的浪湧侵入，風浪導致的船舶搖擺、垂盪，可能造成的船舶墩底。因此，在此水域應保持在低潮時錨地水深大於 1.5 倍吃水與 2/3 最大波高之和。據此推算，一般萬噸級貨船適合的錨地水深約為 15 m～20 m。除風浪可能造成船舶搖擺、垂盪外，周圍航行船舶也會造成船舶搖擺、垂盪，這也是考慮錨地水深時應注意的問題。另一方面，在水深足夠時，則應注意可拋錨的最大水深界限。理論上的最大水深是指錨機所能絞起的錨和鏈的重量的水深。中、小型船一般配備普通型錨機，它由一台驅動機帶動左右兩舷的鏈輪；大型船多配備單舷型錨機，左右舷各有驅動機帶動鏈輪；或配置左右兩舷的單舷錨機連接起來，可同時使用兩台驅動機帶動一舷的鏈輪，該錨機稱為連接型錨機輪。上述三種錨機的額定負荷，如表 8-1 所示。起錨機額定絞錨速度規定不得低於 9m/min。

如需將深水中所拋之錨絞起，則在絞錨至最後拔錨出土離底時，錨機額定負荷能力 P_w 必須滿足：$P_w \geqq \lambda_a W_a + H_{max} W_c$ 。

式中 λ_a：錨在破土時的抓力係數，約為 1.5～2。

W_a：錨重（t）。

H_{max}：可拋錨的最大水（m）。

W_c：每米鏈重（t/m）。

若以單舷型錨機的額定負荷能力為例來計算可拋錨的最大水深 H_{max}，則：

$$(W_a + 80W_c) \times 1.35 \geqq \lambda_a W_a H_{max} W_c$$

得：

$$H_{max} \leqq 108 + (1.35 - \lambda_a) W_a / W_c \quad (m) \qquad (8\text{-}1)$$

因為錨重和每米鏈重是根據船舶建造規範的要求配置的，所以由該式可知，對某一艘船舶而言，可拋錨的最大水深，將主要取決於錨出土時的錨抓力係數 λ_a，該值可通過試驗得出，一般取 1.5～2.0。一般錨地最大水深，為安全起見不應超過一舷錨鏈總長的 1/4，即 85 m 左右。但船齡較大、錨設備保養較差的船舶，對於可拋錨最大水深的確定，應當謹慎考慮，並留有充分的餘地。

表 8-1　錨機的額定負荷

錨機類型	額定負荷
普通型	$2(W_a + 40W_c) \times 1.35$
單舷型	$(W_a + 80W_c) \times 1.35$
連接型	$2(W_a + 40W_c) \times 1.35$

（二）良好的底質和海底地形

底質與錨抓力關係密切，底質的好壞將影響錨抓力係數的大小。軟硬適度的泥底、砂底及黏土質的泥底最好；泥砂混合底較好；硬質或軟質泥底較差；石底不宜拋錨。海底地形以平坦為好。海底坡度較陡時將影響錨的抓力，也易出現走錨。另外，在陡坡處拋錨易使錨向深處滑動，如果有5～6節錨鏈已入水，則錨抓力加上鏈重將超過錨機的額定起錨能力而絞不上來。

（三）水流

應選擇水流交匯流速較緩、流向相對穩定的錨地。狹窄處水域通常流較急，彎曲水道，水流交匯處流向變化複雜，選擇上述地方拋錨應特別注意流的影響。

（四）具有符合水深要求的足夠迴旋餘地

迴旋餘地應根據預計出鏈長度、底質、錨泊時間長短、附近有無障礙物及水文氣象等條件綜合考慮予以確定。

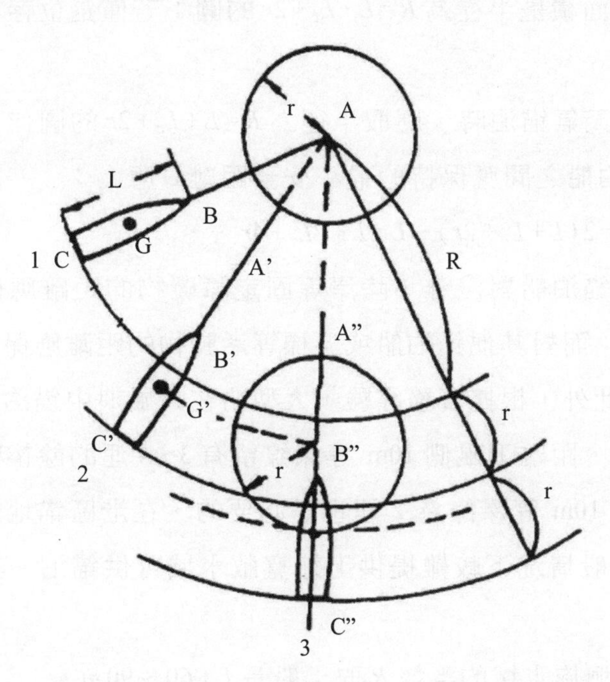

圖 8-1　單錨泊所需水域

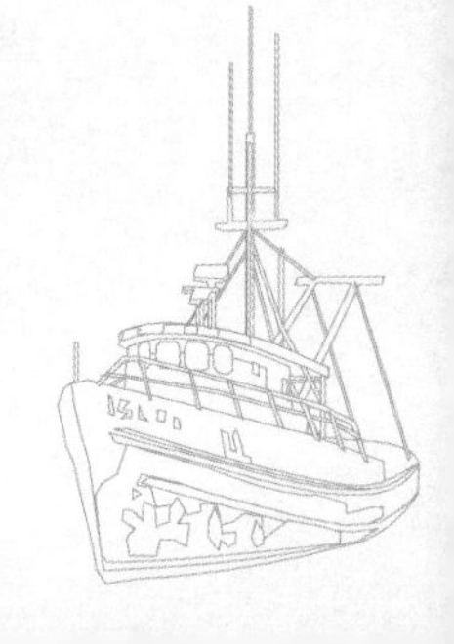

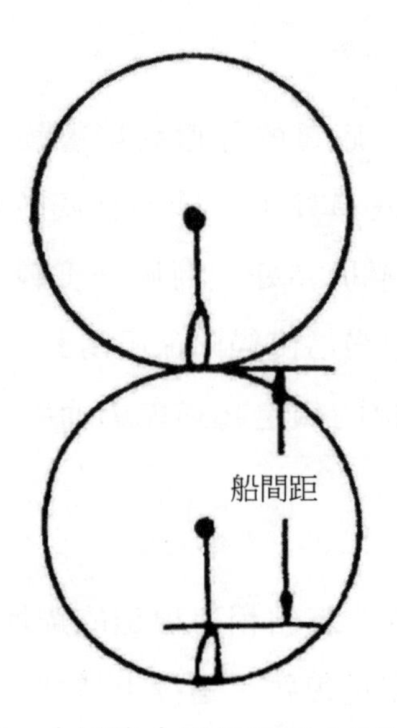

圖 8-2　大風浪中單錨泊船之間的距離

如圖 8-1 所示，若錨泊正常，則單錨泊船的占有面積是以錨位為中心，迴旋半徑為 $R=L+L_c$（船長與出鏈鏈長之和）的圓；若錨位、船位存在測量誤差，其誤差圓半徑均為 r（雷達定位時，約為測定船位至物標之間距離的 2%），則正常錨泊船占有水域面積是半徑為 $R=L+L_c+2r$ 的圓；若僅錨位存在誤差，則取半徑 $R=L+L_c+r$。

大風浪等惡劣天氣錨泊時，應取半徑為 $R=L+L_c+2r$ 的圓作為所需水域。如圖 8-2 所示，兩錨泊船之間應保持的最小安全距離 D 應為：

$$D=2R-L=2(L+L_c+2r)-L=L+2L_c+4r \quad (8\text{-}2)$$

一般情況下，錨泊船對淺灘、陸岸等固定障礙物的距離應保持一舷全部鏈長和 2 倍船長之和；而對其他錨泊船或浮標等活動物的距離應保持一舷全部鏈長和 1 倍船長之和。此外，根據實務經驗，大型船在大風浪中錨泊時，為確保錨泊安全，條件許可時，距離下風側 10m 等深線留有 3～4 浬的餘裕距離較為妥當，條件受限時保持距 10m 等深線為 2 浬也是必要的。在港區錨地內，由於船舶較多，水域有限，一般情況下較難提供上述寬敞水域可供錨泊。其錨泊水域可按如下方法估算：

單錨泊時所需迴旋水域的半徑 R 取：船長 $L+60\sim90\,m$。

八字錨泊時所需迴旋水域的半徑 R 取：船長 $L+45\,m$。

（五）良好的避風浪條件

所選錨地水域周圍的地形應能成為船舶避風浪的屏障。在錨地躲避颱風時，由於颱風經過時路徑位置不同，風向風力也隨時變化，如遮擋風浪的地形有限，船舶在選擇錨位時應注意利用有限的地形，在船舶受最大風浪侵襲時起屏障作用，並且錨位儘可能應靠近上風位置。此外，當船舶在傍山水域錨泊時，應注意避開由於地形關係而形成的「山風」，受「山風」影響的水域的風力比附近開濶水域風力大得多。

（六）其他條件

選擇錨地應遠離海底電纜、沉船、礁石等障礙物；應儘可能遠離航道、水道等船舶密度高的水域，同時要注意港口及有關航路資料中提出的有關禁止或錨泊注意的有關事項。此外，所選錨地應具有較好的定位條件。

二、接近泊地或引航站之操縱

在進入錨泊地或引航站前，船舶應透過 VTS 或雷達等資訊，了解引航站附近與錨地船舶運動及錨泊情況，並了解引航站及錨泊地風流、錨泊船分布等情況，若船舶可直接進港則應確認船舶許可進港次序及引航人員出發登輪情況。船舶並應妥為計畫：

1. 接近引航站之速度及放置何舷引水梯；
2. 錨泊點位置及錨泊方式；
3. 進入泊地方式，包括拋錨當時與風流交角、俥舵的運用、餘速的控制等。

關於錨泊點位置及錨泊方式的確定，在本節第一部分及下一節中都有詳細介紹。而在有 VTS 控制水域及港口內外錨地常會指定錨泊點，船舶在計畫進入錨泊地時應注意最好是頂風流與錨泊船平行進入錨地。當船舶橫風流進入錨地時，如風流較強，應注意避免近距離從錨泊船船艏穿越。在錨地中穿越錨泊船，通常選擇從錨泊船船艉經過比較安全。

船舶接近和駛入泊地或引航站時的減速過程，應根據船舶種類、船型、主機功率、航道情況、船舶交通流量及水文氣象等因素進行分段減速停船。船舶預報到達時間（ETA Pilot Station），一般以餘速3～4節速度為原則，如此進可加

表 8-2　超大型油輪接近泊地減速要領

距目的地航程（n mile）	10	7	5	3	0.5
應發出的換俥命令	備俥	慢速	微速	停俥	停船

速，退可安全停俥，同時可掌握ETA之準確度。

（一）超大型油輪

由於其排水量大，相對主機功率較低，因此換俥減速要比其他種類的船舶早。大致可參考的方法稱為「七、五、三」減速要領，如表8-2所示。

（二）一般貨船

對於一般貨船，為避免通過水域時間過長，及船速過慢所造成的漂移量，進入錨泊地前過早備俥、減速、停俥是不可取的。對船舶安全而言，更應注意進入錨地時速度過快，難以控制。在船舶具有良好操縱環境下，一般貨船可按表8-3所示進行減速停船。

通過發出的俥鐘令，分階段減速的過程事實上是一種對速度控制的過程。這裡關鍵因素是船速，船舶進入錨泊地的減速過程不能一成不變地將俥鐘令與距目的地航程相聯繫，應根據船舶、環境情況變化及時進行調整。例如，距泊地2浬時發現速度太快，即時停俥或倒俥也是可行的。

（三）大型貨櫃船

貨櫃船的主機功率相對較高，制動能力較強，一般情況下，可按一般貨船要求進行減速停船。在剩餘航程5浬左右備俥，接近泊位約需30分鐘；當其接近泊地時水面交通狀況較為複雜，則應及早備俥減速，一般可提前到距泊地10浬處備俥，此時接近泊位約需60分鐘。

表 8-3　一般貨船接近泊地減速要領

距目的地航程（n mile）	5	4	3	2	1
應發出的換俥命令	備俥	慢速	微速	停俥	停船

第二節　錨泊操縱

一、錨泊方式及其選擇

船舶在駛往錨地的同時，應根據該錨地的底質、水深、風流、潮汐、可供迴旋水域大小、船舶密度，結合本船吃水、載況、抗風能力和錨泊時間的長短等情況來決定錨泊方式。由於錨地條件和拋錨的目的不同，錨泊方式一般可分為單錨泊和雙錨泊兩種。

（一）單錨泊（Riding at Single Anchor）

當錨泊時間不長、錨地寬敞、風浪不是很大時，船舶通常拋單錨進行錨泊。這種方式作業容易，拋錨及起錨方便，不利之處是風浪較大時，偏盪嚴重，且需迴旋水域相對較廣。

單錨泊時究竟選擇拋何舷錨，在一般情況下，原則上左右錨輪流使用。為操作方便，單俥船可拋與進俥螺旋槳轉動方向相反一舷的錨；在風流來自某一舷時，則應拋上風舷或迎流一舷的錨。

（二）雙錨泊（Riding at Two Anchors）

1. 一字錨（Mooring to Two Anchors）

   在船舶錨泊迴旋受限的水域，如在有潮汐影響的狹窄河道中，可在與潮流流向相一致的方向上，先後拋下兩只艏錨成一直線，雙鏈交角近 180°，使艏繫留在兩錨之間，這種錨泊方式稱為一字錨。

   在風流影響下，船舶隨風流的變向而轉動。其中對外力影響起主要繫留作用的錨和鏈稱為力錨（Riding Anchor）和力鏈（Riding Cable），而另一錨和錨鏈稱為惰錨（Lee Anchor）和惰鏈（Lee Cable）。一字錨方式迴旋所需水域最小，主要適用於狹窄水域或內陸江河，短時間錨泊，但一字錨操作較為複雜與費時，風流方向多次變化後，雙鏈容易絞纏；錨泊抓力也較小，故不宜作為錨泊抗風防颱。

2. 八字錨（Open Moor）

   在錨地底質較差、風大流急、單錨泊抓力不足時，可改拋八字錨。八字錨的錨泊方式是將左右兩錨先後拋出；使雙鏈保持一定交角（一般為 30°～60°）成倒「八」字形，使船繫留的錨泊方式。這種錨泊方式可同時作到增大錨抓力和抑制偏盪兩方面的作用。其作用的大小隨兩鏈的交角不同而不同，若夾角為 60°時，則上述兩方面均有明顯增強。缺點是操作較複雜，而且在風流多次變向後雙鏈常發生絞纏。

3. 一點錨（Riding One Point Anchors ／ Riding to Both Anchors）

落錨前與單錨泊操縱方式相似。拋錨時船舶同時拋下左右錨，雙鏈出鏈長度相等，並保持平行（雙鏈夾角為 0°）的錨泊方式，又稱平行錨。其拋法較為簡便，且抓力最大，為單錨泊時抓力的 2 倍。大風浪中風流方向改變時，不需再調整雙錨，且雙鏈不易絞纏。雖有偏盪現象，但比單錨泊時減輕，但當風力增強、船身偏盪增大時，應用俥舵配合加以抑制。它是一種最適宜於抗颱的錨泊方式。

二、單錨泊操縱

（一）拋錨的基本方法

1. 後退拋錨法

當船舶到達預定拋錨點，在船身略有對地退勢時拋下艏錨，利用船舶極慢的退勢，分多次少量出鏈至預定長度的操縱方法，稱為後退拋錨法。該方法安全方便，拋出的錨鏈向前方伸展，不至擦傷船艏拋錨舷外板油漆漆膜或外板，而且抓底過程短，抓底概率高。商船拋單錨常採用此法。

2. 前進拋錨法

當船舶具有微小對地進速時，拋出艏錨，並在前進中鬆鏈至計畫出鏈長度煞住的拋錨方法稱為前進拋錨法。該方法控制航跡與艏向容易，並能較準確地將錨拋至指定位置，但如速度控制不好，易丟錨（鏈）及損壞錨機，且錨拋下後錨鏈指向後方，易擦傷船艏油漆或外板。一般商船在靠泊操作、狹水道中順流拋錨調頭、海底傾斜水域拋錨、一字錨操作和不得已順（橫）風流進入錨地時，也常採用此法。由於此法速度控制要求非常準確，因此船舶應謹慎使用該拋錨法。

（二）拋錨操縱要領

在後退拋錨法中，操縱應注意下述要點：

1. 船身與外力方向的交角宜小

為使錨得以穩定入土，船舶在錨泊時應頂風、流或頂風流合力方向。船舶空載且風強流弱時，應頂風；船舶重載且流強時，應頂流。尤其是重載流急時，船艏艉線與流向的夾角越小越好，一般不應超過15°。若交角過大，錨鏈將會承受過大的水動壓力負荷，易造成斷鏈事故。因此，若重載順流進入錨地時，在拋錨前應調頭（或先拋短鏈），使船艏迎流後再拋錨為妥。為防止由於船舶倒俥艏偏轉而導致與風流交角增大，船舶在倒俥前可先施偏轉一側的反方向舵，待船舶略有轉艏趨勢後再進行倒俥。

2. 拋錨時餘速宜小

拋錨時船舶餘速應嚴格控制。一般萬噸級商船拋錨時的後退對地速度應在 2 kn 以內，滿載時應控制在 1.5 kn 以內，超大型船舶拋錨時的對地餘速應控制在 0.5 kn 以下。拋錨時的餘速可根據正橫串視標及其他錨泊船與其背景的相對運動來判斷，也可利用本船倒俥排出流水花來判斷。在靜水或緩流水域中，當倒俥排出流水花到達船舯時，可判定船身對水停止前衝；在水流較急水域，不宜看倒俥水花，因此時船雖對水停移，但對地卻以近乎流速漂移。在夜間對流向、流速不太了解，並對餘速判斷不明時，可先拋短鏈（出鏈長度在 2 倍水深以內）即煞住，根據錨鏈方向和鬆緊程度，判斷對地船速及水流方向，再用俥舵將船艏向調整至頂流方向，並保持略有退勢時再鬆鏈。

3. 鬆鏈

一般最初出鏈 2 倍水深時，即應煞住使錨受力。錨被拖動過程中，錨爪逐漸插入海底。當確定錨已抓底時，即觀察到錨鏈與水面的交角逐漸縮小到接近60°時，方可繼續鬆鏈。鬆鏈時要求船仍略有退勢，一次不要鬆出太多，之後根據錨鏈受力情況再半節半節鬆出。如鬆鏈過程中，錨鏈向前並受力較大，說明船後退過快，應及時進俥配合；如錨鏈垂直，說明船已停住，應暫緩鬆鏈，防止錨鏈堆積在一起，並用倒俥配合。當錨鏈鬆至所需鏈長最後煞住時，如錨鏈一度拉緊而向水面上抬起，然後又鬆弛下來達到正常狀態時，亦即錨鏈吃回力後再鬆弛，說明錨已抓牢（Anchor Brought Up）；當錨鏈拉緊時，船艏的左右擺動一度停止，而隨著錨鏈的鬆弛又開始擺起來，說明錨亦已抓牢。拋好錨並鬆妥鏈後，除了應將煞俥帶煞緊外，在抗強風、防颱或急流時，還應合上制鏈器，以防錨鏈煞不住而全部滑出。

錨泊操縱中駕駛台與船艏保持資訊正常傳遞也是非常重要的。駕駛台應通過船艏大副及時了解錨鏈的鬆緊、受力大小及方向等情況。在實務中有些船，船艏向駕駛台報告錨鏈方向時採用時鐘方法，如正前方為12點。這一方法便於船長及時準確了解錨鏈方向。

（三）深水拋錨

大型船舶有時需在深水域錨泊。由於其錨和鏈重量較大，如按普通拋錨法操作，將導致出鏈速度太快，抑制錨鏈時易燒壞錨機煞俥帶（Lining Brake），甚至丟錨斷鏈和錨機受損；同時由於錨觸底太猛，可能損傷錨體。因此，在水深超過25 m的水域中拋錨，應採用深水拋錨法。其方法為：

1. 水深大於25 m時，不可直接由錨鏈孔水面吊錨狀態拋錨，應用錨機將錨絞出（Walk Back）至接近海底約5 m處後，再用煞俥按普通拋錨法拋出。
2. 水深大於50 m 時，應用錨機將錨絞出至海底後，再以微小退勢（<0.5 kn），按普通拋錨法拋出；也可利用錨機將需拋出的錨鏈全部送出，並使錨鏈橫臥海底。在海底傾斜的深水區拋錨，還可採用前進拋錨法。操作方法如下：用錨機送出比預定拋錨點水深略長的錨鏈，以低於0.5 kn的餘速駛向拋錨處，當發現錨鏈有向後的趨勢時，開始鬆鏈。使用煞俥鬆鏈時，應避免一次鬆得過多，每次鬆鏈以10 m左右為宜，直到鬆至預定出鏈長度為止。
3. 落下深度超過10 公尺，錨落速度約為10 m/sec。

三、雙錨泊操縱

（一）一字錨操縱要領

一字錨拋法通常有兩種：頂流後退拋錨法和頂流前進拋錨法。

1. 頂流前進拋錨法（Running Moor ／ Flying Moor）（圖 8-3(a)）

船舶保持緩速接近下游錨位，拋下惰錨（位 1），有側風時，先拋上風錨，

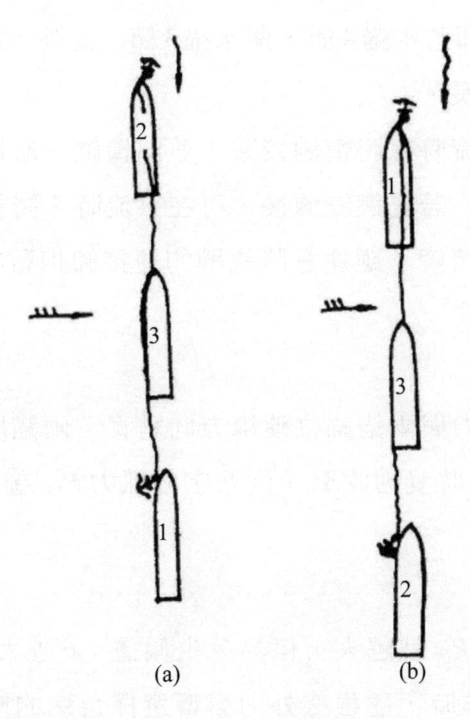

圖 8-3　一字錨拋法

鬆鏈並用俥舵仍沿錨位線前進，至預定兩錨出鏈長度之和時煞住惰鏈，俟惰鏈拉緊時拋下力錨（位 2）；然後鬆出力鏈絞收惰鏈，利用水流作用使船平穩後退，至預定出鏈長度時（位 3）煞住即可。此法操縱容易，錨位準確，操作時間較短；但當餘裕水深不大時，採用此法則有可能使船從惰錨上駛過，而擦碰船底。

2. 頂流後退拋錨法（Ordinary Moor）（圖 8-3(b)）

船舶沿錨位線頂流前進至上游錨位前，及早減速停俥，並適時倒俥，使船到達預定力錨位置時（位1）略有退勢，拋下力錨，如有側風，應拋下風舷錨；借船退勢鬆鏈，利用俥、舵調整航向及退勢，鬆鏈至預定出鏈長 2 倍時拋下惰錨（位 2）；適當進俥，再一面慢慢鬆惰鏈，一面絞進力鏈至預計出鏈長度時煞牢（位3）。

該拋錨方法有利於防止前進拋錨時，使錨鏈與船體承受較大應力的缺點；但頂流後退拋錨時，在風流合力作用下，錨拋出後，錨鏈會橫過船艏，擦損油漆；若受過大的風、流影響，惰錨位置也將難以掌握，且耗時較長。

一字錨的兩錨出鏈長度一般各為 3 節，在錨地漲落流強度不一時，若落流強時，則可適當加長，即落水錨4節，漲水錨3節；此外，在水流較急的港口，可相應增加兩鏈之鏈長。

一字錨錨泊後，在轉流時應將惰鏈絞緊，並向惰鏈一舷操一舵角，這對防止雙鏈絞纏有較好用處。若雙鏈絞纏後，可在平流時，請拖船頂艉進行清解，若無拖船則只能自力清解，應注意將錨鏈的連接卸扣留在甲板上。

（二）拋八字錨操縱要領

如圖8-4所示，當外力與兩錨錨位連線方向垂直，兩錨出鏈長度相等，雙鏈夾角為θ時，如兩錨鏈同時受力吃緊，則八字錨抓力$P_{合}$為2倍單錨泊抓力P在艏艉方向上的分力。即：

$$P_{合}=2P\cos(\theta/2) \qquad (8\text{-}3)$$

由上式知，θ越小，$P_{合}$就越大，但易發生偏盪；θ越大，$P_{合}$就越小，但有助於緩解偏盪。實際操作時，應根據外力影響選擇合適的雙鏈夾角，達到既能保證正常錨泊又能減少偏盪的效果。一般船舶拋八字錨，雙鏈夾角$\theta=60°$，此時$P_{合}=1.73P$（$P_{合}$較大，減輕偏盪效果較好）；當$\theta=30°$時，則$P_{合}=1.93P$（$P_{合}$大，但易偏盪）；當$\theta=90°$時，則$P_{合}=1.41P$（$P_{合}$較小，大型船用於抑制偏盪）；當$\theta=120°$時，則$P_{合}=P$（不適合拋八字錨）。

當左右錨鏈出鏈長度不一時：

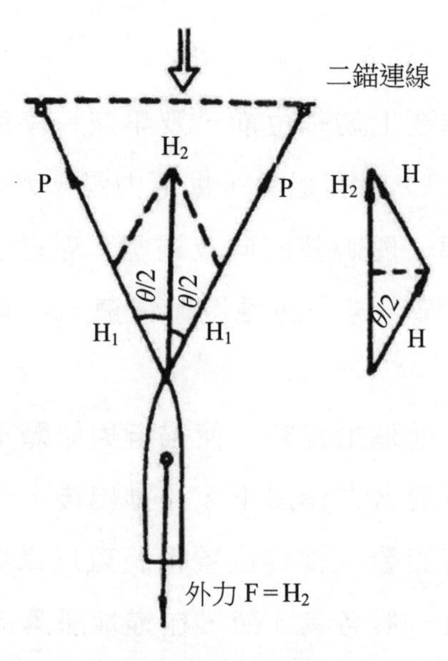

圖 8-4　八字錨錨泊力

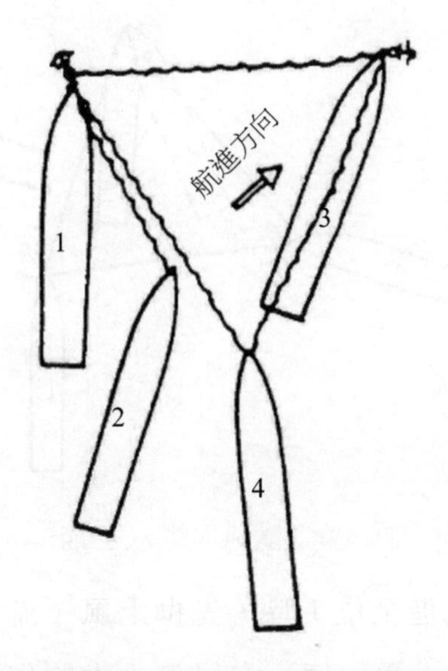

圖 8-5 頂風流後退拋八字錨

$$P_{合} = P_p \cos\theta_p + P_s \cos\theta_s \quad (8\text{-}4)$$

式中 P_p：左錨的抓力

P_s：右錨的抓力

θ_p：合力方向與左錨抓力方向間的夾角

θ_s：合力方向與右錨抓力方向間的夾角

為了保證拋八字錨時雙鏈夾角控制在60°左右，通常兩錨的距離應與出鏈長度等長或接近等長。在確定了兩錨間距和雙鏈夾角後，應根據當時具體情況採用不同的拋錨方法。

1. 頂風流後退拋八字錨（如圖 8-5）

操縱船舶迎風、迎流或迎外力方向緩速航行至第一錨位位1處，拋下左錨（如有側風時應拋上風錨）；適當倒俥鬆鏈約2節，船退至位2處；再進俥施舵，根據所需兩鏈夾角和出鏈長度，邊鬆左鏈邊駛向位3處，拋下右錨；船在外力作用下開始後退，鬆兩鏈至預定出鏈長度，船到位4停泊穩妥為止。

若已拋單錨泊的船舶改拋八字錨，則應在強風來襲前進行，先將已拋錨鏈收短至2～3節，足以使船繫住為止（相當於圖8-5中位2處），然後依照上述頂風流拋八字錨的方法進行。

2. 橫風流拋八字錨

橫風流時拋八字錨可採用前進拋錨法和後退拋錨法。前進拋錨法，如圖 8-6

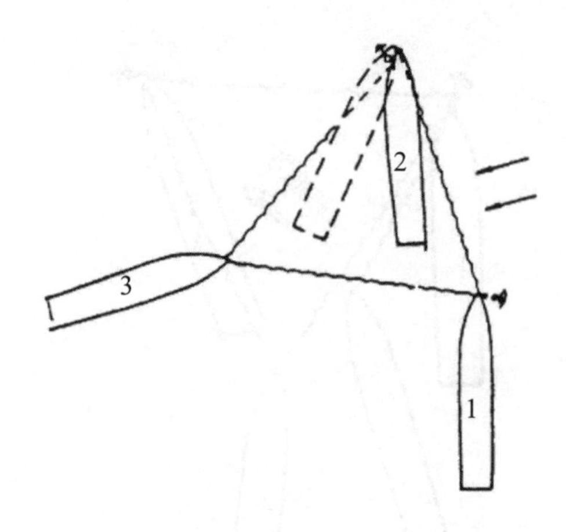

圖 8-6　橫風流拋八字錨

所示。船橫風流緩速航進至位 1 時，先拋上風（流）錨；鬆鏈進俥用舵抵達位 2 時拋下風（流）錨；微倒俥，在風流外力的作用下，船被壓向下風流，鬆鏈至預定出鏈長度，並調整兩鏈受力均勻至位 3，錨即拋妥。橫風流時，拋錨的先後次序是根據兩錨鏈在拋錨中不致引起兩鏈絞纏為原則。因此，若採用後退拋錨法，則第一錨應先拋下風（流）錨，再拋上風（流）錨。橫風流前進拋錨法，保向較容易，且兩錨較準確，操作時間短，在實用中多採用此法。

3. 拋八字錨抗颱（如圖 8-7）

抗颱風拋八字錨時，應根據船舶所處颱風的不同部位、風向的變化來確定兩

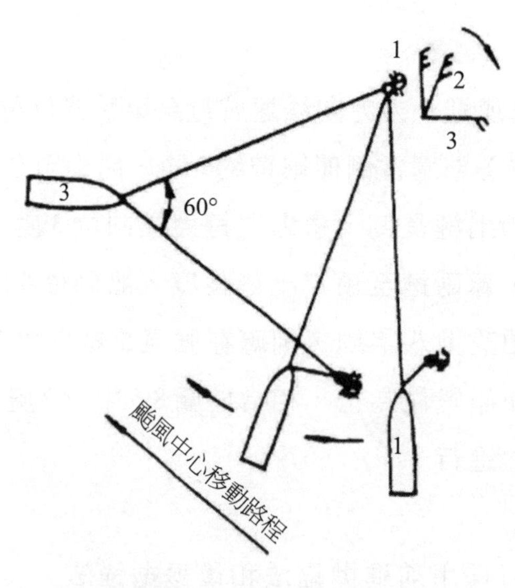

圖 8-7　拋八字錨抗颱

錨出鏈長度和拋錨的先後次序。在北半球，當判斷船舶處於颱風的右半圓時，觀測到的風向呈順時針方向變化，一般應先拋左錨，後拋右錨。風力不大時，錨鏈左長右短，以避免絞纏；隨著颱風臨近和風力的增強，右鏈也應逐漸鬆長，使兩鏈連線與風向垂直。在颱風過境和風力減弱後，應儘快絞起一錨，以免雙錨絞纏。在左半圓，觀測到風向逆時針變化，則應先拋右錨、後拋左錨，風力不太大時，錨鏈應右長左短。若在南半球則與北半球相反。

（三）一點錨

一點錨在拋法上，比其他雙錨泊方法都簡便容易，只需頂風流略有退勢時，將兩錨同時拋出然後鬆鏈至兩錨出鏈長度相等為止。在由單錨泊改拋一點錨時，應先將已拋單錨絞出水面，然後再與另一錨同時拋下。由於雙鏈在同一方向同時張弛，故始終同時受力，在任何風向作用下，其 $P_{合}=2P$；只要做到兩舷錨鏈等長，船左右兩舷所受外力較之拋單錨更接近平衡，增加了錨泊的穩定度，故比單錨泊偏盪小；另外，拋錨時機非常機動，又可及早鬆足錨鏈（一般在受颱風影響，風力達6級以上時，鬆足錨鏈，這樣可減少船舶因流影響而迴轉所產生的雙鏈絞纏），故不需在大風浪中再調整。因此，一點錨最適合於抗颱使用。一點錨的缺點是當風力增大到相當強度時，船身偏盪增大，需用俥、舵配合才能加以抑制。

第三節　錨泊偏盪、走錨及其防止

一、單錨泊船偏盪及其緩解

單錨泊船和拋一點錨的船舶及拋八字錨兩鏈夾角較小時，都會由於強風的作用而發生偏盪。錨泊中船舶的偏盪會增加錨鏈的張力，影響錨的抓力，甚至引起走錨。

（一）單錨泊船的偏蕩運動

單錨泊的船舶，在船體所受風動壓力發生變化時，會使船失去左右平衡。在新的狀態下，風動壓力、水動壓力和錨鏈拉力作用於船舶，使船舶產生艏搖、縱盪和橫盪運動，此三種運動的週期性復合運動稱為偏盪（Yawing）運動。如圖 8-8，錨泊船在偏盪時，船舶重心將描繪出一個與風向垂直的「∞」字形軌跡，一般說來，拋錨一側的橫盪幅度（半個「∞」形）相應小些。

此外，錨泊船在流作用下也會產生偏盪，但其偏盪程度相對強風的作用要小，一般認為在波浪、湧浪作用下不產生偏盪。在此，我們只對風所引起的偏盪予以探討。

偏盪中錨鏈張力的變化情況如圖 8-9 所示。圖中，ϕ 為風鏈角（風向與錨鏈的夾角），θ 為風舷角（風向與艏艉線的夾角）。錨鏈張力由持續張力和週期性變化的衝擊張力兩部分組成。

持續張力是指衝擊張力出現後較長時間作用於錨鏈上的張力，根據船模試驗結果，當 $\phi=0$ 時，θ 為最大（圖中位置③），由於船舶運動的慣性最大，故此時的持續張力也最大，在一個偏盪週期內，出現兩次最大值。衝擊張力均出現於由左右兩側偏盪極限位置向平衡位置偏盪的過程中，並處於風鏈角與風舷角相等（$\phi=\theta$）的略後時刻（圖中位置②），在每個偏盪週期內衝擊張力也將出現

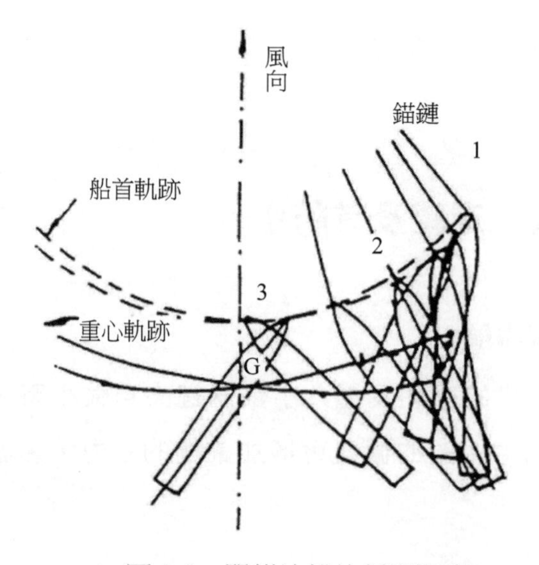

圖 8-8　單錨泊船的偏盪運動

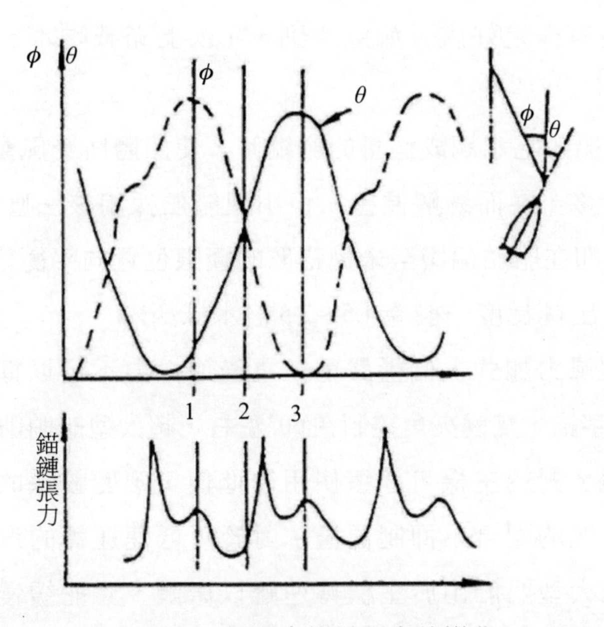

圖 8-9　偏盪中錨鏈張力的變化

兩次最大值；當船舶處於兩側極限位置（圖中位置①），即 $\theta=0$，ϕ 為最大，此時錨鏈張力為最小，一個週期也將出現兩次最小值。

當風速達到或超過10m/s時，單錨泊船就會出現偏盪運動。風速越高，船體受風面積越大，風動壓力中心越靠近船艏，則偏盪運動的振幅越大，偏盪週期越短，錨鏈所受張力也越大。

因此，船艉受風面積大的船（如駕駛台在船艉）偏盪小，空載時偏盪比滿載時大。試驗證明，偏盪運動越大，錨鏈張力越可能超過船舶的錨泊力，從而引起走錨。

以船舶正面受風時所受風動壓力 F_{ao} 為標準，偏盪時錨鏈所受衝擊張力，不同船舶有不同的結論：小型船舶滿載時為3倍 F_{ao}，空載時為5倍 F_{ao}；一般貨船滿載時為2倍 F_{ao}，空載時為3倍 F_{ao}；大型油輪空載時為3倍 F_{ao}，滿載時為1.5倍 F_{ao}。

（二）緩解偏盪的方法

長時間劇烈偏盪是導致走錨的主要原因。因此，如何緩解偏盪，保證錨泊安全就非常重要。緩解偏盪的方法主要有：

1. 增加壓載水量。以增加吃水及減少水線上船體受風面積，同時增大船體水阻力，對緩解偏盪有一定好處。如能達到3/4以上滿載吃水，即可大為緩解劇烈的偏盪。

2. 調成艏縱傾。將船舶吃水調成適量的艏縱傾，使船體所受風動壓力中心後移，水動壓力中心前移，從而緩解偏盪。但小型船舶採用該法應謹慎。
3. 加拋止盪錨。亦即在船舶偏盪至未拋錨舷的極限位置向平衡位置開始盪動時，拋下另一艏錨。出鏈長度一般為1.5～2.5倍水深。
4. 改拋八字錨。當風力加強，偏盪嚴重，單錨泊抓力不足以抵抗外力時，應不失時機地改拋八字錨。雙鏈夾角控制在60°左右，超大型船舶則以90°左右為宜。
5. 適當地使用主機。對於主機可連續使用微進俥、應舵較快的船舶而言，可通過用微進俥輔以舵的配合，抑制偏盪。對於可低速運轉的汽輪機船可連續地使用微進俥，但大型船舶由於主機轉速難以微調、應舵緩慢，採用進俥很難與變化中的外力達到平衡，故一般採用連續慢速倒俥。但應注意的是，倒俥增加了錨鏈的張力，提高了錨的負荷，有導致走錨的可能，故應使用最低的倒俥轉速。由模型試驗中得知，倒俥抑制偏盪的效果比進俥好。對於用俥舵緩解拋平行錨時所產生的偏盪，則採用穩定的正俥低轉速，並利用操舵使船盡量保持一個不大的風舷角且一側受風，被認為是較好的抑偏方法。
6. 靈巧地使用側推器。利用側推器產生的側推力和轉船力矩可以減少船舶偏盪時的橫盪與艏搖，但使用側推器時應注意控制使用時機和側推力方向，否則將適得其反。

二、走錨判斷及應急措施

（一）走錨的判斷

錨泊船引起走錨的原因很多，主要是由於錨泊力不足和偏盪。導致錨泊力不足的原因主要有出鏈太短、底質較差、錨鏈絞纏、強風急流突起等。一旦錨鏈張力超過錨泊力，錨就會被拖動、自轉乃至翻轉出土，從而失去正常錨泊力，這種現象就被稱為走錨（Dragging）。船舶走錨如不能及時發現並採取有效措施，往往會發生碰撞、擱淺、觸礁等嚴重事故。

駕駛人員在值錨更時，應該及時發現走錨，採取有效防範措施，作為重要的值班規範。判斷錨泊船是否走錨的方法主要有：

1. 利用各種定位方法勤測船位。利用陸標、雷達、GPS定位，經常核查船位以便及早發現走錨。
2. 連續觀察偏盪情況。強風中的錨泊船，如來回偏盪持續不斷，則說明錨泊力能抵禦外力及偏盪的影響，船未走錨。如偏盪運動停止，而變為僅以拋錨舷受風狀態，則判定船已走錨。這是大風中判斷是否走錨最及時的方法。
3. 觀測岸上串視標判斷法。在強流中，我們應重點觀測船舶正橫附近的串視標的方位變化來判斷是否走錨。但在強風中應注意船舶走錨時往往是以接近正橫狀態受風漂移，所以應重點觀測船艏、尾方向上的串視標以判斷是否走錨。
4. 根據本船與他船相對位置變化來判斷走錨。注意觀察周圍錨泊船與本船的相對距離，如距離變大或縮小明顯，且他船並未起錨航行，則必有一船走錨。如本船在他船上風流一側且兩船間距縮小，則可判定本船走錨，反之，則為他船走錨。
5. 觀察錨鏈情況。正常錨泊時，錨鏈帶有週期性鬆緊、升降現象。若表現為持續拉緊狀態並間或突然鬆動的現象，則有可能走錨（此時，若用手按住錨鏈能感到錨鏈間歇性的急劇抖動）。
6. 在GPS中根據錨位、出鏈長度、船長設定錨泊報警範圍，如船位超出該範圍，GPS將自動報警。

（二）應急措施

一旦發現走錨，值班駕駛員應採取下述措施：

1. 應立即加拋另一艏錨並使之受力，這是首要措施。同時通知機艙緊急備俥，並報告船長。
2. 謹慎鬆長錨鏈。只有在確認錨尚未翻轉，鬆鏈後不致觸礁或觸碰他船時，方可適當鬆鏈以增加錨泊力。
3. 開動主機以減輕錨鏈受力。在查明用俥無妨礙時可用俥抵抗外力以減輕錨鏈受力，防止船舶繼續走錨。
4. 按國際信號規則規定，及時懸掛並鳴放「Y」信號，並用VHF等通信方式警告附近他船。
5. 如動俥仍不能阻止走錨，應果斷決策，起錨另擇錨地或出海漂航。

三、錨具檢視

在泥砂較多的江河有流水域，長時間錨泊時由於泥砂堆積使錨深度埋沒，致使錨與適應風流變化的錨鏈方向不能一致，增大了錨桿所受的彎矩，並給起錨操作造成困難，為了避免錨被埋沒，通常每隔3～5天起錨檢視一次，即把錨絞起並重新拋下。

第四節　船舶靠岸速度

船舶之靠岸速度應考慮碼頭防舷材與船舶外板強度間之關係。當船舶靠岸時，船舶所保有之運動力量變成防舷材之變型力量，此時發生之防舷材內部應力將以反力傳達碼頭與船舶。

一、船舶靠岸時之運動力量

此運動力量以船舶之重量、靠岸速度及船周圍之海水影響定之。

$$ES = \frac{WV^2}{2g} = \frac{(W_1+W_2)V^2}{2g}(t-m)$$

V：船舶之靠岸速度（m/sec）

g：重力加速度（＝9.8m/sec^2）

W_1：船舶之排水頓數

表 8-4　總噸位與重量噸數，排水噸數之關係

	總噸位（G.T.）	重量噸數（DW）	排水噸數（W_1）
貨船	1	約 1.5	約 2
客船	1	約 0.85	約 1

W_2：船舶之附加重量（約 $W_1 \times 7\%$）(t)

P：海水之比重量（＝1.025t/m^3），L ＝ 船之長度（m），H：吃水（m）

W：船舶之類合重量（指船舶之重量 W1 與附加重量 W2 相加者）船舶極少與碼頭平行地靠岸。在船艏或船艉之某點與碼頭成一角度靠岸，此時與靠岸同時因船舶之迴轉，船舶之總運動力量，其一部分被迴轉力量消耗，其餘力量即被傳至碼頭。因船舶之迴轉所損害之力量（ER），其計算如下：

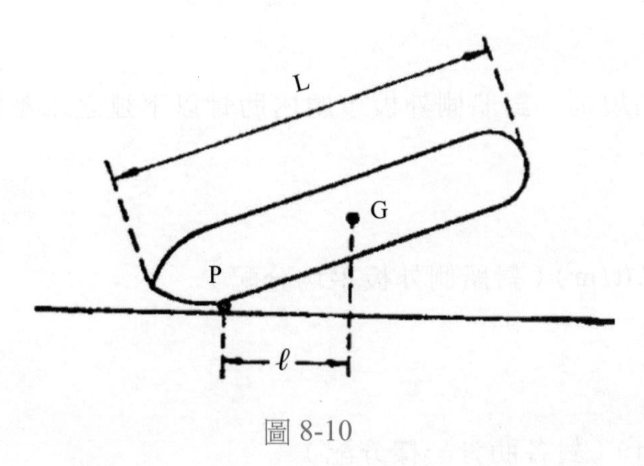

圖 8-10

$$ER=\frac{WV^2}{2g}\times\frac{\left(\frac{\ell}{r}\right)^2}{1+\left(\frac{\ell}{r}\right)^2}$$

ℓ：由船舶之重心（G）至靠岸點（P）碼頭法線上之距離（參照圖 8-10）

r：於水面上船舶之重心周圍之迴轉半徑（m）

設若船舶之迴轉半徑是將船舶之水平切斷面近似之細長之橢月形，即 $1/4L$。又靠岸點為艏或艉 $L/4$ 附近點，因此 $\ell/r=1$。

然而有效靠岸力量（E）為：

$$E=ES-ER=\frac{1}{2}\times\frac{WV^2}{2g}$$

即有效靠岸力量為船舶之運動力量之一半。

二、防舷材

最理想之防舷材應為反力小而吸收力量大。其設計上應考慮之要點如下：

（一）E'（防舷材之吸收力量）≧ E（船舶之靠岸力量）

（二）防舷材之反力（R）應是使用碼頭之水平強力以下。

（三）面壓〔註〕應是靠岸船舶之外板強度之下。

（四）防舷材之形狀同一時刻無論其大小與長度，面壓應一定。橡膠之硬度（彈性率）如改變其數值即面壓相異。

〔註〕：面壓為將防舷材被壓縮時之反力除船舶與防舷材之接觸面積。

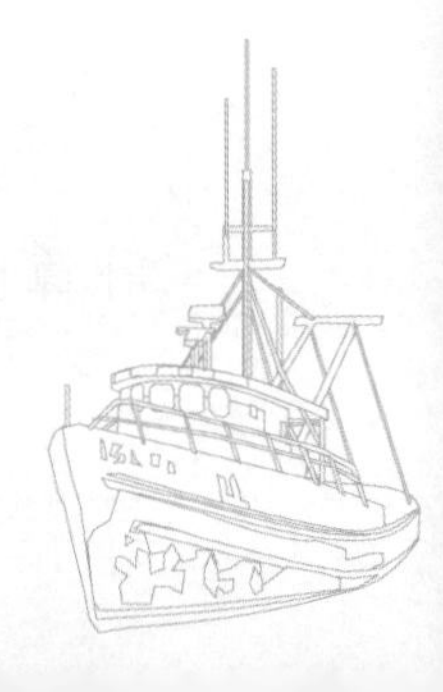

三、外板之強度

依NK之鋼船規則，對船側外板，艙內肋骨以下述之水壓定其船體之強度。

（一）船側外板

$h_1=d+0.015L(\mathrm{t/m^2})$（對船側外板平均分配）

（二）艙內肋骨

$h_2=1.35d(\mathrm{t/m^2})$（對各肋骨一樣分配）

（一）式比（二）式為安全。

四、靠岸時船體由防舷材所受之力量

運動之力量雖為防舷材所吸收，但船體所受之力量 F_X 若假定與防舷材之變形量成比例：

$$F_x:=\frac{F}{\Delta L}$$

F：對船體之最大力量。

ΔL：至靠岸速度零時之防舷材之變形量。單位：m。

防舷材之吸收量為 $E'=\frac{1}{2}F\times\Delta L$，因船隻靠岸時之有效靠岸力量為：

$$E=\frac{1}{2}\times\frac{WV^2}{2g}\text{，然 }\frac{1}{2}\times\frac{WV^2}{2g}=\frac{1}{2}F\times\Delta L$$

$$F=\frac{WV^2}{2g\times\Delta L}=2\times\text{（靠岸力量）}\times\frac{1}{\Delta L}$$

五、靠岸限制速度之計算

求靠岸限制速度，若已知防舷材之形狀變形量，船舶之假設重量可由骨材之容許面壓求之。船體受自防舷材之力量的容許限度（F）為：

$F=hs$（s：防舷材之面積；h：骨材之容許面壓）

靠岸限制速度 V 為

$$\frac{WV^2}{2g\times\Delta L}=hs\text{，}V=\sqrt{\frac{hs\times 2g\times\Delta L}{W}}$$

計算例：D.W. 10,000 噸貨船時，防舷材之長度為 3.5m，寬度為 0.6m。變形量

$\Delta L = 200$ mm，船之類合重量 $W=21{,}000$ 噸，由骨材之容許面壓 $h=9.8\ \text{t/m}^2$，則靠岸限度速度 V 為：

$$V=\sqrt{\frac{9.8\times 3.5\times 0.6\times 2\times 9.8\times 0.2}{21{,}000}}$$

$$=0.062\ \text{m/sec}$$

靠岸限制速度之計算例

（一）總噸值 7,000 級貨船，其類合重量為 21,000 噸，船席防舷材之長為 2.5 m，寬為 0.4 m，壓縮變型量為 200 mm，船舶骨材容許面壓 $h=9.8\ \text{t/m}^2$，求一點靠岸及全面靠岸（防舷材四只同時接觸）之靠岸限速。

1. 一點靠岸（傾斜靠岸）

$$\frac{\sqrt{9.8\times 2.5\times 0.4\times 2\times 9.8\times 0.2}}{21{,}000}=0.04242\ \text{m/sec}$$

2. 全面同時靠岸（對防舷材四支之同時接觸）

$$\frac{\sqrt{9.8\times 10\times 0.4\times 2\times 9.8\times 0.2}}{21{,}000}=0.0855\ \text{m/sec}$$

（二）總噸位 1 萬噸級之貨船，其類合重量為 30,700 噸，防舷材規格與上例同，船舶骨材容許面壓 $h=12.5\text{t/m}^2$，求一點靠岸及全面同時靠岸（防舷材五只同時接觸）之靠岸限速。

1. 一點靠岸（傾斜靠岸）

$$V=\frac{\sqrt{12.5\times 2.5\times 0.4\times 2\times 9.8\times 0.2}}{30{,}700}=0.0399\ \text{m/sec}$$

2. 一點靠岸（但 Dolphin Berth 防舷材兩只並列）

$$V=\frac{\sqrt{12.5\times 5.0\times 0.4\times 2\times 9.8\times 0.2}}{30{,}700}=0.0565\ \text{m/sec}$$

3. 全面同時靠岸（對防舷材五只之同時接觸）

$$V=\frac{\sqrt{12.5\times 12.5\times 0.4\times 2\times 9.8\times 0.2}}{30{,}700}=0.0893\ \text{m/sec}$$

（三）總噸位 2 萬噸級貨櫃船，其類合重量為 31,800 噸，防舷材規格與上例同，船舶骨材容許面壓 $h=12.5\ \text{t/m}^2$，求全面同時靠岸（防舷材六只同時接觸）時之限速。

全面同時靠岸（防舷材六只之同時接觸）時

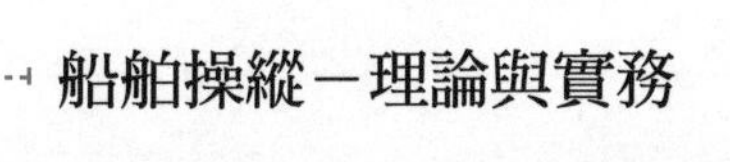

$$V=\frac{\sqrt{12.5\times 15\times 0.4\times 2\times 9.8\times 0.2}}{31{,}800}=0.0962\ \text{m/sec}$$

由以上各種大小船舶之靠岸限制速度得知一點靠岸（傾斜靠岸）時，靠岸速度幾乎「零」，而全面同時靠岸時應抑制至10 cm/sec以下始為安全靠岸之必要條件。以往為安全靠岸，船舶靠岸時之速度，幾乎以「零」為原則，亦即靠岸時，作到「雞蛋不破」之原則。但如今，即使使用彈性率高之橡膠防舷材因不是全面之防舷材設置，多數為間隔性之部分設置之防舷材，所以船舶靠岸速度一般均以 10cm/sec 為度。

第五節　靠離碼頭〔註〕

繫離泊操縱時，船舶處於低速、大漂角、淺窄水域和舵效差的運動狀態和環境。由於船舶處於低速運動狀態，因此其受外界風流和周圍環境影響較大，操縱比較困難。在繫離泊操縱前，必須認真、全面地做好準備工作，並根據客觀實際情況制定完整的操縱計畫。在靠離泊操縱中，要求沉著冷靜、膽大心細，合理而靈活地運用俥、舵、錨、纜、側推器和拖船等操縱手段。隨時把船置於最有利的位置，以獲得最大的機動餘地，才能確保繫離泊操縱的順利完成。

一、靠碼頭操縱

（一）靠泊計畫

1. 靠泊前的準備工作

（1）掌握本船的船舶特性

靠泊前，必須掌握本船的操縱性能，其中包括載重狀況、縱橫傾對操縱的影響，對本船俥、舵、錨、纜等操縱及繫泊設備投入使用的有效性及可靠程度必須有一全面了解，特別是必須了解本船主機進／倒俥換向和頻繁用俥的可靠程度。

〔註〕：龔雪根、陸志材，《船舶操縱》

(2) 靠碼頭前，還必須熟悉掌握外界的客觀條件，其中包括港口、航道、碼頭、泊位（空檔大小一般為船長的120%）的情況，泊位附近風流、水深和船舶交通等資訊。

(3) 做好靠泊部署

船舶操縱是船上各項工作的聯合作業，全船每一個環節都必須緊密配合，確保各項操作準確、及時，才能使整個操作過程運行自如，並確保靠泊計畫的順利執行。

2. 靠泊操縱計畫

掌握上述的船舶實況和特性、外界客觀條件及船上人員配備情況，為制定靠泊操縱計畫奠定了良好的條件。在靠泊前制定全面、完善的靠泊計畫是安全、迅速和順利靠泊的基礎。靠泊計畫的制定首先應保證其全面性，在進港靠泊的各個過程環節及可能遇到的問題，都需在制定計畫時予以認真考慮。對任何一個環節可能遇到的問題疏於考慮，都有可能對實際操縱帶來被動。其次，靠泊計畫中應包含當客觀條件可能發生變化時本船的應變措施。如有可能，應多考慮幾種方案，以免一旦情況變化，思維缺乏準備，而陷於被動。通常靠泊操縱方案應包括：進港前的準備、港外航道航行操縱、港內航道航行操縱、靠泊操縱總體安排和各階段的重要實施環節、靠泊中可能遇到的困難和對策等。

船舶只有在對各種可能遇到的問題加以考慮，並適時地向有關人員佈置和積極通過各種管道（如VTS、港口控制中心、引航站、港口、船席／拖船調度、代理等）加強聯繫，了解港口引航、航道、泊位等資訊，才能使靠泊操縱方案行之有效，且得到具體落實，保證船舶安全。

（二）靠泊操縱要領

在有流港口靠泊，通常是頂流靠泊，這是靠泊最基本的要領。而在靜水港，一般是頂風靠泊。在靠攏角度上應注意頂流靠時與流夾角不能太大，特別流急時重載船尤應注意這一點。當船舶空載遇到強吹開風或吹攏風時，靠攏角度宜大。當對自力靠泊沒把握時，為船舶安全，應及早申請拖船協助靠泊。靠碼頭操縱中，主要應掌握擺好船位、控制餘速和靠攏角度這三個環節。

1. 擺好船位

目前萬噸級以上船舶靠泊時通常都用兩艘（或以上）拖船或者側推器加上一拖船協助靠泊。因此對這類船舶靠泊，主要是保證使船體與碼頭線平行，橫距1～2倍船寬抵碼頭，利用拖船、側推器的協助，平行貼靠碼頭。而對於自力靠泊的中小型船舶，停俥淌航、擺好船位是靠泊操縱的重要的第一步。良好的船位能為下一步的操縱創造有利條件，因此自力靠泊的船靠泊時通常應選擇好最佳的拋錨位置，以協助船舶順利靠泊。因為外檔錨（也稱為開錨）不但可以制止餘速和穩定住船艏向，以防止船艏貼進碼頭太快，而且外檔開錨也為船舶頻繁使用進俥並施舵創造了更多的機會，這樣將有利於船舶及時調整靠攏角度，安全順利靠泊。

拋開錨時落錨點選擇，應根據具體的風、流強弱和方向，餘速大小以及靠攏角度等因素，並考慮到拋下開錨後拖錨滑行至錨鏈吃力時，船艏與碼頭間尚有一定的安全橫距（約15～20 m左右），留有開俥靠攏的餘地。一般情況下，設碼頭邊水深10 m，鬆鏈1節入水，頂流靠泊，拋錨點可選N旗與泊位前端的中間，橫距為30～50 m處；吹開風時，可選在N旗正橫，橫距為50 m處；吹攏風時，可選在泊位後端正橫，橫距為70～100 m處。由於各船的具體操縱性能不同，駕駛人員應透過自己的實務經驗，找出本船在不同客觀條件下、拖錨淌航的距離，作為準確選定拋錨點的依據。

具體的操作方法是，見圖8-11，（位1）開始停俥淌航，同時從駕駛台某一固定位置 *B* 點看水面上預定拋錨點 *A*，該點設在碼頭 *N* 旗與前端中間、橫距為35 m處。以上述兩點 *BA* 定一直線，沿著它的引伸線，尋找前面兩個物標，如

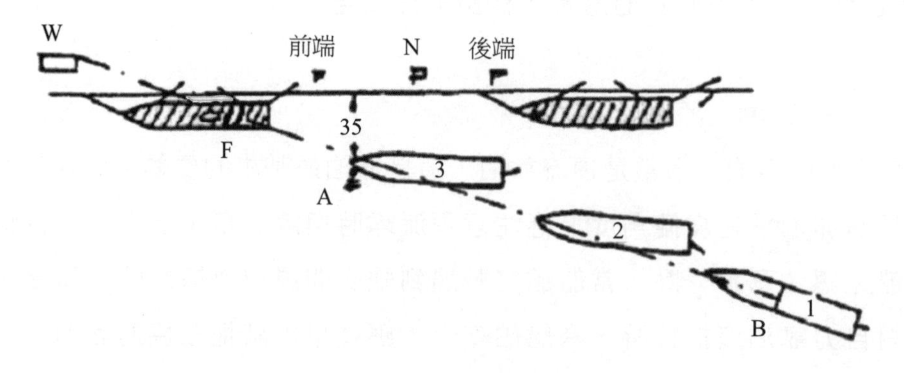

圖8-11　擺好船位

圖中之 F（泊位前面大船的煙囪）和 W（碼頭倉庫的屋頂），組成臨時疊標。當船舶在淌航中，只要始終保持船位在這對疊標串視線上（位 2），這樣既可防止船舶過早靠攏（或拉開），又能引導船舶進入泊位外檔、及時抵達拋錨點 A（位 3）。當泊位下方船舶停靠較開時（位 2），應保持橫距至少 2 倍船寬，以防在靠泊中碰壓船舶。

2. 控制餘速

餘速是指停俥淌航時的船速（相對於岸），餘速太快容易出事故，原則上要求在能保持舵效的基礎上、餘速越慢越好，因為這可避免倒俥過多而影響船位或角度擺不好；同時還可使用短時間的正俥以增加舵效，有利於及時調整靠攏角度和擺好船位；又能提供比較充分的時間進行觀察和判斷，對當時發生的情況有足夠的時間採取相應的對策。然而超過安全所需要的慢，則不但浪費靠泊時間，而且反會受風、流壓推移，過早地向裡檔靠攏，使船陷入被動的地位。控制餘速應注意以下幾點：

(1) 根據當時風、流的強弱和本船舵效，掌握好停俥的時機，一般情況下可根據衝程（扣除頂流影響）的長短來決定。

(2) 停俥淌航中，判斷和控制本船餘速是關鍵。要不斷通過觀測岸上固定的橫向串視物標的移動快慢，來判斷餘速的大小。靜水港比流水港餘速控制得應該更慢些。若發現餘速太大，應在擺好船位進入泊位前用倒俥抑制之。如果在已擺好船位進入泊位後，才用倒俥控制船速，此時應注意倒俥時螺旋槳的橫向力的偏轉效應，可能影響靠攏角度的掌握。對於接近船席泊位而餘速仍較大的船舶，必要時應果斷拋單錨或雙錨以控制前衝速度。

(3) 當萬噸級（滿載）船舶，船艏抵達泊位中間 N 旗的外檔時，餘速以不超過 2 節為宜，這樣只需用拋下外舷錨或少量的半速倒俥、鬆出適當的鏈長（例如在 10 m 水深處、拋一節入水錨鏈），即能在淌航距離約為 $1/2L$ 內將船停住。因此在通常情況下進入泊位，餘速約控制在 1.5～2 kn 之內拖單錨制動是適當的。然後再視需要、適當用俥、舵調整船位和靠攏角度，這樣就給整個靠泊操縱取得了主動權。

(4) 空載吹攏或吹開風（橫風）較強時，為減少風致漂移，餘速應予提高。在此情況下宜提早拋錨控制餘速為穩妥，必要時可拖雙錨穩住船速。這樣既可大膽使用俥、舵進靠泊位，又可在停俥後船很少前衝就可停住船身。

(5) 淺水碼頭邊的流速，一般較航道中間緩慢，船從航道中淌航至碼頭邊，會發現餘速變大（尤其重載船更為明顯），對此要予以足夠的估計。

(6) 船舶貼靠碼頭的速度受碼頭的強度所限，應嚴格控制（尤其是重載大船）。一般船舶進靠直壁式碼頭的速度以低於15 cm/s 為宜，超大型船為2～5cm/s。超大型船舶進靠海上泊位的速度也應低於 5 cm/s。靠棧式泊位時，萬噸級船的靠泊速度應低於 10 cm/s，10 萬噸左右的船為 2～8 cm/s，20～30 萬噸為 1～5 cm/s。現代化大型碼頭邊設有監控測速設備（Speed Approach Measureing Instrument; SAMI 或 Docking Sonar），若貼靠速度超過限額時會顯示告警。

3. 靠攏角度

靠攏角度是指船舶淌航至泊位外檔，靠向碼頭時，船的艏艉線與碼頭之間的交角。因流向一般是與碼頭接近平行，故船身與碼頭方向的交角，也就是船身與流向的交角。靠攏角度的大小取決於船的載重和風、流情況，因靠泊時的船速極慢，為防止風、流壓造成太大的漂移和偏轉，應適當掌握船身與風、流的交角。掌握靠攏角度應注意以下幾點：

(1) 淌航中需不斷調整風流壓差，減小船身與風、流的交角，使船位始終保持在淌航串視線上，接近船席泊位。

(2) 調整靠攏角度宜早，因為調整角度，常需進俥和用舵，而當船舶進入泊位檔後，使用進俥將會增大衝勢而使船舶陷於被動局面。

(3) 拋下開錨後，如果橫距太大需要進一步縮小以利上纜，則可用俥、舵將船身與碼頭成適當的角度，利用風、流壓，使船舶向裡靠攏；當需要保持橫距時，應及時用俥、舵將船身與碼頭拉平。當艏艉上纜時，船身與碼頭接近平行，先絞艏纜使其帶力，然後再前後配合絞纜，使船平行地貼靠碼頭。

(4) 在潮流港，重載船頂急流靠泊時，應特別注意靠攏角度宜小。在靜水港，空載吹開風或吹攏風靠泊時，靠攏角度宜大，便於控制風致漂移；尤其在強吹攏風的情況下，甚至採用拋雙錨的方法、使船身騎住雙錨，可大膽地用俥、舵來保持較大的靠攏角度，防止船艉甩向碼頭。

(5) 靠嵌檔碼頭時，應在抵達泊位檔最外邊時就將船身拉平。當船舶與碼頭平行時用俥、舵做小角度，讓流緩緩將船橫壓靠攏，這樣操縱可反覆多次，直至能上纜，並順利貼靠碼頭。

(6) 河道彎曲處的碼頭，一般有靠攏水，靠泊的時機最好選擇在緩流時較妥。靠攏時應及早將船身拉平；必要時將船艏略偏外，以減少與流的夾角。

擺好船位、控制餘速和掌握靠攏角度，作為靠泊操縱的三個主要環節，它們之間是互相聯繫、互相影響的，在實作中應注意運用理論的觀點來分析和總結，以提高對客觀規律的認識，從而獲得操縱上的自由。

（三）靠泊實例

1. 流水港靠碼頭

流水港主要受流的影響，一般採用頂流小角度或平行靠泊的方法。尤其是重載船受流壓影響大，故切忌用大角度進靠嵌檔碼頭，並且還應盡量避開急漲水或急落水時靠碼頭。而空載船若遇流緩風大時，應著重考慮受風壓影響，故可頂風靠碼頭；當空載大船遇強吹開風或吹攏風時，應備妥1～2艘拖船協助靠泊。

流水港靠泊的主要方式有：重載或空載船頂流靠碼頭；空載船吹攏風或吹開風靠碼頭；重載或空載船在泊位邊（或調頭區）調頭靠碼頭。以下為靠泊範例：船型5千噸級右旋單俥，駕駛台在船艉的貨船，泊位水深為10 m。

(1) 頂流、滿載、左舷靠碼頭（圖8-12）：流速2～3 kn，風力微弱，泊位前後有船。

①位1：停俥淌航，以N旗與前端中間的橫距30 m為拋錨點，並選妥串視線。

②位2：微進俥施右舵，以保持船在串視線上為度，並逐漸減小船與水流的交角。

③位3：船身拉平，保持與後端泊位上船舶之橫距不小於30 m，若重載船餘速太大，應及早在進入泊位前用倒俥控制，保持極微的餘速進入泊位。

④位4：左舵，使船身與碼頭做成約10°靠攏角度，利用流壓及餘速使船身逐漸橫進。進入嵌檔碼頭的角度不能太大，以防流壓壓向後端船舶。

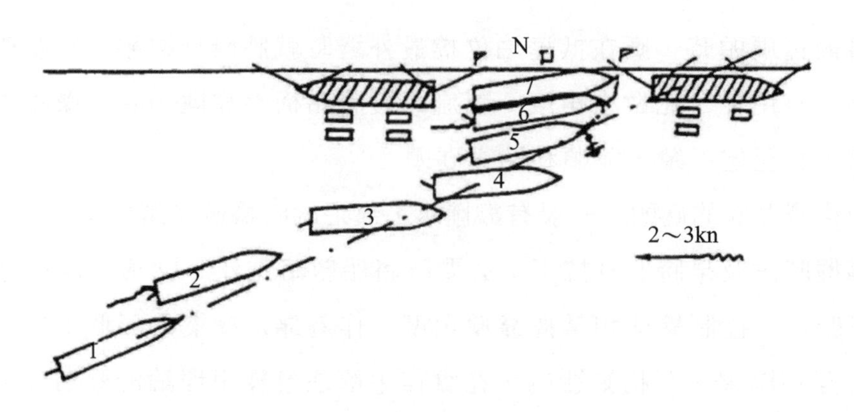

圖 8-12　頂流滿載左舷靠碼頭

註：若右舷頂流靠泊，在抵達泊位前使用倒俥時應特別注意船艏右轉，會增大靠泊角度和難度。因此右舷靠泊時應盡量減小靠攏角或在倒俥前先用左滿舵使船艏有左轉趨勢後再倒俥，同時還應稍加大船岸間的橫距。

⑤位 5：船艏橫進至拋錨點（橫距約 30 m），拋右錨 1 節甲板，必要時壓右滿舵，以減小靠攏角度，因重載船流急，不要片面用倒俥拉平船身。

⑥位 6：錨鏈吃力前應及時左滿舵，必要時小進俥，以防船身後縮或將船艏拉向外。

⑦位 7：略鬆錨鏈 1 節入水，拉平船身，及時帶妥纜繩。

(2) 頂流、空載、吹開風右舷靠碼頭（圖 8-13）：流速 1～2 kn，吹開風 5～6 級，有拖船協助。

①位 1：停俥淌航，以 N 旗之橫距 40 m 為拋錨點，選定串視線，控制風壓差，以保持船位在串視線上。

②位 2：風被碼頭上他船或建築物等遮蔽，風壓暫減時，操左舵以防船艉被流壓攏。

③位 3：及時操右舵小進俥，以穩住船艏為度，防止船艏進入泊位後端時被風吹開，若船艏穩不住，可立即拋開錨，加俥增加舵效。

④位 4：船艏抵拋錨點，拋下左錨 1 節入水，操右舵小進俥，以防船艏被錨鏈拉出為度，憑餘速接近碼頭。

⑤位 5：距碼頭約 25 m時，若衝勢大，可及時拋右描控制。先帶前橫纜，再帶艏纜和前倒纜，將船艏絞靠後，即將纜繩挽樁（以防纜繩在滾筒上拉不住而溜出，造成船艏被吹開而重靠），再令拖船頂船艉靠妥碼頭。

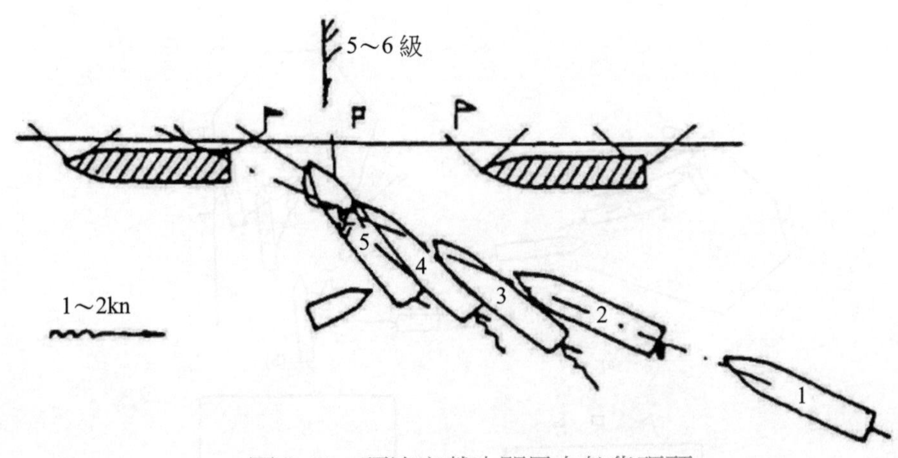

圖 8-13　頂流空載吹開風右舷靠碼頭

註：空載船因船艏受風面積大，易被強風吹開，故也可先令拖船頂著，待船艏帶妥纜繩後，再令拖船頂艉。另外，空載萬噸船。若以平均淌航速度為 3 節，水線上下側面積之比為 2：1，風力 6 級計算，則船位向下風每分鐘漂移約 30m。

2. 靜水港靠碼頭

靜水港一般航道短、港池小，淌航距離受限，航道折向碼頭的角度又大，泊位情況也較複雜，而且受風的影響較大，不必考慮流的影響，因而在進靠泊位時用俥較頻繁。為了有效控制餘速，除應及早倒俥外，還應提前拋錨，甚至拋雙錨，用拖錨的辦法進行減速。故拋錨點的選擇仍是靠泊中的一個關鍵，吹開風或吹攏風時，開錨橫距都不宜少於 60 m。一般靠妥泊位後開錨不必絞起，鬆到垂直，錨鏈可拋 2～3 節以上，以利開船。而大型空載船宜請兩艘拖船協助轉向，減速和靠泊。

例：空載吹攏風、右舷靠碼頭（圖 8-14(a)）：無流，港池寬約 2 倍船長，偏正橫吹攏風 5～6 級，一艘拖船協助。

①位 1：船位盡量擺向上風，必要時應開俥維持舵效。

②位 2：進入港池後停俥淌航，以下端橫距 70～100 m 為拋錨點，選定串視線。

③位 3：船艏抵拋錨點，拋下左錨 1 節入水，右舵小進俥向碼頭趨攏。

④位 4：拖錨滑行 30～40 m，鏈吃力可斷續鬆鏈，保持船身與碼頭的靠角不小於 60°，若餘速太大（或風力 7～8 級以上），即拋右錨 1 節甲板。

⑤位 5：大船騎住雙錨，拖船頂艏將船艏頂靠碼頭，帶妥艏纜和前倒纜，拖船停俥船艉逐漸被吹攏。若吹攏趨勢太快，可令拖船慢俥頂住船艏以緩和之。

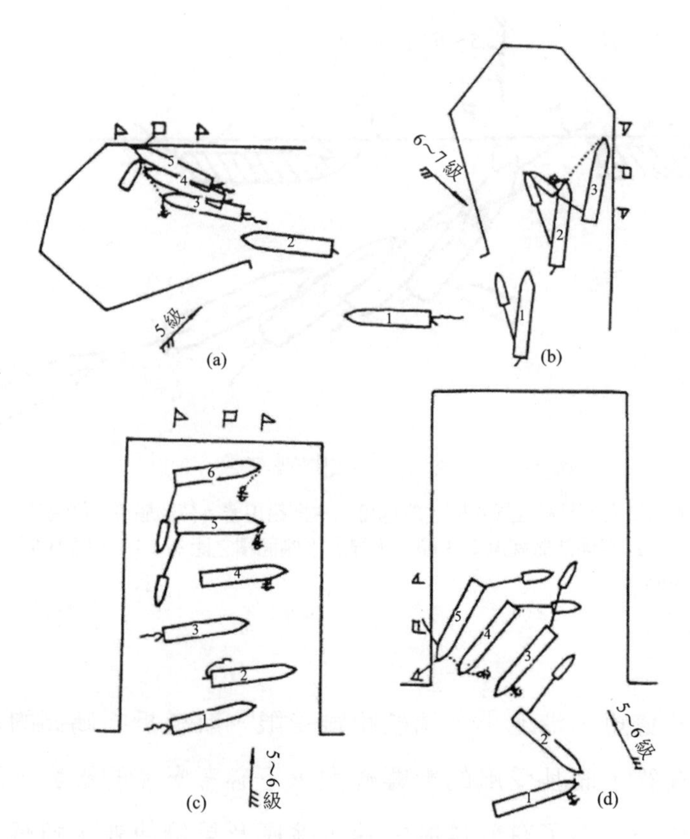

圖 8-14　靜水港空載吹攏風靠碼頭

註：在靜水港空載強吹攏風的條件下靠泊，常以拋開錨和用拖船吊艉的方式靠泊方為安全，故選擇以下三種典型的吹攏風靠泊實例以供參考：圖 8-14(b)為「拖船吊艉」方法，隨風漂移靠泊；圖 8-14(c)為順港池強吹攏風靠橫碼頭，也可用「拖船吊艉」方法靠泊；圖 8-14(d)先拋右錨調頭後，拖船吊艉再拋左錨（先絞起右錨）。

（四）靠泊注意事項

1. 流水港靠泊注意事項

①重載大型船，在漲平初落流抵泊時，由於碼頭邊落流早、航道中落流稍遲，在靠泊時應避免船艏、船艉受流不一樣，而產生偏轉力矩，使船艏易壓向碼頭，而船艉則不易靠攏。其克服的辦法是：在抵泊前將船的艏艉線與碼頭儘可能平行入泊，並將船位盡量貼得攏些。

②重載萬噸船，若在高潮後的緩漲流中調頭靠漲潮方向，應防止岸邊落流來得早和在調頭過程中耽誤時間，待掉好頭後前去靠漲水頭時，遇到尷尬潮流；又要防止急躁情緒，在掉好頭後想爭取時間，用較高的船速去進靠泊位，導致因慣性太大而衝撞碼頭的事故。為此在調頭時備妥 1 艘拖船協助

調頭，即使在靠泊時遇到尷尬潮水，亦可請拖船協助頂靠，不失為一個有效措施。

③頂流空載吹攏風較大時靠泊，在抵泊前應盡量搶占上風有利位置，與下風舷的其他停靠船駁保持足夠的橫距，以免發生橫壓事故。

2. 靜水港靠泊注意事項

靜水港靠泊主要考慮風的影響，以頂風靠為宜，還應保持船的艏艉線與風向交角越小越好；在強吹開風的條件下靠泊，要注意靠攏角度宜大，若舵效不靈，應及時拖錨用俥，還可使用拖船頂艏靠泊優於頂艉靠泊。在用拖船頂艉時，應及時帶艏纜和艏倒纜，並速絞緊挽樁後才能頂推；在強吹攏風的條件下靠泊，要注意搶占上風船位，在接近泊位時應及早拖錨減速（必要時可拋雙錨），還可使用拖船頂艏或吊艉，以緩和船艉甩向碼頭。

3. 風流相反時靠泊注意事項

(1) 首先應判斷當時船舶所受的風壓和流壓何者較大，滿載貨船由於水線下橫剖面面積大大超過水線上正面受風面積，即流壓大於風壓，故應頂流順風靠碼頭；空載貨船，一艘可按 2 kn流速約可抵消 6 級迎面風壓，1.5 kn流速約可抵消 5 級迎面風壓，若風壓大於流壓，應頂風順流靠碼頭。

(2) 當空載船頂風順流靠泊時，若發現流壓大於風壓時，當帶上艏纜後，一旦船艉被甩開，船身就會掉轉，有壓靠他船的危險，為此在靠泊時的靠攏角度應盡量小，並拖錨駛靠（必要時拖雙錨），既可制動船速，又能用俥舵擺攏船艉。當然若有拖船在旁協助，這是最為安全和可靠的措施。

4. 拋長開錨靠泊注意事項

在無拖船協助的條件下，考慮到離泊時的需要，在靠泊時，應及時拋下外檔開錨（即有足夠長度的錨鏈）；若靠浮碼頭，為了避免與浮碼頭本身的錨鏈發生糾纏，拋錨點應選在浮碼頭上游一端的正橫 100 m 左右，靠妥後的出鏈長度約 4～5 節鏈長；若靠固定碼頭，可駛過泊位上游一端約 1/3L（船長）、橫距 60～70 m處拋錨，再退下來靠泊，靠妥後錨鏈在船艏外舷 45° 方向上，出鏈為 4～5 節鏈長。

5. 靠泊其他注意事項

(1) 錨和纜繩：在靠泊過程的操作中，主要應注意其受力情況，嚴防纜繩破斷和注意錨鏈是否帶力。若錨鏈不帶力，船艏就會壓碰碼頭；若錨鏈帶力，船艏不易被絞攏，應及時鬆鏈，在鬆鏈時應停絞或慢絞頭纜，以免船艏碰撞碼頭。在沒有拖船的港口，開錨錨鏈可拋長些以利於離泊。

(2) 拖船：使用拖船時必須及時就位，特別是在風大而港池狹窄的條件下。當在靜水港港池內吹攏風靠泊用拖船吊艉，或在港池內就碼頭邊調頭、順風靠泊用拖船頂艉時，往往因拖船就位太遲而陷入被動局面。

(3) 碼頭情況：靠泊前若發現泊位不清，應及早在泊位後端的水面把船拉停或拋錨等候；若泊位外檔不能拋開錨，應把餘速控制到最慢，使船擺到泊位前端完全停止前衝，然後徐徐退靠或用拖船協助。

(4) 主機的使用：內燃機船用俥頻繁，要考慮機艙壓縮空氣是否備足，防止開不出俥；蒸汽機船停俥過久，慎防倒俥開不出，以及倒俥過久亦會出現進俥開不出的類似現象。

二、離碼頭操縱

（一）離泊計畫

1. 離泊準備工作

(1) 掌握本船的實際情況

離碼頭前，必須掌握本船的操縱性能、載重狀況、船舶吃水、船舶長度（包括駕駛台離船艏和船艉的距離）和當時裝載情況下的盲區等。必要時船長還應親自到現場了解錨纜、俥舵和泊位情況。

①錨鏈方向和長度：錨鏈方向是指開錨方向，是橫錨、倒錨或前錨；出鏈幾節長度，是否要在離泊前先絞起或利用開錨離泊；裡檔錨是否觸碰碼頭、是否需先鬆至水面下或先絞起。

②繫纜情況：纜繩的強度和角度、繫纜的根數和是否正常、前倒纜的位置和質量，如有不符合離泊操縱要求的，都應事先加以調整。

③機艙試俥前：駕駛員應到船頭、船艉查看纜繩和螺旋槳附近是否清爽，當確認無礙後方可試俥、試舵和試聲光信號等。

④簡化繫纜：即主機備俥後單綁。一般船艏留內舷艏纜和前倒纜各1根，

船艉留內舷艉纜和後倒纜各1根；離繫船浮筒時，則留艏、艉回頭纜各1根，或根據當時環境和風流情況的需要，決定留纜的根數。

(2) 外界客觀條件的掌握

①碼頭情況：是何種碼頭；泊位前後所留餘地是否符合操縱要求；餘裕水深和水域的大小是否適合就地調頭操縱；碼頭邊繫纜樁的位置是否適合纜繩的調整和有利開航離泊。

②風、流情況：風、流的大小和方向。

③正橫串視標：船長在駕駛台固定位置應適當選擇正橫方向的串視目標，以便在離泊時正確判斷船舶前衝或後退的距離，有利離泊操縱的安全。

2. 做好離泊部署

(1) 根據上述的客觀實際制訂離泊方案。在航前會議上向有關人員具體布置，並提出離泊操縱應該注意的事項和離泊前應做好的各項準備工作，包括俥、舵、錨、纜和拖船的準備，一切就緒後進行單綁。

(2) 凡用拖船協助離泊的，都應與拖船船長共同商定操縱方案、聯繫信號、拖帶要求等，以便雙方配合協調。

備俥單綁後，應仔細觀察附近水域船舶動態，若有影響本船離泊操縱的，應耐心等候其駛過，尤其是本船需在泊位前調頭的，一般需時較長和占水域較廣，更應「寧等三分、不爭一秒」，心存「予人方便，即給自己空間」，以免在調頭過程中發生碰撞事故。

（二）離泊操縱方案

通常離泊計畫應包括開航前的準備、離泊操縱總體安排和各階段的重要實施環節、離泊中可能遇到的困難和對策、港內航道航行操縱及港外航道航行操縱等。

（三）離泊操縱要領

1. 確定艏先離、艉先離、還是平行離法

(1) 艏先離：船艏先離開碼頭的方法稱為艏離法。可根據主客觀條件，依靠自力（絞開錨或利用艉倒纜並配合倒俥揚出船艏等方法）或由拖船拖艏完成。在頂流、吹開風且風流較弱時，泊位前比較清爽，當船艏離開碼頭約在10°～15°時，能確保船艉俥和舵不會觸及碼頭的情況下，均可採用艏先離法。

(2) 艉先離：船艉先離開碼頭的方法稱艉離法。也可根據主客觀條件，依靠自力（用前倒纜和內舷舵開進俥甩艉）或由拖船拖艉完成。採用艉先離時，當艉部纜繩全部收進後，使用俥舵較方便，而艉部更不會受碼頭的妨礙，故艉先離法使用更安全、更為廣泛。

(3) 平行離法：當泊位前後餘地不大，採用艏離法或艉離法均感不便時，可借助兩艘拖船同時拖艏和拖艉，或一艘 Z 型拖船拖船舯部位，或船艏絞開錨、拖船拖艉等方法，使船平行移出泊位，即為平行離法。此法多用於強吹攏風（5～6 級）或船長在130m 以上的船舶。在離泊時如用兩艘拖船協助，功率大的拖船要置於迎流端，艉拖最好用拖船的拖纜。

2. 掌握甩艉角度，注意前倒纜受力情況

(1) 在離泊中，為了保護船艉俥舵，一般都先將船艉甩出一定角度後，再擺出船艏。甩艉角度的大小和甩出的快慢，將關係到下一步的離泊操縱。若甩艉角度太小，則當船艏擺出時，船艉就可能甩回碼頭；若甩艉角度太大，則可能使船艏擺不出去（當頂流較大時）或船身被打橫調頭（當順流較大時）。

(2) 在不同條件下（即風流大小和輕重載狀況不同），離泊的甩艉角度要求也不同。當順流甩艉、拖船頂頭調頭離泊時，在流的作用下甩艉角度為40°～60°，而急流則不大於45°；當順流甩艉、拖船拖艏離泊時，甩艉角度為20°～30°（流急約20°，流緩約30°）；當頂流甩艉、拖船拖艏離泊時，甩艉角度為10°～20°（流急約10°，流緩約20°）；當頂流、甩艉、拖船拖艏調頭離泊時，甩艉角度也為10°～20°。上述甩艉角度僅從受流的影響考慮，若空載船還受吹攏風或吹開風的影響時，甩艉角度還應作適當的增大或減小。

(3) 在甩艉離泊過程中，應特別予以關注所用前倒纜的受力情況，事先必須選擇強度足夠的纜繩（必要時還可同時使用兩根前倒纜）。

3. 控制船身前衝後退

離泊時，由於船在泊位檔內，活動餘地受限，而船的慣性一經產生，又不能馬上克服。再加上使用拖船助操時，都會使大船產生前衝或後退的現象。為了避免觸及泊位前後停泊的船舶，在離泊過程中對船身的前衝後退，事先應有所估計並能靈敏地察覺。然後使用俥的進或退，或者控制纜繩的滯溜，及時克服大船的前衝後退現象，並確保離泊安全。另外在離泊時還可事先適當安排和調整大船的前後位置。

4. 使用拖船離泊

(1) 在大部分的離泊操縱中，均要使用拖船助操，以利確保離泊安全。除了應與拖船船長協商助操方案外，還應考慮拖船的性能和功率大小及採用合適的作業方式，避免在急漲或急落或強風時，因拖船功率不足或作業不當而發生事故；在離泊或調頭操縱過程中，應及時控制大船過快地前衝和後退現象，防止拖船被橫拖或倒拖；另外船艉的拖纜收起要快，便於大船及時動俥，拖艉時最好使用拖船的拖纜更為有利。

(2) 當使用兩艘拖船協助離泊時，功率大的拖船一般用在迎流端；在碼頭邊順流調頭時，若用一艘拖船頂艏，另一艘拖船拖艉，則功率大的用於頂艏；當頂流拖艏調頭時，如用一艘拖船拖艏，另一艘頂艉，則功率大的用於拖艏。

(3) 使用拖船助操的方式，參見第七章拖船之運用。

（四）離泊實例

1. 流水港離碼頭

在流水港離碼頭的操縱中，除了需考慮流的影響外，還應考慮風的影響（空載）。風和流對船舶離泊操縱可能帶來不利因素，但若能利用得好則可變為有利因素。

船型為5,000噸級右旋單俥、駕駛台在船艉的貨船，泊位水深為10 m。

(1) 艏向潮口、漲潮（頂流）離碼頭（圖 8-15）：頂流 1～3 kn，重載（或空載），無開錨，泊位前後有船，拖船協助。

①位 1：單綁（留艏纜、前倒纜和後倒纜各1根），船艏帶妥拖纜後，解

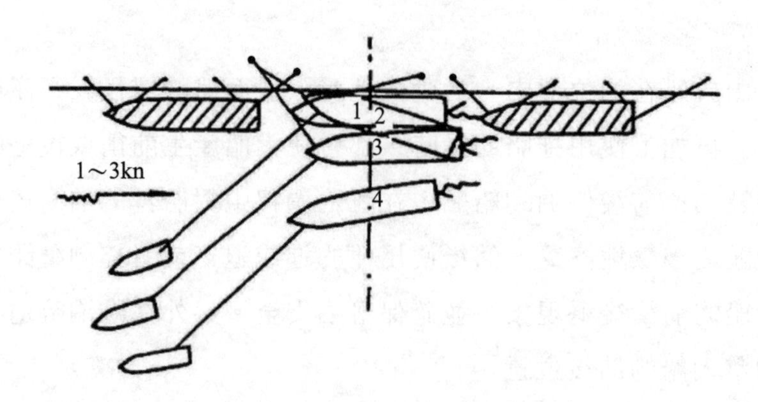

圖 8-15　艏向潮口頂流離碼頭

註：急流時甩艉角度可小些，約 10°，緩流時甩艉應大些，約 20°；溜鬆前倒纜是控制大船前衝後退的關鍵，若溜出太快，會使大船前衝太多；未能及時溜鬆，又會使大船後退。當前倒纜解去後，為防止前衝應及時用倒俥控制；空船吹攏風強時，甩艉至少 40°以上，此時若拖艏不易離開，則可採用拖船拖艉的方法；空船吹開風強時，可讓風將船艉吹出約 15°，即可拉拖，大船出檔後應搶占上風位置。

清後倒纜，用小進俥，右滿舵甩艉。

②位 2：甩艉約 15°，停俥正舵，令拖船慢俥拖開，並慢慢溜鬆艏纜和前倒纜，當船艏擺出直至船艏與碼頭平行時，解前倒纜。

③位 3：船艏擺出前方船舶，解去艏纜，當內舷吃流時，再令拖船拖艏。

④位 4：船身斜出泊位檔約 30°左右角度時，當前、後船舶清爽後，即用大船俥、舵穩住船艏向，解拖纜。

(2) 艏向潮口、落潮（順流）離碼頭（圖 8-16）：順流 1～3 節，滿載無開錨，泊位前後有船，拖船協助。

①位 1：單綁（留艏纜、前倒纜和艉纜後 1 根），船艏帶妥拖纜後，解清

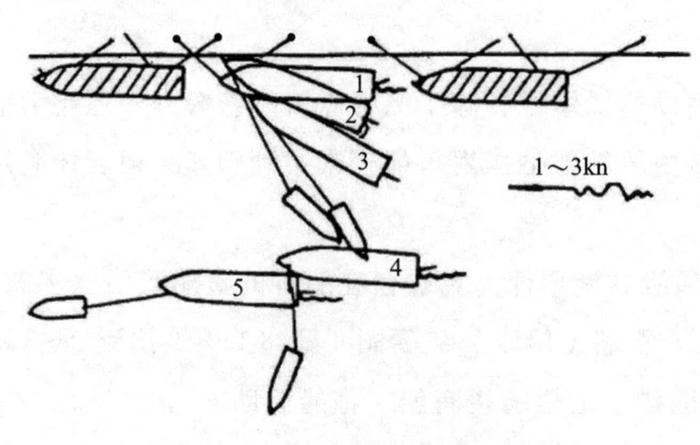

圖 8-16　艏向潮口順流離碼頭

艉纜，用小進俥右滿舵甩艉。

②位 2：甩艉約 20°～30°，（甩出趨勢快，角度小些）停俥正舵，令拖船慢俥拖開；當內舷吃流，解去艏纜，若船身受流壓而前衝，可略用倒俥抵消之。

③位 3：當船艉擺出與後面船舶清爽後，拖纜吃力，即解去前倒纜，並令拖船快俥拖艏向外、船身向後退出泊位。

④位 4：拖船轉向順流，若艏向外偏轉快、船身後退也快時，可用慢俥右舵控制艏外偏，並制止大船後退，但決不能使船前衝，以防拖船倒拖或橫拖。

⑤位 5：拖船轉向後擺直大船，並用俥、舵穩住艏向後，方可解去拖纜。

2. 靜水港離碼頭

靜水港由於港池狹窄，而且船舶操縱只受風的影響，無潮流可利用，尤其空載船舶在強風作用下，給離碼頭操縱帶來困難，其難度有時可能比流水港更大；因某些港池寬度受限時，一般不宜在港池內調頭；故大多採用拖艉出港池外調頭離泊，但情況允許，也可在港池內使用一艘拖船拖艉調頭，或甩艉頂艏調頭，或用兩艘拖船協助調頭等方法離泊。

(1) 拖船拖艉出港池（圖 8-17）：港池狹窄船艏朝裡，後八字吹開風 5～6 級，空載有開錨，拖輪協助。

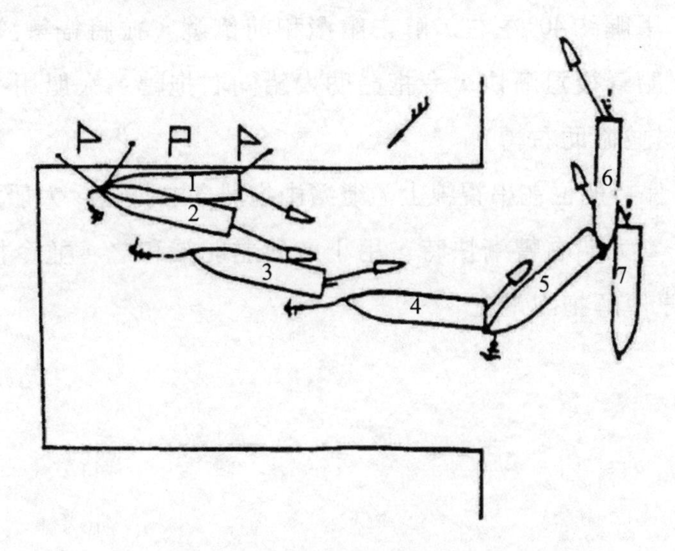

圖 8-17　拖船拖艉出港池

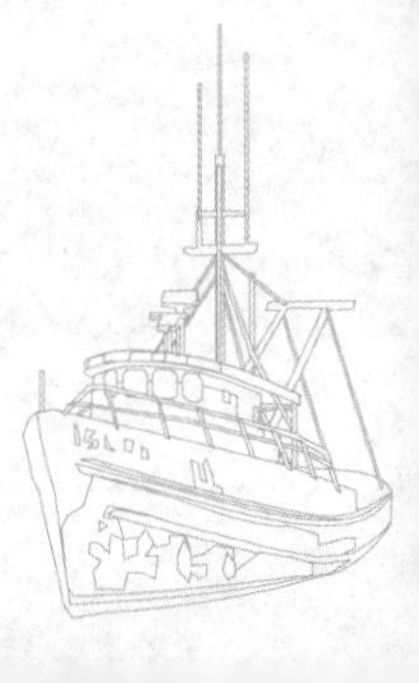

①位 1：單綁，拖船在船艉帶妥拖纜後，絞緊開錨（留錨鏈1節落水），解清艉纜後，令拖船慢俥拖開。

②位 2：空載後八字吹開風，甩艉約15°～20°左右（吹攏風甩艉約60°～70°），解去艏纜和前倒纜，拖船拖艉緩速離碼頭，為了穩住船艏，開錨不能絞起。

③位 3：船艏離碼頭後，令拖船轉向上風，盡量使大船搶占上風位置，當大船有一定退速時，船艉將迎向上風，可適時開小進俥、右滿舵，以穩住艏向。

④位 4：當船艉平港池口時，令拖船向大船右後加快拖轉，大船開始向左調頭出港池。

⑤位 5：船身退出港池後，絞起錨鏈，拖船繼續拖艉調頭。

⑥位 6：當船身即將掉正前，令拖船慢俥、停俥，大船用半快俥右舵，以抵消退勢，並穩住艏向。

⑦位 7：待大船稍有進速，並能控制艏向時，停俥正舵，解清拖纜後，開進俥出航。

(2) 拖船拖艉在港池內調頭（圖 8-18）：無風流滿載，倒開錨3節，港池寬為2L以上，拖船協助離泊。

①位 1：單綁（留艏纜、前倒纜和艉纜各1根），船艉帶妥拖纜，絞緊開錨，解清艉纜，拖船慢俥拖開。

②位 2：甩艉約40°左右，解去艏纜和前倒纜，並將錨鏈絞起。

③位 3：船身後退漸快，令拖船助大船向右拖轉，大船用小進俥右舵，制止後退並協助右轉。

④位 4：保持船位在串視線上，繼續由拖船向右拖轉，大船適時停俥正舵。

⑤位 5：當大船右轉漸快時，用小進俥左舵緩和之，並令拖船將大船擺直後，停俥解拖出港池。

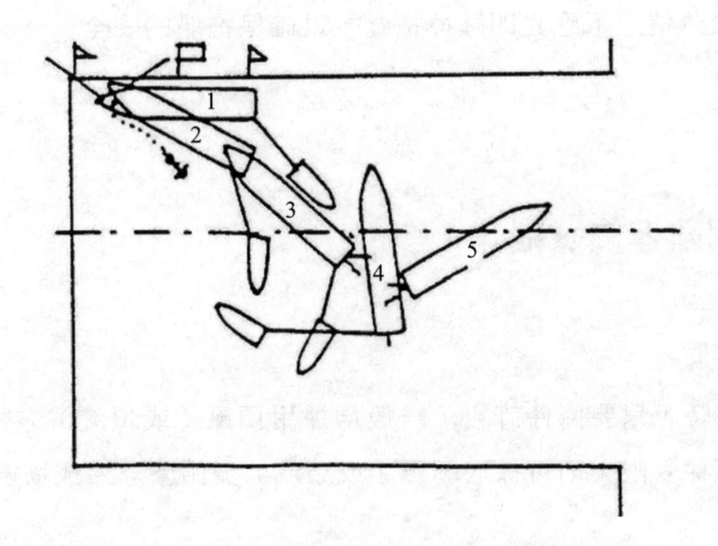

圖 8-18　拖船拖艉在港池內調頭

註：拖船拖艉在港池內調頭，港池的寬度為船長 2 倍以上，在拖艉調頭中主要防止大船後退，故應及時用進俥控制；在港池狹小的條件下，更應掌握好船位，進俥和倒俥的使用都應建立於保持原地調頭的需要；若在吹攏風的情況下，拖艉調頭離泊的關鍵是甩艉角度和解艏纜的時機，如甩艉角度太小，而艏纜又解得太早，則船身被風壓住，船艏貼著碼頭下滑，這時拖船不可將船艉提向上風。因此吹攏風時甩艉至少 60°～70°以上才能解艏纜，解纜後大船適時倒俥退離碼頭，船身掉轉至 120°後停俥，令拖船盡量向上風拖，及時搶占上風位置。

（五）離泊注意事項

(1)離泊前除應作好一切離泊準備工作外，還應用 VHF 通報船舶動態，認真觀察航道上有否影響開航的來往船隻。若要進行碼頭邊調頭作業時，應確實做好聯繫工作。

(2)在風大流急時離泊，應注意備妥雙錨，並帶妥拖纜後進行單綁；尤其在使用前倒纜甩艉時，應對其受力和負荷強度多加注意，以防倒纜繃斷；在溜纜時也要特別注意操作人員的人身安全，要使纜繩既能溜得出，又能挽得住，確保大船離泊操縱安全。

(3)若用拖船協助離泊時，應向拖船船長提示離泊方案和拖帶要求，以及聯繫信號；若須大船提供拖纜時，應確保拖纜的品質和長度（約 50 m 左右）；拖纜與繫泊纜繩應分別從兩舷出纜，若必須從同一舷出纜，則應從兩個導纜孔引出，以防纜繩間互相壓住或糾纏；使用拖纜拖艉時，拖纜盡量由拖船提供，以便解拖後大船能及時用俥控制；拖船協助離泊還要防止拖船被大船橫拖或倒拖，在緊急情況下應立即解掉拖纜，以確保拖船的安全。

第六節　繫離浮筒操縱

一、繫離單浮筒

繫離單浮時，只要條件許可，一般均採用頂風（或頂流）方式繫離，若浮筒周圍水域條件受限，則可採取順風（或順流）調頭繫浮法或橫風繫浮法等。

（一）頂風（或流）繫浮法（圖 8-19a）

(1)位 1：在風力較弱時，離浮筒縱距 3 L、右舷橫距 1～1.5 B（船寬）處，應及時降速至維持舵效的最低航速。

(2)位 2：停俥淌航，逐漸接近單浮，當離浮縱距 0.5～1 L、橫距 1～1.5 B 時，使用倒俥將船停下來。

(3)位 3：倒俥的慣性和船艏右偏，將有利於帶上單頭纜。

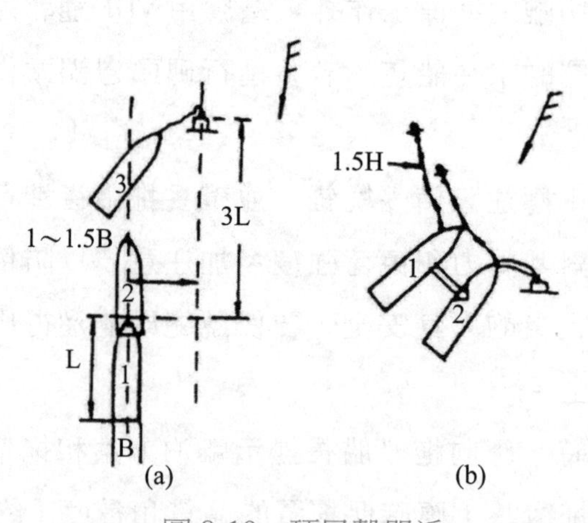

圖 8-19　頂風繫單浮

註：①在頂風較強時（圖 8-19b），則應於單浮左側上風處（位 1）拋下左錨 1 節甲板（約 1.5 H）為宜，利用風力或倒俥拖錨落下風（位 2）時繫單頭纜，繫浮後應將錨絞起。②中、小型船舶頂急流自力繫單浮時，為避免倒俥艏右偏而增大流致漂移（壓損浮筒），並便於俥、舵機動，應將單浮置於左舷接近；大型船也應將浮筒置於左舷接近，並請拖船協助。

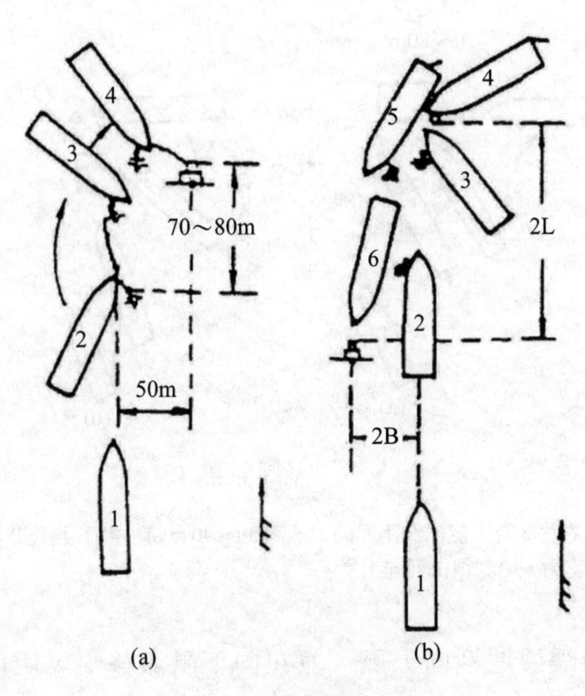

圖 8-20　順風調頭繫單浮

註：若順風流較強時（圖 8-20(b)），採用過單浮（左舷正橫約 2B）後，當船艉和單浮並排時（位 2）拋下左錨（極小餘速），並用左滿舵，向左調頭（在下風一側至少有 3L 水域），邊鬆錨鏈邊調頭，當出鏈 3～4 節時煞住，待掉好頭後絞進錨鏈（位 5），用進俥和舵使船艏靠近單浮進行繫單頭纜，並及時將錨絞起。

（二）順風（或流）繫浮法（圖 8-20(a)）

順風（或流）接近時，可在其下風側調頭後再繫浮。

(1)位 1：停俥淌航，因順風更應控制餘速，將單浮置於右舷，船位與浮筒線保持約 50 m 橫距（縱距約 2.5 L）。

(2)位 2：抵單浮前縱距約 70～80 m，橫距約 50 m 處，拋下右錨 1 節甲板，右滿舵船艏向右調頭。

(3)位 3：適時使用俥舵，邊拖錨邊調頭，若離單浮較遠時，可用進俥趨近。

(4)位 4：船艏掉轉至迎風狀態時，進行帶單頭纜，並及時將錨絞起。

（三）橫風（或流）繫浮法（圖 8-21(a)）

(1)位 1～2：調整風壓，將船駛至單浮的上風側、橫距約 70～80 m、縱距在單浮正橫略後（約 1 個羅經點）處，拋下右錨 1 節甲板（即鏈長 1.5H）。

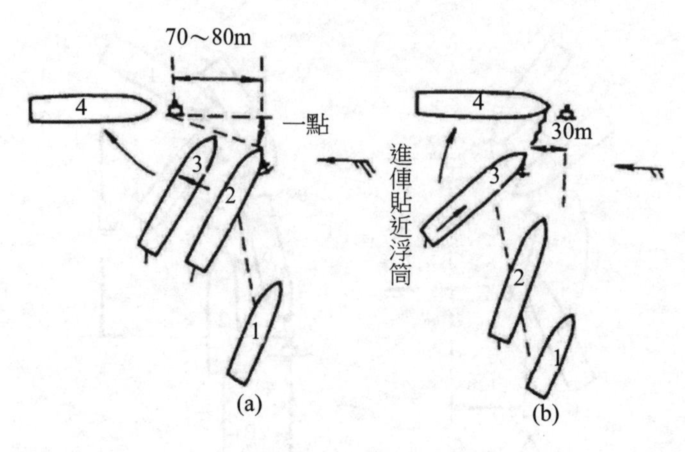

圖 8-21 橫風繫單浮

註：也可用（圖 8-21(b)）在位 3 時，船艏約距浮筒下風側 30～40 m時，拋下上風錨（右錨），必要時用進俥駛攏單浮，此時因錨吃力，船艏很快迎向上風。

(2) 位 3～4：使船艏緩緩地迎向上風，並在向下風漂移中，用俥舵使船艏保持靠近單浮後進行繫單頭纜，並及時將錨絞起。

（四）無風（或流）離浮法（圖 8-22）

(1) 位 1：在離單浮前要收起繫泊錨鏈，留回頭纜使船處於單綁狀態，慢慢地溜鬆回頭纜，並用小退俥左滿舵。

(2) 位 2：使船後退船艉向左擺開，即船艏向右偏離浮筒；當船艏清爽單浮後，解去回頭纜，用小進俥右舵即可離開浮筒開航。

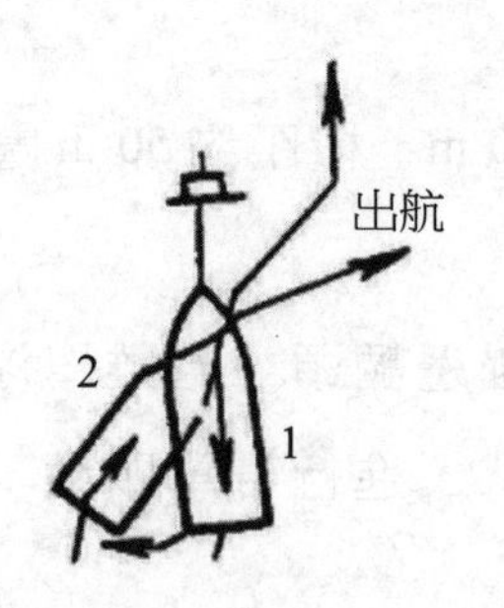

圖 8-22 無風離單浮

二、繫離雙浮筒

（一）繫靠雙浮筒

船型為5,000噸級右旋單俥、駕駛台在船舯部的貨船，泊位水深為10 m。

1. 頂流重載（或空船）繫雙浮（圖8-23）：頂流1～3 kn，風力微弱，重載船繫帶右舷雙浮筒

(1)位1：停俥淌航，縱距以浮筒聯線中點前1/4泊位、橫距25 m（浮筒聯線）處為拋錨點，並選定串視線。

(2)位2：船艏將平下端浮時，左舵小進俥增加舵效，防止船位偏裡、船艉過早被流推攏。

(3)位3：當船艏駛抵拋錨點，拋下左錨1節甲板，右滿舵擺成10°靠攏角度，憑餘速拖錨滑行約30 m左右。

(4)位4：距上端浮約20 m，繫帶艏單頭纜，略鬆錨鏈（1節落水）；防止船艏被錨鏈拉向外舷，同時選定正橫串視線，用俥舵控制船的後退。

2. 頂流空載吹開風繫雙浮（圖8-24）：頂流1～3 kn，正橫吹開風5～6級，空載繫

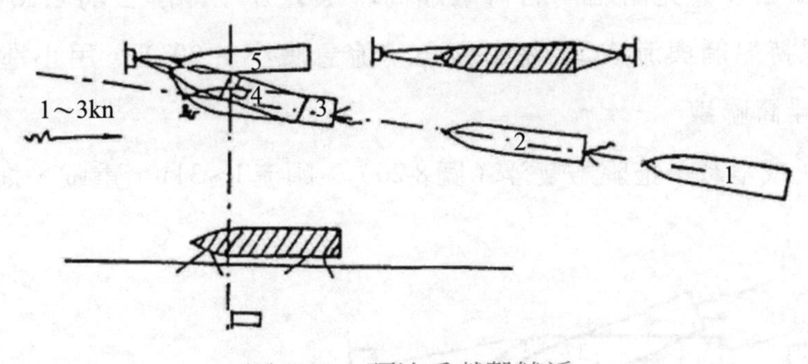

圖8-23　頂流重載繫雙浮

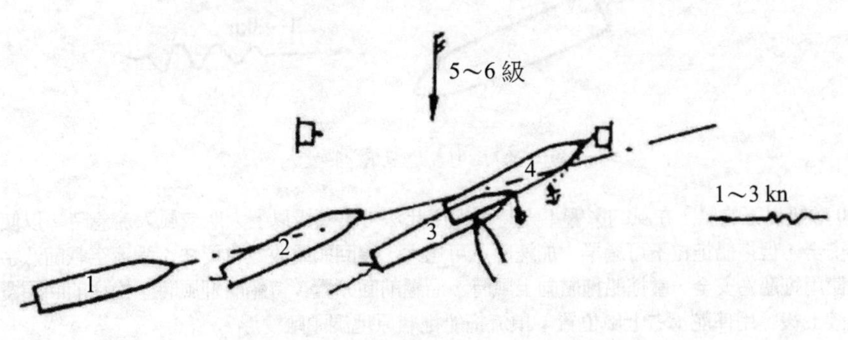

圖8-24　頂流空載吹開風繫雙浮

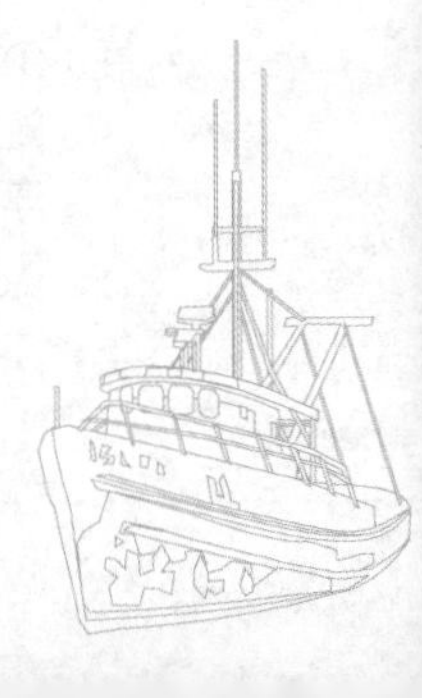

左舷浮，拖船協助

(1)位1：停俥淌航，距下端浮約2～3L時，進入上風側航道，縱距以浮筒聯線中點、橫距約30m處為拋錨點，選定串視線，並在上端浮前備妥1艘拖船。

(2)位2：船艏平下端浮時，使用左滿舵將船艏對準上端浮，此時船艏與流向成20°左右的交角。

(3)位3：當船艏駛抵拋錨點，拋下右錨1節入水，仍壓左滿舵，必要時用小進俥，將船艏保持在風、流合力的方向上，拖錨向上端浮支攏。

(4)位4：當艏單頭纜全部靠帶妥後，令拖船頂推船艉，帶妥艉單頭纜後，再帶前後回頭纜。

（二）離雙浮筒

1. 頂流重載（或空載）離雙浮（圖8-25）：頂流1～3kn，風力微弱，重載不用拖船

(1)位1：單綁（留前後回頭纜），解去後回頭纜。

(2)位2：溜鬆前回頭纜，待後回頭纜絞上後，用右滿舵微進增加舵效，切勿使大船前衝太多，見船艏向右轉離浮筒聯線之外，即解去前回頭纜。

(3)位3：保持船艏與流成20°左右交角（流急應小於20°），用小進俥右舵使船身橫出浮筒聯線。

2. 順流重載（或空載）拖艉離雙浮（圖8-26）：順流1～3kn，重載，拖船協助離泊

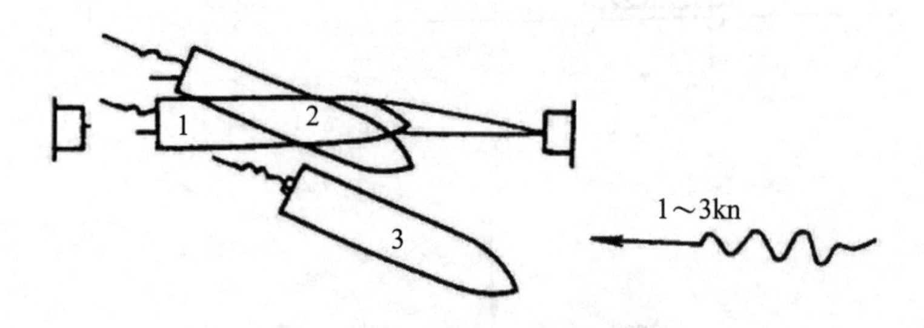

圖8-25　頂流重載離雙浮

註：① 5,000噸級以下的船，在風的影響不大時可採用此法；萬噸級以上大船或風大流急時，以使用拖船拖艏離浮為安全，但拖船拖拉不可過早、加速度不可過大，後回頭纜收絞也要快；緩流空載前八字吹攏風離雙浮，以使用拖船為安全，當拖船拖艏向上風時，溜鬆前回頭纜，待船艏迎風時，挽住前回頭纜，速解後回頭纜並絞上後，用俥舵搶占上風位置；頂流拖船拖艏原地調頭離雙浮。

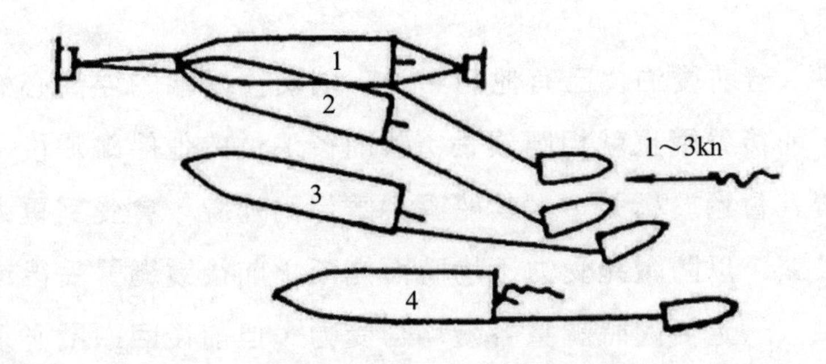

圖 8-26　順流重載拖艉離雙浮

註：拖艉角度約 20°～30°，主要防止因裡舷吃流太大，而造成船身打橫，特別在流急，靠拖船的力量將無法拖正大船；在緊急情況下，應當機立斷解去拖纜，並及時拋錨調頭後進行「雙調頭」；空載吹開風，拖艉角度不大於 15°，當前回頭纜解去後，船艏很快就被壓向下風，應及時用進俥控制；空載吹攏風，船艏不易離開浮筒聯線，若改用拖船拖艏，則船艉被吹進聯線，外舷又吃流，會使船身掉轉，因此可採用兩艘拖船，一艘拖艏，另一艘拖艉，搶占上風、上流位置。

(1)位 1：單綁（留前後回頭纜各 1 根），船艉帶妥拖纜，令拖船拖拉。

(2)位 2：拖纜吃力，船艉擺出浮筒聯線，當內舷吃流後，解去後回頭纜並儘速絞清。

(3)位 3：當船艉擺開約 30°時，解去前回頭纜，並令拖船向內舷直拖。

(4)位 4：擺直船身後，大船小進俥左滿舵，穩住艏向，停俥解拖。

三、繫離浮筒注意事項

（一）開錨注意

繫泊單浮或雙浮時，應掌握好開錨的拋錨點，不應超過繫船浮的泊位，以防與浮筒下的錨鏈或他船的錨鏈相絞纏；繫妥單浮後一定要將錨絞起，如一時風流較大絞不起時，必須在風流轉小時絞起，因繫單浮時一般可能用另一錨鏈繫浮，故及時將錨絞起以備緊急情況下使用；繫妥雙浮後，開錨不一定馬上絞起，但必須及時鬆鏈至垂直狀態，錨鏈不宜太緊，以避免船身與流向或風向拉成斜角，使繫浮纜繩過分吃力（尤其在橫風較大時），同時還可防止帶纜艇因被急流壓向繃緊的錨鏈上，造成傾覆事故。

（二）繫纜注意

繫雙浮筒時，若前後泊位已有他船繫泊，則前後兩端的浮筒必然被拉開；泊位距離增大，前後繫纜也就相應放長；當前後泊位的他船離泊後；雙浮恢復原位，前後繫纜就會過於鬆弛，尤其船艉偏離浮筒連線，會受到更大流壓。值班人員應及時絞緊，以防纜繩受力不均時而繃斷；前後纜繩繫妥後或在浮筒上裝卸貨的過程中，一定要隨時調整各纜均勻受力，但前後回頭纜必須鬆弛，不能吃力；回頭纜和拖纜挽樁時，應做八字型挽牢，切勿將琵琶頭套在纜樁上。前後回頭纜的琵琶頭均需用細麻繩綁緊，以防在離浮解脫時，勾住船舷或浮筒的鏈環，造成離泊困難，甚至斷纜的危險；離浮前，若風大流急，除留有前後回頭纜外，必須在來流的方向上多留一根單頭纜，待拖船帶妥拖纜後方可解去；拖船協助拖艉離浮，須用拖船的拖纜，以便解離後大船即可動俥，防止在風大流急時發生被動局面。

（三）繫離注意

在繫離浮筒前，應預先掌握漲落流及轉向時間、風向和風力、浮筒聯線的方向、浮筒間隔距離和本船長度、本船的載重狀態和船舶操縱性能，以便擬定繫離浮計畫和操作步驟；當風大、流急調頭繫浮時，若需要用錨鏈繫浮，必須等待調頭完畢後才能解開另一錨鏈，以防在調頭過程中發生意外，需用雙錨解除困境，確保調頭操作的安全；若掉完頭後來不及作好折解錨鏈的準備而影響用錨鏈繫浮，則可用保險纜代替為宜。

第七節　其他情況繫離泊

一、船間傍靠操縱（Ship to Ship Moor）

傍靠繫泊船、傍靠錨泊船和傍靠在航船，都屬船間傍靠。傍靠他船舷側要比直接靠離碼頭或浮筒都要複雜和困難。首先因被靠泊船的浮動性，它不像碼頭或躉船有堅實的支柱或錨鏈所固定。在潮水的漲落、浮筒本身的漂浮、錨泊船受風偏盪和在船廠修船長時期的停泊而使纜繩鬆動等因素影響下，給靠泊船帶來了反彈作用。若靠泊船不能及時帶上纜繩，則會導致其船艏和船艉被彈開，從而造成兩船傍靠失敗；第二，因傍靠船的船型、噸位大小、船舶長度、吃水和乾舷高度等差異，特別是艏艉部的線形下瘦上寬，若操作稍有不當，極易發生兩船擠擦和碰損事故；第三，兩船傍靠其接觸面要比靠碼頭時大，因除船殼之外，尚有上層建築可能接觸，因而對傍靠船的碰墊要求高。

但目前除船廠和海上過駁站有專用浮靠墊外，一般兩船傍靠都採用船上自備的臨時手提小靠墊，如汽車輪胎、藤墊、木樹幹等。這些靠墊體積小，作用面窄，墊寬也不夠，在操作時易滑脫、擠毀，因此也給傍靠增加了困難；第四，兩船傍靠時受到流壓的影響也比靠碼頭時要大，由於船體一般是兩頭尖中間平直，當兩船平行靠近時，船艏之間成一喇叭口，而船體的平直部分則形成一個狹窄水道，水流流經該處時流速會急遽加快，而流壓則減弱，導致兩船很快吸攏。此時喇叭口內水流就會壓向兩船艏，除推動兩船後退外且使船艏推開，故傍靠船除受反彈作用外，還受到流壓作用，該流壓不僅能導致兩船吸攏，又能推開船艏，而且作用於船體時比靠碼頭會更大。因碼頭大都採用框架式，以利於靠泊時的內側水流從碼頭下排出。而深吃水船相對來說是個實體，因而內側水流排放不暢，故導致流壓比靠碼頭時要大。

由於上述四項原因，導致傍靠他船要比靠碼頭複雜和困難，故事先應充分做好準備工作，並注意以下各點：

(1)兩船船身不可向並靠一舷傾斜，最好能保持向外舷傾斜1°～2°，防止船舶上層建築受擠壓。

(2)收進兩船裡舷所有突出的活動部件，如舷梯、吊桿和救生艇等，在兩船裡舷都應懸掛固定碰墊，並準備好手提靠把，以便靠攏時和靠妥後使用。

(3)傍靠他船時若需用錨，應事先了解被靠泊船是否拋有開錨及其錨鏈方向和長度，以免發生兩鏈糾纏。

(4)盡量避免兩船艏艉傍靠，尤其遇上船重載與一船空載時，艏艉吃水差更大，造成兩船繫纜甲板的高低相差甚大，給帶纜造成困難。何況兩船噸位大小不一或艉機型的船（駕駛台在艉部），若艏艉傍靠，更易碰擦，對安全也不利。

(5)繫纜動作要快。因被靠泊船的浮動性給靠泊船帶來反彈作用，以及船艏受流壓將船艏推開，故繫纜動作一定要迅速，避免再次重靠；要配足繫纜人員，保證繫纜順利進行。

（一）傍靠繫泊船（繫浮船和繫岸船）

(1)以緩慢的餘速平行駛近繫泊船，當兩船接近前盡量做到不用或少用倒俥，以免造成兩船的靠攏角度太大。

(2)若與繫泊船的錨鏈無礙，可抛外檔錨穩住船艏和減緩絞纜時，貼靠繫泊船的力量。

(3)要盡量平行靠攏，使船舯部的平直部分相接觸，以避免一點接觸而損壞船體；若兩船成某一交角靠上，極易發生高乾舷船的艏艉上部壓在低乾舷船的甲板上，而造成甲板欄杆、舷梯、救生艇、艙面設備等損壞。

(4)傍靠繫浮船時，一般先繫帶兩船間的繫纜（艏纜、前倒纜、後倒纜、艉纜、和前後橫纜），後帶艏艉單頭纜繫浮。絞纜應緩慢，艏艉各纜都應均勻受力，並收緊挽牢，以防他船在近旁駛過時的興波引起兩船前後移動而斷纜；若兩船乾舷高度相差太大而需繫「朝天纜」時，該纜極易從導纜孔內跳出或磨損，應注意改善其水平角度。

(5)大型船舶傍靠時，應事先通知繫泊船做好準備，尤其是兩船之間的靠墊應符合靠泊規定的要求（至少配備4個直徑為2 m的橡皮充氣靠墊）。如圖8-27，當大船平繫岸大型船橫距50 m以外的位置倒俥停船，然後使用兩艘拖船在艏、艉平行頂靠（必要時還可倒俥減速），以使大船的中部平直部分先接觸繫岸大型船（速度要盡量小）。在靠泊中還可用大船的俥舵調整靠攏後的位置。也可使用三艘拖船，分別繫在大船外舷的前、中、後三個部位。在兩船接近時，令前後拖船停頂，只用中間拖船頂推使之緩緩靠攏，必要時可令前後拖船倒俥以減速和調整靠泊角度。

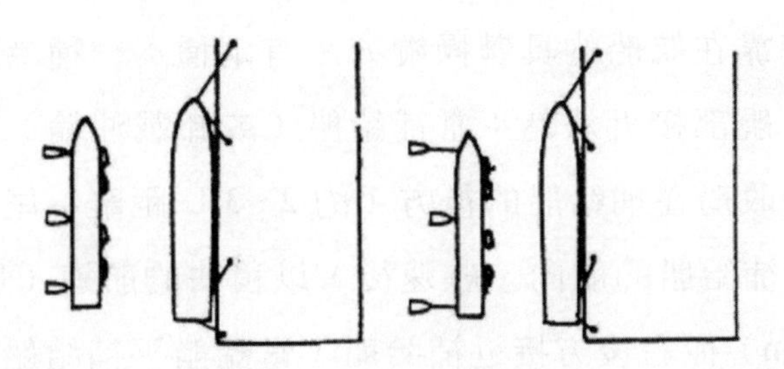

圖 8-27　傍靠繫岸船

（二）傍靠錨泊船

(1)錨泊船在風浪影響下所產生的偏盪運動，給傍靠工作帶來了一定困難。當錨泊船有小量偏蕩時，靠泊船宜以10°～20°串視線方向駛近錨泊船，並以左舷駛靠。當駛抵錨泊船船艉倒俥使船艏右偏船身剛巧平行靠上錨泊船，先帶艏纜速度要快，以防船艏外偏。

(2)若偏盪較大時，靠泊船應在錨泊船船艉附近，注意觀察該船擺動的極限位置，適時平行駛近，帶纜速度宜快。必要時可拋外檔錨，並及時完成靠攏操縱。但繫靠結束後必須將錨絞起。為了在固定風向中減少偏盪，錨泊船可鬆另一錨到海底（鏈長為2倍水深）。

(3)通常偏盪角度超過1點以上時，不宜進行傍靠。在風流方向不一致時，若風力小於4級，則從上風舷入靠，可借助風壓緩緩靠上；但若風力較強（大於4級），則最好從下風舷入靠。

如海上出現湧浪時，在激烈偏盪的同時，均伴隨著有縱搖、橫搖、垂盪和縱盪，若強行靠上會造成困難和危險，為此應待風緩浪小時再靠為妥。另外，當海上有湧浪時拖船也不能正常作業，即使「船靠船」後，由於兩船的大小和裝載情況不同，因湧浪而產生上下、左右顛簸，不僅會引起兩船相互碰撞，而且也會使纜繩斷掉，從而產生危險局面。

（三）傍靠在航船

超大型油船因受吃水的限制不能進港裝卸，除在開敞海面上繫靠單點繫泊設施進行裝卸作業外，有時常用較小的油輪左舷傍靠在航大型油輪的右舷進行轉載作業。另外，航行中的軍艦或商船需要補給時，也可進行傍靠在航補給船進行補給作業。傍靠在航船的具體操縱方法有兩種：一種為艉部接近法，另一種為正橫接近法。艉部接近法為：當補給船（或卸載油輪）在傍靠水域慢速頂風定向航行時，接收船在補給船的後方（約 2～3 L 距離）尾隨前進（準備好舷外碰墊），並校核補給船的航向、航速後，以稍快的航速（增速 4～6 kn）和適當的橫距（20～60 m）從右後方接近補給船，當船艏平補給船船艉時，兩船同時調整航速和航向，使接收船的第一只碰墊與補給船右舷前部相接觸，速帶艏纜，並立即減速，使其緩慢後退，當所有碰墊接觸後，帶妥其他纜繩，進行補給或駁載作業。

正橫接近法為：補給船在傍靠水域慢速頂風定向航行時，接收船先搶占離補給船舯部正橫約 80～100 m 的位置，保持與補給船同向、同速航行，進一步校核補給船航向、航速，並調整本身的航向和航速，然後向補給船方向修正 2°～5° 航向，適當增速，在保持 90° 舷角的前提下，逐漸縮小橫距，直至平行靠攏，並帶妥艏艉纜繩。

二、地中海式繫離泊操縱（Mediterranean Moor）

在遮蔽優良的靜水港，因受風流的影響較小，為在有限的水域內能夠停泊較多的船舶，可採用地中海式繫離泊（又稱艉繫離泊）的方式。船艉繫離碼頭（或浮筒）的特點是：用單錨或雙錨（雙鏈交角約 20°）向前拋出固定船艏，用繫纜將船艉固定在碼頭（或浮筒）上，船身與碼頭垂直。該方法離開碼頭迅速，與鄰近靠泊船互不妨礙，適用於緊急魚貫出航和編隊航行離港，是軍艦繫離泊常用的方法。

另外，在埃及塞得港和地中海的一些港口也採用此種繫泊方式，故遠洋船員也應了解和掌握此方法。

（一）地中海式繫泊操縱

1. 無風拋單錨，艉繫泊操縱（圖 8-28）

(1) 錨位應選在泊位 N 旗的中垂線上，錨位點至碼頭（或浮筒）的距離，即橫距＝船長（L）＋出鏈長度（L_c）＋艉纜長度（L_L），而一般鏈長為 2.5～6 節不等，艉纜長度約 20～30 m，故橫距約為 $2L$（船長）。

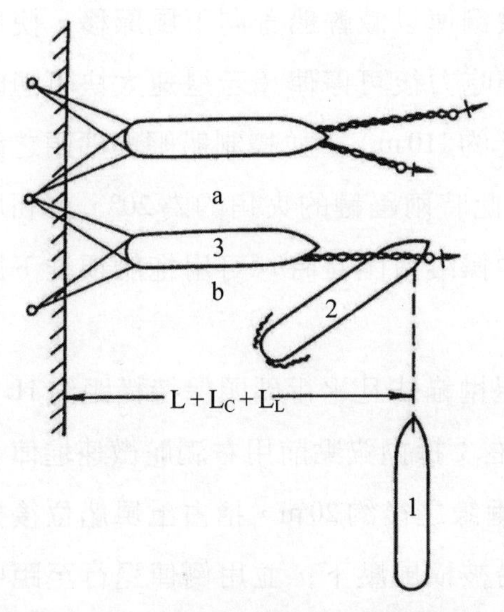

圖 8-28　無風時的艉繫泊

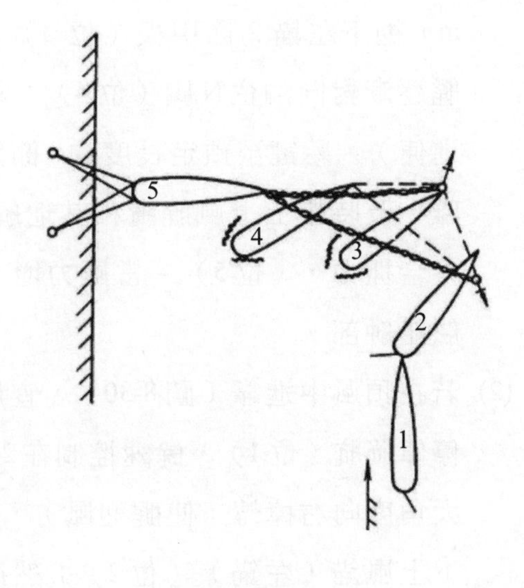

圖 8-29　順風接近艉靠的泊位

(2) 船舶平行碼頭線（橫距為2L）停俥淌航（餘速約2 kn），用前進拋錨法，根據本船拋單錨拖錨滑行的距離，距中垂線約1倍船長處（位1）拋下右錨1節入水；當大船拖錨滑行至錨位點（位2）時，剛巧剎住船身，然後用俥舵調整船艏向至90°，使艉對準N旗，將錨鏈鬆至3～4節（位3），然後交叉帶妥四根艉纜。

(3) 若泊位區水域較寬濶，也可用俥舵先將大船轉上泊位中垂線，然後開倒俥。後退至錨位點拋錨，邊鬆錨鏈邊後退，直至艉抵碼頭附近煞住錨鏈，帶妥四根艉纜。

2. 有風拋雙錨，艉繫泊操縱（圖 8-29）

有風時拋雙錨，應按拋八字錨的方法操縱，但兩錨的交角一般為 20°～30°，因交角小可增大錨鏈的合抓力，鬆鏈長度為2.5～6節不等，左右錨鏈的長度也可不相等，拋錨後再行靠艉。一般將碼頭線置於繫泊大船的左舷操作較為方便。

(1) 若在順風中進靠（圖 8-29），宜用前進拋錨法。平行碼頭保持橫距約2L，順風停俥淌航餘速控制在小於1節為妥（位1）。抵第一拋錨點前用右舵略使船艏向右轉向，使外舷受風（右舷），至拋錨點（距中垂線前約 20 m）拋下右錨 2 節甲板（位 2）；在船向下風漂移中，壓左滿舵並開倒俥（煞減餘速），且防止船艉壓向下風，至第二拋錨點（距中垂線後約 20

m）拋下左錨 2 節甲板（位 3）；繼續倒俥以減輕船身向下風漂移，使船艉逐漸對向泊位N旗（位4）；當錨鏈吃力後可停俥（若退速太快可適時進俥），鬆鏈至預定長度約4節鏈長（約110 m），並控制船艉與碼頭之距離，及時帶上上風艉纜和其他艉纜。此時兩錨鏈的夾角約為20°，有利增大合抓力，（位5）。當風力增大自力操縱有困難時，可用拖船頂推下風舷船艏部。

(2) 若在頂風中進靠（圖 8-30），宜用後退拋錨法且平行碼頭保持橫距約 1L，停俥淌航（位 1），餘速控制在2節左右；抵拋錨點前用右滿舵微速進俥，大角度向右掉轉（使艉迎風），過中垂線之後約20 m，搶占上風船位後拋下上風錨（左錨）（位2）；然後大船被橫風壓下，並用倒俥退行至距中垂線之前約20 m，拋下右錨（位3～4）；當船身後退時船艉會迎風，可鬆鏈至預定長度約4節，調節左右錨鏈控制船艉的方向（位5），並及時帶上上風艉纜和其他艉纜，此時兩鏈的夾角約為20°，有利增大合抓力。當風力較大自力操縱有困難時，可用拖船頂推下風舷船艏部。

上述各種在風中拋雙錨艉繫碼頭操縱方法，也同樣適用於拋雙錨艉繫單浮操縱，由於單浮一般設置在河道或水域中央，泊位空間較碼頭大，故艉繫浮筒操縱更為有利。

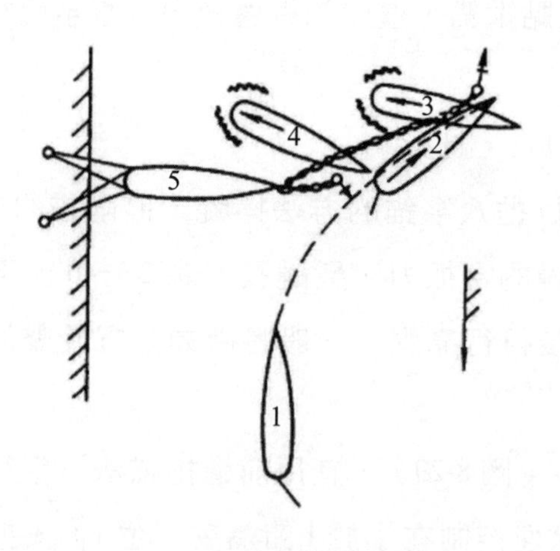

圖 8-30　頂風接近艉靠的泊位

（二）地中海式離泊操縱

(1)艉繫泊船，在無風情況下離泊是比較簡單和方便的，只需先解清艉纜後，先絞起非出航一舷的錨鏈，然後再絞另一舷錨鏈，並以該錨為支點，略用俥舵使船艏轉向出航方向後，將錨絞起即可順利出航離港。

(2)在強橫風的情況下，若在下風泊位有他船繫泊時，依靠自力艉離在操縱上難度較大，具體操作如下（圖 8-31）：

①位 1：單綁時船艉應留兩根化纖纜，並盡量收短，為離泊時及早動俥創造條件，並在下風舷艉部備妥碰墊；適當鬆出下風錨鏈（1 節以上），使其呈鬆弛狀態，並絞緊上風鏈，使船艏略偏上風方向且向前啟動時，立即解清艉纜。

②位 2：微速進俥，始絞下風錨和上風錨，慢俥或半快俥配合操上風舵，免使船舶落向下風，續絞雙錨。

③位 3：先將下風錨絞起，全速進俥、上風舵，使船艏搶占上風方向不被壓向下風。若船艉有落向下風，並有觸及下風船的危險時，可用下風舵進俥，防止船艉壓碰下風船及其前伸的錨鏈。

④位 4～5：當船抵錨位前，速將上風錨絞起，用俥舵使船艏面向出口航道，擺正後出航離港。

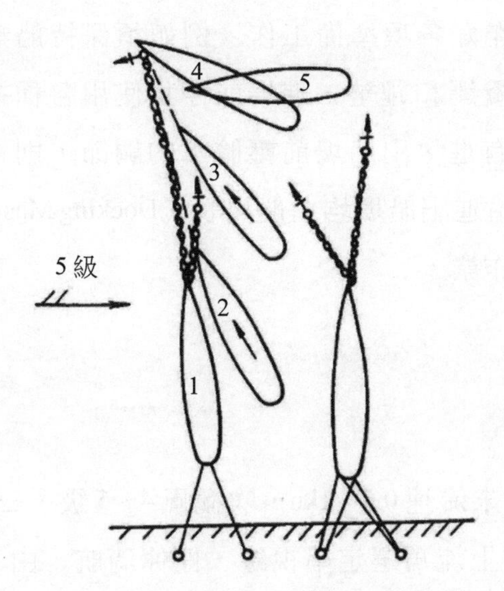

圖 8-31　強橫風時艉繫泊船的離泊

註：若距下風停泊船太近，可從船艉下風舷引出一根保險纜，繫在碼頭上風方向較遠處的纜樁上，並收緊之，在絞錨離泊中隨時使該纜受力，可防止船艉被壓向下風觸碰他船的危險，確保艉離安全，必要時請拖船協助，頂住下風船艏。

三、進出船塢操縱

船舶進出乾船塢（Dry Dock）或浮船塢（Floating Dock）操縱，最關鍵的是應如何掌握好船在塢門外的船位。在靜水港船位的掌握主要考慮風的影響，在潮流港一般浮船塢的方向與岸線和流向平行，而乾船塢的方向則與岸線和流向接近垂直，故船在進塢前或出塢後的船位，受橫流的影響十分顯著。一般潮流港進出塢的時機均選擇在高潮後的漲末時間，因此時的潮位高且流速緩慢，對進出塢較為安全，但也不能忽視橫流的影響。另外由於進出塢均為空船狀態，若遇四級風就可能會產生一定的影響，尤其在吹攏風的條件下更應注意。有些乾船塢還受深度的限制，需要在高潮時進出，又不得不考慮急漲水的影響，對此也應特別注意。

船舶進出船塢的另一特點，大船本身無動力，而是主要依靠拖船和纜繩進行操縱的。一般情況下需要有三艘拖船配合，其中一艘功率最大的拖船用作傍拖或頂推，另兩艘分別用於穩艏與吊艉。噸位大、船身長的大船，則可能需要更多的拖船協助。進出塢使用的主要纜繩有三根，其中一根為絞引纜，另外兩根分別從船艏左、右兩舷送出，由繫纜工人隨時掛在塢岸上的纜樁上，用以校正船艏的偏轉。

船舶進出塢前還應作好各項準備工作，例如須保持船無橫傾，調整船的縱傾，收妥雙錨，備妥繫纜繩和碰墊，進塢前停止使用各種排水管，出塢前應保證船底塞全部封妥。還有進、出船塢前壓艙水的調節，則視各船的穩性和操縱性而具體掌握。一般商船進出船塢均由船塢長（Docking Master）指揮船塢工作人員操作，船上人員配合作業。

（一）進船塢操縱

1. 進乾船塢操縱（圖 8-32）

流水港高潮後 1h，漲末流速 0.5～1kn，吹攏風 4～5 級，三艘拖船協助。

(1) 位 1：通過塢門的上流角選定串視線，停俥淌航，由三艘拖船協助進塢。A 拖船穩艏，B 拖船傍拖，C 拖船吊艉。

(2) 位 2：穩艏的拖纜應保持始終吃力，不得鬆弛，若船速太快應盡量令B拖船倒俥控制，由於吹攏風的作用，令C拖船及時帶妥拖纜並進入吊艉的

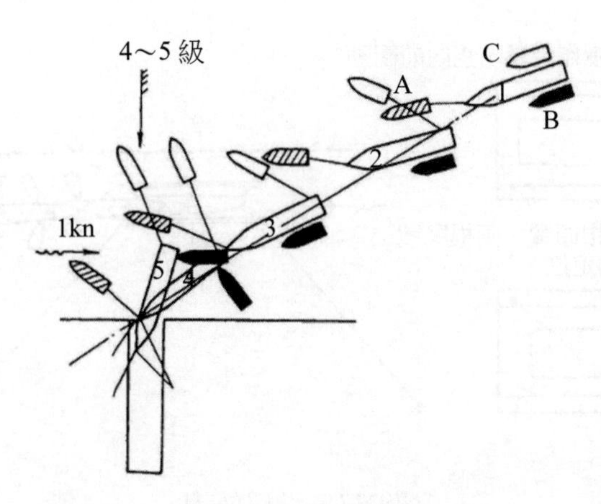

圖 8-32　進乾船塢

位置。

(3) 位 3：令A拖船減速、停俥，大船憑餘速接近塢門，並保持船位在串視線上。

(4) 位 4：大船船艏距塢門約 10 m，令 B 拖船頂推大船裡舷船艉，船艏及時帶妥上流纜以控制船艏向塢門內偏轉，解去 A 拖船拖纜，並帶妥大船下流舷艏纜。

(5) 位 5：船身逐漸擺直，帶妥絞引纜，由岸上牽引機將船身逐漸絞進塢內，隨時用左、右兩艏纜校正船艏偏轉，當船身進入塢內約 1/2 船長時，可解去 B 和 C 拖船纜繩。

2. 進浮船塢操縱（圖 8-33）

進塢船舶可頂流先靠在浮船塢上游的泊位上（或並靠船上），帶妥絞引纜後（即浮船塢送來的兩根艏纜），由浮船塢牽引機絞引纜，將船身逐漸絞進塢內；出塢船可鬆艏纜，隨漲流淌下退出塢外。進出浮船塢時也必須控制左、右纜繩，並用拖船助操，使大船不偏離浮船塢的中心線。當橫風超過 5 級時，保持船位在中心線上將會有困難，故須用拖船和絞纜加強配合。

進浮船塢操縱具體步驟（如圖 8-33）：流水港，高潮後 1h 漲末，流速 0.5～1 kn，微風，三艘拖船協助。

(1) 位 1：進塢船事先靠妥在浮船塢上游的泊位上，後倒纜應盡量向前帶妥，作為進塢時艉纜使用，並帶妥從浮船塢送來的兩根艏纜（即牽引纜）；由一艘大拖船在船艉外檔傍拖待命，用其進俥或倒俥控制大船進退，另外兩艘小拖船在船艏兩舷準備頂推，以保持船位在浮船塢的中心線上。

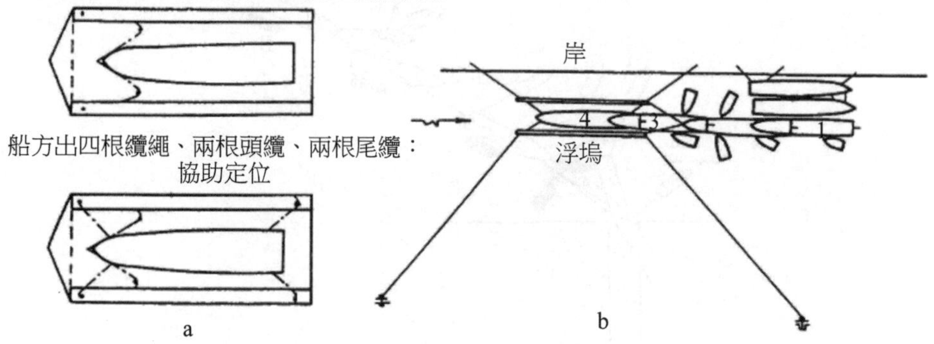

圖 8-33　進浮船塢

(2) 位 2：由浮船塢牽引機絞兩根艏纜，解去大船艏纜和前倒纜，鬆艉纜並絞後倒纜，拖船適當配合，使大船沿浮船塢中心線前進。

(3) 位 3：待船舯部進入塢內後，停止鬆艉纜，解去原後倒纜，並將該兩纜作為大船艉纜帶妥在浮船塢上，解去傍拖拖船。

(4) 位 4：繼續絞艏纜，待船身全部入塢以及當船艏抵塢首後，此兩纜作進塢船倒纜用，防止船舶向前衝撞。然後船方在艏部左右各帶一根艏纜，調整好大船的左右位置，使船的艏艉線與船塢的中心線重合，並根據塢方要求加帶其他固定纜繩，令拖船離去。

（二）出船塢操縱

1. 出乾船塢操縱（圖 8-34）

流水港漲末，流速 1～1.5 kn，吹攏風 4～5 級，三艘拖船協助。

(1) 位 1：船身起浮後，船艏留左右兩根艏纜，並準備好一根艏拖纜，送至塢岸上流側備用；自船舯向上流側塢岸上帶妥絞引纜；船艉備妥一根艉拖纜，待塢門開後即給拖船帶上艉拖纜。

(2) 位 2：解去兩根艉纜後，岸上絞纜機絞引纜，使船身開始後退，並隨時控制船艏左右兩根艏纜，使船身沿船塢中心線退出；半個船身退出塢門後，船艉 C 拖船向上流和上風方向拖直，儘可能搶占上風流位置，大船後部受橫流作用壓向下流方偏斜，及時用船艏下流舷艏纜校正，必要時令 B 拖船頂艉；同時將艏拖纜帶妥在 A 拖船艉部。

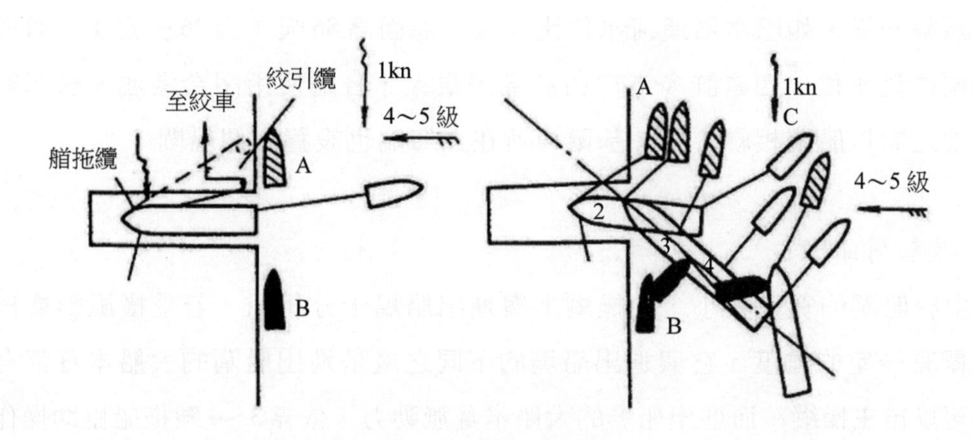

圖 8-34　出乾船塢

(3) 位 3：船艏將退出塢門外，選定臨時串視疊標，保持船位在串視線上退出，以防偏向下流和下風舷，令 A 拖船快俥穩艏，收進各纜，同時令 B 拖船就位，準備頂左艏。

(4) 位 4：船身全部退出，令 B 拖船快俥頂艏，C 拖船在艉部儘可能搶占上風位置，防止船身被壓向下風流方向。

(5) 位 5：船身掉轉至迎流方向，解清船艉 C 拖船後，令 B、C 拖船分別在大船艉部左、右舷傍拖，A 拖船則拖艏。

2. 出浮船塢操縱

出浮船塢操縱較為簡便，一般也應選擇在漲末頂流時出塢。只須從大船艏部左右朝後向浮船塢出口方向備妥各一根牽引纜（廠方提供），大船船艏和船艉的左右舷各帶一根艏纜和艉纜（船方提供）；當準備工作就緒後，可動手絞牽引纜，船身便開始緩緩退出浮船塢，此時船艏的兩根艏纜順著滑道滑動，船艉兩根艉纜鬆至正橫方向後即解掉；當後半船身出塢後暫停絞牽引纜，令兩艘小拖船分別在大船船艉左右舷帶妥傍拖纜繩，令一艘大拖船帶妥大船船艏拖纜後，繼續絞牽引纜並完成出浮船塢的操縱的全過程。

四、進出船閘操縱

船閘（Locker）不僅能保持河流或運河的水位，而且也能使兩個水位不同的水域交通暢通。它由一個閘箱和兩端各一個閘門組成，並設置在兩個水位高低不同的水域中間。船舶由低水位駛往高水位，或由高水位駛入低水位，通過船閘來調整升降。如巴拿馬運河水位比大西洋海面高86呎（約26公尺），通過三級船閘改變水位。西歐許多港口由於潮差很大，普遍使用閉合港池、通海航道與港池之間以船閘相聯。另外基爾運河在北海端也設置一個船閘。

（一）過船閘前準備

由於船閘的寬度狹小，在操縱上與進出船塢十分相似，若受橫風影響對操縱過閘有一定的難度。它與進出船塢的不同之處是進出船閘的大船本身都有動力，可以自主操縱，而進出船塢的大船本身無動力，依靠3～4艘拖船協助操作，故操縱方法更為複雜。一般情況過船閘前應作如下準備：

(1)過船閘前應查閱運河（或船閘）當局有關規定和要求。

(2)核對當時閘口水深是否符合本船吃水，並留有足夠的餘裕水深。

(3)檢查主機、舵機和錨機是否處於正常運轉狀態，保證主機倒順俥能迅速開出，並備妥雙錨。

(4)在船舶艏艉處應備妥良好的纜繩至少各 4 根，還應備妥數個靈活可移動的船舷橡皮碰墊。

(5)過船閘前應事先向船閘申請，懸掛國際信號「K」字旗，並鳴放聲號（・－・），或用VHF電話直接與船閘取得聯繫，待允許通過時方始進閘。

(6)空載大船遇風大時，應根據風力大小和本船受風的具體情況，與船閘管理人員和引航員決定是否能安全通過船閘；重載大船進出船閘，應控制好船速和舵效，還應擺正船位，防止發生碰撞岸壁事故。

（二）進船閘操縱

進船閘操縱時，若閘門口有設置等待泊位的碼頭，則以通常靠碼頭的方式，操縱大船靠妥等待泊位的碼頭上，然後通過前後纜的收絞，配合大船使用俥舵，將大船移進閘箱，故操作較為簡便。若閘口無等待泊位，船舶進閘操縱按如下步驟進行（圖8-35）：

(1)位1：停俥淌航餘速為2節，使船沿導標中線慢速接近閘門口，橫風大時應保持船位在導標中線上風側行駛。

(2)位2：距閘口200～300 m時，應用俥舵使船對準閘口，並擺直船身進閘。

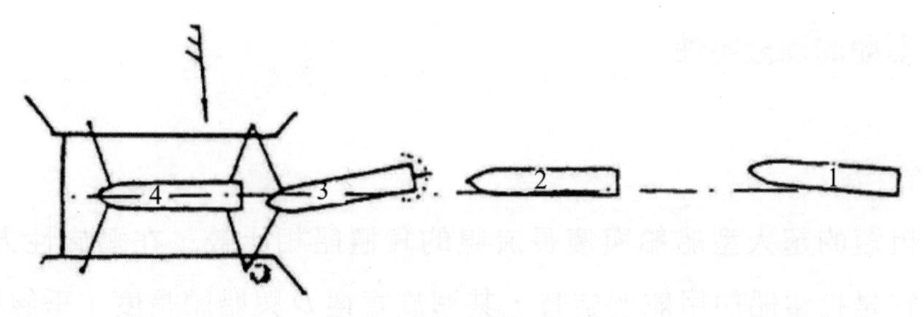

圖 8-35　進船閘

(3)位 3：當船艏進入閘口時，船艏左右舷有兩股擠出流對擺正船位影響很大，應及時帶妥船艏左右舷艏纜各一根。若發現船艏偏左則可用倒俥制止。若橫風很大則需用拖船一艘在閘口大船下風舷頂推。

(4)位 4：當船進閘後，船艉左右舷各帶上一根艉纜，並調整繫纜使船停在閘箱的中心線上，絞緊前後纜繩使其平均受力，防止船閘調水時大船發生前衝後退的現象。閘放水時，也要注意調整各纜繩。

（三）出船閘操縱

出船閘前先將船舶絞向導標中線的上風側，先解船艉下風舷艉纜，收清後解去船艉上風舷艉纜，並迅速收進後開俥出船閘；當船艏纜繩鬆弛後即解去，由船閘工人提著向前，待船艏出閘後收進船舷；當橫風大時船艉上風艉纜解後，也請船閘工人提著隨船向前，以防船艉被橫風壓向下風時，可及時掛樁糾正偏離。待船有前進速度時，再停俥及時收進艉纜，大船順利駛離船閘。

第八節　超大型船操縱

超大型船舶具有肥大粗短的船型，一般載重噸為 4 萬噸以上、長度為 200m 以上的巨輪，通稱為超大型船舶。但從海上交通管理的角度，超大型船舶是指總噸位超過 10 萬總噸的船舶。超大型船舶的主要特徵是方形係數大、長寬比小和吃水大，其操縱性能有如下幾方面特點：

一、超大型船的操縱特性

（一）迴旋性好

肥大粗短的超大型船舶與瘦長流線的貨櫃船相比較，在迴旋性方面是十分優越的，它是指當船舶用舵迴旋時，其迴旋直徑 D 與船舶長度（垂線間長）L 之比值 D/L 較小，也就是迴旋性能較好（即 K 值較大）。

透過三種不同方形係數的船模試驗進行比較，例如 $C_b=0.6$（高速商船），$C_b=0.7$（一般貨船），$C_b=0.8$（超大型船愈大，C_b 愈大）。若用 $\delta=35°$ 的舵角迴旋時，超大型船的 $D/L=2.0$，約為高速商船 $D/L=3.7$ 的一半，而用其他舵角作迴旋時，也具有大致相同的傾向。一般情況下，當超大型船的長寬比 L/B 愈小（比一般貨船小）或寬度吃水比 B/d 愈大（比一般貨船大）或舵面積比 $Ad/L\times d$ 愈大時，船舶的迴旋性愈好。

（二）航向穩定性和應舵性差

航向穩定性和應舵性與迴旋性具有相反的性質，通常迴旋性好的船，航向穩定性和應舵性差（即 T 值較大），超大型船就具有這種特性。超大型船航向穩定性差，對操舵的應舵性也差，從開始施舵到進入穩定迴旋，要花很長的時間。尤其在航行條件比較複雜的狹窄航道中航行或港內操縱當停俥時，其操縱更為困難。依學者專家之研究認為巨大的球鼻艏船是造成航向穩定性差的一個重要原因，若要改善航向穩定性，最實際的辦法還是增大舵面積。

（三）迴旋中速度下降較大

當船舶以某一速度 v_s 直航時，若施舵而開始迴旋，因舵力的縱向分力會使船速逐漸下降。

在穩定迴旋過程中，由於船舶保持有一偏角斜航和迴旋中離心力的作用，從而使阻力增大，迴旋運動愈激烈，速度下降就愈大。根據超大型船舶的船模試驗結果，當水深無限大，取 $\delta=35°$ 進行迴旋運動，船速約減少一半，若水深與吃水比 $H/d=1.3$ 時，則只減少 20%。若考慮淺水影響，在一定舵角下水深愈淺，迴旋直徑增大，船速下降就變小。

（四）質量大和慣性大

超大型船舶由於排水量大，其載重量也大，但每單位排水量所分攤的主機功率遠較一般貨船低，故慣性大，變速機動操縱異常遲笨，停船性能也較差。例如一艘總噸為 11.26 萬噸級的超大型油輪，其排水量為 29.06 萬噸，載重量為 23.73 萬噸，主機為汽輪機，其最大功率為 34,000 Ps。在滿載條件下初速為 16.5 kn，其倒俥慣性、從發令起至船停住的時間為 19 min 31s，倒俥衝程為 4,800 m（約為 15.79 L）；而停俥慣性，即速度降至 5 kn時的時間為 37 min，停俥衝程為 10,840 m（約為 35.66 L）。因此其滿載慣性遠比一般貨船要大得多，故超大型船舶在港內航行時，必須配備兩艘以上拖船協助轉向、變速或停船操作。

（五）線形尺度大，淺水效應和岸壁效應顯著

超大型船舶的線形尺度如上述，總噸位為 11.76 萬噸級的油輪，其垂線間長 L_{pp} 為 304 m，船寬 B 為 52.4 m，型深 D 為 25.7 m，滿載吃水 d 為 19.85 m，故線形尺度比一般貨船大得多，因此在觀察、瞭望乃至目測判斷都會帶來許多操縱上的不便和困難。另外由於滿載吃水較大，通過受限水域時，受到淺水效應的影響也更為顯著。當舵角一定時，由於水深變淺，迴旋性就會變差，當 H/d=1.25 時的迴旋圈約比深水中增大 70%，故迴旋中的速降也就變小。而且在淺水中的航向穩定性和應舵性相對於深水中有所提高。

另外，超大型船舶在水道寬度受限的條件下航行，岸壁效應也更顯著，當船偏航接近水道岸壁一側時經常出現船體吸向岸壁，而船艏轉向航道中央的現象，因此可配備拖船協助防止岸壁效應。除此而外，超大型船在淺水中的舵效也會變差，即在淌航中喪失舵效的時間出現得較早，一般萬噸級貨船餘速為 2 節時尚可有舵效，而 4 萬噸級的油輪在餘速 3.2 節時已無舵效，故在港內航行時必須經常保持微進俥來維持舵效。

（六）水線上下面積增大，受風流影響較大

超大型船舶在靠離泊位作業中，由於船舶本身的行動幾乎完全靜止，而風流等外力則處於絕對的支配地位。為正確地掌握風流壓力，以確保繫離泊安全，就要求估算風壓力和流壓力，並留有充分餘量。尤其是超大型船舶在空載風大

時或滿載流急時，當接近單點或多點繫船浮以及海上泊位時，還必須充分考慮泊位設施和船舶自身強度方面的要求，並按規定進行繫泊作業，確保繫泊安全。

二、超大型船錨泊操縱

一般萬噸級商船拋錨時後退的對地船速應控制在2節以下，而對超大型船舶來說，若按往常那樣在小於2節的後退速度下拋錨，並一邊鬆出所需鏈長，一邊使錨抓牢海底，將易招致斷鏈或使錨機煞俥帶燒壞等危險。故超大型船一般都在船完全停住時將錨拋出，然後船在風流作用下的移動過程中，逐漸鬆出錨鏈直至所需的長度將船煞住。

透過計算和實船試驗證實，由於錨在被拖動中吸收了能量，故超大型船拋錨時和其他傳統型船一樣若能保持不超過0.5節的臨界速度，則既能防止錨鏈被崩斷（除錨鏈被岩石等掛住時），又能使錨有效抓底。因此不能斷言超大型船採用傳統型船的拋錨法就一定是危險的。但存在的問題是，對超大型船的行動速度判斷要比傳統型船困難得多，另外當超大型船的行動過快時，若用主機來制動的效應太慢，若對這些問題能充分地考慮並有足夠的對策，超大型船也可改變現有的「將船完全停住時」將錨拋出的辦法。

但水深在30 m 以上時，必須採取深水拋錨法，即用錨機把錨鏈絞出，絞至錨距海底高度為5 m左右，然後用煞俥拋錨，拋錨後還應鬆鬆停停，使錨鏈較好地平臥海底。深水拋錨的限度為70 m。

超大型船的偏盪運動小而慢，所以錨鏈承受衝擊性的張力較小，因此超大型船在錨泊中比一般船舶易於承受大風浪。但在強風中斷定走錨很不容易，故錨泊時應勤測船位，在偏盪過程中，船能頂風就可認為沒有走錨。

三、超大型船舶繫浮方式

超大型船的繫浮方式可分兩大類：一是單點繫泊方式，二是多點繫泊方式。

（一）單點繫泊方式

單點繫泊方式（Single Buoy Mooring；SBM）：即以船艏繫單浮筒，如殼牌（SHELL）石油公司式浮筒或國際開發石油公司（Intemational Marine and Oil Devel-

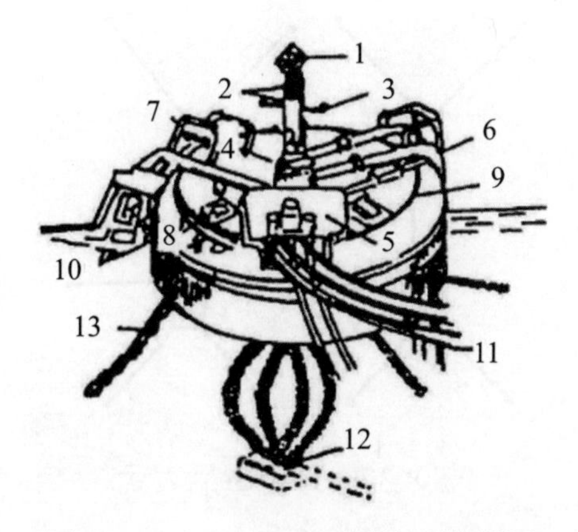

圖 8-36　IMODCO 型單點繫船浮

說明：1-雷達應答器；2-信號燈；3-霧笛；4 排氣電風扇；5-繫纜臂（通船）；6-輸油管臂（通船）；7-平衡臂；8-艙口；9-轉盤；10-碰墊；11-淡水管、軟油管（通船）；12-油管（通岸）；13-鏈條

opment；IMODCO）式浮筒，其結構詳見圖 8-36。

在單浮筒上主要設有迴轉繫船臂（Rotating Mooring Arm）、迴轉輸油軟管臂（Rotating Oil Hose Arm）、迴轉平衡臂（Rotating Balance Arm）的結構，它們三者迴轉同步，並始終保持其初始相對位置。除此而外，浮筒的直徑約 11.5 m，型深 3.56m，浮筒錨鏈為 4～6 根，長為 290 m，直徑為 82.55 mm，破斷負荷為 548.9 噸。可供 25 萬噸級的超大型油輪安全繫泊和接卸原油，而且根據設計要求一般當風速為 30m/s，流速為 5kn 時船舶仍可安全作業。

另一種單點繫泊是將船繫泊於一具有裝卸設備的固定塔架上，稱為單點固定塔架繫泊方式（Single Point Mooring; SPM），可謂以塔架代替 SBM 的浮筒的單點繫泊。有的單點塔架上還裝置浮動棧橋，棧橋可自由環繞塔架迴轉，繫泊於此類浮動棧橋的方式稱為單點棧橋繫泊方式（Single Point Mooring Pier; SPMP）。

（三）多點繫泊方式

多點繫泊方式（Conventional Buoy Mooring; CBM 或 Multi Buoy Mooring; MBM）：這是自船艏及船艉送出繫纜，分別繫於配置在泊地的二個以上繫船浮以固定船體的一種方式（圖 8-37）。有時超大型船僅繫於繫船浮上，有時則與超大型船的雙錨並用。通常使用船上的繫纜，但也有用繫船浮上所提供的纜繩。

多點繫泊方式雖然沒有偏盪等不利因素，但受到橫向外力時，繫纜和錨鏈將受到很大的張力。因而在設計泊位時，應盡量使船的艏艉方面能與潮流平行，

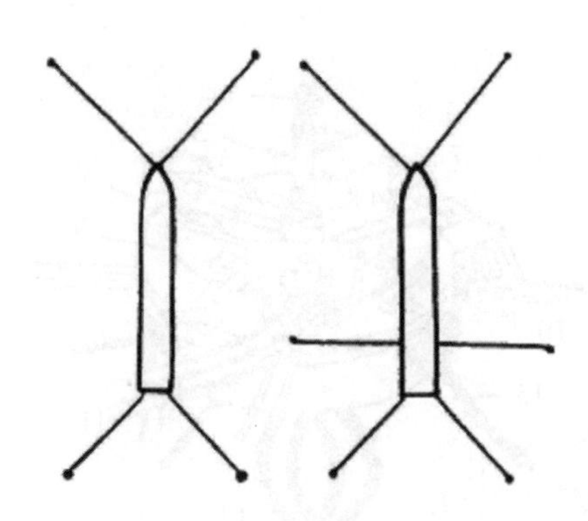

圖 8-37　多點繫泊方式

在潮流小的水域則應使船艏朝向有利的風向。若載重量為32萬噸油輪，在風速為20 m/s、頂頭浪波高為3 m的情況下，採用多點浮繫泊法，其繫纜的張力可達200噸以上，故在風浪中多點繫泊不是一種好的方式。

四、超大型油輪繫靠 IMODCO 浮筒

單點繫泊設施（圖8-38）能使超大型船頂風、頂流從而減小外力影響，又能兼作油輪繫泊與裝卸的繫泊設施，使用此種設施，需要有較大的泊位面積以供超大型船頂風浪迴轉之用。

過去船舶採用單浮筒繫泊時和單錨泊一樣，當風強流急時會發生偏盪。據風洞水池試驗證明，這種情況下，繫纜張力的大小，除受船舶條件的支配外，還受繫纜長度的影響，若纜繩太長或太短時張力都很大：實驗結果證明最適合的長度為水面到導纜口高度的1.5倍左右。但這只適用於波浪很小的條件下，當波浪明顯時則以鬆得長些為佳。然而供超大型船用的單點繫泊設施比過去的單浮筒設施對船舶的約束性大，故只要選擇伸長率大的纜繩，可以緩和波浪的影響，用長度為27 m的繫纜，就可使偏蕩減到極小程度，繫纜上的張力也能減到很小。

下面介紹載重量為15萬噸級以上超大型油輪繫靠單點繫泊設施（IMODCO浮筒）的操縱方法。

(1) 操縱超大型油輪繫泊海上單點繫船浮的關鍵是控制船速，根據日本姬路港25萬噸級超大型油輪在繫靠單浮時，對船速的要求見表8-5。當超大型油輪距單浮1,000 m時，應將餘速控制在1節以下。

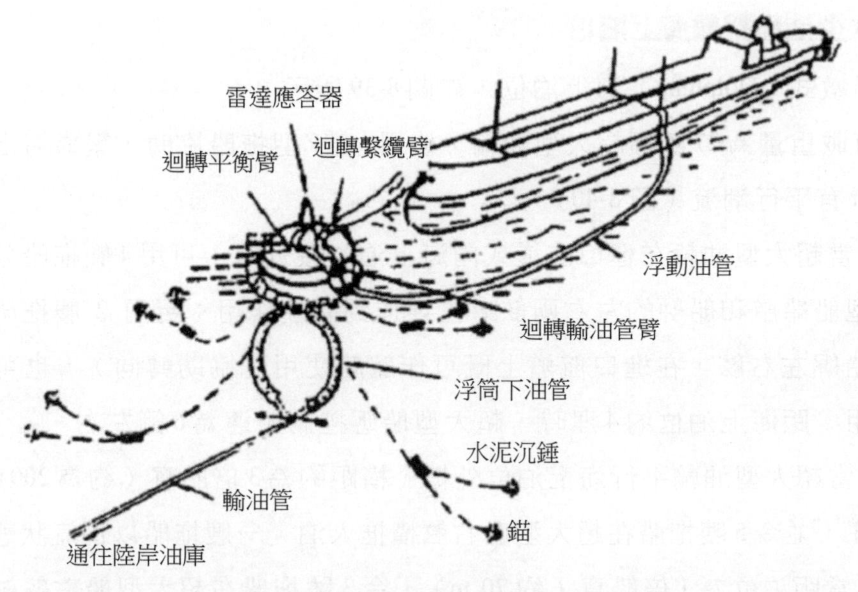

圖 8-38　IMODCO 浮筒的 SPM 繫泊

(2)取頂風（流）方向接近單浮，即把單浮置於大船上風舷位置，而不是對準單浮。即使船速過快未能控制好，也不至於壓碰單浮以及撞斷單浮水下錨鏈。

(3)由帶纜艇將安裝在浮筒上的輸油橡皮軟管拉開，以便大船清爽地接近浮筒。

(4)用兩艘拖船協助，分別將拖船置於大船船艏和船艉，以作到控向和控速作用，尤其艉部拖船可使大船以較小的餘速接近浮筒。

(5)距浮筒 200～300 m 時，可將餘速煞減到最低程度，並由帶纜艇將繫浮纜的引纜送到大船船側。

(6)絞進引纜並在拖船的協助下接近浮筒，在離浮筒前約 40～50 m 的地方將船完全停住，帶妥繫浮纜。

(7)最後由帶纜艇把輸油橡皮軟管送至大船並與總管連結。當大船繫妥單浮後，必要時可用一艘拖船拉住大船船艉，以保持兩根繫泊纜均勻受力，以防止大船在轉流或不規則風流的影響下壓碰單繫船浮，直至卸油結束。大船上必要時也可派一名有經驗的水手在船艏守望，一旦發現油輪有壓碰單繫泊浮的趨向或過於偏盪即應報告，以便船上及時採取安全防範措施。

表 8-5　對船速的要求

距單浮（D）	2,000 m	1,500 m	1,000 m	500 m	250 m	50 m
船速（v_s）	2.5 kn	2.0 kn	1.0 kn	0.5 kn	0.3 kn	0 kn

五、超大型油輪繫靠海上泊位

繫船墩式（Dolphing）海上泊位，如圖8-39所示。

現有載重量為27萬噸超大型油輪，使用6艘Z型拖船協助，繫靠海上泊位。泊位附近有平行潮流（圖8-40）。

(1)位1：當超大型油輪在進口航道或向海上泊位接近時，可用4艘拖船分別靠在超大型船船艏和船舯的左右兩舷，主要作到制速作用；另用2艘拖船，各自拖拉船艉左右舷，在進口航道上既可作舵船使用（協助轉向），也可作為制動作用。距海上泊位約4浬時，超大型船應控制船速為6節左右。

(2)位2：當超大型油輪平行海上泊位外檔，橫距約為3倍船寬（約為200 m），將船停住，並令5艘拖船在超大型船右舷橫推入泊，一艘拖船以頂流狀態拖艉。

(3)位3：當距泊位為1倍船寬（約70 m），令3號拖船在超大型船右舷舯部由頂推改為傍拖，用以調整靠泊中超大型船的前後位置。

(4)位4：當距泊位為10 m時，令1號和5號拖船在超大型船右舷艏艉部由頂推改為橫拖，並與2號和4號拖船一起，共同調整靠泊速度，直至靠妥海上泊位。當帶妥全部繫纜後，方可解去拖纜。

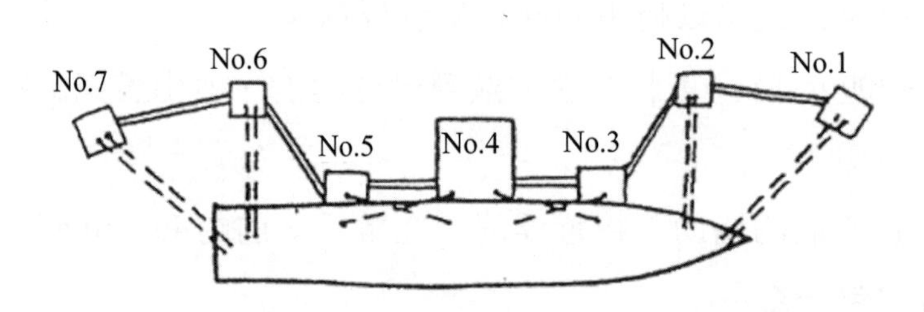

圖8-39　繫船墩式海上泊位

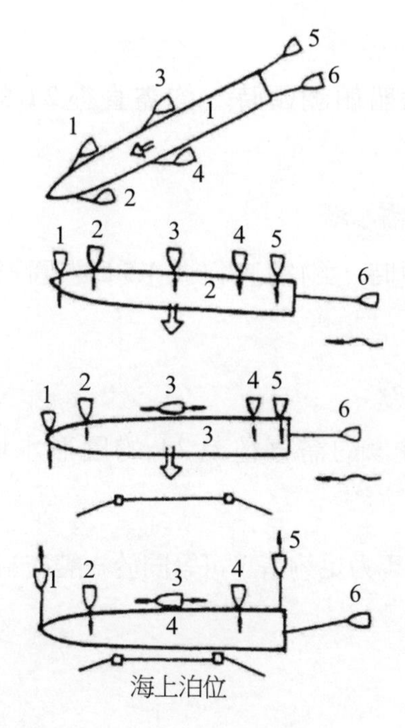

圖 8-40　超大型油輪繫靠海上泊位

第九節　港內調頭

船舶港內調頭一般僅憑俥舵難以完成，常需配合使用俥、舵、錨、纜和拖船，利用或克服風流的影響，才能順利調轉。

一、調頭所需水域

根據一般船舶的操縱性能及利用錨、風流等的有利影響，結合拖船的使用，船舶在無側推器配置之情況下，於港內調頭所需水域可參考下列數據：

（一）降速加俥迴旋調頭所需水域

先降速，再提高主機轉速，向右滿舵迴旋調頭約需直徑為3 L（船長）的圓形水域。若向右迴轉後停俥，利用倒俥，正舵後退，艏向右偏轉，再右滿舵進俥，如圖 3-35(a)所示，則迴轉 180° 調頭所需水域直徑約為2 L。

（二）利用一艘拖船調頭所需水域

在使用一艘拖船協助船舶調頭時，約需直徑2 L的圓形水域。

（三）利用多艘拖船調頭所需水域

在完全使用拖船調頭時，約需直徑為1.5 L的圓形水域。

（四）順流拋錨調頭所需水域

順流拋錨自力調頭時，約需直徑為2 L的圓形水域。

（五）配置側推器的船舶，馬力足夠者，可等同於一艘拖船的協助。

二、港內調頭常用方法

（一）頂流拖艏調頭

如圖8-41所示。

(1)流速：頂流調頭，為減少操縱中的流壓漂浮，便於控制船位、縮短調頭所需水域，最好應於平流時抵調頭區，爭取在平流或近乎平流中調頭，否則頂流

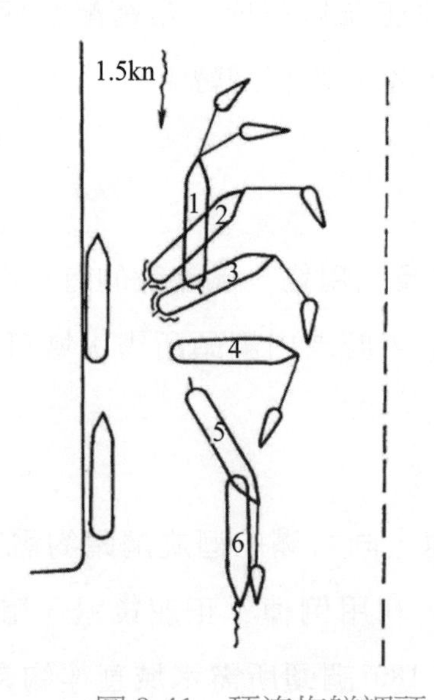

圖8-41　頂流拖艏調頭

流速不宜超過1節。

(2)調頭方向：一般情況下均以拖船拖艏向右調頭較為方便；空船、橫風較強、水域較窄則以迎風調頭為安全；若風影響較小，水域足夠，在泊位邊調頭，右舷靠泊，則向左調頭亦可。

(3)控制餘速：抵調頭區前應及早停俥淌航，開始調頭時，船的衝勢應基本消失，以免影響拖船行動，甚至出現危及拖船安全的現象。當抵調頭處前尚有半個船長時仍覺衝勢太快，應即倒俥制止，使船停住。一般而言，滿載萬噸船應在調頭處1,000m以外停俥淌航。

(4)注意掌握船位和船身進退：向右調頭，開始時船應保持在航道中央左側。當船速消失即可令拖船向右拖轉而開始調頭（位1）。拖船對於領直而未右轉拖帶之前，大船不宜右轉以免妨礙拖船向右轉向。在1～4位的過程中，由於拖纜帶有朝前趨勢，大船可能出現前衝現象，此時應在目測艏、艉與岸線之距離的同時，應用正橫附近物標，以判斷船身之進退，及時用俥舵略作調整，特別要注意及早倒俥制止前衝（位2，3），保持船位於航道中間，以便順利進行調頭。船身橫於航道時，拖纜將變成倒向，大船船身可能後退。一經發現，應用右舵並少量進俥調整（位4）。

(5)減低轉頭速度，穩定艏向：船艏轉向150°左右時，若右轉速度仍很高，應及時操左滿舵，配合進俥以煞減之。最後擺直船身，穩住艏向（位5～6）。

空船，橫風較強時，調頭後領直前，應用俥舵使大船盡快佔據上風，拖船也應向上風一側進行拖帶，以便爭取主動。

（二）順流拋錨調頭（如圖8-42所示）

(1)流速：在某些江河水域，船舶順流到達後，為了頂流靠泊，常採用順流拋錨調頭的方式，但流速以1～1.5 kn為宜。

(2)調頭方向：一般情況下，右旋單槳船以向右調頭有利，因拋錨前必須倒俥制止衝勢，俥的橫向力助艏右轉；空載左舷來風風力4級以上時，應採取迎風（左轉）調頭為安全；在彎曲水道處調頭，船艏宜放在凸岸一邊，由於凹岸側水深較深，利於保護俥、舵，且凹岸側水流較急，利用艏艉所受流速差而利調轉，但應注意倒俥排出流橫向力的不利影響。

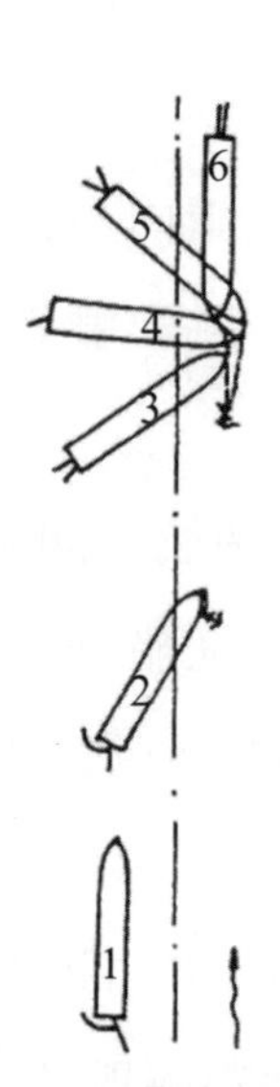

圖 8-42　順流拋錨調頭

(3)控制餘速：根據本船停俥淌航的距離適時停俥，當船到調頭處時，餘速應控制至最低程度。抵落錨點前，應適當使用倒俥，以進一步減低衝力並助船右轉。

(4)落錨時的船位及船身與流向的交角：到達拋錨點前1～2倍船長處的船位，應擺在航道中央略偏左的位置（位1），若對水餘速超過1 kn，則先用倒俥拉住船身並助船身右轉，使船身約與流向成30°角，伺機停俥並拋下右錨（位2）。一般出鏈 2.5～3 倍水深，一次鬆出，煞牢（右舷偏順水），利用水流拖錨調頭。拋錨後，若發現衝勢仍覺稍大，或船身拖錨滑行太快，切不可誤鬆右鏈，以免煞不住或掙斷錨鏈，此時應立即加拋左錨1節入水。

(5)在調頭中應密切注意船位及船身之前衝後退。當船身停止拖錨淌航（滿載萬噸船，流速2 kn，淌航約150 m；流速1.5 kn，淌航約60～70m 才能停住），船艏轉過70°左右後，船身出現後退現象，此時應及時用進俥抑制（位3～4）。船在位4～5時，接近橫流，錨作為支點吃力最大，可用右舵、短暫進俥，以緩和鏈的張力，配合頂流，擺直船身至位6，方可起錨。

(6)水流過急或過緩對港內調頭均為不利，可用拖船助操。起錨時應注意錨鏈的導向，並及時用俥、舵配合，並先起後拋之錨。

（三）拖艉調頭

如圖 8-43 所示。拖船拖艉調頭，常見於靜水港。艉纜解清，始拖艉如圖位1。無風，艉擺出30°～45°，解艏倒纜和艏纜（位2）。如果有正橫吹攏風較大，

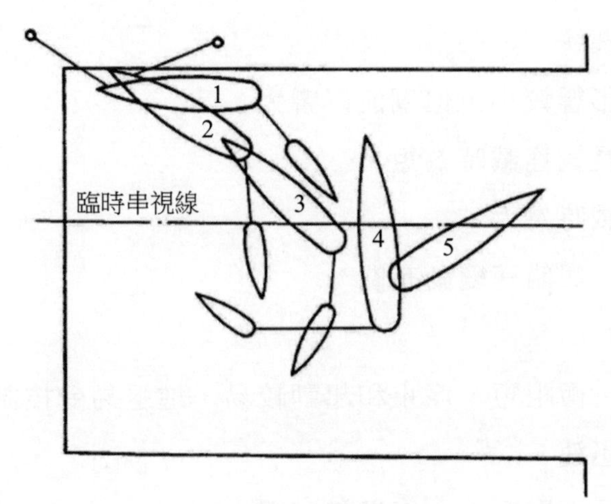

圖 8-43　拖艉調頭

艉擺出角度要更大，直到艉頂風，然後解艏倒纜及艏纜。

船身受拖力牽引後退至位3，選擇一對臨時串視標，作為調頭參考，用進俥右滿舵制止退勢，同時令拖船右轉。此時的關鍵是大船要煞停退勢，以免形成拖船被倒拖和橫拖現象。至位 4，大船無前衝後退，由拖船拖轉至位 5，用慢俥左舵抑制艏向右偏轉慣性，穩住艏向。當船略有對水進速時，停俥解拖。

第十節　船舶特性操船

一、大小船在港內操縱上之差異

1. 大型船使港內水域顯得狹窄。
2. 主機馬力未隨船舶之大型化比例增加，特別是散雜貨船。
3. 船體大，慣性衝力亦相對愈大。
4. 大型船受淺水效應及下沉現象之影響較大。
5. 大型船受風潮影響較大。

二、重載船與輕載船在操縱上之差異

1. 重載船之操縱特性

(1) 停船時，慣性動量大，衝距遠，動俥起速時，增速緩慢。

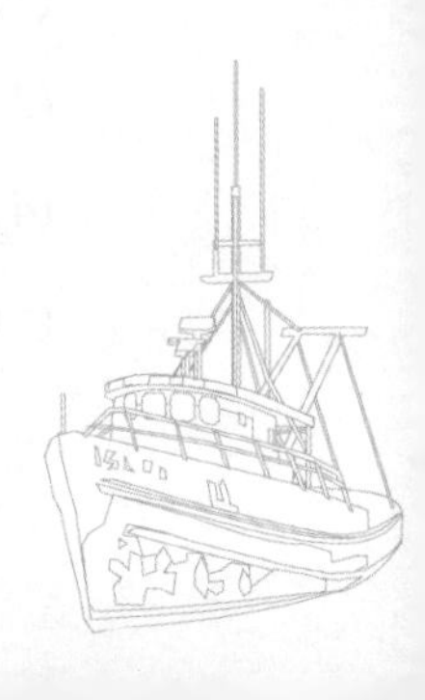

(2) 舵效之反應遲緩。

(3) 乾舷低風力影響較小，但潮流影響大。

(4) 錨泊時，鏈長較輕載時為短。

(5) 迴旋圈較輕載時為大。

(6) 迴旋圈之大小與船速變動有關。

2. 輕載船之操縱特性

(1) 慣性動量小，衝距短，停止和起動較易，進退易受控制。

(2) 舵效之反應迅速。

(3) 乾舷高，受風力影響大，但潮流影響小。

(4) 錨泊時，易於轉頭，所需鏈長較重載時為長。

(5) 迴旋圈較重載時為小。

(6) 迴旋時偏移較大。

三、俯仰狀態在操縱上之差異

1. 艏俯船之操縱特性

(1) 迴轉支點前移。

(2) 迴旋圈較小。

(3) 迴轉調頭困難，但一經開始轉動，卻難以抑制。

(4) 轉向上風較為容易。

(5) 倒俥時，船艉倒向上風的傾向減弱。

(6) 後八字來風時，操縱難以控制。

(7) 主機輸出馬力情況較差。

(8) 如空載時，俥葉易打空轉。

2. 艉俯船之操縱特性

(1) 迴轉支點後移。

(2) 迴轉圈增大。

(3) 向下風轉頭較易。

(4) 直航前進時，較易保持航向。

(5) 主機輸出馬力較好。

(6) 舵效較艏俯船情況佳。

四、駕駛台位置前後在操縱上之差異

1. 駕駛台在後部之優點

(1) 利用船艏之目標，極易發現艏向之變化或偏移。

(2) 當船迴轉時，船身後部橫掃面積較其艏部為大，故船舶的轉動情形，較易觀察出來。

(3) 靠泊時，有利於船舶與碼頭之相關方位及接靠角度之判斷。

2. 駕駛台在前部之缺點

(1) 大角度改變航向轉彎時，因船舶與駕駛台之間的距離太靠近，且又接近迴轉中心位置，使船舶在迴轉調頭時，不易看見船艉浪花水跡。易難於觀察出航向之變動情形。

(2) 在兩側觀測前方一測目標時，可能出現在另側之誤差，造成適應與判斷力產生誤差。

(3) 狹窄水道航行，物標之距離及船艉是否離開物標之確認困難。

3. 風力之影響

（1）駕駛台在前部

①前進時，船艏受風壓趨向下風；船艉趨向上風。

②後退時，船艏迅速趨向上風；船艉趨向下風。

③停止時，漂流型態呈後八字來風。

（2）駕駛台在舯部

①前進時，船艏緩慢趨向下風。

②後退時，船艉偏向上風。

③停止時，漂流型態為正橫受風。

（3）駕駛台在後部

①前進時，船艏迅速偏向上風。

②後退時，船艉緩慢地偏向上風。

③停止時，漂流型態呈前八字來風。

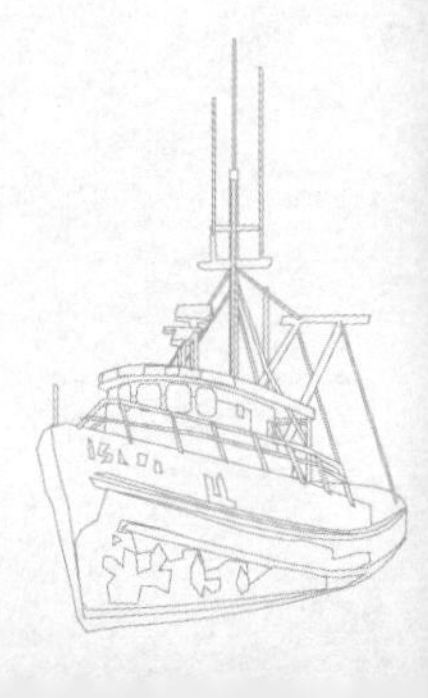

第九章 特殊水域操船

特殊水域之操船分為狹水道中操船、江河（運河）中操船和島礁區操船。在本章中重點介紹各特殊水域的特點和操船要點及其注意事項。

第一節 狹水道中操船

狹水道是指水深或水道寬度受到限制，給通過該水域的船舶操縱帶來各種影響的水域。如港區、江河、運河、錨地、島礁區、狹窄海峽和其他限制航道等。

一、狹水道的特點

1. 航道狹窄、水深頻變

   一般狹水道的寬度較為狹窄，甚至僅能允許單向通航，因而給船舶避讓帶來一定困難，故必須嚴格遵守海上避碰規則、內河避碰規則、當地港章與特定水域的航行條例等；而且狹窄水道上淺灘較多，水深限制較大，船底餘裕水深也不足，勢必會影響船舶操縱；並且在進出口時還須準確掌握好潮時和潮高，否則就不能順利通過淺灘。

2. 航道彎曲、燈浮較多

   狹水道不僅狹窄，而且航道彎曲、航向變化頻繁；不僅轉向點多，而且有的彎頭轉向幅度較大，在頻繁的轉向過程中也給避讓來船帶來一定困難。在狹水道中還設置了較多的浮標，提供來往船舶進出口時準確識別和導航，如著名的多佛爾海峽和大陸的長江口南水道，都是典型的浮標導航水道，均按國際標準設置「A」系統的水上助航標誌。台灣則選「B」系統。

3. 潮流湍急、流向多變

   狹水道航行應特別注意航道中的水文氣象條件，尤其是潮流的流速和流向，它們與航道的地貌以及每月的汛期均有關係。日本之關門海峽水道，潮流變化劇大，一般低速船，通過困難。因此，重載大船尤應掌握其規律，在進出口時應事先掌握好流壓差，並且盡量避開急漲或急落時間通過彎頭或靠離泊位。

4. 航區複雜、障礙物多

狹水道內暗礁、沉船、漁柵等障礙物多。此外，在狹水道內，還設置錨地、捕魚區、危險區、測速場、校磁場和引航站等。這些都要求進出口船舶加強瞭望，並隨時準確掌握自己的船位。特別在晚上或視線不良的天氣狀況下，更應注意及時避讓來船和障礙物，確保狹水道航行安全。

5. 船舶密集、往來頻繁

江河口岸地段，南來北往的船舶眾多，為了順利通過，均配合潮時集中時段，排隊魚貫通過，船舶密集，而且交通秩序也較差。面對這些情況，操船者不僅要用舵避讓，還應控制航速，用俥進行避讓，並且還要施展良好的船藝，謹慎操縱船舶。

二、狹水道中操船要領

1. 詳細研究分析水道情況

應事先根據具體水道的情況，參閱有關航路指南和歷史經驗介紹，結合氣象、潮汐等資料在大比例尺海圖上進行研究。通過分析，應對該水道的各個環節，做到全盤掌握。

(1) 對狹水道「面」的方面應熟悉

(a)整個水道的水文地理情況，包括重要山峰、島嶼、岸灘、大的彎曲地段等和各種障礙物如暗礁、沉船、漁柵等，與航道的位置關係。

(b)航道寬度、水深和由於避讓能偏離航線的最大範圍，以及必要時可供安全錨泊的地段。

(c)各助航標誌如岸標、浮標等所表示的意義、性質、結構、編號及其周圍情況，並校核這些助航標誌是否已按航行通告進行改正。

(d)必須清楚明瞭風流、潮汐、能見度、船舶通航密度等情況，選妥最有利於安全航行的通過時間和應該注意的事項。

(2) 對狹水道「線」的方面應熟悉

(a)按客觀實際情況擬定航線，求出各段航線的羅經航向、航程及經過時應採用的風流壓差。

(b)選擇各段航線上的導航物標及決定導航方法，儘可能地將岸標導航和浮標導航兩者結合起來，以防意外情況發生。

(c)選擇各段航線上作為判斷船位偏離依據的有關物標（白天和黑夜）。為防止一個依據的物標可能丟失或浮標漂失、燈光熄滅等，應儘可能同時選好幾個物標。

(3) 對狹水道「點」的方面應熟悉

(a)按本船迴旋要素，決定轉向時操舵點的位置，特別是航道狹窄或航道彎曲度較大的地段，尤為重要。

(b)決定採用何種方法轉向，轉向後可使與計畫航線間的誤差達到最小。

(c)選定各轉向點的轉向依據，例如利用物標的「串視」、「開視」、「閉視」和前後標連線等方法，使達到轉向時觀察方便迅速、靈敏度高和效果好的目的。

2. 保證船舶航行在計畫航線上

在狹水道中航行時，必須隨時掌握船位，並確保船舶走在預定的計畫航線上，以防誤入險區和造成不必要的會船。為了達到這一目的，需要採用地文航海中提出的避險方法和導航方法。

3. 正確掌握轉向點

狹水道航行，對船位誤差的要求與開闊海域不同，因此掌握轉向點的要求也不同。在開闊海域，可選擇正橫附近物標的預定方位為轉向依據，但在狹水道內必須根據具體水道的特點，因地制宜，準確選擇轉向依據和正確進行轉向操縱，才能達到誤差最小的要求。例如在狹水道內航行，若用浮標導航，如果當時當地的風流較緩和，而且船位保持在計畫航線上，一般當船位正橫浮標時轉向；若遇順流航行則應早轉，若遇逆流航行則應晚轉；當船位偏外應早轉，船位偏內應晚轉。又如，在島礁區狹水道航行時，可將人工航標和自然標配合使用，即利用物標的「串視」、「開視」、「閉視」和前後標連線等方法進行轉向。這些方法不僅靈敏度高、觀察方便和迅速，而且效果也較好。

4. 正確掌握航道的寬度水深和避讓幅度

認真分析研究「面」，才能提出和解決「線」和「點」上之問題。這是狹水道航行必須掌握的最關鍵的操船方法，即在對水道全面情況的了解、研究和熟悉的基礎上，以便解決好狹水道航行中的避讓問題。它包括對遇、交叉和追越中的避讓幅度和範圍；也包括避讓大船、小船、漁船或帆船等來船的幅度和範圍；還包括能見度不良時之避讓幅度和錨泊時的範圍；又包括狹水道中拋錨調頭或用俥、舵調頭所需的幅度和範圍。

三、狹水道中操船注意事項

1. 注意按正規航法航行

狹水道中航行除應按正確掌握航道的點、線、面的正規航法航行外，在航行中還應用目測的方法，隨時注意修正風流壓差，及時掌握住準確的船位。轉向時應叫航向，並注意舵工是否落實；然後找出艏向的燈浮或岸標，切忌只叫舵角不叫航向的錯誤做法，在能見度不良時尤為重要。在避讓中下達的舵令、俥鐘令等必須準確，並應注意舵角指示器、俥鐘指示器和舵工操舵是否有誤。避讓後要及時回復原航線，並核實航向和船位。

2. 及時開啟雷達和備俥、備錨

船用雷達從接通電源到顯示清晰圖像，一般約需 3～5 min。在夜間航行或能見度逐漸變壞的情況下，應提早開機助航，有利於及時發現來船和掌握準確船位。由於狹水道情況比較複雜，航行避讓和操縱較為頻繁，隨時都可能需要減速或停俥。在遇雷暴或能見度變壞時，還可能需要拋錨等候，故應及時備俥、備錨。在正常天氣情況下航行，若遇特殊情況或特殊航段也應備俥、備錨。

3. 守聽超高頻無線電話

使用超高頻無線電話（VHF）進行通話，這是船舶間避免動作不協調而產生緊迫局面的有力輔助措施。凡有超高頻無線電話的船舶，都必須按照規定；打開 16 頻道守聽，或當地航港當局指定之頻道，進行通話。通話表達應清楚準確，不講與航行安全無關的話。當聽到他船通話時，不作干擾或插話。在能見度不良時，應注意自報船名、船位和航向、航速，並利用 AIS 系統注意觀察他船的動態。

4. 注意正規瞭望

保持正規瞭望是預防船舶碰撞的前提，也是駕駛人員航行值班的首要職責。在狹水道航行中不論白天或黑夜，也不論好天或壞天，駕駛台必須保持安靜並且有人負責嚴密地瞭望。在瞭望中要做到精神集中。除目視外，還要用聽覺和儀器設備，不輕易放過海上的任何船隻和漂流物。除經常使用望遠鏡瞭望外，還必須經常走到左、右兩舷瞭望，以消除視線被大桅、通風筒、甲板貨櫃等遮蔽所造成的盲區。夜間航行對可能出現的不點燈小船或燈光被篷帆遮蔽的帆船，要保持高度警惕。在能見度不良時，瞭望站立的位置應有利於守聽他船霧號，駕駛台的門窗不要全部緊閉。要佈置瞭望人員在船艏協助瞭望並及時啟動雷達進行連續觀測。

5. 使用安全航速行駛

船舶在航行中是否能避免發生碰撞，相當程度上取決於當時所採用的航速是否恰當，即是否採用安全航速行駛。在日本內河及港灣水域中，有明確之限速 12 節之規定。另在上海港黃浦江的航行規則中，亦規定順水船航速不超過 8 節，頂流船舶速不超過 6 節。這不僅對於避免發生碰撞，而且對防止浪損都有積極作用。因此，在進出港航行中，應根據當時的能見度、航經地區、風流狀況、本船性能，特別是倒俥能力、吃水與可用水深關係、通航密度和雷達性能等情況來決定。

6. 注意掌握避讓要領

在狹水道中航行，由於來往船舶頻繁和密度較大，而且航道的寬度和水深受限。因此，在船舶避讓中應嚴格遵守國際避碰規則的規定和有關當地的特殊規定。特別是在對遇和追越的情況下，更應謹慎駕駛，嚴禁在航道彎曲處會船或追越。在對遇或追越過程中，均應分清各自在避讓中的責任和義務，互鳴聲號，看清來船動態，注意避免船吸現象。尾隨他船航行時不宜過近，尤其在順流航行時更應注意。一般情況下順流時不得少於後船船長的 5 倍長度；逆流時不得少於後船船長的 3 倍長度。在狹水道中航行，為避免碰撞所採取的措施，若當時環境許可；應掌握早讓、寬讓的原則，並注意運用俥、舵配合。

7. 注意運用操縱聲號

兩船相遇為了使其行動取得協調；在採取避讓措施前，除用 VHF 取得聯繫外，還應注意及早按章鳴放會船聲號，使對方了解本船的操縱意圖。在運用操縱聲號時要注意聲音的清晰，重發的間隔要適當，以免發生一方鳴放聲號另一方卻沒聽清或誤解。在交換聲號時，必須盡早進行，以便雙方有充裕的時間進行重複和確認，從而取得一致的見解。在能見度不良時，則應按規章鳴放霧號。

四、接近引航站操船

1. 注意「進港指南」（Guide of Port Entry）或「航路指南」（Pilot or Sailing Direction）等有關資料，介紹該引航站的注意事項。
2. 船舶抵達引航站前，船長和值班駕駛員應及時通過 VHF 與引航站聯繫，控制好預計抵達的時間（ETA）。還應掛妥引航信號。
3. 引航站附近上下引航員較多，應備妥主機、加強瞭望、注意避讓、保持前後船舶的間距並適當控制船速，慢速駛近引航站。若引航站周圍情況複雜，還須及時備妥雙錨。
4. 充分注意引航站附近的潮流大小和方向，可觀察引航船或燈浮周圍的水流流向和潮流的升降，並及時掌握風、流壓差和留有足夠的餘裕空間。
5. 根據引航站的要求，將引航梯或舷梯放在相應的一舷。若遇大風浪，引水梯應放在下風（浪）一舷，必要時應操縱船舶轉向，使引航梯處於下風（浪）舷。
6. 準備妥接送引航員的工具，如繩索、保險索和扶手等，並在引水梯處應備妥救生器具，夜間還應備好足夠強度的照明燈，確保引航員登、離船的安全。

第二節　江河（運河）中操船

船舶進入沿海或內陸的江河（黃浦江、湄南河、密西西必河等）或運河（蘇伊士、巴拿馬、基爾等）中航行，由於江河或運河水道的尺度受限（寬度、水深、橋高和彎道的曲率半徑等），江河的水流流速分布不均（取決於河床的形式，在河槽水深最大位置處的最大流速帶就是主流；主流之外的其他水域稱為邊流，其流速較小，而流向有時甚至與主流方向相反），但運河受流的影響較小；江河河槽不斷變遷，水深和淺灘變化較大。在彎曲水道處的水流流速分布也不均（凹岸水深而流速大，凸岸水淺而流速小且有回流），而且江河水流還受洪水期和枯水期的影響極大。故一般商船在江河或運河中操縱時，都應謹慎操船，確保船舶在江河或運河中的航行和繫泊安全。

一、航速選定和港內用俥

1. 航速選定

（1）符合水域主管當局或港章的限速規定

如船舶在蘇伊士運河中航行，必須遵守其《蘇伊士運河航行規則》的航速規定，北上船隊的載貨油輪和散貨船為 13 km/h（7 kn）。普通船為 14 km/h（7.6 kn）；南下船隊為 14 km/h（7.6kn）。又如船舶在上海黃浦江中航行，在其港章中對航速也有具體規定，即順流航行不超過 8 kn；逆流航行不超過 6 kn。台灣港口則規定港內速度 5 節或以安全速度航行。

（2）確保船舶最低航速時的操縱性需要

尤其應確保船舶在江河中航行的舵效，這是因為重載大船在江河或運河中航行，雖已符合最高不超過 6～8 kn 的規定，但對鄰近停靠的船隻來說，還會發生船吸、浪損或斷纜事故，故還應根據具體情況執行適當的航速和最低航速的要求。

（3）確保避讓他船時可實施必要的機動

近年來從海事案件處理中獲知，似乎認為沒有超過港航之限速規定就不算違章，因而對最低航速的規定有所忽略，這對避免碰撞事故是極為不利的。為安全避讓他船的需要，用適合當時情況的緩慢速度航行，具有很多優點。譬如有更多的時間進行瞭望和判斷，有更多時間採取避讓措施，一旦出現突發情況也來得及採取應變措施，必要時加俥以增加舵效而船速又不會立即加快。

2. 港內用俥

港內用俥對船舶安全具有重大影響，亦是駕駛引航人員必須掌握的基本智能。港內發生的船舶碰撞或觸碰事故，大多出於對距離、時間估計不足或用俥不當引起的。尤其像一些複雜的江河水道或港域，有時只要早停或倒俥早開出幾秒、俥葉少轉或多轉幾轉，或許就可使一場嚴重事故得以避免。因此，在用俥問題上，更加需要慎重且給予應有的重視。

（1）必須符合安全的需要

這是港內用俥的唯一衡量標準。由於船舶在江河中航行，其外界的環境和條件不斷發生變化，故俥速也應隨之變化，使之相適應，否則本來正確的俥速就可能變成錯誤或危險的俥速。例如某一空載船，因避讓他船通過，減速停俥，然而風壓使其逼向防波堤，此時即應用俥舵，先避開危險。若操船人員仍然猶疑不決，不敢開快俥，那就會喪失用俥時機，發生碰撞防波堤的嚴重事故。一旦用快俥衝出險境，轉危為安後，又應及時減速，不然又會形成新的危險局面。

（2）必須考慮全面，防止顧此失彼

首先應控制好船速，不違反港口有關限速的規定。由於港內水域狹窄，用俥必須顧及四周環境，不造成浪損和危及他船安全。由於船速低，還要考慮外界風流對本船操縱的影響和變化。避讓來船時用俥避讓較多，還應充分估計和體諒對方的困難。應顧及到舵效的實際需要和必要時拋錨的需要；還應兼顧單俥船倒俥時螺旋槳的偏向作用等。

（3）必須做到有張有弛，快慢切合實際

首先需要看清形勢和判斷情況，知道何時該張、何時該弛，不然亂張亂弛，亂張亂弛，就會危及船舶安全。其次，盲目求快或片面圖慢，都會打亂計畫，陷於被動，造成操縱上的困難或危險。

例如在江河水域右旋單俥船，過大彎頭航道時，甲、乙兩船兩種用俥情況的比較對照（圖 9-1）。甲船在臨近過彎前，欲張先弛即先停俥，待用舵轉彎時再開俥，正確地處理了俥、舵之間的關係，利用了船速未增而舵效先增的作用，因而保證了過彎時的一氣呵成，順利安全地通過了兩個大彎道的操縱。乙船因用俥不當，張弛無序，未能正確處理俥、舵的關係，

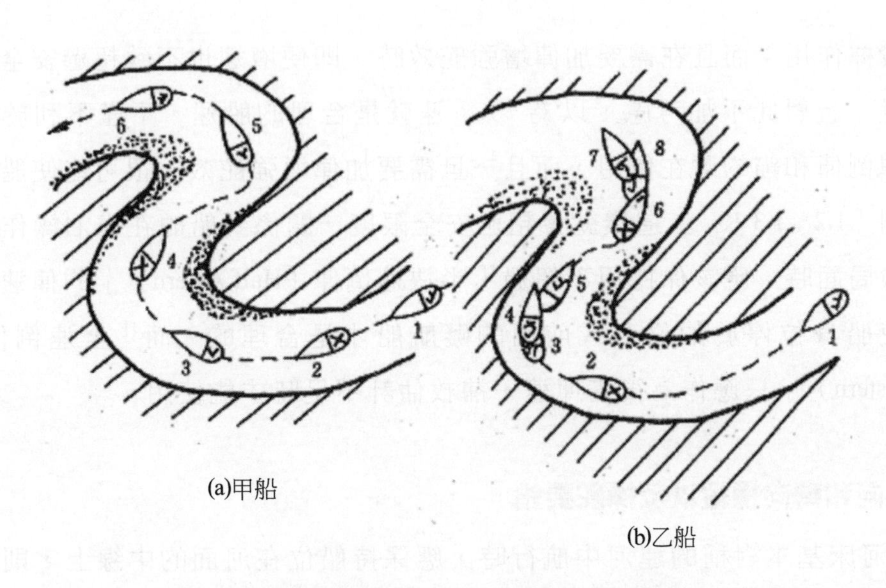

(a)甲船

(b)乙船

圖 9-1　過大彎頭航道甲、乙兩船用俥比較

	甲	乙
操作	①港內航行，位 1，「半快速進」。 ②位 2，鄰近轉彎前「停俥」。 ③位 3，開「慢速進」促使增強右舵舵效，確保順利完成轉彎操作。 ④位 4，「停俥」為轉一下個道彎創造條件。 ⑤位 5，「慢速進」、「左滿舵」。 ⑥位 6，完成轉彎操作，開「半速進」續航。	①同甲。 ②位 2，鄰近轉彎時「停俥」。 ③位 3，因右滿舵舵效差，怕觸淺，開「半倒俥」。 ④位 4，「停俥－慢速進」，轉過第一個彎。 ⑤位 5，「半快進」。 ⑤位 6，發覺船速太快，怕衝上岸，「停俥」。 ⑦位 7，「左滿舵」舵效不好，開「快倒俥」。 ⑧位 8；因倒俥偏轉影響，船艏右轉至位 8，陷於被動困境。

故導致轉彎操作的失敗。

（4）必須處理好與舵、錨間的並用

船舶在江河中航行操縱、必須保持合理的船速，這不僅是單指船速而言，它還包含著能夠最充分、良好地發揮舵和錨的效能。具體地說，港內航行操縱的合理船速，應該比當時現場環境條件下，容許的最大限度稍慢一些的船速，假設當時的最大船速是「K」的話，那麼保持「0.7～0.8 K」的船速或許就是適當的。這樣不僅在需要倒俥或用錨時，錨和倒俥能更好地發揮作用；而且在需要加俥增強舵效時，即便增速也不致超過安全容許限量。若對此不加考慮，以為「K」速就是合理的船速，不僅不利於良好發揮倒俥和錨的潛在作用，而且一旦需要加俥增強舵效，很可能使船速增加到「1.2～1.3 K」，這樣就會超過安全限度。關係到船舶在靠泊操作或遇危險局面時，應該保持用不超過「半快速倒俥（Half Astern）」的俥速就可以使船身拉停於泊位旁或前面的礙航船才是合理的，而「全速倒俥（Full Astern）」只應作為後備俥速，補救估計不足時才能使用。

二、穩向和轉向操縱以及操舵要領

在河床基本對稱的運河中航行時，應保持船位在河面的中線上，則兩岸對船的岸壁效應基本持平，操縱比較容易只需使用少量左右相等的舵角，即可保持所需航向。

在河床不對稱的運河或江河中航行，船舶應駛在深水主航道的右側航道上。為使船舶駛於右側航道的航線上，需採取保向操縱來進行，其保向操縱的方法，因航道的不同而不同，可分為：順直航段和非順直航段兩種情況：

1. 順直航段

可按航向進行保向操縱，尤其在較長的直航段內更是如此。在由一個直航段轉入下一直航段航行需進行轉向時，應根據轉向度數和本船的追隨性和迴旋性等，確定舵角的大小和施舵的時機，以便順利地轉入下一航向航行。例如，船舶在某一江河航行，在航經#1，#2，#3，#4 燈浮間的三段航線上，各存在著A，A'，A''，B，B'，B''兩點（見圖9-2）。A，A'，A''是各段航線上客觀條件允許的最早施舵轉向點；而B，B'，B''是最遲轉向點。

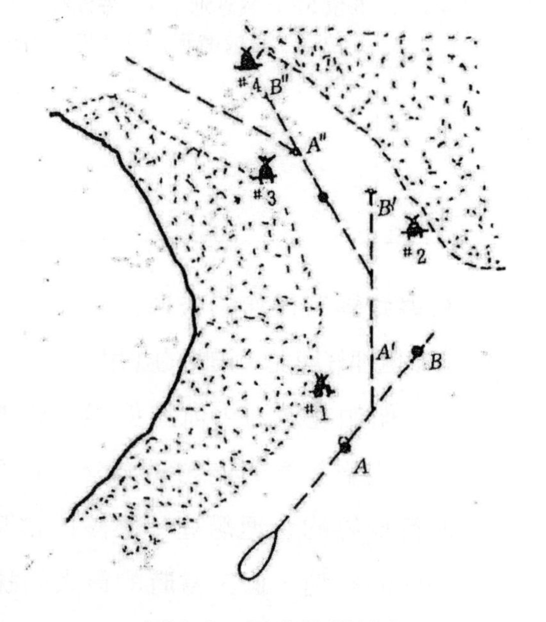

圖 9-2　順直航段轉向

當船舶在AB，$A'B'$，$A''B''$三段航線上航行時，在抵達A，A'，A''之前，即使用最小的舵角轉向，也難以順利轉駛上新航線，而在到達B，B'，B''三點時，若還未用舵轉向，則即使用最大舵角（滿舵）轉向，均再也無法確保駛上新航線，避免碰燈浮或擱淺危險。因此，用舵一定要考慮時間、空間條件，善於在AB，$A'B'$，$A''B''$提供的時空範圍內，選擇出最適宜的時間、地點，採用適宜的舵角，才能保證轉向操縱的安全。

2. 非順直航段

一般情況下由於航向需要連續不斷地按航道的走勢而改變，常採取沿彎勢曲線駛過的方法，故保向操縱將改為間歇性的轉向操縱。每次間歇當中的船舶保向目標，均按船艏前方的目標予以確定，並視船舶本身出現的偏移量不斷修正或改變前方保向目標。

非順直航段的保向操縱實質上是一種保線操縱，其目的是竭力保證船舶駛於航道上。操船者不僅應顧及本船的船艏，還要顧及到本船船艉；不但要顧及到舵的運用，還要兼顧到用俥。做到有張有弛，張弛有序，需要具有豐富的經驗和清醒的判斷能力以及採取果斷的決策。例如某重載船在江河某航段順流過彎操縱（圖9-3）。當船舶順流過河道大轉彎時，用舵是否能順應並利用流的影響，對過彎操作安全有極大關係。

甲圖和乙圖是兩種用舵的情況和效果的對比；甲圖中的A輪考慮了轉彎處流推左後（即順流過彎），船艏容易左轉的情況，只要交替地使用幾個「左舵

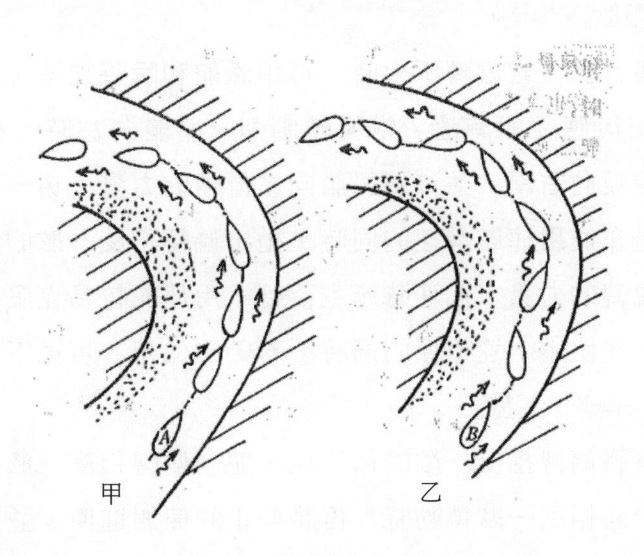

圖9-3　非順直航段轉向

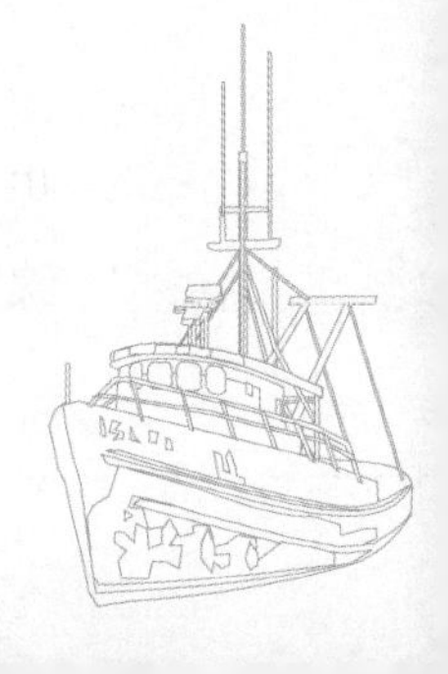

5」、「左舵10」和「正舵」的舵令，就順利地完成了過彎操作。乙圖中的B輪，未能考慮流的影響，而且用舵不合理，先是過早地用大舵角左轉，等察覺左轉太快，趕緊用「右舵20°」壓一下，又右轉過猛使右後受流，為防止觸岸，再用大舵角左轉。如此反覆操縱的結果，船在過彎的整個過程像蛇行一樣，不僅造成心理的緊張，而且確實也潛伏著極大危險。

3. 操舵要領

船舶在江河或運河中航行，除受淺水、水域寬度和較急水流的影響外，又受航速限制。一般商船的舵面積較內河船要小，舵效差，這就增大了操舵的難度，所以其操舵的要領為：一是在操船者叫舵後，要立即用舵使船艏轉動；二是舵工操舵，也不可突然使用過大的舵角；三是當有異常水流時，船舶會出現偏轉和橫壓或其他危險情況，操船者應根據當時的具體情況，敏銳察覺，早用舵，叫快舵，用較大舵角抵抗外力的影響。

三、偏轉的產生與克服

船舶在江河或運河受限水域中航行，由於河床不平或水深變淺、河岸不對稱或航速突變（減速太快）、操舵不穩或偏離航道等原因，使船突然偏轉。此種現象在人工運河中更易發生，為此克服偏轉的措施必須十分迅速和果斷，否則會釀成事故。

1. 單螺旋槳船克服偏轉的措施

以右旋單俥船為例，當偏轉不大時，可用滿舵和瞬時加速（以助舵效）糾正之，待船擺正後應立即減速。當偏轉劇烈、船艏向左時，利用倒俥之橫向力，防止船艉吸向右岸，並減弱船艏向左偏轉的力量。另一克服船艏劇烈偏轉的方法，是在使用俥舵減速的同時，拋出偏轉相反一舷的錨，利用短鏈拖錨法來阻滯偏轉的力量。低速時產生偏轉，用俥舵較易克服；高速時克服偏轉較為困難，在使用全速倒俥的同時，若劇烈偏轉，可拋下雙錨阻止偏轉。

2. 雙螺旋槳船克服偏轉的措施

一般的偏轉可將偏轉相反一舷的俥停住，並向偏轉相反一舷操舵。當船艏停止偏轉並開始向相反一舷轉動時，再將停止的俥開進俥，並用舵駛回航道中線。若在克服最初的偏轉後，艏向另一舷偏轉很快，此時可將偏轉相反一舷的俥倒轉。當低速時發生偏轉，可將偏轉一舷的俥加速，另一俥減速或停俥，並用滿舵配合；當高速時發生偏轉，應將偏轉相反一舷的俥全速倒俥，另一俥減速或停俥，同時用滿舵配合。這種方法可以減少衝力，改善操縱條件。

四、會船與追越

江河或運河中會船時，由於船舶間和船岸間之距離較近，將會出現明顯的船間效應和岸壁效應，一旦操縱不當就會引發事故。故在有關港章中對某些彎曲地段都有明確規定，嚴禁追越和盡量避免會船，這對防止事故是有積極意義的，駕駛人員應嚴格遵守。即使在其他直航段會船對駛時，也應緩速行駛。當兩船船艏相平，因相斥而出現外偏時，不宜用大舵角修正偏向，以免隨後船艏駛過他船船舯時，會增強兩船之間的吸引力，而出現船艏向內偏轉，從而引起碰撞。

在允許追越的地段進行追越時，需按規定的聲號徵得他船同意後，發揮良好的船藝，被追越船應儘可能讓出航道，以維持舵效的速度行駛。追越船還應以儘可能大的橫距，以適當的船速，儘快追越。一旦發現有明顯的船吸作用可能危及兩船安全時，應立即制止有害偏轉並及時減速或停船。當追越船追過他船時，不應在他船前進路上立即停俥淌航，要遵守安全清爽駛過的原則。

在蘇伊士運河中航行，運河的大部分航段均為單程航道，單程航道也稱主體運河航道。為了解決南、北編隊航行的船隊在運河中會船問題，故在運河中設有六段雙程航道（圖9-4）。雙程航道中的東支航道專供北上船隊使用；而南下船隊則使用西支航道。在其中巴拉赫（Ballah）雙程環形航道中的西支航道的東岸專門設有15個泊位，專供南下第二編隊船舶臨時繫岸，等待北上船隊在東支航道駛過後，再解纜離岸續航。在大湖（Great Bitter Lake）中也設有雙程航道。

在該雙程航道的東側為東錨泊區域，專供北上船隊錨泊之用，等待南下船隊在西支航道駛過後，再起錨續航；西側為西錨泊區域，專供南下第一編隊船舶使用，等待北上船隊在東支航道駛過後，再起錨續航。還有卡伯利特（Kabrit）雙程航道，該雙程航道是為第一艘南下船與最後一艘北上船交會的地段。在其東西航道之間的島嶼上還安置有帶纜樁，以供緊急情況下使用，此處在東航道

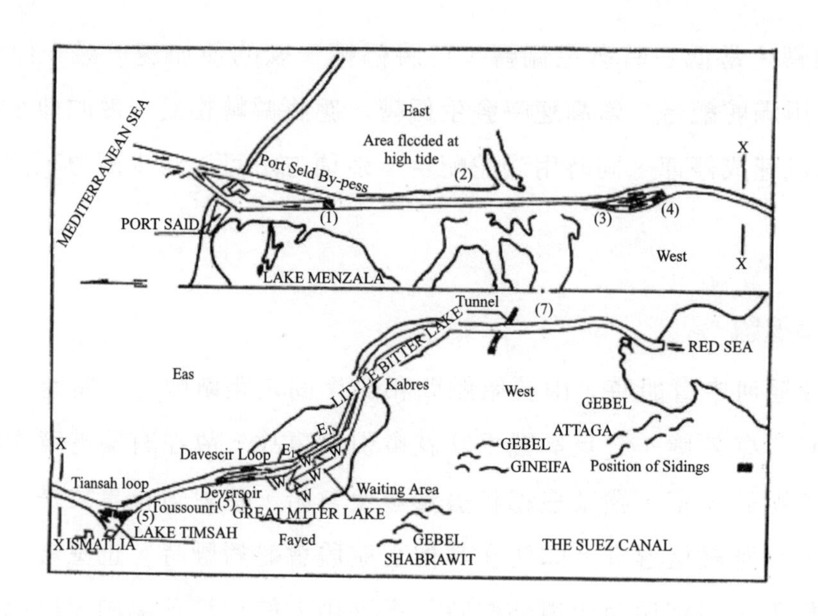

圖 9-4　蘇伊士運河中航行

的東側還設有繫船浮。

五、狹窄入口處之操船

港口防波堤、船閘或運河入口處往往很窄，其寬度比船寬略大些，且常受到橫風流的影響，給船舶操縱帶來一定困難，故進口船操縱時應掌握如下要領（圖 9-5）：

1. 將船舶航線選在與窄口連線相垂直，並處於窄口中心線的上風流一側，在位 1 處適當估計風流壓差，確定橫跨航道角度（Cross Channel Angle），並按限速規定駛上預定航線，並不斷用導航疊標來核對船位及修正風流壓差。

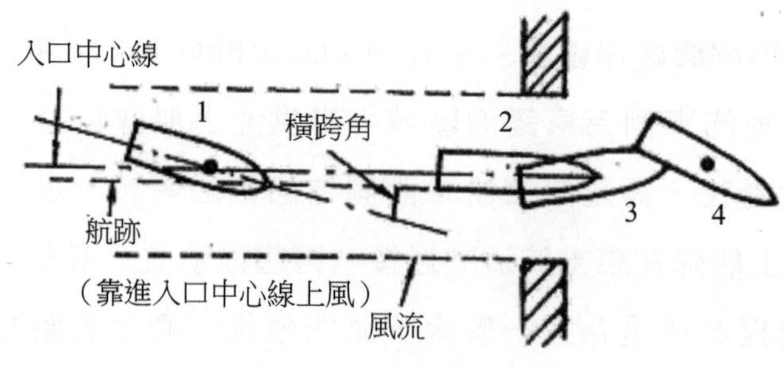

圖 9-5　狹窄入口處操船

2. 當船艏接近窄口時（位2），將船艏擺正，使船艏儘可能沿窄口上風流一側進入窄口，同時注意修正船舶因風流影響發生變化而出現的航向偏轉。
3. 當船艏通過窄口後（位3），為防止船艉壓向下風側，應立即加俥操下風舵將船艉甩向上風，使尾順利通過窄口。
4. 當船舶一旦通過窄口後（位4），應及時控制船速，並設法用俥舵將船位恢復到導航疊標線上，為下一步航行操縱奠定良好基礎。

總之，當有橫風流通過窄口時，船速不能太小，否則由於風流壓差過大，將會導致入口操縱困難，但當橫風流太強時，而且又是空載狀況，應暫緩入口操縱。

六、大橋區操船

由於江河河段設置橋樑，使船舶的可航寬度縮小、橋下淨空高度降低，並且橋區出現新的不正常水流，如橫流、強流等。當主流流向與橋樑軸線有夾角時，整個主流就具有強橫流的特點，使船舶在駛過橋孔的過程中，容易發生偏移，危害航行安全，增加碰撞橋墩的可能性。因此，安全通過大橋必須予以重視。

1. 船舶通過大橋的限制
   (1) 船舶尺度限制。
   (2) 高水位限制。
   (3) 最低航速限制。
   (4) 風級和風向限制 。
   (5) 視程限制。
   (6) 夜間通航限制。
2. 確認通航橋孔和標誌
   (1) 通航橋孔。
   (2) 水上標誌。
   (3) 橋孔標誌 。
3. 過橋準備
   (1) 船舶通過大橋水域前，應認真佈置安全措施，並對主輔機、錨機、舵機、航行信號、及拖帶設備等進行檢查，保證處於適航的狀態，確保安全通過。

(2) 裝載爆炸危險物品必須持有相關機關核發之證件，並按照各地的規定提出申請，懸掛B字旗信號。

4. 船舶通過大橋時注意事項

(1) 船舶進入大橋水域時，船長和輪機長應親自指揮操作，並選派熟練舵工操舵並備俥，派專人船艏瞭頭和備妥雙錨。

(2) 根據大橋橋向和水流特點，事先配妥風流壓差，並根據助航標誌，結合航法謹慎操縱，按規定橋孔駛過。

(3) 在駛過橋孔時，駕駛人員除穩定航向，還可命令舵工對準橋孔標誌，即兩墩間橋樑正中的橋涵標和橋柱燈標示的通航橋孔，以及水上航標標示的航道通過大橋，以免因電羅經失靈或偏差造成碰損大橋。若發現橋標、航標熄滅、移位或產生疑問時，在未弄清情況以前，不得通過大橋，並將情況報告有關主管機關。

(4) 通過橋區水域時要採用安全航速，若用最慢俥速仍不能與前船保持安全間距時，則應在距大橋禁止追越水域上2 km處作出決斷，果斷採取調頭等安全措施，避免在臨近大橋時因控制不了船位，造成不必要的事故。

圖 9-6　船舶過大橋之情形

(5) 船舶通過大橋水域前應鳴笛一長聲，以引起周圍船舶注意，船舶通過時應順序前進，相互之間應保持足夠的安全距離，禁止追越或齊頭並進。船舶通過橋孔時，還應與兩邊橋墩留有足夠的安全橫距。

第三節　島礁區操船

珊瑚島礁多見於平均水溫為25℃～35℃、海流較強的熱帶水域，並易於在陽光可射入的較淺水域內發展起來。在熱帶和亞熱帶的水域中分布很廣，如中國大陸南方諸群島和澳大利亞東北海岸綿延長達1000多里的大堡礁。珊瑚礁是由珊瑚蟲繁殖和生長所分泌的碳酸鈣結成的不同形狀的群體，大體上可分為海岸礁、堡礁、環形礁等。

一、礁區的特點

1. 航行資料較少，海圖精度差。多礁水域由於通航船舶較少，故測量較少及未測量部分多有存在；有些測點即使標有水深，但精確度未必高。
2. 航路標誌稀少，航標系統極不完備，沒有顯著物標可供測定船位。有些島礁雖然成陸，但海拔較低，遇惡劣天氣，雷達圖像有時也難以辨認。根據實際經驗，在視線良好時，往往目視比雷達看得遠，辨認得更確切。
3. 水深變化很大，海流、潮流複雜。如西沙之濱湄灘、湛函灘，其上水深只有十幾公尺，但各灘之間卻有五、六百公尺的深溝，加上礁壁陡削，海底崎嶇的影響，使海流湍急，變化無常。同時往往在礁灘的下側出現渦流與回流。至於堡礁區內礁瑚的進出水道外，退潮時流速很大，而當外海有長浪襲來時，則掀起洶湧波濤。
4. 這些地方往往又是熱帶低壓的發源地。如中國南海受颱風影響的時間特別長，同時又受季風影響。

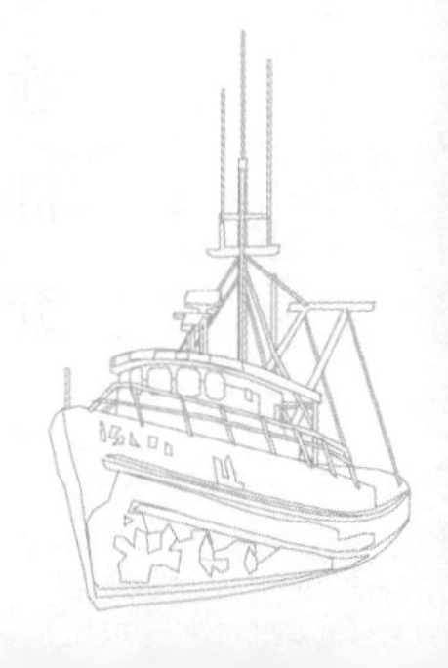

二、礁區操縱要點及注意事項

1. 進入礁區前的準備工作

(1) 正確選擇航線：使用最新的大比例尺海圖；測深少的海域，儘量把航線選在水深點相對密的地方；根據海流、潮流、風向、風力和天氣等條件擬定航線，一般至少要離礁盤6浬以外；畫好物標正橫線，並推算出物標正橫的時刻以便校對。

(2) 正確選擇出航時間，如無特殊情況應在白天接近礁盤。如能在白天低潮時接近更佳，並應考慮太陽的高度和方向。如迫不得已夜間通過，必須保持足夠的距離，即大於推算船位的最大誤差。

(3) 航前必須校正和測定各種儀器的誤差。

2. 進入礁區

(1) 應保持不間斷的航跡繪算工作，並利用一切可定位方法進行定位，且相互比對，運用已有的航路圖誌，對照陸岸形狀，確保定位的準確性。

(2) 視具體情況進行測深，如可行可用其來辨位。

(3) 在接近物標的能見距離時，應選派有經驗的人員登高瞭望，及時採取避險措施。瞭望可據下列特徵進行辨認：

- 背著太陽觀察海水顏色，較深水域呈紫藍色，次深水域為藍綠色，隨著水深變淺將為淡黃褐色；
- 海面有微波時，被淹沒的礁灘會出現和周圍不同的特殊波紋。稍有風浪，礁盤上或沙洲邊緣即起白浪；若刮大風，更是白浪滔滔。這種浪與大海浪濤不一樣，前者為碎浪，後者則一般為長浪；
- 礁盤所在地的水平線附近上空常有反光，在晴天比別處亮；
- 早晨和傍晚時分，可根據海鳥成群結隊的飛行方向進行判斷；
- 當然也可尋覓一些礁盤上的特有標誌。

(4) 儘可能在保向前提下減速航行，還應注意因流所致漂移而觸礁或擱淺。

3. 礁區通行

在礁區中航行要隨時掌握自己的船位，運用正確的導航法及避險法，航駛在計畫的航線上是確保礁區操船安全的關鍵。現將島礁區主要導航法及避險法介紹如下：

（1）導航法

(a)浮標導航

在海圖上按照浮標所示的航道畫出各段的航線，量出各浮標間的航向與航程，然後順著浮標逐個通過。一般浮標導航的水道，各航段的航線多與浮標線相平行，並保持一定的安全距離通過。當到達一個浮標後，可根據通過下一個浮標所需的正橫距選擇浮標的舷角來確定航向。其舷角可以用下式作近似的估算：

$$q^0=\frac{d}{0.017D} \quad (9\text{-}1)$$

式中 q^0：浮標舷角度數

d：浮標正橫距（n mile）

D：兩浮間的距離（n mile）

當有風流影響時，需掌握並配加適當的風流壓差。水流的方向和大小，可以通過觀察臨近浮標的水花與傾斜方向作出判斷。風、流對船舶的影響可以用觀察浮標的舷角變化加以判斷。隨著船舶的前進，船艏方向浮標的舷角將逐漸加大，而船艉方向浮標的舷角將逐漸減少（對船艉而言）。如果前方浮標的舷角不變，則將與該浮標發生碰撞。浮標導航，通過每一浮標時均應仔細核對，並記下其名稱及通過時間，以防發生錯認或漏認，同時推算出到達下一個浮標的時間。

(b)人工疊標導航

在狹窄航道，特別是進出口地段，一般都設置導航疊標。航行時，應將船舶保持在前疊標的串視線上。當發現遠標在近標之左（右），則船已偏在導航串視線之左（右）。疊標導航中，如轉向下一組疊標時應結合本船的迴旋性能選擇恰當的轉向施舵點，還要考慮風、流影響。

(c)自然疊標導航

就地利用山峰、島嶼、建築物等自然物標，組成疊標，其導航方法與人工疊標相同。選擇疊標時應選取明顯、孤立、細長的物標。為了保證疊標的靈敏度，宜選兩標間距大而前標近的疊標，當 $d/D \geq 1/3$（d－兩標間距，D－船至前標的距離）時，即可符合導航的要求。

(d)「開視」與「閉視」導航

利用兩標的「開視」與「閉視」來導航，見圖9-7或兩物標中點與另一遠處物標串視，見圖9-8。或利用前後連線來導航，見圖9-9。

(e)單標方位線導航

此法是選用航線前方或後方的一個明顯物標作導航標（圖 9-10），航行中保持其羅經方位不變，則船在此導航線上。若方位變了，即船已偏離導航線，此時需用「方位增大，右舵；方位減小，左舵」的辦法來糾正。當沒有合適的疊標時，可採用此法。用目測物標舷角的方法同樣也能判斷船位的偏離。

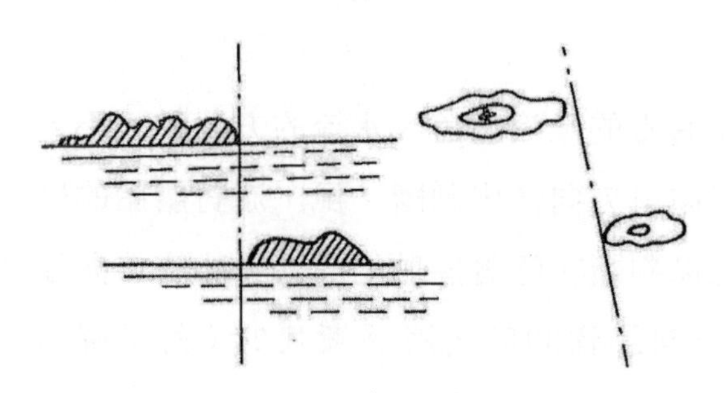

圖 9-7　開視與閉視導航

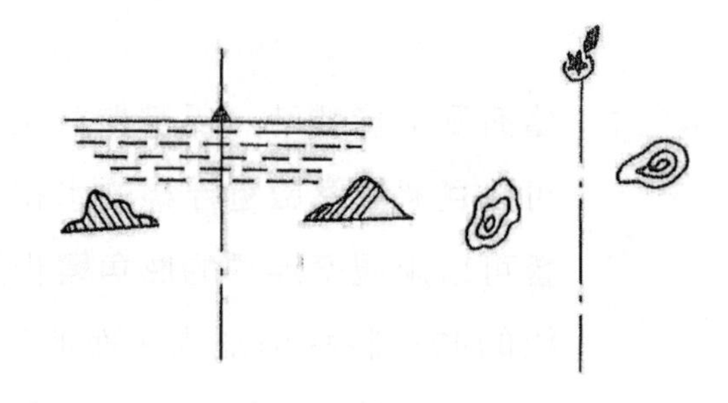

圖 9-8　串視導航

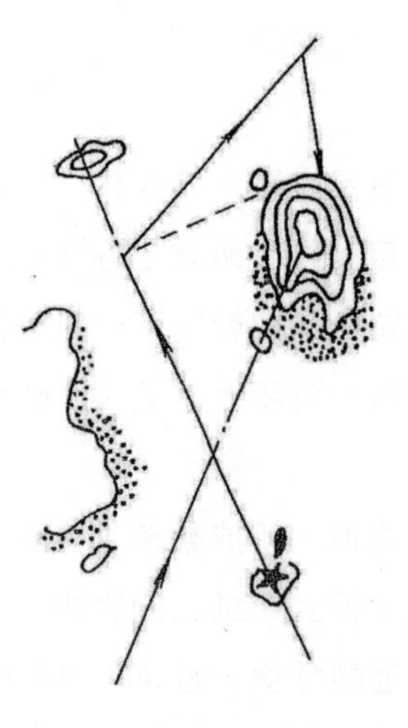

圖 9-9　前後物標導航

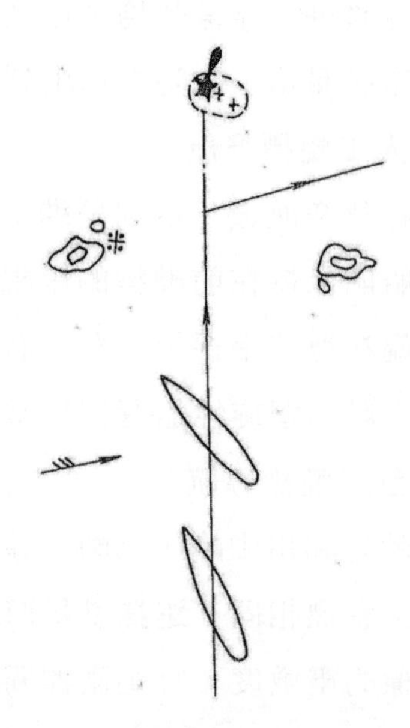

圖 9-10　單標方位線導航

（2）避險法

(a) 避險方位線

利用物標方位線作為避險線時，應選取在障礙物附近並在海圖上有準確位置和容易辨認的物標，最好是處在航線的兩端。由該物標作避險方位線時，應與障礙物之間留有足夠的安全距離。航行中，保持該物標的羅經方位始終小於（或大於）避險線的羅經方位，即可安全避開該障礙物。

如圖 9-11 所示，航行中保持燈台 A 的羅經方位始終大於 270°，即可安全避開該礁。

(b) 避險距離圈

在障礙物附近選一物標，以該物標為圓心，以適當的安全距離為半徑作一圓弧，航行中，以儀器或目測該物標的距離，始終保持船舶在該距離之外，即可避開障礙物。

4. 正確實施拋錨

首先使船舶頂風慢進，邊測深邊通過礁區；然後將錨用錨機送至錨泊所需水深的長度，使船舶後退；待錨抓住珊瑚礁後再慢慢鬆出錨鏈，並在越過礁面的較深水域處錨泊。須注意，倒俥不可太猛，防止拉斷錨鏈或使錨卡住。

珊瑚礁區一般不宜採用普通拋錨法，一是錨可能由於與珊瑚底撞擊而受損；二是錨可能抓住珊瑚較深而難以起錨；三是若錨拋在能滑落的斜面上，有可能得不到應有的抓力，甚而向深水滑落而難於起錨。所以在選擇錨地及拋錨方式時要對上述問題予以高度的重視。

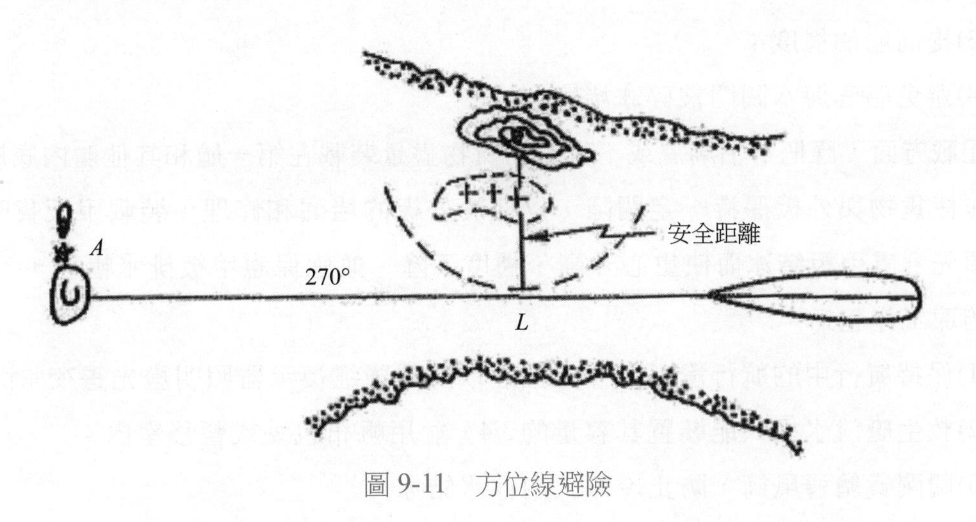

圖 9-11　方位線避險

第四節　冰區水域船舶操縱

船舶航行進入冰區水域，受天候、溫度及浮冰之影響，若不事先預防或正確處置，極可能造成甲板管路、水艙的結冰，浮冰劇烈的撞擊船殼或俥舵將會造成損害。因此，當船舶欲進入或可能進入冰區水域時，應事先作好準備工作並正確的操縱船舶。

一、冰區航行準備工作

1. 參閱航路指南、冰情報告及其他資料，明瞭冰區的規律及其特性。
2. 船上應備有足夠的備用燃料、淡水和食物。
3. 檢查船體結構，特別是船艏部分，必要時在艏尖艙內加撐縱向和橫向的冰樑，以增加艏部強度。
4. 檢查排水設備及救生設備，使其處於良好狀態下，並檢查、充實堵漏器材以應急用。
5. 卸除船旁水線附近的突出物，如鐵環、舷外排水孔罩蓋、水壓式計程儀皮托管等。
6. 空載或載貨不多時，應調節貨物、壓載水、燃油、淡水，使螺旋槳全部沒入水中且艉坐1～1.5公尺最為適宜，若為B級冰區應加強船舶、宜保持船艏吃水在輕載水線以上大於1公尺、重載水線以下大於0.5公尺。其目的為：
   (1)使船舶具有良好破冰能力和操縱性能；
   (2)保護船體、槳與舵；
   (3)提高船舶穩度；
   (4)避免船底海水閥門被碎冰堵塞。
7. 配載方面，應把不怕潮濕或不貴重的貨物盡量裝載在第一艙和其他艙內底層，並使貨物與外板保持一定間隙，以便於外板的堵漏和修理，裝載甲板貨時應預先考慮甲板結冰而使重心升高、穩度下降，並應保證甲板排水暢通。
8. 防凍工作包括：
   (1)保持航行中的航行燈、室外磁羅經以及電羅經複示器照明燈光晝夜常開；
   (2)救生艇淡水桶只能裝置其容量的3/4，並用帆布包妥或暫移室內；
   (3)關閉貨艙通風筒，防止冷氣入內存水結冰；

(4)放盡消防水管殘水後再關閉；錨鏈水出口閥應常開；

(5)放盡室外淡水管，沖洗管內殘水或用稻草包紮；

(6)上層邊水艙、邊水艙與前後尖艙水量不超過滿艙的85%；

(7)雙層底水艙內的存水量至多為其容量的 95%，其空氣管和測量管在雙層底艙頂以上部分絕不允許有存水。

9. 桅頂加設瞭望台，並與駕駛台建立通信聯繫。

10.配備專用物資，包括保暖衣被、護目色鏡、破冰斧等。

11.使主機冷卻器中輸出的熱水可在進水閥處循環，以免進水閥被冰阻塞時導致主機停止運轉。

二、冰區船舶操縱

1. 迂迴航線的選擇

在航線上有冰山、冰群時，只要情況許可；最好採取迂迴航線，以免遇到障礙和困難；即使有冰的水域很廣，迂迴航線在航行時間和燃料消耗上還是比穿過冰區要少得多，當然也更加安全。根據冰情預報，透過本船的瞭望，儘早了解冰區的範圍及可航的水域；如能看到冰區的邊緣時，可沿其上風側的邊界航行。

2. 進入冰區

當逼近堆冰的時候，決定採取哪一種行動必須格外小心。一般情況下都應採取繞過它，而不要穿越它。船駛過一冰場或冰山邊緣時，倘能選擇，應保持在迎風一邊，避開突出的冰舌或自主冰體崩解的個別冰塊。如果必須穿越堆冰，選定入口要特別小心。了解哪些地方沒有結冰；已經結冰的地方，冰的大小和性質；找出冰的最弱部分，尤其要避開壓力冰。如果當時吹離岸風，可能會有一條和海岸相平行的狹長航道。如屬可能，應以低速向背風面駛入堆冰區，進入方向應與冰緣垂直。

一經進入冰區，應記住順著冰移動，而不要和它反向行駛。雖然如此，亦不能順著堆冰猛衝，耐心注意較大的界線。如屬可能，應停留在開放水域或較薄冰區。後退時小心損壞推進器的俥葉。盡量避免去衝撞大塊的冰。堆冰內如果還有冰山，必須避開冰山的向風一邊，因為堆冰通常隨風移動，而冰山卻不易隨風移動。在進入堆冰區以前，駕駛人員應該從其他曾經駛入堆冰區的航海人員中獲取經驗，尤其當航駛同一海域時。

冰量在5/10或6/10時，在冰塊之間常可找到通航水道，只要冰厚不超過30公分，就可以通航；冰量在6/10以上時，船舶行動此較因難，應爭取破冰船引航。船舶駛進冰區時，要藉由仔細瞭望，選擇適當的地點、時機和方法：

(1) 從冰區的下風側進入比上風側安全，上風邊緣冰塊密集，在有湧浪時碎冰騷動，容易損壞船體。
(2) 漲潮冰易結聚，退潮時碎裂。當厚冰隨流快速漂移時，應等待緩流或無流時進入。

(3) 當海面湧浪較大或有5級以上橫風時，不宜進入。
(4) 冰區的邊緣是不規則的，應選擇有舌狀突出之間較平坦處進入；這裡受浪的影響也較小。
(5) 進入冰區時應保持船艏與冰緣垂直，並將衝力降到最小。當船艏頂住冰塊時，再逐漸增加俥，推開冰塊，駛向冰塊鬆散的方向。

3. 通過冰區

進入冰區後，在冰中航行時，應注意下列各點：

(1) 根據冰量正確選擇航速

冰量4/10～5/10	可常速航行
冰量6/10～7/10	應慢速航行
冰區夜航	應較白天為低
能見度不良	應大量降速（至可保持舵效為止）

(2) 有離岸風時，近岸邊常有可航水道，有向岸風時，不能從冰的靠岸一邊通過。
(3) 通過冰區時最好少改變航向。如被大冰塊擋住去路而用船艏衝擊未能使冰破碎時，應立即退出。倒俥前，正舵，先用短暫進俥，將尾部的碎冰排開，再開倒車後退。待船後退接近碎冰時停俥，讓慣性把船帶進碎冰，然後再進俥，利用衝勢在冰中撞出一條通路，一次不行，可反覆幾次。衝撞時，要嚴格掌握衝勢，及時停俥，並保持船艏與冰塊正面相撞。與雪混合的軟而厚的冰，不易撞碎，要避免被冰困住。

(4) 冰區航行，要增加艏尖艙及污水井的測量次數，並注意海底閥可能被冰堵塞。

(5) 冰中轉向，切不可一次用30°舵角，要用小舵角慢慢轉過，每次改向5°～10°以防舵及螺旋槳損壞。在冰中無法前進而需脫離時，從原路駛出較為便利。

4. 冰困後的措施

破冰前進中，若船的前部被冰夾住而不能進退時，應立即依下列方法使船脫出，否則船將隨冰漂流，可能漂到危險水域，或船體被冰毀壞：

(1) 全速前進，左右滿舵，以使船艏有所鬆動，然後再用快倒俥正舵退出。

(2) 交互排灌各壓載水艙的水，使船身左右或前後傾側，以鬆動船身。

(3) 用鐵橇將壓在船艏下邊的冰塊敲碎，再用竹篙把船旁的冰塊推向後方。

(4) 在船艉拋下冰錨，帶纜絞船，並配合倒俥。

(5) 上述方法均失敗後，可試用炸藥爆炸使艏起浮。船艏被冰困住，可在艏前方或艏左右用炸藥爆破冰塊。先用0.5公斤的炸藥放在直徑為15公分的冰孔中，炸出一個小洞，再放入4公斤的炸藥，其爆炸力則已足夠。冰困中，不論是在採取脫險措施還是在等待破冰船或氣候轉佳，都應保持螺旋槳和舵的轉動，以免艉後的水道被冰封住。

5. 冰區錨泊

冰中下錨應選擇薄冰或碎冰的淺水區，錨鏈長度不超過2倍水深，否則將會發生被冰圈住或斷鏈等事故，錨泊中，錨機和主機應隨時處於準備狀態，必要時可起錨駛離。在岸邊的冰上或海中冰群的邊緣可以拋冰錨帶纜停靠，先在冰上挖好槽，將高約2公尺適度的硬木塊冰錨放入槽中，套上纜繩，再澆上水，使冰錨與水凍結在一起。

6. 破冰船護航

一般非冰區航行專用船舶，在冰量超過6/10時，最好使用破冰船導航，編隊時把船殼較弱、功率較小的船放在船隊的中部，船間的距離一般保持2～3倍船長。後船要密切注視前船的信號，調整兩船的間距，當前船減速而後船來不及停住慣性衝力時，可轉離前船的航跡來避免碰撞。

護航中的航速，當冰量小於4/10時，可維持8節速度，冰量每增加1/10就減速1節。護航發生困難時，可以由破冰船拖航，拖帶時，一般用10～15公尺長龍鬚纜。拖纜最好從錨鏈孔中穿進，再用木棒穿過拖纜的琵琶頭，卡在錨鏈筒的開口上。

在堅冰中拖航時，壓力很大，當破冰船航過後，水道會立即封閉，要使被拖船的艏與破冰船的艉緊接在一起，二者形成一體，此時破冰船的操縱較為困難。

7. 冰中靠泊

港內結冰時，常因船身與碼頭間冰塊堆積而不能靠攏，此時應令拖船在泊位邊來回破冰，然後駛靠。

(1) 如泊位下端有餘地，可對準泊位後端，向碼頭靠攏，帶頭纜至泊位前端較遠的樁上，絞頭纜、進俥、外舷舵，使船艏緊貼碼頭掃過，將碎冰排擠出去。當船艏到達前端位置時，如內側尚有少量浮冰，則可帶上前倒纜及尾纜，開進俥，利用排出流將碎冰排出，再逐步靠上船艉。

(2) 如泊位後端無餘地，應將船艏先對準泊位前端駛入，帶好頭纜、倒纜及尾纜；用進俥及外舷舵，並在拖船推頂協助下，擠壓內舷的積冰，然後再用排出流將碎冰排出。依上述方法反覆進行多次，可逐漸將冰擠碎排出，使船艉靠攏。

圖 9-12　船舶航行冰區情形

第十章 荒天與應急操船

船舶在航行、停泊和作業過程中，隨時受到外界和本身各種因素的影響，有時會遭受到意外的災難，致使船舶、船上貨物和人員處於危險的境地。為避免或最大限度地減小受損程度，保證船舶、船上貨物和人員的安全，船長、駕駛人員及有關人員應充分了解並掌握船舶在遭遇惡劣天候及發生災難時的操縱特點和處置方法。

第一節 大風浪中操船

船舶在大風浪中航行時，操縱極為困難。船舶的橫搖週期和波浪週期接近，容易產生較大的橫搖振幅，降低橫穩性以致危及船舶安全。船舶頂浪時，縱搖激烈，拍底、甲板上浪、打空俥現象嚴重；船舶順浪航行時，又易出現艉淹、航向不穩，甚至出現打橫等現象。因此，在大風浪中操船，應採取有效措施，減輕船舶的搖盪，緩和波浪的衝擊，儘可能將危險降至最低程度。

一、自然失速和有意減速

船舶在大風浪中航行時，由於受風和波浪的擾動，使得在主機功率不變的情況下，航行速度較靜水條件時減小，這種船速下降的現象稱為失速，也就是自然失速。除自然失速外，船舶在大風浪中航行時，由於波浪的沖擊和劇烈的縱搖和垂盪而引起嚴重的拍底、甲板上浪、螺旋槳空轉，致使船體受損和安全性下降。為了減輕這種危險現象而進行人為地有計畫地降低船速，則稱之為有意減速。

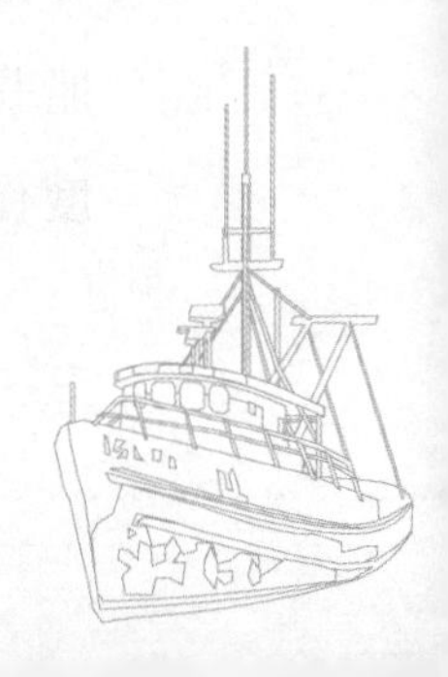

（一）自然失速（natural speed loss）

1. 自然失速的原因

船舶在大風浪中失速的主要原因有：大風所引起的附加阻力的增加；波浪作用所造成的阻力增加；風浪的表面流所引起的阻力增加；船體搖盪，尤其是縱搖和垂盪導致阻力的增加；保向操舵和艏搖引起的阻力增加，以及推進效率降低等造成自然失速。

2. 自然失速的特點

一般情況下風浪越大，降速越大；波浪遭遇角越小，降速越大，故頂浪或斜頂浪比順浪或斜順浪時降速大。順浪時的風力過蒲福風力4～5級時，船速略有增加，若風力超過5級時，則會出現自然降速（實船試驗）。不同船型的船舶航行時的降速呈現不同的情況。例如船長較短的肥大型船，若航速較高，水阻力明顯增加，則降速大，若航速較低，船舶搖擺較輕，則降速小；貨櫃船因吃水相對淺、上層建築大，在大風浪中航行搖擺劇烈，降速大；而油輪雖是肥大船型，主機功率較低，但搖擺情況較好，降速較小。

（二）有意減速（deliberate speed loss）

為了保證船舶航行安全，減少拍底和甲板上浪，許多學者對減速的要求進行了廣泛的研究。

1. 學者 Lewies 對各種船型實船試驗的結果，提出了界限速度標準：

(1)油船、貨船、散裝船：每 100 次縱搖中拍底次數應低於 3～4 次，甲板上浪次數應低於 5 次。

(2)滾裝船：每 100 次縱搖中拍底次數應低於 4～5 次。

在上述標準下船舶允許採用的最大航速稱為界限速度。一般情況下，界限速度與蒲福風級、波高以及航向（迎浪、首斜浪、橫浪或尾隨波）有關，迎浪時由於甲板上浪、拍底和螺旋槳空轉現象嚴重，其界限速度較其他情況為小。界限速度也可採用 Lewies 提出的計算公式進行計算。他根據船舶迎浪時，以船長等於或稍小於波長（$L \leq \lambda$）產生的縱搖諧搖為條件，將縱搖諧搖的臨界速度作為海上允許速度。其公式如下：

$$V_{WS}=0.2239\sqrt{L}(M-3.5)(kn) \cdots\cdots (10\text{-}1)$$

式中：L－船長（m）；$M=L/\Delta^{\frac{1}{3}}$，Δ為排水量。

這樣從縱搖諧搖角度出發，船在一定船長和排水量時，海上實際的航速應等於或小於上式算出的值。

2. Lewies 還建議，若超過下列標準時，即應減速使相應數據達到該限度：

(1)船舶滿載時減速的主要目的為了減少船艏上浪：對於長度為150 m的滿載船舶，應降速至每小時內10次船艏上浪，相當於每50次縱搖中仍有1次船艏上浪。

(2)船舶壓載時減速的主要目的是為了減少拍底：對於長度為 150 m 的壓載船舶，應降速至每小時內5次拍底，相當於100次縱搖中仍有1次拍底。

二、航向和船速的調整

波浪對於航行船舶的影響中，已知影響橫搖、縱搖和垂盪的各種因素。為了減輕橫搖、縱搖和垂盪，應該進行航向和船速的調節。

（一）橫搖時航向和船速的調節

船舶在波浪中航行，當船舶的橫搖週期 T_R 與波浪遭遇週期 T_E 一致或接近一致時，即 $T_R/T_E=0.7\sim1.3$，則容易產生危險的諧振現象。若能使 $T_R/T_E\ll0.7$ 或 $T_R/T_E\gg1.3$，就可減輕橫搖，也就是說當 T_R 為定值時，如何改變波浪的遭遇週期 T_E，則能達到減輕橫搖的目的。

由於 $T_E=\dfrac{\lambda}{V_W+V_S\cos\varphi}$

若諧搖時：$T_R=T_E=\dfrac{\lambda}{V_W+V_S\cos\varphi}$

$$故\quad \cos\varphi=\frac{(\lambda/T_R-V_W)}{V_S} \cdots\cdots (10\text{-}2)$$

該式表示，當船舶橫搖固有週期為 T_R，航區的波長為λ和波速為 V_W 時，船舶與波長的遭遇角 φ 和船速 V_S 之間的關係；同時也表示當諧振橫搖時，航向與船速的關係。因此，為避免諧搖，需調整航向和船速，使兩者之間不致產生上述關係。在海上航行中，產生諧搖的範圍一般取下列不等式表示：

$0.7 < T_R / T_E < 1.3$

式中　T_R：船舶固有橫搖週期，可用公式計算，也可根據船舶實測

T_E：波浪遭遇週期，也可用公式計算

可見，在大風浪中航行，採取有時改變航向、有時降低船速或同時改變兩者的方法，來改變波浪遭遇週期 T_E，使 T_R / T_E 不等於 0.7～1.3，即其比值保持在諧搖區之外，以謀求船體和貨物的安全。

（二）縱搖時航向和船速的調節

1. 縱搖的船速

當傅汝德數值 $F_r=0$ 時，即船速 $V_S=0$，縱搖和垂盪運動較小，船身以波浪週期縱搖，縱搖角 φ_m 一般不超過最大波面角 α_m。隨著 F_r 的增大即船速的增加，縱搖增強。但當 $T_p / T_E > 1.2$ 時，在任何船速下，縱搖振幅都不會太大。若遇大風浪航行有困難時，可採用維持舵效的最低航速滯航，可減輕劇烈的縱搖。

2. 縱搖的航向

航向對縱搖的影響，實際上可歸納為 T_p / T_E 對縱搖的影響。一般縱搖週期 T_p 比波浪週期 T_W 小。當順浪航行時（即 $T_p / T_E \ll 1$），由於相對船速減小，使波浪遭遇週期增大，因此更加偏離縱搖固有週期，故縱搖不會太大。當頂浪航行時（即 $T_p / T_E \gg 1$），由於相對船速增大，使波浪遭遇週期 T_E 減小，因此很可能接近 T_p，容易產生諧搖，故相對縱搖振幅較大，船舶頂浪航行縱搖劇烈。此時，為減輕縱搖，通常採用斜頂浪航行。

（三）垂盪時航向和船速的調節

1. 垂盪的船速

當波長 λ 與船長 L 之比 $\lambda / L \ll 3/4$ 時，船速對垂盪的影響較小，即使諧振，垂盪幅值也很小；當 $\lambda / L \gg 1$ 時，即小船遇長浪，將不可避免地產生較大的垂盪，船航速越大，垂盪越劇烈。

2. 垂盪的航向

當 T_h / T_E 較小時，順浪航行，垂盪運動也小，船舶隨波作週期性的升降；當 T_h / T_E 接近 1 時，垂盪諧搖，垂盪振幅達最大值；當 T_h / T_E 超過 1 時，頂浪航

行，垂盪振幅再度變小。但整體情況分析，由於垂盪運動具有高阻尼性，即使出現垂盪諧振也不會有很大的相對垂盪振幅。

三、偏頂浪航行與Z形航法

大風浪中航行時，為了避免船艏受頂浪航行時過大的衝擊和減輕橫搖、縱搖以及減緩打空轉的劇烈程度，而且又不致使船舶偏離航線過多，可採取偏頂浪Z形航法。但應注意保持舵效，以免形成橫浪。通常以2～3個羅經點（20～30度）斜向迎浪，並在界限速度以下的船速，向左（或右）側航行一段時間後，再向另一側航行，如此反覆進行。這種方法一般適用於風浪不是很大的區域，因為大型船舶在6～7級風時，船艏2～3個羅經點斜頂浪航行，可有效地抑制橫搖和縱搖，而船舶仍能保持一定速度前進。當風浪較大、搖盪加劇時，應主動降速，以避免船體承受過大的應力。具體船速確定可參考前述的標準或用公式計算。

四、滯航、順航和漂滯

（一）滯航（Heave to）

在通常情況下，壓載狀態航行的大型船舶，當遇到6~7級風時，即可認為屬於大風浪航行，而風力達8~9級時，則可考慮採用斜頂風或滯航方法。對於滿載狀態的大型船舶，8級風以上可以為大風浪航行，風力若增強至9~10時，頂浪航行感到困難，出於安全考慮可由頂浪、斜頂浪改為滯航。

滯航是指以保持舵效的較低航速，並將風浪放在船艏左（或右）舷某舷角（一般為2～3個羅經點方位）斜迎浪航進的操船方法。此時，船舶實際上多處於緩進狀態，特別船由於輕載或受風面積較大等原因，處於不進甚至微退的狀態。

滯航有利於緩解船舶縱搖、橫搖、拍底和甲板上浪等現象。滯航時容易保持船艏對波浪的姿勢，以等待海況好轉。由於船艏迎浪，不能完全避免拍底和甲板上浪。若船長較長或船艏乾舷較高的船舶，且下風處海域不太充裕時，採用此法最為有利。滯航中採取的航速和航向，應根據風浪的變化進行調整，選擇最佳的風浪舷角，並保證有足夠的舵效，有效控制艏向，以免被打成橫浪。

（二）順航（Scudding）

當滿載大型船舶在滯航中仍經不起波浪沖擊時或者壓載狀態下的大型船舶，當風力超過9級時，通常改用順航的方法。

順航是指船舶在大風浪中以船艉斜向受浪航行的方法。順航時降低了波浪對船的相對速度，亦大為緩解了波浪對船舶的沖擊。由於可以保持較高的船速，有利於擺脫風浪區。但順航時，對於艉部乾舷較低的船舶，容易產生艉淹（Pooping）。另外，順航時航向不穩、保向性差，小型船或船長小於或等於波長的船舶尤為嚴重，甚至還會產生打橫狀態。當船速接近波速時，小型船還會使橫穩性急遽下降。當在順浪航行中產生偏轉現象時，通常需使用大舵角加以克服，必要時還需採用調整轉速的方法，以改變船速與波速的關係。因此，順航時對於船艉乾舷高、快速、保向性能好的大型船舶較為合適；而小型船舶不宜採用。船艉較低、艉傾較大的船舶，也避免順航。

（三）漂滯或漂航（Drifting）

船舶停止主機隨風浪漂流稱為漂滯。當主機或者舵機發生故障時，將被迫漂滯。當滯航中不能頂浪、順航中保向性以及船體衰老的船，也可主動採取漂滯。

漂滯中，波浪對船體的沖擊力會大為減小，甲板上的浪亦不致甚多。但由於船體向下風有一定的漂移速度，故在下風側必須有寬濶海域，空船或壓載時尤應注意。船舶一旦漂滯，極易陷入橫浪或接近橫浪的狀態，這時橫搖劇烈，會引起貨物移動，並喪失穩性。因此，只有當船舶具有良好的穩性和水密性，方可主動採取漂滯方法。

漂滯時應採取措施避免橫浪，並儘可能保持船艏送出單錨或雙錨，出鏈長度應考慮到錨機的負荷能力，不宜太長。若當時環境下鬆錨有困難，可將船艏大纜送出，以產生水阻力，穩住船艏，此將對防止橫向受浪有一定的作用。

五、大風浪中的調頭（Turning in heavy sea）

大風浪中調頭是一項較為困難和危險的操作，必須認真、謹慎地對待。一般來說，從順浪轉向頂浪比較困難和危險（特別是空載船）。在大風大浪中不論是在何種情況下調頭，都必須在調頭前，詳細地觀察海面的風浪情況及其變化規律，並做好充分的調頭準備，特別應注意本船的穩定性。事先通知機艙和做好隨時變速的準備，改換熟練的舵工操舵。總之，應謹慎操縱。調頭時必須做到下述各項：

（一）仔細觀察波浪規律，選擇適當的時機調頭

利用波浪具有「三大八小」的規律，當前面一組的最後一個大浪剛剛過去，就應立即開始調頭。要抓緊海面較為平靜的一段時間，度過橫峰和橫浪的危險階段，並爭取在下一組第一個大浪來之前調頭完畢。

（二）若無法在兩組大浪之間較為平靜海面完成調頭

1. 從頂浪轉向順浪時：在調頭前應適當減速，轉向應在較平靜海面到來之前開始，以求較平靜海面來臨時正好轉到橫浪。此後，可適時用短暫快俥、滿舵，加速完成後半段的掉轉。
2. 從順浪轉向頂浪時：主要是在後半段調轉比較困難，因此必須在調頭前及時減速，等待時機，以求後半段在較平靜的海面進行，否則大浪來到便難以轉向頂浪。為此，可依據情勢使用快俥、滿舵，加速調轉。

（三）在大風浪調頭過程中應掌握的基本原則與要求

1. 在調頭過程中，原則上要求前衝距離要小，並減小船舶在轉向中的橫傾。因此，在調頭開始時宜用慢、中舵，力求使操舵引起的橫傾角與波浪引起強迫橫搖角的相位錯開，避免因相位一致而引起過大的橫傾，危及船舶的安全。
2. 要求儘可能縮短調頭過程的時間。在調頭中可適時用短暫的快轉和滿舵，以增加舵效，既可縮短船身橫向受浪的時間，又可安全順利地完成調頭任務。
3. 若因在調頭中判斷失誤，造成在掉轉過程中遇上大浪，而處於危急局面時，應避免強行掉轉或急速回舵，甚至操相反方向的滿舵，這是十分危險的操作。正確的措施應及時減速並緩慢地回舵，恢復原航向，再等待時機。

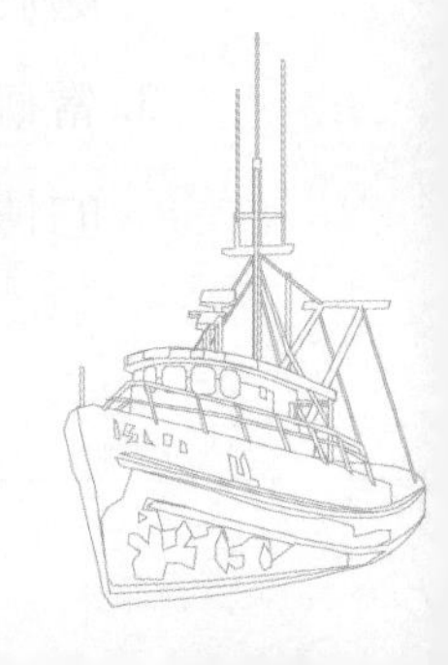

第二節　碰撞前後的操船與處置

一、碰撞前後的緊急操船

船舶發生碰撞後的受損程度與發生碰撞的部位，碰撞時的相對運動速度、碰撞角度（collision angle）、船舶大小和結構強度、撞破口的大小、當時風浪大小、所載貨種和數量以及離岸遠近等有關，還與碰撞發生前後所採取的操船方法和船員應變處置能力有著密切的關係。

（一）碰撞前的應急操船

碰撞發生前如操船措施得當，即可有效地減低受損程度，甚至避免受損。在碰撞不可避免時，首要之務是應操縱船舶儘可能避開船體重要部位，改變碰撞角度，減低船舶運動速度。在某些情況下，如船身由於倒俥制動橫於對方船舶運動軌跡前方，被動挨撞時，應用俥、舵盡量轉動船身，避開船體要害部位，減小碰角，減輕碰撞損失（collision damage）。

（二）碰撞後的應急操船

1. 以船艏撞入他船船體時，應盡力操縱船舶頂住他船破洞，以減少被撞船（collided vessel）的進水量，讓被撞船留有相對多的時間來判明情況，採取應急措施。盲目倒俥脫出，會加快被撞船進水，有沉沒危險時可能會壓住本船船頭而禍及本船。在風浪較小且無沉沒危險時，還可用纜相互繫住，以防船艏脫出破洞，起「堵漏」作用。如被撞船有沉沒危險，則在不嚴重危及自身安全的情況下，應盡力施救該船乘員和貴重物品。船舶碰撞的姿態很多，情況也千變萬化，因此很多情況下，上述操船措施不能一概而論。
2. 作為被撞船則應盡量把船停住，以利兩船保持撞擊嚙合狀態，減少進水，並應立即進入堵漏應變部署。若無法保持嚙合狀態，則應操縱船舶使破損部位處於下風側，以減輕波浪的沖擊和進水量並有利於實施堵漏作業。
3. 當碰撞發生海域附近有淺灘，被撞船有沉沒危險時，在不嚴重危及自身安全的情況下，應操縱本船推頂被撞船搶灘或推頂到淺灘附近由被撞船自力搶灘。

二、碰撞後的緊急處置

（一）應變部署（Practice muster）

船舶發生碰撞造成船體破損後，全體船員應立即按緊急應變部署作業程序，進行排水堵漏等搶救工作。

（二）排水與堵漏

應及時進行排水和堵漏，防止情況惡化。

（三）調整縱橫傾

船體進水後，船舶必然會發生縱橫傾及穩定度的改變。為了保持比較合理的縱橫傾和GM值，就必須利用排出或調駁油水來進行調整，但應注意減小自由液面對GM值的影響。向他船轉駁貨物或拋棄部分貨物也是調整船體縱橫傾的一種方法。對於位於水線附近的破口，同時還可減少進水量。但拋棄貨物必須滿足下列條件：

1. 該貨物浸水後會引發火災或爆炸等危險；
2. 該貨物浸水後會急劇膨脹；
3. 為了保留儲備浮力或減少進水量；
4. 為了保持船舶具有足夠的穩性。

上述3及4項應在達到目的後立即停止。

三、碰撞後的續航

碰撞後的船舶經全面檢查，在主輔機狀況良好無損、船體破損部位經過堵漏和加強後進水得以有效控制、排水暢通、仍保留足夠的儲備浮力、浮性符合航行要求、救生設備完整無損，且確認續航中不會出現危及船舶安全的情況時，才可自力續航到最近的港口進行檢修。自力續航操縱應十分謹慎，並應注意以下幾個方面：

1. 減速航行，密切注意排進水情況變化並詳細記錄。如情況惡化，應立即查明原因，並重新堵漏或修復排水設備，清理排水吸入口等。

2. 盡量近岸航行，勤測船位。操縱船舶盡量使破損處處於下風側，並根據風浪情況及時調整航向、航速，以減輕船舶的搖擺。
3. 密切注意氣象、海況變化，隨時準備擇地避風或採取其他應急操船措施。
4. 與附近岸台、公司或船舶所有人保持密切聯繫，及時報告航行情況和船位，根據指示結合實際情況，採取相應的有效措施。

四、碰撞後的搶灘和棄船

（一）搶灘（Beaching）

搶灘是指船舶面臨沉沒危險時，利用附近淺灘主動擱淺，以爭取時間實施自救或等待救援而避免沉沒的自救性措施。

1. 選擇搶灘地點時應考慮
   (1) 搶灘處底質：泥、砂、砂礫底均可，但軟泥底應注意防止船體下陷而難以脫淺。礁石區不可搶灘。
   (2) 搶灘處坡度：條件許可時應盡量選擇適合於該船的坡度。一般小型船選1：15；中型船選1：17；大型船選1：19～1：24的坡度。
   (3) 水深：搶灘後，船甲板在高潮時應露出水面。
   (4) 風、流：條件許可時，應選流較緩、風較小的地點。
   (5) 周圍環境應有利於固定船舶，且儘可能遠離航道，便於出灘和救助作業。
2. 搶灘出灘作業步驟
   (1) 搶灘前應盡量利用壓艙水來調整船舶吃水差，便與搶灘處坡度相適應。
   (2) 條件許可時，應儘可能選擇高潮後的落潮適當時間進行搶灘作業（應視所需留灘時間確定）。
   (3) 一般都取船艏上灘方式。搶灘時應盡量保持船身與等深線垂直，適時停俥，慢速接近；讓船體和緩地擦灘而上。
   (4) 隨著船艏上灘，可拋雙錨，起穩定船身和協助出灘的作用。在必要時，可在搶灘後再利用拖船、救生艇或起重機等運錨向後拋出，可避免因拖錨搶灘而影響搶灘效果。
   (5) 搶灘後應儘快堵好漏洞或初步修復，排盡積水，做好出灘準備工作。如不能在短時間內出灘，則應對船身加以固定。

(6) 出灘時，打出壓載水，待高潮到來時，絞收雙錨，配合倒俥出灘；如經計算僅憑雙錨拉力和倒俥拉力不能出灘時，應請足夠功率的拖船協助出灘。

（二）棄船（Abandon ship）

我國船員法第 73 條「船舶有急迫危險時，船長應盡力採取必要之措施，救助人命、船舶及貨載。船長在航行中不論遇何危險，非經諮詢各重要海員之意見，不得放棄船舶。但船長有最後決定權。」決定棄船後應：

1. 發出棄船警報信號（警鈴或汽笛 7 短 1 長聲，連放 1min），並向外發出遇難求救信號，打開無線電應急示位標（EPIRB）等。
2. 全體船員根據應變部署表分工，做好各種棄船準備工作。在船長下達放艇命令以後，放下救生艇，攜帶好航海日誌等重要文件和本航次使用的海圖、國旗以及郵件、現金等貴重物品迅速登艇，並儘快將艇放至水面，駛離大船。

第三節　擱淺與觸礁前後的操船與處置

航行中的船舶，由於其吃水超過可航水深，致使船舶擱置在淺灘上的現象，稱為擱淺（Stranding）。如船舶擱置或觸碰礁石，致船受損，稱為觸礁（Strike on a rock）。

一、發生擱淺與觸礁事故的主要原因

擱淺和觸礁事故除極少數由於大風的襲擊，俥舵突然失靈等引起外，絕大多數是由人為原因所造成；如迷失船位、偏離航道，精神麻痺、警覺不高、無預防措施，以致誤入淺灘和礁區，造成擱淺和觸礁。根據歷來事故的分析；其主要原因有：

（一）不熟悉航道情況，不查閱航區資料，不細緻研究航區條件，主觀臆斷擬定航線或採用不適當計畫航線。

（二）駕駛引航人員工作粗枝大葉，不負責任，測錯或不測船位，導致迷失船

位；誤認燈浮或導航標誌，或錯看或漏看物標；在航行值班中精神不集中，憑老航線老經驗；不及時改正海圖和航海資料，以致誤入淺灘或險區。

（三）不重視航跡繪算，對風流壓差預配不足，未及時修正；對餘裕水深、淺水效應估計不足，對潮汐推算或計算有誤。

（四）未能確定助航儀器的誤差，又不及時求測和校正；羅經損壞或存在誤差，未及時發現，導致航向偏離；或盲目、片面信賴某一儀器，不作綜合定位。

（五）叫錯、聽錯口令或口令不明確；操錯舵、開錯俥、駛錯航向而未及時發現和糾正；駕駛人員對引航員的錯誤操作未能及時發現並糾正等。

（六）不了解船舶在不同狀態、不同環境影響下的操縱性能；盲目操縱，或在複雜危險水域，主機、舵等突然損壞或因錨泊不當而發生走錨，又未能及時發現和糾正；或在狹水道拋錨和避讓不當，或因能見度不良時盲目航行而偏離航道等。

二、擱淺與觸礁前的緊急操船

（一）當發現船舶擱淺已難以避免時的緊急操船

1. 如不明淺灘範圍和形狀，應立即停俥滿舵，一方面可減緩擱淺的程度，另一方面是希望逃離淺水區域。
2. 如明瞭本船航向與淺灘邊緣走向的交角很小或接近平行，但離淺灘已很近，應立即停俥，用短時間滿舵與回舵分幾次轉向，避免一下子大幅度轉向而使船艉甩上淺灘。
3. 如明瞭本船航向垂直於淺灘，則應立即停俥和快倒俥；並拋雙錨，以阻滯船前進，減緩擱淺程度，保證船艉處於深水區，有利於以後絞錨脫淺。
4. 如明瞭淺灘僅僅是航道中新生成的小沙灘，一般可以保向快速衝過，或左右交替滿舵，使船蛇航擠過淺灘。
5. 如明瞭由於本船倒退會使船艉擱淺，則應用正舵，快俥前進，可減少俥、舵受損的機會。

（二）當發現船舶觸礁已不可避免時的緊急操船

1. 船艏前方是一長排礁石，船與礁石距離已小於本船迴旋進距，應立即停俥、倒俥並拋雙錨，保持航向，以避免船身全部上礁，並保護俥舵。
2. 船艏前方是孤立小礁石且四周水很深，則當船在未接近前，就應儘早讓用舵轉向避開，否則應立即停俥、倒俥，減緩船體前衝，減小觸礁程度與損失。

三、擱淺與觸礁後的處置

（一）切忌盲目動俥

擱淺或觸礁後切忌盲目動俥。如盲目動俥，可能導致船體、俥葉、舵葉遭受更大損失。即使能夠脫淺或離開礁石，也可能再次擱淺或上礁。如擱在尖銳的礁石上，則很可能被礁石畫開船體而擴大破口，致使大量進水而沉沒。長時間用俥，會使冷卻水的吸口吸入過多泥沙，導致冷卻系統堵塞的危險。若盲目使用倒俥，對右旋單槳（FPP）船而言，倒俥時尾左偏，易使船舶打橫，可能會使險情更加惡化。

（二）顯示信號

立即依國際避碰規則懸掛號型（三隻垂直黑球）與／或顯示號燈（錨燈與垂直兩盞紅燈）。

（三）緊急報告

立即將有關情況告知附近港口主管機關及船東、代理行，並請求有關援救機構，協助脫淺。

（四）水密工作

立即檢查或關閉與海底相通的水密門蓋。如管道水密蓋、軸道水密門、水壓計程儀艙蓋、雙層底艙（包括管道在水線以下測深管的快速閉閥與／或管蓋及貨艙污水井在機艙內測深管的快速閉閥與／或管蓋）。必須明白任何水密門蓋漏水，等於喪失雙層底的功能。

（五）油、水測量

每間隔 20 分鐘測量一次與船底相通的各艙室的水位或泊位高度。如發現損漏，則應立即確定其部位，關閉有關的水密門蓋，採取排水、堵漏、補強等措施。

（六）確定船位、吃水與水深

1. 利用可靠物標測出準確擱淺位置，並定時進行測量、校核。
2. 測出船舶擱淺後的六面吃水，並記下觀測時間、潮高及高低潮時間，以便計算損失的排水量。
3. 測出舷邊四周每隔 10 m 處時水深，並如圖 10-1 所示測出船體附近的水深，並記下時間、潮高及高低潮時間。
4. 通過吃水與水深的比較，可判斷船體擱淺部位和程度，決定脫淺方向。如擱淺當時吃水大於擱淺前吃水，則此處船體未擱淺；如擱淺後吃水小於擱淺前又大於舷邊水深，則此處船體因撞擊或底質軟而嵌入或陷入海底或舷邊有泥沙堆積；如擱淺後吃水小於擱淺前，也小於舷邊水深，則表示船擱在海底突出物上或舷邊泥沙已被沖淘走了。
5. 確定擱淺部位的方法，還可在低潮和高潮時，用過底索套過船底，在兩舷從首至尾（或順流）拉曳，以此探測低潮和高潮時的擱淺部位，並概算擱淺船底面積。

（七）確認底質

對擱淺處海底底質進行取樣，確定擱淺處底質，此項資料將方便於計算脫淺拉力。

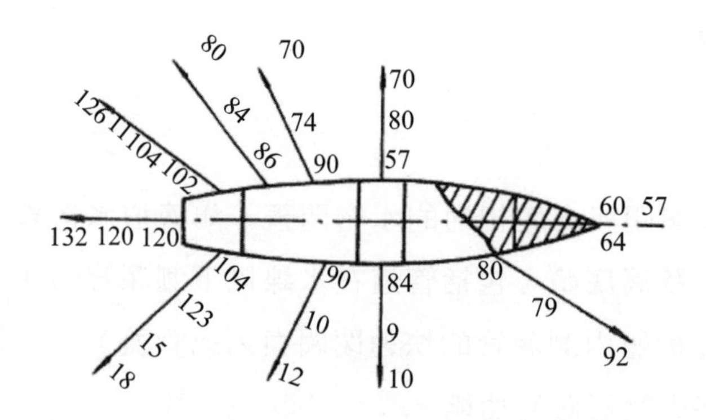

圖 10-1　擱淺船舶附近水深的測量

（八）船體保護

1. 擱淺後可能出現的危險情況

（1）墩底

擱淺船舶在浪湧起伏作用下，船底與海底碰擊產生墩底，將損壞船殼甚至使船體斷裂。

（2）向岸漂移

擱淺船舶在風、流、浪和潮水升降的作用下，船體易出現擺動及移位，而向岸漂移。

（3）打横

船艏、船艉某一端擱淺時，在風、流、浪的作用下，船體以擱淺處為支點發生轉動，導致船體打横。

（4）船體傾斜

船舶擱淺處如坡度較大，且潮差也大時，落潮後船體會發生傾斜，或是迎流舷海底泥沙被水流淘挖成槽，致使船體傾斜。嚴重時可使船舶傾覆。

（5）船體承受過大應力

在墩底及船舯部擱淺或觸礁時，船體局部將受到很大的應力，易造成船體變形甚至折斷。

2. 保護船體的措施

擱淺船如在短時間內不能安全脫淺，由於會發生上述危險現象，故對船體必須採取保護措施。

（1）壓載

打滿各壓載水艙，使船穩固地坐於海底。如還不夠，可在部分貨艙內注水，以達上述目的。當然，注水鄰艙的艙壁應相應加強，並根據船體縱横傾及受力情況擇艙注水。

（2）錨纜固定

擱淺船船身與淺灘邊緣或岸線垂直時，可從船艏、艉左右舷各45°方向上用錨、纜固定，如圖10-2所示。船體舷側擱淺時，可從艏艉向海方向各45°左右拋錨，必要時還可向擱淺一側用錨或纜繩繫牢，如圖10-3所示。

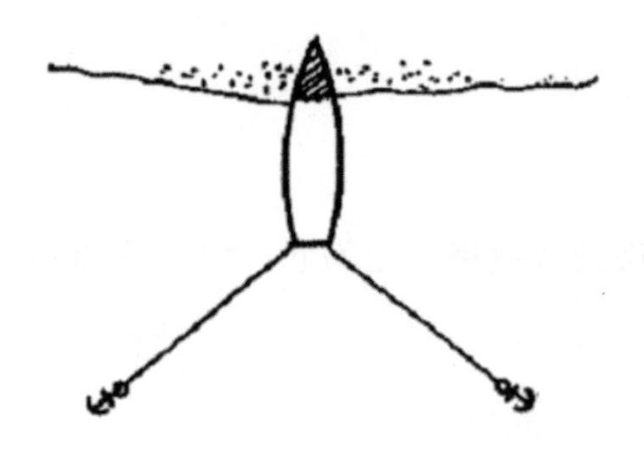

圖 10-2　船艏擱淺時的固定

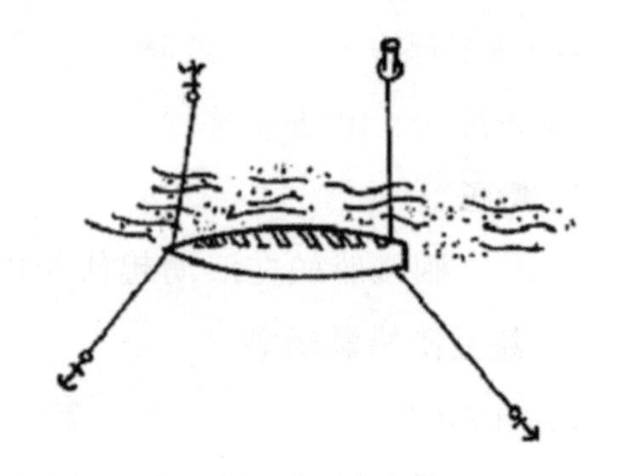

圖 10-3　船體舷側擱淺時的固定

（九）了解潮汐、潮流及氣象

1. 根據當時當地的潮汐資料，編制出高潮潮時和潮高表，並應設立臨時潮標，以獲取實測資料。還應按時記錄潮流的大小和方向。
2. 加強抄收氣象預報與傳真，密切注意天氣變化，測取風向、風速及海浪資料。爭取在天氣惡化前脫淺。

（十）查明主機、推進器和舵的情況

擱淺後應立即通知機艙改用高水位海底閥，以防泥沙堵塞造成冷卻中斷後主輔機停俥，並應立即查明俥、舵有無變形受損。

四、脫淺拉力的估算

擱淺船舶脫離擱淺狀態所需的拉力稱為脫淺拉力。它由擱淺船主機推力（或拉力）、絞錨拉力和協助脫淺的救助船拖力三部分組成。要使船舶順利脫淺，脫淺拉力必須超過擱淺船舶與海底的摩擦力。

（一）脫淺所需的拉力

1. 脫淺所需的拉力即為擱淺船舶與海底的摩擦力。其大小為：

$$F=f\times\delta\Delta \quad (10\text{-}3)$$

式中　F：脫淺所需的拉力（9.8kN）

f：船底與海底的摩擦係數，如表 10-1 所示

$\delta\Delta$：擱淺船損失的排水量（t），可用下式計算：

表 10-1　船底與海底的摩擦係數

底質	f質	底質	f質
泥	0.20～0.32	卵石	0.42～0.45
細砂	0.35～0.38	珊瑚礁	0.50～1.00
礫石	0.38～0.42	礁石	0.80～2.00

$\delta\Delta = 100\text{TPC}\,(\text{dm-dml})$　　　　（損失排水量小於 10%時）…（10-4）

式中　TPC：每釐米吃水噸數（t/cm）

dm：擱淺前船舶平均吃水（m）

$dm1$：擱淺後船舶六面平均吃水（m）

如果 100TPC（$dm - dm1$）大於 10%，則應根據龐琴曲線或費爾索夫曲線求排水體積 V_l，得：

$$\delta\Delta = \Delta - V_1\rho \quad \text{(10-5)}$$

ρ －水的密度（t/m^3）

在確定 d_m 時應根據離港前的平均吃水，在途中減去燃料、淡水和物料而產生的吃水變化，即：

$$\delta d_m = \delta W / 100\,\text{TPC} \quad \text{(10-6)}$$

式中　δd_m：平均吃水變化量（m）

δW：燃物料消耗量（t）

如處海水密度不同，則還應進行相應的修正。在確定dm1 時，應考慮脫淺時潮高的變化及各艙室浸水的變化量。

2.　潮高的變化量＝潮差 $\times \frac{1}{2}[1 - \cos(t/T \times 180°)]$ ……（10-7）

即任意時潮高與高／低潮潮高之差。

式中　t：任意時與高／低潮時的時間間隔

T：落潮或漲潮的時間間隔

3. 各艙室浸水變化量為脫淺時全部浸水減去擱淺時已有浸水。如脫淺距擱淺時日較長，則應減去油、水和物料的消耗量。單艙進水量可用下式求取：

$$P_i = \rho \cdot k \cdot \delta \cdot lbh \quad \text{(10-8)}$$

式中　P_i：第 i 艙的進水量（t）

ρ：水的密度，淡水取 1.000t/m^3，海水取 1.025t/m^3

K：船艙的滲透率；可按表 10-2 查取

δ：船艙方形係數，首尾部的艙取 0.4～0.5，船舯部的艙取 0.95～0.98

l，b，h：進水艙室的長、寬、浸水深度

表 10-2　船艙的滲透率

艙室名稱	滲透率 K	艙室名稱	滲透率 K
液貨艙	0.60	內燃機機艙	0.85
煤、糧艙	0.60	居住艙	0.95
物料間	0.70	油水櫃及隔艙	0.97
鍋爐艙	0.80	輔機機艙	0.97
蒸汽機機艙	0.80	空貨艙	0.98

各艙進水量為 ΣP_i 得：

$$\delta\Delta = 100\text{TPC}(d_m - d_{ml}) + \Sigma P_i - W \quad (10\text{-}9)$$

式中：W－擱淺期間油、水和物料消耗量（t）

（二）脫淺（Refloating）拉力計算

1. 主機的推力與拉力 F_P

本船主機所能給出的推力與主機機器功率有關，而一般船舶倒俥拉力可按正俥推力的 60%～70% 計算，大型船可按 30%～40% 計算：

$$F_P = \frac{MHP}{73.5} \quad (10\text{-}10)$$

式中　FP：主機的推力（9.8 kN）

MHP：主機機器功率（kW）

2. 絞錨拉力 Pa

絞錨抓力 $P_a = \lambda_a W_a$（9.8kN）相當。

3. 拖輪拖力 Ft

拖輪拖力與拖輪種類及其主機功率相關，一般 Z 型、CPP 型拖輪在全負荷工作時有：

(1)Z 型拖輪前進拖力 $F_t = \frac{MHP}{49}$（9.8 kN） （10-11）

後退拉力 $F_t = \frac{MHP}{54}$（9.8 kN）

(2)CPP 型拖輪前進拖力 $F_t = \frac{MHP}{54.5}$ （9.8 kN） （10-12）

後退拉力$F_t = \frac{MHP}{100}$（9.8 kN）

五、自力和外援脫淺

當確信船舶脫淺後不致沉沒，脫淺操縱時不致進一步損壞船體、俥及舵，經計算脫淺拉力大於所需脫淺拉力，則可根據下述方法進行脫淺操作：

（一）自力脫淺

1. 等待高潮利用俥、錨脫淺

如船不在高潮時擱淺，則可利用高潮時所需脫淺拉力小的時機，經計算可以脫淺時，利用本船主機推力或拉力及絞錨拉力自力脫淺。

2. 移載脫淺

移動船內貨物、油和水，來減輕擱淺部位的壓力，再利用俥、錨使船脫淺。移動重物量和距離可根據有關公式計算所得，但應注意脫淺後是否會產生過度的縱橫傾而危及船舶安全。

3. 卸載脫淺

如經移載調整後經計算仍不能自力脫淺，在無外援的情況下，可適當卸載。如在有外援時也不能順利脫淺，則也應適量卸載。所需卸載量為W（t），即：

$$W = 100TPC \cdot \delta d_m = \frac{F-(F_p+F_t+P_a)}{f} \quad (10\text{-}13)$$

其中δd_m即為希望經過卸載而達到的平均吃水減小值（m）。卸載時最好能卸擱淺位置處的貨物，如不可行也應儘可能卸靠近擱淺處的貨物。一般先卸出多餘的淡水和燃油，然後再卸貨物。卸載後應進行艏艉吃水差變化和 GM 值的計算。

（二）外援脫淺

擱淺後，如俥葉、主機受損或經估算無法自力脫淺時，應在努力搶險自救的同時，立即請求外援，使船早日脫淺。如船體受損嚴重，已失去漂浮能力，則應先堵漏排水搶險，並請求外援，經搶救在脫淺後不致沉沒時，應儘早脫淺。

救助船可協助擱淺船固定船體、堵漏排水、移載過駁、用大型打撈浮筒增加擱淺船浮力、沖挖脫淺方向海底和提供足夠的拖力協助脫淺等。當救援船到達後，擱淺船應提供如下資料：

1. 主要船圖、船舶主要尺度、靜水曲線圖、主機及甲板機械的功率及現狀。
2. 載重噸數、貨種及分艙圖；油水的數量及部位；危險品的裝艙裝置、噸數和性質等。
3. 擱淺前的航向、航速及擱淺的時間、目前艏向；擱淺前、後吃水及其變化情況；潮汐、潮流情況。
4. 曾經採取的措施和收到的效果及需要的救助要求和對救助的建議等。

第四節　火災與爆炸後的操船與處置

一、船舶火災的特點

（一）由於船舶結構複雜，一旦發生火災，發現往往較晚，而且滅火作業較為特殊和困難。

（二）載貨艙室內發生火災、爆炸時，尤其是滿載時，幾乎不可能將燃燒物移出，小型滅火器材也起不了什麼作用，且火勢蔓延較快，很難控制。

（三）機艙是最易發生火災的場所之一，除各種油和沾油棉紗等可燃物外，還有鍋爐、發動機和排氣管等熱源，一旦操作不慎，或違章明火作業，就可能發生火災，甚至爆炸。

（四）起居場所所用材料大多具有可燃性，易蔓延，而且隨著船齡的增大，電器老化導致火災發生的概率也會增加。

（五）採用灌水滅火時，應注意船舶穩度的變化；以防不利傾斜，甚至發生傾覆、沉沒。

（六）海上航行中發生火災，短時間內很難得到外援；繫泊中發生火災或爆炸，由於岸上消防人員對船舶的特點、艙室、管道等缺乏了解，給滅火工作也會帶來種種困難，有時還會危及港口的安全。

二、船舶發生火災的處置

（一）立即發出消防應變資訊，全體船員聽到警報信號後，按應變部署迅速到達指定地點集合待命，並按具體分工投入滅火工作。

（二）查明火源、火災性質、燃燒範圍及火勢，確定滅火方案。

（三）根據火源地點，操縱船舶使其處於下風側。但應注意避免急劇轉向，並儘可能降低航速，以免風助火勢。

（四）危險物有可能失火時，應不失時機地採取灌水或拋入海中等措施。

（五）依緊急滅火作業程序，採取滅火措施。

（六）在自力滅火無效或察覺無法有效控制火勢時，應請求外援。若無外援，應決策搶灘或棄船。

（七）迅速將事故報告附近的港口主管機關和船舶所有人。

（八）如在繫泊中發生火災或爆炸，並涉及港口安全時，應儘快離開泊位，確保港口安全（特別是油輪）。

第五節　人員救助操船

一、人員落水緊急措施

（一）發現者應立即大聲呼叫「左（右）舷有人落水」，就近拋下救生圈。夜間應拋下帶有自亮浮燈的救生圈，白天應儘可能拋下帶有自發煙霧資訊的救生圈，以便於落水者發現，同時也能指示落水者位置，便於駕駛台尋找。

（二）停俥並向落水者一舷操滿舵，盡力擺開船艉，以免落水者被槳葉所傷害。

（三）派專人登高守望落水者，不斷報告其方位。

（四）發出人落水警報，進入人落水救助應急部署，有關人員立即做好放艇準備。

（五）備俥並採取適合當時情況的恰當的操縱方法接近落水者。

（六）放下救生艇營救，若海面平靜，應儘早地放下救生艇（餘速3～4kn內），不要等待船完全停住後才放艇。當有風浪時，船應駛至落水者上風側後，放本船下風側救生艇，操縱救生艇至落水者下風處，救起落水者。

二、人員落水後的操船方法

一般由駕駛台人員發現人落水，立即採取行動，稱「立即行動」。人員落水由目擊者報告駕駛台，經過一定延遲後開始行動，稱「延遲行動」。發現人員失蹤後再報告駕駛台採取行動，稱「人員失蹤」。由於船舶在外界環境影響下的操縱性能的變化以及人員落水早晚的不同，接近落水者時應採用不同的操船方法。

（一）單迴旋（Single turn）（如圖 10-4 所示）

1. 停俥，向落水者一舷操滿舵；
2. 落水者過船艉後，進俥加速；
3. 當船艏轉至距落水者差20°時，正舵，減速，適時停俥，利用慣性轉至對準落水者上風側，穩向，接近落水者；
4. 在落水者難於視認時，應在艏向轉過 250°時，正舵，邊減速邊努力搜尋落水者，發現後立即停俥駛向落水者上風側。

本法最適用於「立即行動」，是船舶接近剛落水人員的最快、最有效的操縱方法。但不適用於「延遲行動」和「人員失蹤」。

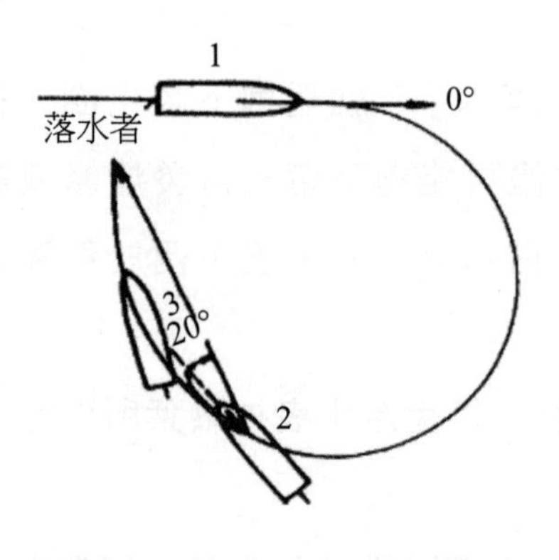

圖 10-4　單迴旋法

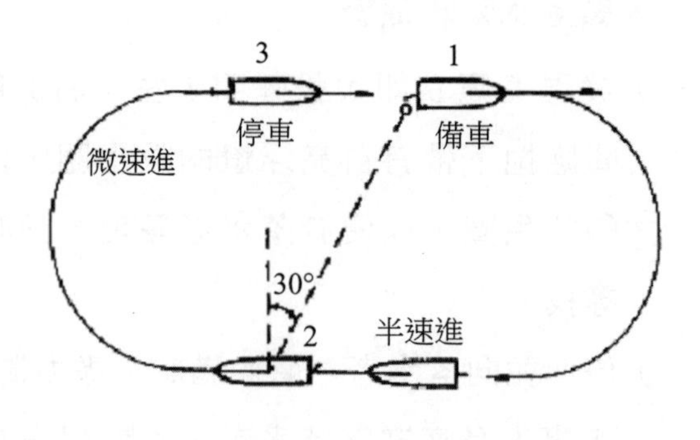

圖 10-5　雙半迴旋法

（二）雙半迴旋（Double turn）（如圖 10-5 所示）

1. 停俥，向落水者一舷操滿舵；
2. 落水者過船艉後，進俥加速；
3. 迴轉 180°後，穩向，邊盯住落水者邊前行；
4. 當航行至落水者於正橫後約 30°時，再向落水者一舷操滿舵迴轉 180°；適時減速、停俥，接近落水者上風側。本法操縱方便適用於「立即行動」，較適用於「延遲行動」，不適用於「人員失蹤」。

（三）威廉遜迴旋（Williamson turn）（如圖 10-6 所示）

1. 停俥，向落水者一舷操滿舵；
2. 落水者過船艉後加速；
3. 當船艏轉過 60°時，回舵並操另一舷滿舵；
4. 當船艏轉到與原航向之反航向差 20°時，正舵，待轉到原航向的反航向時把船穩住，邊搜索邊前進，發現落水者後適時減速停俥，駛近落水者。

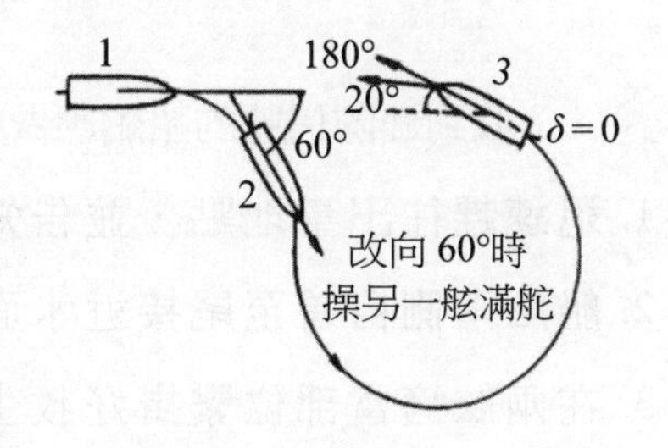

圖 10-6　威廉遜迴旋法

本法能準確地把船駛至落水者的位置，在夜間或能見度不良時是一種有效的方法，最適用於「延遲行動」。

（四）斯恰諾迴旋（Scharnow turn）（如圖 10-7 所示）

1. 向任一舷操滿舵；
2. 當船艏轉過 240°時，改操另一舷滿舵；
3. 當船艏轉到離原航向之反航向差20°時，正舵，船隨迴轉慣性駛上反航向時，穩向，邊航行邊搜索落水者。

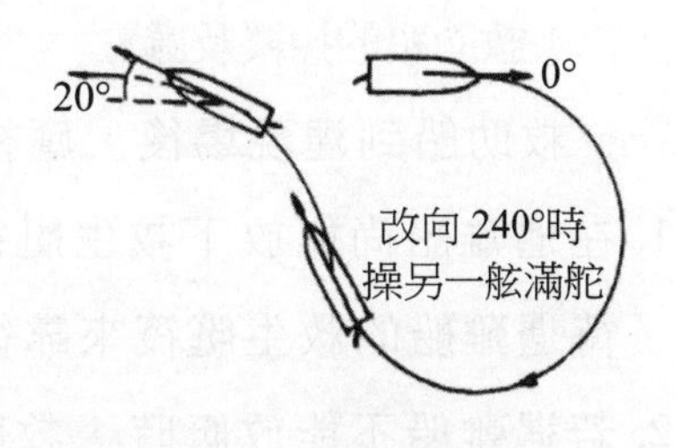

圖 10-7　斯恰諾迴旋法

本法能在最省時間的情況下，使船駛返原航跡，故適用於「人員失蹤」，不運用於「立即行動」和「延遲行動」。

對大型船舶而言，該法比威廉遜迴旋能節約 1～2 nmile 的航程，使船駛回到原航跡上，如圖 10-8 所示。

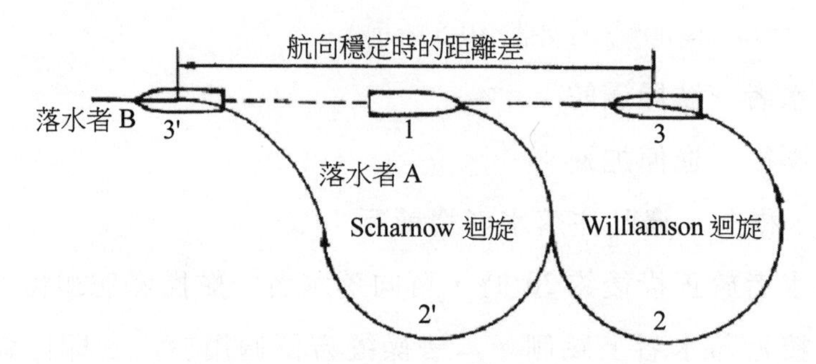

圖 10-8 威廉遜與斯恰諾迴旋法的比較

三、救助遇難船舶人員

我國海商法第102條與第107條及船員法第74條與第75條中，對於海難之船舶應盡救難之責。

（一）收到遇險信號的船舶應做好下列救助準備

1. 迅速趕往出事地點，並告知遇難船，救助船預計到達的時間。
2. 船舷兩側自首至尾接近水面處，各繫掛一條繫有若干小繩的纜繩。
3. 在兩舷適當部位繫掛好救生軟梯和救生網絡。
4. 準備若干繫有救生浮索的救生圈。
5. 做好放救生艇的準備工作。

（二）救助船的操縱及處置

救助船到達現場後，應視具體狀況採用相應的操船和救助措施。

1. 在遇難船尚能放下救生艇筏的情況下，應操縱救助船駛停於遇難船下風側，待遇難船的救生艇筏來靠後，迅速救起遇難人員。
2. 若遇難船不能放艇時，救助船應駛至遇難船上風側，放下風舷救生艇，駛靠難船下風舷，救助遇難人員。救生艇放下後，應操縱救助船至遇難船下風側，如圖10-9所示，救生艇駛靠救助船下風舷救起遇難人員。
3. 在海面有較多遇難人員時，救助船應放出繫有救生圈和救生衣且具有較大浮力的纜繩（浮游索），並操縱船舶以極慢的速度在漂浮人員上風處迴轉，讓漂浮者攀附，並救起，如圖10-10所示。

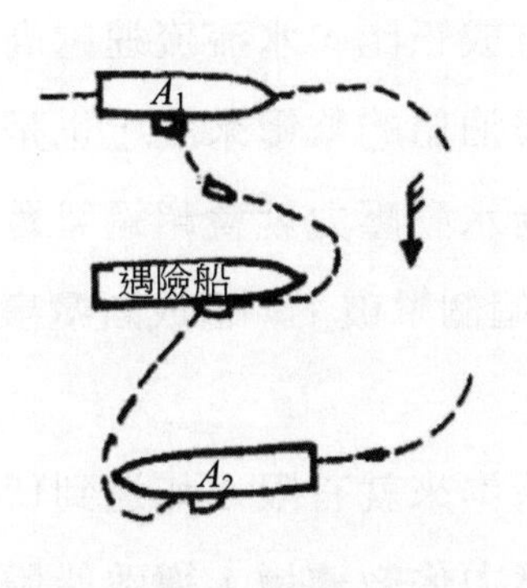

圖 10-9　救助船放艇救助

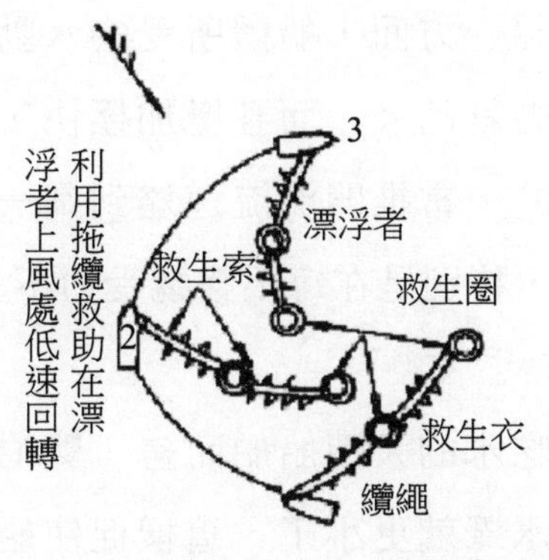

圖 10-10　浮游索法

4. 在風浪很大，無法用救生艇救助難船人員時，可利用救生褲救助難船人員。

第六節　設備故障與應急措施

一、斷纜之應急措施

隨著現代船舶的越來越大型化，船舶的吃水、長度、寬度也相應地增加，尤其是油輪和大型散裝貨船的船型寬肥、吃水深，首尾部分也不太講究流線型，故作用於該部分船體的水動壓力很大。在船舶繫泊後，水流對船體的作用力有時會超過繫纜的破斷力，造成繫纜斷裂，船舶失去控制，發生與他船碰撞、擱淺、撞壞碼頭，甚至撞毀碼頭岸上設施等嚴重惡性事故。因此，對船舶繫泊後的繫纜問題應予以高度重視。

（一）造成繫纜斷損的主要原因

1. 碼頭邊湍急的推開流

向碼頭外檔推出的急流水是造成斷纜的一個重要原因。由於船體水線下的側面積明顯大於橫剖面面積，一般為 7 倍以上；即 $L_d/B_d > 7$。當水流與船艏尾線有一夾角（β）時，作用於船倳體的水動壓力就會明顯增加，而且隨著 β 的增加，該力也越來越大，使船體受流端被推離碼頭，而且還減小甚至喪失船體與碼頭邊緣的摩擦力，並增加了繫纜受力不均的機會，對繫纜安全極為不利。另一方面，船體所受的水動壓力與流速平方成正比，水流流速越高，水動壓力就越大，而且增加極快，這對急流中的繫泊船的繫纜來說，也是極為不利的。當推開流流速達到某一值時，船體所受水動壓力就會超過繫纜的破斷力，特別是在每根繫纜受力不均時，就會被「個個擊破」，造成斷纜事故。

2. 水深與吃水之比

對深吃水的大型船舶而言，繫泊處船底餘裕水深本來就有限，如遇到低潮，餘裕水深就更小了，這樣促使船底流速和水動壓力係數遽增，導致船體所受水動壓力大為增加。由船模試驗得知，當碼頭水深7倍於吃水時，若流速為1 kn，對船的壓力為1倍，則$H/d=1.1$時的1 kn流速對船的壓力會遽增4～5倍。

3. 船型寬肥與尾部迎流

船型的寬肥增加了船體受流的面積，增大了船體所受的水動壓力。由於船艏的線型比船艉分水效果好，水阻力小，而船艉的線型寬鈍，特別是4～5片俥葉像一巨盆不讓水流順利通過而承受很大流壓，其水阻力甚大。從一般斷纜事故看，斷纜都發生在船艉迎急流的時候，這足以證明繫泊時船艉迎急流是非常不利的。

4. 強吹開風

繫泊船在強吹開風作用下（尤其是當空載、船體上層建築受風面積大、碼頭旁之建築物未擋風時），船體受到很大的風動壓力，該力推船橫離碼頭，增加繫纜的負荷，還往往導致繫纜受力不均，而引起斷纜。

5. 浪湧

繫泊船受浪湧影響會發生搖盪運動，增大了纜繩的受力和磨損，如對繫纜不作適當調整和加以襯墊，並採取措施減輕船體搖盪，就可能引起繫纜斷損。還應注意的是當附近有船高速航駛經過時，也會發生上述現象，並往往使繫纜受頓力而破斷。

6. 漲落潮變化

在潮差較大的泊位繫泊，隨著漲落潮的變化，繫纜會時緊時鬆，特別是在低潮時，繫纜鬆弛比較明顯，且會出現繫纜受力不均，如不及時調整，在其他外力作用下，就易發生斷纜。必須注意，貨物裝卸較快時，也會出現上述問題。

7. 繫纜問題

靠泊船繫纜根數不足，纜繩老化、磨損、強度低、受力不均及出纜角度不當，有時因船舷高、碼頭低及碼頭長度短、纜樁少或位置不好而無法避免，但應充分利用碼頭和船上繫纜設備調整出纜角度等，都是造成斷纜的不利因素。

8. 船身與碼頭的相對位置

繫泊位置越近碼頭端部越不利，特別是靠於碼頭迎急流端端部，因為這裡船體所受的推開流及迎面來流影響最大，極易引起繫纜斷損。

9. 碼頭位置與設計所存在的問題

在江河水域建造碼頭，為了保證具有足夠的水深，又可免去疏浚，多採用以引橋連接碼頭與河岸的 T、L 或 F 型碼頭。這種碼頭離岸遠而又靠近河道主流，甚至碼頭與水流方向不相平行。因此，繫靠該類碼頭的船舶會受到更大的流壓作用，對繫纜有很大的威脅。另外，該類碼頭往往採用樁柱式結構，水流沖擊樁柱後，會改變水流的方向，其中形成一股推開流，這股推開流對船舶靠泊操縱和繫纜安全影響很大。

10. 其他不利因素

諸如靠泊期間遇到大潮汐、洪水期及繫纜設備不全或有缺陷等，也是引起斷纜的重要原因。

（二）繫纜斷損的預防

1. 爭取靠推開流小或無的泊位，以減小流對船體的橫向作用力。如不得不靠推開流大的泊位，則應增加橫纜數量並繫在較遠處岸樁以增長橫纜。還可利用側推器或拖輪協助，防止船身被推離碼頭，減小繫纜受力。
2. 船艏應迎主要受流方向。若泊位處主要受落潮影響，則應艏向落潮靠泊避免艏向漲潮，以減小水流對船體的壓力。若泊位處主要受漲潮水影響，則應艏向漲潮。
3. 拋錨與備俥。最好事先拋下內檔錨，在外舷拋一短錨，利用錨抓力，可減輕流對纜繩的作用力。在急流來臨前備俥，急流時動俥頂住，也可減輕繫纜受力。
4. 盡量多繫纜繩並使之盡量均勻受力，而且前後分配應合理。艏向落潮，船艏纜應重點增加，如艏向漲潮，則應加強船艉繫纜。

5. 採用碼頭專用纜或錨鏈繫泊。對於繫靠碼頭長度過短的船舶來說，應在本船外舷方向的岸樁或／和浮筒上增加繫纜。在浪湧大的碼頭，採取用混合纜繫泊，即船上纜樁至舷外的一段用鋼纜，而舷外至岸樁另二段用化纖纜，以減小化纖纜的磨損。
6. 充分利用側推器和拖輪。使用拖輪頂推時應選擇大船肩部位置進行。雖然頂推此處產生的頂攏力矩不是最大，但若能在急落流前流速較緩時，即令拖輪持續不斷地頂推此處，使船身緊貼碼頭，一方面減小了推開流與船體的夾角，另一方面增加了船身與碼頭的摩擦力，再者減小了船身的擺動，可大為減小了繫纜受頓力而破斷的機會。另外，頂在大船肩部還有利於使整個船的大部分頂攏碼頭，保證繫泊安全。

（三）斷纜後的應急措施

1. 船艏迎流，斷損一根或兩根繫纜時的應急措施
   (1) 立即拋下雙錨，並備俥。最好在急流來臨前拋下岸側錨並備好俥。
   (2) 毅然解去或砍斷尾部繫纜，以減小船身與流線的角度，使船艏正面受流。
   (3) 開微進俥，操內舷舵，待船艏穩定後可正舵。
   (4) 調節艏部繫纜，其方法為：輪流半道半道地減去艏部繫纜的挽樁道數，讓繫纜慢慢地滑出，其中受力大的繫纜滑出較多，受力小的滑出較少，待各繫纜受力基本均勻後，再挽住各繫纜。
   (5) 請拖輪前來協助，頂推大船肩部位置，並及時將船艏的斷纜全部換新，設法重新靠攏碼頭。
2. 船艏迎流繫纜全部斷損後的應急措施

   立即拋出雙錨，並讓錨吃力，若能立時動俥時，應立即使用俥舵使船艏盡量迎流，以免船身受橫流而處於被動。如不能立即動俥，應立即解去或砍斷尾部繫纜，並拋下雙錨，只能靠雙錨來阻滯船舶漂移，並儘可能使大船遠離碼頭，防止船身向後，船艏偏轉撞損碼頭或岸上設施。

二、丟錨斷鏈和錨機損壞時的處置

船舶在營運過程中，常需用錨，因而丟錨斷鏈的事故時有發生。船舶一旦丟失一錨，對操縱安全會有相當影響，甚至因港口安全檢查的嚴格要求而影響如期開航，而且重新配置一錨一鏈也需不少花費。

（一）造成丟錨斷鏈的原因

1. 未按正確方法拋錨。如在水深超過25 m的深水域拋錨，未按深水拋錨法進行；拋錨過程中用俥或餘速控制不當；駕駛台與船艏配合不當；急流中拋錨，未先出短鏈、導致錨鏈煞不住而丟錨等。
2. 緊急拋錨時操作失誤造成丟錨斷鏈。
3. 對錨地海底情況不了解，盲目拋錨，錨被海底障礙物鉤住無法起錨而造成棄錨。
4. 大風浪航行中，錨鏈未用錨機煞俥、制鏈器及鋼絲等綁緊煞牢，又未去檢查，導致鏈全部鬆出或錨爪鉤住海底而拉斷錨鏈。
5. 流冰群中錨泊，船身受流冰的推壓而致斷鏈丟錨。
6. 錨設備損壞、故障，未做好保養工作、錨鏈磨損嚴重、有內傷、標誌不清等也是導致丟錨斷鏈的重要原因。

（二）丟錨斷鏈的預防

1. 嚴格執行拋起錨的操作規程，認真檢查、養護錨設備，發現問題及時修復、更換。
2. 拋錨前，船長應告知大副或拋錨人員大概操縱意圖；拋錨時，指令應明確。
3. 水深25 m以上時；應按深水拋錨法拋錨；對海底明顯凹凸不平的水域，應注意所測水深與拋錨點水深之間的差異，謹慎拋錨。
4. 在風流較大或不明水域拋錨時，應先拋短鏈（鏈長小於2倍水深）拖錨，待船身擺直後再鬆鏈或根據鏈的鬆緊程度和方向，配以俥舵後再鬆鏈。
5. 遇意外情況需緊急拋錨時；應根據當時船速決定出鏈長度，船速快時，不可一次鬆出太多，以防煞不住或拖不動而丟鏈或斷鏈。

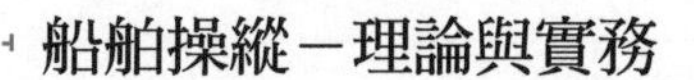

三、舵機失靈和舵葉損壞時的應急措施

在航行中，舵機和操舵系統可能發生故障或損壞，而舵葉會因觸碰障礙物或遭受大浪的沖擊而受損，使船陷入困境。因此，應採取下列應急措施：

(一)懸掛旗號

掛出「舵故障」國際信號旗「IA8」或NUC號標，以引起他船注意。

(二)變換用舵

在自動和隨動操舵裝置發生故障時，應改用應急操舵。一般在駕駛台和舵機間各設有一套應急操舵開關，操舵時只要打開或關閉開關就可使舵機工作。

(三)就近拋錨

在港內、狹水道或船舶密集以及潮流較急的水域，因沒有充裕時間進行修復，應立即停俥，就近拋錨，以免發生碰撞或擱淺。如是雙俥船，則應利用雙俥操縱船舶並儘可能駛離航道拋錨。

(四)漂流

在遠離陸地的海域中發生舵故障或損壞時，應立即停俥，使船漂流，同時緊急搶修，並應懸掛失控信號。如遇風浪時，則應採取拋海錨或鬆出錨鏈等措施使船艏迎風，避免船體受浪打橫。

(五)請求拖帶

在舵葉損壞嚴重或舵設備無法修復、人力操舵有困難、臨時應急舵無法做成時，應申請拖輪拖帶。

(六)舵抖動的防止

在出現舵桿折斷、舵機和舵桿連接部位損壞，使舵自由翻轉，抖動劇烈時，應設法用鋼絲組將舵葉固定，以防止損傷進一步擴大，也有利於修復工作的進行。

（七）製作臨時應急舵

在舵損壞，也無他船援助，且需自力續航時，必須利用船上材料製作臨時應急舵（Jury Rudder），並使應急舵達到良好的保向和轉頭效果，船舶阻力增加較小、操作較為簡易，足夠堅固以及不會影響推進器等要求。

1. 固定式應急舵（如圖 10-11 所示）

   用吊桿、圓木或圓鋼做骨桿，裝上由艙蓋板構成的代舵板，並在其下緣掛上錨鏈等重物，以保證舵板垂直穩定，骨杆的上端用鏈條掛在舵柱孔的下端。自船艉向後伸出一長桿，用絞轆將舵板下端吊起。在舵的下部左右各連一根操舵索，此索穿過伸出舷外的橫桿頂端導向滑俥，引至起貨機。絞收左右操舵索，就可改變船舶航向。此舵因為繩索易斷而損壞螺旋槳，所以在大風浪航行時不能使用。

2. 遊動式應急舵（如圖 10-12 所示）

   與固定式相似，在舵杆的前部加一橫桿，後部左右各附支索相連。它不直接裝在船上，而是拖在船艉後約 1 倍船長處於操舵索通過左右伸出的橫木上的滑俥導至起貨機滾筒。操作臨時舵左右舷的操舵索，並分別使之移動到圖中所示虛線的位置，使應急舵板受到升力，給船以轉船力矩。遊動舵移動範圍大，雖舵效來得慢，而且增加了船的阻力，但同時增加了船舶的航向穩定性。應急舵本身也較穩定。為使應急舵受到水壓力時不致浮起；並在水中能

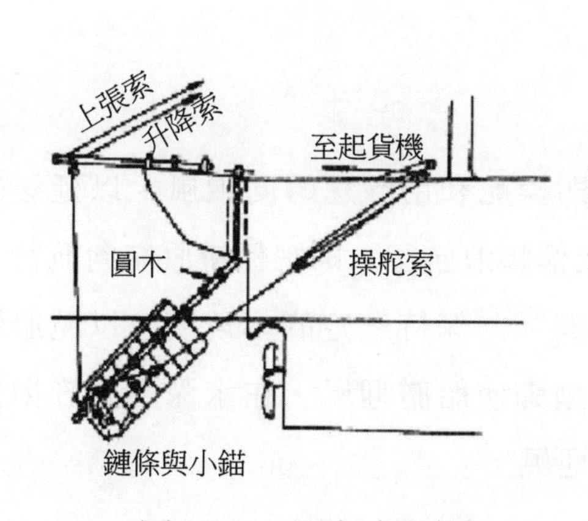

圖 10-11　固定式應急舵

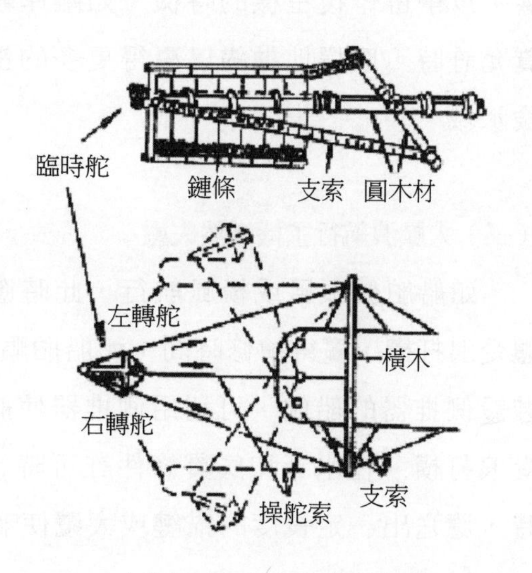

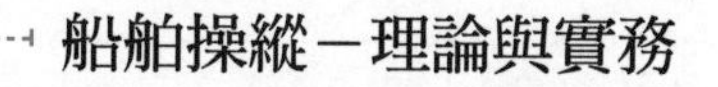

圖 10-12　遊動式應急舵

保持一定的深度，最好在其下端附以一定的重物如鏈條。該種遊動舵曾在一艘約6,700GT的日本貨輪上運用，且依靠這種應急舵，航行了約2,000浬的航程，終於安全返回港口。

四、主機失靈和俥葉損壞時的應急措施

航行中的船舶，主機和俥葉一旦發生故障，就會失去動力，舵效也隨之消失，船舶就失控。如發生在狹水道、礁區就有擱淺、觸礁的危險；如發生在大風浪航行中，船舶就有傾覆的危險；如發生在船舶密集水域，就有撞船的危險。因此，船舶駕駛人員應根據當時具體的環境和條件採取相應的應急措施。

（一）在狹水道航行主機突然失靈

應立即利用餘速操船搶占上風上流方向，如此處可航水域較寬，則還可利用餘速駛往寬敞處，同時搶占上風流方向，以延長船被風流壓向淺灘或岸邊的時間。船舶搶占上風流位置後，應立即拋錨穩住船身。如主機尚能開出最低俥速，則應操船駛離危險水域，或採用開開停停的辦法，駛向較安全水域錨泊。

（二）沿岸航行主機突然失靈

在轉向無危險時，應立即轉至垂直駛離岸線的航向，利用餘速盡量遠離岸線，以爭得修復主機的時機。如離岸較近而主機又一時難以修復，在水深和底質允許時，應擇地拋錨以贏得更多的主機修理時間和避免被風流壓向淺灘或危險水域。

（三）大風浪航行主機突然失靈

如船舶偏頂風或橫風航行，此時應立即操舵利用餘速轉向頂風，以延緩船體受浪打橫，贏得搶修時間；如船舶順浪或偏順浪航行，則應保持原航向航行。裝設側推器的船舶，可利用側推器使艏向與風向保持一定的小角度，以免船體受浪打橫。在水深和底質條件許可時，應拋錨使船艏迎風。在水深不允許拋錨時，應送出一定長度的錨鏈或大纜使船艏迎風。

（四）在船舶密集水域航行主機突然失靈

立即顯示失控信號，同時用 VHF 或其他有效通信方式告知附近船舶，以免發生碰撞。在水域條件許可時，應儘早拋錨為妥，同時應提醒他船注意避讓。

（五）在一片俥葉斷落後的處置

應大幅度地降速，並盡量近岸航行，風浪大時立即進港避風，無風浪或風浪小時，低速續航至修理港。如槳有四片俥葉，而斷落其中一片，到港後又無法修復，也可鋸掉與失落葉片相對稱的一片，以改善槳在轉動時的平衡，低速航行至可修理港修復。

第七節　海上拖帶

通常海上拖帶（Towing at Sea）均由設備齊全的專業性海上拖船承擔，但有時一般商船也可能遇到遇難船請求拖帶，這對非專業拖船的普通船舶來說不是一件尋常的事，航海人員必須運用良好的船藝及操船技術，才能達到安全拖航之目的。

一、拖纜選擇

海上拖帶遇船時，應選用強度大而柔軟的鋼絲纜作為拖纜。為了增加拖纜的伸縮性，一般採用鋼絲纜與錨鏈相連接的方式，作成組合拖纜。

1. 拖纜強度的確定

在其他性能指標均完好的情況下，拖纜的安全強度主要決定於其粗細。鋼纜的安全強度（SWL）與直徑（d）之間的關係如下：

$$T=\eta d^2/N \qquad (10\text{-}14)$$

式中　T：拖纜安全強度（t）

η：拖纜強度係數，鋼絲纜取0.045

d：鋼絲纜直徑（mm）

N：安全係數，海面平穩且短程拖帶，N取4；遠距離或有風浪時N取6～8

拖帶過程中，應保證拖纜的安全強度大於拖帶時船舶總阻力。

2. 確定拖纜長度

拖纜的長度，應根據拖船與被拖船的大小、拖帶航速、海況、水深及拖纜的種類等來確定。通常，拖纜長度S（m）可按下述經驗公式估算：

$$S=k(L_1+L_2) \quad (10\text{-}15)$$

式中 k：係數，取1.5～2.0，拖速高時取大值

L_1：拖船長度（m）

L_2：被拖船長度（m）

拖纜的長度S（m）也可按懸垂線長進行計算，即：

$$S=2\sqrt{d\left(d+\frac{2R}{\omega'}\right)} \quad (10\text{-}16)$$

式中 d：懸垂量（m）

R：被拖船阻力（9.8kN）

ω'：每公尺拖纜水中的重量（t/m）

3. 纜的懸垂量

長度、重量足夠的拖纜，在拖船與被拖船之間形成懸垂線，如圖10-13所示，懸垂線最低外距海面的高度與拖船拖纜出纜外至水面的高度之和即為懸垂量（dip；d）。拖帶過程中，具有適當的懸垂可防止拖纜在風浪受到急頓（jerk），起緩衝作用。

懸垂量d（m）的大小可用下式計算：

$$d=\frac{R}{\omega'}(\sec\theta-1) \quad (10\text{-}17)$$

式中，θ為出口外拖纜與水平面的夾角（一般取拖船外）。根據經驗，當海面平靜時，懸垂量應不少於6m，風浪大時應不小於12m。一般在深海水域航行時，懸垂量宜保持在拖纜長的6%左右。

4. 組合拖纜

在採用錨鏈和鋼纜相連接的組合拖纜時，所需錨鏈長度可用下式計算：

$$\Delta S=K\frac{c}{d}(S-S_1) \quad (10\text{-}18)$$

式中 ΔS：應配鏈長（m），圖10-13中之b_2C

S：所需鋼纜的長度（m），圖10-13中之a_1a_2

S_1：現有鋼纜或準備鬆出的鋼纜長度（m）圖10-13中之a_1C

K：係數，軟鋼纜取0.11，硬鋼纜取0.13

c：鋼纜的周徑（cm）

d：錨鏈的直徑（cm）

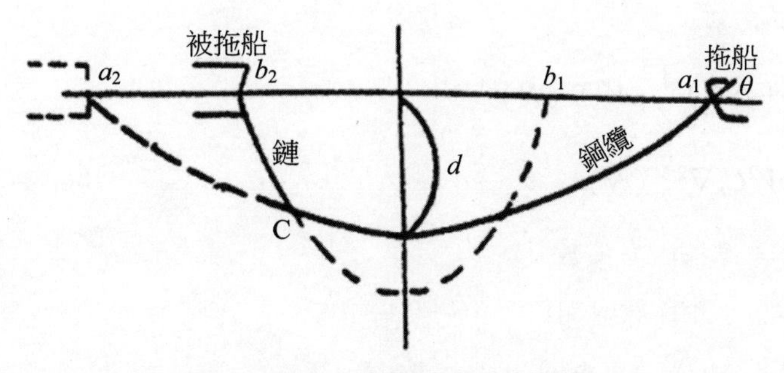

圖 10-13　纜懸垂量示意圖

5. 拖帶速度的確定

拖帶速度取決於拖船剩餘推力的大小，並受到拖纜強度和被拖纜阻力的限制，而且被拖船的阻力必須小於拖纜的安全強度，才能順利安全拖帶。

（1）拖纜的安全強度 T

拖纜所承受的強度取決於拖帶速度與被拖船的阻力。拖纜的安全強度可用下式估算：

$$T=\eta C^2/N \quad (10\text{-}19)$$

式中　T：拖纜的安全強度（9.8 kN）

η：拖纜強度係數，鋼絲纜可取 0.045

C：鋼纜的直徑（mm）

N：安全係數，短程無風浪影響時，取 4；長程且受風浪影響時，取 6～8

（2）被拖船的總阻力 R

平靜海面拖速較低（$F_r \leq 0.15$）時，被拖船總阻力約為基本阻力的 1.1 倍，即：

$$R=\Delta^{2/3}V^2/K \quad (10\text{-}20)$$

式中　R：總阻力（9.8 Kn）

Δ：被拖船排水量

V：拖帶速度（m/sec）

K：係數，通常取 3,000～4,000，風力大取小

有風浪時，R 會明顯增大。在風力為 1～3 級時，總阻力為平靜海面時的 1.5～2.0 倍；風力 4～6 級時，為 3～5 倍。被拖船的基本阻力由被拖船摩擦阻力與興波阻力兩部分組成，其和可分別由式（10-20）和式（10-21）並

行計算。

$$R_f=(C_f+\Delta C_f)\frac{1}{2}\rho V^2 S\ (N) \quad (10\text{-}21)$$

$$R_r=\frac{1}{2}\rho V^2 C_r \nabla^{2/3}\ (N) \quad (10\text{-}22)$$

式中　C_f：摩擦阻力係數

ΔC_f：粗糙度附加值，$\Delta C_f=0.4\times10^{-3}$

ρ：水的密度（kg/m^3）

V：被拖船船速（m/s）

S：被拖船船體浸水面積$S=\nabla^{1/3}(3.4\nabla^{1/3}+0.5L)(m^2)$，其中，$L$為被拖船兩柱間長（m）

C_r：波阻力係數，$C_r=0.003$

∇：被拖船的排水體積（m^3）

對於C_f，採用普當特－許立汀公式計算，即：

$$C_f=\frac{0.455}{(\log R_n)^{2.58}} \quad (10\text{-}23)$$

式中：R_n－雷諾數，$R_n=\frac{VL}{v}$，左式中V為船速（m/s）；L為船舶水線長（m）；v為運動黏性係數（m^2/s），例如海水溫度為15℃時，$v=1.1907\times10^{-6}\ m^2/s$。

由式（10-19）、式（10-20）、式（10-21）知：

$$R_0=\frac{1}{2}\rho V^2[(C_f+\Delta C_f)S+C_r\nabla^{2/3}] \quad (10\text{-}24)$$

平靜海面拖帶時，被拖船的總阻力$R=1.1R_0$，即：

$$R=\frac{1.1}{2}pV^2[(C_f+\Delta C_f)+C_r\nabla^{2/3}] \quad (10\text{-}25)$$

（3）拖船的剩餘推力

拖船的剩餘推力為拖船的推力與拖船阻力之差。

（4）拖帶速度的確定

平靜海面，在拖船有足夠剩餘推力的情況下，由式（10-25）可得：

$$V^2=\frac{2R}{1.1\rho[(C_f+\Delta C_f)S+C_r\nabla^{2/3}]} \quad (10\text{-}26)$$

因為RT，所以拖帶的最高速度$V_{max}=\sqrt{\frac{2T}{1.1\rho[(C_f+\Delta C_f)S+C_r\nabla^{2/3}]}}$

式中$R=\Delta^{2/3}V^2/K$，$V^2=RK/\Delta^{2/3}$，$R<T$，$V_{max}=\sqrt{TK/\Delta^{2/3}}$

（T：拖纜安全強度）。

在拖船的剩餘推力不足以使被拖船達到V的情況下，拖帶速度則由拖船的剩餘推力來確定。在海上拖帶過程中，若拖船功率大，剩餘推力就可能較高，若全速航行，就可導致拖速過高而超過 V，對拖纜安全就構成了危險，此時拖船必須減速，並控制在最高拖帶速度之內，才能保證拖帶安全。

二、拖纜的傳遞與繫結（Connecting Tow）

1. 操縱拖船接近被拖船

（1）受橫風接近

I. 如圖 10-14 中 A_1 位置所示，當拖船橫向飄移速度大於被拖船橫移速度時，應操縱拖船從被拖船上風側接近。

II. 如圖 10-14 中 A_2 位置所示，當拖船橫向飄移速度小於被拖船速度時，應操縱拖船從被拖船下風側接近。

（2）頂風接近

如圖 10-14 中 A_3 位置所示，當橫風接近有困難時，可從被拖船帶拖端前方的方法駛近。

2. 傳遞拖纜

（1）使用拋繩設備傳遞

如兩船非常接近，可直接拋投撇纜，利用撇纜傳遞拖纜。如因風浪較大，兩船不易靠得很近，則可用拋繩槍拋出撇纜。撇上撇纜後，應從細到

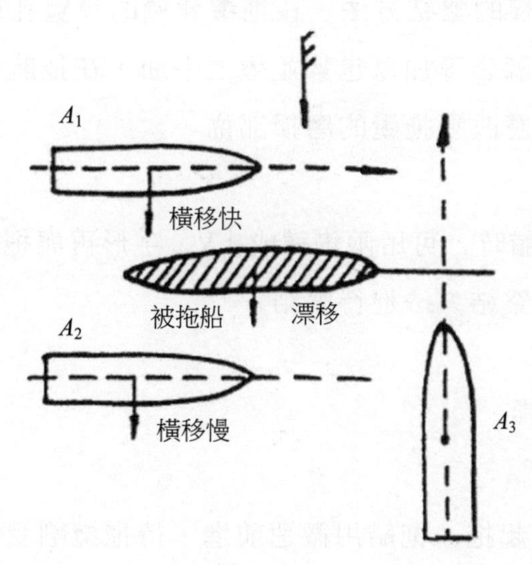

圖 10-14

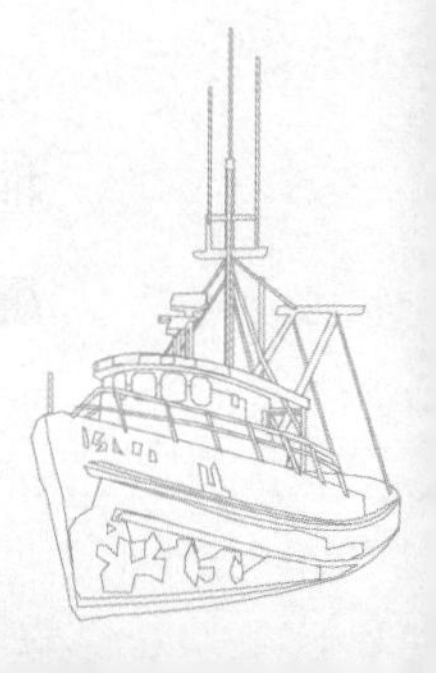

粗分別接上直徑9 mm、22 mm、60 mm尼龍引纜各200 m左右，再連上拖纜，由被拖船逐漸收絞過拖纜。

（2）使用救生艇傳遞

操縱拖船至被拖船上風側，放下風舷救生艇，在艇上盤好足夠長的引纜，其一頭連接撇纜，另一端連接拖纜。救生艇邊鬆引纜邊駛近被拖船，接近被拖船後撇上撇纜，由被拖船收進引纜及拖纜。

（3）使用浮具傳遞

操縱拖船至被拖船上風側，拋出繫好引纜的浮具，浮具飄移到被拖船後，由被拖船撈取。

3. 拖纜的繫結

拖纜繫結（Connecting Tow）時，應保證繫結牢固、調整方便，並應做到繫結外應力分散，防止磨損。

（1）拖船拖纜繫結

I. 繫纜樁繫結：若拖船船艉纜有足夠的強度，可將拖纜在第一對纜樁上先繞一圈，再挽「∞」三道後，引至第二對纜樁再按「∞」形牢。為了便於鬆絞，應備好制索器。

II. 為了防止甲板承受過大的拉力，可將拖纜先繞過甲板室、艙口圍、桅柱等外，再在兩對纜樁上挽牢，以達到分散拉力，避免損壞的目的。

不管使用怎樣的繫結方法，在拖纜通過的導覽孔或錨鏈筒及其他轉角外都要用帆布或麻袋等加以包紮並塗上牛油，在拖航中還要定時檢查並加塗牛油。必要時應改變拖纜的磨損部位。

（2）被拖船拖纜繫結

拖被拖船船艏時，可用兩錨鏈成「V」字形再與拖纜連接。如用拖纜，則可按拖船拖纜繫結方法進行繫結。

三、拖帶船舶操縱要領

1. 起拖與加速

拖纜繫妥後，就可起拖。拖船用微速前進，待拖纜剛受力，馬上停車，再拖纜鬆弛下垂後再微速前進。如此反覆，直到被拖船有2節前進速度時，再以半節速度增加，直至達到預定拖速。

2. 改向操縱

應避免一次轉向達20°及以上，大角度轉向應分幾次完成，最好每次轉5°～10°。一次轉向後，要等被拖船改到新航向後，再進行下一次轉向。

3. 被拖船偏蕩的仰制

被拖船在被拖航中，由於各種原因會產生偏盪。偏盪的出現增大了拖纜所受的張力，加劇了拖纜的磨損和應力集中，增加了拖帶操控的難度，降低了拖帶速度；偏盪嚴重時，甚至無法進行拖帶航行或者造成斷纜。

拖帶中被拖船的偏盪，可用下述方法進行仰制：

(1) 調整被拖船艏艉吃水，使其成艉傾狀態，以增加其航向穩定性。艉傾吃水差的標準如表 10-3 所示。方形係數小的船舶，艉傾吃水差應比表列數據大些。

(2) 降低拖帶速度使被拖船偏盪力減小。

(3) 適當縮短拖纜長度，也可在拖纜中部繫上重物以增加垂量。

(4) 在拖纜兩端增加抑制索，可減小偏盪。

(5) 在偏盪不很劇烈時，被拖船操船可固定舵角（小於 20°），使被拖船穩定在航跡的一側；如舵已損壞或失落，可安裝臨時舵。

(6) 固定尾軸，以增加被拖船艉部阻力，提高被拖船航向穩定性。

在採取上述某些措施時，會增加拖帶阻力，增大拖纜受力，應權衡利弊採取之。

4. 調整拖纜長度

在拖帶過程中，為了使拖船與被拖船在波浪中的位置同步，應調整拖纜的長度，如圖 10-15 和圖 10-16 所示。在淺水域和狹水道航行時，則應適當縮短拖纜，以便於操縱及防止拖纜拖底。

表 10-3　被拖船艉傾吃水差標準

船舶排水量（t）	艉傾吃水差（m）	船舶排水量（t）	艉傾吃水差（m）
1,000 以下	0.3	7,000～15,000	1.0～2.0
1,000～7,000	0.6～1.0	15,000 以上	1.2～2.4

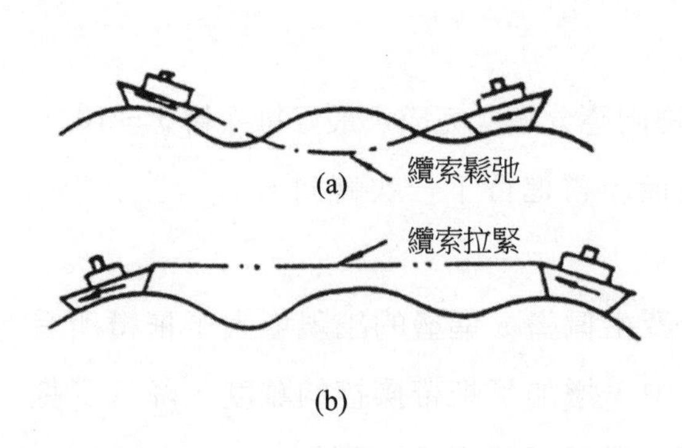

圖 10-15 風浪兩船不同步

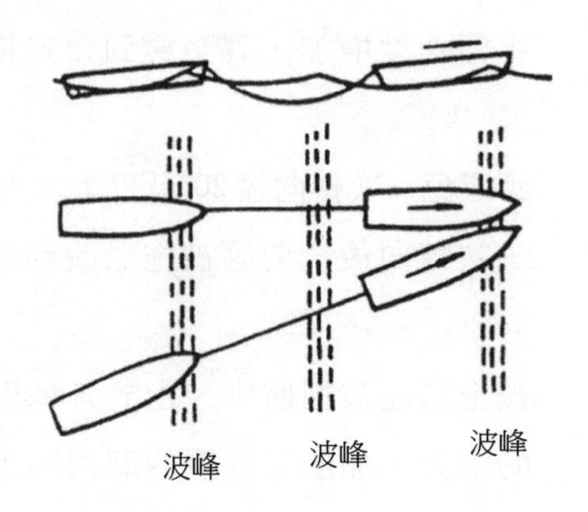

圖 10-16 風浪中適宜的拖纜長度

5. 大風浪拖航

設計航線時，應根據氣象、海況資料，避免大風浪海區。一旦遇到大風浪，則應滯航，若風浪增大，則應果斷解拖漂滯。解脫時，應在拖纜端部繫一較大的漂浮物，以便風浪過後續拖。

6. 減速及停拖

減速應逐級進行，並逐漸收短拖纜，被拖船則應做好拋錨準備，以防不測。

7. 解脫

如需解脫，則應在兩船都已停航後進行。

第八節　直升機作業（Helicopter / Ship Operation）

船舶航行某些水域或港口，如歐洲、北海及大堡礁等，由於引航員之出發地點，距離船舶甚遠，引航船不便使用，通常引航員搭乘直升機上下船舶。此外遠洋船舶運送補給物品、配件，以及船舶遇險時、人員撤離、傷患救助，補給裝備等，常需直升機的救援服務。因此船上駕駛人員對於直升機之降落作業程序及注意事項，應予了解。

一、船上降落作業區域

1. 吊運區域（Winching Area），如圖 10-17 所示。大部分運用在運送物資、吊送人員，直升機不直接降落甲板，而以絞鏈／吊具，垂放吊運區，將物資吊放或人員吊升。

2. 降落區域（Landing Area），如圖 10-18 所示。一般運用於引航員上下船，直升機直接降落在船上的甲板或艙蓋上。

二、一般注意事項

1. 直升機受飛航距離的限制，一般約在 50～300 浬之間。
2. 直升機供應裝備時，通常停在空曠甲板之上方懸空，然後利用絞鏈，將其吊落甲板。船上甲板人員僅需將鏈鉤解開即可。
3. 在直升機抵達前 30 分鐘，應用 VHF CH16 建立直接的通訊聯繫。
4. 雙方資料交換，船方應告知船名，預定抵達會合地點、船舶尺度、船速等，並告知降落區域屬於吊運區域或降落區，以及當時之天候狀況和識別方式。
5. 準備一空曠的吊運區，最好其上標示白色「H」。晚上應照亮甲板、吊桿、煙囪等障礙物，並不應妨礙直升機駕駛員之視覺，避免用閃光燈及照相機。
6. 準備風向旗，如可行配置紅白相間之風向筒。
7. 除了障礙物之外，應記住直升機會產生強烈的氣流，對於衣物或其他物品應清除或加以繫固。
8. 如果船上無法提供一適當的空間，直升機可能由一繫固的救生艇筏上吊升人員。由於較大的向下氣流，有可能造成艇筏翻覆，人員必須聚集於中央，直

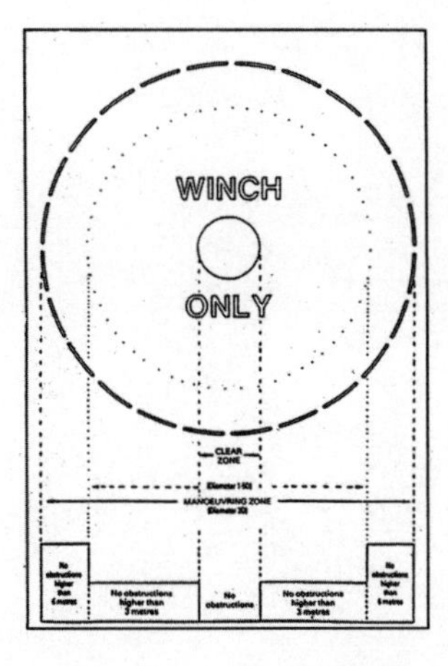

圖 10-17　吊運區域

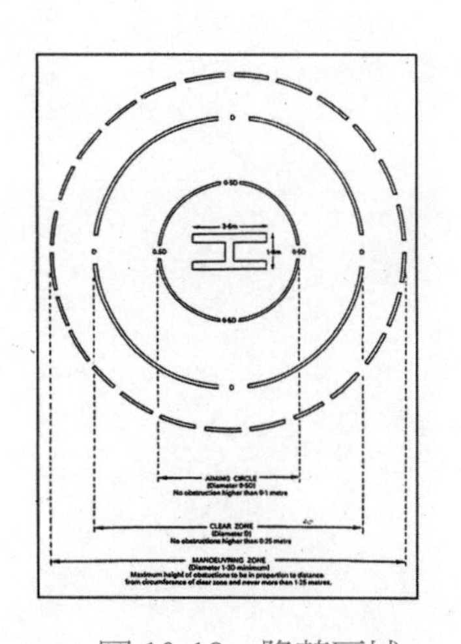

圖 10-18　降落區域

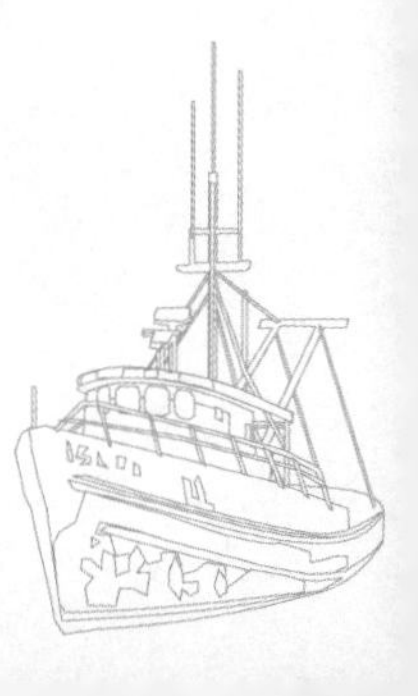

到被吊昇為止。

9. 由於靜電關係，船上人員勿直接碰觸直升機鬆放的絞鏈或攀登器，必須讓其接觸甲板後，才可抓握。
10. 吊運區附近準備輕便的滅火器。

三、操船配合措施

1. 除非獲得船長與直升機駕駛雙方同意，船舶避免在錨泊中進行直升機作業，船舶若在錨泊中應起錨，維持前進速度。
2. 直升機進場時，船舶應保持相對風向，左前或右前35度，風速在15至25節之間。特殊例外情形，如直升機駕駛之要求，亦可維持相對風向在正橫之後40度左右。
3. 調整船舶之橫搖（Rolling）至最小，縱搖（Pitching）輕微，避免水花濺上甲板。
4. 有關直升機作業之配合操作，詳細內容可參閱 ICS 及 IMPA 出版的作業指導（Guide to Helicopter / Ship Operations）。

第十一章 案例分析

一、湧浪對操船之影響

案例一：湧浪致船舶難以控制，堤口內緊急處置，調頭出港化險為夷。

（一）事件概述

總噸位約2萬之雜貨船，全長180 m，最大吃水10.3 m，颱風過後，欲由K港北口進港，由於當時的海況及船舶之操縱條件限制，致使船舶未能安全進入航行水道，在進入堤口後，船舶幾近失控，經緊急處置，調頭駛出，倖免於嚴重之海事事件發生。該輪運轉過程之航跡及態勢如圖11-1所示。

（二）說明

2002年8月X日，颱風過境南中國海，港外強勁南風達5～6級，波浪洶湧，浪高約4公尺。港口管制進港解除後，代理行安排該輪由一港口進港，引水人於0900出發引領船舶，當時潮況，第一次潮況0627/1.34 m（H），第二次潮1400/0.29（L）。

該船引水人對於此次領航過程之內容，敘述如下：

(1)出發引領進港前預先聯絡船長確認最大吃水及最高航速約10節。

(2)於防波堤外約2浬處登輪，視察當時風向及湧浪走勢，調整艏向約45°偏頂湧浪，全速航行朝防波堤口進港。船速漸增、強風和巨浪暗流之影響，消長不定，適時操航以維持船位於航道中線之南側，企圖進入防波堤時，能抵消風流之推壓，安全地回歸中線。

(3)距防波堤約0.5浬處，航速僅增至約6節。心感惶恐卻苦於防波堤外南側淺灘的險阻，無法供迴轉離去。將當時困境報告船長，要求機艙加足馬力一舉衝入防波堤，並令船艏大副備便雙錨應急，仍保持船位於航道中線以南，艏指向南防波堤前進。

(4)航速略增，眼見艏邁進防波堤，緊張情緒方感漸弛隨即以左滿舵對抗消除右艉所受急流湧浪的推頂；一半船身進入防波堤內，隨之加速向右偏轉，左滿舵，另要求機艙再加足馬力全力矯正。船的舵力不敵風浪湧浪之推頂，船身約呈90度角橫對航道中線，朝南防波堤前衝。立即下令停俥改以全速倒俥，並下令拋下左錨，幸好及時於觸撞防波堤之消波塊前停止前衝，進而有餘力回顧艉後之安全距離，繼續倒俥以增加前方縱距。

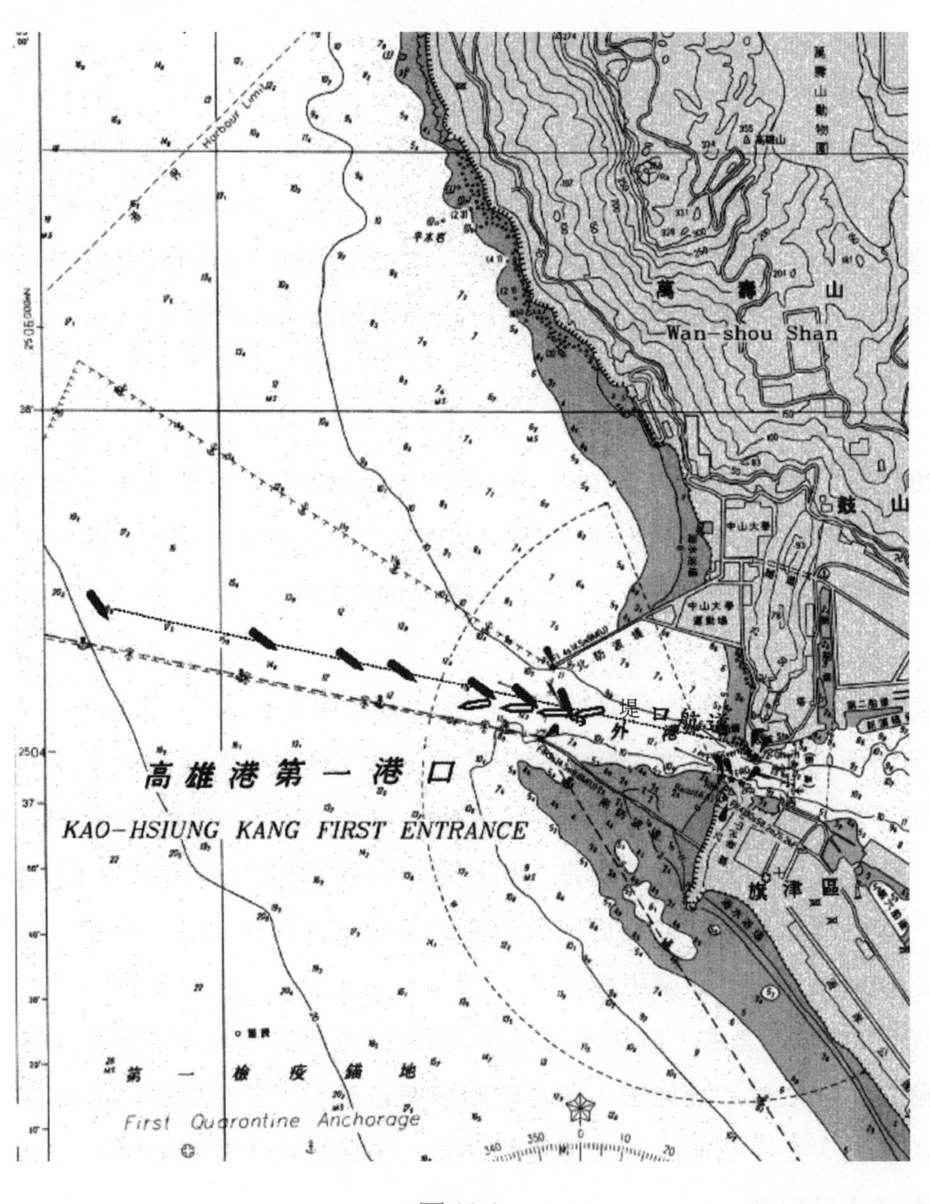

圖 11-1

(5)確定安全無虞，艏前方縱距足供迴轉後，立即停俥，操右滿舵施全速進俥，同時下令絞起左錨。船身受舵力逐漸朝右轉向，一旦艏橫越防波堤南端，急流巨湧推頂艏左側，幫助右轉脫離險境，回復航道內，操舵全速出港，化解危機。

（三）研討

(1)該港一港口進港航道，正常天候下吃水限制在10.34公尺，該輪吃水幾近限制吃水，屬重載之散雜貨船，正常天候下，原屬操縱不易。

(2)南風加上4公尺高的湧浪，對船舶造成偏北之偏移量不容忽視；湧浪從右艉襲來，其動量影響操舵之迴轉力距甚大。

(3)落潮之北流，更深化船位偏北移量，該船正常天候下，港內最大航速可達10節，但波速洶湧狀況，最多祇能達7～8節之船速。該輪船長，未考慮因波浪造成能量之消蝕，仍以10節回應引水人。

(4)引水人敏銳的臨場判斷及機智反應，充分運用船舶之操控原理，化險為夷；否則船舶失控，衝向狹水道之岸側，後果將不堪設想。

二、波浪推力之漂移量

案例二：波浪推移力，造成船舶擱淺。

（一）事件概述

2002年8月X日，總噸位8,000之水泥船，全長119 m，吃水F：8.3 m/A:8.6 m，在無引航員之情況下，該輪於15：00左右，申請由K港北口進港。船長於接近堤口不及半浬處，猶疑是否有把握進入安全航道，先減俥，認為沒把握後隨即迴轉調頭，由於波浪之推移，終至擱淺。該輪進港航跡及態勢如圖11-2所示。

（二）說明

(1)該輪於8月2日，裝載11,545噸（夏季裝載量12,393噸之水泥），由花蓮開出，8月3日抵達K港，由於颱風過境，天候不佳，暫停泊港外。

(2)8月5日中午時分，北口開放進港。該輪於1500申請進港，由於該輪免用引

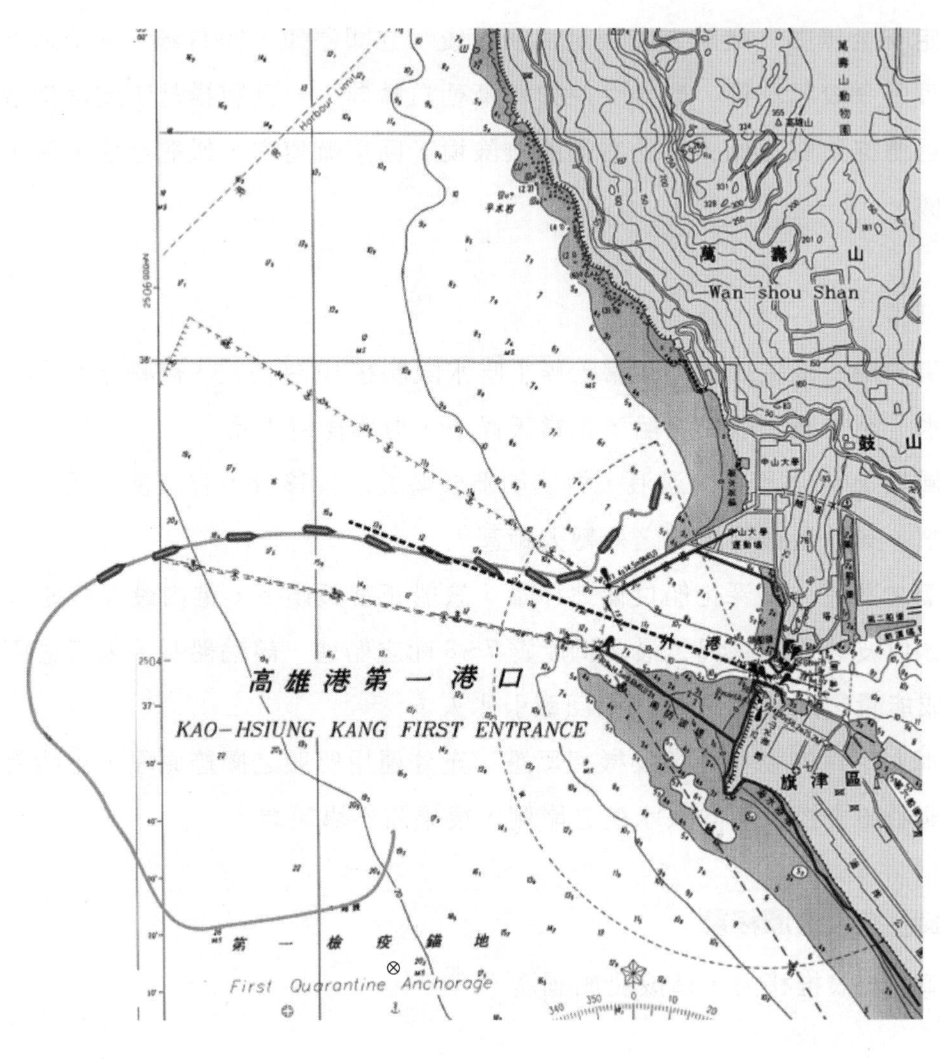

圖 11-2

水，獲得信號台許可安排後，船長自行操航進港。當時吹偏南風 6 級，西南湧，浪高5公尺。

(3) 船長在起錨後，先朝外航駛，至離防波堤 2 浬開始朝堤口方向轉進。轉向進入航道過程，船位均偏北。信號台管制人員，於該輪接近防波堤不到一浬處時提醒船長，是否有把握安全通過堤口，且能安全進入航行水道。

(4) 在通話過程中，該輪繼續前行，在考慮期間稍事減俥，最後在接近堤口不及500公尺，決定向左迴轉調頭。在轉出之過程中，由於風浪之推移力，肇致該輪擱淺於海灘上。

（三）研討

(1)該輪港內全速可達10節，一般狀況下，該輪進港應無問題。唯在海象條件惡劣情況，加以幾近滿載，在操控上應更嚴謹。

(2)船長在無引水人協助領航下，已多次進出該港，理應對港口水文環境相當熟悉，在天候條件不佳的情況下，操駛船舶，過程中應充分掌握船舶所受風浪推移之影響。

(3)由航跡圖可判知，該輪在接近堤口時，船位已嚴重偏北，當決定轉出時，已近堤口，加以向左轉向，在轉向過程中之減速、前進距、加上風及浪湧之合成效應，該輪非但難以轉出，由於巨大浪湧將船推向岸邊終至擱淺。

(4)在風及浪湧吹襲右艉之情況，向右轉向之情況，可有較佳迴轉效果，船長當初可能慮及南堤外之淺灘。其實可快速右轉，艏向迎風，頂浪。風浪推移力，可由船舶前進力克服，更易於操控船舶，安全駛離。

(5)惡劣天候，無領港協助，船長在無充分之把握下，應避免冒然進港。

三、船舶操縱性能及安全水域之掌控

案例三：未充分掌控船舶於安全水域，致碰撞碼頭。

（一）事件概述

某貨櫃船總噸位9,965，全長152公尺，前後吃水8.1 m/8.5 m，備有艏側推器，在2002年10月，晚間八點左右，於進靠基隆港西二十五號碼頭時，先刮擦停泊於西二十四號碼頭之貨櫃輪後，續衝撞西十九、二十號碼頭轉角處，造成碼頭及該輪船艏嚴重損害，該輪進靠過程態勢，如圖11-3所示。

（二）說明

(1)該輪於當日晚間七時左右，抵達基隆港外，當時天候，東北風大約5~6級。領港預計2000時上船。

(2)領港認為外海風浪太大，要求船長自行進防波堤，領港在堤內登船。

(3)該輪於1936時機艙備便，2004時慢速前進，2005時停俥，此時該船已進入防波堤內，領港登輪後，於2007時上駕駛台接手。此時船長用右滿舵，意圖將船轉入西二十五號方向，由於當時風力較強，且船艏已正朝著西二十四號碼頭。由於距離太近，為避免衝撞西二十四碼頭及停泊該碼頭之貨櫃輪，領港立即以左滿舵向左迴轉，並逐次加俥，試圖避離碼頭。

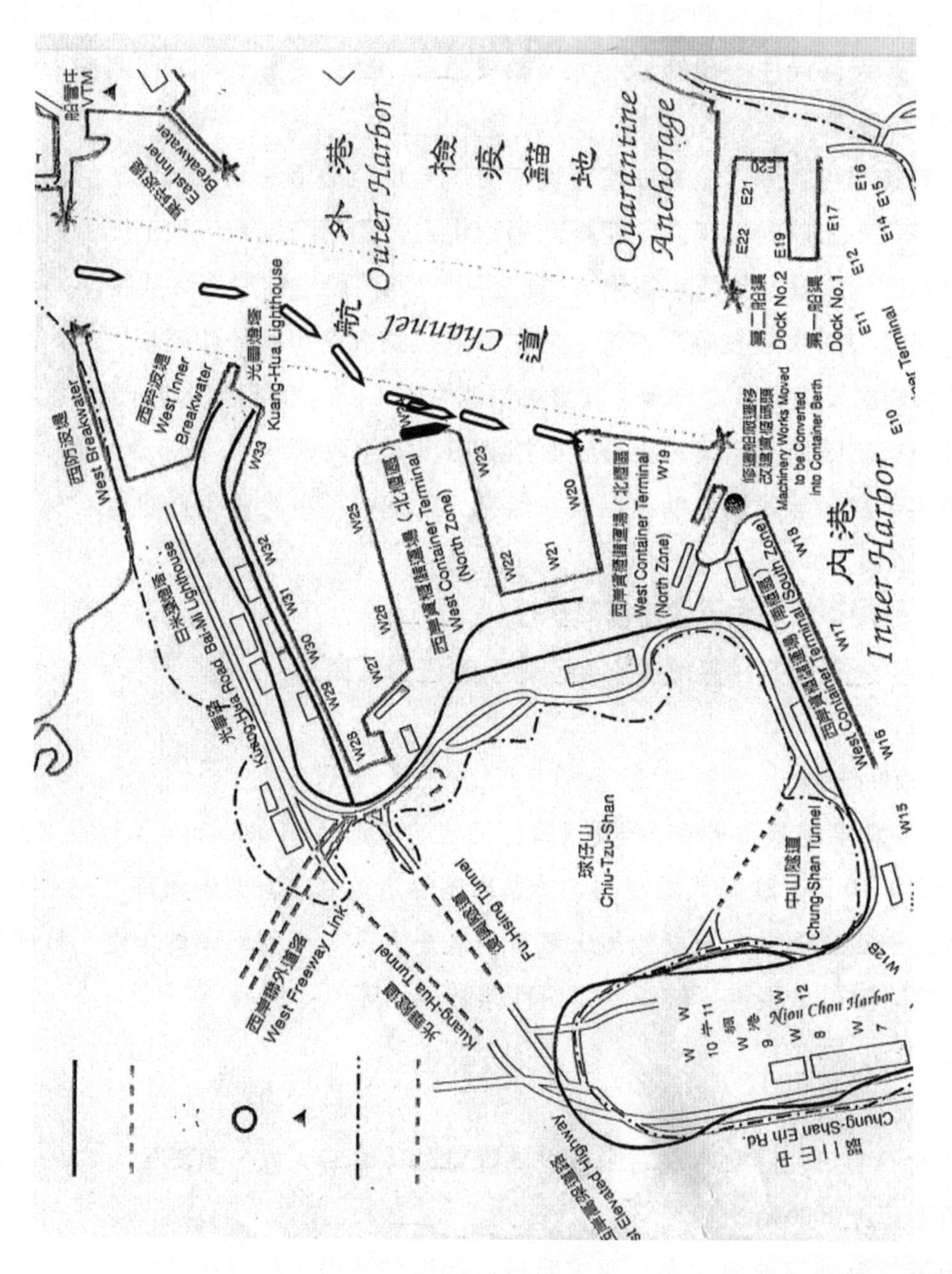

圖 11-3

(4)2008 時，船艏通過停靠西二十四號之貨櫃輪，為避免右艉撞擊該船之左舷船艏，領港立即改用右滿舵，使撞擊減至最低，此時艏朝向西19/20碼頭，2009.5時停俥，並同時拋出左右錨，同時全速後退。由於衝力過大，無法使船停住，於2012時，船艏撞擊西十九、二十號碼頭轉角。

(5)稍後拖船分別於2024時及2035時抵達，協助拖離碼頭，並於2100時靠好西二十五號碼頭。

（三）研討

(1)依據領港所提報告，當時風力8～9級，海浪5～6公尺，加以視線不良，因此聯絡船長，是否可自行將船駛進防波堤，領港則在紅燈塔處等候，該輪船長已有多次進出基隆港之經驗，於是同意自行操駛船舶進入防波堤口。

(2)2005 時，該輪船艏進延伸堤時，領港登輪，登輪之前，領港曾建議，當船經過延伸堤時，將船穩定航向，並停俥滑行，然領港登上駕駛台後，艏向已朝向西二十四碼頭並發現船長當時用右滿舵，經查舵向紀錄器，該船通過防波堤後艏向由 145°轉至 215°左右。船長此項動作，乃意圖停俥後，右滿舵將船轉入火號澳內，但未偵察，停俥後舵效降低，及艉後之風壓。

(3)領港登輪上駕駛台時間約一分半鐘，此期間船長在操控船舶時，應注意航行水域之安全空間，並注意船舶之運動趨勢。直至船舶逼近西二十四碼頭，距離僅約150公尺。此時船速仍快，俥葉轉速仍未歸零之情況下，使用倒俥抑或向左迴轉，確實為臨場之經驗抉擇。

(4)船長直接操船進入火號澳所具之潛在危機，未慮及港內水域狹窄，船舶進入防波堤後，在6級風吹襲下，船舶操控之困難。

(5)考慮自力操控船舶之條件，必要之港勤支援應建立，亦即應於船舶進入防波堤後，有拖船在場協助。

(6)領港建議穩向，停俥直行，乃在建立安全的水域空間，待接手後，再操控船舶。船長右滿舵迴轉，造成與碼頭逼近情勢，應避免之。

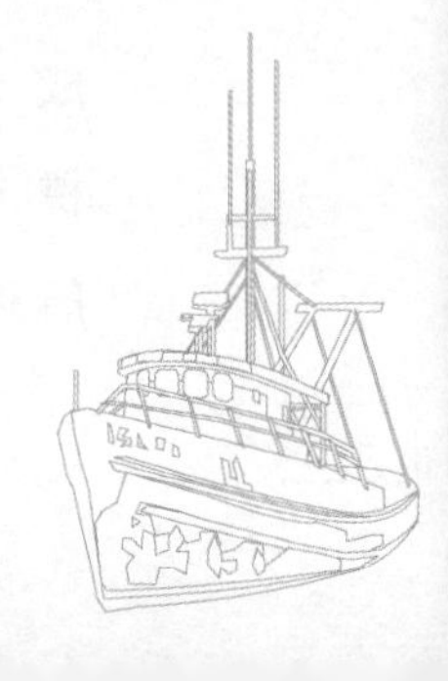

四、風潮流壓造成船舶之擱淺

案例四：客輪行駛狹窄水道，由於餘裕水深，風壓力及航道效應，影響船舶操控，致擱淺於水道邊線。

（一）事件概述

(1)200X 年 3 月 15 日，0530 時英籍客輪「豪華公主」號抵澳大利昆士蘭省之肯因斯（Cairns）港外海，由引水人帶領進入肯因斯港之航道內。當時吹東南風，風力 15～20 節。

(2)由於船舶受風而及其之運轉特性，使操控船舶進港航行期間發生一些難以操控經歷。船在迴轉池迴轉後，在 0645，左舷靠好碼頭。

(3)該輪預定當日 1700 時開航，由於考量該時段之落潮、潮高及強風特報，更增加該輪船舶操縱之困難度。經各方討論後，修正開航時間改為次日之凌晨 0200 時，那時風力較弱，亦為漲潮時刻，將會有較大之餘裕水深。

(4)船於 0200 時離開船席，向外航行，風一直由東南吹來，碼頭邊風力約 8 節，南外海風力增加至 15 節。當開航至 C14/C15 示標（Beacon）附近，該輪接著有一連串不穩定之船艏左右擺動（Yaws）狀況。最後導致在 0240 時，船擱淺停止在航道東側的右邊。在C12/C14 示標之間。船擱淺約四分鐘之後，該輪運用俥舵，與拖船之協助脫離了淺灘，再度駛往錨地，該輪擱淺前後之船位狀態如圖 11-4 所示。

（二）說明

(1)該輪總噸位 70,285，全長 245 公尺，寬 32.25 公尺，艏吃水 8.11 公尺／艉吃水 8.10 公尺。主機動力 37,640 Kw，雙俥單舵，艏艉各配置有 2 組側推器，船速高於 4 節時，側推器效應將顯著減少。船速少於 10 節時，幾乎沒有舵效。

(2)肯因斯港附近航道長達 5.7 浬，連接港口及海洋，該航道寬 90 公尺，圖示水深 8.5 公尺。最低天文潮面（LAT）之基準有 8.3 公尺之水深，此航道由兩段構成。首段，向外以 13°（T）為一直線，船席到 C/20 示標，第二段，自 C20 示標，航道向 29°（T）。淺水泥岸區自岸邊航道到C18 示標向外延伸。較內部之航道應至 C15/C16 示標區塊泥漿地。自此點向外至 C1/C2 示標則為沙地。

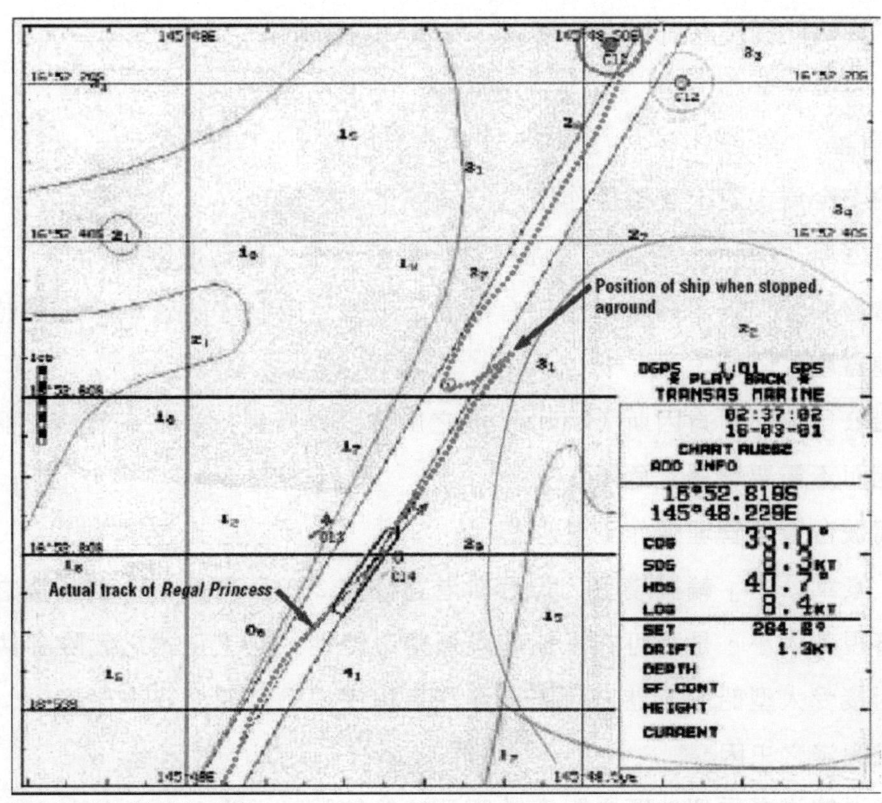

圖片來源：澳洲運輸安全局調查報告

圖 11-4

(3)該港細部限制標準，適用於港口之非客船例行性來港靠泊之船隻，最大標準為全長200公尺，最大船寬為32公尺，總噸位40,000之船舶，最小之航道餘裕水深（UKC）為2公尺，客輪水線長度超過200公尺，應先申請並作評估。

(4)當船安全離開船席，通過第一關導標後，船長即揮手示意引水人，由其指揮船舶，並由船長操縱俥速，大副控制艏艉側推器，船位航道顯示於電子海圖上，當值船副則用雷達定位，繪於海圖紙上。

(5)該輪於0232時，通過C15/C16之間，船在航道左手側，0233時，船位微偏左，0233：17時，船舶在航道中線向右偏，0234時，船舶中線離航道約45公尺，船艏向034.7°（T），對地航向031°（T），船速為9.6節。一分鐘後，在0235時，當船舶快速變動時，船舶在航道中線上，約14°之左舵，艏向031°（T），對地航向029°（T），船速為減至9.2節。0236時，當船艏快速轉向右側，該輪在船道中線左側，此時航向035°（T），航速降至8.9節。0236：35時，船艏通過右側邊線。在0237時，船艏朝向040.7°（T），速度降為8節。0240時，船速降為零，該輪已擱淺在航道右側邊線，如圖11-4所示。

（三）研討

(1)運輸安全局，對上述事件作出之結論如下：

①肯因斯（Cairns）港之航道面積對「豪華公主」輪造成限制。

②當船舶雙俥，單舵時，船舶有操控上之固定限制，船速4至10節時，對推進器產生限制。

③船公司缺乏對肯因斯（Cairns）港之風險／操作進行評估，暴露該船可以預測而不需要遭遇之危險。

④駕駛台資源管理運作不甚理想。

⑤「豪華公主」輪擱淺時，肯因斯港對核准200公尺長、32公尺寬之船，在審視其大小，是否可在上述航段運轉之特性，缺乏正式之危險評估方式。

⑥對接受大型船舶入港之可能影響許可程序超過合理之安全保障。

(2)造成擱淺之主因

①通過航道之扇型地區之阻塞效應及該輪舷弧高（Sheer）之大小。

②操縱雙俥、單舵之困難特性。

③岸壁效應（Bank Effect）及其可能性。

④風所導致風壓差（Leeway）。

（四）船／航道因素（Ship/Channel Factors）

(1)該輪全長245公尺，水線上長214公尺，在水線下，自球型艏之前端至舵之尾端，約為216公尺。該輪船寬與吃水比3.98，有典型之流線型側面，有約7,000平方公尺之迎風面，在20節之側風下，將產生約38噸之風壓，在強風之作用力，及船寬／吃水比之影響下，產生很大之風壓差。

(2)航道寬度對船舶操縱特性產生決定性之因素。當船舶前進時，所替換之水必須往下且沿著船底向後流動，倘若航道狹窄，則航道邊之水深相對之淺，船舶通過所產生阻塞效應，使水替換發生問題。這種壓縮狀況使水的流速增加所致，導致壓力減少，也就是貝努利效應（Bernoulli Effect）。此種壓力減少會造成艉坐與岸壁效應。肯因斯港之航道寬90公尺，依國際航海協會建議及該港之相關指導，航道寬度應有116公尺，根據3.3倍之船寬規定，亦應有106.5公尺之理想寬度。

五、強風中船舶難以控制，險肇巨禍

案例五：颱風逼近，貨櫃船未審慎校核強風壓力，冒然出港，船舶失控，險造成巨大災害。

（一）事件概述

(1)2002年9月，颱風侵襲南台灣，颱風中心由鵝鑾鼻南端附近通過，某船公司所屬E-Type貨櫃輪，左舷停泊高雄港#79碼頭，進行裝卸作業。當時風力增強，按港務局之規定，總噸位大於3萬之貨櫃船，在颱風來臨前，應安排出港避風。該輪考量貨載因素，直至深夜0200時，發覺風勢增強，繫纜無法支持繫泊碼頭，遂於0300時，安排該船出港。

(2)該輪具備艏側推器，並安排三艘3,000匹馬力以上之拖船協助，由於風力強勁，貨櫃船受風面積造成之強大風壓力，使該船難以控制。

(3)船隻調頭擺正欲出港時，風向轉為偏南風，該船受風壓向信號台側。由於引水人用俥得宜及拖船的賣命協助，終得化險為夷，安全通過水道，此時，離岸側最近處不到20公尺。若非兩拖船一路強力推頂右舷，該船可能衝撞信號台岸側，結果不堪設想。事件發生之船舶行徑態勢，如圖11-5所示。

（二）說明

(1)該輪總噸位73,000，全長310公尺，寬42公尺。船深25公尺，艏側推器2組，約3,200匹馬力。

(2)該輪裝載六層甲板貨櫃，吃水約12公尺，當晚風力漸強，當風力6級風時，港務局均要求總噸位大於3萬噸之貨櫃船，開始出港避風。該輪或許考量貨載之裝卸因素，並未安排出港避風。直到深夜0200時，發覺風勢趨強，離岸風（偏東風）將船吹離碼頭，遂於0300時，安排出港，此時風勢已達7級（陣風約8級）。船公司安排三艘大拖船協助出港。

(3)引水人登輪前，船隻已被吹離碼頭，引水人指揮拖船推頂，船離開後開往大林浦之迴轉池調頭出港。由於當時吹偏東風（右舷來風），風力已增至近 9 級，貨櫃船之寬廣受風面，使得船隻壓向大林浦方向，引水人利用俥舵及拖船之協助（參見圖②～⑩），將船駛進安全位置（圖⑪）。

(4)船舶欲轉向對正出港航道時，風力已轉為偏南風（圖⑮），此時之強勁風勢，將船壓向信號台側。領港發覺，態勢嚴重，立即倒俥，並安排兩拖船速至右舷推頂，另一拖船在下風（右舷）艏部推頂。至空間足夠，再用進俥。拖船一路推頂至船隻安全通過狹窄水道。此時船隻離岸側最近距離不到20公尺。

(5)拖船作業一般皆限於港內，即狹窄水道信號台以內，該輪在危急情況下，巨大船隻受強風壓向信號台，拖船為了自身之安全，極有可能放棄推頂，在此種狀況下，該輪勢必衝向信號台，所造成之危害，難以想像，其結果除了船貨之毀損，航道亦為阻塞，船隻無法進出，對於高雄港而言，將是嚴重創傷，台灣產業及經濟將面臨嚴重之打擊。

（三）研討

(1)超大型貨櫃船，受風壓影響巨大，颱風來臨前，應按港口當局之規定，及早安排出港避風，船長應對船舶的安全負全權責任。無論船舶是否停泊港內。港口當局亦應嚴格執行其作業規定。

(2)以當時（0222 時）之風力約 16 m/Sec，船舶正橫風壓力已達 100 噸力，側向風壓亦達 70 噸力，船舶受風漂移力至為可觀，尤其在迴轉調頭之過程，由圖中②～⑨之船舶位置，即可查知。至⑥位置時，需用倒車，使船位後移，抵抗風壓。

(3)船吹開風離開碼頭時，因此拖船不用帶纜，可用推頂，靈活運用。拖力點亦可視風動力及所需迴轉力，擺至適當之位置，由圖①～⑤過程，拖船位於下風（左舷）推頂，抵抗風壓。

(4)當船隻迴轉完成，船位已被風壓至大林浦側，如圖⑨所示。此時用俥舵，將船駛向上風位置。至⑪位置時，意圖開始轉向出港，此時將拖置於左舷及右舷，此期間，風力已增至9級，風向亦由偏東轉為偏南風，致使船位於⑮時，船隻開始壓向信號側，隨即令另一拖船至右艏，協助推頂。⑯位置時，船隻衝向力，造成危機狀態，全速倒俥，制止船艏向前衝。⑰～⑲過程，右舷兩拖船，全力推頂，加上艏側推器全速向左，另一拖船則至右舷後，抵抗風壓。同時，當船停住未再前衝時，改用正俥，至⑲位置時，船舶安全通過狹窄水道。並加俥向上風壓舵，至此，拖船才停止協助。

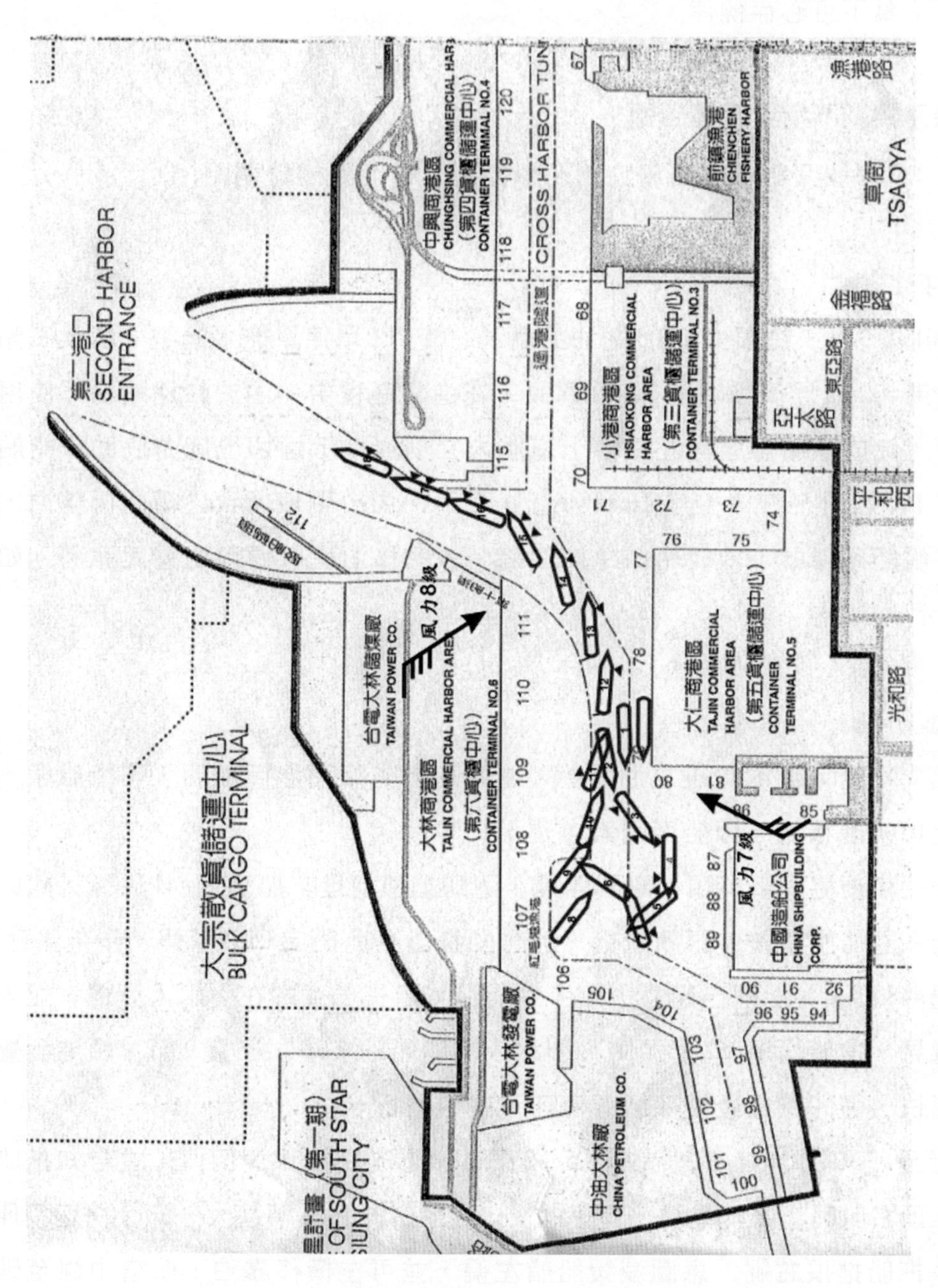

圖 11-5

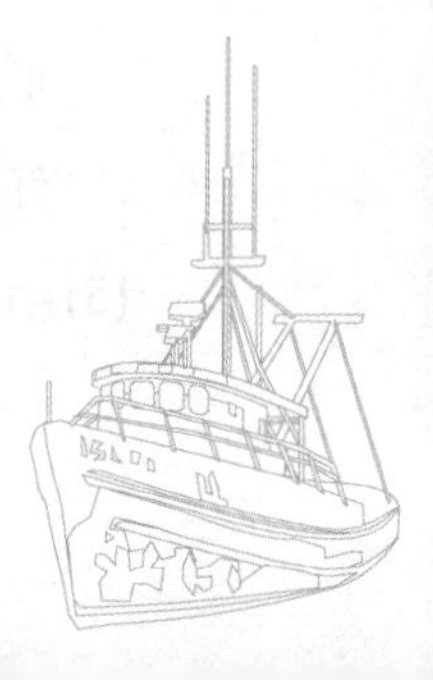

(5)檢視整段過程，船位⑯～⑲為出事率的高風險時刻。期間只要任一環節之疏失，終將造成重大災害。公司及船長，對於船舶航行之風險評估與管理（Vessel Risk Management），應確實建立與執行。天佑此船避過一劫，但航海者應切記，千萬不可心存僥倖。

六、船速控制不當致觸撞碼頭

案例六：CPP油品船，夜間靠泊，船速控制不當，致碰撞碼頭。

（一）事件概述

2001年5月，總噸位4,300之油品船，右旋CPP單俥單舵，滿載，凌晨三點，由高雄港B32/33浮筒移泊繫靠#62碼頭，在進靠過程中，由於餘速過快，使用全速倒俥，造成船艏急遽向左偏轉，拖船未立刻依指示適切地施力協助，船舶在船席前100公尺，打停（無 Headway），然而，由於倒俥所致之橫向偏轉力，致該船左艏觸碰碼頭，造成船艏左舷凹陷。該船移泊進靠過程位置與態勢，如圖11-6所示。

（二）說明

(1)該輪為不定期靠泊高雄之油品船，當時進港先靠泊浮筒加油，等待船席。原預定0100時移泊，因船席因素，延至0300時。

(2)在拖船備便協助下，順利離開浮筒，隨即加俥前進。船通過#41碼頭，隨即令拖船在右船艉帶纜，跟隨航行。並告知拖船，此船為CPP俥葉，作業注意。

(3)船過#48碼頭，船速已建立，即半速前進，船長一直站在引水人旁邊，並未有何意見。當船通過#52碼頭時，引水人詢問船速多少，回覆9節，領港發覺速度過快，隨即減為最慢俥繼而停俥，讓船滑行。

(4)航行至#57碼頭時，船速尚有6.5～7節，領港先用半快速倒俥，並告知拖船準備推頂右船艉。由於重載，降速緩慢，且船艏向左偏轉甚大，即令快速倒俥，並令拖船推頂右艉，意圖減緩船艏左偏，並可左橫移靠泊，航道中線至碼頭有將近200公尺之橫向距離。

(5)由於拖船未能及時推頂，且呈 45°方向。在抑制艏偏轉方向打了折扣，同時

45°朝前推頂關係，造成航速向前之速力，不易停止。眼見船艏左偏趨近#61與#62碼頭中間，如圖所示。為避免前進力，碰觸碼頭，不考慮船艏左偏，仍保持快速倒車，意圖在碼頭前將船打停，甚至有向後退力。

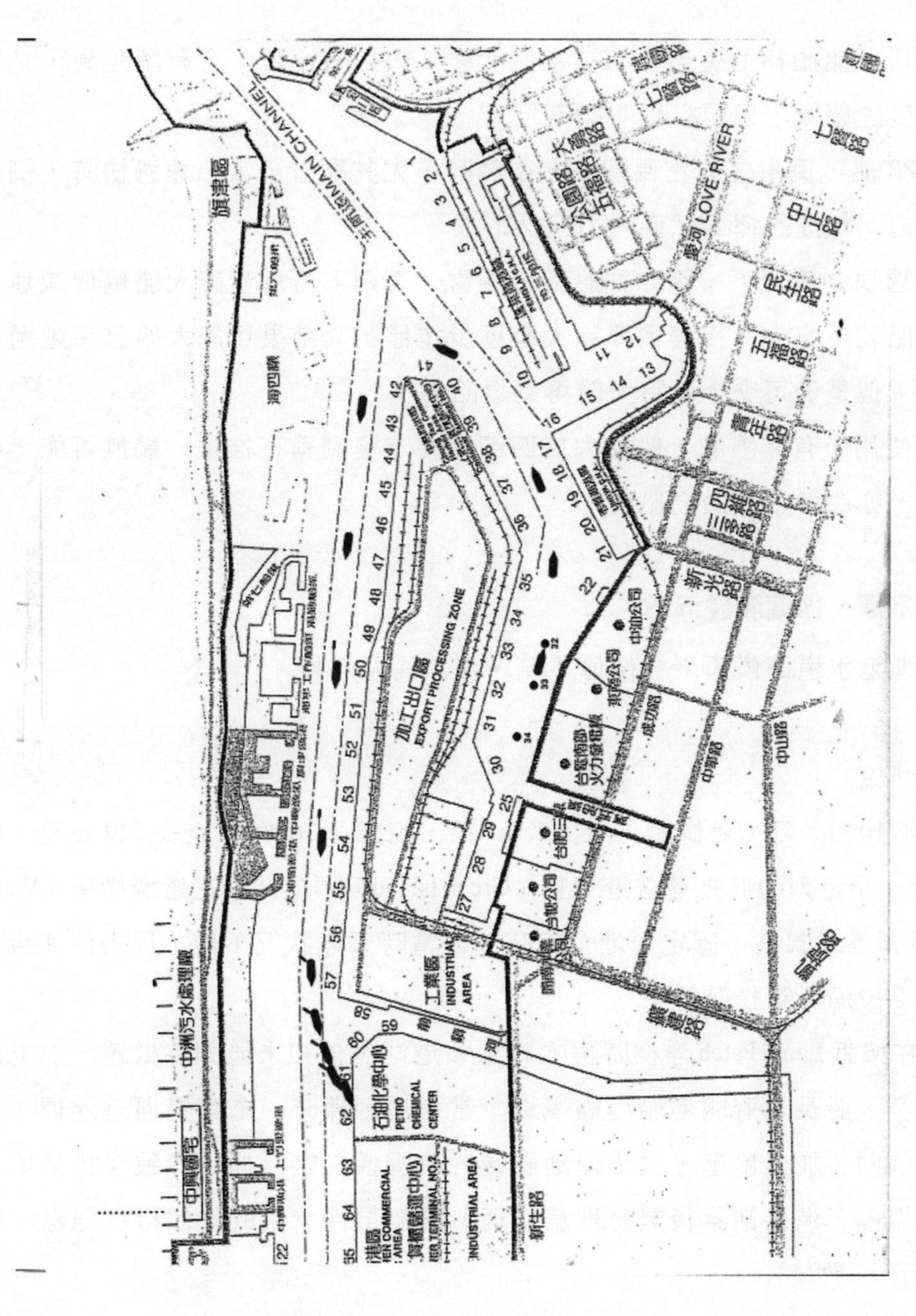

圖 11-6

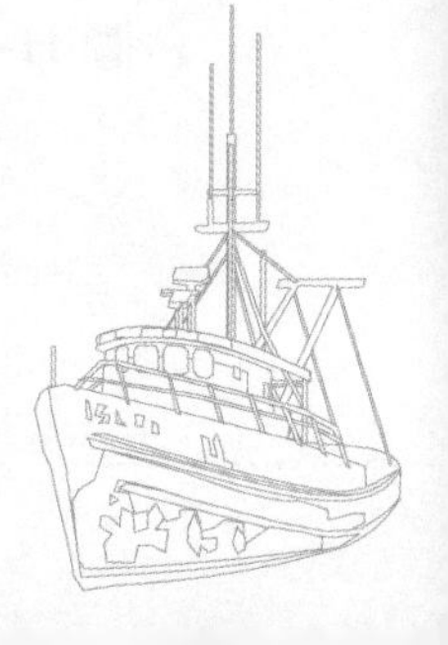

(6)由於倒俥之艄偏向力，大於倒車之後推力。船在幾乎停止之情況下，由於艄之偏向力終致觸碰碼頭。由於船幾乎已無前進力，否則損害將更嚴重。

（三）研討

(1)深夜時段，船舶移泊進靠，精神意識狀態，與白晝比較，會有所差異，尤其對於速度之感覺，目視察覺明顯不足。

(2)右舷 CPP 船，倒車之向左偏轉，在重載時，尤其顯著，當船速過快時，倒俥之後退力，無從發揮，然偏向力已然形成。

(3)在餘速過快之情況下，除非拖船配合得當，否則，可逐步讓大船倒俥減速，並令拖船朝後吃力，慢速倒俥將大船逐步拉停，其結果可能大船已超越過靠泊船席，但是仍可安全地將大船再倒退回靠。

(4)拖船之使用，有其限制，船速大於四節，要求達到垂直推頂。幾無可能，善用拖船，亦應考量大船之船速。

七、倒俥不慎，俥葉觸碰浮標

案例七：進港水道等候領港，倒俥不慎，俥葉觸碰浮標。

（一）事件概述

1994年10月X日，貨櫃船「東方XX」輪，總噸位36,000，全長240公尺，吃水9.5公尺，預定2100時抵達香港青州（Green Island）領港站。在通過横欄（Wang Lan）時與領港站聯絡，確定領港登輪時間，當時天候狀況不佳，風力約4級，且航道上不少漁船穿梭航行。

該船在接近Lama Patch浮標時再次聯絡領港站，告知未能即時抵達，加上前方漁船眾多，船長為避開漁船而需減速，當運用倒俥時，未察覺逼近浮標。倒俥時船艉偏向，加上風壓，致使俥葉觸碰於船艉横向之浮標，導致浮標損壞，該輪俥葉損傷，進港卸貨後緊急進塢修理。該船事件發生的船舶行徑態勢，如圖11-7所示。

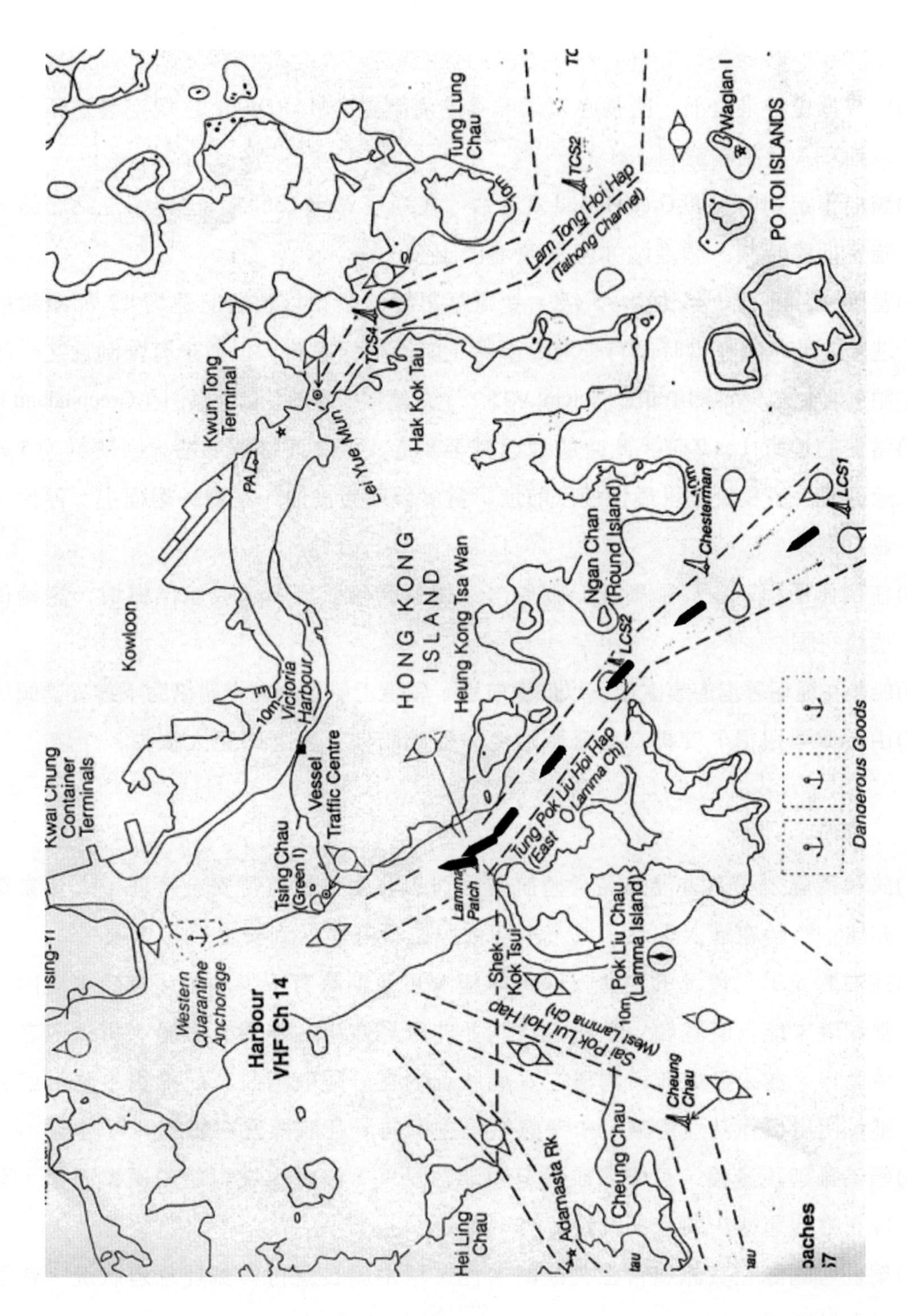

Kwai Chung Container Terminals
Tsing-Yi
Western Quarantine Anchorage
Harbour VHF Ch 14
Tsing Chau (Green I)
Vessel Traffic Centre
Kowloon
10m
Victoria Harbour
HONG KONG ISLAND
Heung Kong Tsa Wan
PA
Kwun Tong Terminal
Lei Yue Mun
TCS4
Hak Kok Tau
Tung Lung Chau
Lam Tong Hoi Hap (Tathong Channel)
TCS2
Waglan I
PO TOI ISLANDS
Ngan Chan (Round Island)
LCS2
Chesterman
LCS1
Dangerous Goods
Lamma Patch
Tung Pok Liu Hoi Hap (East Lamma Ch)
Shek Kok Tsui
Pok Liu Chau (Lamma Island)
Sai Pok Liu Hoi Hap (West Lamma Ch)
Cheung Chau
Hei Ling Chau
Adamasta Rk

圖 11-7

（二）說明

(1)船隻抵達香港之前，船長必須依照香港海事處（MARDEP）之規定發送預報，包括ETA及相關資料。

(2)該船預定2100時抵Green Island領港站，在通過Wang Lan時，已與領港站聯絡，確定抵達時間，領港站亦回覆領港已出發。

(3)當晚視界不佳，風力 4～5 級，受風壓影響，船舶以預定航速約 12 節繼續航進，香港水域在當時已有香港海事處之航行通報服務，但並未有強制性之「船舶交通系統（Vessel Traffic System; VTS）」之建置，領港登輪地點仍在Green Island。

(4)當船舶迫近 Lcs 2時，此時船速已減至8節，再次連聯領港站，回覆約晚5分鐘到達，船長於是以最慢速度前進，當發現前方漁船，在避讓過程中，停俥、並打倒俥。

(5)在倒俥過程，由於風壓及船艉偏向，俥葉觸碰航標，造成航標損壞，該輪俥葉緣扭損。

(6)船長在通報香港海事處後，以低速航進，領港上船後，在拖船協助下靠妥碼頭。

(7)由於俥葉扭損，安排當地緊急進塢，造成船期及營運的鉅大損失。

（三）研討

(1)該輪所屬公司為香港知名貨櫃航運公司，非常重視航行安全管理，人員素質亦佳。該輪在進入香港水域，一切依照航行計畫做到安全航行事項。

(2)在右舷受風壓情況下，進入Lema水道，可預期將有不少漁船穿梭於水道內，當領港未能依時登輪，速度之控制並非困難之事，唯避該漁船，所採取之後續動作，並未考慮航道周邊之水域狀況，在分隔航道設有航標處，應考慮風壓，使用倒俥減速避讓，未考慮航尾之偏向，且航標就左舷船艉近處。

(3)領港雖延後登輪，可繼續航行至領港站附近，該處水域對船舶操縱而言，有較充裕的運轉空間且水域較清爽。

(4)駕駛台團隊在資訊整合上欠缺嚴密性，單由船長應付與處理急迫狀況，在管理上似欠周密。

(5)該輪船長為多年資深大副晉任，初次擔任船長職務在船舶操控運用上之經驗或顯不夠熟練。初次擔任船長職務者除了在任職前，接受操船模擬訓練外，應多吸取及觀摩前輩之經驗，建立操船之信心。

八、風浪中拋錨不慎致斷錨鏈

案例八：風浪中拋錨，煞車制止不住，致錨與錨鏈滑脫流失。

（一）事件概述

1983年8月X日，某貨櫃船，總噸位15,000，全長170公尺，吃水8公尺。船於晚間約2000抵雪梨港外海，由於必須等候船席至次日上午0900時，船長決定下錨，當時風力6級，浪高約2.5公尺。大副及船艏工作人員將左錨備便後通報駕駛台，船長頂風浪操駛船舶，於錨地圖示水深19公尺處下令拋錨，當錨鏈快速鬆出之後，木匠隨即制煞錨鏈，然而錨鏈依然鬆出，此時煞車皮（Linen Brake）已然冒煙，木匠雖儘力旋緊煞車，雖減緩鬆出速度，然由於浪抬船艏，加上風力，錨鏈旋緊繃吃力，繼續快速鬆出，煞車無法制止。大副通報駕駛台情況後，叫人員遠離。最終錨及錨鏈全數滑脫，該輪在確定脫錨位置後，船長欲意備右錨，最後決定不再下錨，劃定安全水域漂航。

（二）說明

(1)該輪為航行遠東至澳洲之全貨櫃船，到港當天上午代理行告知靠泊時間尚未確定。傍晚時分通知次日0900時安排進港靠泊。

(2)船長決定拋錨等候。當晚天候不佳，風力約6級，船長通知準備左錨。船頭工作人員依指示並按一般拋錨準備程序，將錨鬆至水面備便。

(3)下錨前，頂風航進因風浪關係，船艏起伏不定，當下令拋錨時，錨鏈快速鬆脫，急欲要煞住時，煞車皮無法發揮完全制止作用，開始冒煙，大副要求木匠盡力旋緊，此時出鏈稍為減緩，然而由於浪擊船艏加上強風，錨鏈緊繃吃力，煞俥無法制止，錨及錨鏈全數鬆脫。

(4)船艏工作人員，在事件發生前，已迅速離開至安全處所，幸無傷及人員。

(5)船長欲意再下右錨，幾經考慮最後決定外海漂航。次日檢查錨鏈艙，安全栓扣拉開，但未損及艙壁。

（三）研討

(1)下錨位置之水域狀況，應審慎評估考量，該處圖示水深19公尺，已達深水拋錨之臨界值，船長未通知大副將錨鏈絞出（Walk Back）離海底5～10公尺，致鬆脫速度過快。

(2)頂風浪下錨，應適度的使用進俥，減緩錨鏈之吃力，艏上下起伏，錨鏈瞬間緊繃之力非常劇烈，常造成煞車皮之磨損，過熱而喪失制煞功能。

(3)該輪船長，先前大多服務於大型油輪，第一次在貨櫃船服務，對於油輪噸位及吃水狀況與貨櫃輪之型式大小在操作上未建立差異認知並予評估。拋錨應審度錨地之水深及底質，天候良好與欠佳時，其作業均有所不同，在未能十分把握拋錨安全時，可考慮在安全水域漂航。

(4)錨機之制煞裝置與設備，應定期檢查與保養，發現耗損有危安全操作應即更換。

九、浮筒繫泊、俥葉絞纏纜繩

案件九：浮筒繫泊、俥葉絞纏纜繩。

（一）事件概述

2000年11月X日，某CPP貨櫃船，總噸位7,000，全長140公尺，吃水6.8公尺，自碼頭轉泊浮筒，於繫靠浮筒時，由於艉纜鬆出過快，失於控制，纜工帶纜不及之情況下，由於俥葉維持轉動，致一根纜繩絞纏於俥葉。

（二）說明

(1)該輪為定期班輪，因船席及裝貨之因素，於卸完貨後需暫時移離碼頭，改繫泊浮筒。

(2)該輪安排一艘拖船協助，在領港引領下離開#42號船席，隨駛往B51/52浮筒。浮筒間距為180公尺，當接近B51浮筒時，慢速倒俥，意圖使船緩慢停住，並通知先帶頭纜，船艉則由拖船在左船艉以船纜吊住。

(3)當艏纜帶好B52浮筒，帶纜艇即轉至船艉，協助繫帶艉纜，此時由於船艉右側來風，船逼近前方浮筒，船長用了倒俥，此時刻艉纜因鬆出過快纜繩墜落水中，且向俥葉處飄移，船長得知後，即刻停俥，然CPP船之俥葉於停俥後，仍是不停地旋轉，終將纜繩絞進俥葉中。

(4)通知機艙將離合器脫開停止俥葉轉動，領港指揮拖船朝後吃力拉住，並儘快帶好其他艉纜，繫靠完妥通知代理行，安排潛水伕處理解纏事宜。

（三）研討

(1)繫泊浮筒原則上以頂風進靠，除非有特別因素。

(2)該輪繫泊，自碼頭離開向南航駛由於風力不大，領港不考慮調頭，於是以順靠方式船艏繫 B52 浮筒，船艉繫 B51 浮筒，此時應考慮船艉來風之前進力及 CPP 船停俥時之微速力（向前或向後），當有前進力時可指示拖船朝後拉住，否則應拋外檔錨作為制止力。

(3)繫浮筒必須特別留意艉纜與俥葉之清爽狀況，CPP 船冒然運用倒俥頗為不當，船艉作業人員未能控制鬆纜速度，亦是造成事件發生之原因。

(4)CPP 船繫泊浮筒，船艉帶纜異於一般情況，需格外留意。

十、重靠碼頭碰墊致船殼損壞

案件十：橫向進靠速度過快，壓壞碰墊，船殼破洞受損。

（一）事件概述

某化學品船，總噸位 19,000，全長 180 公尺，吃水 9 公尺，於進港泊靠時，由於橫靠速度過快，重靠碼頭，至碼頭碰墊毀損，船舶受壓部分凹陷，更因碰墊螺絲外露，擠壓，造成船板破洞。

（二）說明

(1)該輪經常停靠K港，卸載部分化學品。在非滿載情況下，進港泊靠#56 碼頭，該輪未配置艏側推器，依照規定，安排兩艘拖船，協助靠泊作業。

(2)領港登輪後，告知船長泊位，並以順靠（左舷）繫泊，並要求用船上纜繩，在右艏及右艉部位繫帶拖船。

(3)船趨近船席在#53 碼頭附近，船速已減至 5 節，利用餘速及用舵滑進#57 碼頭。當艏過#56/#57 時，船速約 3.5 節，即用慢速倒俥，同時令艏拖靠上推頂，艉拖保持離開位置，並未推頂。

(4)領港欲將船在船席正確位置前打停，於是使用半速倒俥，由於船艏向右偏向加速，遂令艏拖加俥推頂。船艉由於倒俥效應，左舷趨近碼頭。

(5)船速停止時，船亦大約到位置。此時艏艉離碼頭平行橫距約15公尺。船艉拖船保持停俥接觸位置。

(6)當船離碼頭5公尺時發覺橫移慣量並未有顯著的抑制及減緩。此時令拖船離開大船，並未告知拖船準備倒俥將船拖停。

(7)當船離1公尺時，通知拖船倒俥拉停，此時船之橫移慣性，已將船推向碼頭，並擠壓碰墊，遂又令拖船靠上，意欲減緩碰墊所產生的回力，並推頂船舶靠上碼頭。

(8)由於推進碼頭時，橫移餘速過快，造成碰墊損壞，船體本身接觸部分亦凹陷。更嚴重者，由於碰墊的螺絲外露，將船殼戳破一洞。

（三）研討

(1)該船雖非滿載，然亦屬重載。船舶慣性應加留意，欲保持穩向，適當的餘速是可接受的。

(2)拖船已帶妥纜繩，艉拖可朝後方吃力，達到減速之功效。避免在船速過高的情況下，打倒俥，造成艏向右偏，及艉向左偏泊靠過快。

(3)近船席前，倒俥，由於抑制船艏偏向，利用艏拖推頂，雖抑制偏向，然對大船的縱軸而言，艉向左偏，加上艏拖推頂。此時對縱軸而言，已經產生相當大的橫移量（Y軸之V量）。

(4)當發覺橫靠速度過快時，應即刻令拖船90°倒俥位置，準備拖纜吃力後，用倒俥來減緩橫移力。甚而在近碼頭前將船拉停，船長在靠泊過程亦應注意本船之變化狀況，必要時，可提醒領港利用拖船協助拉停。保守一點，換得船舶之平安。

(5)碼頭碰墊的條件與狀況，並非如想像的理想，出了狀況，責任終歸究船方。

第十二章　船舶操縱模擬

近二十年來，操船模擬系統歷經各國學者及專業機構之研究及發展，已廣泛被應用在造船設計與船舶航行人員之訓練。國際海事組織鑑於維護船舶海上航行安全，對於船舶操縱性能基礎標準亦制定相關準則並予以規範。對於船舶因操縱不當致發生海事事件，亦在「航海人員訓練、發證與當值標準公約」之修正案中，予以規定負有船舶航行責任之航行人員如船長、大副，必須接受操船模擬之訓練，以維持船舶之航行安全。對初任船長或是引航人員而言，藉由操船模擬的訓練，可建立船舶操縱上的信心。唯模擬器在程式設計與實船操控比較上，以及視景模擬角度與臨場視感比較上，例如靠岸時之軌道視覺效應（Railroad Track Effect）等，尚有差異存在，有待更進一步的研發與改進。

操船模擬系統發展至今，無論是為造船設計或為航海人員之操船訓練，大都以全功能型駕駛台（Full Mission Bridge; FMB）為主，雖具即時性（Real Time）與臨場效果，然其設備昂貴且必須選擇適當場所裝置，對於使用者而言，在成本效益及方便性上，有其侷限。雖然如此，但操船模擬器現今已廣泛地應用於航海教育與培訓以及相關領域工程論證與科學研究中，在某種程度上，操船模擬器已成為評價海事學校條件之重要指標。

第一節　前言

數學模型化（Mathematical Modelling）是用數學語言（微分方程式）描述實際過程動態特性的方法。在船舶運動控制領域，建立船舶運動數學模型大體上有兩個目的：一個目的是建立船舶操控模擬器（ship maneuvering simulator），為研究閉環系統性能提供一個基本的模擬平台；另一個目的是直接為設計船舶運動控制器服務。船舶運動數學模型主要可分為非線性數學模型和線性數學模型，前者用於船舶操縱模擬器設計和神經網路控制器、模糊控制器等非線性控制器的訓練和優化，後者則用於簡化的閉環性能模擬研究和線性控制器（PID, LQ, LQG, H_∞ 魯棒控制器）的設計。

船舶的實際運動異常複雜，在一般情況下具有6個自由度。在附體座標系內考察，這種運動包括跟隨3個附體座標軸的移動及圍繞3個附體座標軸的轉動，前者以前進速度（surge velocity）u、橫漂速度（sway velocity）v、起伏速度（heave velocity）w 表述，後者以艏搖角速度（yaw rate）r、橫漂角速度（rolling rate）p 及縱搖角速度（pitching rate）q 表述；在慣性座標系內考察，船舶運動可以用它的3個空間位置 x_0, y_0, z_0（或3個空間運動速度 x_0, y_0, z_0）和3個姿態角即方位角（heading angle）Ψ、橫傾角（rolling angle）φ、縱傾角（pitching angle）θ（或3個角速度 ψ, φ, θ）來描述，（Ψ, φ, θ）稱為歐拉角（見圖 12-1）。顯然 $[u, v, w]^T$ 和 $[x_0, y_0, z_0]^T$ 以及 $[p, q, r]^T$ 和 $[\psi, \varphi, \theta]^T$ 之間有確定關係。但這並不等於說，我們要把這6個自由度上的運動全都加以考慮。數學模型是實際系統的簡化，如何簡化就有很大的學問。太複雜和精密的模型可能包含難於估計的參數，也不便於分析。過於簡單的模型不能描述系統的重要性能。這就需要我們建模時在複雜和簡單之間做合理的折衷。對於船舶運動控制來說，建立一個複雜程度適宜、精度滿足研究要求的數學模型是至關重要的。

圖 12-1 的座標定位如下：$O-X_0Y_0Z_0$ 是慣性座標系（大地參考座標系）；O 為起始位置，OX_0 指向正北，OY_0 指向正東，OZ_0 指向地心；$o-xyz$ 是附體座標系，o 為船艏尾之間連線的中點，ox 沿船艸線指向船艏，oy 指向右舷，oz 指向地心；航向角 Ψ 以正北為零度，沿順時針方向取 0°～360°；舵角 δ 以右舵為正。對於大多數船舶運動及其控制問題而言，可以忽略起伏運動、縱搖運動及橫搖運動，而只需討論轉舵前進運動、橫漂運動和艏搖運動，這樣就簡化成一種只有3個自由度的平面運動問題。圖 12-2 繪出圖 12-1 經簡化後的船舶平面運動變量描述。

船舶平面運動模型對於像航向保持、航跡跟蹤、動力定位、自動避碰等問題，具有足夠的精度；但在研究像舵阻搖、大舵角操縱等問題時，則必須考慮橫搖運動。本章根據剛體動力學基本理念建立船舶平面運動基本方程式，據此進一步尋出狀態空間型（線性和非線性）及傳遞函數型船舶運動數學模型，並考慮了操舵伺服系統的動態特性和風、浪、流干擾的處理方法。這些結果將作為設計各種船舶運動控制器的基礎。

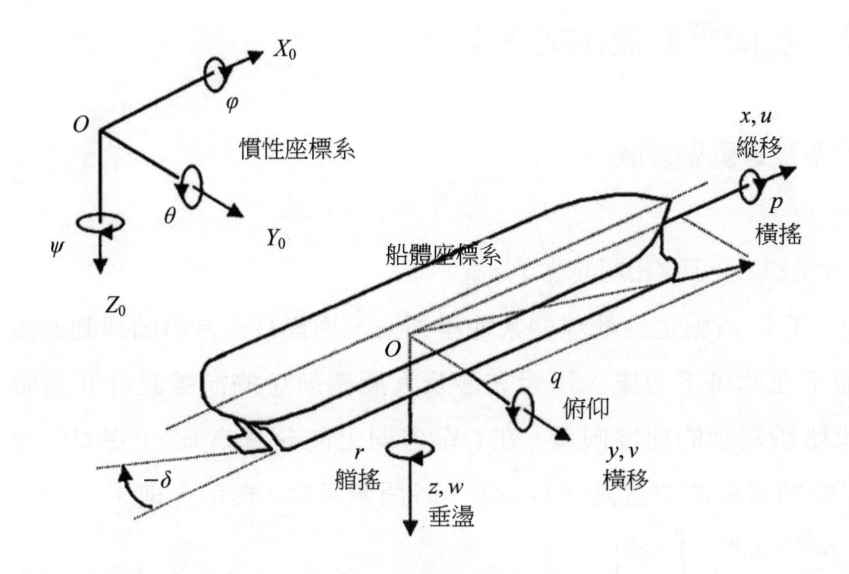

圖 12-1　在慣性座標系和附體座標系中描述船舶的運動

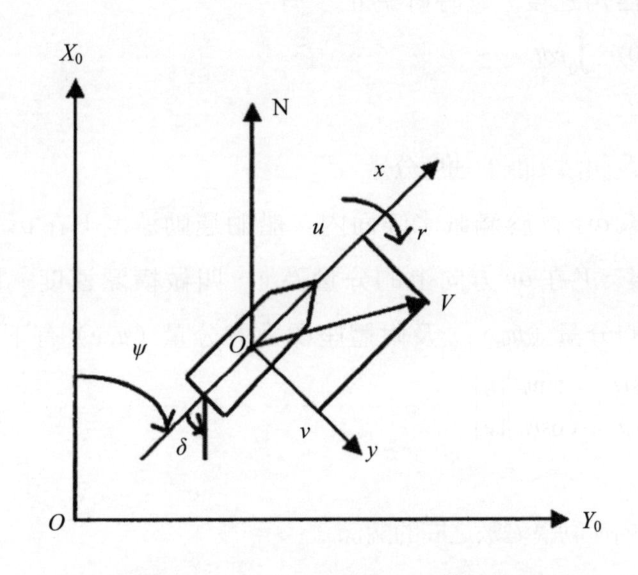

圖 12-2　船舶平面運動變數描述

第二節　船舶平面運動的運動學

一、座標系及運動學變數

（一）慣性座標系及與之相關的速度分量

取 $O-X_0Y_0$ 為固定於地球的大地座標系，原點O設為船舶運動始點或任取，地球的曲率在此可不考慮，不過在涉及大範圍航行的航線設計問題時，需簡單處理。設船舶運動的速度向量 v 在 OX_0 方向上的分量為 u_0，v 在 OY_0 方向上的分量為 v_0，船舶當前的位置是（x_0, y_0），時間變量以 t 表示，則：

$$\left.\begin{aligned} x_0{}^{(t)} - x_0{}^{(0)} &= \int_0 u_0 dt \\ y_0{}^{(t)} - y_0{}^{(0)} &= \int_0 v_0 dt \end{aligned}\right\} \cdots\cdots \text{（12-1）}$$

設船舶的艏搖角速度 r 順時針為正，有：

$$\psi(t) - \psi(0) = \int_0 r dt \cdots\cdots \text{（12-2）}$$

（二）附體座標系及與之相關的速度分量

取附體座標系 oxy 位於滿載水線面內。船舶運動速度 V 在 ox 方向上的分量為 u，稱為前進速度，V 在 oy 方向上的分量為 v，叫做橫漂速度。同一個速度向量 V 在慣性座標系的分量（u_0, v_0）及附體座標系的分量（u, v）有下列明顯的關係：

$$\begin{bmatrix} u_0 \\ v_0 \end{bmatrix} = \begin{bmatrix} \cos\psi & -\sin\psi \\ \sin\psi & \cos\psi \end{bmatrix} \begin{bmatrix} u \\ v \end{bmatrix} \cdots\cdots \text{（12-3）}$$

（三）兩種座標系內運動學變數之間的關係

在慣性座標系內船舶的位置和姿態由 $[x_0(t), y_0(t), \Psi(t)]^T$ 確定，在附體座標系內船舶之運動速度和角速度由 $[u(t), v(t), r(t)]^T$ 表示。

由式（12-1）、式（12-2）和式（12-3）知：

$$\left.\begin{aligned} \psi(t) &= \psi(0) + \int_0 r(t) dt \\ x_0(t) &= x_0(0) + \int_0 [u(t)\cos\psi(t) - v(t)\sin\psi(t)] dt \\ y_0(t) &= y_0(0) + \int_0 [u(t)\sin\psi(t) + v(t)\cos\psi(t)] dt \end{aligned}\right\} \cdots\cdots \text{（12-4）}$$

可見，要確定船舶在任意時刻的位置和姿態，首先應該求出在附體座標系

內 u, v, r 的變化規律，為此需要建立船舶運動的動力學方程式。

二、平面運動中船舶各點上速度之間的關係

（一）剛體運動分解為移動和轉動

從運動控制角度將船舶視為剛體是足夠準確的，因此其運動是由移動（translation）和轉動（rotation）疊加而成；可以取船上任意一點為參考點，船舶一方面整體地隨該參考點平行移動，另一方面繞該參考點同時發生旋轉運動；移動速度即參考點的速度，故與參考點選擇有關，轉動角速度則與參考點無關，即對任意的參考點均為同值，對於船舶平面運動，該轉動角速度即為艏搖角速率 r。

（二）船舶任意點 p 處的合速度

取 o 為參考點（圖 12-3），船上任一點 p 對 o 點向徑為 $P_o = xi + yj$，i, j 為 ox 及 oy 軸上的單位向量。以向量形式表示旋轉角速度，有 $\omega = rk$，k 為沿 oz 軸的單位向量，ω 即為艏搖角速度向量。由理論力學，因剛體轉動而造成的速度為 $V_r = \omega \times P_o$，故 P 點的合速度是：

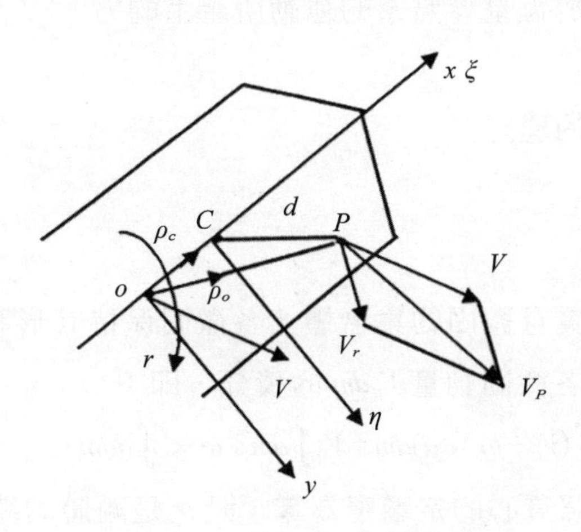

圖 12-3　移動與轉動速度的合成

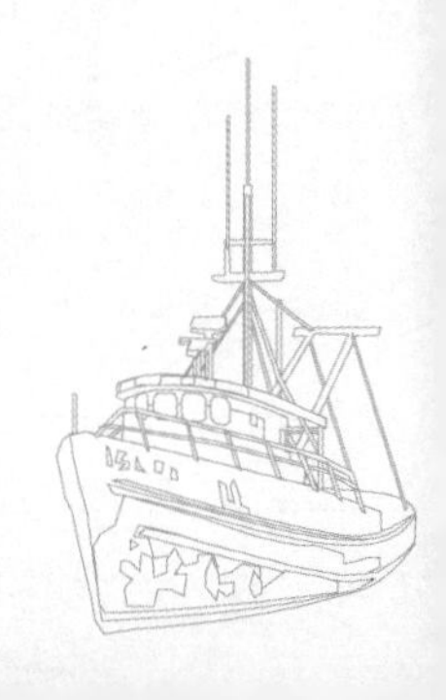

$$V_p = V + V_r = V + \omega \times \rho_0 = (u - yr)i + (v + xr)j \quad (12\text{-}5)$$

注意：單位向量 × 乘所得向量滿足右手法則，如 $k \times i$，右手從 k 的正方向逆時針握向 i 的正方向，大拇指所指方向即 j 的正方向，如果方向與 j 的正方向相反，結果加負號。

考慮船舶質心 C，其對點 o 點之向徑為 $p_c = x_{ci} + y_{cj}$，則 C 點之速度為：

$$Vc = V + \omega \times p_c = (u - y_{cr})i + (v + x_{cr})j = ui + (v + x_{cr})j \quad (12\text{-}6)$$

上式最後一步是由船舶配載對稱於縱軸剖面，$y_c = 0$。如果取質心 C 為參考該以 oxy 座標系過渡到 $C\xi\eta$ 座標系，後者是前者沿 ox 方向平行移功距離 ρ_c 而得。P 對 C 的向徑 $d = \xi i + \eta j$，於是有：

$$Vp = Vc + \omega \times d = (u_c - \eta r)i + (vc + \xi r)j \quad (12\text{-}7)$$

第三節　船舶平面運動的動力學

在推導船舶運動方程時，做下列假設：(1)船舶是一個剛體；(2)大地參照系是慣性參照系；(3)水動力與頻率無關，水的自由表面做剛性壁處理。有了第一個假設就不用考慮每個質量元素之間的相互作用力的影響，而第二個假設則可以消除由於地球相對於恆星參照系的運動所產生的力。

一、平移運動方程式的建立

（一）剛體的動量

剛體被看做無數質量微固的集合體，各微固保持其形狀及彼此之間的距離不變。剛體動量 G 方各微固動量 $V_p dm$ 的積分，即：

$$G = \int V_p dm = \int (V_c + \omega \times d)dm = V_c \int dm + \omega \times \int d dm$$

上式最後一項按照質心的定義應為零，設 m 是剛體的總質量，則：

$$G = mVc \quad (12\text{-}8)$$

（二）剛體動量定理

牛頓運動定律指明，剛體動量的變化率等於其所受外力之和。以 $F=Xi+Yj$ 代表合外力，其中，X 是作用於 ox 方向上的外力，Y 是作用於 oy 方向上的外力，有：

$$dG/dt=F \quad \cdots\cdots (12\text{-}9)$$

利用式（12-6）、式（12-8）和式（12-9），且注意到 $di/dt=rj$，$dj/dt=-ri$（因整個座標系是建立在附體座標系基礎上的，而附體座標系是隨著船舶的移動和轉動而移動和轉動的，故其導數存在。如果在慣性座標系，則其導數為0），參見圖 12-4。

經整理得：

$$\left.\begin{aligned} m(\dot{u}-vr-x_c r^2)=X \\ m(\dot{v}+ur+x_c\dot{r})=Y \end{aligned}\right\} \quad \cdots\cdots (12\text{-}10)$$

式（12-10）即為船舶平移的動力學基本方程式，注意其形狀與熟知的牛頓方程式有所差異，這是由於建立船舶運動數學模型應用的 oxy 是非慣性座標系所致。式（12-10）左端附加項 $-mvr$ 及 mur 是船舶宏觀旋轉中向心慣性力分量；附加項 $-mx_c r^2$ 及 $mx_c\dot{r}$ 分別是由於質心 C 對原點 o 做旋轉運動產生的向心慣性力及切向慣性力（離心慣性力）。

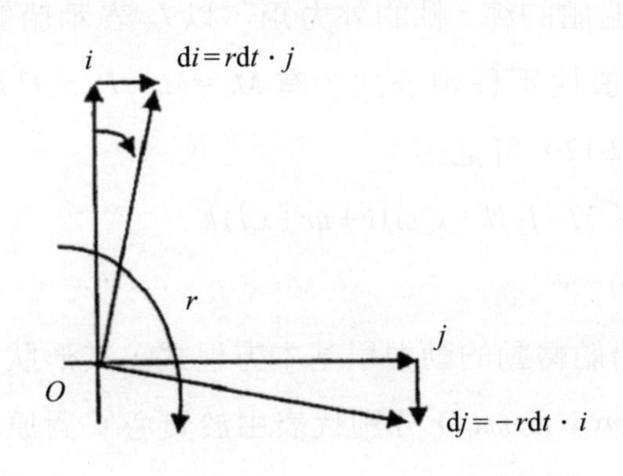

圖 12-4　單位向量微分關係

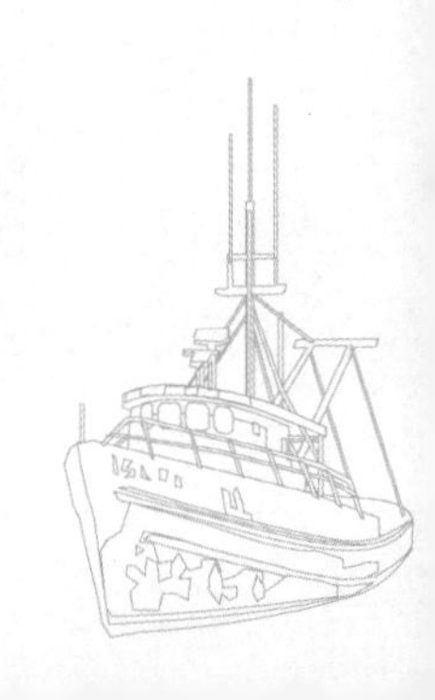

二、旋轉運動方程式的建立

（一）剛體的動量矩

剛體對質心 C 的動量矩 H_c 為各微因對 C 動量矩 $d\times$（$V_p dm$）的積分，即：

$$Hc=\int(d\times Vp)dm=\int(d\times V_c)dm+\int(d\times w\times d)dm=$$

$$\int(\xi i+nj)\times rk\times(\xi i+nj)dm=r\left[\int(\xi^2+\eta^2)\,dm\right]k=I_{\xi\xi}rk \quad \text{(12-11)}$$

其中 $I_{\xi\xi}=\int(\xi^2+\eta^2)dm$ 為船舶對過 C 點的垂直軸（$o\xi$）的慣性矩。

（二）對質心 C 的動量矩定理

同樣由牛頓運動定律，運動者的剛體對質心 C 的動量矩變化率等於其所受外力矩之和，以 $M_c=N_c k$ 表示後者，N_c 為外力矩之代數和，於是：

$$dH_c/dt=M_c$$

$$I_{zz}\dot{r}=N_c \quad \text{(12-12)}$$

（三）對於座標系 oxy 原點 o 的動量矩定理

形式為式（12-12）的動量矩定理只適用於質心 C。現由該式出發對力矩和動量矩進行變換以導出適用於 O 點的動量矩定理表述式。以 $M_o=Nk$ 表示外力矩之和，其中 N 是作用於船舶的總 z 軸的外力矩，以 I_{zz} 表示船舶對 oz 軸的慣性矩，由理論力學的力矩和慣性矩移軸公式，有 $M_o=M_c+P_c\times F$ 及 $I_{zz}=I_{\xi\xi}+mP_c^2$，這樣由式（12-11）和式（12-12）可推出：

$$Nk=I_{\xi\xi}\dot{r}k+x_c i\times Yj=I_{\xi\xi}\dot{r}k+x_c m(\dot{v}+ur+x_c\dot{r})k$$

$$I_{zz}\dot{r}+m x_c(\dot{v}+ur)=N \quad \text{(12-13)}$$

式（12-13）即為船舶轉動的動力學基本方程式，其形狀與式（12-12）的區別在於，左端的附加項 $mx_c\dot{v}$ 及 $mx_c ur$ 分別代表由於質心 C 對原點 o 做旋轉運動所產生的離心慣性矩和向心慣性力矩。

第四節　船舶平面運動的線性化數學模型

綜合式（12-10）和式（12-13），得下列形式的船舶平面運動基本方程式：

$$\left.\begin{aligned} m(\dot{u}-vr-\chi_c r^2)&=X \\ m(\dot{v}+ur+\chi_c\dot{r})&=Y \\ I_{zz}\dot{r}+m\chi_2(\dot{v}+ur)&=N \end{aligned}\right\} \cdots\cdots \quad (12\text{-}14)$$

當附體座標系原點取在質心 C 時，$Xc=0$，可得最簡形式的船舶平面運動基本方程式：

$$\left.\begin{aligned} m(\dot{u}-vr)&=X \\ m(\dot{v}+ur)&=Y \\ I_{zz}\dot{r}&=N \end{aligned}\right\} \cdots\cdots \quad (12\text{-}15)$$

式（12-14）代表著三種力的平衡關係：左端是船體本身的慣性力和力矩，右端是流體對船體運動的反作用力，實際上包含了流體慣性力和力矩及黏性力和力矩。式（12-14）本質是非線性的，其左端顯示地出現 ur、vr 等非線性項，尤其右端的 X、Y、N 將是運動變數和控制變數的多元非線性函數，結構異常複雜。

一、船舶平面運動的非線性模型和線性模型

船舶運動數學模型分線性化數學模型和非線性化數學模型兩大類。研究船舶數學模型通常有兩種目的：一種目的是建立精密程度不同的船舶運動模擬器（又稱船舶運動模擬器），用於通過模擬對船舶操縱性進行研究，對船舶運動閉環控制系統進行研究，對船舶運動控制器性能進行評價。這種模型必須是非線性的，以包含儘可能多的機理細節；另一種模型目的是用於船舶運動控制器設計，這種模型主要是線性的，因為迄今為止，線性反饋控制理論仍是能夠提供各種控制器設計系統性的唯一控制論分支。當引用神經網絡控制或模糊控制時，非線性船舶運動數學模型可以提供訓練和學習的數據。

（一）船舶平面運動非線性數學模型

為應用方程式（12-14）求解船舶平面運動的基本變數 u、v、r，必須具體討論流體動力 X、Y 和力矩 N 的結構形式。研究中把船體、螺旋槳和舵視為一個整體，此時 X、Y、N 將是移動速度（u,v）、轉動角速度（r）、它們的時間導數（$\dot{u},\dot{v},\dot{r}$）、舵角（δ）以及螺旋槳轉速（n）的非線性函數。

$$\left.\begin{aligned}X&=X(u,v,r,\dot{u},\dot{v},\dot{r},\delta,n)\\Y&=Y(u,v,r,\dot{u},\dot{v},\dot{r},\delta,n)\\N&=N(u,v,r,\dot{u},\dot{v},\dot{r},\delta,n)\end{aligned}\right\} \qquad (12\text{-}16)$$

完全以理論上確定式（12-16）的函數關係極為困難，迫使研究者不得不轉向半理論半經驗的方法或多元數據回歸方法。Abkowitz 提出一種小擾動和 Taylor 展開研究 X, Y, N 的表示式的方法，其主要思路是，考慮船舶等速直線運動此種平衡狀態：$u=u_0=V$，$v=r=0$，$\delta=0$，$\dot{u}=\dot{v}=\dot{r}=0$，此時在式（12-16）中的自變數 n 將不出現；從該點出發，研究偏離平衡狀態不遠的運動：$u=u_0+\Delta u,\ v=\Delta v,\ r=\Delta r,\ \dot{u}=\Delta\dot{u},\ \dot{v}=\Delta\dot{v},\ \dot{r}=\Delta\dot{r},\ \delta=\Delta\delta,\ \Delta u,\ \Delta v,\ \cdots,\ \Delta\delta$ 是小量；將 X, Y, N 在平衡點附近展開成 Taylor級數時，在展開式中將僅出現 $\dot{u}$、$\dot{v}$ 和 $\dot{r}$ 的一次項，因為流體對船舶的慣性反作用力只取決於平移加速度 $\dot{u}$、$\dot{v}$ 以及轉動角加速度本身，而與它們的各階導數無關；至於和 Δu、v、r 有關的黏性力各項及與有關的舵力各項，則取至3階為止，更高階的項全部略去。將式（12-16）的展開式代回式（12-14）進行移項整理，可得到 Abkowitz 非線性船舶運動方程式。

Norrbin 發展一種非線性船舶運動數學模型，該模型有兩個特點，一、是適用於運動變數（u,v,r）的整個變化範圍；二、是它不像Abkowitz模型那樣，完全按數學方式處理流體動力，以至其Taylor展開式的某些項缺乏物理意義，而是在更深的層次上依賴於流體動力學的基本原理，構成一種半理論半經驗的模型格局。

以上所述的 Abkowitz 和 Norrbin 船舶運動非線性數學模型屬於「整體式」模型，本節將做較詳細的介紹。與此相對應，日本船舶操縱數學模型小組（Manoeuvring Mathematic Model Group; MMG）提出了一種分離式船舶運動數學模型，後者是在單獨考慮船體、螺旋槳、舵的流體動力學特性的基礎上研究在它們構成一個推進和操縱系統時，各部分之間的相互干擾。這種分離式模型的優勢是具有完整的理論支持，易於進行實驗研究從而獲得較為通用的數據回歸結果，對於希望建立自己的複雜程度不同的船舶操縱模擬器的各類研究人員均有裨益，有關MMG模型的結構和細節，將在第九節中予以敘述。

（二）船舶平面運動線性數學模式

沿用 Abkowitz 的研究方案，在把流體動力 X, Y, N 展開成 Taylor 級數時只保留一階小量，同時在船舶運動基本方程式左端也進行線性化處理，從而得到下列的平面運動線性數學模型：

$$m\Delta\dot{u}=X_u\Delta u+X_{\dot{u}}\Delta\dot{u}$$

$$m\dot{v}+mu_0r+mx_c\dot{r}=Y_vv+Y_rr+Y_{\dot{v}}\dot{v}+Y_{\dot{r}}\dot{r}+Y_\delta\delta$$

$$I_{ZZ}\dot{r}+mx_c\dot{v}+mx_cu_0r=N_vv+N_{\dot{v}}\dot{v}+N_{\dot{r}}\dot{r}+N_\delta\delta$$

以矩陣形式表示之，則為：

$$\begin{bmatrix}(m-X_{\dot{u}}) & 0 & 0\\ 0 & (m-Y_{\dot{v}}) & (mx_C-Y_{\dot{r}})\\ 0 & (mx_C-N_{\dot{v}}) & (I_{ZZ}-N_{\dot{r}})\end{bmatrix}\begin{bmatrix}\Delta\dot{u}\\ \dot{v}\\ \dot{r}\end{bmatrix}=\begin{bmatrix}X_u & 0 & 0\\ 0 & Y_v & (Y_r-mu_0)\\ 0 & N_v & (N_r-mx_Cu_0)\end{bmatrix}\begin{bmatrix}\Delta u\\ v\\ r\end{bmatrix}+\begin{bmatrix}0\\ Y_\delta\\ N_\delta\end{bmatrix}\delta \quad (12\text{-}17)$$

式（12-17）對研究平面運動穩定性有用。

（三）前進運動與橫漂、轉艏運動的解耦

式（12-17）表明，在線性化前提下，前進運動與其他兩個自由度上的運動互相獨立，從航速控制的角度，該自由度的運動可以單獨考慮；橫漂及轉艏運動之間存在著強耦合，這兩個自由度上的運動與船舶航向、航跡控制密切相關，是本章研究的重點，故而將式（12-17）重新寫為：

$$(m-X_{\dot{u}})\,\dot{u}=X_u\Delta u \quad (12\text{-}18)$$

$$\begin{bmatrix}(m-Y_{\dot{v}}) & (mx_C-Y_{\dot{r}})\\ (mx_C-N_{\dot{v}}) & (I_{ZZ}-N_{\dot{r}})\end{bmatrix}\begin{bmatrix}\dot{v}\\ \dot{r}\end{bmatrix}=\begin{bmatrix}Y_v & (Y_r-mu_0)\\ N_v & (N_r-mx_Cu_0)\end{bmatrix}\begin{bmatrix}v\\ r\end{bmatrix}+\begin{bmatrix}Y_\delta\\ N_\delta\end{bmatrix}\delta \quad (12\text{-}19)$$

（四）流體動力導數的無因次化

船舶線性化數學模型的進一步推演主要涉及 10 個流體動力導 Y_v，Y_r，N_r，$Y_{\dot{v}}$，$Y_{\dot{r}}$，$N_{\dot{v}}$，$N_{\dot{r}}$，Y_δ，N_δ，前4個稱為「速度導數」，第5～第8個稱為「加速度導數」，最後兩個稱為「舵力和舵力矩導數」。由於船舶（包括槳、舵）幾何形狀的複雜性，應用理論流體動力學方法計算這些流體動力導數是不可能的，因此它們的確定必須依賴於船模試驗。為了數據處理的科學性以及使用的方便性，根據相似原理和因次分析方法，應該採用無因次的流體動力導數。為此選擇一些基本的度量單位：長度 L_0-L（船長），速度 V_0-V（船速），時間 t_0-L/V，質量 m_0-（1/2）ρL^3，力 F_0-（1/2）ρV^2L^2，力矩 M_0-（1/2）ρV^2L^3，其中 ρ 為水密度。這樣將得到各量的無因次值：

質量：$m'=m\Big/\left(\frac{1}{2}\rho L^3\right)$　長度：$x'_C=x_C/L$

速度：$v'=v/V$　轉艏角速度：$r'=rL/V$

力：$F'=F\Big/\left(\frac{1}{2}\rho V^2L^2\right)$　力矩：$N'=N\Big/\left(\frac{1}{2}\rho L^3V^2\right)$

慣性矩：$I'_{ZZ}=I_{ZZ}\Big/\left(\frac{1}{2}\rho L^5\right)$　$I_{ZZ}=\frac{mL^2}{16}$

以此為基礎，將得到無因次速度導數：

$Y'_v=\partial Y'/\partial v'=\frac{\partial(Y/F_0)}{\partial(v/V_0)}=\frac{V_0}{F_0}Y_v=\frac{2}{\rho VL^2}Y_v$，$N'_r=\partial N'/\partial r'=[2/[\rho VL^4]]$，⋯以此類推。以上介紹的無因次化流體動力導數稱為「一撇」系統（prime system），由美國造船與輪機工程師協會（SNAME）於1950年提出；此後Norrbin又提出了「兩撇」（bis system），其獨到之處是採用與上述不同的基本度量單位，如：長度－L，速度－$\sqrt{gL}$，時間－$\sqrt{L/g}$，質量－$\rho\nabla$，∇為排水體積，力－$\rho g\nabla$，力矩－$\rho g\nabla L$。由此得出的無因次流體動力導數以Y''_v，N''_r，⋯表示。

（五）線性流體動力導數的估算公式

Clarke 整理大量船模試驗數據，給出關於 10 個線性流體動力導數的回歸公式，匯集如下：

$$Y'_{\dot{v}}=-[1+0.16C_bB/T-5.1(B/L)^2]\cdot\pi(T/L)^2$$

$$Y'_{\dot{r}}=-[0.67B/L-0.0033(B/T)^2]\cdot\pi(T/L)^2$$

$$N'_{\dot{v}}=-[1.1B/L-0.041B/T]\cdot\pi(T/L)^2$$

$$N'_{\dot{r}}=-[1/12+0.017C_bB/T-0.33B/L]\cdot\pi(T/L)^2$$

$$Y'_v=-[1+0.40C_bB/T]\cdot\pi(T/L)^2\cdots\cdots\cdots\cdots（12\text{-}20）$$

$$Y'_r=-[-1/2+2.2B/L-0.080B/T]\cdot\pi(T/L)^2$$

$$N'_v=-[1/2+2.4T/L]\cdot\pi(T/L)^2$$

$$N'_r=-[1/4+0.039B/T-0.56B/L]\cdot\pi(T/L)^2$$

$$Y'_\delta=3.0A_\delta/L^2$$

$$N'_\delta=-(1/2)Y'_\delta$$

上式中B、T、C_b、A_δ分別指船寬、吃水、方形係數、舵葉面積。上式中的

Y'_v、Y'_r、N'_v、N'_r 是船體本身的流動力導數，在實際應用時應考慮舵對船體流動力的干擾，尚需對這些流體動力導數做一定的修正，需修改的增量按下式確定：

$$\Delta Y'_v = -\gamma Y'_\delta$$
$$\Delta Y'_r = -\frac{1}{2}\Delta Y'_v$$
$$\Delta N'_v = -\frac{1}{2}\Delta Y'_v \quad (12\text{-}21)$$
$$\Delta N'_r = -\frac{1}{4}\Delta Y'_v$$
$$\gamma = 0.30$$

二、狀態空間型船舶平面運動數學模型

狀態空間型的船舶運動數學模型是船舶運動控制器設計的基礎，它可以有多層次模型化方案，不同維數的模型用於不同的設計目的和精確要求。

（一）二自由度狀態空間型船舶線性數學模型

在式（12-19）的第一行兩端除以$\frac{1}{2}\rho L^3$，第二行除以$\frac{1}{2}\rho L^4$，並轉化成無因次流體動力導數，則有：

$$\begin{bmatrix} m' - Y'_{\dot v} & L(m'x'_C - Y'_{\dot r}) \\ m'x'_C - N'_{\dot v} & L(I'_{ZZ} - N'_{\dot r}) \end{bmatrix}\begin{bmatrix} \dot v \\ \dot r \end{bmatrix}\begin{bmatrix} \frac{V}{L}Y'_v & V(Y'_r - m') \\ \frac{V}{L}N'_v & V(N'_r - m'x'_C) \end{bmatrix}\begin{bmatrix} v \\ r \end{bmatrix} + \begin{bmatrix} \frac{V^2}{L}Y'_\delta \\ \frac{V^2}{L}N'_\delta \end{bmatrix}\delta$$

$$\quad (12\text{-}22)$$

上式可簡計為：

$$I'_{(2)}\dot X_{(2)} = P'_{(2)}X_{(2)} + Q'_{(2)}U \quad (12\text{-}23)$$

其中：

$$I'_{(2)} = \begin{bmatrix} m' - Y'_{\dot v} & L(m'x'_C - Y'_{\dot r}) \\ m'x'_C - N'_{\dot v} & L(I'_{ZZ} - N'_{\dot r}) \end{bmatrix}$$

$$P'_{(2)} = \begin{bmatrix} \frac{V}{L}Y'_v & V(Y'_r - m') \\ \frac{V}{L}N'_v & V(N'_r - m'x'_C) \end{bmatrix}$$

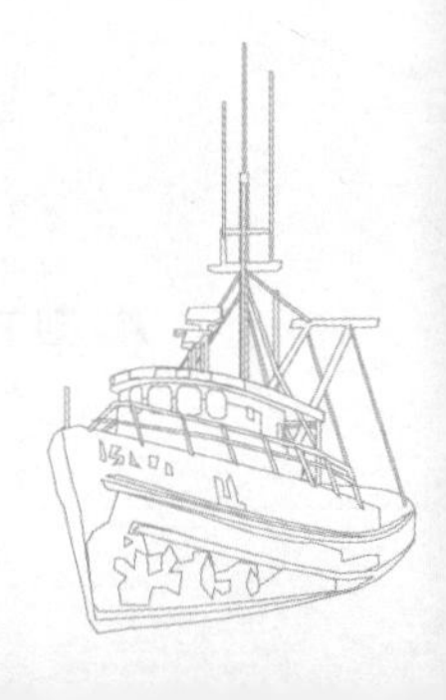

$$Q'_{(2)}=\begin{bmatrix}\frac{V^2}{L}Y'_\delta\\ \frac{V^2}{L}N'_\delta\end{bmatrix}$$

分別是慣性力導數矩陣、黏性力導數矩陣及舵力導數矩陣，$\dot{X}_{(2)}=[vr]^T$ 是狀態向量，$U=\delta$ 是控制輸入。將式（12-23）化為標準的狀態空間形式，得：

$$\dot{X}_{(2)}=A_{(2)}X_{(2)}+B_{(2)}\delta \quad \cdots\cdots (12\text{-}24)$$

其中：

$$A_{(2)}=(I'_{(2)})^{-1}P_{(2)}=\begin{bmatrix}a_{11} & a_{12}\\ a_{21} & a_{22}\end{bmatrix}$$

$$B_{(2)}=(I_{(2)})^{-1}Q_{(2)}=\begin{bmatrix}b_{11}\\ b_{21}\end{bmatrix}$$

並且：

$$\left.\begin{aligned}
a_{11}&=[(I'_{ZZ}-N'_{\dot r})Y'_v-(m'x'_C-Y'_{\dot r})N'_v]V/S_1\\
a_{12}&=[(I'_{ZZ}-N'_{\dot r})(Y'_r-m')-(m'x'_C-Y'_{\dot r})(N'_r-m'x'_C)]LV/S_1\\
a_{21}&=[-(m'x'_C-N'_{\dot r})Y'_v+(m'-Y'_{\dot r})N'_v]V/L/S_1\\
a_{22}&=[-(m'x'_C-N'_{\dot v})(Y'_r-m')+(m'-Y'_{\dot v})(m'-Y'_{\dot v})(N'_r-m'x_C)]V/S_1\\
b_{11}&=[(I'_{ZZ}-N'_{\dot r})Y'_\delta-(m'x'_C-Y'_{\dot r})N'_\delta]V^2/S_1\\
b_{21}&=[-(m'x'_C-N'_{\dot v})Y'_\delta+(m'-Y'_{\dot v})N'_\delta]V^2/L/S_1\\
S_1&=[(I'_{ZZ}-N'_{\dot r})(m'-Y'_{\dot r})-(m'x'_C-N'_{\dot r})(m'x'_C-Y'_{\dot r})]L
\end{aligned}\right\} \cdots (12\text{-}25)$$

（二）三自由度狀態空間型船舶線性數學模型

在式（12-24）的基礎上，增加一個便於研究問題的狀態變量 $\Delta\psi$（航向偏差），且 $\Delta\psi=\psi-\psi_r$，ψ_r 為設定航向，使狀態向量成為 $X_{(3)}=[vr\Delta\psi]^T$。因 $\Delta\dot{\psi}=r$，可得：

$$\dot{X}_{(3)}=A_{(3)}X_{(3)}+B_{(3)}\delta \quad \cdots\cdots (12\text{-}26)$$

$$A_{(3)}=\begin{bmatrix}A_{(2)} & & 0\\ & & 0\\ 0 & 1 & 0\end{bmatrix} B_{(3)}=\begin{bmatrix}B_{(2)}\\ 0\end{bmatrix}$$

其中：

3 階模型是最基本的，由此可演化成其他更高階的模型形式，直接利用 3 階模型可進行線性二次型（Linear Quadratic, LQ）最優控制器設計。

（三）四自由度狀態空間型船舶線性數學模型

在式（12-26）基礎上再疊加以舵機伺服系統的模型，後者一般被視為一個1階慣性環節，其時間常數為 T_r，則有：

$$\dot{\delta}=-\frac{1}{T_r}\delta+\frac{1}{T_r}\delta_r \quad (12\text{-}27)$$

其中：δ_r 為命令舵角，則狀態變量成為 $X_{(4)}=[vr\Delta\psi\delta]^T$，可得到：

$$\dot{X}_{(4)}=A_{(4)}X_{(4)}+B_{(4)}\delta_r \quad (12\text{-}28)$$

其中：

$$A_{(4)}=\begin{bmatrix} A_{(3)} & & & B_{(3)} \\ 0 & 0 & 0 & -\frac{1}{T_r} \end{bmatrix} B_{(4)}=\begin{bmatrix} 0 & 0 & 0 & \Big| \frac{1}{T_r} \end{bmatrix}^T$$

（四）考慮隨機干擾時的線性船舶數學模型

考慮海上環境干擾對船舶的影響，並把這種干擾簡化為一種白噪音 $w_{(2)}=[w_1 \quad w_2]^T$，則船舶運動數學模型將從確定性系統變為隨機系統，如此則有：

$$\left.\begin{aligned} \dot{X}_{(2)}&=A_{(2)}X_{(2)}+B_{(2)}\delta+w_{(2)} \\ w_{(2)}&=[w_1 \quad w_2]^T \end{aligned}\right\} \quad (12\text{-}29)$$

$$\left.\begin{aligned} \dot{X}_{(3)}&=A_{(3)}X_{(3)}+B_{(3)}\delta+w_{(2)} \\ w_{(3)}&=[w_1 \quad w_2 \quad w_3]^T \end{aligned}\right\} \quad (12\text{-}30)$$

$$\left.\begin{aligned} \dot{X}_{(4)}&=A_{(4)}X_{(4)}+B_{(4)}\delta_r+w_{(4)} \\ w_{(4)}&=[w_1 \quad w_2 \quad w_3 \quad w_4]^T \end{aligned}\right\} \quad (12\text{-}31)$$

其中白噪音 w_3 代表航向角 ψ 受到的高頻噪音，w_4 代表海浪對船驅動伺服系統的干擾作用。

三、傳遞函數型的船舶運動數學模型

傳遞函數型數學模型在經典控制論以致智能控制範疇內用於分析船舶運動的動態行為，並且可作為設計航向、航跡控制器的基礎。

（一）3階傳遞函數模型

對於船舶航向控制來說，採用3個自由度的狀態空間數學模型式（12-25），加上輸出方程式：

$$\psi_m = CX_{(3)} \quad (12\text{-}32)$$

其中 ψ_m 為量測航向，$C=[0 \quad 0 \quad 1]$，將此狀態空間模型轉換成傳遞函數形式為：

$$G_{\psi\delta}(s) = C[sI-A]^{-1}B = \frac{K_0(T_3 s+1)}{s(T_1 s+1)(T_2 s+1)} \quad (12\text{-}33)$$

這是一個3階系統，具有兩個非零級點和一個零點，且有：

$$\frac{1}{T_1 T_2} = a_{11}a_{22} - a_{12}a_{21}$$

$$\frac{T_1+T_2}{T_1 T_2} = -(a_{11}+a_{22})$$

$$\frac{1}{T_3} = \frac{1}{b_{21}}(b_{11}a_{21} - b_{21}a_{11})$$

$$\frac{K_0 T_3}{T_1 T_2} = b_{21}$$

由此不難解得3個時間常數以及一個系統增益係數 K_0。

（二）2階傳遞函數模型（Nomoto模型）

野本（Nomoto）對3階船舶模型式（12-33）做了一項出色的簡化工作，使之降為2階。論證的出發點在於，對於船舶這種大慣性的運載工具來說，其動態特性只在低階段是最重要的，故在式（12-33）中令 $s=jw\to 0$，且利用一個熟知的近似關係：當 $x\to 0$ 時有 $(1-x)\approx 1/(1+x)$，並忽略2階和3階小量，由此導出著名的Nomoto模型。

$$G_{\psi\delta}(s) = \frac{K_0}{s(T_0 s+1)} \quad (12\text{-}34)$$

其中增益 K_0 與3階模型相同，時間常數 $T_0 = T_1 + T_2 - T_3$，或直接由下式求出：

$$K_0 = \frac{b_{11}a_{21} - b_{21}a_{11}}{a_{11}a_{22} - a_{12}a_{21}} \quad T_0 = -\frac{a_{11}+a_{22}}{a_{11}+a_{22}-a_{12}a_{21}} - \frac{b_{21}}{b_{11}a_{21} - b_{21}a_{11}}$$

式（12-34）廣泛應用於船舶自動的控制器設計中。用Nomoto模型進行船舶運動控制器設計有兩個好處；一是在低頻範圍，其頻譜與高階模型的頻譜非常相近；二是設計出的控制器階次低，易於實現。

求解本節所述船舶運動數學模型需要已知8個船舶參數，即航速V，垂柱間長L，船寬B，滿載吃水，方形係數 C_b，排水量 ∇，重心距中心距離 x_C，舵葉面積 A_δ。

首先將這8個已知參數帶入式（12-20），求出10個流體動力導數，並用式

（12-21）修正，然後代入式（12-25），即可求出各種自由度的數學模型。

第五節　船舶平面運動之一種簡潔非線性數學模型

一、用於船舶運動閉環控制系統模擬的六自由度非線性模型

各種線性船舶數學模型只用於在不同情況下進行控制器設計，當用於船舶閉環控制系統模擬研究時，必須以非線性模型表述被控過程的動態特性，並且還需考慮風、浪、流造成的環境干擾。從式（12-23）出發，在其右端加上非線性流體動力項 F_{NON}、風力項 F_{WIND}、浪力項 F_{WAVE}，則無因次的二自由度非線性船舶運動數學模型將呈下列形式：

$$I'_{(2)}\dot{X}_{(2)}=P'_{(2)}X_{(2)}+Q'_{(2)}U+F'_{NON}+F'_{WIND}+F'_{WAVE} \quad (12\text{-}35)$$

其中：

$$F_{NON}=\begin{bmatrix} Y_{NON}/\frac{1}{2}\rho L^3 \\ N_{NON}/\frac{1}{2}\rho L^4 \end{bmatrix}$$

$$F_{WIND}=\begin{bmatrix} Y_{WIND}/\frac{1}{2}\rho L^3 \\ N_{WIND}/\frac{1}{2}\rho L^4 \end{bmatrix}$$

$$F_{WAVE}=\begin{bmatrix} Y_{WAVE}/\frac{1}{2}\rho L^3 \\ N_{WAVE}/\frac{1}{2}\rho L^3 \end{bmatrix}$$

Y_{NON}、Y_{WIND}、Y_{WAVE} 及 N_{NON}、N_{WIND}、N_{WAVE} 分別是非線性力、風力、浪力在方向的合力及繞 z 軸方向的合力矩。

由式（12-35）和式（12-27）不難看出在 $X_{(4)}=[vr\Delta\psi\delta]^T$ 的4個自由度上有非線性狀態方程式。

$$\dot{X}_{(4)}=A_{(4)}X_{(4)}+B_{(4)}\delta_r+\begin{bmatrix} (I'_{(2)})^{-1}[F'_{NON}+F'_{WIND}+F'_{WAVE}] \\ 0 \\ 0 \end{bmatrix} \quad (12\text{-}36)$$

考慮到船舶位置 $[X_0,Y_0]^T$ 的兩各自由度上的運動學關係：

$$\left.\begin{array}{l}\dot{x}_0 = u\cos\psi - v\sin\psi \\ \dot{y}_0 = u\sin\psi + v\cos\psi\end{array}\right\} \quad (12\text{-}37)$$

則式（12-36）與式（12-37）構成了六自由度的船舶運動非線性數學模型的基本框架，狀態變數變為：

$$X_{(6)} = [vr\Delta\psi\delta x_0 y_0]^T$$

各研究者關於式（12-36）中非線性流體動力 F'_{NON} 的取法不同是區別到目前為止形形色色的非線性船舶運動數學模型的主要標誌。

二、Norrbin 關於非線性力的簡化表示式

Norrbin 在研究船舶參數辨別問題時，提出了一種關於非線性流體動力的簡潔表示式，如下所示：

$$F'_{NON} = \begin{bmatrix} Y'_{NON} \\ N'_{NON} \end{bmatrix} = \begin{bmatrix} Cf_Y(v,r) \\ Cf_N(v,r) \end{bmatrix} \quad (12\text{-}38)$$

其中：

$$f_Y(v,r) = \begin{cases} T\cdot r|r|\left[-\frac{1}{12} - \frac{1}{L^2}\left(\frac{v}{r}\right)^2\right] & -\infty < -\frac{1}{L}\frac{v}{r} \le \frac{1}{2} \\ T\cdot r|r|\left[-\frac{1}{2}\frac{1}{L}\frac{v}{r} - \frac{2}{3}\frac{1}{L^3}\left(\frac{v}{r}\right)^3\right] & -\frac{1}{2} \le -\frac{1}{L}\frac{v}{r} \le \frac{1}{2} \\ T\cdot r|r|\left[\frac{1}{12} + \frac{1}{L^2}\left(\frac{v}{r}\right)^2\right] & \frac{1}{2} < -\frac{1}{L}\frac{v}{r} < \infty \end{cases} \quad (12\text{-}39)$$

$$f_N(v,r) = \begin{cases} T\cdot r|r|\left[-\frac{1}{6}\frac{1}{L}\left(\frac{v}{r}\right)\right] & -\infty < -\frac{1}{L}\frac{v}{r} < -\frac{1}{2} \\ T\cdot r|r|\left[-\frac{1}{32} - \frac{1}{4}\frac{1}{L^2}\left(\frac{v}{r}\right)^2 + \frac{1}{6}\frac{1}{L^4}\left(\frac{v}{r}\right)^4\right] & -\frac{1}{2} \le -\frac{1}{L}\frac{v}{r} \le \frac{1}{2} \\ T\cdot r|r|\left[\frac{1}{6}\frac{1}{L}\left(\frac{v}{r}\right)\right] & \frac{1}{2} < -\frac{1}{L}\frac{v}{r} < \infty \end{cases} \quad (12\text{-}40)$$

式（12-38）中的比例係數 C 為無因次橫流係數，其值通常在0.3～0.8範圍內。Norrbin 關於 F'_{NON} 的橫流模型式（12-39）、式（12-40）的優越之處在於其表示式在各類非線性模型中最為簡單，它的導出具有比較明確的理想基礎，並且公式中除了船舶吃水和船長之外，不需任何關於船體結構的數據，應用甚為方便。據學者張顯庫的經驗，由式（12-36）～式（12-40）組成簡化的非線性船舶運動數

學模型用於在自動舵控制下的閉環系統的模擬研究，結果是可信的。唯對於式（12-39）和式（12-40）中同時出現 $v=0$ 和 $r=0$ 的情況應做處理。

三、風力干擾

在式（12-36）中，風力 Y'_{WIND}、N'_{WIND} 分成平均風力 $\overline{Y}'_{WIND}$、$\overline{N}'_{WIND}$ 及脈動風力 $\tilde{Y}'_{WIND}$、$\tilde{N}'_{WIND}$。平均風力計算見圖 12-5。

平均風力的表示式如下：

$$\left.\begin{aligned}\overline{Y}'_{WIND}&=C_Y(\gamma_R)\frac{1}{2}\rho_A V_R{}^2 A_L/\frac{1}{2}\rho L^3\\ \overline{N}'_{WIND}&=C_N(\gamma_R)\frac{1}{2}\rho_A V_R{}^2 A_L/\frac{1}{2}\rho L^4\end{aligned}\right\}\cdots\cdots\cdots\cdots(12\text{-}41)$$

式（12-41）中，$C_r(\gamma_R)$、$C_N(\gamma_R)$ 為無因次的風力和風力矩係數；A_L 為船舶水線以上側投影面積，ρ_A 為空氣密度；V_R 為相對風速，γ_R 為相對風速與艏向間的夾角，稱為風舷角，由絕對風速 V_T、絕對風向 α_{WIND} 以及航速按下式計算：

$$\left.\begin{aligned}u_R&=-V_T\cos(\alpha_{WIND}-\psi)-u\\ v_R&=-V_T\sin(\alpha_{WIND}-\psi)-v\\ V_R{}^2&=u_R{}^2+v_R{}^2\end{aligned}\right\}\cdots\cdots\cdots\cdots(12\text{-}42)$$

$$\gamma_R=\arctan\frac{v_R}{u_R}+\nu$$

$$\nu=\begin{cases}\pi & u_R>0, v_R<0\\ -\pi & u_R>0, v_R>0\\ 0 & \text{其他}\end{cases}$$

上式中 α_{WIND}，ψ 變動範圍為 0°～±180°，相對風從右舷來時 $\gamma_R>0$。

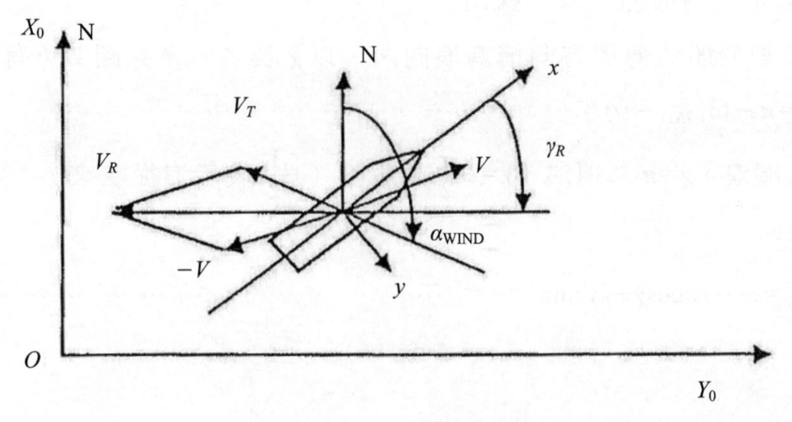

圖 12-5　平均風力計算

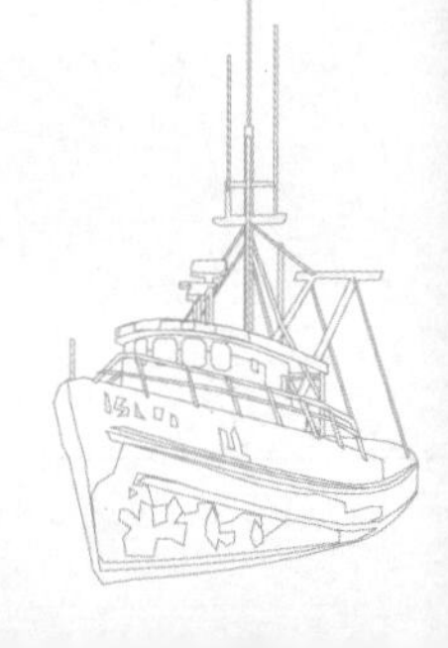

脈動風力 $\tilde{Y}'_{WIND}$、$\tilde{N}'_{WIND}$ 是由大氣的湍流所造成的，它們被以為是某種白噪音的實現，該白噪音的標準差 ρ_Y, σ_N 與絕對風速 V_T 的平方成正比。

$$\rho_Y = 0.2\rho_A V_T{}^2 |C_Y(\gamma_R)| L^2$$

$$\rho_Y = 0.2\rho_A V_T{}^2 |C_Y(\gamma_R)| L^3 \quad \text{(12-43)}$$

四、浪力干擾

浪力 Y'_{WAVE}、N'_{WAVE} 分為兩個組成部分：高頻的一次力，它是與波浪宏觀震盪運動同步的週期力，幅值可較船舶的推進力或因運動而產生的流體動力高一個數量級，但由於大慣性船本體的濾波作用，一次力產生的振盪運動（艏搖、橫盪等）被限制在允許範圍內；低頻的二次力，數量級較小，數值變動緩慢，產生船位的漂移。

（一）一次力的計算

把波浪看成規則波，這種波浪只有一個低頻、一個週期和一個波高；而把船舶看成一個簡單的六面體；在小擾動假設下壓力由波形抬高按Bernoulli公式求出，浪力是在船體水下表面上把壓力積分而得，並表成封閉的解析形式。更準確地可採用不規則波的概念，把不同風力下的波譜分解成一系列波譜段（例如10 段），每一段波譜對應著一定的頻率和波高，這樣不規則波就由一系列規則波疊加而成；船體也被分解成一系列六面體分段（例如 20 段）；分別計算各種波浪分量在每一分段上的力，最後按頻率和船長進行二維求和可得到總體的浪力，但計算量大為增加，未予採用。

規則波對於船的傳播方向稱為浪向角，以 χ 表之，參見圖 12-6 有：

$$\chi = \pi - (\alpha_{WIND} - \psi) \quad \text{(12-44)}$$

$\chi=0$ 為順浪，$\chi=\pi$ 為頂浪，$\chi=\pm\frac{\pi}{2}$ 為橫浪（$+\frac{1}{2}$ 表示浪從舷來）；船對波浪的遭遇頻率是：

$$\omega_e = \omega - ku\cos\chi + kv\sin\psi \quad \text{(12-45)}$$

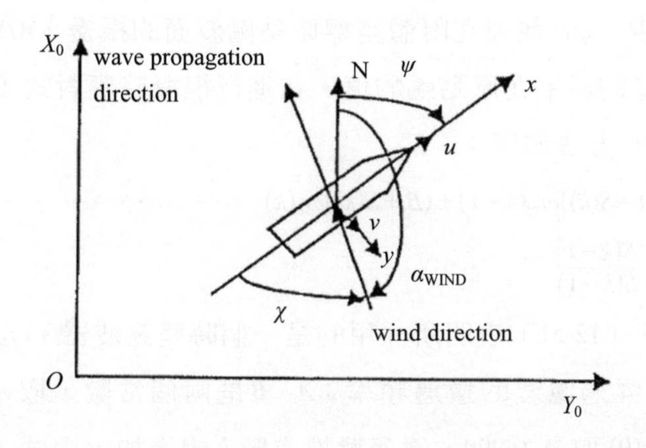

圖 12-6　浪向角χ

式（12-45）中，ω 為規則波本身的圓頻率，k 為波數，則：

$$k=\frac{4\pi^2}{gT_\omega{}^2}=\frac{\omega^2}{g}=\frac{2\pi}{L_\omega} \qquad (12\text{-}46)$$

式中：L_ω 為波長，T_ω 為波浪週期，與風速有關，其具體的依存關係是考察的海域而有所不同。Kallstrom根據海上規測數據進行最小二乘回歸，得到 T_ω（V_T）和波高 h_ω（V_T）公式如下：

$$\left.\begin{aligned} T_\omega(V_T)&=-0.0014V_T^3+0.042V_T^2+5.6 \\ h_\omega(V_T)&=0.015V_t^2+1.5 \end{aligned}\right\} \qquad (12\text{-}47)$$

注意式（12-47）只適用於 $V_T \leq 20$m/s的情況。對於 $V_T>20$m/s的情況應謹慎進行外推處理；並且在 $V_T=0$ 時仍給出1.5m的波高和5.6s的波浪週期，這對大西洋上的情況可能是合適的，但用於中國近海海域，可能稍有誤差。Kallstrom 還對Zuidweg的工作略加修改，給出浪力表示式如下：

$$\begin{aligned} Y_{WAVE}&=-2aL\frac{\sin b \cdot \sin c}{b}s(t) \\ N_{WAVE}&=ak\left(B^2\sin b\frac{c \cdot \cos c-\sin}{c^2}-L^2\sin c\frac{b \cdot \cos b-\sin b}{b^2}\right)\xi(t) \end{aligned} \qquad (12\text{-}48)$$

其中：

$$\left.\begin{aligned} a&=\rho g(1-e^{-KT})/k^2 \\ b&=kL/2 \cdot \cos\chi \\ c&=kB/2 \cdot \sin\chi \\ s(t)&=\left(\frac{kh_\omega}{2}\right)\sin(\omega_e t) \\ \xi(t)&=\left(\frac{h_w}{2}\right)\cos(\omega_e t) \end{aligned}\right\} \qquad (12\text{-}49)$$

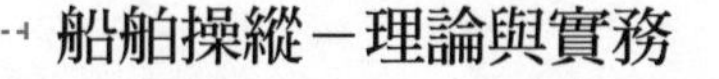

式（12-48）中，$\xi(t)$ 代表在附體座標原點處波面的振盪，$s(t)$ 則表明沿波浪傳播方向上的波面 ξ 的斜率在原點處的值。在進行模擬時應對式（12-49）的進行適當的濾波，濾波的方法如下：

$$\omega_{ef}(k)=(A-S(k))\omega_{ef}(k-1)+(B+S(k))\omega_e(k) \quad \text{（12-50）}$$

$$S(k)=\frac{A\cdot S(k-1)}{A+S(k-1)} \quad \text{（12-51）}$$

式（12-50）、（12-51）表明所採用的是一個時變濾波器。ω_{ef} 為經過濾波的遭遇頻率；ω_e 為未經過濾波的遭遇頻率；A、B 是兩個常數，取 $A=0.999$，$B=0.001$（即 $A+B=1$）；$s(0)$ 取為 0.999，隨著遞推次數 k 的增加，由式（12-51）知 $S(k)$ 下降，當 $k\rightarrow\infty$ 時 $S(k)\rightarrow 0$，此時式（12-50）適於一個定常濾波器。

$$\omega_{ef}(k)=0.999\omega_{ef}(k-1)+0.001\omega_e(k) \quad \text{（12-52）}$$

濾波的結果是：在持續的採樣週期 ω_{ef} 也持續變化。

（二）二次力的計算

目前尚無簡捷而可靠的方法。海浪干擾的另一種簡單模式方法是用白噪音驅動一各典型的2階振盪環境（相當於2階低通濾波器）。其中白噪音的帶寬為 0.5 Hz，2 階濾波器去有低阻尼比，參數為 0.05，自然頻率：

$$\omega_n=\omega_0-\omega_0^2 U\cos\gamma/g$$

其中 ω_0 為海浪頻譜的風值頻率，U 為船速，γ 為航向與海浪方向之間的異角，g 為重力加速度。例如，如果模式的海況為 5 級風，中浪，參數可取 ω_0 為 0.15 rad/s，船速為 7 m/s（約 14Kn），γ 為 60°。

五、流干擾

模擬時通常假定流是恆定並且均勻的，它只改變船舶運動位置和速度，而不改變船舶的航向，有下列速度平衡方程式：

$$\begin{aligned}\dot{x}_0&=u\cos\psi-v\sin\psi+V_c\cos\gamma_c\\ \dot{y}_0&=u\sin\psi-v\cos\psi+V_c\sin\gamma_c\end{aligned} \quad \text{（12-53）}$$

其中 V_c、γ_c 分別為流的絕對速度和絕對流向，見圖 12-7。

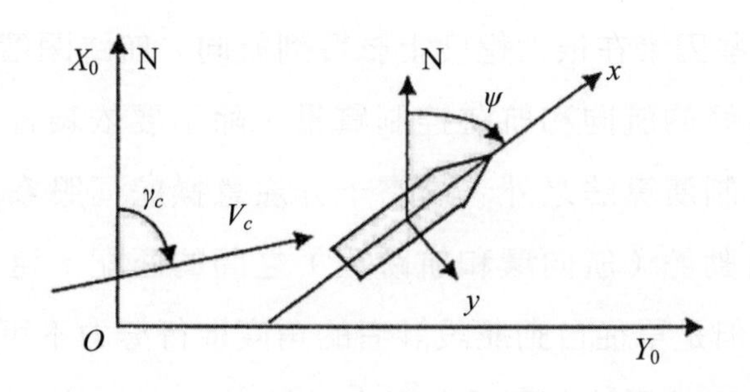

圖 12-7 流的干擾

第六節　船舶運動數學模型的總體結構

圖 12-8 示出學者張顯庫先生，所研制的船舶運動非線性數學模型的總體框架，還包括了模型和控制器的連接，該圖表述了模擬研究的信號流程。

第七節　操舵伺服系統的數學模型

在式（12-27）中，把舵機伺服系統看成1階慣性環節是一種較粗糙的近似。實際上，操舵伺服系統是一個具有純遲延、死區、滯環、飽和等非線性特性的

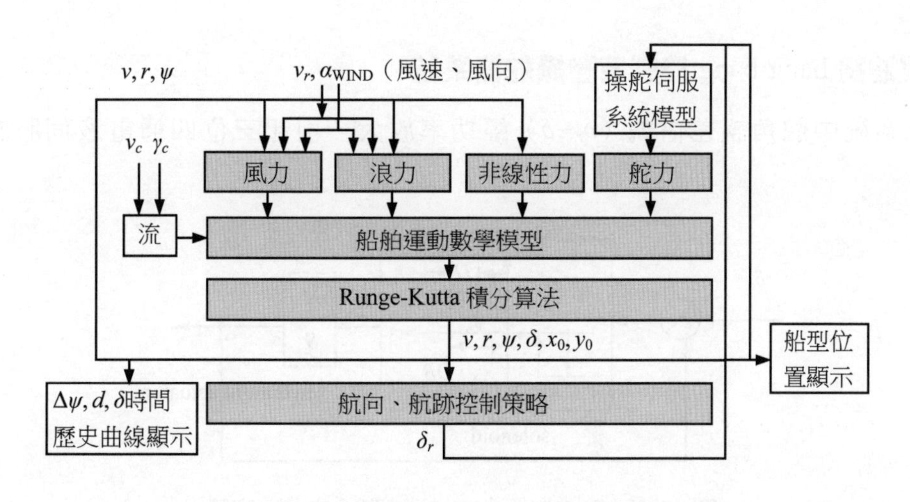

圖 12-8　船舶運動非線性數學模型總體結構

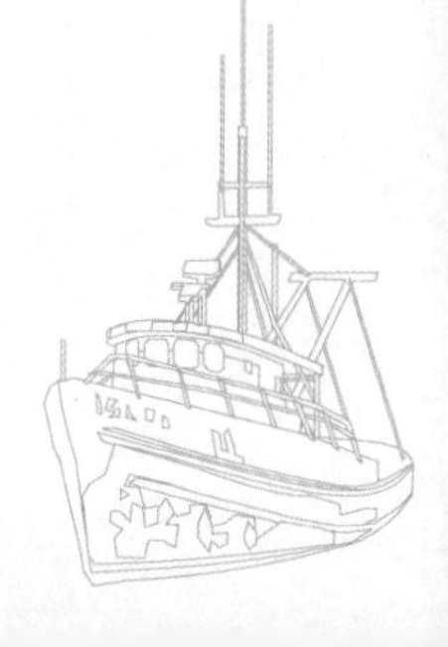

電動液壓系統，這些因素在很大程度上影響到航向／航跡閉環控制系統的性能；換言之，要獲得良好的航向和航跡控制質量，除了要依賴各種「高級的」航向保持、航跡保持控制演算法之外，還需十分注意操舵伺服系統這一舵角閉環的動態行為及其與自動舵（航向環和航跡環）之間的匹配。這一點雖然近來已逐步為人們所認識，但是單從自動舵設計者的角度進行努力不可能根本解決問題，而必須從自動舵與操舵電液伺服系統的結合上進行綜合考慮，在整個船舶運動控制的層次上，在設備的選型、安裝、管理以及控制方案的確定、控制演算法的設計等諸多方面進行細緻的工作，協調處理，方能收到良好效果。

對於操舵伺服系統的分類以及性能比較、操舵伺服系統引起的船舶運動附加阻力等問題，Blanke 曾進行過相當深入的研究。按照 Blanke 的觀點，操舵電液伺服系統可概分為 5 類，其定義及模型化概述如下：

一、單油路 bang-bang 控制伺服閥系統

由命令舵角和實際舵角所形成的誤差信號（$\delta_r-\delta$）經功率放大，起三位四通電液伺服閥一側的電磁線圈（Solenoid）通電，打開操舵主油缸（Hydralic Actuator）的通路，由定排量主油泵來的壓力油驅動舵葉迴轉，直到實際舵角與命令舵角一致為止。其原理和模擬模型參見圖 12-9，其中 DB 為死區寬度，H 為滯環寬度，N 為最高轉舵角速率。對於一艘 250,000 載重噸油輪，典型數據為 $DB=2°$，$H=1°$，$N=2.3°/s$。

二、雙油路 bang-bang 控制液壓操舵器系統

此系統中舵角誤差信號（$\delta_r-\delta$）經功率放大，引起三位四通電液伺服閥一側

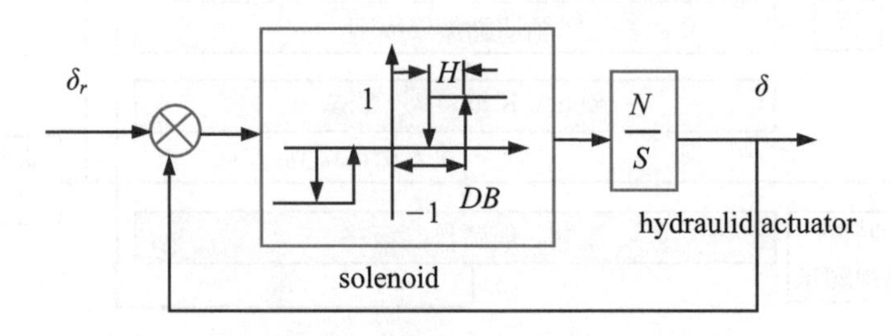

圖 12-9　第 1 類電液操舵伺服系統模擬模型

的電磁線圈通電，打開液壓操舵器（Telemotor; TM）的油路，由定排量輔油泵來的壓力油使 TM 的拉桿移動，這是一級放大：TM 拉桿因而拉動變排量主油泵的油量控制桿，使主油泵排出與控制桿移動距離成比例的油量，這個壓力油流被通至轉舵主油缸，驅動舵葉迴轉，與此同時由舵性帶動的機械式三點追隨機構產生位置反饋，把主油泵的油量控制桿拉回到零油量位置，此時，動態地停留在 δ_r 的位置上，這是二級放大。

這類液壓操舵系統在商船上應用相當廣泛，其動態性能（操舵時間和舵角跟蹤精度）明顯優於第 1 類電液操舵伺服系統。圖 12-10（a）為系統框圖，圖 12-10（b）為相應的模擬模型。PB 為主迴路比例帶；K 為一級放大係數，N 為二級放大係數。典型的數據：$DB=1°$，$H=0.8°$，$PB=7°$，$K=4°/s$，$N=2.3°/s$。

三、單油路 bang-bang 控制主變量泵的主油路

本系統實際上是把第 2 類系統的三點式追隨機去除後形成的，因為沒有了舵角位移的二級反饋，所以變量油泵的油量控制拉桿只能有 3 個位置：左滿程、右滿程、零位。這和（$\delta_r-\delta$）信號的符號是一致的；換句話說，此時的變量油泵只

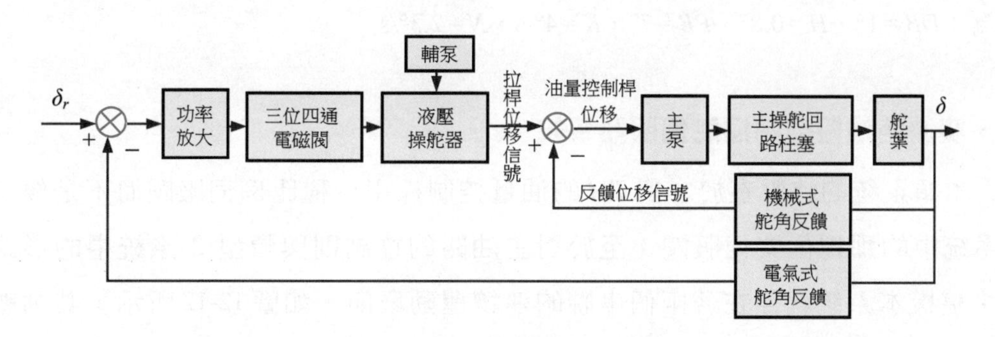

（a）系統框圖

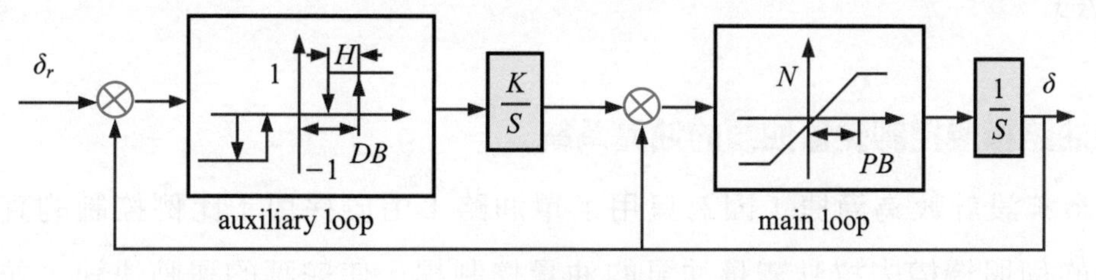

（b）模擬模型

圖 12-10　第 2 類電液操舵伺服系統模擬模型

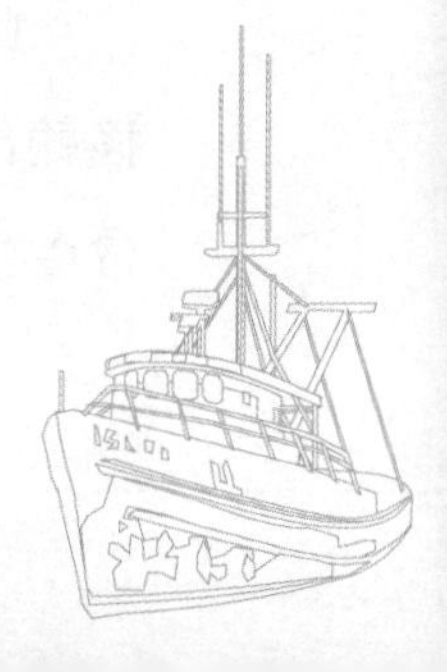

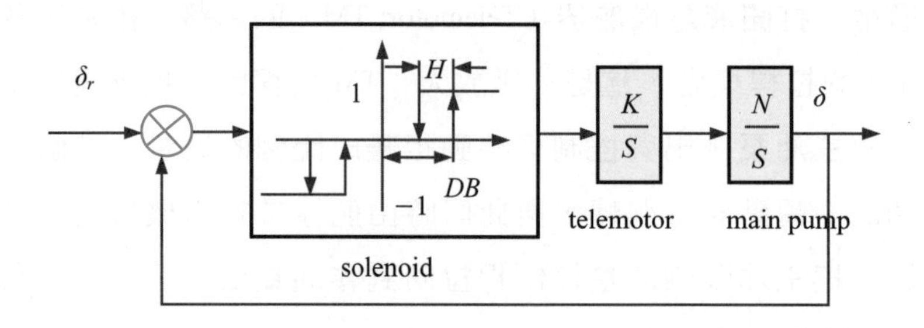

圖 12-11　第 3 類電液操舵伺服系統模擬模型

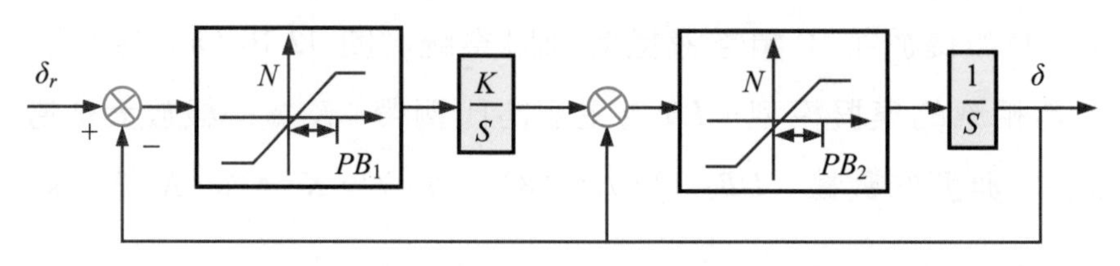

圖 12-12　第 4 類電液操舵伺服系統模擬模型

作為定量油泵使用。因而此類系統的功能類似於第 1 類系統，但其性能要優於後者，原因是在 3 個位置之間的轉換（即 TM 拉桿的移動）是逐步發生的，因而其動態過程自然比油路的突然開、斷控制的第 1 類要平滑，舵角超調也要小得多。圖 12-11 示出此系統的模擬模型，其中比圖 12-9 增加了一個積分環節。典型的數據為：$DB=1°$，$H=0.8°$，$PB=7°$，$K=4°/s$，$N=2.3°/s$。

四、雙油路模擬控制操舵伺服器系統

本類系統的特點在於，對 *TM* 的油量控制採用一種比例伺服閥而不是像類型 1 系統中的那種位式伺服閥；至於對主油路的控制則與類型 2 系統中的形式全同；這樣本系統就存在著兩個串聯的連續運動環節，如圖 12-12 所示，其動態性能在各類中是最好的，但初置費明顯增加。典型數據為 $PB_1=1°$，$K=4°/s$，$PB_2=1°$，$N=2.3°/s$。

五、單油路模擬控制變量油泵的油流系統

此系統設計較為簡捷，因為只用了單油路；由於採用了比例控制的直線位移輸出的伺服機構去拉動變量油泵的油量控制桿，使舵葉的運動快速，並且不會產生舵角的靜態誤差，其模擬模型見圖 12-13。典型數據為：$PB=7°$，$N=2.3°/s$。

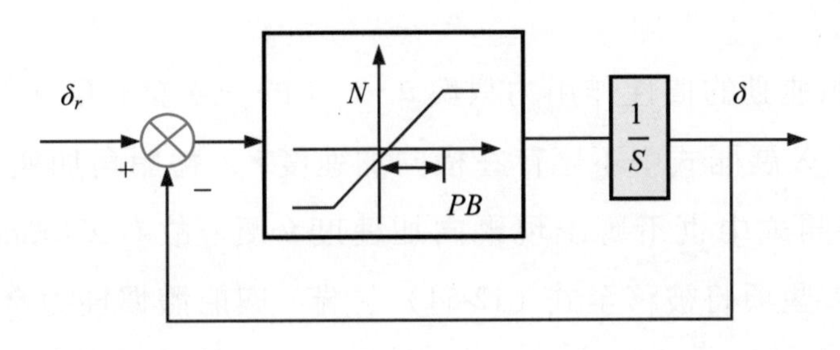

圖 12-13　第 5 類電液操舵伺服系統模擬模型

在船舶運動非線性數學模型總體框架中，可能包含上述某種線性或非線性的操舵伺服系統模型。

第八節　非線性船舶運動數學模型

當船舶進行大舵角迴旋操縱時，u、v、r之間的非線性耦合效應將使航速明顯下降，此時上述的船舶運動數學模型已難於描述過程的動態，需要轉向更為精密的模型。Abkowitz 非線性船舶運動數學模型是這方面的一個突出代表。

一、模型結構形式的討論

綜合船舶平面運動基本方程式（12-14）和作用於船舶上的流體動力式（12-16），則有：

$$\left.\begin{aligned} m(\dot{u}-vr-x_C r^2) &= X(u, v, r, \dot{u}, \dot{v}, \dot{r}, \delta) \\ m(\dot{v}+ur+x_C\dot{r}) &= Y(u, v, r, \dot{u}, \dot{v}, \dot{r}, \delta) \\ I_{ZZ}\dot{r}+mx_C(\dot{v}+ur) &= N(u, v, r, \dot{u}, \dot{v}, \dot{r}, \delta) \end{aligned}\right\} \cdots\cdots\cdots\cdots \quad (12\text{-}54)$$

（一）船體慣性力

式（12-54）左端的船體慣性力各項不作任何簡化，其中與平移加速度$\dot{u}$、$\dot{v}$及迴轉角加速度$\dot{r}$成正比的項保留於方程式左端，其他各耦合相乘項和平方項全部移到方程式右端，與流體動力的有關項合併。

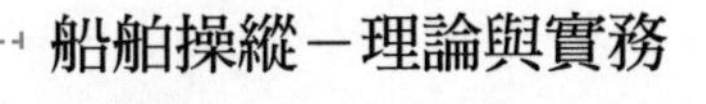

（二）流體慣性力

流體對船舶運動的慣性作用力只與$\dot{u}$、$\dot{v}$、$\dot{r}$的一次冪有關，且由於船體形狀的左右對稱性，X 展開式中不應存在橫向加速度$\dot{r}$及轉艏角加速度$\dot{r}$的項；類似地，在Y、N展開式中也不應出現縱向加速度$\dot{u}$項。故有X：$X\dot{u}\dot{u}$；Y：$Y\dot{v}\dot{v}+Y\dot{r}\dot{r}$；$N$：$N\dot{v}\dot{v}+N\dot{r}\dot{r}$。這些項將被移至式（12-54）左端，與船體慣性力合併。

（三）流體黏性力

這裡既包含船體本身與周圍介質的相對運動造成的升力和阻力，也包括各種控制面上產生的驅動力，如舵葉和俥葉上的推力和阻力。阻力直接與黏性有關；升力雖然數值上可用勢流理論計算，但是物理上它的起因卻是由於黏性造成初始的邊界層分離從而產生環流，因而把這一部分流體動力含蓄地統稱為黏性力還是適宜的。

由於船形（包括置於正中位置的舵和螺槳）左右對稱，X應是v, r, δ，及其交叉乘積的偶函數，因為不管v, r, δ為正或為負，引起的X分力應是同樣的；X作為u的函數，一方面應包含$\Delta u, \Delta u^2, \Delta u^3$類型的項，另一方面還應出現$\Delta u$與$v, r, \delta$構成的乘積的偶函數項。因此在3階精度範圍內，$X$的黏性力部分應該包括下列各項，$X$：$X_0$，$X_u\Delta u$，$X_{uu}\Delta u^2$，$X_{uuu}\Delta u^3$；$X_{vv}v^2$, $X_{rr}r^2$，$X_{\delta\delta}\delta^2$，$X_{vr}vr$，$X_{v\delta}v\delta$，$X_{r\delta}r\delta$；$X_{vvu}v^2\Delta u$，$X_{rru}r^2\Delta u$，$X_{\delta\delta u}\delta^2\Delta u$，$X_{vru}vr\Delta u$，$X_{v\delta u}v\delta\Delta u$，$X_{r\delta u}r\delta\Delta u$。

同樣由於船形的左右對稱性，Y、N應是v、r、δ及其交叉乘積的奇函數，因為v、r、δ的每一個變動方向時產生的橫向流體動力Y及力矩N也要改變方向。同理還應考慮到縱向速度u的作用，一方面出現Δu、Δu^2、Δu^3類型的項，另一方面應出現Δu與v、r、δ之間的奇函數耦合項。在3階精度範圍內，有：

Y：Y_0，$Y_u\Delta u$，$Y_{uu}\Delta u^2$，$Y_{uuu}\Delta u^3$；$Y_v v$，$Y_r r$，$Y_\delta\delta$，$Y_{vvv}\Delta v^3$，$Y_{\delta\delta\delta}\Delta\delta^3$，$Y_{rvv}\Delta rv^2$，$Y_{\delta vv}\delta v^2$，$Y_{vrr}vr^2$，$Y_{\delta rr}\delta r^2$，$Y_{v\delta\delta}v\delta^2$，$Y_{r\delta\delta}r\delta^2$，$Y_{vr\delta}vr\delta$，$Y_{vu}v\Delta u$，$Y_{ru}r\Delta u$，$Y_{\delta u}\delta\Delta u$，$Y_{vuu}v\Delta u^2$，$Y_{ruu}r\Delta u^2$，$Y_{\delta uu}\delta\Delta u^2$；

N：N_0，$N_u\Delta u$，$N_{uu}\Delta u^2$，$N_{uuu}\Delta u^3$；$N_v v$，$N_r r$，$N_\delta\delta$，$N_{vvv}\Delta v^3$，$N_{\delta\delta\delta}\Delta\delta^3$，$N_{rvv}\Delta rv^2$，$N_{\delta vv}\delta v^2$，$N_{vrr}vr^2$，$N_{\delta rr}\delta r^2$，$N_{v\delta\delta}v\delta^2$，$N_{r\delta\delta}r\delta^2$，$N_{vr\delta}vr\delta$，$N_{vu}v\Delta u$，$N_{ru}r\Delta u$，$N_{\delta u}\delta\Delta u$，$N_{vuu}v\Delta u^2$，$N_{ruu}r\Delta u^2$，$N_{\delta uu}\delta\Delta u^2$。

X_0、Y_0、N_0是平衡狀態下出現的不對稱不平衡流體動力，部分是由於螺旋槳單向轉動造成的。注意：在上述關於 X、Y、N 黏性力的Taylor展開式中，為簡便起見，已把各階次對應的數字係數1/2、1/6併入到相應的流體動力導數中去，例如：

$\frac{1}{3!}\frac{\partial^3 N}{\partial v^3}v^3$ 被寫為 $N_{vvv}v^3$ 等等。

二、Abkowitz 非線性船舶運動數學模型

基於上述討論，有如下的Abkowitz的船舶平面運動非線性數學模型：

$$\begin{aligned}&(m-X_{\dot{u}})\dot{u}=f_1(u,v,r,\delta)\\&(m-Y_{\dot{v}})\dot{v}+(mx_c-Y_{\dot{r}})\dot{r}=f_2(u,v,r,\delta)\\&(mx_c-N_{\dot{v}})\dot{v}+(I_{zz}-N_{\dot{r}})\dot{r}=f_3(u,v,r,\delta)\end{aligned} \quad (12\text{-}55)$$

為將式（12-55）無因次化，在式（12-54）與（12-55）兩式兩端除以 $\rho L^3/2$，在第3式兩端除以 $\rho L^4/2$，最後解出，則有：

$$\left.\begin{aligned}&\dot{u}=f_1(u,v,r,\delta)/\left(\frac{1}{2}\rho L^3(m-X_{\dot{u}})\right)\\&\dot{v}=\left[(I'_{zz}-N'_{\dot{r}})f_2(u,v,r,\delta)/\left(\frac{1}{2}\rho L^3\right)-(m'x'_C-Y'_{\dot{r}})f_3(u,v,r,\delta)/\left(\frac{1}{2}\rho L^4\right)\right]/S_2\\&\dot{r}=\left[(m'-Y'_{\dot{v}})f_3(u,v,r,\delta)/\left(\frac{1}{2}\rho L^5\right)-(m'x'_C-N_{\dot{v}})f_2(u,v,r,\delta)/\left(\frac{1}{2}\rho L^4\right)\right]/S_2\end{aligned}\right\} \quad (12\text{-}56)$$

其中：

$$f_1(u,v,r,\delta)/\left(\frac{1}{2}\rho L^3\right)=\frac{V^2}{L}X'_0+\frac{V}{L}X_u\,\Delta u+\frac{1}{L}X'_{uu}\Delta u^2+\frac{1}{LV}X'_{uuu}\Delta u^3+\frac{1}{L}X_{vv}v^2+L(X'_{rr}+m'x'_C)r^2+\frac{V^2}{L}X'_{\delta\delta}\delta^2+(X'_{vr}+m')vr+\frac{V}{L}X'_{v\delta}v\delta+VX'_{r\delta}r\delta+\frac{1}{LV}X'_{vvu}v^2\Delta u+\frac{L}{V}X'_{\delta\delta u}\delta^2\Delta u+\frac{1}{V}X'_{vru}vr\Delta u+\frac{1}{L}X'_{v\delta u}v\delta\Delta u+X'_{r\delta u}r\delta\Delta u \quad (12\text{-}57)$$

$$f_2(u,v,r,\delta)/\left(\frac{1}{2}\rho L^3\right)=\frac{V^2}{L}Y'_0+\frac{V}{L}Y'_u\,\Delta u+\frac{1}{L}Y'_{uu}\Delta u^2+\frac{1}{LV}Y'_{uuu}\Delta u^3+\frac{1}{L}Y'_v v+V(Y'_r+m')r+\frac{V^2}{L}Y'_\delta\delta+\frac{1}{LV}Y'_{vvv}v^3+\frac{L^2}{V}Y'_{rrr}r^3+\frac{V^2}{L}Y'_{\delta\delta\delta}\delta^3+\frac{1}{V}Y'_{rvv}rv^2+\frac{1}{L}Y'_{\delta vv}\delta v^2+\frac{L}{V}Y'_{vrr}vr^2+LY'_{\delta rr}\delta r^2+\frac{V}{L}Y'_{v\delta\delta}v\delta^2+VY'_{r\delta\delta}r\delta^2+Y'_{vr\delta}vr\delta+\frac{1}{L}Y'_{vu}v\Delta u+Y'_{ru}r\Delta u+\frac{V}{L}Y'_{\delta u}\delta\Delta u+\frac{1}{V}Y'_{ruu}r\Delta u^2+\frac{1}{LV}Y'_{vuu}v\Delta u^2+\frac{1}{L}Y'_{\delta uu}\delta\Delta u^2 \quad (12\text{-}58)$$

$$f_3(u,v,r,\delta)/\left(\frac{1}{2}\rho L^4\right)=\frac{V^2}{L}N'_0+\frac{V}{L}N'_u\Delta u^2+\frac{1}{L}N'_{uu}\Delta u^2+\frac{1}{LV}N'_{uuu}\Delta u^3+\frac{1}{L}N'_v v+$$
$$V(N'_r-m'x'_C)+\frac{V^2}{L}N_\delta\delta+\frac{1}{LV}N'_{vvv}v^3+\frac{L^2}{V}N'_{rrr}r^3+\frac{V^2}{L}N'_{\delta\delta\delta}\delta^3+\frac{1}{V}N'_{rvv}rv^2+\frac{1}{L}N'_{\delta vv}\delta v^2$$
$$+\frac{1}{V}N'_{vrr}vr^2+\frac{1}{V}N'_{\delta rr}\delta r^2+\frac{V}{L}N'_{v\delta\delta}v\delta^2+VN'_{r\delta\delta}r\delta^2+N'_{vr\delta}r\delta=\frac{1}{L}N'_{vu}v\Delta u+N'_{ru}r\Delta u$$
$$+\frac{V}{L}N'_{\delta t}\delta\Delta u+\frac{1}{LV}N'_{vuu}v\Delta u^2+\frac{1}{L}N'_{\delta uu}\delta\Delta u^2 \quad (12\text{-}59)$$

$$S_2=(I'_{zz}-N'_{\dot r})-(m'x'_C-Y'_{\dot r})(m'x'_C-N'_{\dot v}) \quad (12\text{-}60)$$

式（12-56）～式（12-60）給出的船舶運動非線性數學模型中舶流體動力導數需依賴於船模試驗或系統辨識技術求得。

三、一種響應型非線性船舶運動數學模型

船舶運動可以用狀態空間模型描述，也可以用輸入－輸出模型描述。前一種描述能處理控制作用下船舶的多變數運動問題；對風浪流干擾的引入也較為直接和準確，但計算相當複雜；後一種描述又稱為響應模型法，它在略去橫移速度後抓住了船舶動態從 $\delta\rightarrow\dot{\psi}\rightarrow\psi$ 的主要脈絡，所獲的微分方程式仍可保留非線性影響因素，甚至可以把風浪干擾作用折合成為某一種干擾舵角構成一種輸入信號與實際舵角 δ 一道進入船舶模型，見圖 12-13 在此方案中作得較好的有 Van Amerongen 的研究。該模型實際上是線性的 Nomoto 模型的推廣。

已知 2 階 Nomoto 模型為：

$$\ddot{\psi}+\frac{1}{T}\dot{\psi}=\frac{K}{T}\delta \quad (12\text{-}61)$$

對於某些靜態不穩定船舶，式（6-7-8）左端第二項 $\dot{\psi}/T$ 必須代之以一個非線性項（K/T）H（$\dot{\psi}$），且：

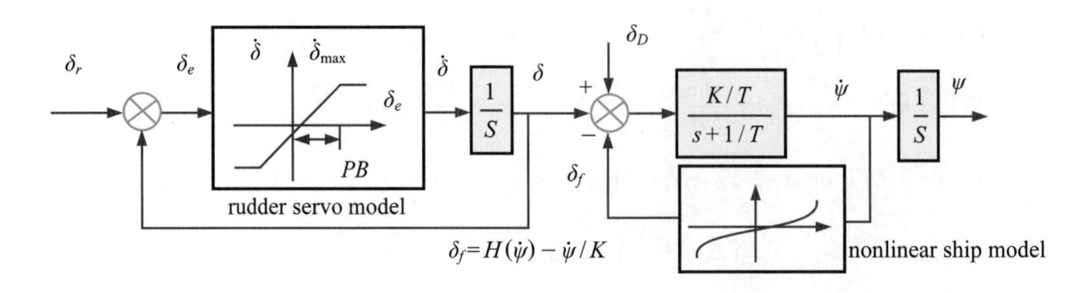

圖 12-13　非線性的船舶運動數學模型（操舵伺服系統＋船舶動力學）

$$H(\dot{\psi})=\alpha\dot{\psi}+\beta\dot{\psi} \quad (12\text{-}62)$$

於是非線性的 2 階船舶運動響應模型成為：

$$\ddot{\psi}+\frac{K}{T}H(\dot{\psi})=\frac{K}{T}\delta \quad (12\text{-}63)$$

顯然，在線性情形下，為使式（6-7-8）與式（6-7-10）一致，必須有 $\alpha=1/K$，$\beta=0$。圖 12-13 中的 δ_f 為：

$$\dot{\psi}\rightarrow\delta_f：\delta_f=H(\dot{\psi})-\frac{1}{K}\dot{\psi}=\left(\alpha-\frac{1}{K}\right)\dot{\psi}+\beta\dot{\psi}^3 \quad (12\text{-}64)$$

參數 α、β 及 K、T 指數均與航速有關。對於一艘 1.5 萬噸油輪，增益取為 $K=0.16\,S-1$，時間常數取為 $T=104.55$ s，當航速為 15 節時，$\alpha=14.22$，$\beta=22{,}444.52$。圖 12-13 中風浪引起的等效舵角 δ_D 可以計算得出，也可簡單地用白噪音模擬。

綜上所述，船舶運動運動數學模型可以有多種形式，它們之間的主要區別有以下 10 個方面：1. 流體動力 X、Y、N 展開成 Taylor 級數時保留到 1 階或 3 階，分別構成了線性模型和非線性模型的基礎；2. 模型參數無因次化時採用的基準單位不同；3. 基於不同的大型船舶試驗（美國、日本）擬合出不同的流體動力導數公式；4. 採用「整體式」模型或分離式船舶運動數學模型，後者是在單獨考慮船體、螺旋槳、舵的流體動力學特性基礎上再研究在它們構成一個推進和操縱系統時，各部分之間的相互干擾；5. 干擾種類不同，如白噪音模擬風浪干擾；6. 風浪流模型的複雜程度不同，如海浪採用單一頻率和幅值的正弦波或採用多種頻率和幅值的正弦波的合成；7. 採用不同的舵機模型；8. 採用不同自由度（橫搖、浮仰）的船舶運動數學模型；9. 將船舶根據其方形係數將擬合的參數進行改進處理等；10. 採用響應型非線性數學模型。

根據已知的特定參數推導或在一定的條件下做實驗得出的數學模型，稱為名義數學模型或標稱數學模型，而實際的數學模型由於元件老化等原因，其參數是變化的，可能是常變的，例如船舶的 Nomoto 模型的 K、T 指數會隨著航速和裝載的變化而變化，故實際的數學模型是一個集合，而名義數學模型是該集合中的一個點，模型的最大誤差範圍稱為模型攝動範圍，模型攝動與名義數學模型之間可以是加性或乘性的關係。

第九節　MMG 非線性數學模型

MMG 為日本船舶操縱數學模型小組（Maneuvering Mathematic Model Group; MMG），提出的一種分離式船舶運動數學模型；本數學模型主要用以描述下列的運動狀態：

1. 研究常規船舶的操縱運動，並以單螺旋槳常規船為考慮對象，不包括產生異常現象的肥大船型。
2. 船舶具有相當的前進速度，螺旋槳轉速超過空轉轉速，在船體作用力中揚力占支配地位。
3. 以深水中、靜止水面操縱運動為主，並考慮到以後能把淺水影響也包含進去。
4. 取 u、v、r、δ、n，為數學模型的變數。
5. 將座標系固定在船體上，座標原點取在船舯，可避免尋找重心位置的麻煩。

為改善 Abkowitz 模型的不足，對數學模型有如下要求：

1. 數學模型中各項應有明確的物理意義。
2. 能容易地由試驗求得數學模型中的各種參數。
3. 能便於處理實船與船模之間的相關問題。
4. 能適宜於進行船舶操縱性設立方案的部分修改。

考慮到上述要求，MMG 數學模型具有如下特點：

1. 將船體、螺旋槳、舵的各單獨性能作為基準（這有別於將三者作為一整體考慮）。
2. 簡潔地表達出船體、螺旋槳、舵之間的干擾。
3. 盡量合理地表達出作用於船體上的流體動力。

對於座標原點位於重心點的動座標系，則有：

$$\left.\begin{aligned} m(\dot{u}_G - v_G r_G) &= X_G \\ m(\dot{u}_G + u_G r_G) &= Y_G \\ I_z \cdot \dot{r}_G &= N_G \end{aligned}\right\} \quad \cdots\cdots (12\text{-}65)$$

式（12-65）中下標「G」表示重心處之值。考慮到理論研究方便起見，也為避免尋找重心的麻煩，將原點位於船舯更好，則方程式（12-65）變為：

$$\left.\begin{aligned} m(\dot{u} - ur - X_G r^2) &= X = X_G \\ m(\dot{u}_v + ur + x_G \dot{r}) &= Y = Y_G \\ (I_z + m x_G^2)\dot{r} + m x_G(\dot{v} + ur) &= N = N_G + Y_G x_G \end{aligned}\right\} \quad \cdots\cdots (12\text{-}66)$$

其中：$u = u_G, v = v_G - x_G r_G, r = r_G$。

無因次化採用的特徵量對MMG取為：

$\dot{u}'$、$\dot{v}'$、$\dot{r}'=\dot{u}(L/U^2)$、$\dot{v}(L/U^2)$、$\dot{r}(L/U^2)$

u'、v'、$r'=u/U$、v/U、$r(L/U)$

X'、Y'、$N'=X/\frac{\rho}{2}LdU^2$、$Y/\frac{\rho}{2}LdU^2$、$N/\frac{\rho}{2}L^2dU^2$

式中 L：船長

d：吃水

U：船的合速度，$U=\sqrt{u^2+v^2}$

MMG模型中，作用於船上的水動力以船體、螺旋槳和舵各自所貢獻的分量之和的形式表示，即：

$$X'=X'_H+X'_P+X'_R$$

$$Y'=Y'_H+Y'_P+Y'_R$$

$$N'=X'_H+N'_P+N'_R$$

其中下腳 H 代表船體、P 代表螺旋槳、R 代表舵。考慮到螺旋槳引起的橫向力和力矩通常較小，難以測定其值，也難以從測量值中分離出來，故常將合併，即：

$$\begin{cases}X'=X'_H+X'_P+X'_R\\Y'=Y'_{HP}+Y'_R\\N=N'_{HP}+N'_R\end{cases}$$

對力 X 的表達式，採用如下形式：

$$\begin{aligned}X'&=X/\frac{1}{2}\rho LdU^2\\&=X'_{\dot{u}}\dot{u}'+(X'_{vr}-Y'_{\dot{v}})v'r'+X'_{vv}v'^2+X'_{rr}r'^2+X'(u)+(1-t)T'\left(\frac{u_P}{nD}\right)+X'_{RD}-F'_N\cdot\sin\delta\end{aligned}$$

……………………………………………………………………………………（12-67）

其中 X 方向附加水質量 $-X'_{\dot{u}}=m'_{11}$

Y 方向附加水質量 $-Y'_{\dot{v}}=m'_{22}$

X'_{vr}、X'_{vv}、X'_{rr} 為由於船體操縱運動而引起的船體阻力增加部分；

$T'\left(\frac{u_P}{nD}\right)=\rho n^2D^4\cdot K_t\left(\frac{u_P}{nD}\right)/\frac{1}{2}\rho LdU^2$，表示螺旋槳發出的推力。其中考慮了操縱運動對螺旋槳軸向速度的影響，故採用 u_p。

$$u_P=u\cdot\{(1-\omega)+\tau(v'+c_P/v'/v'+x'_Pr')^2\}$$

u_p 為螺旋槳軸向實效相對流速。其中第一項為船體直航時伴流分數的影響，第二項表示由操縱運動產生的影響。x'_p 為槳所在 x 位置之無因次值。τ、C_p 由試驗確定；

$X'(u)$ 為直線運動時船體的無因次阻力；

X'_{Ro} 為直線運動時舵的阻力（無因次值），則顯然總體直線運動阻力 $R'_{(u)}=-(X'_{(u)}+X'_{Ro})$；

F'_N 為舵的無因次法向力；$-F'_N \cdot \sin\delta$ 表示轉舵引起的 X 方向的力。

對於橫向流體動力 Y、N 採用如下表達式：

$$Y'=\frac{Y}{\frac{1}{2}\rho LdD^2}=Y'_v\dot{v}'+Y'_{\dot{r}}\dot{r}'+Y'_{\dot{v}}v'+(Y'_{\dot{r}}+X'_{\dot{u}}u')r'+\int_{-\frac{1}{2}}^{\frac{1}{2}}(v'+x'r')|v'+x'r'| \cdot$$

$$C_D(x')dx'-(1+a'_H)F'_N \cdot \cos\delta \quad \text{(12-68)}$$

$$N'=\frac{N}{\frac{1}{2}\rho L^2dD^2}=N'_v\dot{v}'+N'_{\dot{r}}\dot{r}'+N'_{\dot{v}}v'+N'_r r+\int_{-\frac{1}{2}}^{\frac{1}{2}}(v'+x'r')|v'+x'r'| \cdot x' \cdot$$

$$C_D(x')dx'-(x'_R+a'_H x'_H)F'_N \cdot \cos\delta \quad \text{(12-69)}$$

其中：$Y'_{\dot{r}}, N'_{\dot{v}}$ 為附加水質量矩，在理論上二者是相等的，但在實際上有小的差異；

$-N'_{\dot{r}}=m'_{66}$ 為對船舯 z 軸的附加水質量慣性矩；

$CD(x')$ 為橫流阻力係數；$CD(x')$ 沿船縱向的分布需進一步研究，一些試驗資料表示 $CD(x')$ 接近於一常數；

$a'H$ 為由於舵角干擾引起的船體側向誘導力與舵力之比值；

$x'H$ 為由於舵角干擾引起的船體側向誘導力作用點之 x 向無因次座標；

x'_R 為舵的法向力作用點無因次 x 座標。

由式（12-68）、（12-69）可知，右邊的水動力由三部分組成，基於附加質量及揚力的線性項；橫向流動產生的非線性項；舵力及由於操舵在船體上引起的流體力。其中對非線性項採用了橫向流速的二次項的積分型式來表示。因為在實際的船舶運動時，v'與 x'r'同號或異號的情況都會發生，所以用二次項的積分形式表示較為方便。

表 12-6

序號	條件	測量項目	採用方法	可得係數
1	直航、舵角零	T	等推力法	$1-\omega$
2	直航、$\delta \neq 0$	F_N	等 F_N 法	$u_R \rightarrow k$、ε
3	直航、$\delta \neq 0$	F_N、Y、N		a^H、x_H
4	$v \neq 0$、$r \neq 0$	T		τ、c_P
5	$\delta \neq 0$、$r \neq$	$F_N \sim \delta$	求 $F_N=0$ 的 δ	r、c_R
6	$v \neq 0$、$r \neq 0$	X、Y、N	扣除舵的部分	X_{vv}、X_{vr}、X_{rr}；Y_v、Y_r、N_v、N_r；$c_P(x)$；（Y_v 等）

以上介紹了MMG數學模型中，所採用的流體動力表達式，各項力的物理意義明確。其中所包含的各水動力導數及係數皆能通過試驗來測定。在決定係數時，需固定求取的順序，係數的值往往會因先定、同時定或後定而有所變化。總體而言可按表 12-6 的次序進行。

下面結合表列步驟簡介與該數學模型相應的一套試驗測試法：

1. 首先要求得螺旋槳和舵的單獨性能，以及處於直航中的船體阻力。在此，求螺旋槳單獨性能及船體阻力的方法，是在船舶阻力推進的範疇裡已解決了的問題。至於舵在均勻流中的性能已有很多試驗資料，也可用近似公式估算之。
2. 進行直航情況下的試驗，從 $\delta=0$ 的狀態下求 $1-\omega$ 和 $1-t_0$，在計算 $1-\omega$ 時用等推力法較妥當。
3. 進行直航操舵試驗，測出作用於舵上的法向力，再根據單獨舵特性中的流入速度與法向力的關係，來求對應於螺旋槳尾流中測得的法向力的相應流入速度。因為它與決定自航要素的等推力法相似，所以稱之為等法向力法。在該法中，實際上把舵當作一種流速計，把舵的法向力單獨特性曲線看作其標定曲線，而來反算對舵整體而言的表觀來流平均流速。總之，用等法向力法可求取直航時流入舵處的有效來流速度 u_R。再由 u_R 和按螺旋槳等推力法求得的 u_R，按下列關係式，從而定出修正係數 k 和 ε：

$$u_R = u_P \cdot \varepsilon \sqrt{1 + k\frac{8}{\pi} \cdot \frac{K_T}{J^2}}$$

4. 在直航操舵運動中，測得舵上的法向力 F_N、船體的側向力 Y、迴轉力矩 N。由此來確定由操舵而引起作用在船體上的力和力矩相關的係數 a_H、x_H。按照鳥野的觀點，這個力是由圍繞舵周圍的環量所引起的對船體後半部的影響。並認為隨舵角變化，a_H、x_H，幾乎穩定在一定的值，但隨螺旋槳負載變化，a_H、x_H 值有大幅度的變化。

5. 在各 v、r 下進行圓形運動試驗或旋臂試驗，來探討隨 v、r 變化對伴流的影響。此時螺旋槳處於斜流之中，只要用軸向流速作為流入速度，就可認為 K_T 的特性不受斜流的影響。其結果可以下式表示：

$$u_P = u \cdot \{(1-\omega) + r(v + c_P|v \cdot v + x_P \cdot r)^2\}$$

其中：$(1-\omega)$ 是直航中的伴流係數。由操縱運動引起的伴流變化用 τ、c_P、x_P 來表示。x_P 是螺旋槳所在的 x 座標，有時 x_P 亦可作為試驗的待定係數。

6. 由不同 v、r 值所測定的舵之法向力值來求舵的有效冲角 α_R。這個有效流入角是按舵的法向力為零的位置作為零舵角來定義的，可用下式表示：

$$\alpha_R = r \cdot \left(\frac{v + C_R|v|v + x_R \cdot r}{u_R}\right)$$

由試驗測出 α_R、v、r、u_R，則可由上式用回歸分析法求得舵處的整流係數 r 和下洗係數 C_R。

7. 最後，決定作用在船體上的主要流體動力項。其準確的表達應該是：X 為作用在船上的力扣去由螺旋槳和舵的影響引起的力；Y 和 N 也應相應扣去由舵引起的力和力矩。若對圓形運動試驗和旋臂試驗是穩定狀態，即：

$$\dot{u} = \dot{v} = \dot{r} = 0$$

則有：

$$X_E + T(1-t) + X_u + X_{R0} - F_N \text{xin}\delta$$
$$= \{X_{vr} + (m - Y_{\dot{v}})\}vr - X_{vv}v^2 - (X_{rr} + mx_G)r^2 \quad \text{(12-70)}$$

式中　X_E、T、F_N 是由試驗所測量之值

$(1-t)$ 取自直航試驗中求得的值

$X(u) + X_R$ 用阻力試驗結果

則式（12-70）右邊所含係數 X_{vr}、X_{vv}、X_{rr}，即可由試驗結果按最小二乘法解算而得。對側向力和力矩也同樣為：

$$\begin{cases} Y_E - (1+\alpha_H)F_N\cos\delta = -Y_v v - \{Y_r - (m - X_{\dot{r}})u\}r - \int_{-\frac{1}{2}}^{\frac{1}{2}}(v + xr)|v + xr| \cdot (a_0 + a_1 x + a_2 x^2)dx \\ N_E - (x_R + a_H x_H)F_N\cos\delta = N_v v - (N_r - mx_G u)r - \int_{-\frac{1}{2}}^{\frac{1}{2}}(v + xr)|v + xr| \cdot x \cdot (a_0 + a_1 x + a_2 x^2)dx \end{cases} \quad \text{(12-71)}$$

式中　Y_E、F_N、N_E 由試驗測得

a_H、x_H 用直航試驗結果

由 $X_{\dot{u}} = m'_{11}$，$-Y' = m'_{22}$ 按下述元良圖譜回歸式（12-73）式估算。則式（12-71）右邊所含各係數就可由最小二乘法解算而得。

上述數學模型現已較為廣泛地用於操縱性研究，且便於今後研究螺旋槳的逆轉減速運動、淺水及限制航道中的操縱性，以及實船與船模的相關問題等。該模型將船體、螺旋槳、舵性能從整體流體動力性能中分出來，便於進行船體、螺旋槳、舵間的干擾效應研究。

井上正祐等人在MMG模型基礎上，提出了在船舶初步設計階段，根據初步設計時已知的船體、螺旋槳和舵的主要尺度為基本輸入量，即可對操縱性能預報的一個實用方法。在該方法中給出了基於約束船模試驗總結的，以船體主尺度為基礎的水動力經驗估算公式，而對舵力、推力的處理也給出了實用的經驗公式。

實用的操縱性預測方法，不僅考慮船舶在水平面內的三個自由度的操縱運動，而且也考慮了橫搖運動及其耦合效應，也注意到在實船操縱運動時，即使主機處於正常運轉·螺旋槳的轉速不會變動的，這對螺旋槳推力和舵力的影響是不能忽略的，故提出的基本方程式除包括水平面內的運動外，還加入了橫搖和螺旋槳轉速的聯立方程式：

$$\left.\begin{aligned} m(\dot{u} - vr) &= X = X_H + X_P + X_R \\ m(\dot{v} + vr) &= Y = Y_{HP} + Y_R \\ I_z\dot{r} &= N = N_{HP} + N_R \\ I_x\ddot{\theta} &= K = K_{HP} + K_R \\ 2\pi I_{zz}\dot{n} &= M = M_E + M_P \end{aligned}\right\} \quad \cdots\cdots\cdots\cdots (12\text{-}72)$$

式中　I_{zz}：主機和螺旋槳軸系的轉動慣量

M：主機扭矩和螺旋槳水動扭矩之和

I_x：船體對縱軸 x 之轉動慣量

K：橫搖力矩。

其他符號同前。對於通常水面船舶，若忽略橫搖和螺旋槳轉速的影響，則便於計算。對式（12-72）中各項流體動力採用如下估算法：

（1）作用於船體的流體慣性力、力矩

主要有 $X_{\dot{u}}\dot{u}$、$Y_{\dot{v}}\dot{v}$、$N_{\dot{r}}\dot{r}$ 三項力，（認為 $Y_{\dot{r}}\dot{r}$、$N_{\dot{v}}\dot{v}$ 對一般船舶是小量予以忽

略），其中附加水質量為：

$$-X_{\dot{u}} = m_{11},\ -Y_{\dot{v}} = m_{22},\ -N_{\dot{r}} = m_{66}$$

$$\left.\begin{aligned}
&m'_{11} = m_{11}/m = \frac{1}{100}\left[0.398 + 11.97c_b(1+3.73d/B) - 2.89c_bL/B(1+1.13d/B) + 0.175c_b\left(\frac{L}{B}\right)^2(1+0.541d/B) - 1.107 \cdot L/B \cdot d/B\right] \\
&m'_{22} = m_{22}/m = 0.882 - 0.54c_d(1-1.6d/B) - 0.156(1-0.673c_b) \cdot L/B + 0.826d/B \cdot L/B \cdot (1-0.678 \cdot d/B) - 0.638 \cdot d/B - \\
&\qquad 0.638c_b \cdot d/B \cdot L/B(1-0.669d/B) \\
&l_{66}/L = \frac{1}{100}[33 - 76.85c_b \cdot (1-0.784 \cdot c_b) + 3.43 \cdot L/B \cdot (1-0.63 \cdot C_b)]
\end{aligned}\right\} \quad (12\text{-}73)$$

為便於計算機運算，將圖譜回歸，並化為回歸公式：

其中：

$$m' = m/\rho_2 L^2 d,\ m'_{66} = m' \cdot \left(\frac{l_{66}}{L}\right)^2$$

m：船體質量，其他符號同前。

（2）作用於船體之橫向流體黏性力、力矩

MMG模型中將此項力、力矩分解為線性和非線性兩部分。井上正祐根據橫流阻力理論求出如下水動表達式：

$$\left.\begin{aligned}
Y'_H(\beta、r') &= Y'_\beta\beta + Y'_r r' + Y'_{\beta\beta}|\beta|\beta + Y'_{\beta r}\beta|r'| + Y'_{rr}r'|r'| \\
N'_H(\beta、r') &= N'_\beta\beta + N'_r r' + N'_{\beta\beta r}\beta^2 r + N'_{rr\beta}\beta r^2 + N'_{rr}r'|r'|
\end{aligned}\right\} \quad (12\text{-}74)$$

式（12-74）中，β 為漂角，$\beta = -v'$。式（12-74）中，線性導數為：

$$\left.\begin{aligned}
Y'_\beta &= \frac{1}{2}\pi k + 1.4 \cdot c_b \cdot B/L \\
Y'_r &= \frac{1}{4}\pi k \\
N'_\beta &= k \\
N'_r &= 0.54k
\end{aligned}\right\} \quad (12\text{-}75)$$

式中：k－船體的展弦比，$k = \frac{2d}{L}$。

對非線性導數，井上正祐根據10多艘船模約束試驗資料得出的回歸公式為：

$$\left.\begin{aligned}
Y'_{\beta\beta} &= -0.048265 + 6.293(1-c_b)d/B \\
Y'_{\beta r} &= 0.3791 - 1.28(1-c_b)d/B \\
Y'_{rr} &= 0.0045 - 0.445(1-c_b) \cdot d/B \\
N'_{rr} &= -0.0805 + 8.6092(c_b \cdot B/L)^2 - 36.9816(c_b \cdot B/L)^3 \\
N'_{\beta\beta r} &= -6.0856 + 137.4735(c_b \cdot B/L) - 1029.514 \times (c_b \cdot B/L)^2 + 2480.6082(c_b \cdot B/L)^3 \\
N'_{rr\beta} &= 0.0635 - 0.04414(c_b \cdot d/B)
\end{aligned}\right\} \quad (12\text{-}76)$$

（3）作用於船體的縱向水動力 X_H，設：

$$X_H=-m_{11}\dot{u}+(m_{22}+X_{vr})\cdot rv+R(u) \quad \text{(12-77)}$$

其中附加水質量估算如式（12-73）所示，$(m_{22}+X_{vr})\cdot vr$ 項表示由於曲線運動引起的阻力增加，可作如下估算：

$$m_{22}+X_{vr}=C_m\cdot m_{22} \quad \text{(12-78)}$$

其中：C_m 之值因船型而異，約為 0.5～0.45；$R(u)$ 表示直航時的船舶阻力，由試驗得知。

（4）螺旋槳發出的縱向力 X_p

$$X_P=(1-t)\rho n^2 D^4 K_T(J_P) \quad \text{(12-79)}$$

式中　t：推力減額係數

n：螺旋槳的轉速，r/s

D：螺旋槳的直徑，m

K_T：螺旋槳敞水推力係數，由螺旋槳敞水特徵曲線求得

J_p：螺旋槳進速係數，$J_P=\dfrac{u(1-\omega_p)}{nD}$

ω_p 為螺旋槳位置處的有效伴流係數，它受操縱運動幅度的影響，與直航時的 ω_{p0} 值不同。據小瀨、松本與湯室等人的斜拖試驗結果，認為可按下式估算：

$$\omega_P=\omega_{po}\cdot\exp(C_1\cdot\beta_P{}^2) \quad \text{(12-80)}$$

式中：$C_1=-4.0$；β_p 為螺旋槳位置處的幾何沖角 $\beta_P=\beta-x'_p\cdot r'$。$r'$ 為無因次迴轉角速度，x'_P 為無因次槳座標。考慮到上述幾點，即可代入數學模式中。

（5）舵力和由操舵引起的船體水動力

該項力可表為：

$$\left.\begin{aligned}X_R&=-F_N\cdot\sin\delta\\ Y_R&=-(1+\alpha_H)F_N\cdot\cos\delta\\ N_R&=-(1+\alpha_H)\cdot x_R\cdot F_N\cdot\cos\delta\end{aligned}\right\} \quad \text{(12-81)}$$

其中舵的法向力 F_N 採用藤井公式計算：

$$F_N=\frac{1}{2}\rho\frac{6.13\lambda}{\lambda+2.25}A_d U_R^2\cdot\sin\alpha_R \quad \text{(12-82)}$$

式（12-82）中符號之含意同前。可見計算 F_N 的關鍵在於確定舵的有效來流速度 U_R 和有效沖角 α_R。據芳村等人的試驗，U_R 可按下式計算：

$$\frac{U_R}{U}\approx\frac{u_R}{U}=(1-\omega_R)\cdot[1+k_2\cdot g(s)]^{\frac{1}{2}}$$

式中 U_R：舵處水流的軸向分量

k_2：係數，對左舵 $k_2=1.065$，對右舵 $k_2=0.935$

ω_R：船作操縱運動時舵處的伴流分數

ω_R 與直航時的 ω_{R0} 不同，可從模型試驗得到，類似於螺旋槳的伴流分數：

$$\omega_R/\omega_{RO}=\omega_p/\omega_{po}=\exp(k_1\cdot\beta_p^2)$$

$$g(s)=\eta\cdot K[2-(2-k)\cdot s]\cdot s/(1-s)^2$$

式中 $s=1-\frac{u(1-\omega_p)}{np}$，其中 P 為螺旋槳螺矩

$\eta=\frac{D}{H}$，其中 H 為舵高，D 為螺旋槳直徑

$\dot{K}=\frac{0.6(1-\omega_P)}{1-\omega_R}$

對有效來流沖角，採用：

$$\alpha_R=\delta+\delta_0-r\beta_R \qquad (12\text{-}83)$$

式中 δ－舵角

$\delta_0=\frac{\pi\cdot s_0}{90}$，$s_0$ 為直航時螺旋槳的滑失率

r－整流係數，$r=C_p\cdot C_s$，C_p 為螺旋槳整流係數，$C_p=1/\{1+0.6\,\eta(2-1.4s)\cdot s/(1-s)^2\}^{1/2}$

C_s 為船體整流係數，隨操縱運動強度而變化，當運動達到一定程度時，C_s 可取恒定的值，井上給出：

$$\left.\begin{aligned}&C_S=0.45\beta_R \quad 當\ \beta_R\le\frac{C_{So}}{0.45}\\&C_S=C_{S_o} \quad 當\ \beta_R>\frac{C_{S_o}}{0.45}\end{aligned}\right\} \qquad (12\text{-}84)$$

C_{s0} 是常數，其值隨船體的肥瘦形狀而變，對瘦小的船舶取 0.3，對肥大的船舶取 0.7，平均值為 $C_{s0}=0.5$。

式（12-83）和（12-84）中的 β_R 定義為：

$\beta_R=\beta-2x'_R\cdot r'$（不是舵處幾何沖角）

由操舵引起的對主船體的水動力，通過係數來估算之，模型試驗證明，α_H 和 C_B 相關，可由圖 12-14 表示之。

以上對數學模型中各項流體動力都給了估算的經驗公式，代入方程式（12-72），並採用龍格－庫塔法積分，就可求解出各種舵角的操縱運動。計算結果顯示，預測與試驗值之間基本吻合。

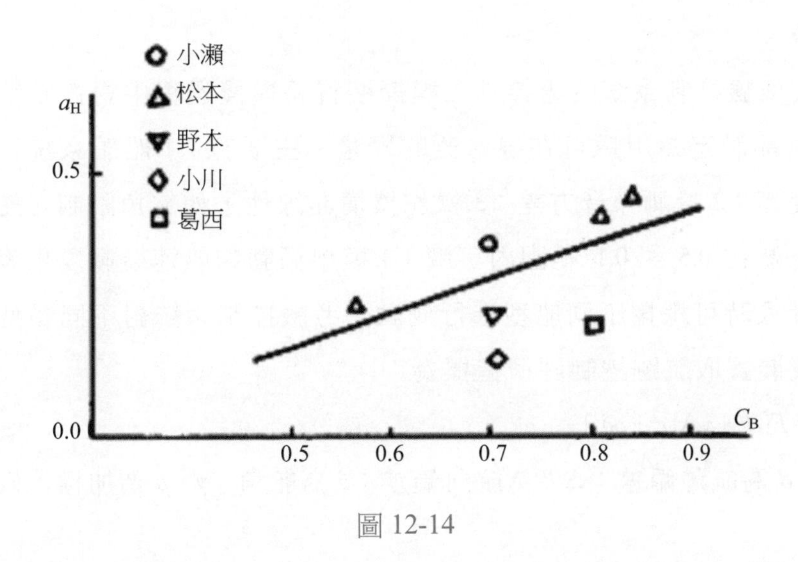

圖 12-14

第十節　船舶運動模擬研究裝置

為了系統地處理船舶運動控制模擬研究、自動舵各種控制演算法的性能測試、自動舵全套軟硬體及系統工作可靠性檢驗及海上試驗時多種數據的自動記錄和重放，該研究研製了一種精巧適用的自動舵多功能模擬測試台，又稱模擬研究裝置。該測試台由桌上型或筆記型電腦來實現。模擬測試台的核心是本章所述船舶運動數學模型。

一、船舶運動模擬裝置總體設計

模擬裝置的數學模型採用前面給出的六自由度簡化的 Norrbin 非線性船舶運動數學模型，它模擬了船舶在大洋中航行的動態。針對船舶航跡自動舵除錯，模擬裝置具備多種船舶類型參數資料庫及在線變化船舶模型參數攝動範圍的能力，模擬了各種量測噪音，並特別處理了舵機的動態特性。

為考察控制器的濾波能力，模擬裝置添加了舵角、航向、船位的量測噪音。舵角與航向的噪音源於舵角傳感器與羅經的量測偏差，誤差範圍分別在 0.5°與 0.1°左右，而船位的噪音源於衛星定位誤差與GPS接收機干擾噪音，誤差範圍在 100 公尺左右。假定量測噪音均為相互獨立的白噪音，用均值為 0 的高斯分布隨機數來實現。

為深入檢驗控制系統的魯棒性，模擬裝置將模擬過程中對控制性能影響較大的物理量都設定為用戶可在線修改的變量。主要有：1.船舶系統干擾量，如風、流強度等；2.量測噪音方差；3.操舵機構非線性，如舵角限制、舵速限制及死區等，死區在 0.5°～ 0.1°範圍內可調；4.模型攝動如船速裝載變化等。此外，模擬系統投入時可選擇不同船型進行測試，考驗控制系統對不同類型船舶的適應性。模擬裝置取航跡控制評價指標為：

$$J=E[d^2+\gamma\Delta\psi^2+\rho\delta^2] \quad (12\text{-}85)$$

其中：d 為航跡偏差：$\Delta\Psi$ 為航向偏差：δ 為舵角；γ、ρ 為加權係數；$E[\cdot]$指均值。

模擬研究裝置可分 4 種工作模式：單機模擬、自動舵測試、數據採集及航行記錄回顧。

二、船舶運動模擬測試台的功能

（一）用於演算法研究的單機模擬（圖 12-15 ①）航跡、航向控制演算法及船舶運動數學模型均在同一台微機上實現，通過鍵盤及螢幕可進行航跡、航向設定，模擬運行中通過鍵盤中斷，可以隨時設定航速、風、流干擾強度。模擬一般是非即時的（Non-Real Time）；其進行過程較實際系統運行的要快，適於對控制演算法進行檢查、修改，對閉環系統控制性能進行評價等作業。通過鍵盤中斷，也可切換顯示畫面，如分別選定航向／舵令時間歷史曲線或航向／舵角時間歷史曲線或航跡運動曲線等。此種研究屬離線工作方式，不但在實驗室中能夠應用，在海試中也可作為除錯手段，在一台筆記型電腦上進行，以及時獲得修改控制器參數後的預期效果。

（二）用於自動舵測試的雙機模擬（圖 12-15 ②）船舶運動數學模型在模擬測試台中實現，具有控制演算法、人機交互手段和輸入輸出功能的完整自動操舵儀與該模擬試驗台進行數據交換，構成一個閉環控制系統。數據交換方式是，經過串列通信，模擬測試台提供數學模型的解算結果，包括航向 Ψ 及船位經緯度 λ,ϕ；並接受航跡舵發出的設定航跡轉向點經緯度 λ^0,

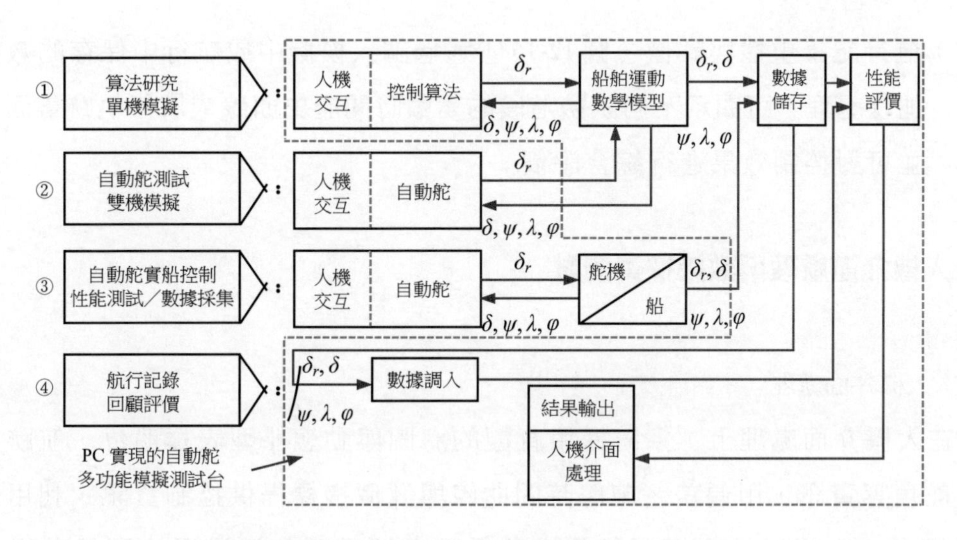

圖 12-15　自動舵多功能模擬測試台結構圖

$\phi_0, \lambda_1, \phi_1$，…、控制模式、當前轉向點 λ_i, ϕ_i、控制面板給出的其他設定值等資訊；模擬測試台經 D/A 板發出舵角δ的模擬信號，航跡舵經 A/D 板接收該信號：航跡舵經D/A板發出左舵或右舵舵令信號，模擬測試台則經過A/D 板接收該信號，細節參見圖 12-16。雙機模擬的結果：δ_r、δ、Ψ、λ、ϕ 等數據被儲存於測試台硬碟，供各結果曲線和畫面輸出和進一步的性能評價之用。

（三）自動舵實船控制性能測試（圖 12-15 ③此時模擬測試台只作為一種數據採集、現場畫面顯示和性能評價裝置使用，使航行中的系統除錯和日後改進設計更為方便。

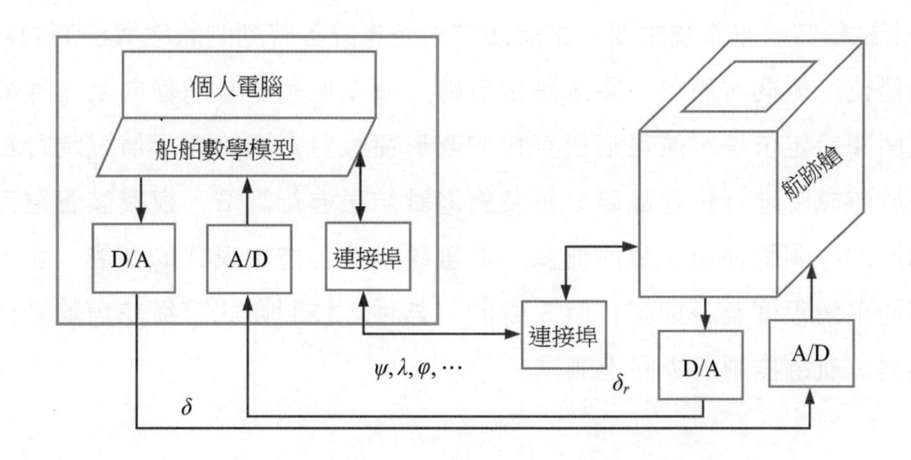

圖 12-16　自動舵測試雙機模擬

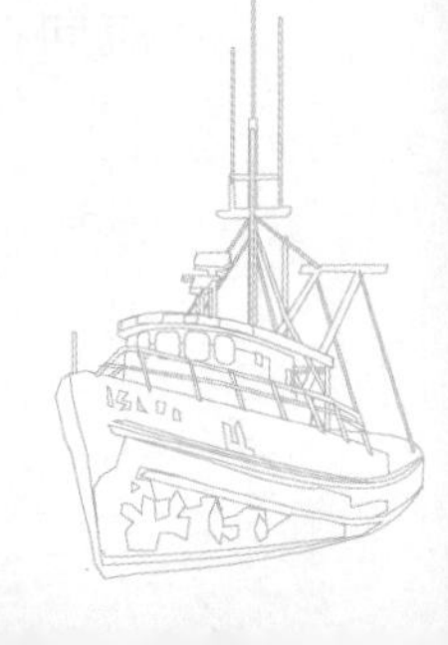

（四）航行記錄重播與評價（圖 12-15 ④通過調入模擬中或航行中保存的數據並加以處理，可顯示不同試驗階段的變數時間歷史曲線或航行軌跡畫面等，並可對控制效果進行綜合評價。

三、人機介面處理與數據採集測試

（一）人機介面處理

在人機介面處理上，系統採用直觀的海圖與動態船型表達船位、航跡、航向、舵角等資訊，用偏差／施舵時間曲線與評價指標提供控制資訊，利用彈出式視窗顯示資訊與輸入模擬條件；各種圖形結果可直接通過繪圖保存提供給 Windows 的編輯軟體處理。

（二）數據採集與測試

數據採集和自動舵測試是通過串列通信接入本系統實現的。進行航跡自動舵測試時，本系統與航跡自動舵時鐘同步後，開始接收航跡自動舵設定的航跡、控制模式、命令舵角及當前轉向點等資訊，並實時發送經模擬裝置解算出的量測船位、航向、舵角等資訊。通過模擬器的各種功能定性定量地對航跡自動舵進行系統可靠性、警報準確性、控制演算法性能及操作方便性測試，可有效地配合航跡自動舵軟體的開發，對航跡自動舵系統軟體與部分硬體性能進行長時間的實驗室模擬除錯。

海上試驗時，本系統主要採集航跡自動舵系統各時刻的狀態與檢測的數據，即採集船位、航向、舵角、系統設定航跡、命令舵角、當前轉向點、操縱模式及面板開關設定值等，並可通過直接的圖形曲線對系統的運行情況進行實時觀察，便於海試時進行快速故障分析及對海試結果進行評價。模擬裝置還可對航跡自動舵的控制軟件做系統的測試，以檢驗系統各控制模式的性能，並考察模式切換的平滑程度及長期工作時系統的可靠性。控制模式可從舵角隨動控制、航向控制、航跡控制逐級向上測試。

四、個人電腦在船舶操縱模擬之運用

操船模擬系統研發至今，無論是為造船設計或為航海人員操船訓練，大都以全功能型駕駛台（Full Mission Bridge; FMB）為主，雖具即時性（Real Time）與臨場效果，然其設備昂貴且必須選擇適當場所裝置，對於使用者而言，在成本效益及便利性上，有其侷限。若能使用日本學者研究之「船舶操縱運動數學模型（MMG）」，廣泛蒐集現成船舶之基本規格及其試航結果記錄，設計高度精確之模擬程式，並結合電子海圖系統，建立一套快時（Fast Time）模擬之系統。此系統非但適合國人使用，更因屬個人電腦系統，具方便性，船舶航行人員無論在船上或陸上皆可隨時現況模擬，達到預演及自我訓練之目的。針對港埠設置及航道規劃，亦具實用價值。上述之研究流程，如圖 12-17 所示。

第十一節　操船模擬器之介紹

國際海事組織鑑於維護船舶海上航行安全，對於船舶操縱性能基礎標準亦制定相關準則並予以規範，遂於「航海人員訓練、發證與當值標準公約（STCW）」之修正案中，規定負有船舶航行責任之航行人員如船長、大副，必須接受操船模擬之訓練，以維持船舶之航行安全。為此，操船模擬器已廣泛地應用於航海教育與培訓以及相關領域工程論證與科學研究中，在某種程度上，操船模擬器已成為評價海事學校條件之重要指標。

一、國立台灣海洋大學

國立台灣海洋大學目前操船模擬機系統乃美國「Ship Analytic」公司所承製，包括一部全功能操船模擬機（Full Mission Shiphandling Simulator; FMSS）及一部多功能操船模擬機（Multi-Function Cubicle; MFC），二者藉由電腦網路連結，提供二系統間所有操船作業真時互動操演。

1. 全功能任務操船模擬機

全功能操船模擬機（FMSS）布置如圖 12-18 所示。提供一獨立全功能操船（FMSS）駕駛台模擬，並具有綜合全功能及多功能操船（FMSS/MFC）模擬功

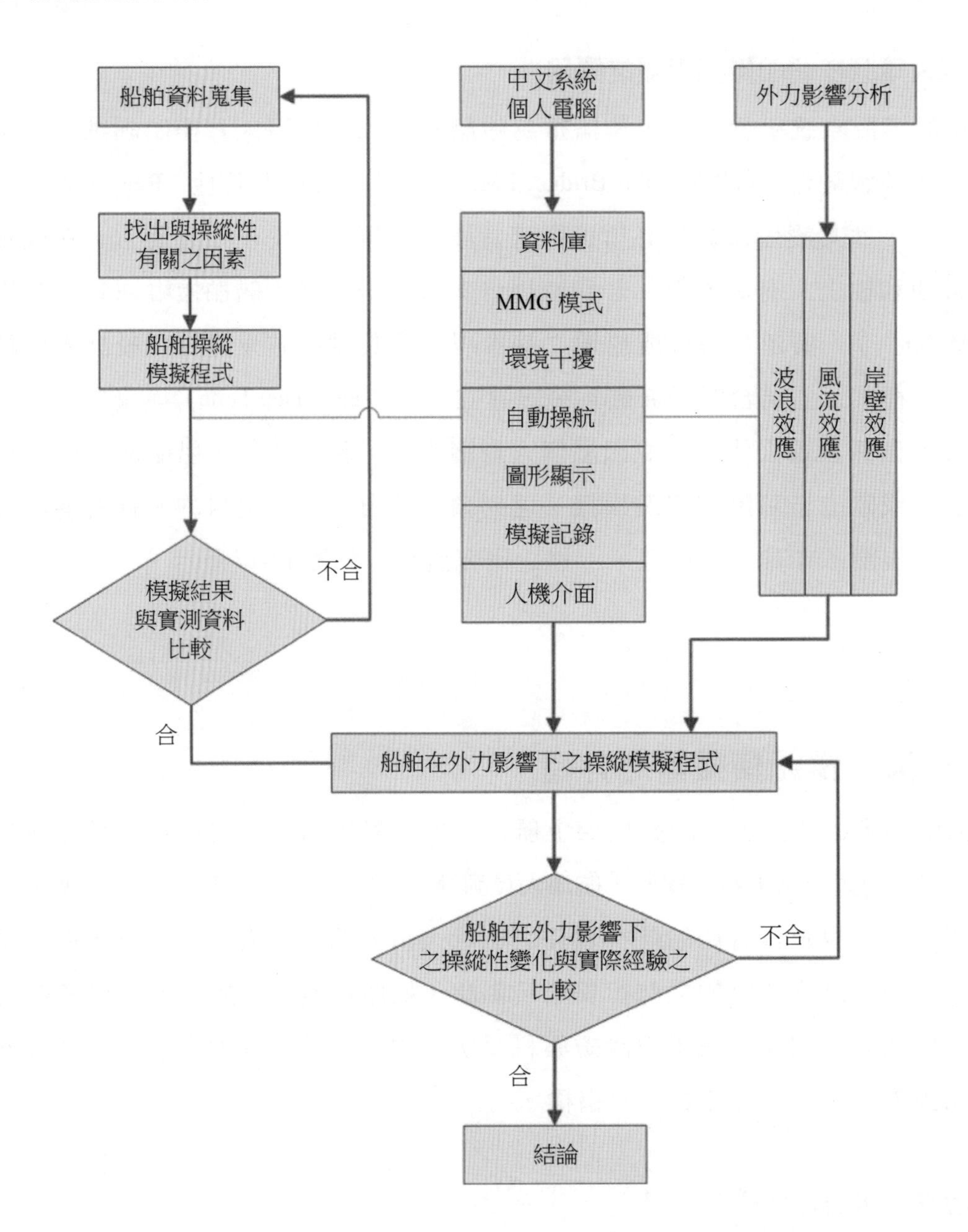

圖 12-17　個人電腦運用於操船模擬之研究流程

能，以支援所有操船作業即時互動操演。駕駛台為提供操船者活動之主要空間，具備所有與實際船舶駕駛台相近佈置，並裝設模擬駕駛台各種設備及電腦產生 240° 視角影像以顯示操演海域。全功能操船模擬機可進行模擬下列項目：

(1) 自動測繪雷達（Automatic Radar Plotting Aids; ARPA）模擬。

(2) 全球海上遇險及安全系統（Global Maritime Distress Safety System; GMDSS）模

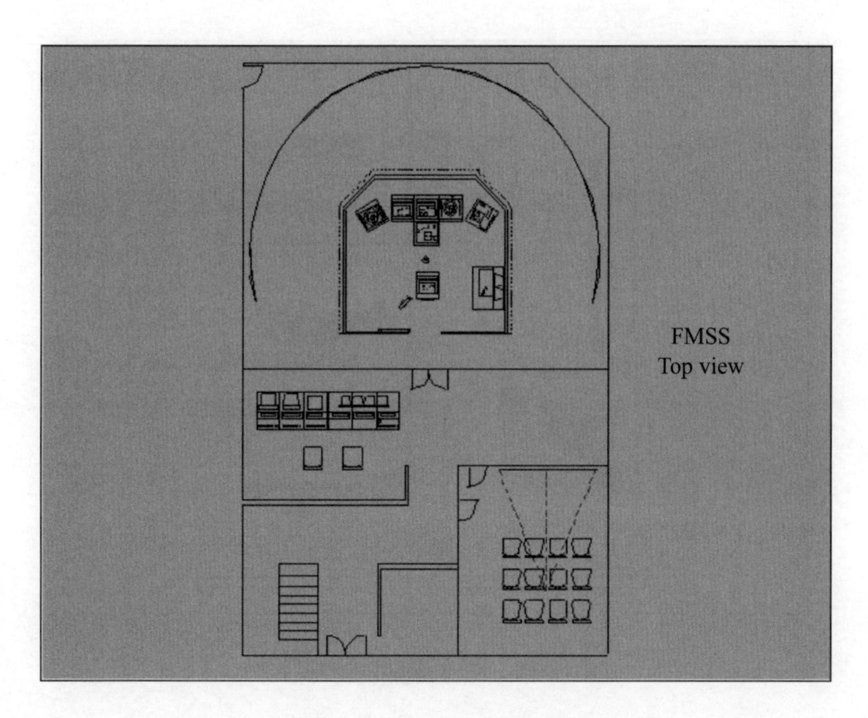

圖 12-18　全功能任務操船模擬機

擬。

(3) 電子海圖顯示資訊系統（Electronic Chart Display and Information System; ECDIS）模擬。

(4) 船舶交通資訊服務（Vessel Traffic Information Service; VTIS）模擬。

2. 多功能操船模擬機

多功能操船模擬機（MFC）布置，如圖 12-18 及圖 12-19 所示。由四個獨立多功能訓練室所構成，亦具備綜合全功能及多功能操船（FMSS/MFC）模擬功能，以支援所有操船作業即時互動操演。各訓練室皆具有與實際船舶相仿駕駛台，並提供操演海域40°～120°視角之視覺影像。模擬系統的操作亦由教師監控台（Instructor Control Station；ICS）所控制。

多功能操船模擬機可進行包括下列模擬的項目：

(1) 自動測繪雷達（Automatic Radar Plotting Aids; ARPA）模擬。

(2) 全球海上遇險及安全系統（Global Maritime Distress Safety System; GMDSS）模擬。

(3) 電子海圖顯示資訊系統（Electronic Chart Display and Information System; ECDIS）

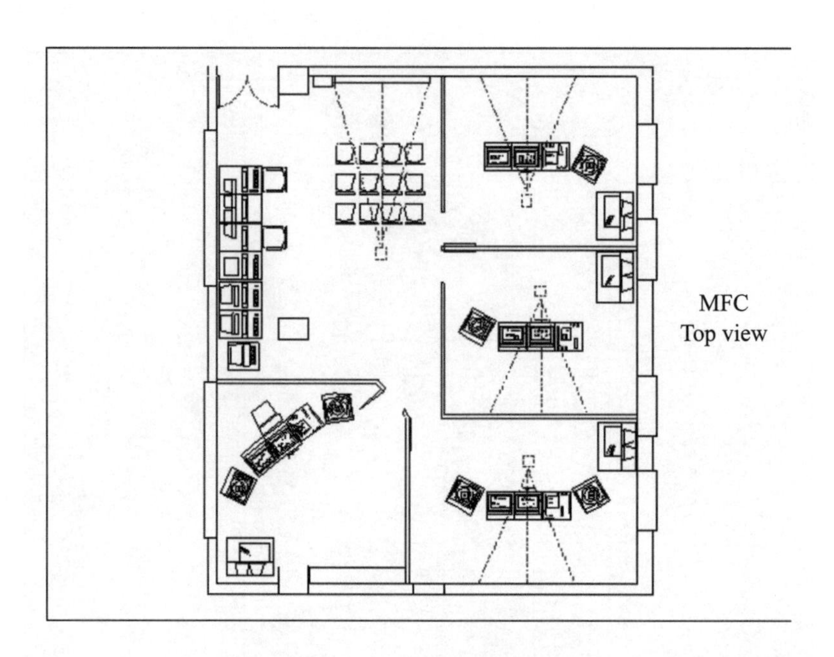

圖 12-19　多功能操船模擬機

模擬。

(4) 船舶交通資訊服務（Vessel Traffic Information Service; VTIS）模擬。

（一）操船模擬機硬體設備

1. 船舶控制與顯示器

操船模擬機駕駛台與現代船舶實物是全比例（Full Scale）顯示的。駕駛台操控設備及顯示器為由製造廠商「Ship Analytics」公司所設計，將實際船上設備整合於海洋大學操船模擬機之設計中。所有控制及顯示器可於真時操作時提供完全的功能。包括，教師監控台、舵機、分羅經等。

2. 自動測繪雷達系統

模擬機包括模擬在全功能（FMSS）及多功能（FMC）駕駛台的自動測繪雷達（Automatic Radar Plotting Aids; ARPA）系統。

3. 電子海圖及船舶交通服務

電子海圖顯示及資訊系統（Electronic Chart Display and Information System; ECDIS）及船舶交通資訊服務（Electronic Chart Display and Information System; ECDIS）。

4. 航海儀器

包括測深儀（Echo Sounder）無線電測向儀（Radio Direction Finder）、歐米茄（Omega）、迪卡（Decca）、全球衛星定位系統（GPS）及羅遠C接收機（Loran-C Receiver）。

5. 全球海上遇險及安全系統模擬機（Global Maritime Distress and Safety System Simulator; GMDSS Simulator）

駕駛台備有一套簡易全球海上遇險及安全系統模擬機，裝備有模擬國際海事衛星B和C船舶電台（Inmarsat-B & C）數位選擇呼叫超高頻（Digital Select Calling VHF；DSC VHF）及數位選擇呼叫中／高頻無線電通信裝置（DSC MF/HF）、超高頻／調幅（VHF/FM）船用自動測繪雷達及中／高頻（SSB）航行警告電傳（Navtex）以提供駕駛台對駕駛台及船對岸通信以模擬船上電台通信。

6. 教師控制及監視

操船模擬機之教師監控台（Instructor Control Station; ICS）為一系統控制站，用以整合系統軟體以控制系統之運作。教師監控台可作多功能支援，諸如於執行操演中模擬機之控制，受訓者／教師扮演各種角色間之通信功能。受訓者操作之監視／記錄，提供操演後之簡報／檢討圖表及操演新場景之開展。教師監控台提供教師在教案設計、實務配置及軟／硬體架構等之操作。

教師監控台又提供許多指導性操作模式具備下列功能：

(1) 操演檔案之創作（Initialize）、選擇（Select）、控制（Control）及結束（Terminate）等操作。
(2) 於操演前、中或後建立或修改任何操演場景、環境及／或其他條件。
(3) 開始、暫停、記錄、重演、停止模擬操演。
(4) 督導、監控、觀察模擬機及操演場景之情境變化。
(5) 操作其他與本船交互運動之交通船。
(6) 對本船施予某些功能操控失靈以製造緊急狀況（如舵機、電力、自動測繪雷達全部或部分功能失靈）。
(7) 無論於操演進行中或於受訓完檢討中，顯示及檢核從模擬操演所得港域及操演軌跡資料。
(8) 列印或複製操演資料。

（二）操船模擬機軟體設備

模擬軟體包含本船及交通船之運動方程式，計約6,000個模式參數資料以模擬船舶行為，使其具有高度真實性。運動模式並考量環境外力變數（如風、水流）及特殊效應（如淺水、通過船舶、接近碼頭及岸壁等）。模擬資料庫包含模擬功能所需之下列描述性資料：

1. 顯示於視覺所有景物之三維彩色影像。
2. 顯示於自動測繪雷達及時狀況之陸地方位距離裝置。
3. 每艘本船及交通船之流體力學資料。
4. 環境資料包括風、潮汐、水流、海底地質、地形及航道岸壁效應。
5. 繫纜接觸點及彈性結構之方位距離。
6. 航海儀器資料。
7. 導航燈光之閃滅及弧度特性。

實用軟體－除核心模擬軟體外，另有實用於離線（Off-line）軟體提供操演結果資料分析及描繪，以備操演之檢核／評斷或研究上之應用，以及資料庫、模式、操演或研究場景之建立／修改。

（三）操船模擬機軟硬體之功能

操船模擬系統係結合電腦、顯示器、音效、遠距監視系統及其他功能之次系統為介面所構成。電腦系統由主機（Host）模擬、教師監控台、操船控制台、航海儀器及顯示系統提供影像模擬功能、構成影像次系統及自動測繪雷達顯示次系統等所構成。

次系統由電腦、介面及周邊所構成，以執行核心模擬軟體產生所需真時顯示（圖、數字及類比）資料，提供受訓者及教師了解進行操演之情境，並控制輸入記錄及受訓者、教師之反應。在此功能中所使用處理器為 Digital Equipment Corporation（DEC）。主處理器（Host Processor）提供模擬軟體運算設施。VAX 處理器位於主處理器之中，用以處理模擬操演控制、模擬操演執行及維持船位之運算、環境模擬及與其他次系統間進行處理器資料之通信。主電腦軟體處理器所提供之功能包括，操演／重演、產生場景、產生資料庫、設定本船、設定交通船、安排及設定影響因素、環境控制、效應控制及設定與目標確立及設定等功能。

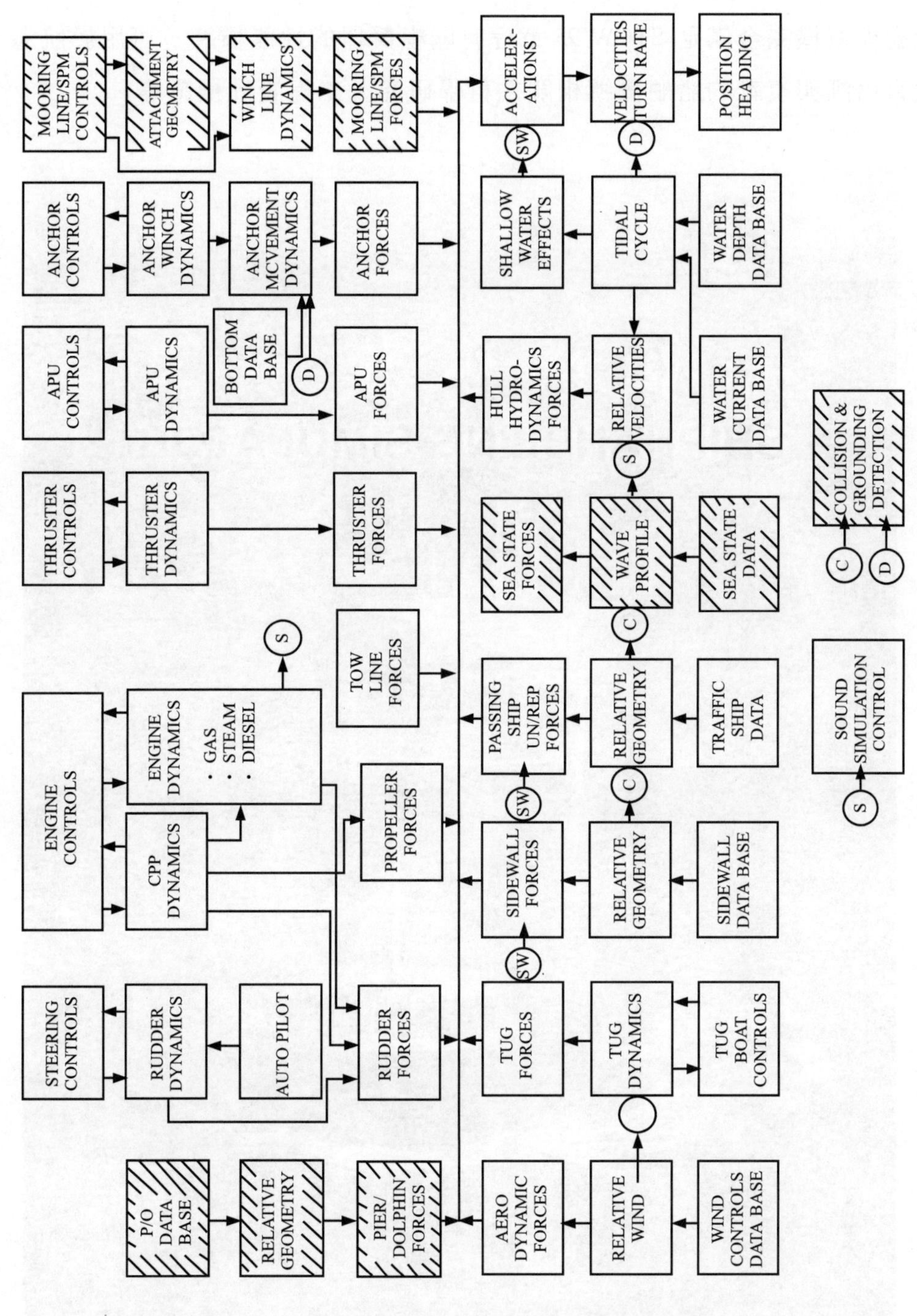

圖 12-20　美國 S.A.公司操船模擬機控制流程

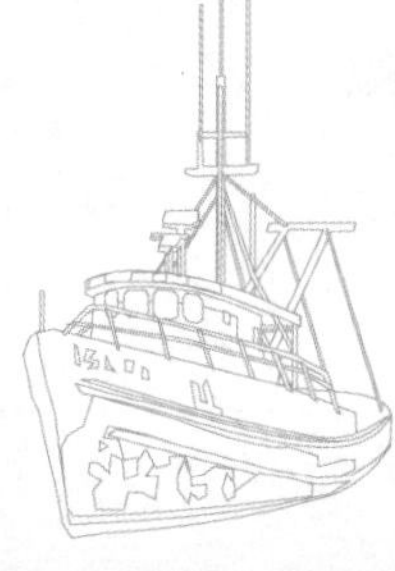

二、大連海事大學

大陸交通部專案補助，由大連海事大學航海技術研究所自行研制的系列船舶操縱模擬機完全滿足 STCW 95 章程有關模擬器的性能標準，可用於航海人員的教育培訓與複雜的船舶操縱相關之科學研究、工程設計檢證等。

圖 12-21

大連海事大學之船舶操縱模擬器其功能包括：

1. 駕駛台資源管理。
2. 駕駛台團隊協同工作。
3. 船舶操縱。
4. 避碰。
5. 靠泊／離泊。
6. 狹窄水域、受限水域航行。
7. 進港／出港。
8. 錨泊。
9. 不同海況、天氣能見度條件下的船舶操縱。
10. 雷達標繪／ARPA 操作。

其中功能完備的船舶操縱模擬器配備了本船船橋以及相應的設備，高畫面質量的寬視場角視景，可以為操作者提供逼真的訓練和試驗環境。

（一）系列化的船舶操縱模擬器

從功能完備之船舶操縱模擬機到可運行在筆記型電腦上之以電子海圖為背景之船舶動態顯示模擬機，其典型的配置有：

1. 功能完備的船舶操縱模擬機（主本船）加數台副本船

   配備有實船模擬駕駛台、綜合船橋及設備、大屏幕投影寬視場角視景、教練員站以及主本船加數台副本船之多本船系統（本船數量不限），本船與本船通過視景和電達圖像互見。

圖 12-22

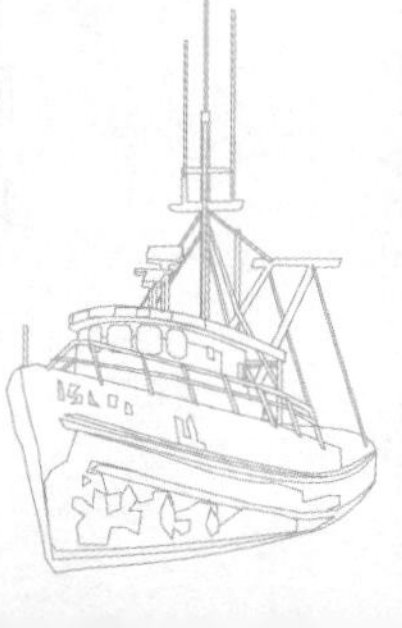

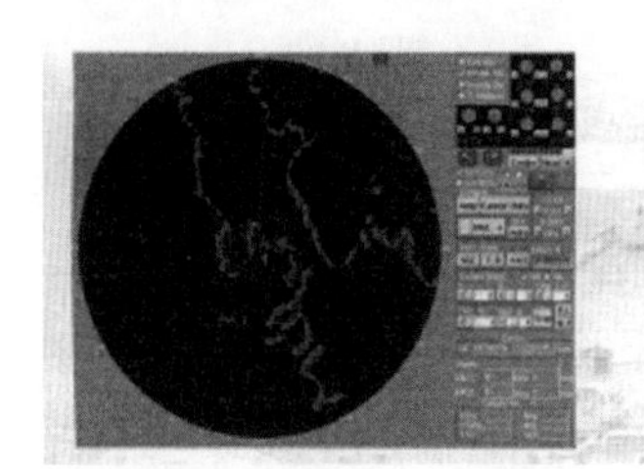
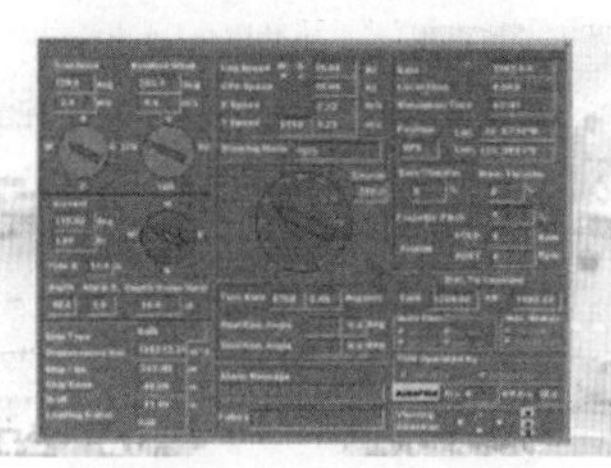
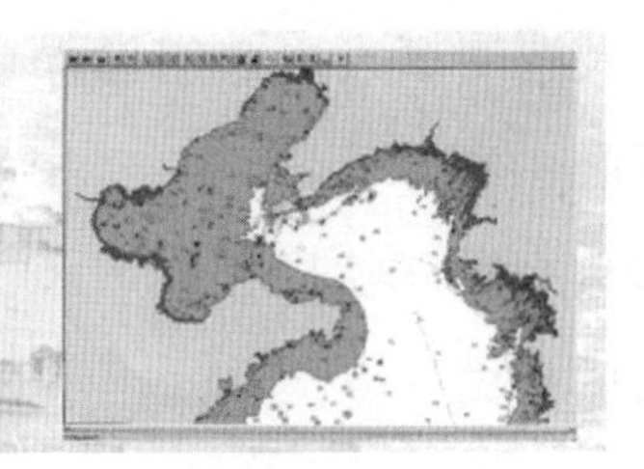

圖 12-23

2. 經濟型多本船船舶操縱模擬器

其配備有簡易駕駛台、綜合船橋及設備、多通道大視場角視景、投影機背投或電視、教練員站、多本船系統（本船數量不限），本船與本船通過視景和雷達圖像互見，既可作船舶操縱模擬器使用，亦可作雷達／ARPA模擬器使用。

3. 可攜式船舶操縱模擬器

可在筆記型電腦上使用，以電子海圖為背景之船舶動態顯示，不設操縱設備，由軟體操作面板表現俥、舵、錨、纜以及拖船操作。

（二）主要技術與功能

1. 船舶操縱數學模型包括不同種類、不同噸位之實船模型

其種類包括，雜貨船、散裝船、貨櫃船、油輪、客船與駛上駛下船。

2. 超大型船舶之模擬

為滿足超大型船舶操縱模擬之需要，船模中包括載重噸 8 萬、船長 250 公尺以上之超大型船舶。船舶操縱數學模式中包括影響本船運動的各種效應，包括主機、舵、側推器、纜、錨與拖船之控制、風與流等環境對本船之作用，碼頭與本船的相互作用，淺水效應、岸壁效應及船間效應。

3. 逼真的視景

全景依真實的物體建模，全部物體表面均貼有紋理，紋理由對該物體拍攝以後的照片經過處理後提供畫面更新速率最低不低於20張／秒。多通道大視場角視景，對功能完備的船舶操縱模擬器採用環形大屏幕投影，柔和邊緣融合無縫拼接。真實三維船艏，船頭與視景共同搖晃數學模型。真三維運動海面，與本船船速相對應之船艏浪花與艉跡。依航海習慣劃分能見度等級之霧景，日晝光照連續變化。目標船航行燈可見範圍、能見距離、助航設備中的

燈質、能見距離嚴格有關規則，採用獨創的數學模型與算法，確保燈光提供的信息準確無誤。

三、東京商船大學

東京商船大學之操船模擬機為，具有高精度及真實性呈現之綜合操船模擬機，其船橋之型式可依操船之不同而具有傳統型、整合型與船橋翼操作模式。其可模擬之船型包括貨櫃船、散裝船、油輪、LNG、LPG、雜貨船、小型高速船、PCC 與練習船等。而且每種船舶均可進行靠泊作業、狹窄水域運行與拖船作業等模擬。

此外，東京商船大學之操船模擬機可作為人為特質在操船方面之研究、船舶操縱系統之發展與評估、船舶操縱特質之評估、海難事故與安全評量之研究、狹窄水道航行與靠泊作業之訓練，以及整合船橋系統之訓練。

東京商船大學之操船模擬機之各項功能，如表 12-7 所示。

圖 12-24

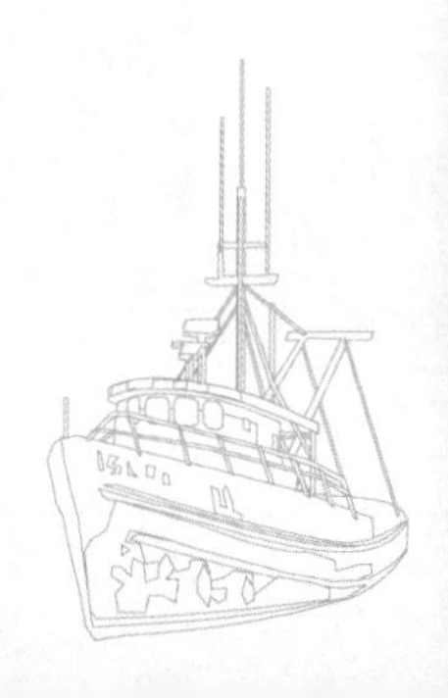

表 12-7 東京商船大學之操船模擬機之各項功能

功 能	規 格
畫像投影	半徑 7 公尺之圓筒形前投影。
視野角度	水平 225 度加後方視野，垂直 35°。
船橋尺寸	長 7 公尺、寬 3.5 公尺、高 2.5 公尺。
模擬之作業	大洋航行、沿岸航行、狹窄水道、入出港、夜間操船、能見度不良、淺水區、交通繁忙地區航行。
模擬船舶類型	貨櫃船、散裝船、油輪、LNG、LPG、雜貨船、小型高速船、PCC 與練習船。
最大模擬艘數	12 艘。
最大模擬他船數	256 艘。
主機與舵類型	單俥船、雙俥船、普通舵、特殊舵等。
音響效果	自船與他船汽笛、主機等音響。

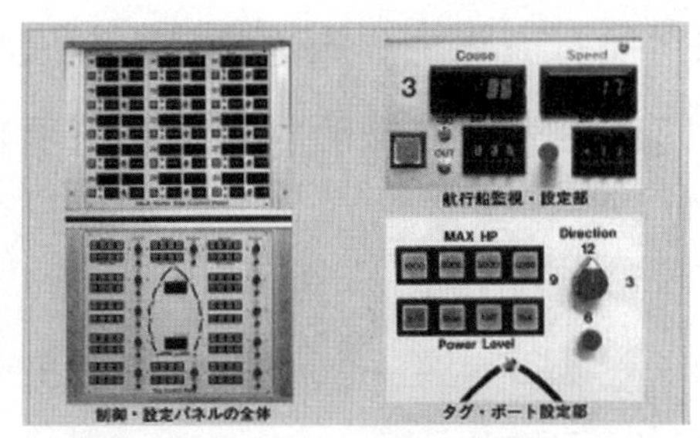

圖 12-25

第十三章 專 論

壹、船舶在沿岸港域行駛應有之考量〔註〕

一、前言

船舶為海洋運輸的主要工具，船舶安全航行為首要考量。船舶由甲地至乙地航駛過程中，由於端點區之港區沿岸水域之交通量及環境因素，給予操船者加大壓力。隨著船舶的大型化、專業化，以及海上船舶交通數量日漸增加，對於有一定限度的港灣，相對地操船水域變為狹窄，更覺得空間受到限制。因此，如何在港域沿岸安全行駛乃為當前航海者所需重視的課題。本文參考有關操船文獻與個人的海上實務經驗，提出沿岸航行及在港內船舶操縱應有的考量，期能予以航行各國的船長提供相關資料並相互切磋。對於基本的操船運動理論，非本文之重點，因此並不予以詳加討論。港內操船與引水人配合作業有關，船長與引水人之間的角色如何定位與扮演俾能圓滿達成進出港繫泊任務，亦是本文所欲探討之課題。

二、沿岸行駛之特殊運用

船舶沿岸行駛，運用各種定位方法及正確操駛以維持船舶在安全的航路上。沿岸航行除應顧及航程的時效外，當考慮足夠水深、避開淺礁及保持離岸安全距離。

在接近港口附近之沿岸，往來船舶交通頻繁密集，避讓海上目標在所難免。如何運用引航操船以達到航駛安全，是航海人員所應注意的課題。

〔註〕：本文發表於海技月刊第61/62期，中國航海技術研究會，民國88年5月。

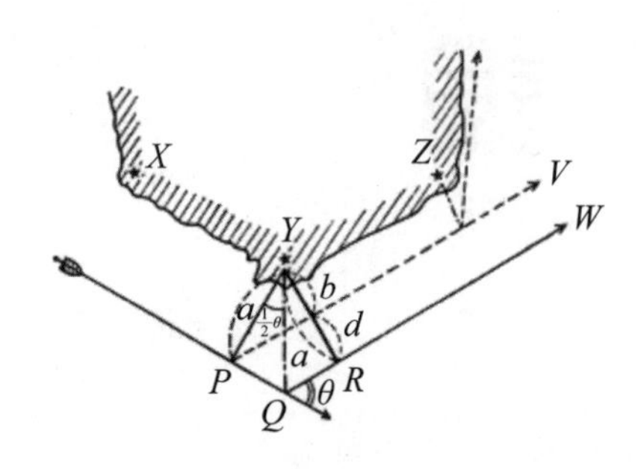

圖 13-1　正橫轉向距離減少量

1. 沿岸岬角等距轉向

沿岸航行，以岸上岬角做為轉向點，若欲保持轉向後安全離岸等距，則應避免目標在正橫方位時轉向。正確做法應在轉向目標過正橫後近1/2轉向角時，方操船轉向，如此才不至於使船舶趨近岸邊，如圖13-1所示。

PQ 為原航線（向），與下一航向的轉向角度為 θ。若船舶在 *Y* 點正橫時轉向 θ 角，則船舶 *PV* 航線行駛。正確的方法，應在 *Q* 點（即正橫後 $1/2\theta$）轉向 θ 角，則可維持在 *QW* 航線（向）上。

PV 與 *QW* 之距岸差，亦即轉向後與 *Y* 點的正橫差距

$d = a - b$，又 $b = a\cos\theta$

$= a(1 - \cos\theta)$

若多次轉向均以目標正橫為之，則最後航向對正橫目標之距離差距 $d = a(1 - \cos\theta_1, \cos\theta_2, \cos\theta_3, \cdots)$

例如轉向角依次為50°、40°、30°，最初之正橫距離為 5 浬，則最後正橫距離的減少量為 $5(1 - \cos50, \cos40, \cos30) = 2.87$ 浬，所以最後正橫距離為2.13浬。

同樣地若對單一目標，欲維持與目等距離分次轉向，若以正橫位置為之，則船舶將越趨近目標，如圖13-2所示。

圖13-3為對固定目標維持等距迴轉，所應採取的轉向方法（即目標在正橫後方 $1/2\alpha$ 角時轉向）。

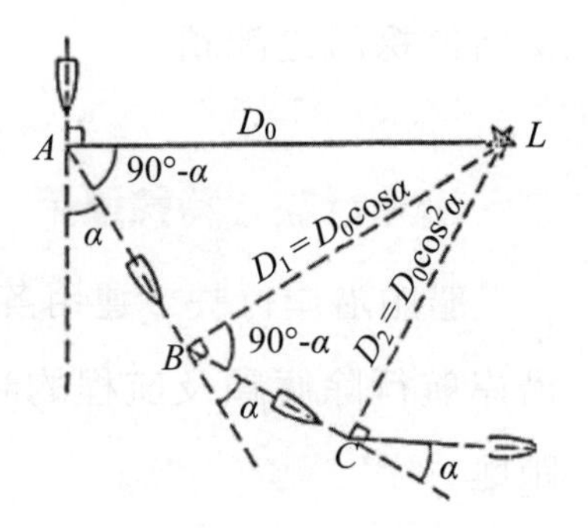

圖 13-2　分次對固定目標正橫主向之趨近情況

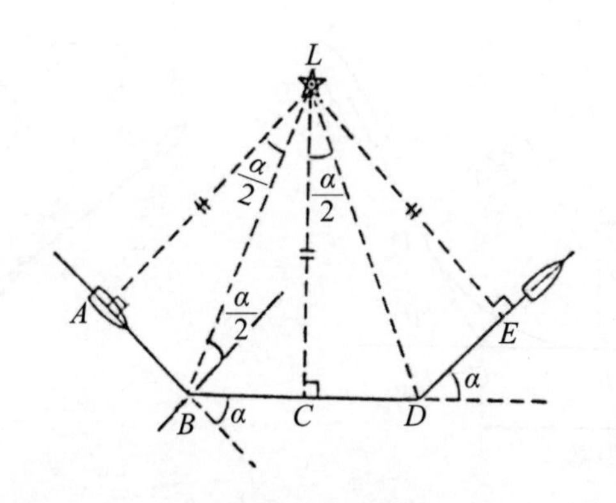

圖 13-3　固定目標等距轉向之方式

2. 離岸距離與航程關係

船舶沿岸航行，離岸距的大小，早期以安全水深及定位方便為考量，隨著航海系統的改進，定位已經不是首要考量。由於船舶大型化，高速化，因此航行空間漸次為離岸距離的考量。然離岸距離遠近自當影響航程，有時在接近目的港口時，為了配合船期，而在航路及航程上予以調整。航海者在安全操航範圍內，自應了解離岸遠近，所相對於航程距離的變化，以為航路規劃參考。

沿岸繞航時，船舶航駛距離，如圖 13-4 所示，在繞行角度之情況下，S 為外圈航路，s 為內圈航行，則

$$S = 2\pi R \times \frac{\theta}{360}$$

$$s = 2\pi r \times \frac{\theta}{360}$$

$$= \frac{2\pi}{360} \times \theta \times (R - r)$$

$$= 0.0175 \times \theta \times (R - r)$$

航程差 $= S - s$

依上述情況推得，船舶繞行沿岸，兩航路間之距岸差若為固定，則其航程的差異值，與離岸差距及初始與最終航向差角有關。

如圖 13-5 所示，甲、乙兩船由北向南，繞經南端岬再北上。沿途轉向多次，但甲、乙兩

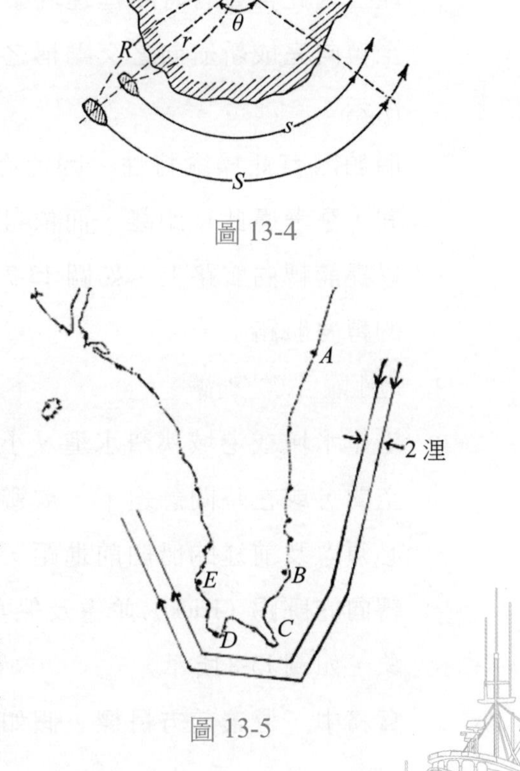

圖 13-4

圖 13-5

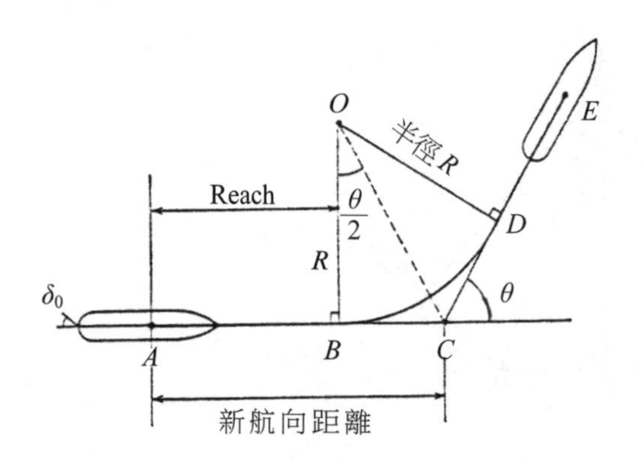

圖 13-6　前進距與新航向距離

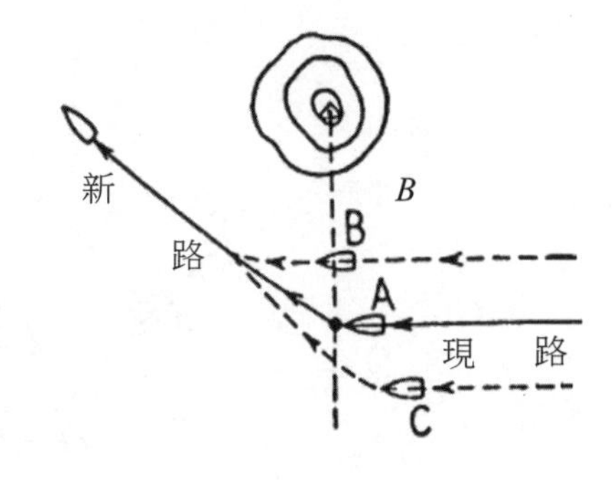

圖 13-7　轉向點與前進距

船的航路寬距（離岸距離差）保持2浬，初始並行轉向點 A 航向為190°，最終並行點E，航向為340°，則兩船從A點正橫至E點正橫之航程差距為：

$0.0175 \times (340-190) \times 2'$

$= 0.0175 \times 150 \times 2'$

$= 5.25$ 浬

3. 轉向之前進距

船舶在沿岸全速行駛，在轉向的軌跡中，由於操舵延遲及轉舵後的追蹤性能，因此常會有時間延遲現象。其直線航進部分稱之前進距（Head Reach），至轉向完成新航向之交點稱之為新航向距離（Dist to New Course），如圖 13-6 所示。

船舶因有此操縱特性，因此在沿岸轉向，或轉入特定水道時，其用舵的時間，應考慮此項距離，而依各船舶操船性能數據予以提前轉向航路上。如圖 13-7 所示，以維持在正確的轉向航路上。

4. 近距離目標之避讓

沿岸水域或港域狹窄水道，小船密集，在無足夠的空間，或在時間急迫下，欲避讓前方的船隻目標，必須慮及前述的船舶前進距，及善於運用船舶應舵轉向的艉踢（Kick）並慮及船身的橫移（Skid）等現象，如圖 13-8 所示。

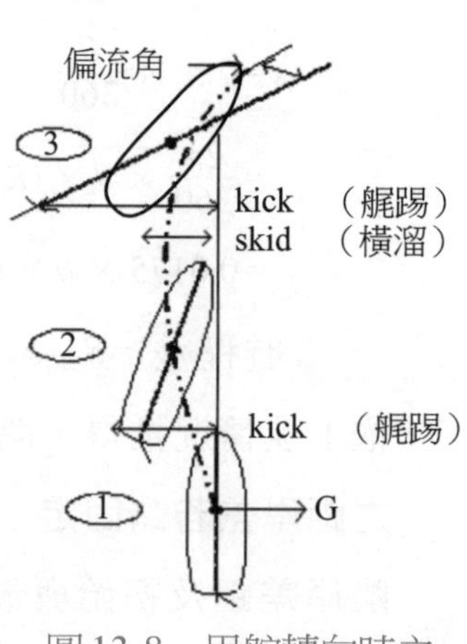

圖 13-8　用舵轉向時之艉踢與橫溜現象

實務中，避讓前方目標，假如距離在應舵轉向距離外，則依當時情勢，可用適當舵角讓船艏偏離目標。一俟船艏可安全通過目標，隨即反向滿舵，利用艉踢現象，船舶有如蛇行，緊急避開目標或危險物。

三、限制水域操船的影響

（一）岸吸與岸推

在狹水道或距岸壁、碼頭較近航行，如航速較高，將會出現船身趨向岸邊，同時產生船艏向外，船艉向岸強烈偏轉。航速越高，這種偏轉越大，壓反向滿舵也不易制止。其原因是船舶在狹水道靠任意一岸側航行時，其左右舷受到不均衡的水壓力。靠岸一側水流通過的截面減小，流速增大，水壓力比外側減小，船身便吸向岸邊。在此同時，近岸一側的船艏波為岸壁所阻擴散不開，一部分通過船底的水，因水淺不能暢通，內側水位勢必增高，壓力增大。而外側所排開的水，能從較寬的水面很快自由擴散，故水位相對較低，壓力小。內側的壓力大起排斥作用使船艏外偏，這種現象稱為岸推，如圖 13-9 所示。

在船艉，由於螺旋槳工作時，靠岸一側吸入流來不及得到補充，水位明顯下降，壓力減小，而外側水域寬濶，吸入流補充正常，水位相對較高，壓力亦增強，於是產生使船艉向岸推舵的壓力，稱為岸吸，如圖 3-9 所示。

岸吸與岸推正好形成一個力偶矩，使船舶發生偏位。在一側深另一側淺的傾斜河床上，同樣會發生偏位運動。船舶前進時，船艏偏向深水一側，後退時則相反。

決定船舶受岸吸岸推作用的因素：

(1)愈接近岸側航行，岸吸岸推的影響愈大。

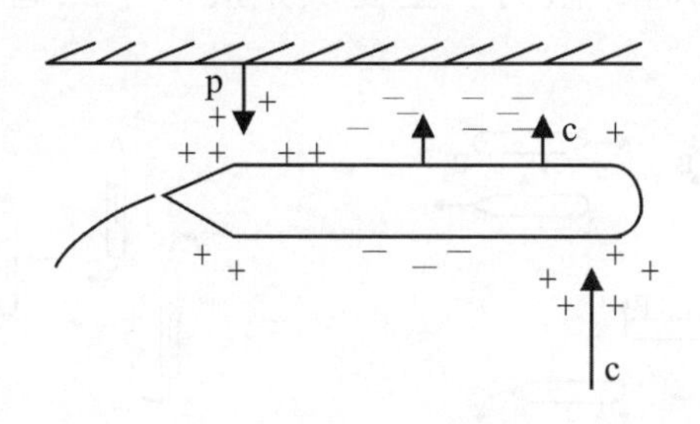

圖 13-9　岸吸與岸推

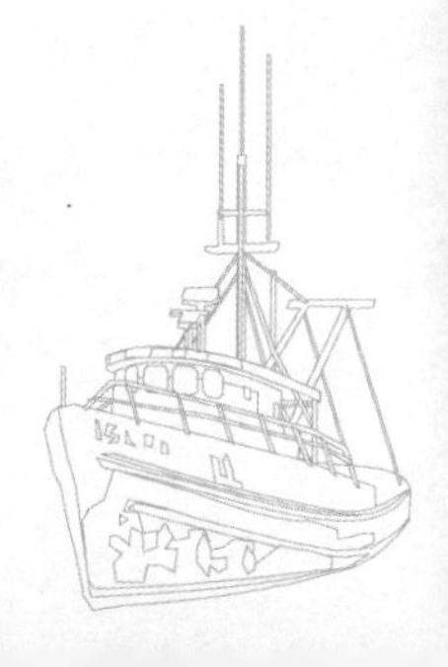

(2)航道寬度愈窄、水深愈淺，岸吸岸推的影響愈大。

(3)航速愈大或者肥胖的船型，偏位運動愈強烈。

（二）兩船間之交互作用

在限制水域中，兩船間互遇及追越過程，由於水壓的關係及高低壓區的相互干擾或相互吸引造成擠離或互吸現象。圖 13-10 為迎面相遇互過的情形。圖 13-11 為追越的過程。

兩船之間交互作用發生時，應注意事項為：

・接近的距離。

・接近的速度。

・同向影響較久。

・大小不同之船，小船易被偏離航向或主航線。

・被追越船宜停俥。

（三）淺水效應之影響

船舶航行從深水到淺水，這時船體下方的水深受到限制，水流只能分向船的兩旁流去，使船體下方及兩旁的水流速度和周圍的壓力發生變化，船舶表現與深水中航行不同的情況。

1. 淺水對船舶操縱的影響

（1）淺水對船舶速度的影響

研究船舶運動的速度必須研究水的阻力。船舶運動時，當水深變淺，船舶所受的阻力增加，船速也同時降低，給船舶操縱帶來了一定的困難。船舶在淺水區運動時的阻力，主要決定於以下三個方面：

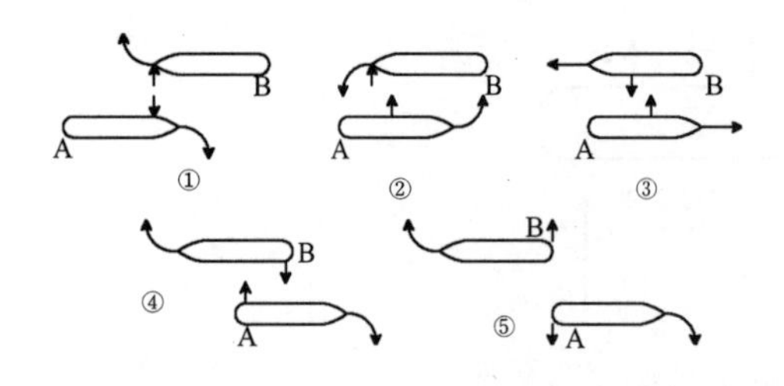

圖 13-10　兩船迎面互過之交互現象

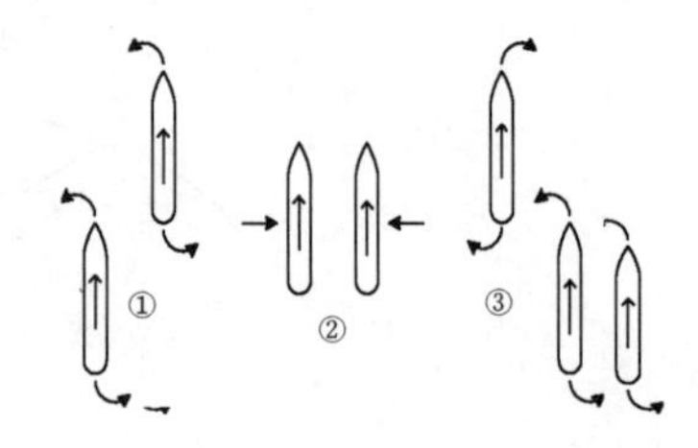

圖 13-11　追越時之交互現象

- 淺水中摩擦阻力的影響：主要是水深 H 與吃水 d 之比和航速的關係。水深越淺，摩擦阻力越大。一般船舶當 $H/d<2$ 時，即產生明顯的淺水效應，當水深超過一定數值，即 $H/d \geq 4.146$ 或 $F_r = V/\sqrt{L \times g} \leq 0.15$ 時（F_r：傅汝德數（Froude's Number），L：船長，g：重力加速度），則水深對摩擦阻力無影響。
- 渦流阻力的影響：船舶前進，在船艉部形成渦流，消耗了部分主機功率，使船速減低，但與深水相較，在總阻力中不占主要地位。
- 興波阻力的影響：船舶在淺水中航行，水深限制了船波的水質點作圓周運動的空間，也增加了興波的能量消耗，因此興波阻力增大。在淺水中當船速 $V>(0.3 \sim 0.5)\sqrt{gH}$ 時，其興波情況與深水比較有了差異，即在淺水中其發散波逐漸靠向船舶運動的垂直方向，使興波的範圍逐漸擴大。當 $V>0.9\sqrt{gH}$ 時，其發散波急劇靠近垂直方向。當 $V=\sqrt{gH}$ 時，則航速達到相當於該水深的移動水波波速，此時發散波與橫波合成為巨大的橫波而隨船前進，使興波阻力達到最大值。若 $V>\sqrt{gH}$，因淺水波移動速度不可能超過臨界速度，橫波不能隨船前進，興波阻力反而較深水中減小。但一般船舶很少超過 $\sqrt{gH}$ 的速率。

經驗得出，當 $H/d \leq 1.5$ 時，淺水影響特別顯著。若 $H/d \geq 3$時，對於船速幾無影響。

（2）淺水對船舶下沉量及艉縱傾的影響

當船在靜止狀態時，其重力全部由靜壓力（浮力）所支持，此時動壓力為零。當船在運動時，由於動壓力增加則靜壓力必定減小，也就是說，此時浮力減小，為了抵消所減小的浮力，船必須增加吃水來補充浮力之不足，所以船在淺水區航行時，船的吃水必定增加，或稱下沉。

船在淺水中航行，由於水底與船底間通過的水流斷面減小，引起的船底下面的流速增大，壓力下降，使船體下沉，同時航進中水深限制了船波的水質點正常運動，而形成橢圓形軌跡，波長增大，波速變慢，興波加劇，使船身近處水位下降。當水深接近於吃水，即 $H/d<1.5$ 時，船體下沉量更為明顯，如高速航行，將會產生吸底現象。此即傅汝德係數 $Fr=\dfrac{V}{\sqrt{L \cdot g}}>0.25$

時，船艏突然停止下沉，相反地顯出尖端的變化曲線，急速地開始上浮。船艉依然繼續下沉如下圖 13-12 所示，這就是所謂的 Squat。

船艉下沉量可用下式估算：

$D = V \times 5.2\%$

式中　D：船艉下沉量（M）

　　　V：航速（kn）

（3）淺水對舵效的影響

船舶在淺水區航行，因船速下降，船底水斷面減小，排出流流向紊亂，伴流的作用加強，以及船艉高壓區作用，這些因素造成舵力的減損。

在淺水中用舵迴轉時，其迴轉角速度明顯降低。根據模型試驗結果，當 $H/d = 2$ 時，迴轉角速度降低為深水的 85%左右；$H/d = 1.25$ 時，迴轉角速度為深水的 50%左右。

在淺水中的旋迴直徑，要比深水中大，根據試驗，當 $H/d < 2$ 時，旋迴直徑將急遽增大；$H/d > 4$ 時，則無多大影響；當 $H/d = 1.4$ 時，其旋迴直徑為深水中的 1.5 倍。

故船舶進入淺水區後，雖然用了舵或加大了舵角，船頭往往是遲遲不肯轉動，一旦轉動了又難以穩住。

（4）失舵

船艏自動向某一舷偏轉的現象，稱為「失舵」。有時用滿舵也不能有效地控制。

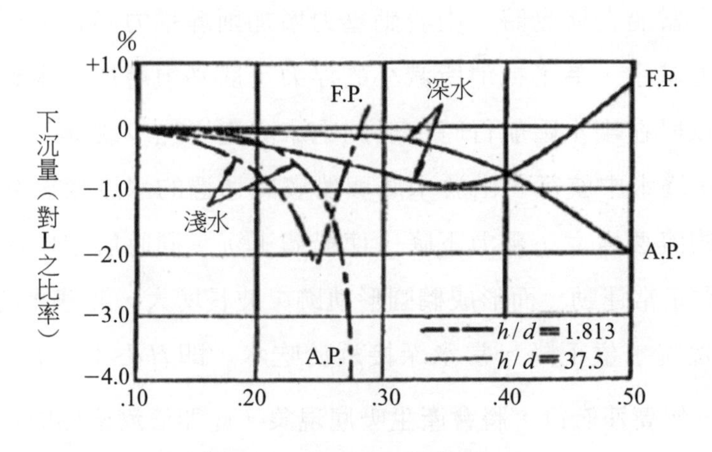

圖 13-12　Froude's Number

船舶沿淺水邊緣行駛，船艏向兩側排水前進，在艏部形成高壓區。由於兩側的水深條件不同，排向外側即深水一側的水能自由擴散，但淺水一側面擠高，產生了一個附加的壓力，使兩側水的反作用力不等，其作用點在重心之前，構成偏轉力矩，推動船艏向外側偏轉。因此，淺區一側水深愈小，失舵愈顯著。航駛過程中，當發現失舵時，操舵者不應用反舵將舵壓滿，應讓其順勢，這將有利於船舶回到深水區，防止發生擱淺。

2. 船舶駛入淺水區的現象

船舶航行誤入淺水區，與深水區航行相比其異常現象為：

(1) 興波和水花聲音減小。

(2) 航速下降。

(3) 船身下坐。

(4) 船體震抖。

(5) 螺旋槳排出泥漿水。

(6) 船艉出現明顯追跡浪。

(7) 舵不靈，航向不穩，或向某一舷跑舵。

3. 淺水中航行注意事項

（1）正確選擇航速

淺水區航行應慢速航行，或選擇淺水效應對船舶操縱影響不大的速度航行。

（2）保持正平無傾斜

淺水或限制水域，船舷側水壓力，對保航慣性及舵效影響甚大。船身調正，可保持水壓平衡。

（3）保持在航道中央航行

如靠一側航行，必須用適當的內舷舵，亦可保持與航道平行安全通行。

（4）防止吸底和損壞俥葉

在通過餘裕水深不大的水域，必須使用低速航行。尤其平底面線型豐滿船舶，當水深小於吃水的1.5倍時，淺水效應極為顯著。如航速較高，則可能導致吸底或俥葉損壞。

（5）防止浪損

淺水區航行掀起的船波，尤其是快速或大角度轉向時，艏、艉的橫波疊加成高陡的波峰；波浪的衝擊發散，對他船將可能造成浪損。

（6）緊急措施

船舶在淺水區域航行，應備便錨且不斷測深，當水深危及安全，即某一舷出現淺水效應時，應停俥、穩舵。如受偏轉，應用大舵角，勇敢用俥以修正之。

四、港域自力操船之條件

船舶在水中行駛或運轉，除了操船者對於船體運動的認識外，船舶本身的基本操縱性能為主要考量因素。此外，操船者對於風潮、狹水道與淺水效應的影響，航海法規的遵守與當時周遭環境，均應予以綜合判斷，如此方能安全操駛船舶。圖 13-13 說明自力操船中，對於操船者而言，所需具備的相關資訊條件及其相互關係：

（一）本船之操縱性能

船舶在港域內行駛，因港內水域狹窄，航行條件受到限制，一般都保持低速度行駛亦即港內速度（Harbour Speed），也是保持可以控制船舶的速度。這樣，一方面有利於維持舵效保持航向，另一面又可以配合使用停俥、倒俥來調整船舶的慣性衝距。因此船舶主機之馬力，倒俥狀況及舵效良否，乃基本的先決條

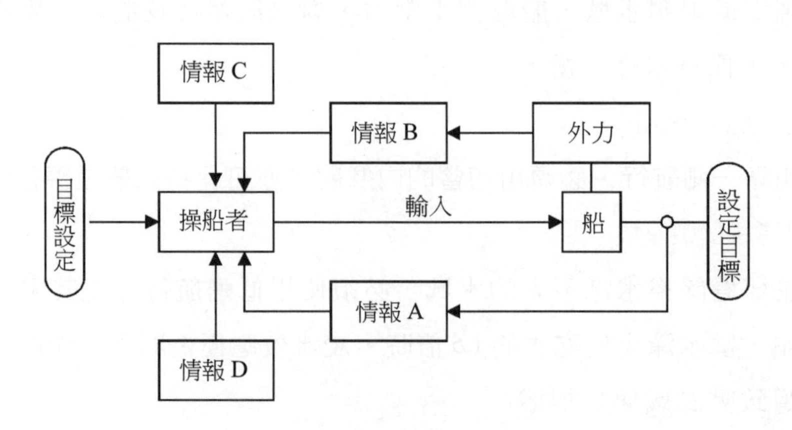

圖 13-13　操船者所需資訊及作動流程

件。IMO在A.751（18）號決議案中（參見附錄）對於船舶操縱性能中之迴轉性及追蹤性有所規範。一般從其迴轉性能指數（K）及追蹤性能指數（T）之大小，即可了解船舶的操縱性能。如圖13-14所示。

A：表追蹤性良好（T小），迴轉性良好（K大）

B：表追蹤性良好（T小），迴轉性不良（K小）

C：表追蹤性不良（T大），迴轉性良好（K大）

D：表追跡性不良（T大），迴轉性不良（K小）

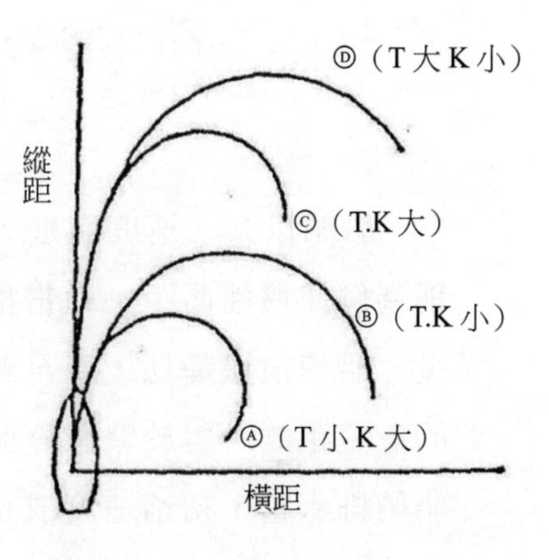

圖 13-14　船舶操縱性能指數 KT

（二）船舶噸位與載重

隨著海洋工業的發展，船舶已趨向大型化。船舶噸位愈大，所需的操船空間相對增加，在開濶的海域，操縱大型船舶，正確的使用俥舵，自力操船尚無困難。然而在水域空間受限的港域環境，要確保安全，只靠自身的俥舵性能，除小型船舶總噸位小於3000者外，恐難達成。尤其是大角度迴轉及繫泊船席。又慣性停船及緊急停船，對於大型及重載船舶而言，除了船舶偏向不易控制外，其停船距離亦與排水量成正比。

（1）停船慣性衝距

船舶以某一速度航行中，從停俥開始到對水運動停止的滑行距離稱為停俥慣性衝距，即船舶在全速或慢速前進中，操縱主機停俥後船速將逐漸變緩，直至對水運動停止。船舶停俥慣性衝距因船型、航速、排水量的不同而有所變化。一般沿岸港域船舶快俥前進，停俥慣性衝距為 5～7 個船長。慢俥前進時的停俥慣性衝距為3～4個船長。船舶減速到任意速度所需要的時間及衝距，可用下式計算：

$$t=0.01029\frac{WV_o^2}{R_o}\left(\frac{1}{V}-\frac{1}{V_o}\right) \quad s=0.375\frac{WV_o^2}{R_o}\log\left(\frac{V_o}{V}\right)$$

式中　R_o：初速時船舶受到的阻力（kN），V_o－初速度（kn）

W：船舶排水量（M/T）

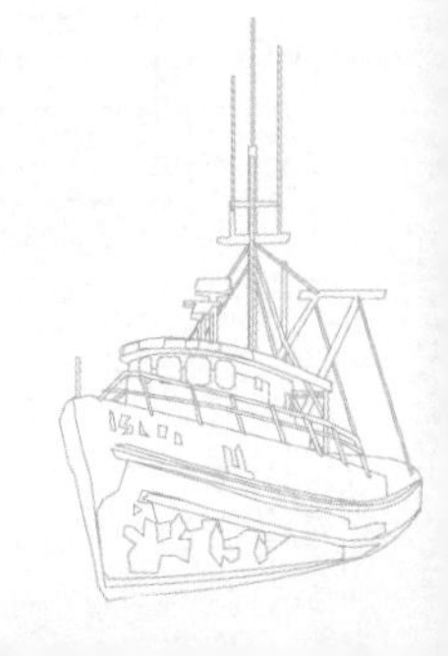

V：船舶減速之任意速度（kn）

t：時間（min）；s－衝距（M）

（2）倒俥慣性衝距

船舶以某一速度航進，從操縱倒俥開始到對水運動停止的滑行距離，稱為倒俥慣性衝距。通常指由全速前進或慢速前進中，操縱主機全速倒俥後，船速很快降低，直至對水運動停止。這種倒俥慣性衝距，是船舶制動的最短距離，對於緊急停船以保證操船的安全極為重要。倒俥慣性衝距與船舶排水量、初始速度成正比，與主機倒俥功率成反比。一般船舶快俥前進，其衝距約為4～5倍船長。如慢俥前進，其衝距約為1～3倍船長。倒俥慣性衝距可用下式估算：

$s=\frac{1}{5}V_o t$　式中s－最短衝距（M）；

或$s=0.1323\frac{WV_o^2}{A}$　V_o－初速（主機倒車前的船速kn）；

t：時間（s）

W：排水量（M/T）

（3）慣性衝距的調節

船速控制與改變航向、保持航向皆為操船基礎。操船者必須充分了解該船加、減速性能，以便安全而有效地進行船舶操縱。

船舶在港域操船，因港內狹窄，往來船舶及小船眾多，航行條件受到限制，一般皆保持低速行駛。亦即保持可以控制船舶的速度行駛。如此，一方面有利於維持舵效保持航向，另一方面又可以配合使用停俥，倒俥來調整船舶的慣性衝距。港內俥速的控制一般標準如下表13-1所示。離船席前多少距離應降至半速、慢速及停俥，隨船舶排水量的增加而有所不同。

表13-1　距岸距離俥速之使用時機參考表

排水量	停俥（m）	慢俥（m）	半速（m）
<3000噸	500～800	800～1,300	1,400～2300
3000～6000	800～1200	1,300～2,000	2,300～3,000
6000～20,000	1,200～1,800	2,000～3,000	3,300～5,000
20,000以上	1,800以上	3,000以上	5,000以上

（三）船舶有效領域與環境天候因素

1. 船舶有效領域（Effective Domain）

在海上交通工程研究中，對於航行風險指標模式為：

$N_j = f$（交通密度）$\times f$（水文因素）$\times f$（環境因素）$\times f$（小船數量），而交通密度＝潛在會遇數／可航空間。可航空間乃指兩船舶在一水域會遇時，可以用來運轉的航行空間。船舶有效領域為「大多數後繼船舶的航海者，避免進入前一艘航行船舶的周圍領域」。

日本學者藤井（Fuji），在船舶交通工程中，論及在需要減速航行的港區內以及狹窄水道（海峽）的船舶領域範圍為縱向6倍船長，橫寬1.6倍船長。因此港區水域的大小、航道之寬窄及交通密集度（特別是港內往來小船），皆影響到安全有效空間，以及在其採取避險行動時，能否在自力操縱下，完全予以安全控制。

2. 環境與天候因素

(1) 港內的交通狀況，小船的多寡及行駛秩序。

(2) 碼頭／船席的硬體規劃及布置。如楔形船席（Slip）及ㄇ型船席則不易進靠。

(3) 天候狀況；船舶乾舷影響受風面積，輕載船在四級風以上，重載船六級風以上，則難以在低速下用俥舵效能保持航向。

計算橫向方面來風所受之力，可用下列簡易式估算之：

$$F_w = 0.076 \times A \times (V \times \sin\theta)^2$$

式中：

F_w：船舶所受之力（kg）

A：受風面積（m^2）

V：風速（m/sec）

θ：風向與艏艉線夾角

若是正面來風，則 $F = 0.05AV^2$（A 為正向面積）。

(4) 潮汐落差大及流水強的港口及航道，在低速航行操駛時，難以保持在既定航道上。有時艏艉受流的不同，造成船舶的偏轉，因而造成危險。通常橫向流速大於1節時，在港域操船，由於為了抑制平衡的結果，往往船速過快，容易造成危險的慣性衝距。

正橫受流壓力，可參考下式估算之：

$F_c = f \times L \times d \times V^2$，

式中 F_c：正橫受流壓力（Ton）　f：水深／吃水比係數

L：船長（m）　f_1：0.0387（1.1 倍水深）

d：平均吃水（m）　f_2：0.0193（2 倍水深）

V：流速（kn）　f_3：0.0161（3 倍水深）

（四）足夠之餘裕水深

餘裕水深不是單考慮船體下沉量與俯仰差之變化即可。港內之操船在極低速行駛時，不需考慮下沉量餘裕水深。離靠岸時船體與碼頭間之水需有自由在船底川流之餘量水深，及考慮在投錨時船底不為錨爪破損所必須之餘裕水深。至於港口外之一般航道之餘裕水深應考慮船體的下沉及船舶之操縱性－此即受淺水影響舵效的降低。一般而言，相同速度下 H/d（水深吃水比）等於 2.5 時，迴旋直徑只增加 10%，但若 H/d 小於 1.5，淺水影響急速增大，$H/d=1.25$ 時，其迴旋直徑將增大約 70%。

針對上述原因，推定各吃水情況下之餘裕水深如下表所示：

吃水（m）	11.0	14.0	15.6	17.0
餘裕水深（m）	1.40	1.50	1.60	1.65

依日本全國引水區引水人的問卷調查，對於餘裕水深的要求，其結果之平均值亦接近 10%。此即表示推定值與經驗數值一致。

實用上之標準數值其選定如下：

港內水道，以其吃水之 10% 為餘裕標準。

於抵岸點，應考慮併合一般船舶之實際情況。

- 吃水小於 9 m 者，以吃水之 5% 為餘裕。
- 吃水小於 12 m 者，以吃水之 8% 為餘裕。
- 吃水 12 m 以上者，

（五）錨之有效使用

錨為船舶必備的設備屬具，亦是船舶操縱中與主機動力（推力器）及舵並列之船舶自身性能重要項目。錨除了在港域停船碇泊功能外，在港內操船中亦具下列功用：

- 迴轉調頭。
- 減速與停止船舶前進速。
- 制止風壓及水壓流造成的橫移。
- 拖錨行駛保持航向。
- 繫泊時緩和船體的動能。
- 緊急下錨，避免碰撞或擱淺。

依力學原理，用錨制止船舶所需的力量，可用下列公式表示之：

$$F=ma=\frac{W}{g}\times\frac{V^2}{2S}$$

式中 W：排水量（M/T）

V：船速（m/sec）

S：制止距離（m）

g：重力值（9.8m/sec^2）

1. 錨之抓著力

$P=P_A+P_C$（P_A：錨之抓著力，P_C：錨鏈之抓著力）

$P_A=W\times\lambda_a$（W：錨在水中重，λ_a：錨之抓著係數）

$P_C=W\times\lambda_c$（W：錨鏈在水中重，λ_c：錨鏈之抓著係數）

錨與錨鏈在水中之重量，以其比重值比數（0.875）推定之。錨重對抓著力所能承受之負荷，依英國勞氏驗船協會之檢查與檢驗，提出之報告有如下表所示：

錨重（噸）	1	5	10	30
承受負荷（噸）	20.3	67.4	97.1	140.0

表中雖以錨重之承受負荷表示，然在船體設備規範中，錨重與錨鏈之規格自應成一定的相對比值。

兩者之抓著係數依使用狀態（停船錨泊或拖錨停航）不同及底質不同而有所差異。

抓著＼底質	軟泥	硬泥	砂泥	砂	貝砂	砂礫	岩石
錨之抓著係數	10	9	8	7	7	6	5
錨鏈之抓著係數	3	2	2	2	2	1.5	1.5

（1）一般停船錨泊

僅受風壓及水流之影響，錨及錨鏈之作用為抗阻性，其相關係數如上表所示：

（2）拖錨狀態

船舶以緩慢速度行駛，其前進力為 T 噸前進下錨後，船舶狀態之變化可有下列三種：

第一種：拖錨隨船移動，即 $T>P(P_A \times \lambda_a + P_C \times \lambda_c)$

第二種：拖錨移動之界線，即 $T=P$

第三種：拖錨後抓海底，即 $T<P$

下列表中為日本工業協會（JIS）所列拖錨狀態下錨及錨鏈之抓底係數。

錨之抓著係數（λ_a）	
狀態	抓著係數
泥質土	2-3
砂質土	4-6
拖錨中	1.5

錨鏈之摩擦抵抗係數（λ_c）		
狀態	泥質土	砂質土
拖錨直前	1.0	0.75
拖錨中	0.6	0.75

2. 拖錨阻力與水深之關係

拖錨之阻力雖不易觀察，但亦可依上述之方式計算其抓著力。港內操船，因水深及錨鏈長度之不同，其阻力亦不同。在《港內之操船》書中，所作的平均實測值，有如下的記載：

	水深	錨鏈長	水中之錨鏈長	錨之阻力	錨之阻力
		水深		拖錨	錨在水中之重量係數
1	13 m	1.5 倍	19.5 m	0.80 Ton	0.76
2	13 m	2.0 倍	26 m	1.23 Ton	1.16
3	13 m	2.5 倍	33 m	1.72 Ton	1.6
4	13 m	3.0 倍	39 m	2.14 Ton	2.0
5	13 m	3.5 倍	46 m	2.56 Ton	2.4

此數值為經數次實驗之平均值，但亦可知其概略之值。拖錨之錨阻力與本船之後退力可作約略比較

今以小型船（2000 噸左右）及中大型船（7000～10000）為例，說明錨鏈長度／水深比與錨之阻力之關係。表 13-2 為兩者的比較情形。

3. 拖錨前進距離

船舶調頭或駛向船席繫泊或緊急停船時，拖錨減速是常用的方法。錨拋出後將拖錨滑行一段距離才能停住，掌握拖錨滑行距離和確定拋錨時機是操船舯的重要環節。

拖錨行駛的距離和當時的船速（餘速）、排水量、錨的抓著力有關，在實務操作中，應測定本船不同載重、不同餘速及不同鬆鏈長度情況下的拖錨行駛

表 13-2　小型船與大型船用錨比較表

鏈長與水深比	小型船（2000 噸左右）	大型船（7000～10,000 噸）
拖錨之水中錨鏈長度為水深 2.0 倍（港內水深為 10 m 相當於 One Shackle outside）時。	錨之阻力相當於半速後退力。	錨之阻力相當於極微速後退力。
拖錨之水中錨鏈之長度為水深之 3 倍（相當於 One Shackle in Water）時。	錨之阻力相當於原速之後退力。	錨之阻力相當於略微速之後退力。

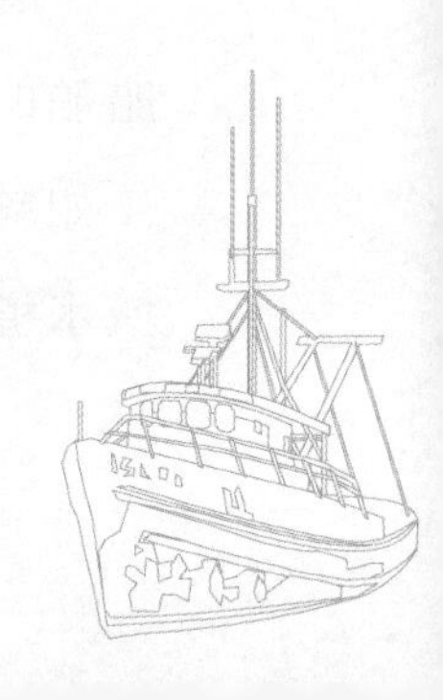

距離，也可參考下列公式估算：

$$S=0.0135\times\frac{W\cdot V^2}{T}$$

式中　S：行駛距離（M）

W：當時排水量（M/T）

V：拋錨時的船速（kn）【上式適用於餘速在3kn以下】

T：錨之阻力（抓著力/Ton），噸

T之計算，可以前述表中之錨重和水深／鏈長之比值中估算求得。

【例1】

某輪排水量3800公噸，船長115公尺，當船速1.5節時準備拖錨減速靠碼頭。水深12公尺，錨重2公噸，預計拋錨一節下水，求：落錨點行駛距離。

$T=$ 錨之阻力

$=$ 錨水中重量 $\times 1.6$

$=2\times 0.875\times 1.6$

$=2.4$ 噸

$$S=0.0135\times\frac{3800\times 1.5^2}{2.4}$$

$=48$M

4. 拋錨協助操船注意事項

(1) 選擇用錨：依操船上的需求，而選用何舷錨。風流來自同舷，則拋上風或上流舷側錨。調頭操船拋內側錨。單在狹窄航道調頭，可拋與旋轉相反方向的錨。抑制艏偏向，則拋另側之錨。

(2) 以緩速為原則：船速太快，錨鏈會因錨抓底突然受力以致破斷。

(3) 適度鬆鏈長度：短迴旋以2～3節為度。拖錨航駛以1節在水或3倍水深為度，以免錨抓底拖力行進而致斷鏈。

（六）橫向推力器之使用

橫向推力器（Side Thruster）。雖然並非船舶自力操船的必備條件之一，亦非船舶的必要動力裝置。然為了追求營運效率，目前新造的貨櫃船及特殊用船舶（如駛上駛下船、渡輪及液化油品船）均裝置橫向推力器。對於離靠碼頭及港域水道中行駛，發揮極佳效果。

對彎靠較落後的國家，在無拖船可協助之情況下，可自行離靠碼頭，因此在營運上不受港埠條件限制。對於定期航線的船舶，由於船舶配置足夠馬力的橫向推力器，在進出港作業上，頗具安全與經濟效益。

1. 艏／艉側推器

橫向推力器分艏側推器（Bow Thruster）與艉側推器（Stern Thruster）。基於成本及作業效益考量，通常僅裝置艏側推器。然新近建造的巨型貨櫃船及客輪，艏艉均裝置橫向側推器甚至雙套配備，且其馬力可達3,200匹。具備如此大馬力艏艉橫推器的船舶，在港域低速情況下操船及離靠碼頭自然更容易掌控。

由於船體的流線設計關係，艏側推器其出力作動效果，較艉側推器佳。

2. 橫向側推器之功能及限制

(1) 施力在艏艉端點，能有較大的橫向及迴轉力距。

(2) 以垂直角方向施力，達到最佳效能。

(3) 隨時可操控，無時間延遲現象。

(4) 低速前進或後退時，可用來穩定艏向。

(5) 馬力足夠時，可節省拖船費用。

(6) 由於橫向垂直作動，因此在有船速情形下，其效能將大幅降低。

(7) 必須有足夠水壓，吃水需超過橫向推力器上緣50 cm以上。

3. 使用橫向側推器注意事項

(1) 靜止中使用艏側推器，有些微前進力量。

(2) 離靠碼頭時，使用前應確定纜繩或其漂浮物清爽無礙。

(3) 勿過於相信其最大出力，風壓大時，仍應請拖船協助。

(4) 與俥舵併用時，應注意正確作動方向，否則將弄巧成拙。

五、拖船之運用

船舶大型化使得港域益形狹窄，船舶運轉之自由度受到限制。加上港埠營運追求效率，船舶在港內進出作業時間不容耽誤，同時也為了在任何天候下，船舶皆能安全在港區內行駛與繫泊。因此除小型船舶能自力操航者外，一般船舶大都需要拖船協助，完成繫離作業，安全進出港口。

（一）拖船之使用

1. 施力點之平衡

在自力操船舯，由於受諸多外力，如風、流、舵槳、舵效應及慣性之影響，需要另一力點以平衡之，或者增加受力的大小與方向。在此情況下，拖船的正確使用至為重要。在正常情況下，頂推比拖拉作業較具效果。

2. 迴轉方向與航跡

①靜態中施力迴轉

船艏一方面向右迴轉，船體本身亦向右偏移。

②前進中施力迴轉

(A)拖船推頂右舷船艉，艏向右偏轉。艉向左偏離原艏艉線。船身左移，向右偏轉。

(B)拖船拖拉右艏，艏向右偏轉，艉保持在艏艉線右側。船身右移，向右偏轉。

③頂流中迴轉

(A)拖船右艉推頂，上推之力與流抵消，船身可原地向右迴轉。

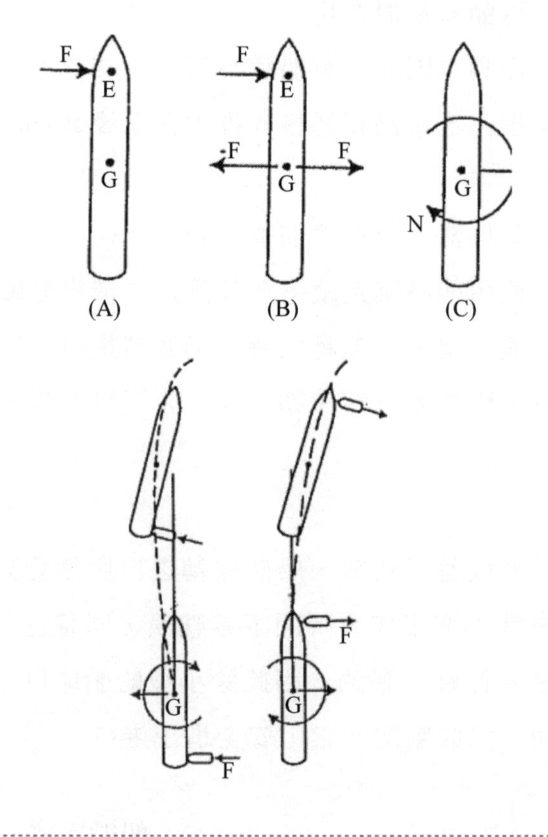

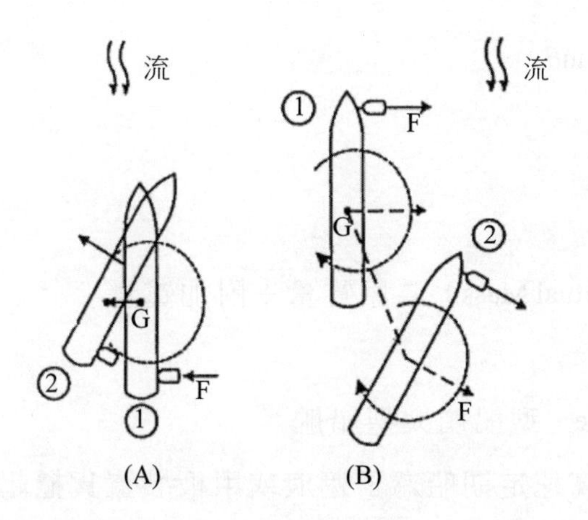

(B)拖船右艏拖拉，拖船之施力使船向右偏轉。流之力，壓船身往下，合力使船身向右下方偏移。

3. 艏艉配置拖船

①拖拉迴轉：艏艉拖船施力方向相反，可在短時間內達到幾近原地迴轉效果。

②同力同向之拖拉：艏艉拖船均以θ角度施以F之力拖拉船舶。由於船舶在水中移動，橫向阻力與縱向阻力不同，因此其合力的方向為：

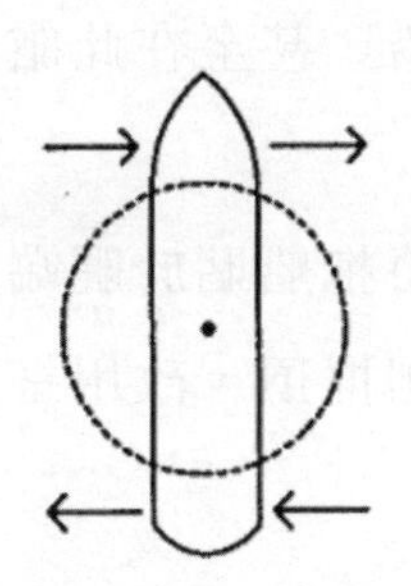

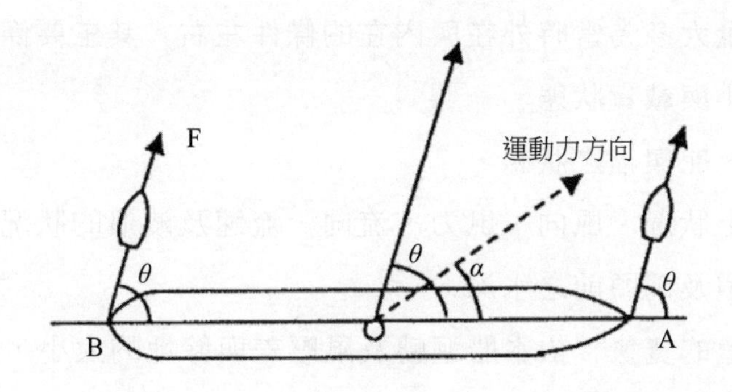

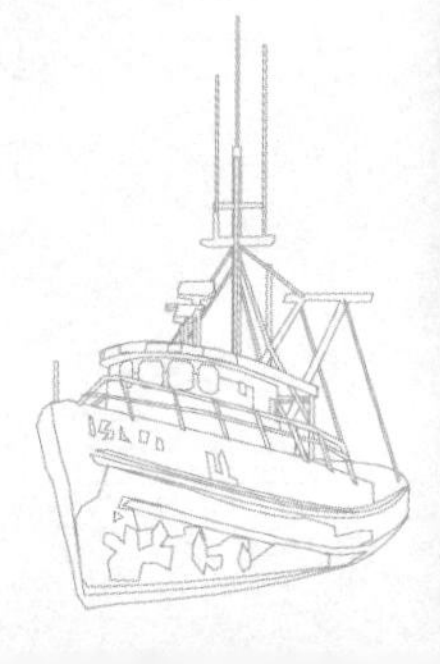

$$\tan\alpha = \frac{k_x}{k_y} \times \tan\theta$$

α：合力方向角度

k_x：縱向虛增質量

k_y：橫向虛增質量

※虛增質量（Virtual Mass）為原質量＋附加質量

4. 特殊船舶之拖船配置

①舷緣外傾（Flare）型船艏大型船舶

部分貨櫃船或高速定期船為了遮浪或甲板裝置貨櫃起重機，有的將其船艏艉旁形如航空母艦式般大大地向外張。這外張一直達到第二艙後部。通常拖船是帶於第一艙邊，但此類型船舶因拖船之桅桿會觸及外舷之船艏舷側或推頂時無施力點，因此必須退至帶於第二艙。在此情況下，船艏拖船所施的迴轉力減弱，必須依賴船艉拖船的迴轉力。因此船艉拖船必須能靈活操作，且後退力不亞於前進力。

②大型重載船

此類型船舶慣性力強，為抑制倒俥時船艏過度偏向。船艏拖船應配置較大馬力者。一些海岬型散裝船，甚至在此艏部配置兩艘以上大型拖船。

③俥舵暴露或沉潛

船艉吃水深或及俥舵，應將拖船貼於艉端舷側推頂，較具迴轉力。若俥舵露出水面，則不宜艉端舷側推頂，改用拖拉方式。

（二）拖船所須數量及馬力

1. 所須拖船決定方法

拖船之需要量大多為當時外在與內在的條件左右。其主要條件如下：

①本船的大小與載貨狀態。

②本船主機、舵與錨之狀態。

③天氣與海上狀況、風向、風力、流向、流速及波浪的狀況。

④錨地、航道及碼頭前之水深。

⑤錨地及航道的寬狹：依本船迴轉及風壓差與餘地的大小，必須改變所準備之拖船數量。

2. 拖船所需馬力

上述條件將增減諸抵抗，因此為了安全操縱本船必須能應付這些抵抗之足夠拖船，即決定拖船所須之量。決定拖船馬力有直接關係者為：

①拖航抵抗：當時因本船排水量之阻力，因船底污髒之阻力，風壓、流壓及淺水效應等之合計阻力。

②風壓、流壓：對本船進行方向的風壓、流壓已被併入前項的拖船阻力，本項所提的，乃對本船橫方向之風壓與流壓；因受橫壓影響所須準備足夠應付之拖船。

③補助本船迴旋之力量：增強本船之舵力，如果本船舵失效時，直接使本船迴轉之力量。

④橫移本船時之阻力：即將本船推靠碼頭時所發生之阻力。橫移滿載的大船時，其橫移阻力最大。

3. 拖船馬力依任務性質區分

操縱本船時為克服各種阻力所必要之拖船，可概分其任務如下：

①拖進本船及止其衝力之拖船（本船主機可用時不須拖船）。

②支持橫向風壓及流壓用之拖船。

③舵船兼本船迴轉用之拖船。

④橫推及阻減靠岸惰力用之拖船。

表 13-3 為本船依船型噸位推算之諸抵抗及所需拖船馬力。

稍舊之方法有準備相當於本船 D.W.T.一成馬力數之拖船，如要操縱 D.W.T.10 萬噸級之船，需準備一萬匹馬力之拖船。這種基準雖然方便，但適用範圍僅至 3 萬載重噸之船，如 3 萬噸級以上巨型船仍以一成為基準，則拖船馬力數估算似乎過大。

根據日本日立造船 K.K 之因島工場的船塢長所述關於操縱本船所需之拖船馬力，以本船主機馬力的 1/4 即可。

超級油輪（Super Tanker）依國際油輪委員會報告書《巨型油輪與拖船》中之說明，拖船被要求之最大推力為本船在船席前之橫移作業時，其最大的阻力為風及潮流之方向與本船移動方向相反之作用時。

表 13-3　由本船船型算定之諸抵抗及所需拖船馬力

各種抵抗及對所需拖船馬力	橫風壓及支持用拖船		舵船兼迴頭用拖船	橫靠碼頭用拖船（H.P）	拖船合計馬力
	8 m/sec（噸）船	支持用風壓（H.P）			
20,000 噸型	12	1,500	500 × 4＝2,000	可用舵船及支持風壓用拖船兼任	2,000～3,500
30,000 噸型	12.5	1,500	500 × 4＝2,000		2,000～3,500
40,000 噸型	15	1,500	500 × 4＝2,000		2,000～3,500
50,000 噸型	15	1,500	700 × 4＝2,800		2,800～4,300
67,000 噸型	18	2,000	700 × 4＝2,800		2,800～4,300
75,000 噸型	19	2,000	800 × 4＝3,200		3,200～5,200
90,000 噸型	19	2,000	1,000 × 4＝4,000		4,000～6,000
100,000 噸型	19	2,000	1,000 × 4＝4,000		4,000～6,000
135,000 噸型	21.6	2,000	1,200 × 4＝4,800		4,800～7,300
200,000 噸型	24	2,500	1,600 × 4＝6,400		6,400～8,900
280,000 噸型	25.5	3,000	2,000 × 4＝8,000		8,000～11,000
備　　註					上記中少數字者及迴頭用拖船可兼風壓支持用

資料來源：「拖船及其使用方法」／船長公會

註：本表所含資料為：

1. 本船滿載且可使用之主機
2. 風速是以被認為可用拖船操船之限度 8 m/sec
3. 無潮流

以巨型油輪之載重為 150,000 噸，則其在不同風力所需之拖船馬力如表 13-4 所示：

若可操縱大型船風力之界限為 10 m/sec，即操縱本船（D.W.T. 15 萬噸）所需拖船之總出力為 12,000 HP，HP/DW 為 0.08（8%）。HP/DW 以適用 6%～10% 之拖船出力為其實際總合判斷。為期超大型船之安全，且迅速操船之運用，可考慮 HP/DW 為 8%。

表 13-4　15 萬噸級油輪所需拖船出力

風力	所需出力（H.P）	HP/D.W.	對 D.W.其 H.P 之比率%
15 m/sec	15,700	0.11	11 %
10 m/sec	12,000	0.08	8 %
5 m/sec	9,500	0.063	6.3 %
0 m/sec	8,700	0.058	5.8 %

（三）制止大船倒俥偏向所需拖船馬力

大船制止惰性最好的是提早停俥，自然停止，否則也只能用半速倒俥（Half Astern）。如全速倒俥（Full Astern），則拖船若以正常配置的馬力絕對無法制止偏向。

如艏艉拖船馬力，相當本船最大馬力的一半時，則可制止半速倒俥（Half Astern）之偏向。

艏艉拖船馬力小於本船最大馬力一半時，通常配置的拖船僅可抑制慢速倒俥（Slow Astern）的偏向。

大船靠碼頭前，如主機故障，或起動（作動）延遲情況發生時，須以艉拖船拉住，此時才能在約2～2.5倍船長處打停。在配置拖船時，須考慮此項因素，以防萬一大船倒俥不來時，制止力足夠。

以偏向來看，如大船正常倒俥發揮後，以自力在2～2.5倍船長處拉停，則此時拖船是用以防止大船艏的偏向，以保持正確的角度。此時大船不可用全速倒俥（Full Astern），最大用半速倒俥（Half Astern）。

拖船馬力＝1/2 本船馬力時，在2L處半速倒俥（Half Astern）可抑制偏向。

拖船馬力＜1/2 本船馬力時，在2.5L處慢速倒俥（Slow Astern）可抑制偏向。

（四）拖船運用上之限制及注意事項

1. 運用上之限制

①一般拖船可以正常作業情況是在風速9 m/sec（約五級風），浪高為半公尺。如懷疑港內天候情況是否能作業時，應先與拖船聯絡並確定。

②繫帶拖纜時，依拖船之型式，本船之速力盡量保持4節以下。

③拖船推拉施力時，本船衝力應盡量最低速，衝力若超過3節，則拖船無法在正橫方向作充分發揮。

④勿一開始就要求使用拖船全部力量，尤其是拖拉狀態。

⑤勿要求拖船作無法作到的事。

2. 注意事項

①通信聯絡系統的充分建立。

②使用兩艘以上拖船時，應依拖船之特性，決定其配置以充分利用。

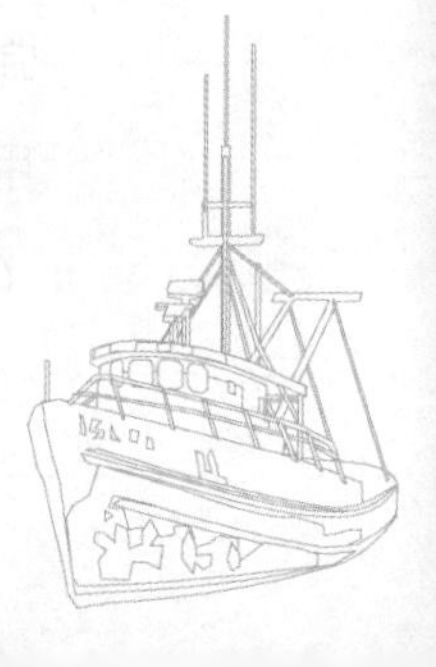

③使用三艘以上之拖船時，應留記拖船的位置及所在，以免傳達作業口令發生錯亂情事。

④開始作業前應向拖船船長說明其作業要領，使他充分了解。

⑤預留拖船的作業時間，一般帶纜前後需要五分鐘，橫抱帶纜則需十分鐘。

⑥盡量避免任意更動拖船作業位置。

⑦聯絡作業不得焦急。

⑧使用本船大俥時，事先告知拖船以為因應。

⑨拖船所在部位，船舷側不要有排水情況，以免影響拖船視界。

⑩拖纜解除（Let Go）前，應讓本船有前進速度。

六、引水人之僱用

海運史上，引水制度之形成由運輸安全、國家主權漸次演進至多功能服務。世界各海運國家皆依當地水域及港口的需求，規定強制引水或自由引水。

無論是基於運輸安全、保險需要或當地港口安全因素，引水人都是提供航海專業技術之服務，尤其在港區的操縱方面。對於引水人之僱用與否，一般亦明示在傭船契約的條款中。

（一）引水人之需要性

1. 港口安全營運之考量

船舶在港域行駛作業，若發生海事事件，除危及船舶自身之安全外，往往亦影響港區的自由通行，造成港埠營運上的極大損失。引水人對於當地水道、繫泊設施及天候、水文狀況較為熟悉，並且在資訊蒐集、通信聯繫與港內交通狀況上均能及時掌握，因此可以維護港區船舶的安全通航與繫泊。

我國引水法第16條中規定「航行於強制引水區域或出入強制引水港口時，均應僱用引水人，非強制引水船舶，當地行政主管機關認為必要時，亦得強制僱用引水人。」在英國海事法庭判例中，亦有應僱用引水人而未僱用者，仍強制要求應付給引水費。此判例之主要論點，即在於防止航商為節省引水費用，而未僱用引水人，從而增加船舶航行安全的風險。美國港埠水道安全法（1972）中，第101條亦規定「要求國際航線動力船舶在州法律准免用引水人之區域或環境下，仍須僱用引水人，直至該區域管轄州判定出在該區域內或該環境下需用引水人之規定」。因此僱用引水人，實為保障船舶在港區內的安全操航。

2. 提供技術服務／增進船舶安全

港區或港灣沿岸水道的引水人，一般皆具有海上經驗，加上學習領航訓練，基本的船舶操縱學識均已具備。相較於船長，更具備有下列的優勢條件：

(1) 熟識當地的水道、船席佈置。

(2) 港口潮汐及水流狀況並且能夠確切掌握。

(3) 熟識拖船的性能及其運用習慣並且配合得當。

(4) 了解特殊水域及碼頭的作業模式。

(5) 經常領航各類型船，累積豐富的實務經驗。

(6) 港區異常狀況發生，能明快的安全處理。

（二）船長與引水人之關係

1. 資料交換

A：本船資料方面（告知引水人之資料）

①船舶長度。 ②載重。

③水線以上高度。 ④前後水呎。

⑤艏至駕駛台距離。 ⑥駕駛台到船艉距離。

⑦是否有側推器（Bow/Stern Thruster）。 ⑧俥葉旋轉方向（倒俥時，艏偏向）。

⑨港內操縱速度。 ⑩主機由機艙控制，抑或由駕駛台控制。

⑪正俥至倒俥時間。 ⑫迴轉性能資料。

⑬機械或設備缺陷，或限制。 ⑭俥葉設計（CPP或FPP）。

⑮艏錨狀況。

B：向引水人了解的情況

①航道水深（最淺點）。 ②餘裕水深限制。

③潮汐和潮流。 ④港內速度限制。

⑤ VHF通信辦法及頻道。 ⑥拖船數量及如何配置。

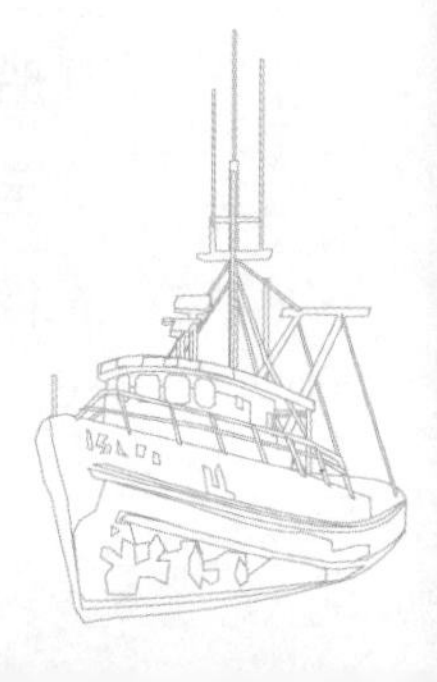

⑦使用誰的拖纜及如何帶法。　　　⑧何舷靠碼頭。

⑨泊位情況、長度、水深、碰墊情況。⑩靠泊計畫。

2. 角色地位之認知

國際間海上運送及海商相關事務中，對於船舶的安全及指揮權責，在法律上，其對象皆為船長一人。我國海商法第40條亦規定「船舶之指揮，僅由船長負其責任」。關於引水人在船的航行，STCW 78 規則Ⅱ中亦有規定「無論引水人之職責與義務為何，其在場並不能解除船長或負責當值船副在船舶安全上應負的責任與應盡的義務。船長與引水人應彼此交換有關的航行程序、當地狀況與船舶特性之資訊。船長和當值船副應與引水人密切合作並隨時查核船舶正確位置與動態。」

基於上述的論點，引水人在船執行領航業務時，應被認定為受僱於船長或船舶所有人，提供專業技術服務之人，因此在角色的定位上，引水人為船長在船舶操縱上顧問（Consultant）或建議者（Adviser）。其操船行為為操縱（Conduct）船舶，而非指揮（Command）船舶。

照理而言，引水人所口述的任何操船指令，應引以作為對於船長的建議，船長認為接受，再下指令給船舶屬員。然而在實務上，這一程序往往被省略或忽略了。誠然，船長亦有更正的機會與權責，但事後更正往往會造成無謂的困擾。

3. 職業經驗之尊重

引水人與船長在船舶操縱的領域中，皆擁有相當經驗，引水人以其豐富的引航經驗，有效率地引領船舶安全繫泊。然而船長畢竟是最熟悉本船操縱性能的人。

在討論操船行為中，並無一特定的操船模式或一定的路徑軌跡。有時環境的影響或個人操船習慣，同一船舶，同一狀況往往從A點到B點之操駛過程，未盡相同。不同引水人可能亦有不同的操船行為。船長不必要求引水人一定要按照他的操船模式進行，重要的乃在於船長應該了解「最後有沒有可能將船舶擺至安全適當的位置」即可，過多的參與行為將帶來作業上的干擾，甚至失控出事。相對地，引水人對於船長的任何疑問，均應正面接受，並予解釋以解除船長心中的疑慮。

（三）最後化險為夷機會之掌握

在交通工程系統的管理思維模式中，對於「最後化險為夷機會（Last Clear Chance）」學理在海上交通方面之應用，隱含於國際海上避碰規則（COLREG/1972）之條文精神。對異於常態的行為或狀況，必須盡其所能緊急處置，以避免危險發生。船舶在港域行駛，除當地管理機關另有規定外，仍受COLREG之規範。

我國引水法第19條亦規定「船長對於引水人應召後或領航中，發現其體力、經驗或技術等不克勝任或領航不當時，得基於船舶航行安全之原因，採取必要之措施，……」

據海損事件之調查統計，船舶在港域及其附近的碰撞事件占約25%，而在這些事件中與引水人有關者約佔6%，因此若能察覺此現象之存在，並事先予以破除，則至少可以多一些安全保障。港內操船危險的化解，需靠引水人與船長的共同配合，而身為船舶指揮者的船長，更應明瞭自己在最後化險為夷機會的掌握上，能及時並作正確的反應。有些地區的引水人，其專業水準並非如海運先進國家之引水人。筆者即曾經驗在東南亞某些港口，引水人引航不當以及在船席前交予船長直接操作之情況。對於最後化險為夷機會之掌握，本文因囿於篇幅及資料完整性，僅就下列重點予以討論，「過與不及」均非妥切之道。如何拿捏，正是操船者最高的智慧與學問。

1. 船長之操船學養與經驗

船舶操縱乃是一種高超的藝術，除了必須具備基本的操船學理，仍應有實際的操作經驗，方能確切了解船舶的運動性能與趨勢。航海前輩有句名言「船舶操縱是一種微妙的藝術，好比與情侶相愛一般，必須時刻了解她的感受與反應而有所互動」此語深刻貼切，優越的船舶操縱在於了解順勢而為，切莫堅固己念逆勢勉強為之。

初任船長者，往往由於經驗不足，不是太過緊張就是完全聽令引水人操駛。當危機造成時，亦只能雙手緊握欄杆，口唸「阿彌陀佛」了。因此操船者基於風險成本考量，若有機會應多參與相關訓練。包括模擬機的訓練，從模擬作業中，建立信心。至於如何確定危險時機，則應以船舶有效領域為最後界限。Fuji 的港內模式，並未定出速度。如以日本海灣水域之限制速度12節，則其模式或可接受。若在港內水道如我國規定5節速度，則其安全領域似乎過大。因此船長考慮船舶的各種操縱性能，在當時的速度與天候情況下，自訂安全界限。此判斷經驗需要時間的累積，未來在操船模擬機訓練中，可考慮增加此一項目。此外，把握每一機會學習目測操船，不斷研究努力與改進，如同駕車，經驗久了，車也開得順了。

2. 性格特質與操船思維

在船舶的風險評估中，人類的操船行為占重要一環。而操船行為正是最難以規範與量化的部分。因為操船者的操船行為與其本身性格因素與反應有關。性格因素包括膽識、決斷力以及修養與磨練。在反應方面則應省察是否具備冷靜的心理、敏銳的感覺。船舶操縱本身就難有一固定的模式，因此未必可以制式的訓練以達到齊一的標準。當然，相關知識的吸取與船上工作壓力的減輕，當可改善性格特質與操船的思維。

七、結語

船舶操縱乃船藝範疇中最精深的技藝與最高的藝術。港域沿岸行駛船舶更是最高技藝的發揮。在有限的水域中應確切了解船舶所受的影響並妥善運用船舶自身的條件及拖船的協助。「小心駛得萬年船」能藉助引水人的專業服務，更能保障船舶在港區內的行駛安全。

船舶行駛的至上目標即為安全，唯有操船者充分認知其所在環境與情勢，並在最適當的時機，採取最有效的行動，方能化解危機。操船者本身在學理基礎上不斷吸取新知，不放棄參與相關訓練的機會，當更能提升其操船學養與累積經驗。如此，對於船舶在沿岸港域的行駛安全將更加一層保障。

貳、船舶在港口水域安全航行的影響因素〔註〕

一、前言

船舶從一港航行至另一港的整個航行過程，根據操船環境和操船任務不同，

〔註〕：本文發表於「大連海事大學學報」，2006年11月。

可大致分為三個階段，即大洋航行、沿岸航行與狹窄水域或港口水域操船。船舶在狹窄水域或港口水域航行時，由於該水域寬度受限、水深較淺以及船舶交通密度大等因素影響，自然會增加值班人員操船與避讓的難度，因而造成船舶在安全航行上受到某種程度的威脅。至於影響船舶在上述水域安全航行的因素有哪些，以及這些因素對於航行人員又有何等程度影響，則是本文所探討的重點。

二、影響船舶在港口水域安全航行之因素

船舶操縱系統係由人、船舶與操船環境三個子系統所組成。操船者在一定外界環境條件下，利用船舶本身或其他手段以保持或使船舶處於安全航行之狀態。船舶駕駛人作為人－船舶－環境系統的主要組成部分，必須掌握與處理大量信息。如圖 13-1 所示，此些信息包括：信息A—本船運動狀態（包括當時的船位、航向、航速、主機轉速及其變化趨勢等）；信息B—自然環境（包括風、流及湧浪等情況）；信息 C—航行環境（包括交通環境如船舶動態、大小與密度等；航道環境如航道水深、可航寬度、礙航物以及助航設施與航行支援系統等）；信息D—操船手冊（包括本船之操縱性能及相關法規等），以上四種信息又以環境因素對操船者影響最大。日本學者井上欣三等所歸納出之環境因素又可分為情報社會環境、交通環境以及操船環境，而其中操船環境又可區分為自然環境、地形環境與設施環境等，如圖 13-2 所示。在船舶安全航行眾多因素影響時，操船者如何才能確保其船舶在航行時具有安全性？各影響因素對操船者而言所占之權重又為何？皆須採用系統之定量評價來進行綜合性評判。

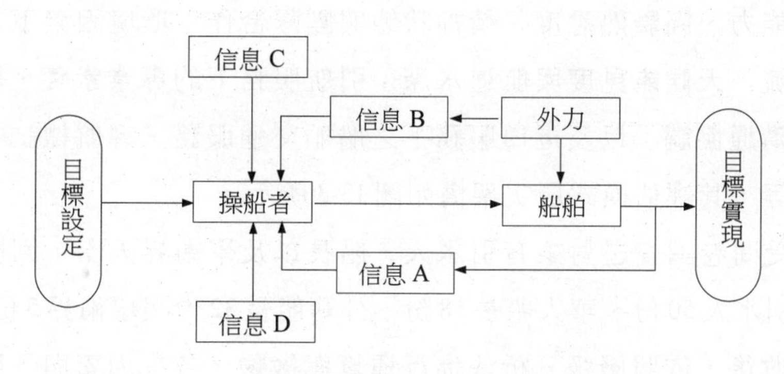

圖 13-1　船舶操縱信息

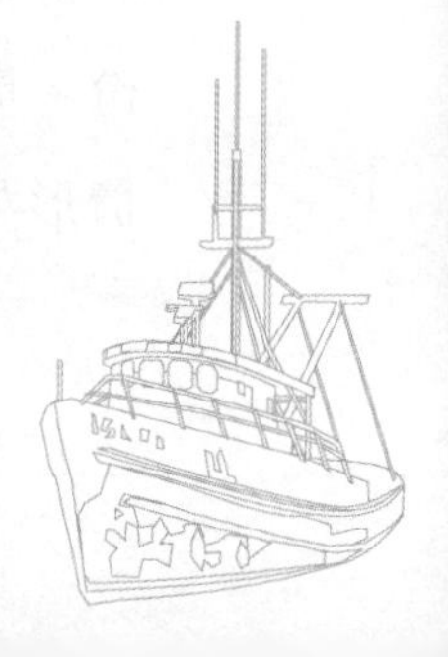

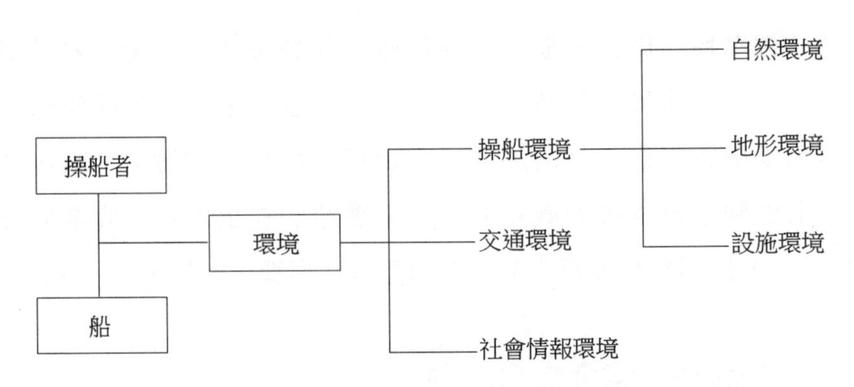

圖 13-2　操船者與環境種類示意

三、船舶在港口水域安全航行影響因素的層次分析

層次分析法（Analytic Hierarchy Process，簡稱 AHP）是美國運籌學家 T. L. Saaty 教授於 20 世紀 70 年代初期提出的一種簡便、靈活而又實用的多準則決策方法。運用層次分析法解決問題，大體可以分為四個步驟：(1)建立問題的遞階層次結構；(2)構造兩兩比較判斷矩陣；(3)由判斷矩陣計算被比較元素相對權重；(4)一致性檢驗；(5)計算各層次元素的組合權重。本文運用層次分析法對各個指標的重要性程度進行比較分析，將影響船舶在港口水域安全航行之因素分成兩個層面，由專家的認知及意見歸納整理，第一個層面是影響船舶在港口水域安全航行的五個主因素，即船舶條件、人員因素、環境因素、引航服務和港口服務。第二個層面將每個主要因素再細分為 4～5 個子因素，其相對應的子因素分別為：船舶條件下之類型大小、裝載情況、操縱性能、航儀設備與甲板視線；人員因素下之知識能力、經驗熟悉度、精神狀態與團隊合作；環境因素下之交通擁擠度、風浪潮流、天候能見度與航道水深；引航服務下的專業素養、敬業精神、引航技術與溝通協調；以及港口服務下之船舶交通服務、導航標誌、船席狀況與港勤支援等，其評估模式層次架構如圖 13-3 所示。

本次接受問卷調查之對象有引水人、船長以及學術界人士，回數之有效問卷份數則為引水人 50 份、華人船長 58 份、外籍船長 32 份與學術界 5 份，合計 145 份。問卷回收後，依照層級分析法進行運算與檢驗，各主因素與子因素的權重情形如表 13-1 所示。

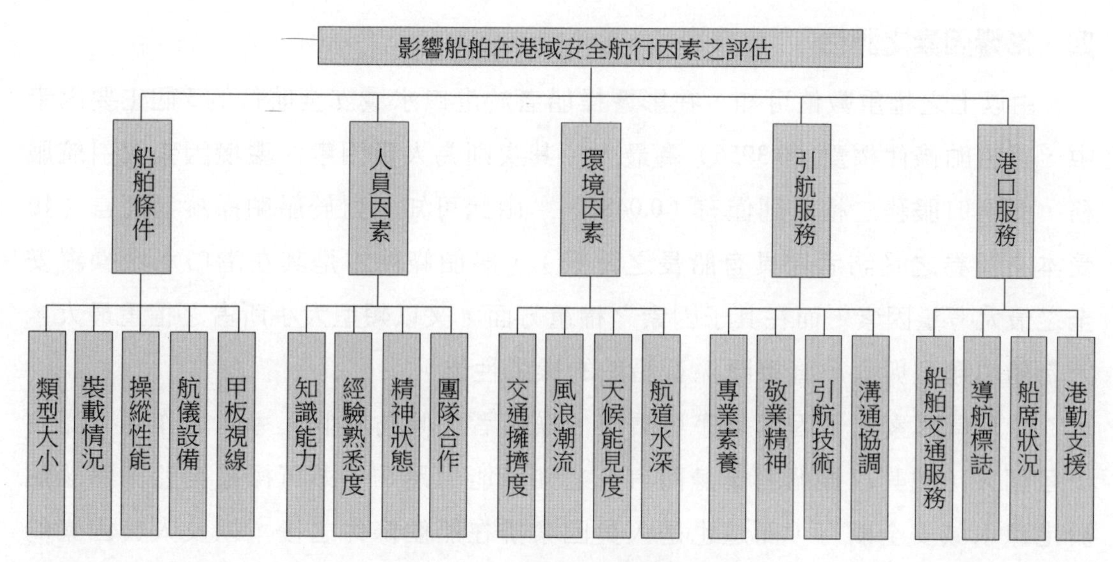

圖 13-3　評估模式層級架構

表 13-1　準則項目之權重

主準則	權重	C.R 值	子準則	權重	C.R 值	綜合權重
船舶條件	0.3956	0.0826	類型大小	0.4013	0.0848	0.1588
			裝載情況	0.2931		0.1160
			操縱性能	0.1563		0.0618
			航儀設備	0.0987		0.0390
			甲板視線	0.0506		0.0200
人員因素	0.2708		知識能力	0.4695	0.0723	0.1271
			經驗熟悉度	0.2883		0.0781
			精神狀態	0.1709		0.0463
			團隊合作	0.0712		0.0193
環境因素	0.1741		交通擁擠度	0.5482	0.0883	0.0954
			風浪潮流	0.2206		0.0384
			天候能見度	0.1644		0.0286
			航道水深	0.0668		0.0116
引航服務	0.1111		專業素養	0.4853	0.0807	0.0539
			敬業精神	0.2530		0.0281
			引航技術	0.1867		0.0207
			溝通協調	0.0750		0.0083
港口服務	0.0485		船舶交通服務	0.5033	0.0897	0.0244
			導航標誌	0.2733		0.0133
			船席狀況	0.1448		0.0070
			港勤支援	0.0786		0.0038

四、影響因素之評估

由以上之權重數值可知，在影響操船者於港口水域安全航行的5個主要因素中，以船舶條件權重（0.3956）為最大，其次則為人員因素、環境因素與引航服務，而港口服務之權重則僅有（0.0485）。由此可知，對於船舶操縱者而言（接受本文問卷之受訪者均具有船長之背景），船舶條件才是其在港口水域操縱安全之最大考量因素。而在其子因素之權重方面，又以類型大小所占之權重最大，因為船舶類型與大小直接關係著船舶的操縱性能。

從人員因素之子因素排序可看出，操船者仍傾向於個人導向之作風，認為一旦個人（尤其以操船者本身而言）之知識能力足夠，即可操控全盤確保船舶於港口水域安全航行，而這也是人員因素排在船舶條件之後，以及人員因素的子因素中，知識能力遠高於團隊合作之主因。

在環境因素方面，由於現今船舶科技發達，船上設備日新月異，對於風流浪潮、天候能見度以及航道水深等因素均較以往更加容易掌控，因此這些子因素在操縱船者心中其所占之權重較小；但在面對交通擁擠時，雖有先進航海儀器加以輔助，但仍需操船者發揮個人優良船藝才可化解，這也是其權重仍較其他子因素高之主要原因。

在引航服務與港口服務方面，可以發現操船者對於引航人員之專業素養要求最高，這是由於船舶於港口水域航行時，均有引航人員輔助，故其專業素養之高低嚴重影響其服務的品質。此外對於港口服務方面，以船舶交通服務（Vesel Traffic Service; VTS）所占之權重最高，其表示操船者愈來愈重視各港口之船舶交通服務，這也是現今世界各大國際商港均提供良好之船舶交通服務的主要原因。

五、結論

由對上述各影響因素之評估可得知，雖然受訪者較為注重在內部因素下之船舶條件以及人員因素，但對於外在因素之港口服務亦有所關注，特別是船舶交通服務最受重視，為此可看出操船者已漸漸從完全由船上所獲得之資訊來決定船舶之交通動態，轉而尋求外來支援之資訊以判定船舶之動向。雖然操船者之觀念已大有改進，但對於船舶內部對運用駕駛台資源管理之觀念仍有改進之空間，這從子因素中團隊合作之綜合權重（0.0193）排序在所有子因素之末段即可得知。

參考文獻

1. 吳兆麟、朱軍，《海上交通工程》二版，大連海事大學，2004。
2. 周和平，《船藝學》，周氏兄弟出版社，民國86年9月。
3. 歐陽煦，《船舶操作學》，大中國圖書，民國71年9月。
4. 蔡坤澄，《操船學》，周氏兄弟出版社，民國76年1月。
5. 周宗仁，《波浪力學》，國立台灣海洋大學，民國75年。
6. 周和平，《地文航海學》，周氏兄弟出版社，民國84年3月。
7. 戚啟勳，《航海氣象學》，國立編譯館，民國73年2月。
8. 蔡坤澄，〈港域船舶操縱之研究〉，海運研究學刊／第三期 pp.29-56，中華海運研究協會，民86年4月。
9. 郭壁奎，〈操船學〉講義，國立台灣海洋大學航海技術系。
10. 陸盤安，《造船原理／船舶動力學》，國立編譯館，民國88年。
11. 戴堯天、劉衿友、陸盤安，《造船原理》，台大造船研究所，民國65年。
12. 〈巨型船舶操船注意事項〉，船長公會，民國69年。
13. 吳秀恆，《船舶操縱性與耐波性》二版，人民交通出版社，1999。
14. 元良誠三監修，《船體海洋構造物運動學》，成山堂，昭和57年。
15. 林瑞明，〈運用模糊多準則決策於基隆、高雄、和平三港港務拖船作業績效之研究〉，海洋大學商船學系碩士學位論文，基隆，民國94年6月。
16. 許曉民，〈最後化險為夷機會之學理與國際海上避部規則關係之研究〉，國立台灣海洋大學，民國77年4月。
17. 簡鴻業譯，《拖船操船術》，船長公會，民國70年。
18. 簡鴻業譯，《拖船及其使用法》，船長公會，民國70年。
19. 岩井聰，《新定操船論》，海文堂，1979.04。
20. 本田啟之輔，《操船通論》，成山堂／日本，1992。
21. 高誠勇造，《甲種船長之運用術》，成山堂／日本，1975.12。
22. 横田力雄，《船舶運用學》，海文堂，1979.04。
23. 和田志，《船舶運用基礎》，成山堂，1981.10。
24. 北原久一，《港內之操船》，日本／成山堂，1979.01。

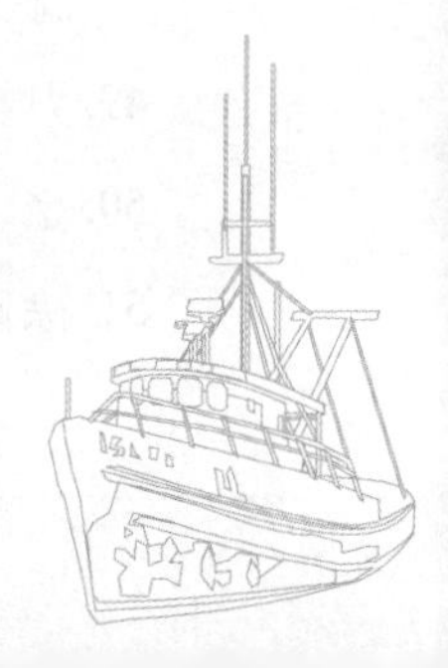

25. 杉原喜義，《船舶操縱特性理論運用》，海文堂，1977.03。
26. 白昌華，高明德，《船舶操縱》，大連海運學院出版社，1992年再版。
27. 沈華，黃鼎良，〈尾斜浪中操船危險性綜合評估〉，大連海事大學學報，1997.11。
28. 劉明俊，《航道與引航》，人民交通出版社，2000.09。
29. Sv. Aa. 哈瓦爾特／原著，黃鼎良等譯，《船舶阻力與推進》，大連理工大學，1998.07。
30. 趙月林、古文賢，《船舶操縱》，大連海事大學，2000.07。
31. 郭國平，《船舶操縱》，人民交通出版社，1999.09。
32. 龔雪根、陸志材，《船舶操縱》，人民交通出版社，2000.08。
33. 原潔，《避航操船相關之研究》，昭和58年。
34. 吳耿耀，《港口操船安全評系統之研究》，海洋大學航技所碩士論文，民國86年6月。
35. 張石煜，〈以操船模擬進行深澳電廠卸煤碼頭港灣操船安全評估之研究〉，海大商船船學系碩士學位論文，民國94年6月。
36. 《船舶航行安全及操縱性能》，日本造船協會，昭和60年。
37. 〈基隆港海事評議委員會檢察報告〉，民國92年1月。
38. 曾慶耀，〈數學模式與船舶運動方程式〉，海洋大學海運學報第三期，民國84年。
39. 楊益生、方祥麟，《船舶操縱性能仿真預報》，大連海事大學學報，1997.02。
40. 徐春、鄭中義、吳兆麟，〈受限航道中船舶的限速〉，大連海事大學學報，2002.05。
41. 洪碧光、于洋，〈船舶在淺水中航行下沉量的計算方法〉，大連海事大學學報，2003.05。
42. 賈欣樂、楊益生，《船舶運動數學模型》，大連海事大學，1999.04。
43. 李殿璞，《船舶運動與建模》，哈爾濱工程大學，1999.12。
44. 張顯庫、金一丞，《控制系統與數學仿真》，大連海事大學，2004.12。
45. 小瀨邦治等，《船舶操縱性基準相關之研究》，日本，平成3年。
46. 「第三回船舶操縱性要素研究報告」，日本造船協會，1981年。
47. 胡定宇、邱逢琛，〈船舶操縱性能理論預測之研究〉，台大造船研究所，民國77年6月。
48. 陳世宗，〈快時操船模擬機程式之設計與應用〉，海洋大學航運技術研究所碩士論文，民國89年6月。
49. 尹勇、金一丞，《航海模擬器與分布交互份量技術》，計算機仿真，2000.11。
50. 金一丞、尹勇，《STCW公約與航海模擬器的發展》，大連海事大學學報，2002.08。
51. 徐國裕、陳金樹，《船舶在沿岸港域行駛應有之考量》，海技61/62期，中國航海技術研究會，88年5月。

52. 徐國裕、張運杰、吳兆麟，《船舶在港口水域安全航行的影響因素》，大連海事大學學報，2006.11。

53. 邵哲平，《海上交通安全評價模型及仿真應用的研究》，大連海事大學，2001。

54. Guidance and control of Ocean Vehicles, Thor I. Fossen, John Wiley & Sous, 1999.

55. “Mooring Equipment Guideline ”, OCIMF, 1997.

56. Carlyle J. Plummer, “Ship Handling in Narrow Channels”, CMP, 1966.

57. P.F. Willerton, “Basic Shiphanding”, Stanford Maritime LTD., 1985.

58. Edward V.Lewis, “Principle of Naval Architecture”, Second Revision, 1988.

59. Tug Use in Port / A Practical Guide, Capt., Henk Hensen, FNI, The nautical Institute, 1997.

60. Capt., H. Hensen, “Effectiveness and Use of Bow and Stern Thrusters”, Nautical Institute, 1990.

61. Dr. I.W. Dand, P.R. Owen, R.M. Willoughby, F.D. Rout ledge, “Notes on Handling Unusual Vessels”, Nautical Institute, PP.328-348, 1990.

62. Henry H. Hooyer, “Behavior and Handling of Ship, CMP, 1994.

63. D.H. Mac Elrevey, Shiphandling For The Mariner. CMP/USE, 1983.

64. M.C.Armstrocg,Practical Ship Handling, CMP/USE, 1983.

65. F.N. Hoping, Business And Law For Shipmaster, 基隆圖書公司, 1983.

66. A.G. Corbet, The Law of Pilotage The Nautical Institute, 1990.

67. Capt. R.W. Rowe, FNI, “The Shiphandler's Guide”, The Nautical Institute, 1996.

68. D. Clarke, “The Application of Maneuvering Criteria in Hull Design Using Linear Theory”, Royal Institution of Naval Architects, 1982.

69. The Manoeuvring Committee. Final Report and Recommendation to the 23rd ITTC[R] , Proceeding of 23rd ITTC, 2002.

70. N. H. Norrbin, “Theory and Observations on the Use of A Mathematical Model for the Ship Maneuvering in Deep and Confined Waters”, Sweden, 1972.

71. M.Hiraro, J. Takashima, S.Morina “A Practical Perdition Method of Ship maneuvering Motion and Its Application”, Royal Institution of Naval Architects, 1987.

72. M.Moi, M.Tanaka, S.Mizoguchi,“Simulation Program for maneuverability of Ship and its Application”, 日本石川島播磨技報, Vol. 13. 1973.09.

73. M. Tanaka, H. Miyata, Simulation Program for Maneuverability of Ship and its Application（2nd Report）, 日本石川島播磨技報, Vol. 17. 1977.03.

74. M. Hirano, J. Takashima, S. Moriya, Ship Maneuverability, Prediction and Achievement, Royal Institution of Naval Architects, Vol. II 1987, London.
75. Kallstrom, C.G. Indentifation and Adaptive Control applied to ship steering, Ph.D, Thesis, Lund Institute of Technology, Lund, Sweden, 1982.
76. Zuidweg, J.K. Automatic guidance of ships as a control problem, Ph.D. Thesis, Technical University of Delft, 1970.
77. "Independent Investigation into the Grounding of the British flag Passenger Ship", Report 166, Australian Transport Safety Bureau, 2001.
78. Wei-Yuan, Hwang, "Application of System Identification to Ship Maneuvering", MIT, Ph. D, 論文, 1980.
79. Ship Dynamics Model（Ship Analytics' Ship Simulator）Stoning Cl, USA, 1999.
80. IMO, " STCW Convention 1978/95" London, 1996.

附錄 I

船舶操縱性能暫行標準

〔船舶與海運640期〕

朱于益

－國際海事組織第十八屆大會以 A.751（18）號決議採納－

關於船舶之操縱性能，誰都知道對航行之安全影響至鉅，可是在國際海事組織方面除在第四屆特別大會以 A.160（ES.IV）號決議案、第七屆大會以 A.209（VII）號決議案及第十五屆大會以 A.601（15）號決議案對船舶操縱之有關資料予以規定外，迄未對船舶操縱性能所應符合之標準予以規範。雖然該組織所屬之海事安全委員會曾通過一種船舶設計時估計操縱性能之暫行準則（Interim Guideline for Estimating Manoeuvring Performance in ship Design），並曾以 MSC/circ.389 號通報送各會員國，但該準則僅請各會員作試驗之用，希望由試驗獲實際經驗，以進一步制定新標準。最後由海事安全組織於其第六十二屆會中作成建議，送國際海事組織審議。終經國際海事組織於 1993 年 11 月 4 日第十八屆大會以 A.751（18）號決議案所採納。該 A.751（18）號決議案所採納之「船舶操縱性之暫行性標準（Interim Standards for Ship Manoeuvrability）」建議各會員國政府鼓勵船舶設計、構造、修理與操作之負責人應適用該標準。並請各國政府蒐集適用該標準所得之資料，報送該國際海事組織，以便據以研討改進。

茲將該 A.751（18）號決議案有關船舶操縱性之暫行標準全文譯附如次，希望有關當局明令規定，凡在本（1994）年 7 月 1 日以後所建造全舵及推進型式之船舶（Ship of All Rudder and Propulsion Types）其船長在 100 公尺以上，及不論船長係用以載運化學液體與液化氣體者，應適用該暫型標準之規定。

1. 原則（Principles）

1.1 使用本標準之目的在增進船舶之操縱性能並避免所建造之船舶不能符合該標準。

1.2 本文內之標準係以船舶之操縱性能由傳統之試航操縱特性評估而了解為準。此等標準之符合得採下列兩種方法證明之：

(1) 縮尺模型試驗（Scale Model Tests）及（或）利用數學模式電子計算斷定（Computer Predictions Using Mathematical Models），俾在設計階段預估符合。在此情況下尚應進行全尺度試航（Full Scale Trials）以證實此結果。然而，不論其全尺度試航之結果如何，除經主管機關確定該項斷定之嘗試為不合標準及（或）該船性能基本上與此等標準並不相符者外，該船仍應認係符合此等標準。

(2) 能依據本標準施行全尺度試航之結果證明符合此等標準。如發現某船基本上與此暫行標準不符，則主管機關得要求矯正之行動。

1.3 本文所述之標準係認定字大會採納之日起五年之期間為暫行者。此等標準與所訂之符合方法，應依據新資料及本標準之經驗與進行研究發展之結果予以檢討。

2. 適用（Application）

2.1 本標準適用於在 1994 年 7 月 1 日以後所建造全舵及推進型式之船舶，其船長在 100 公尺上暨不論船長用以載運散裝化學液體與液化氣體者。

2.2 第 2.1 條所述之船舶進行檢修、換裝與改造，經主管機關認為可能影響其操縱性能之情況下，應予證實其能繼續符合此等標準。

2.3 原未依此標準之其他船舶，在任何時刻進行檢修、換裝與改造之時，其範圍經主管機關認為得以新船考慮者，該船亦應符合此等標準。此外，如檢修、換裝與改造經主管機關認為可能影響其操縱性能，則應證明其性能並不致使該船之操縱性有任何之惡化。

2.4 本標準不應適用於有關章程所定義之高速艇筏。

3. 定義（Definitions）

3.1 船舶外形（Geometry of the ship）

(1) 船長（L）指在前後垂標間量得之長度。

(2) 舯點（Midship Point）指在船舯心線前後垂標間之中點。

(3) 吃水（T_a）指在垂標之吃水。

(4) 吃水（T_f）指在前垂標之吃水。

(5) 平均吃水（T_m）之定義為 $T_m=(T_a+T_f)/2$。

3.2 標準操縱及有關之術語（Standard Manoeuvres and Associated Terminology）標準操縱及有關之術語其定義如下：

(1) 用於本標準之試驗速度（v）指至少有相當於最大機器輸出85%時船速90%之速度。

(2) 迴旋圈操縱（Turning Circle Manoeuvre）指以零偏航率（Zero Yaw Rate）達到穩定後以舵角35°或在試驗速度允許之最大舵腳向左右兩舷進行操縱。

(3) 前進距離（Advance）指船舶之舯點由下達舵令之位置至艏頁已由原航向變更90°位置，在原航行方向移動之距離。

(4) 迴旋直徑（Tactical Diameter）指船舶之舯點由下達舵令之位置至艏頁已由原航向變更180°位置所移動之距離。並係在船舶原艏向之垂直方向量取者。

(5) 蛇航試驗（Zig-zag Test）指以已知之舵角向任一舷操縱。當艏由原艏向達到已知之偏航角時，再輪流向另一舷操縱。

(6) 10°/10°蛇航試驗（10°/10°Zig-zag Test）指艏由原艏向依下列程序使艏偏航10°後輪流向任一舷轉舵10°：

①在達到零偏航率後，該舵向右舷（左舷）轉向10°（第一次執行）。

②當艏向已變更偏離原艏向10°後，將舵反向轉至左舷（右舷）10°（第二次執行）。

③在舵已轉至左舷（右舷）後，該船將以漸減其迴旋率繼續在原方向迴旋，然因舵之反應，該船將轉向左舷（右舷）。當該船艏向達原航向左舷（右舷）之10°時，該舵再反向至右舷（左舷）之10°（第三次執行）。

(7) 第一次超過角度（First Overshoot Angle）指在蛇航試驗第二次執行後所發現艏增加之偏航。

(8) 第二次超過角度（Second Overshoot Angle）指在蛇航試驗第三次執行後所發現艏增加之偏航。

(9) 20°/20°蛇航試驗（20°/20°zig-zag test）指依上述第6項之程序實施，但分別以舵角20°及變更艏向20°代替舵角10。及變更艏向10°。

(10) 全速倒俥停止試驗（full astern stopping test）決定船舶由全速倒俥口令下達時起至船舶在水中停止時止之航跡段。

(11) 航跡段（trackreach）指沿自全速倒俥口令下達時起量至船舶在水中停止時止，船舶舯點位置所經途徑之距離。

4. 標準（Standards）

4.1 不應利用任何在正常作業中不連續及不易於取用之操縱輔助設施實施標準操縱。

4.2 適用此等標準之狀況為評估船舶之性能，應在下述狀況下實施向左舷與右舷之操縱試航：

(1) 無限制水深。

(2) 平靜環境。

(3) 滿載，縱平浮狀況。

(4) 在試驗速度下達到穩定。

4.3 基準數（Criteria）

如符合下列之基準數，則該船之操縱性能得認為滿意：

(1) 迴旋能力（Turningability）

前進距離不超過船長（l）之4.5倍，且迴旋直徑在迴旋圈操縱時不應超過船長之5倍。

(2) 初迴旋能力（Initial turningability）

以舵角10°向左舷（右舷），當艏向由原艏向變更至10°前，該船之移動距離不應超過船長之2.5倍。

(3) 平擺制止與航向保持之能力（yaw checking and course-keeping abilities）

①在10°/10°蛇航試驗中，第一次超過角度之值不應超過：−10°，如L/V小於10秒時；−20°，如L/V在30秒或以上：及−（5+1/2 (L/V)）度，如L/V在10秒或以上但小於30秒。於此L及V之單位分別為m及m/s。

②在10°/10°蛇航試驗中，第二次超過角度之值不應超過上述第一次超過角度基準值15°以上。

③在20°/20°蛇航試驗中，第一次超過角度之值不應超過25°。

(4) 停止能力（Stopping Ability）在全速倒俥停止試驗時之航跡段不應超過船長之15倍。然如船舶之排水量甚大，致此基準數為不切實際時，此值得經主管機關予以修正。

5. 額外之考慮（Additional Considerations）

5.1 標準試航係在與第 4.2.3 項不同之情況下施行者，則應依國際海事組織所制訂船舶操縱性標準註釋所述之準則作必要之修正。

5.2 如標準操縱顯示動不穩定性，則得施行另一種試驗以確定該不穩定度。

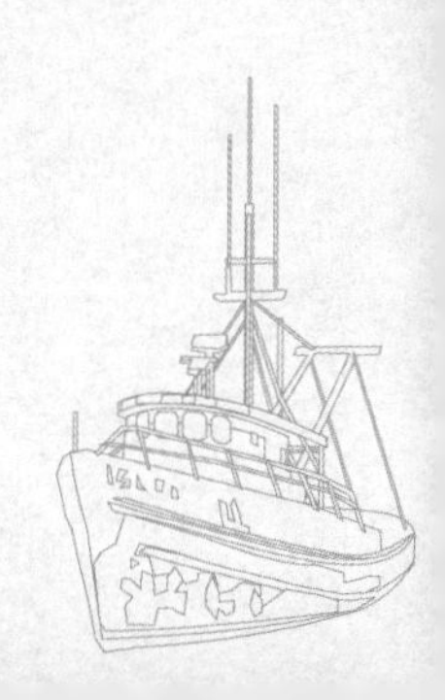

ANNEX 6

RESOLUTION MSC.137(76)
(adopted on 4 December 2002)

STANDARDS FOR SHIP MANOEUVRABILITY

THE MARITIME SAFETY COMMITTEE,

RECALLING Article 28(b) of the Convention on the International Maritime Organization concerning the functions of the Committee,

RECALLING ALSO that by resolution A.751(18) the Assembly approved Interim Standards for ship manoeuvrability (the Interim standards), whereby Governments were recommended to encourage those responsible for the design, construction, repair and operation of ships to apply the Interim Standards and invited to collect data obtained by the application of the Interim Standards and report them to the Organization,

RECALLING FURTHER that by circular MSC/Circ.1053 the Committee approved Explanatory notes to the Standards for ship manoeuvrability, to provide Administrations with specific guidance so that adequate data may be collected by the Organization on the manoeuvrability of ships,

RECOGNIZING the manoeuvring capability of ships to be an important contribution to the safety of navigation,

BELIEVING that the development and implementation of standards for ship manoeuvrability, particularly for large ships and ships carrying dangerous goods in bulk, will improve maritime safety and enhance marine environmental protection,

HAVING CONSIDERED the recommendation made by the Sub-Committee on Ship Design and Equipment at its forty-fifth session,

1. ADOPTS the Standards for ship manoeuvrability, the text of which is set out in the Annex to the present resolution;

2. INVITES Governments to encourage those responsible for the design, construction, repair and operation of ships to apply the Standards to ships constructed on or after 1 January 2004;

3. RESOLVES that the provisions annexed to the present resolution supersede the provisions annexed to resolution A.751(18).

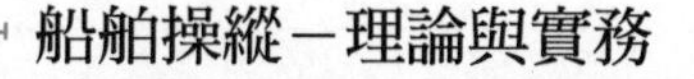

ANNEX

STANDARDS FOR SHIP MANOEUVRABILITY

1 PRINCIPLES

1.1 The Standards for ship manoeuvrability (the Standards) should be used to evaluate the manoeuvring performance of ships and to assist those responsible for the design, construction, repair and operation of ships.

1.2 It should be noted that the Standards were developed for ships with traditional propulsion and steering systems (e.g. shaft driven ships with conventional rudders). Therefore, the Standards and methods for establishing compliance may be periodically reviewed and updated by the Organization, as appropriate, taking into account new technologies, research and development, and the results of experience with the present Standards.

2 GENERAL

2.1 The Standards contained in this document are based on the understanding that the manoeuvrability of ships can be evaluated from the characteristics of conventional trial manoeuvres. The following two methods can be used to demonstrate compliance with these Standards:

.1 scale model tests and/or computer predictions using mathematical models can be performed to predict compliance at the design stage. In this case full-scale trials should be conducted to validate these results. The ship should then be considered to meet these Standards regardless of full-scale trial results, except where the Administration determines that the prediction efforts were substandard and/or the ship performance is in substantial disagreement with these Standards; and

.2 the compliance with the Standards can be demonstrated based on the results of the full-scale trials conducted in accordance with the Standards. If a ship is found in substantial disagreement with the Standards, then the Administration should take remedial action, as appropriate.

3 APPLICATION

3.1 Notwithstanding the points raised in paragraph 1.2 above, the Standards should be applied to ships of all rudder and propulsion types, of 100 m in length and over, and chemical tankers and gas carriers regardless of the length.

3.2 In the event that the ships referred to in paragraph 3.1 above undergo repairs, alterations or modifications, which, in the opinion of the Administration, may influence their manoeuvrability characteristics, the continued compliance with the Standards should be verified.

3.3 Whenever other ships, originally not subject to the Standards, undergo repairs, alterations or modifications, which, in the opinion of the Administration, are of such an extent that the ship may be considered to be a new ship, then that ship should comply with these Standards. Otherwise, if the repairs, alterations and modifications, in the opinion of the Administration, may influence the manoeuvrability characteristics, it should be demonstrated that these characteristics do not lead to any deterioration of the manoeuvrability of the ship.

3.4 The Standards should not be applied to high-speed craft as defined in the relevant Code.

4 DEFINITIONS

4.1 Geometry of the ship

4.1.1 *Length (L)* is the length measured between the aft and forward perpendiculars.

4.1.2 *Midship point* is the point on the centreline of a ship midway between the aft and forward perpendiculars.

4.1.3 *Draught* (T_a) is the draught at the aft perpendicular.

4.1.4 *Draught* (T_f) is the draught at the forward perpendicular.

4.1.5 *Mean draught* (T_m) is defined as $T_m = (T_a + T_f)/2$.

4.1.6 *Trim* (τ) is defined as $\tau = (T_a - T_f)$.

4.1.7 Δ is the full load displacement of the ship (tonnes).

4.2 Standard manoeuvres and associated terminology

Standard manoeuvres and associated terminology are as defined below:

.1 The test speed (V) used in the Standards is a speed of at least 90% of the ship's speed corresponding to 85% of the maximum engine output.

.2 Turning circle manoeuvre is the manoeuvre to be performed to both starboard and port with 35° rudder angle or the maximum rudder angle permissible at the test speed, following a steady approach with zero yaw rate.

.3 Advance is the distance travelled in the direction of the original course by the midship point of a ship from the position at which the rudder order is given to the position at which the heading has changed 90° from the original course.

.4 Tactical diameter is the distance travelled by the midship point of a ship from the position at which the rudder order is given to the position at which the heading has changed 180° from the original course. It is measured in a direction perpendicular to the original heading of the ship.

.5 Zig-zag test is the manoeuvre where a known amount of helm is applied alternately to either side when a known heading deviation from the original heading is reached.

.6 The 10°/10° zig-zag test is performed by turning the rudder alternately by 10° to either side following a heading deviation of 10° from the original heading in accordance with the following procedure:

.1 after a steady approach with zero yaw rate, the rudder is put over to 10° to starboard or port (first execute);

.2 when the heading has changed to 10° off the original heading, the rudder is reversed to 10° to port or starboard (second execute); and

.3 after the rudder has been turned to port/starboard, the ship will continue turning in the original direction with decreasing turning rate. In response to the rudder, the ship should then turn to port/starboard. When the ship has reached a heading of 10° to port/starboard of the original course the rudder is again reversed to 10° to starboard/port (third execute).

.7 The first overshoot angle is the additional heading deviation experienced in the zig-zag test following the second execute.

.8 The second overshoot angle is the additional heading deviation experienced in the zig-zag test following the third execute.

.9 The 20°/20° zig-zag test is performed using the procedure given in paragraph 4.2.6 above using 20° rudder angles and 20° change of heading, instead of 10° rudder angles and 10° change of heading, respectively.

.10 Full astern stopping test determines the track reach of a ship from the time an order for full astern is given until the ship stops in the water.

.11 Track reach is the distance along the path described by the midship point of a ship measured from the position at which an order for full astern is given to the position at which the ship stops in the water.

5 STANDARDS

5.1 The standard manoeuvres should be performed without the use of any manoeuvring aids which are not continuously and readily available in normal operation.

5.2 Conditions at which the standards apply

In order to evaluate the performance of a ship, manoeuvring trials should be conducted to both port and starboard and at conditions specified below:

.1 deep, unrestricted water;

.2 calm environment;

.3 full load (summer load line draught), even keel condition; and

.4 steady approach at the test speed.

5.3 Criteria*

The manoeuvrability of the ship is considered satisfactory if the following criteria are complied with:

.1 Turning ability

The advance should not exceed 4.5 ship lengths (L) and the tactical diameter should not exceed 5 ship lengths in the turning circle manoeuvre.

.2 Initial turning ability

With the application of 10° rudder angle to port/starboard, the ship should not have travelled more than 2.5 ship lengths by the time the heading has changed by 10° from the original heading.

.3 Yaw-checking and course-keeping abilities

.1 The value of the first overshoot angle in the 10°/10° zig-zag test should not exceed:

.1 10° if L/V is less than 10 s;

.2 20° if L/V is 30 s or more; and

.3 (5 + 1/2(L/V)) degrees if L/V is 10 s or more, but less than 30 s,

where L and V are expressed in m and m/s, respectively.

.2 The value of the second overshoot angle in the 10°/10° zig-zag test should not exceed:

.1 25°, if L/V is less than 10 s;

.2 40°, if L/V is 30 s or more; and

.3 (17.5 + 0.75(L/V))°, if L/V is 10 s or more, but less than 30 s.

.3 The value of the first overshoot angle in the 20°/20° zig-zag test should not exceed 25°.

.4 Stopping ability

The track reach in the full astern stopping test should not exceed 15 ship lengths. However, this value may be modified by the Administration where ships of large displacement make this criterion impracticable, but should in no case exceed 20 ship lengths.

* For ships with non-conventional steering and propulsion systems, the Administration may permit the use of comparative steering angles to the rudder angles specified by this Standard.

6 Additional considerations

6.1 In case the standard trials are conducted at a condition different from those specified in paragraph 5.2.3, necessary corrections should be made in accordance with the guidelines contained in the Explanatory notes to the Standards for ship manoeuvrability, developed by the Organization.*

6.2 Where standard manoeuvres indicate dynamic instability, alternative tests may be conducted to define the degree of instability. Guidelines for alternative tests such as a spiral test or pull-out manoeuvre are included in the Explanatory notes to the Standards for ship manoeuvrability, referred to in paragraph 6.1 above.*

***

* Refer to MSC/Circ.1053 on Explanatory notes to the Standards for ship manoeuvrability.

附錄 III

INTERNATIONAL MARITIME ORGANIZATION
4 ALBERT EMBANKMENT
LONDON SE1 7SR

Telephone: 020 7735 7611
Fax: 020 7587 3210
Telex: 23588 IMOLDN G

IMO

E

Ref. T4/3.01

MSC/Circ.1053
16 December 2002

EXPLANATORY NOTES TO THE STANDARDS FOR SHIP MANOEUVRABILITY

1 The Maritime Safety Committee, at its seventy-sixth session (2 to 13 December 2002), adopted resolution MSC.137(76) on Standards for ship manoeuvrability. In adopting the Standards, the Committee recognized the necessity of appropriate explanatory notes for the uniform interpretation, application and consistent evaluation of the manoeuvring performance of ships.

2 To this end, the Maritime Safety Committee, at its seventy-sixth session (2 to 13 December 2002), approved the Explanatory Notes to the Standards for ship manoeuvrability (resolution MSC.137(76)), set out in the annex to the present circular, as prepared by the Sub-Committee on Ship Design and Equipment at its forty-fifth session.

3 The Explanatory Notes are intended to provide Administrations with specific guidance to assist in the uniform interpretation and application of the Standards for ship manoeuvrability and to provide the information necessary to assist those responsible for the design, construction, repair and operation of ships to evaluate the manoeuvrability of such ships.

4 Member Governments are invited to:

.1 use the Explanatory Notes when applying the Standards contained in resolution MSC.137(76); and

.2 use the form contained in appendix 5 of the annex to the present circular if submitting manoeuvring data to the Organization for consideration, as appropriate.

5 This circular supersedes MSC/Circ.644

***

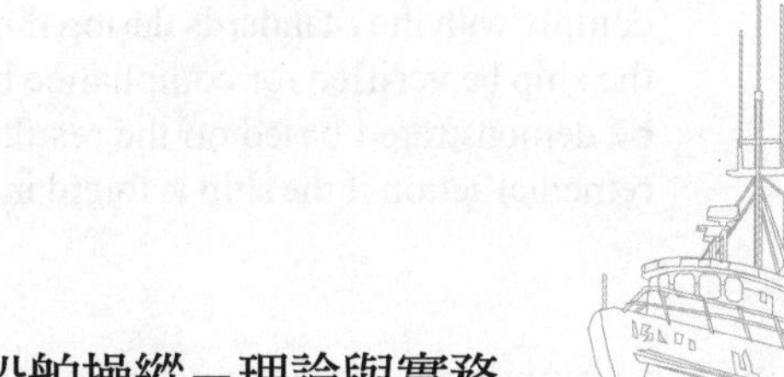

ANNEX

EXPLANATORY NOTES TO THE STANDARDS
FOR SHIP MANOEUVRABILITY

CHAPTER 1
GENERAL PRINCIPLES

1.1 Philosophy and background

1.1.1 The purpose of this section is to provide guidance for the application of the Standards for Ship Manoeuvrability (resolution MSC.137(76)) along with the general philosophy and background for the Standards.

1.1.2 Manoeuvring performance has traditionally received little attention during the design stages of a commercial ship. A primary reason has been the lack of manoeuvring performance standards for the ship designer to design to, and/or regulatory authorities to enforce. Consequently some ships have been built with very poor manoeuvring qualities that have resulted in marine casualties and pollution. Designers have relied on the shiphandling abilities of human operators to compensate for any deficiencies in inherent manoeuvring qualities of the hull. The implementation of manoeuvring standards will ensure that ships are designed to a uniform standard, so that an undue burden is not imposed on shiphandlers in trying to compensate for deficiencies in inherent ship manoeuvrability.

1.1.3 IMO has been concerned with the safety implications of ships with poor manoeuvring characteristics since the meeting of the Sub-Committee on Ship Design and Equipment (DE) in 1968. MSC/Circ.389 titled "Interim Guidelines for Estimating Manoeuvring Performance in Ship Design", dated 10 January 1985, encourages the integration of manoeuvrability requirements into the ship design process through the collection and systematic evaluation of ship manoeuvring data. Subsequently, the Assembly, at its fifteenth session in November 1987, adopted resolution A.601(15), entitled "Provision and Display of Manoeuvring Information on board Ships". This process culminated at the eighteenth Assembly in November 1993, where "Interim Standards for Ship Manoeuvrability" were adopted by resolution A.751(18).

1.1.4 After the adoption of resolution A.751(18), the Maritime Safety Committee, at its sixty-third session, approved MSC/Circ.644 titled "Explanatory notes to the Interim Standards for ship manoeuvrability", dated 6 June 1994, to provide Administrations with specific guidance so that adequate data could be collected by the Organization on the manoeuvrability of ships with a view to amending the aforementioned Interim Standards. This process culminated at the seventy-sixth session of the Maritime Safety Committee in December 2002, where "Standards for ship manoeuvrability" were adopted by resolution MSC.137(76).

1.1.5 The Standards were selected so that they are simple, practical and do not require a significant increase in trials time or complexity over that in current trials practice. The Standards are based on the premise that the manoeuvrability of ships can be adequately judged from the results of typical ship trials manoeuvres. It is intended that the manoeuvring performance of a ship be designed to comply with the Standards during the design stage, and that the actual manoeuvring characteristics of the ship be verified for compliance by trials. Alternatively, the compliance with the Standards can be demonstrated based on the results of full-scale trials, although the Administration may require remedial action if the ship is found in substantial disagreement with the Standards. Upon completion of ship trials, the shipbuilder should examine the validity of the manoeuvrability prediction methods used during the design stage.

1.2 Manoeuvring characteristics

The "manoeuvring characteristics" addressed by the IMO Standards for ship manoeuvrability are typical measures of performance quality and handling ability that are of direct nautical interest. Each can be reasonably well predicted at the design stage and measured or evaluated from simple trial-type manoeuvres.

1.2.1 Manoeuvring characteristics: general

1.2.1.1 In the following discussion, the assumption is made that the ship has normal actuators for the control of forward speed and heading (i.e., a stern propeller and a stern rudder). However, most of the definitions and conclusions also apply to ships with other types of control actuators.

1.2.1.2 In accepted terminology, questions concerning the manoeuvrability of a ship include the stability of steady-state motion with "fixed controls" as well as the time-dependent responses that result from the control actions used to maintain or modify steady motion, make the ship follow a prescribed path or initiate an emergency manoeuvre, etc. Some of these actions are considered to be especially characteristic of ship manoeuvring performance and therefore should be required to meet a certain minimum standard. A ship operator may choose to ask for a higher standard in some respect, in which case it should be remembered that some requirements may be mutually incompatible within conventional designs. For similar reasons the formulation of the IMO Standards for ship manoeuvrability has involved certain compromises.

1.2.2 Manoeuvring characteristics: some fundamentals

1.2.2.1 At a given engine output and rudder angle δ, the ship may take up a certain steady motion. In general, this will be a turning motion with constant yaw rate ψ, speed V and drift angle β (bow-in). The radius of the turn is then defined by the following relationship, expressed in consistent units:

$$R = V/\psi.$$

1.2.2.2 This particular ship-rudder angle configuration is said to be "dynamically stable in a turn of radius R". Thus, a straight course may be viewed as part of a very wide circle with an infinite radius, corresponding to zero yaw rate.

1.2.2.3 Most ships, perhaps, are "dynamically stable on a straight course" (usually referred to as simply "dynamically stable") with the rudder in a neutral position close to midship. In the case of a single screw ship with a right-handed propeller, this neutral helm is typically of the order $\delta_0 = -1°$ (i.e., 1° to starboard). Other ships which are dynamically unstable, however, can only maintain a straight course by repeated use of rudder control. While some instability is fully acceptable, large instabilities should be avoided by suitable design of ship proportions and stern shape.

1.2.2.4 The motion of the ship is governed mainly by the propeller thrust and the hydrodynamic and mass forces acting on the hull. During a manoeuvre, the side force due to the rudder is often small compared to the other lateral forces. However, the introduced controlling moment is mostly sufficient to balance or overcome the resultant moment of these other forces. In a steady turn there is complete balance between all the forces and moments acting on the hull. Some of these forces seeming to "stabilize" and others to "destabilize" the motion. Thus the damping moment due to yaw, which always resists the turning, is stabilizing and the moment associated with the side force due to sway is destabilizing. Any small disturbance of the equilibrium attitude in the steady turn causes a change of the force and moment balance. If the ship is dynamically stable in the turn (or on a straight course) the net effect of this change will strive to restore the original turning (or straight) motion.

1.2.2.5 The general analytical criterion for dynamic stability may be formulated and evaluated with the appropriate coefficients of the mathematical model that describes the ship's motion. The criterion for dynamic stability on a straight course includes only four "linear stability derivatives" which together with the centre-of-gravity position, may be used to express the "dynamic stability lever". This lever denotes the longitudinal distance from the centre-of-pressure of the side force due to pure sway (or sideslip) to the position of the resultant side force due to pure turning, including the mass force, for small deviations from the straight-line motion. If this distance is positive (in the direction of positive x, i.e. towards the bow) the ship is stable. Obviously "captive tests" with a ship model in oblique towing and under the rotating arm will furnish results of immediate interest.

1.2.2.6 It is understood that a change of trim will have a marked effect mainly on the location of the centre-of-pressure of the side force resulting from sway. This is easily seen that a ship with a stern trim, a common situation in ballast trial condition, is likely to be much more stable than it would be on an even draught.

1.2.2.7 Figure 1 gives an example of the equilibrium yaw-rate/rudder angle relation for a ship which is inherently dynamically unstable on a straight course. The yaw rate is shown in the non-dimensional form for turn path curvature discussed above. This diagram is often referred to as "the spiral loop curve" because it may be obtained from spiral tests with a ship or model. The dotted part of the curve can only be obtained from some kind of reverse spiral test. Wherever the slope is positive, which is indicated by a tangent sloping down to the right in the diagram, the equilibrium balance is unstable. A ship which is unstable on a straight course will be stable in a turn despite the rudder being fixed in the midship or neutral position. The curvature of this stable turn is called "the loop height" and may be obtained from the pullout manoeuvre. Loop height, width and slope at the origin may all be regarded as a measure of the instability.

1.2.2.8 If motion is not in an equilibrium turn, which is the general case of :notion, there are not only unbalanced damping forces but also hydrodynamic forces associated with the added inertia in the flow of water around the hull. Therefore, if the rudder is left in a position the ship will search for a new stable equilibrium. If the rudder is shifted (put over "to the other side") the direction of the ship on the equilibrium turning curve is reversed and the original yaw tendency will be checked. By use of early counter-rudder it is fully possible to control the ship on a straight course with helm angles and yaw rates well within the loop.

1.2.2.9 The course-keeping ability or "directional stability" obviously depends on the performance of the closed loop system including not only the ship and rudder but also the course error sensor and control system. Therefore, the acceptable amount of inherent dynamic instability decreases as ship speed increases, covering more ship lengths in a given period of time. This results because a human helmsman will face a certain limit of conceptual capacity and response time. This fact is reflected in the IMO Standards for ship manoeuvrability where the criterion for the acceptable first overshoot in a zig-zag test includes a dependence on the ratio L/V, a factor characterizing the ship "time constant" and the time history of the process.

1.2.2.10 In terms of control engineering, the acceptable inherent instability may be expressed by the "phase margin" available in the open loop. If the rudder is oscillated with a given amplitude, ship heading also oscillates at the same frequency with a certain amplitude. Due to the inertia and damping in the ship dynamics and time delays in the steering engine, this amplitude will be smaller with increasing frequency, meaning the open loop response will lag further and further behind the rudder input. At some certain frequency, the "unit gain" frequency, the response to the counter-rudder is still large enough to check the heading swing before the oscillation diverges (i.e., the phase lag of the response must then be less than 180°). If a manual helmsman takes over the heading control, closing the steering process loop, a further steering lag could result but, in fact, he will be able to anticipate the swing of the ship and thus introduce a certain "phase advance". Various studies suggest that this phase advance may be of the order of 10° to 20°. At present there is no straightforward method available for evaluating the phase margin from routine trial manoeuvres.

1.2.2.11 Obviously the course-keeping ability will depend not only upon the counter-rudder timing but also on how effectively the rudder can produce a yaw checking moment large enough to prevent excessive heading error amplitudes. The magnitude of the overshoot angle alone is a poor measure for separating the opposing effects of instability and rudder effectiveness, additional characteristics should therefore be observed. So, for instance, "time to reach second execute", which is a measure of "initial turning ability", is shortened by both large instability and high rudder effectiveness.

1.2.2.12 It follows from the above that a large dynamic instability will favour a high "turning ability" whereas the large yaw damping, which contributes to a stable ship, will normally be accompanied by a larger turning radius. This is noted by the thin full-drawn curve for a stable ship included in figure 1.

1.2.2.13 Hard-over turning ability is mainly an asset when manoeuvring at slow speed in confined waters. However, a small advance and tactical diameter will be of value in case emergency collision avoidance manoeuvres at normal service speeds are required.

1.2.2.14 The "crash-stop" or "crash-astern" manoeuvre is mainly a test of engine functioning and propeller reversal. The stopping distance is essentially a function of the ratio of astern power to ship displacement. A test for the stopping distance from full speed has been included in the Standards in order to allow a comparison with hard-over turning results in terms of initial speed drop and lateral deviations.

1.2.3 Manoeuvring characteristics: selected quality measures

The IMO Standards for ship manoeuvrability identify significant qualities for the evaluation of ship manoeuvring characteristics. Each has been discussed above and is briefly defined below:

.1 *Inherent dynamic stability:* A ship is dynamically stable on a straight course if it, after a small disturbance, soon will settle on a new straight course without any corrective rudder. The resultant deviation from the original heading will depend on the degree of inherent stability and on the magnitude and duration of the disturbance.

.2 *Course-keeping ability:* The course-keeping quality is a measure of the ability of the steered ship to maintain a straight path in a predetermined course direction without excessive oscillations of rudder or heading. In most cases, reasonable course control is still possible where there exists an inherent dynamic instability of limited magnitude.

.3 *Initial turning/course-changing ability:* The initial turning ability is defined by the change-of-heading response to a moderate helm, in terms of heading deviation per unit distance sailed (the P number) or in terms of the distance covered before realizing a certain heading deviation (such as the "time to second execute" demonstrated when entering the zig-zag manoeuvre).

.4 *Yaw checking ability:* The yaw checking ability of the ship is a measure of the response to counter-rudder applied in a certain state of turning, such as the heading overshoot reached before the yawing tendency has been cancelled by the counter-rudder in a standard zig-zag manoeuvre.

.5 *Turning ability:* Turning ability is the measure of the ability to turn the ship using hard-over rudder. The result being a minimum "advance at 90° change of heading" and "tactical diameter" defined by the "transfer at 180° change of heading". Analysis of the final turning diameter is of additional interest.

.6 *Stopping ability:* Stopping ability is measured by the "track reach" and "time to dead in water" realized in a stop engine-full astern manoeuvre performed after a steady approach at full test speed. Lateral deviations are also of interest, but they are very sensitive to initial conditions and wind disturbances.

1.3 Tests required by the Standards

1.3.1 Turning tests

A turning circle manoeuvre is to be performed to both starboard and port with 35° rudder angle or the maximum design rudder angle permissible at the test speed. The rudder angle is executed following a steady approach with zero yaw rate. The essential information to be obtained from this manoeuvre is tactical diameter, advance, and transfer (see figure 2).

1.3.2 Zig-zag tests

1.3.2.1 A zig-zag test should be initiated to both starboard and port and begins by applying a specified amount of rudder angle to an initially straight approach ("first execute"). The rudder angle is then alternately shifted to either side after a specified deviation from the ship's original heading is reached ("second execute" and following) (see figure 3).

1.3.2.2 Two kinds of zig-zag tests are included in the Standards, the 10°/10° and 20°/20° zig-zag tests. The 10°/10° zig-zag test uses rudder angles of 10° to either side following a heading deviation of 10° from the original course. The 20°/20° zig-zag test uses 20° rudder angles coupled with a 20° change of heading from the original course. The essential information to be obtained from these tests is the overshoot angles, initial turning time to second execute and the time to check yaw.

1.3.3 Stopping tests

A full astern stopping test is used to determine the track reach of a ship from the time an order for full astern is given until the ship is stopped dead in the water (see figure 4).

CHAPTER 2
GUIDELINES FOR THE APPLICATION OF THE STANDARDS

2.1 Conditions at which the Standards apply

2.1.1 General

2.1.1.1 Compliance with the manoeuvring criteria should be evaluated under the standard conditions in paragraph 5.2 of the Standards for ship manoeuvrability. The standard conditions provide a uniform and idealized basis against which the inherent manoeuvring performance of all ships may be assessed.

2.1.1.2 The Standards cannot be used to evaluate directly manoeuvring performance under non-standard, but often realistic, conditions. The establishment of manoeuvrability standards for ships under different operating conditions is a complex task that deserves ongoing research.

2.1.2 Deep, unrestricted water

Manoeuvrability of a ship is strongly affected by interaction with the bottom of the waterway, banks and passing ships. Trials should therefore be conducted preferably in deep, unconfined but sheltered waters. The water depth should exceed four times the mean draught of the ship.

2.1.3 Full load and even keel condition

2.1.3.1 The Standards apply to the full load and even keel condition. The term "fully loaded" refers to the situation where the ship is loaded to its summer load line draught (referred to hereafter as "full load draught"). This draught is chosen based on the general understanding that the poorest manoeuvring performance of a ship occurs at this draught. The full load draught, however, is not based on hydrodynamic considerations but rather statutory and classification society requirements for scantlings, freeboard and stability. The result being that the final full load draught might not be known or may be changed as a design develops.

2.1.3.2 Where it is impractical to conduct trials at full load because of ship type, trials should be conducted as close to full load draught and zero trim as possible. Special attention should also be given to ensuring that sufficient propeller immersion exists in the trial condition.

2.1.3.3 Where trials are conducted in conditions other than full load, manoeuvring characteristics should be predicted for trial and full load conditions using a reliable method (i.e. model tests or reliable computer simulation) that ensures satisfactory extrapolation of trial results to the full load condition. It rests with the designer/owner to demonstrate compliance at the final full load condition.

2.1.4 Metacentric height

The Standards apply to a situation where the ship is loaded to a reasonable and practicable metacentric height for which it is designed at the full load draught.

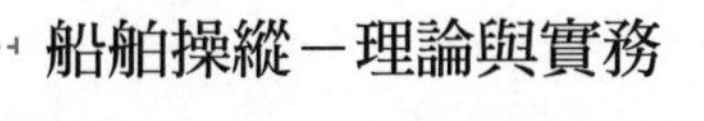

2.1.5 Calm environment

Trials should be held in the calmest weather conditions possible. Wind, waves and current can significantly affect trial results, having a more pronounced effect on smaller ships. The environmental conditions should be accurately recorded before and after trials so that corrections may be applied. Specific environmental guidelines are outlined in 2.2.1.2.1.

2.1.6 Steady approach at the test speed

The required test speed is defined in paragraph 4.2.1 of the Standards for ship manoeuvrability.

2.2 Guidance for required trials and validation

2.2.1 Test procedures*

2.2.1.1 General

The test procedures given in the following guidelines were established to support the application of the manoeuvring standards by providing to shipyards and other institutions standard procedures for the testing trials of new ships, or for later trials made to supplement data on manoeuvrability. This guidance includes trial procedures that need to be performed in order to provide sufficient data for assessing ship manoeuvring behaviour against the defined criteria.

2.2.1.2 Test conditions

2.2.1.2.1 Environment

Manoeuvring trials should be performed in the calmest possible weather conditions. The geographical position of the trial is preferably in a deep sea, sheltered area where accurate positioning fixing is possible. Trials should be conducted in conditions within the following limits:

.1 Deep unrestricted water: more than 4 times the mean draught.

.2 Wind: not to exceed Beaufort 5.

.3 Waves: not to exceed sea state 4.

.4 Current: uniform only.

Correction may need to be applied to the test results following the guidance contained in 3.4.2.

2.2.1.2.2 Loading

The ship should preferably be loaded to the full load draught and even keel, however, a 5% deviation from that draught may be allowed.

* It should be noted that these procedures were developed for ships with conventional steering and propulsion systems.

Alternatively, the ship may be in a ballast condition with a minimum of trim, and sufficient propeller immersion.

2.2.1.2.3 Ship speed

The test speed is defined in paragraph 4.2.1 of the Standards.

2.2.1.2.4 Heading

Preferably head to the wind during the approach run.

2.2.1.2.5 Engine

Engine control setting to be kept constant during the trial if not otherwise stated in following procedures.

2.2.1.2.6 Approach run

The above-mentioned conditions must be fulfilled for at least two minutes preceding the test. The ship is running at test speed up wind with minimum rudder to keep its course.

2.2.1.3 Turning circle manoeuvre

Trials shall be made to port and to starboard using maximum rudder angle without changing engine control setting from the initial speed. The following general procedure is recommended:

.1 The ship is brought to a steady course and speed according to the specific approach condition.

.2 The recording of data starts.

.3 The manoeuvre is started by ordering the rudder to the maximum rudder angle. Rudder and engine controls are kept constant during the turn.

.4 The turn continues until 360° change of heading has been completed. It is, however, recommended that in order to fully assess environmental effects a 720° turn be completed (3.4.2 refers).

.5 Recording of data is stopped and the manoeuvre is terminated.

2.2.1.4 Zig-zag manoeuvre

The given rudder and change of heading angle for the following procedure is 10°. This value can be replaced for alternative or combined zig-zag manoeuvres by other angles such as 20° for the other required zig-zag test. Trials should be made to both port and starboard. The following general procedure is recommended:

.1 The ship is brought to a steady course and. speed according to the specific approach condition.

.2 The recording of data starts.

.3 The rudder is ordered to 10° to starboard/port.

.4 When the heading has changed by 10° off the base course, the rudder is shifted to 10° to port/starboard. The ship's yaw will be checked and a turn in the opposite direction (port/starboard) will begin. The ship will continue in the turn and the original heading will be crossed.

.5 When the heading is 10° port/starboard off the base course, the rudder is reversed as before.

.6 The procedure is repeated until the ship heading has passed the base course no less than two times.

.7 Recording of data is stopped and the manoeuvre is terminated.

2.2.1.5 Stopping test

Full astern is applied and the rudder maintained at midship throughout this test. The following general procedure is recommended:

.1 The ship is brought to a steady course and speed according to the specific approach condition.

.2 The recording of data starts.

.3 The manoeuvre is started by giving a stop order. The full astern engine order is applied.

.4 Data recording stops and the manoeuvre is terminated when the ship is stopped dead in the water.

2.2.2 Recording

For each trial, a summary of the principal manoeuvring information should be provided in order to assess the behaviour of the ship. Continuous recording of data should be either manual or automatic using analogue or digital acquisition units. In case of manual recording, a regular sound/light signal for synchronization is advisable.

2.2.2.1 Ship's particulars

Prior to trials, draughts forward and aft should be read in order to calculate displacement, longitudinal centre of gravity, draughts and metacentric height. In addition the geometry, projected areas and steering particulars should be known. The disposition of the engine, propeller, rudder, thrusters and other device characteristics should be stated with operating condition.

2.2.2.2 Environment

The following environmental data should be recorded before each trial:

.1 Water depth.

.2 Waves: The sea state should be noted. If there is a swell, note period and direction.

.3 Current: The trials should be conducted in a well surveyed area and the condition of the current noted from relevant hydrographic data. Correlation should be made with the tide.

.4 Weather: Weather conditions, including visibility, should be observed and noted.

2.2.2.3 Trial related data

The following data as applicable for each test should be measured and recorded during each test at appropriate intervals of not more than 20 s:

Position

Heading

Speed

Rudder angle and rate of movement

Propeller speed of revolution

Propeller pitch

Wind speed

A time signal should be provided for the synchronization of all recordings. Specific events should be timed, such as trial starting-point, engine/helm change, significant changes in any parameter such as crossing ship course, rudder to zero or engine reversal in operating condition such as ship speed and shaft/propeller direction.

2.2.2.4 Presentation of data

The recordings should be analysed to give plots and values for significant parameters of the trial. Sample recording forms are given in appendix 6. The manoeuvring criteria of the Standards should be evaluated from these values.

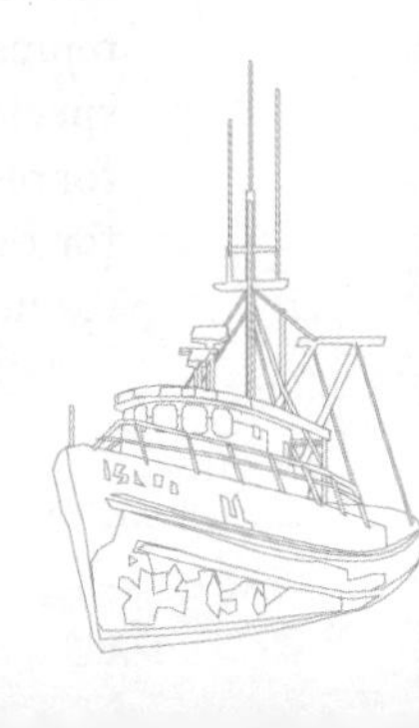

CHAPTER 3
PREDICTION GUIDANCE

3.1 General

3.1.1 To be able to assess the manoeuvring performance of a new ship at the design stage, it is necessary to predict the ship manoeuvring behaviour on the basis of main dimensions, lines drawings and other relevant information available at the design stage.

3.1.2 A variety of methods for prediction of manoeuvring behaviour at the design stage exists, varying in the accuracy of the predicted manoeuvres and the cost of performing the prediction. In practice most of the predictions at the design stage have been based on three methods.

3.1.3 The first and simplest method is to base the prediction on experience and existing data, assuming that the manoeuvring characteristics of the new ship will be close to those of similar existing ships.

3.1.4 The second method is to base the prediction on results from model tests. At the time these notes were written, model tests must be considered the most reliable prediction method. However, it may be said that traditionally the requirements with regard to accuracy have been somewhat more lenient in this area than in other areas of ship model testing. The reason for this has simply been the absence of manoeuvring standards. The feedback of full-scale trial results has generally been less regular in this area than in the case of speed trials. Consequently the correlation basis for manoeuvrability is therefore of a somewhat lower standard, particularly for hull forms that may present a problem with regard to steering and manoeuvring characteristics. It is expected that this situation will improve very rapidly when it becomes generally known that a standard for ship manoeuvrability is going to be introduced. Model tests are described in section 3.2.

3.1.5 The third method is to base the prediction on results from calculation/simulation using a mathematical model. Mathematical models are described in section 3.3.

3.2 Model tests

There are two commonly used model test methods available for prediction of manoeuvring characteristics. One method employs a free-running model moving in response to specified control input (i.e. helm and propeller); the tests duplicate the full-scale trial manoeuvres and so provide direct results for the manoeuvring characteristics. The other method makes use of force measurements on a "captive" model, forced to move in a particular manner with controls fixed; the analysis of the measurements provides the coefficients of a mathematical model, which may be used for the prediction of the ship response to any control input.

3.2.1 Manoeuvring test with free-running model

3.2.1.1 The most direct method of predicting the manoeuvring behaviour of a ship is to perform representative manoeuvres with a scale model. To reduce costs by avoiding the manufacture of a special model for manoeuvring tests, such tests may be carried out with the same model employed for resistance and self-propulsion tests. Generally it means that a relatively large model will be used for the manoeuvring tests, which is also favourable with regard to reducing scale effects of the results.

3.2.1.2 The large offshore, sea-keeping and manoeuvring basins are well suited for manoeuvring tests with free-running models provided they have the necessary acquisition and data processing equipment. In many cases, conventional towing tanks are wide enough to allow the performance of the 10°/10° zig-zag test. Alternatively, tests with a free-running model can be conducted on a lake. In this case measuring equipment must be installed and the tests will be dependent on weather conditions. Both laboratory and open-air tests with free-running models suffer from scale effects, even if these effects to a certain extent will be reduced by using a large model for the tests. Sometimes it has been attempted to compensate for scale effects by means of an air propeller on board the model. Another improvement is to make the drive motor of the ship model simulate the characteristics of the main engine of the ship with regard to propeller loading.

3.2.1.3 Manoeuvres such as turning circle, zig-zag and spiral tests are carried out with the free-running model, and the results can be compared directly with the standard of manoeuvrability.

3.2.1.4 More recently, efforts have been made at deriving the coefficients of mathematical models from tests with free-running models. The mathematical model is then used for predicting the manoeuvring characteristics of the ship. Parameter identification methods have been used and this procedure has been combined with oblique towing and propulsion tests to provide some of the coefficients.

3.2.2 Manoeuvring tests with captive model

3.2.2.1 Captive model tests include oblique-towing tests in long narrow tanks as well as "circling" tests in rotating-arm facilities, but in particular such tests are performed by the use of a Planar Motion Mechanism (PMM) system capable of producing any kind of motion by combining static or oscillatory modes of drift and yaw. Generally, it may be said that captive model tests suffer from scale effects similar to those of the free-running tests, but corrections are more easily introduced in the analysis of the results.

3.2.2.2 In using captive model tests due account of the effect of roll during manoeuvring should be taken.

3.2.2.3 The PMM has its origin in devices operating in the vertical plane and used for submarine testing. The PMM makes it possible to conduct manoeuvring tests in a conventional long and narrow towing tank. The basic principle is to conduct various simpler parts of more complex complete manoeuvres. By analysis of the forces measured on the model the manoeuvring behaviour is broken down into its basic elements, the hydrodynamic coefficients. The hydrodynamic coefficients are entered into a computer based mathematical model and the results of the standard manoeuvres are predicted by means of this mathematical model.

3.2.2.4 A rotating arm facility consists of a circular basin, spanned by an arm from the centre to the circumference. The model is mounted on this arm and moved in a circle, varying the diameter for each test. The hydrodynamic coefficients related to ship turning as well as to the combination of turning and drift will be determined by this method. Additional tests often have to be conducted in a towing tank in order to determine hydrodynamic coefficients related to ship drift. As in the case of the PMM the manoeuvring characteristics of the ship are then predicted by means of a mathematical model using the coefficients derived from the measurements as input.

3.2.3 Model test condition

The Standards are applicable to the full load condition of the ship. The model tests should therefore be performed for this condition. For many ships the delivery trials will be made at a load condition different from full load. It will then be necessary to assess the full load manoeuvring characteristics of the ship on the basis of the results of manoeuvring trials performed at a condition different from full load. To make this assessment as reliable as possible the model tests should also be carried out for the trial condition, meaning that this condition must be specified at the time of performing the model tests. The assumption will be that when there is an acceptable agreement between model test results and ship trial results in the trial condition, the model test results for the loaded condition will then be a reliable basis for assessing the manoeuvring characteristics of the ship.

3.3 Mathematical model

A "mathematical model" is a set of equations which can be used to describe the dynamics of a manoeuvring ship. But it may be possible to predict the manoeuvrability for the conventional ship's form with certain accuracy from the practical point of view using some mathematical models which have already been published. In this section, the method used to predict the manoeuvring performance of a ship at full load for comparison with the Standards is explained. The following details of the mathematical model are to be indicated:

.1 when and where to use;

.2 how to use;

.3 accuracy level of predicted results; and

.4 description of mathematical model

3.3.1 Application of the mathematical model

3.3.1.1 In general, the manoeuvring performance of the ship must be checked by a sea trial to determine whether it satisfies the manoeuvring standards or not. The Standards are regulated in full load condition from the viewpoints of marine safety. Consequently, it is desired that the sea trial for any ship be carried out in full load condition. This may be a difficult proposition for ships like a dry cargo ship, for which the sea trial is usually carried out in ballast or heavy ballast conditions from the practical point of view.

3.3.1.2 In such cases, it will be required to predict the manoeuvring performance in full load condition by means of some method that uses the results of the sea trial. As an alternative to scale model tests, usually conducted during the ship design phase, a numerical simulation using a mathematical model is a useful method for predicting ship manoeuvring performance in full load condition.

3.4 Corrections from non-standard trial conditions

3.4.1 Loading condition

3.4.1.1 In the case for predicting manoeuvrability of a ship in full load condition using the mathematical model through the sea trial results in ballast or heavy, ballast condition, the following two methods are used in current practice.

Option 1:

3.4.1.2 The manoeuvring performance in full load condition can be obtained from the criteria of measured performance during the sea trial in ballast condition (T) and the interaction factor between the criteria of manoeuvrability in full load condition and in a trial condition (F/B), that is as given below;

$$R = TF/B$$

where, B: the estimated performance in the condition of sea trial based on the numerical simulation using the mathematical model or on the model test;

F: the estimated performance in full load condition based on the numerical simulation using the mathematical model or on the model test;

T: the measured performance during the sea trial; and

R: the performance of the ship in full load condition.

3.4.1.3 It should be noted that the method used to derive B and F should be the same.

Option 2:

3.4.1.4 The manoeuvring performance in the condition of sea trial such as ballast or heavy ballast are predicted by the method shown in appendix 2, and the predicted results must be checked with the results of the sea trial.

3.4.1.5 Afterwards it should be confirmed that both results agree well with each other. The performance in full load condition may be obtained by means of the same method using the mathematical model.

3.4.2 Environmental conditions

3.4.2.1 Ship manoeuvrability can be significantly affected by the immediate environment such as wind, waves, and current. Environmental forces can cause reduced course-keeping stability or complete loss of the ability to maintain a desired course. They can also cause increased resistance to a ship's forward motion, with consequent demand for additional power to achieve a given speed or reduces the stopping distance.

3.4.2.2 When the ratio of wind velocity to ship speed is large, wind has an appreciable effect on ship control. The ship may be unstable in wind from some directions. Waves can also have significant effect on course-keeping and manoeuvring. It has been shown that for large wave heights a ship may behave quite erratically and, in certain situations, can lose course stability.

3.4.2.3 Ocean current affects manoeuvrability in a manner somewhat different from that of wind. The effect of current is usually treated by using the relative velocity between the ship and the water. Local surface current velocities in the open ocean are generally modest and close to constant in the horizontal plane.

3.4.2.4 Therefore, trials shall be performed in the calmest weather conditions possible. In the case that the minimum weather conditions for the criteria requirements are not applied, the trial results should be corrected.

3.4.2.5 Generally, it is easy to account for the effect of constant current. The turning circle test results may be used to measure the magnitude and direction of current. The ship's track, heading and the elapsed time should be recorded until at least a 720° change of heading has been completed. The data obtained after ship's heading change 180° are used to estimate magnitude and direction of the current. Position (x_{1i}' y_{1i}' t_{1i}) and (x_{2i}' y_{2i}' t_{2i}) in figure 5 are the positions of the ship measured after a heading rotation of 360°. By defining the local current velocity $\underline{V}_i$ for any two corresponding positions as the estimated current velocity can be obtained from the following equation:

$$\underline{v}_i = \frac{(x_{2i} - x_{1i'}\, y_{2i} - y_{1i})}{(t_{2i} - t_{1i})} ;$$

the estimated current velocity can be obtained from the following equation:

$$\underline{v}_c = \frac{1}{n}\sum_{i=1}^{n} \underline{v}_i = \frac{1}{n}\sum_{i=1}^{n} \frac{(x_{2i} - x_{1i'}\, y_{2i} - y_{1i})}{(t_{2i} - t_{1i})}$$

3.4.2.6 If the constant time interval, $\delta t = (t_{2i} - t_{1i})$, is used this equation can be simplified and written:

$$\underline{v}_c = \frac{1}{n\delta t}\left(\sum_{i=1}^{n} x_{2i} - \sum_{i=1}^{n} x_{1i'} \sum_{i=1}^{n} y_{2i} - \sum_{i=1}^{n} y_{1i}\right).$$

The above vector, $\underline{v}_c$, obtained from a 720° turning test will also include the effect of wind and waves.

3.4.2.7 The magnitude of the current velocity and the root mean square of the current velocities can be obtained from the equations:

$$v_c = |\underline{v}_c|$$

$$v_c(RMS) = \left[\frac{1}{n}\sum_{i=1}^{n} |\underline{v}_i - \underline{v}_c|^2\right]^{1/2}$$

v_c(RMS) represents the non-uniformity of v_i which may be induced from wing, waves, and non-uniform current.

3.4.2.8 All trajectories obtained from the sea trials should be corrected as follows:

$$\underline{x}'(t) = \underline{x}(t) - \underline{V}_c t$$

where $\underline{x}(t)$ is the measured position vector and $\underline{x}'(t)$ is the corrected one of the ship and $\underline{x}'(t) = \underline{x}(t)$ at $t = 0$.

3.5 Uncertainties

3.5.1 Accuracy of model test results

3.5.1.1 The model may turn out to be more stable than the ship due to scale effects. This problem seems to be less serious when employing a large model. Consequently, to reduce this effect model scale ratios comparable to that considered acceptable for resistance and self-propulsion tests should be specified for manoeuvring tests that use a free-running model. Captive model tests can achieve satisfactory results with smaller scale models.

3.5.1.2 While the correlation data currently available are insufficient to give reliable values for the accuracy of manoeuvring model test results, it is the intent of the Standards to promote the collection of adequate correlation data.

3.5.2 Accuracy of predicted results using the mathematical model

3.5.2.1 The mathematical model that can be used for the prediction of the manoeuvring performance depends on the type and amount of prepared data.

3.5.2.2 If there is no available data, under assumptions that resistance and self-propulsion factors are known, a set of approximate formulae for estimation of the derivatives and coefficients in the mathematical model will become necessary to predict the ship's manoeuvrability.

3.5.2.3 If there is enough experimental and accumulated data, it is desirable to use a detailed mathematical model based on this data. In most cases, the available data is not sufficient and a mathematical model can be obtained by a proper combination of different parts derived from experimental data and those obtained by the estimated formulae.

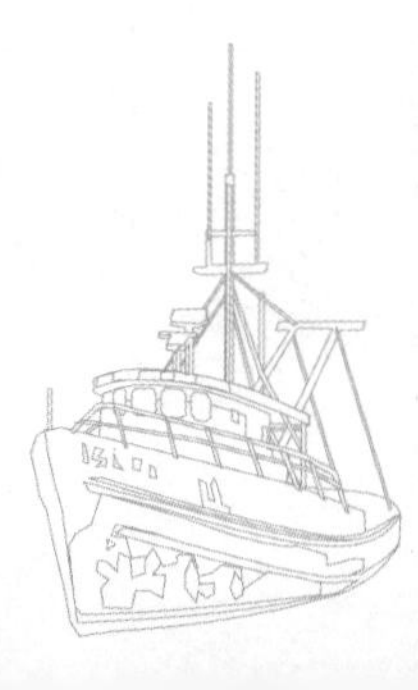

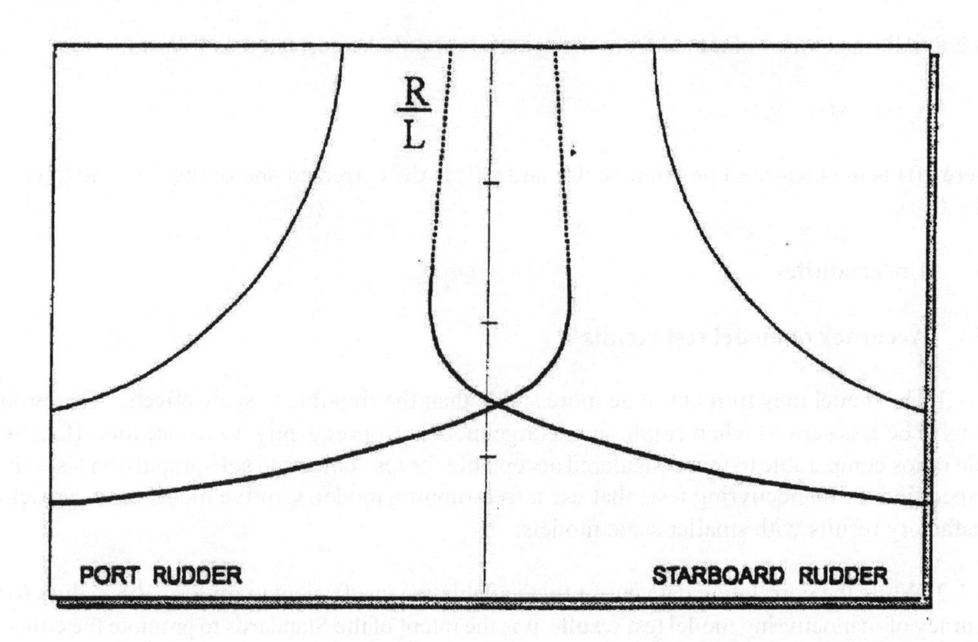

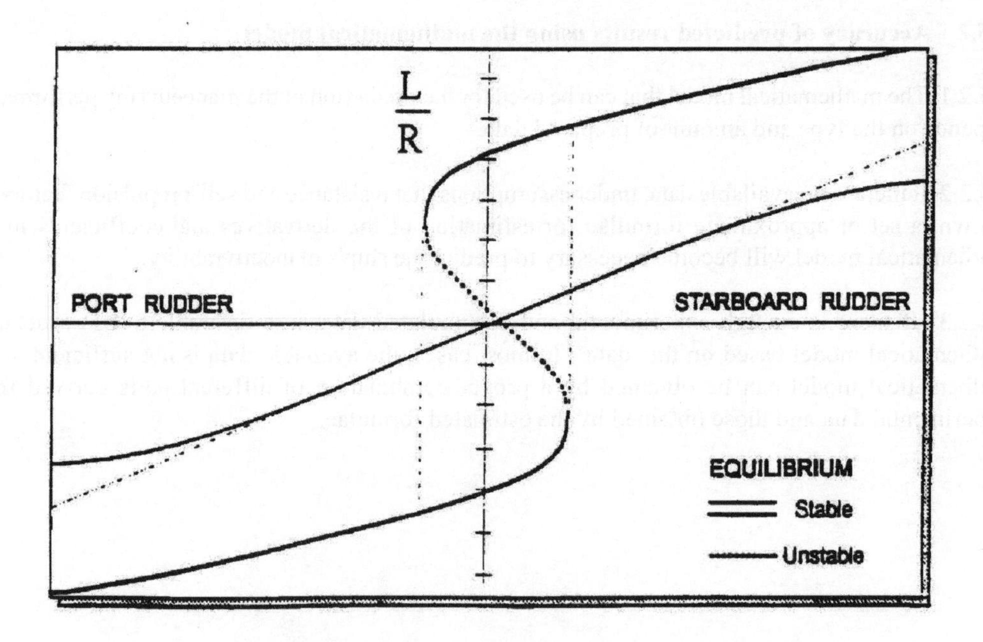

The equilibrium yaw rate/rudder angle relation

Figure 1

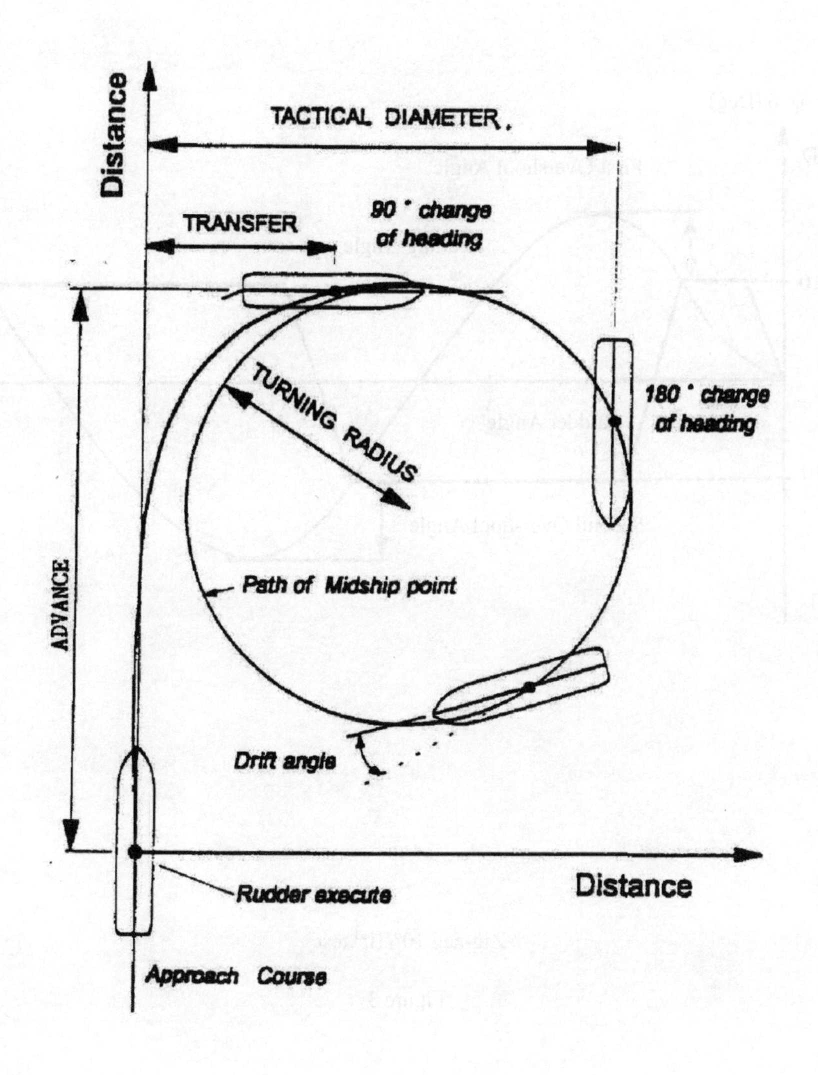

Definitions used on turning circle test

Figure 2

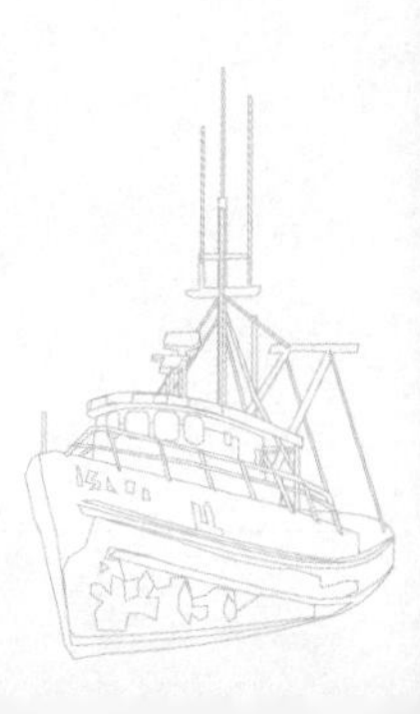

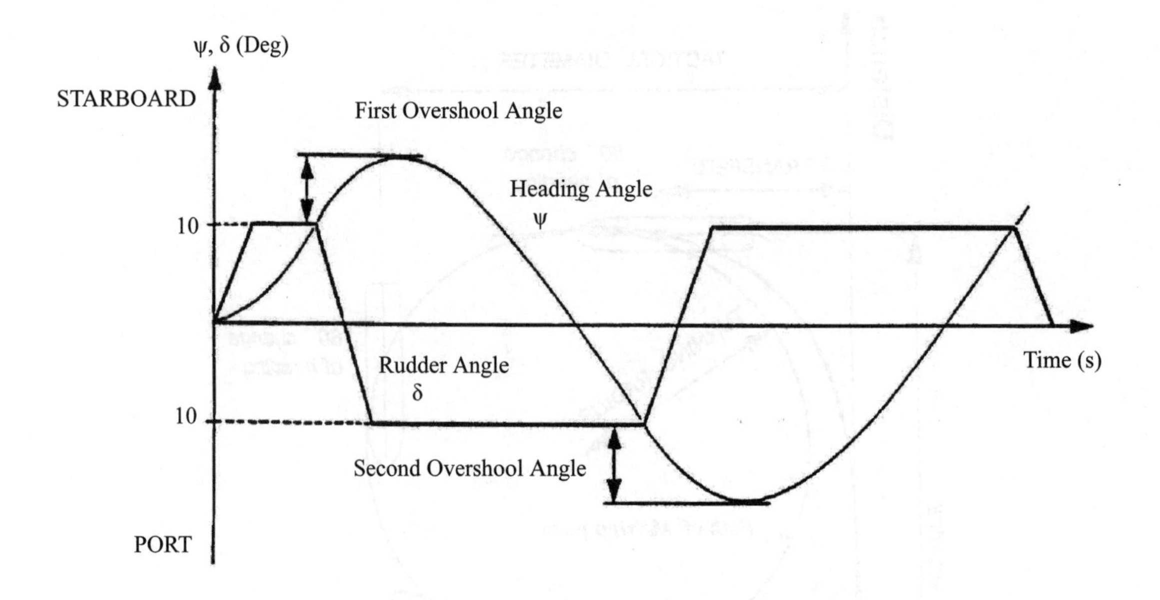

Zig-zag 10°/10° test

Figure 3

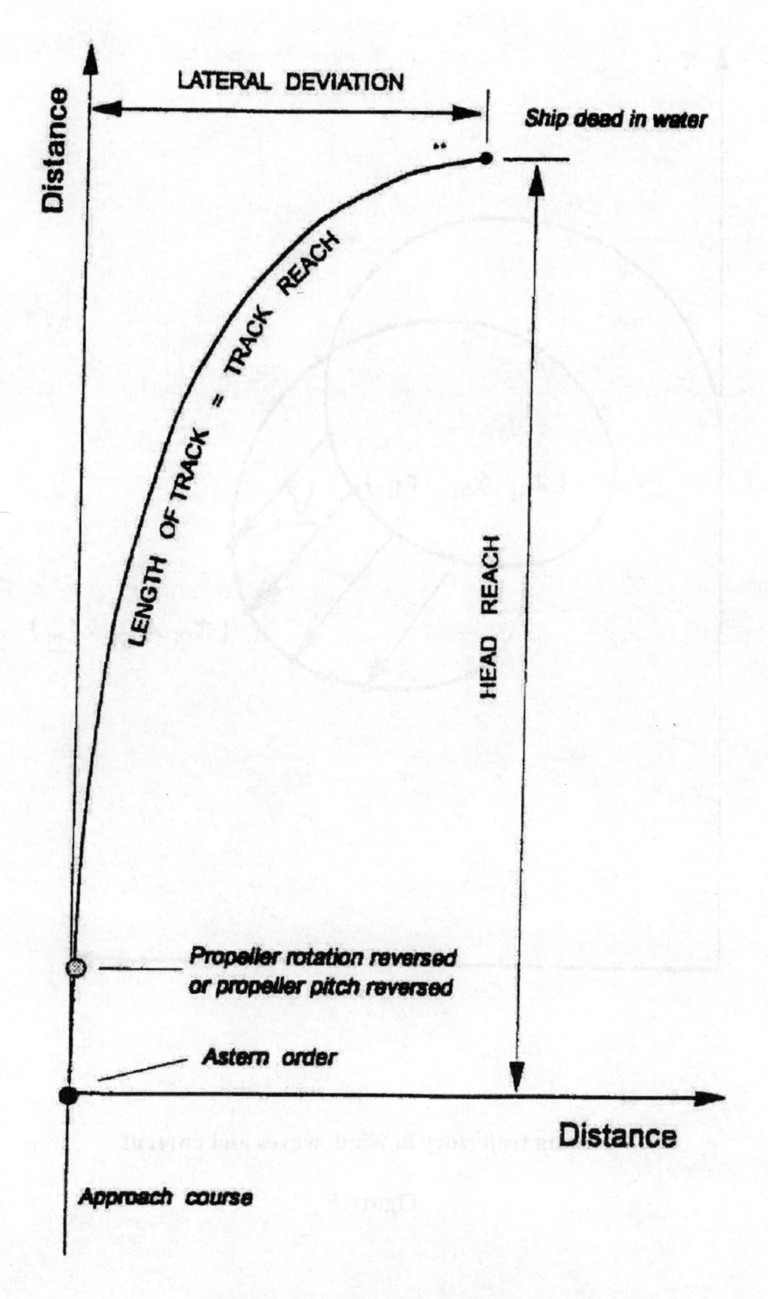

Definitions used in stopping test

Figure 4

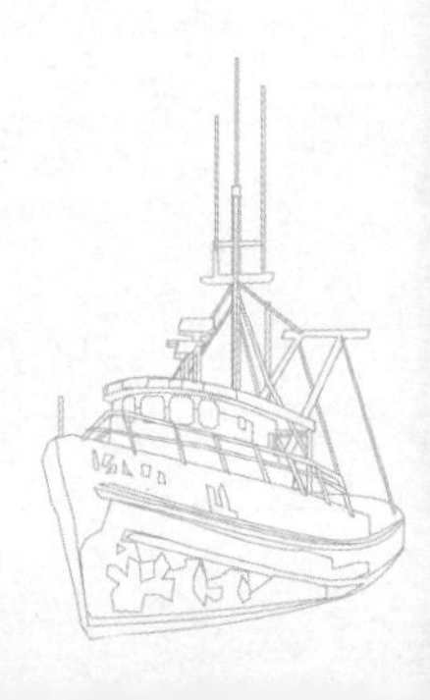

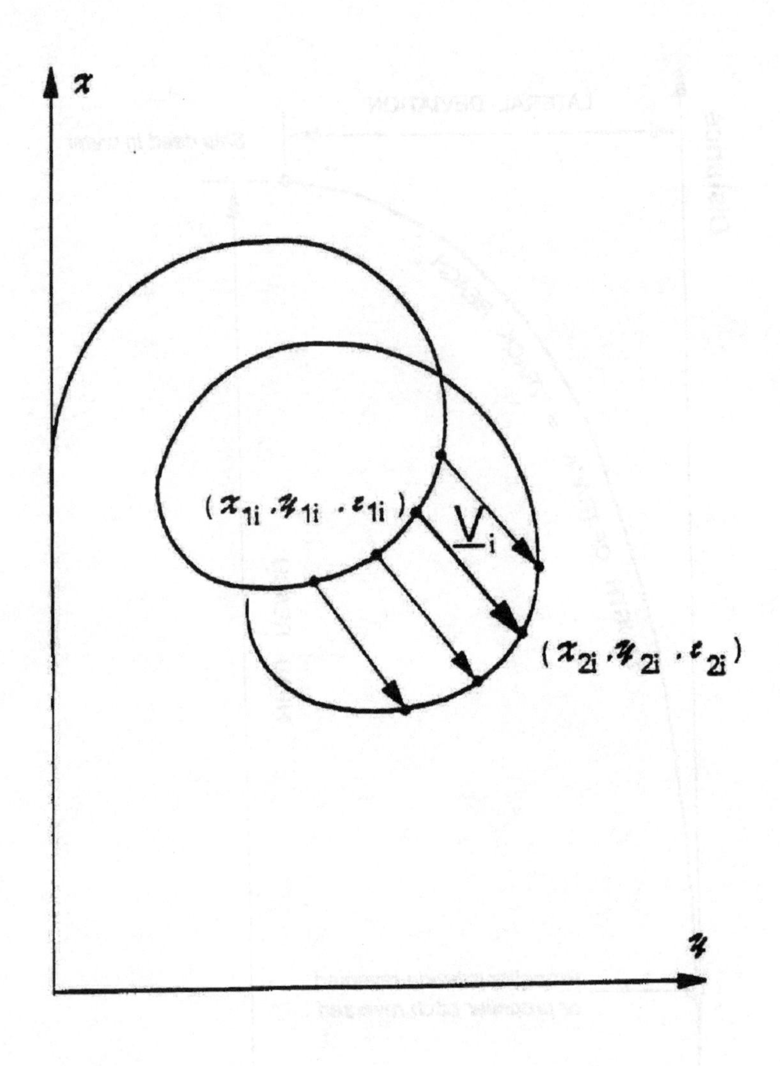

Turning trajectory in wind, waves and current

Figure 5

APPENDIX 1

NOMENCLATURE AND REFERENCE SYSTEMS

1 The manoeuvres of a surface ship may be seen to take place in the x_0y_0-plane of a right-handed system of axes $O_0(x_0y_0z_0)$ "fixed in space", the zo-axis of which is pointing downwards in the direction of gravity. For the present discussion let the origin of this system coincide with the position at time $t = 0$ of the midship point O of the ship, and let the x_0-axis be pointing in the direction of ship's heading at the same moment, the y_0-axis pointing to starboard. The future orientation of the ship in this system is given by its heading angle ψ, its angle of pitch θ, and its angle of roll ϕ (see figure A1-1).

2 In calm conditions with no tide or current ship speed through water (V) equals the speed over the ground, and the progress along the ship track is equal to the time integral

$$\int v\, dt.$$

3 This distance may conveniently be expressed by the number of ship lengths sailed (i.e. by the non-dimensional time):

$$t' = \int_o^t (V/L)dt.$$

4 In general the ship's heading deviates from the direction of the speed vector by the sideslip or drift angle β. The advance and transfer parallel to and at right angles to the original line of course (and ideal line of approach) are given by the integrals:

$$X_0(t) = \int_o^t V\cos(\psi-\beta)dt$$

$$Y_0(t) = \int_o^t V\sin(\psi-\beta)dt.$$

5 Mathematical models of ship dynamics involve expressions for the forces acting on the hull, usually separated in their components along the axes of a system 0(xyz) moving with the body. The full six-degrees-of-freedom motion of the ship may be defined by the three components of linear velocities (u,v,w) along the body axes, and by the three components of angular velocities (p,q,r) around these axes. Again, for the present discussion it is sufficient to consider the surface ship, moving with forward velocity a and sway velocity v in the 0(xy) plane, and turning with yaw velocity r around the z-axis normal to that plane. On these assumptions the speed $V = (u^2+v^2)^{1/2}$, the drift angle is $\beta = -\tan^{-1}(v/u)$ and the yaw rate is equal to the time rate of change of heading angle ψ, i.e. $r = \frac{d}{dt}\psi = \psi$.

6 The non-dimensional yaw rate in terms of change of heading (in radians) per ship length sailed is

$$r' = \frac{d}{dt'}(\psi) = \psi' = (L/V)\psi$$

which is also seen to be the non-dimensional measure of the instantaneous curvature of the path of this ship L/R.

7 Many ships will experience a substantial rolling velocity and roll angle during a turning manoeuvre, and it is understood that the mathematical model used to predict the manoeuvring characteristics should then include the more stringent expressions as appropriate.

8 Further information can be found in section 4.2 of the Standards for ship manoeuvrability.

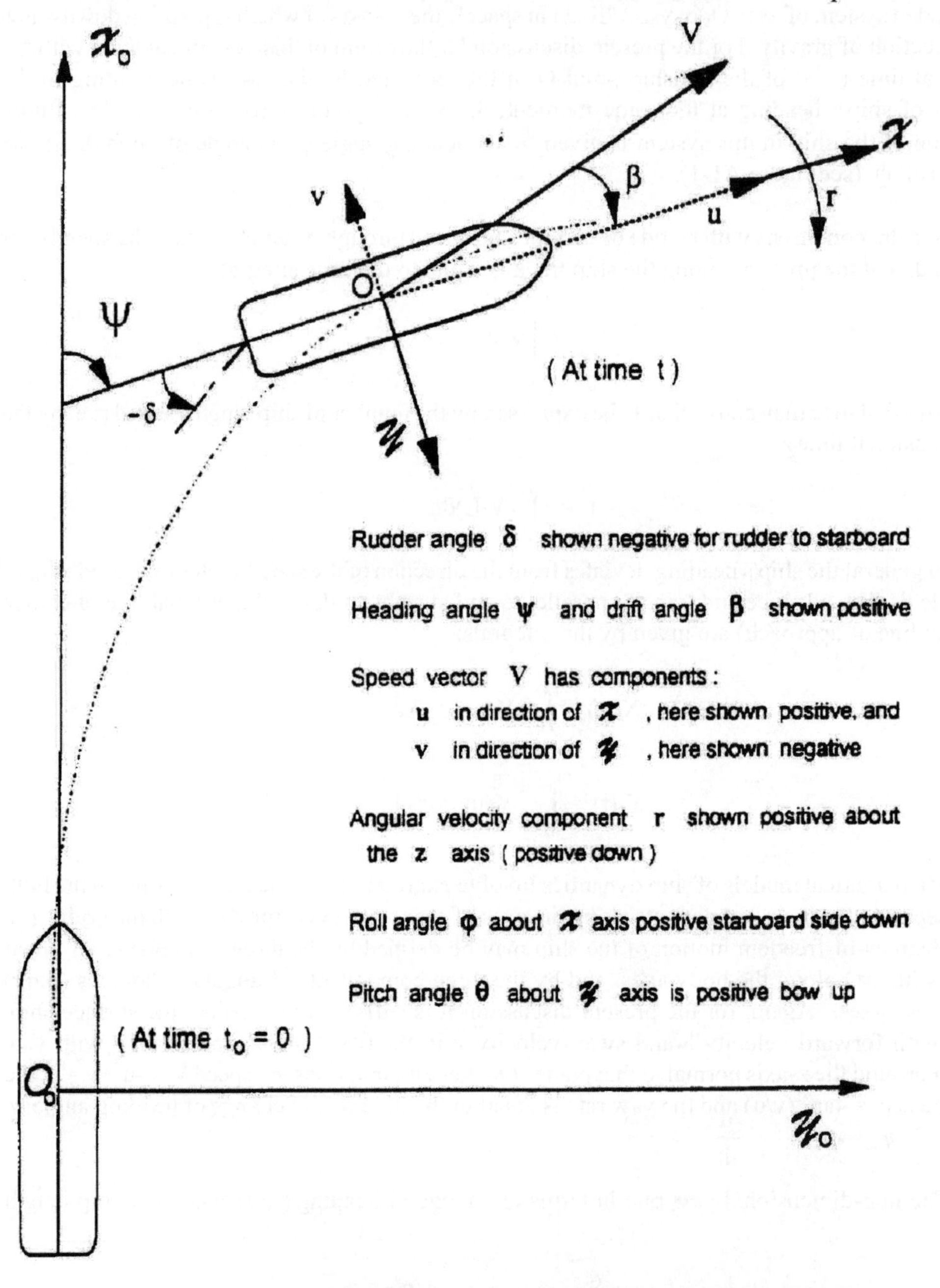

Surface ship with body axes O(xyz) manoeuvring within space-fixed inertial frame with axes O_O ($x_o y_o z_o$)

Figure A1-1

APPENDIX 2
GENERAL VIEW OF PREDICTION OF MANOEUVRING PERFORMANCE

1 A mathematical model of the ship manoeuvring motion can be used as one of the effective methods to check whether a ship satisfies the manoeuvrability standards or not, by a performance prediction at the full load condition and from the results of the sea trial in a condition such as ballast.

2 Existing mathematical models of ship manoeuvring motion are classified into two types. One of the models is called a 'response model', which expresses a relationship between input as the control and output as its manoeuvring motion. The other model is called a "hydrodynamic force model", which is based on the hydrodynamic forces that include the mutual interferences. By changing the relevant force derivatives and interference coefficients composed of a hydrodynamic force model, the manoeuvring characteristics due to a change in the ship's form or loading condition can be estimated.

3 Furthermore, a hydrodynamic force model is helpful for understanding the relationship between manoeuvring performance and ship form than a response model from the viewpoint of design. Considering these situations, this Appendix shows the prediction method using a hydrodynamic force model. Certainly, the kind of mathematical model suitable for prediction of the performance depends on the kind of available data. There are many kinds of mathematical models.

4 In figure A2-1, the flow chart of prediction method of ship manoeuvring performance using a hydrodynamic force model is shown. There are in general various expressions of a hydrodynamic force model in current practice, though their fundamental ideas based on hydrodynamic considerations have little difference. Concerning the hydrodynamic force acting on a ship in manoeuvring motion, they are usually expressed as a polynomial term of motion variables such as the surge, sway and angular yaw velocities.

5 The most important and difficult work in performance prediction is to estimate such derivatives and parameters of these expressions to compose an equation of a ship manoeuvring motion. These hydrodynamic force coefficients and derivatives may usually be estimated by the method shown in figure A2-1.

6 The coefficients and derivatives can be estimated by the model test directly, by data based on the data accumulated in the past, by theoretical calculation and semi-empirical formulae based on any of these methods. There is also an example that uses approximate formulae for estimation derived from a combination of theoretical calculation and empirical formulae based on the accumulated data. The derivatives which are coefficients of hydrodynamic forces acting on a ship's hull, propeller and rudder are estimated from such parameters as ship length, breadth, mean draught, trim and the block coefficient. Change of derivatives due to a change in the load condition may be easily estimated from the changes in draught and trim.

7 As mentioned above, accuracy of manoeuvring performance predicted by a hydrodynamic force model depends on accuracy of estimated results by hydrodynamic forces which constitutes the equation of a ship manoeuvring motion. Estimating the hydrodynamic derivatives and coefficients will be important to raise accuracy as a whole while keeping consistency of relative accuracy among various hydrodynamic forces.

8 A stage in which theoretical calculations can provide all of the necessary hydrodynamic forces with sufficient accuracy has not yet been reached. Particularly, non-linear hydrodynamic forces and mutual interferences are difficult to estimate with sufficient accuracy by pure theoretical calculations. Thus, empirical formulae and databases are often used, or incorporated into theoretical calculations.

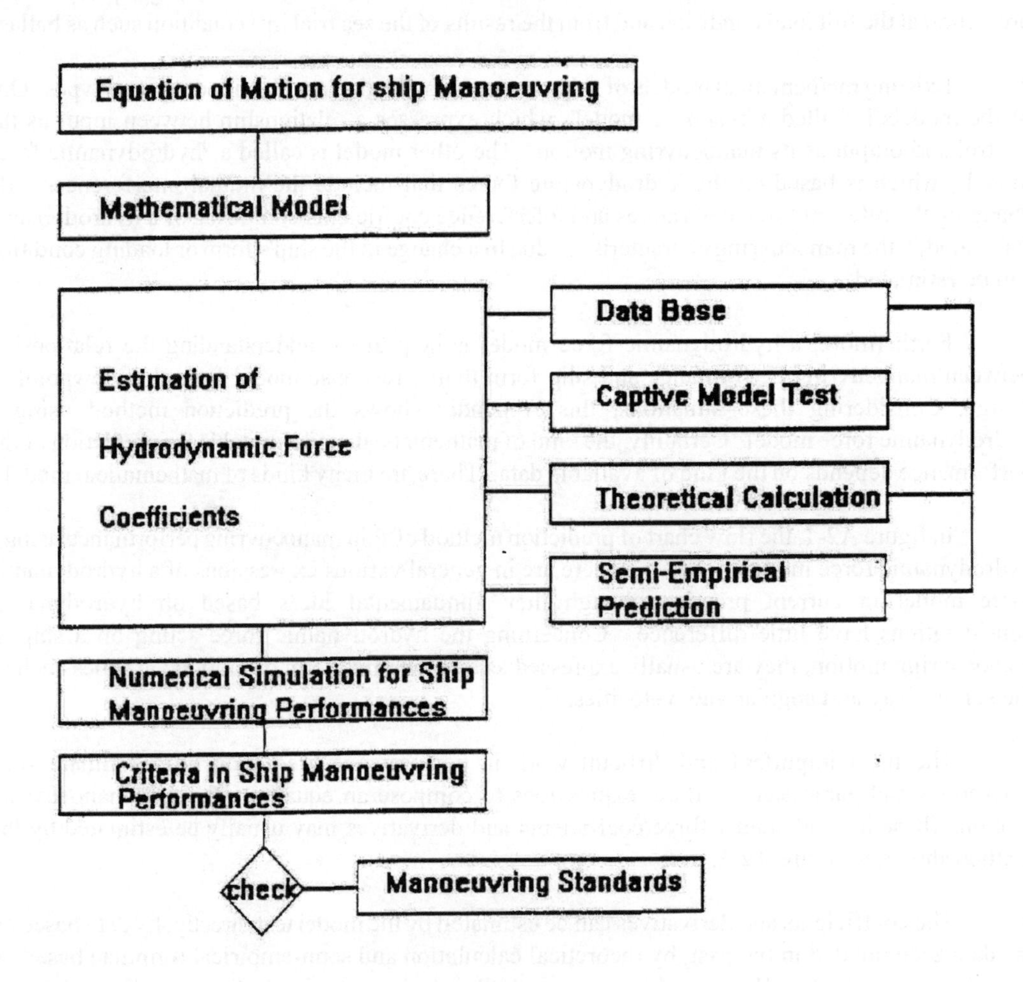

Flow chart for prediction of ship manoeuvring performance

Figure A2-1

APPENDIX 3
STOPPING ABILITY OF VERY LARGE SHIPS

1 It is stated in the Standards for ship manoeuvrability that the track reach in the full astern stopping test may be modified from 15 ship lengths, at the discretion of the Administration, where ship size and form make the criterion impracticable. The following example and information given in tables A3-1, 2 and 3 indicate that the discretion of the Administration is only likely to be required in the case of large tankers.

2 The behaviour of a ship during a stopping manoeuvre is extremely complicated. However, a fairly simple mathematical model can be used to demonstrate the important aspects which affect the stopping ability of a ship. For any ship the longest stopping distance can be assumed to result when the ship travels in a straight line along the original course, after the astern order is given. In reality the ship will either veer off to port or starboard and travel along a curved track, resulting in a shorter track reach, due to increased hull drag.

3 To calculate the stopping distance on a straight path, the following assumptions should be made:

.1 the resistance of the hull is proportional to the square of the ship speed.

.2 the astern thrust is constant throughout the stopping manoeuvre and equal to the astern thrust generated by the propeller when the ship eventually stops dead in the water; and

.3 the propeller is reversed as rapidly as possible after the astern order is given.

4 An expression for the stopping distance along a straight track, in ship lengths, can be written in the form:

$$S = A \log_e (1 + B) + C,$$

where:

S : is the stopping distance, in ship lengths.

A : is a coefficient dependent upon the mass of the ship divided by its resistance coefficient.

R : is a coefficient dependent on the ratio of the ship resistance immediately before the stopping manoeuvre, to the astern thrust when the ship is dead in the water.

C : is a coefficient dependent upon the product of the time taken to achieve the astern thrust and the initial speed of the ship.

5 The value of the coefficient A is entirely due to the type of ship and the shape of its hull. Typical values of A are shown in table A3-1.

6 The value of the coefficient B is controlled by the amount of astern power which is available from the Dower plant. With diesel machinery, the astern power available is usually about 85% of the ahead power, whereas with steam turbine machinery this figure could be as low as 40%.

Table A3-1

Ship type	Coefficient A
Cargo ship	5-8
Passenger/car ferry	8-9
Gas carrier	10-11
Products tanker	12-13
VLCC	14-16

7 Accordingly the value of the coefficient B is smaller if a large amount of astern power and hence astern thrust, is available. Typical values of the coefficient B are given in table A3-2.

Table A3-2

Type of machinery	Percentage power astern	Coefficient B	Log (1+B)
Diesel	85%	0.6-1.0	0.5-0.7
Steam turbine	40%	1.0-1.5	0.7-0.9

8 The value of the coefficient C is half the distance travelled, in ship lengths, by the ship, whilst the engine is reversed and full astern thrust is developed. The value of C will be larger for smaller ships and typical values are given in table A3-3.

Table A3-3

Ship length (metres)	Time to achieve astern thrust (s)	Ship speed (knots)	Coefficient C
100	60	15	2.3
200	60	15	1.1
300	60	15	0.8

9 If the time taken to achieve the astern thrust is longer then 60 seconds, as assumed in table A3-3, or if the ship speed is greater than 15 knots, then the values of the coefficient C will increase pro rata.

10 Although all the values given for the coefficients A, B and C may only be considered as typical values for illustrative purposes, they indicate that large ships may have difficulty satisfying the adopted stopping ability criterion of 15 ship lengths.

11 Considering a steam turbine propelled VLCC of 300 metres length, travelling at 15 knots, and assuming that it takes 1 minute to develop full-astern thrust in a stopping manoeuvre, the results using tables A3-1, 2 and 3 are:

A = 16,
B = 1.5, and
C = 0.8

12 Using the formula for the stopping distance S, given above, then:

$$S = 16 \log_e (1 + 1.5) + 0.8$$
$$= 15.5 \text{ ship lengths,}$$

which exceeds the stopping ability criterion of 15 ship lengths.

13 In all cases the value of A is inherent in the shape of the hull and so cannot be changed unless resistance is significantly increased. The value of B can only be reduced by incorporating more astern power in the engine, an option which is unrealistic for a steam turbine powered ship. The value of C would become larger if more than one minute was taken to reverse the engines, from the astern order to the time when the full-astern thrust is developed.

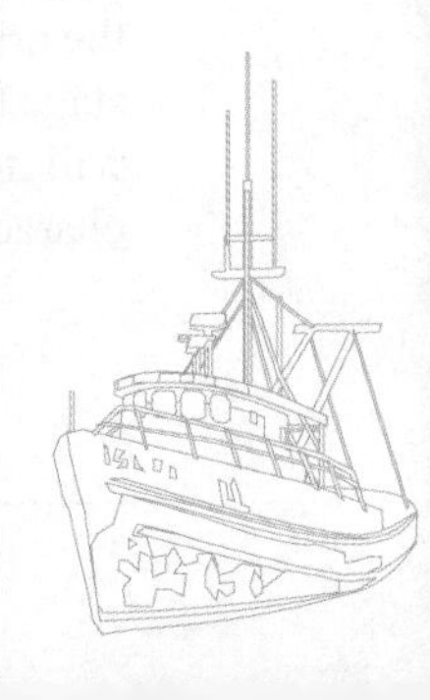

APPENDIX 4

ADDITIONAL MANOEUVRES

1 Additional methods to assess course keeping ability

1.1 The Standards note that additional testing may be used to further investigate a dynamic stability problem identified by the standard trial manoeuvres. This appendix briefly discusses additional trials that may be used to evaluate a ship's manoeuvring characteristics.

1.2 The Standards are used to evaluate course-keeping ability based on the overshoot angles resulting from the 10°/10° zig-zag manoeuvre. The zig-zag manoeuvre was chosen for reasons of simplicity and expediency in conducting trials. However, where more detailed analysis of dynamic stability is required some form of spiral manoeuvre should be conducted as an additional measure. A direct or reverse spiral manoeuvre may be conducted. The spiral and pullout manoeuvres have historically been recommended by various trial codes as measures that provide the comprehensive information necessary for reliably evaluating course-keeping ability. The direct spiral manoeuvre is generally time consuming and weather sensitive. The simplified spiral can be used to quickly evaluate key points of the spiral loop curve.

2 Spiral manoeuvres

2.1 Direct spiral manoeuvre

2.1.1 The direct spiral manoeuvre is an orderly sequence of turning circle tests to obtain a steady turning rate versus rudder angle relation (see figure A4-2).

2.1.2 Should there be reasons to expect the ship to be dynamically unstable, or only marginally stable, a direct spiral test will give additional information. This is a time-consuming test to perform especially for large and slow ships. A significant amount of time is needed for the ship to obtain a steady rate of change of heading after each rudder angle change. Also, the test is very sensitive to weather conditions.

2.1.3 In the case where dynamic instability is detected with other trials or is expected, a direct spiral test can provide more detailed information about the degree of instability that exists. While this test can be time consuming and sensitive to weather conditions, it yields information about the yaw rate/rudder angle relation that cannot be measured by any other test.

2.1.4 The direct spiral is a turning circle manoeuvre in which various steady state yaw rate/rudder angle values are measured by making incremental rudder changes throughout a circling manoeuvre. Adequate time must be allowed for the ship to reach a steady yaw rate so that false indications of instability are avoided.

2.1.5 In cases where the ship is dynamically unstable it will appear that it is still turning steadily in the original direction although the rudder is now slightly deflected to the opposite side. At a certain stage the yaw rate will abruptly change to the other side and the yaw rate versus rudder angle relation will now be defined by a separate curve. Upon completion of the test the results will display the characteristic spiral loop as presented in figure A4-3.

2.1.6 A direct spiral manoeuvre can be conducted using the following general procedure:

.1 the ship is brought to a steady course and speed according to the specific initial condition;

.2 the recording of data starts;

.3 the rudder is turned about 15 degrees and held until the yaw rate remains constant for approximately one minute;

.4 the rudder angle is then decreased in approximately 5 degree increments. At each increment the rudder is held fixed until a steady yaw rate is obtained, measured and then decreased again;

.5 this is repeated for different rudder angles starting from large angles to both port and starboard; and

.6 when a sufficient number of points is defined, data recording stops.

2.2 Reverse spiral manoeuvre

2.2.1 The reverse spiral test may provide a more rapid procedure than the direct spiral test to define the instability loop as well as the unstable branch of the yaw rate versus rudder angle relationship indicated by the dotted curve as shown in figure A4-2. In the reverse spiral test the ship is steered to obtain a constant yaw rate, the mean rudder angle required to produce this yaw rate is measured. and the yaw rate versus rudder angle plot is created. Points on the curve of yaw rate versus rudder angle may be taken in any order.

2.2.2 This trial requires a properly calibrated rate of turn indicator and an accurate rudder angle indicator. Accuracy can be improved if continuous recording of rate of turn and rudder angle is available for the analysis. Alternatively the test may be performed using a conventional autopilot. If manual steering is used, the instantaneous rate of turn should be visually displayed to the helmsman.

2.3 Simplified spiral manoeuvre

2.3.1 The simplified spiral reduces the complexity of the spiral manoeuvre. The simplified spiral consists of three points which can be easily measured at the end of the turning circle test. The first point is a measurement of the steady state yaw rate at the maximum rudder angle. To measure the second point, the rudder is returned to the neutral position and the steady state yaw rate is measured. If the ship returns to zero yaw rate the ship is stable and the manoeuvre may be terminated. Alternatively, the third point is reached by placing the rudder in the direction opposite of the original rudder angle to an angle equal to half the allowable loop width. The allowable loop width may be defined as:

0 degrees	for	$L/V < 9$	seconds
$-3 + 1/3\ (L/V)$	for	$9 < L/V < 45$	seconds
12 degrees	for	$45 < L/V$	seconds

When the rudder is placed at half the allowable loop width and the ship continues to turn in the direction opposite to that of the rudder angle, then the ship is unstable beyond the acceptable limit.

3 Pull-out manoeuvre

After the completion of the turning circle test the rudder is returned to the midship position and kept there until a steady turning rate is obtained. This test gives a simple indication of a ship's dynamic stability on a straight course. If the ship is stable, the rate of turn will decay to zero for turns to both port and starboard. If the ship is unstable, then the rate of turn will reduce to some residual rate of turn (see figure A4-1). The residual rates of turn to port and starboard indicate the magnitude of instability at the neutral rudder angle. Normally, pull-out manoeuvres are performed in connection with the turning circle, zig-zag, or initial turning tests, but they may be carried out separately.

4 Very small zig-zag manoeuvre

4.1 The shortcomings of the spiral and 10°/10° zig-zag manoeuvres may be overcome by a variation of the zig-zag manoeuvre that quite closely approximates the behaviour of a ship being steered to maintain a straight course. This zig-zag is referred to as a Very Small Zig Zag (VSZZ), which can be expressed using the usual nomenclature, as 0°/5° zig-zag, where ψ is 0 degrees and δ is 5 degrees.

4.2 VSZZs characterized by 0°/5° are believed to be the most useful type, for the following two reasons:

.1 a human helmsman can conduct VSZZs by evaluating the instant at which to move the wheel while sighting over the bow, which he can do more accurately than by watching a conventional compass.

.2 a conventional autopilot could be used to conduct VSZZs by setting a large proportional gain and the differential gain to zero.

4.3 There is a small but essential difference between 0°/5° VSZZs and more conventional similar zig-zags, such as 1°/5° zig-zag. The 0°/5° zig-zag must be initialised with a non-zero rate-of-turn. In reality, this happens naturally in the case of inherently unstable ships.

4.4 A VSZZ consists of a larger number of cycles than a conventional zig-zag, perhaps 20 overshoots or so, rather than the conventional two or three, and interest focuses on the value of the overshoot in long term. The minimum criterion for course-keeping is expressed in terms of the limit-cycle overshoot angle for 0°/5° VSZZs and is a function of length to speed ratio.

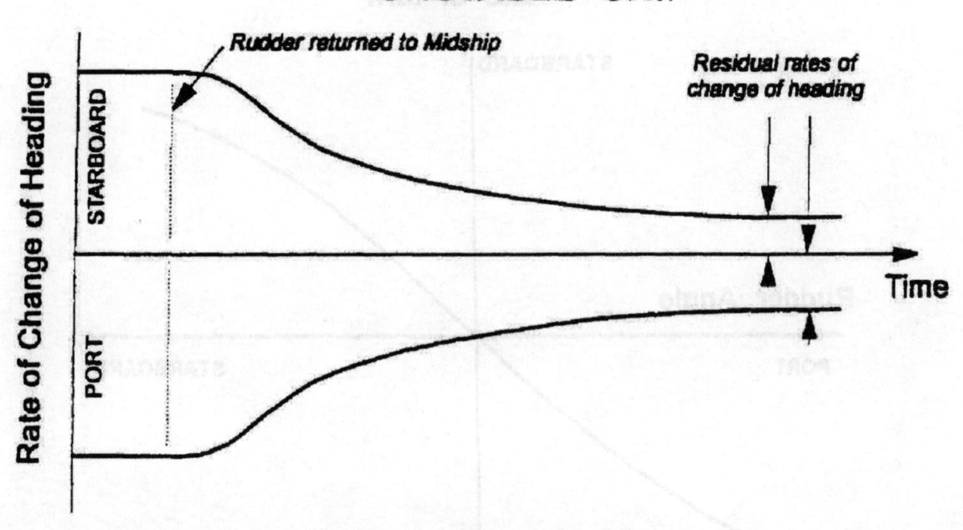

Presentation of pull-out test results

Figure A4-1

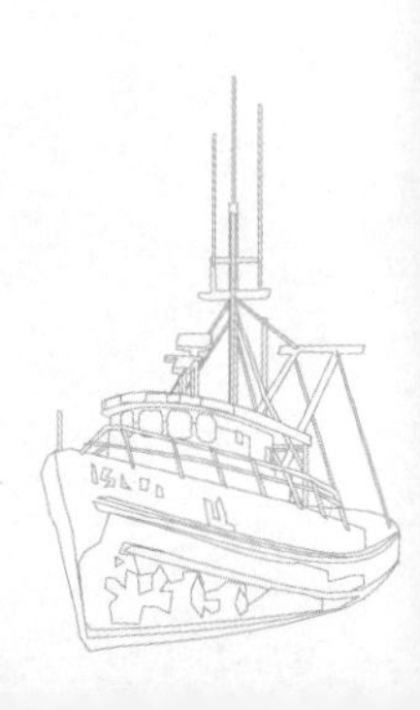

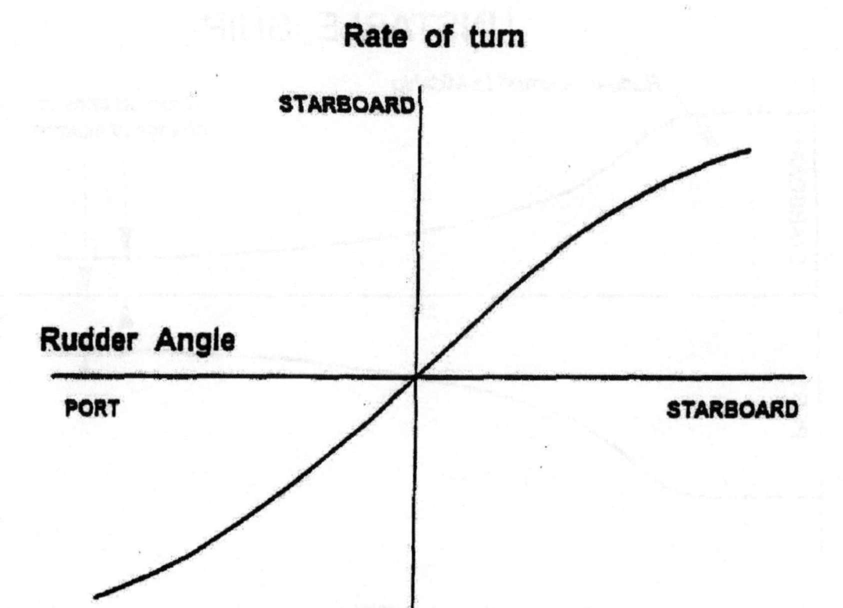

Presentation of spiral test results for stable ship

Figure A4-2

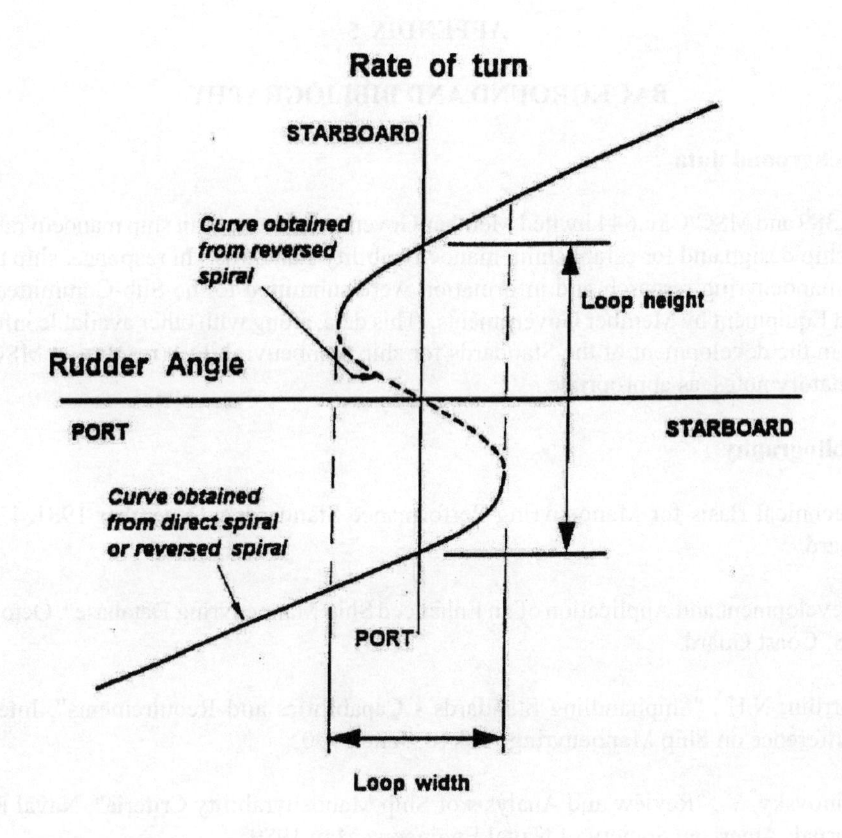

Presentation of spiral test results for unstable ship

Figure A4-3

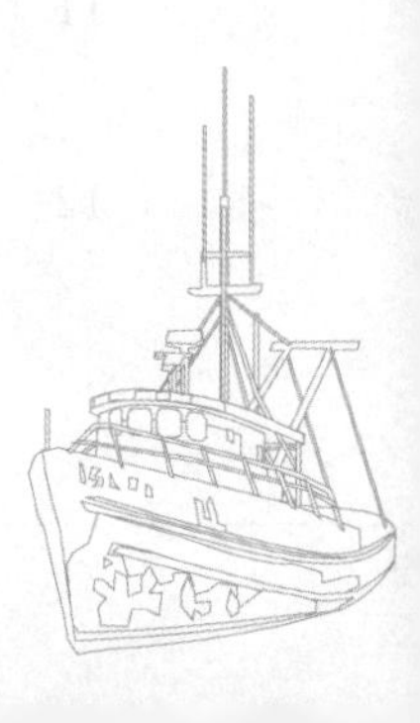

APPENDIX 5

BACKGROUND AND BIBLIOGRAPHY

1 Background data

MSC/Circ.389 and MSC/Circ.644 invited Member Governments to submit ship manoeuvrability data for use in ship design and for establishing manoeuvrability standards. In response, ship trials data and other manoeuvring research and information were submitted to the Sub-Committee on Ship Design and Equipment by Member Governments. This data, along with other available information, were used in the development of the Standards for ship manoeuvrability (resolution MSC.[ ]( )) and Explanatory notes, as appropriate.

2 Bibliography

1 "Technical Basis for Manoeuvring Performance Standards", December 1981, U.S. Coast Guard.

2 "Development and Application of an Enhanced Ship Manoeuvring Database", October 1989, U.S. Coast Guard.

3 Norrbin, N.H., "Shiphandling Standards - Capabilities and Requirements", International Conference on Ship Manoeuvring, Tokyo, June 1990.

4 Asinovsky, V., "Review and Analysis of Ship Manoeuvrability Criteria", Naval Engineers Journal, American Society of Naval Engineers, May 1989.

5 Clarke, D., "Assessment of Manoeuvring Performance", Ship Manoeuvrability - Prediction and Achievement, RINA Symposium April/May 1987.

6 Trials Data on Stopping Performance submitted by France to the IMO Correspondence Group on Manoeuvrability, dated 14 October 1991.

7 "Design and Verification for Adequate Ship Manoeuvrability", Transactions of the Society of Naval Architects and Marine Engineers, New York, 1983.

8 "Guide for Sea Trials", Society of Naval Architects and Marine Engineers, June 1990.

9 NORSK STANDARD: Testing of new ships (NS 2780), August 1985.

10 IMO - Resolution A.601(15): Provision and display of manoeuvring information on board ships - 19 November 1987.

11 Shipbuilding Research Institute (IRCN): Etablissement d'un code d'essais de vitesse et de manoeuvrabilité - 8 Novembre 1989.

12 CETENA: Manoeuvrability of full-scale ships - Polish-Italian Seminar on ship research GDANSK - January 1977.

13 IMO: MSC/Circ.389 - Interim guidelines for estimating manoeuvring performance in ship design.

14 BSRA: Code of procedure for steering and manoeuvring trials - 1972.

15 ITTC 1975: Manoeuvring Trial Code.

16 Ankudinov, V., "Simulation Analysis of Ship Motion in Waves", Proc. of International Workshop on Ship and Platform Motion, UC Berkeley, 1993.

17 Nobukawa, T., *et al.*, "Studies on Manoeuvrability Standards from the viewpoint of Marine Pilots", MARSIM & ICSM 90, June 1990.

18 Koyama, T. and Kose, Kuniji, "Recent Studies and Proposals of the Manoeuvrability Standards", MARSIM & ICSM 90. June 1990.

19 Nobukawa, T., Kato, T., Motomura, K. and Yoshimura, Y. (1990): Studies on maneuverability standards from the viewpoint of marine pilots, Proceedings of MARSIM & ICSM 90

20 Song, Jaeyoung: Occurrence and Countermeasure of Marine Disaster, *Journal of the Society of Naval Architects of Korea*, Vol. 30, No. 4 (1993).

21 IMO: Interim standards for ship manoeuvrability, resolution A.751(18) (1993).

22 Yoshimura, Yasuo, *et al.*: Prediction of Full-scale Manoeuvrability in Early Design Stage, Chapter 3 of Research on ship Manoeuvrability and its Application to Ship Design, *the 12th Marine Dynamic Symposium, the Society of Naval Architects of Japan* (1995).

23 Sohn, Kyoungho: Hydrodynamic Forces and Manoeuvring Characteristics of Ships at Low Advance Speed, *Transaction of the Society of Naval Architects of Korea*, Vol. 29, No. 3 (1992).

24 Inoue, Shosuke, *et al.*: Hydrodynamic Derivatives on Ship Manoeuvring, *International Shipbuilding Progress*, Vol. 28, No. 320 (1981).

25 Sohn, Kyoungho, *et al.*: A study on Real Time Simulation of Harbour Manoeuvre and Its Application to Pusan Harbour, *Journal of the Korean Society of Marine Environment and Safety*, Vol. 3, No. 2 (1997).

26 Van Lammeren, W.P.A., *et al.*: The Wageningen B-Screw Series, *Transaction of SNAME*, Vol. 77 (1969).

27 Sohn, Kyoungho, *et al*: System Configuration of Shiphandling Simulator Based on Distributed Data Processing Network with Particular Reference to Twin-screw and Twin-rudder Ship, *Proceedings of Korea-Japan Joint Workshop on Marine Simulation Research, Pusan, Korea* (2001).

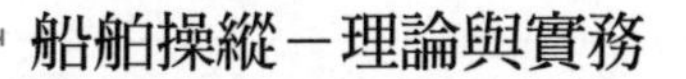

28 Sohn, Kyoungho, Yang, Seungyeul, Lee, Dongsup : A Simulator Study on Validation of IMO's Ship Manoeuvrability Standards with Particular Reference to Yaw-checking and Course-keeping Ability, *Proceedings of Mini Symposium on Prediction of Ship Manoeuvring Performance, Tokyo, Japan* (2001).

29 Thor I. Fossen : Guidance and Control of Ocean Vehicles, 1994.

30 Gong, I. Y. *et al.*: Development of Safety Assessment Technologies for Tanker Route (I), *KRISO Report*, UCN031-2057.D, Dec. 1997.

31 Rhee, K. P., Kim, S. Y., Son, N. S. and Sung, Y. J.: Review of IMO Manoeuvring Standards in View of Manoeuvring Sea Trial Data, *Proceedings of Mini Symposium on Prediction of Ship Manoeuvring Performance, Tokyo, Japan* (2001).

APPENDIX 6

FORM FOR REPORTING MANOEUVRING DATA TO IMO

Administration: ______________________ **Reference No.*** [ ]

SHIP DATA: (FULL LOAD CONDITION)

Ship type*		L/V	sec
L/B		B/T	
		C_B	
Rudder type*			
Total rudder area/LT		Number of rudders	
Propeller type*		Trim	
No. of propellers			
Engine type*		Ballast condition	

TRIALS DATA: (ENVIRONMENTAL CONDITION)

Water depth/trial draught	
Wind: Beaufort number	
Wave: Sea state	

MANOEUVRING DATA:

Loading condition: Tested at Full load [ ] Tested at partial load and corrected [ ]

	TEST RESULTS			IMO CRITERIA
Turning circle:	**PORT**	**STBD**		
Advance			Ship lengths	4.5
Tactical diameter			Ship lengths	5
Zig-Zag:				
10 deg/10 deg	**PORT**	**STBD**		
1st overshoot angle			deg	
2nd overshoot angle			deg	
20 deg/20 deg	**PORT**	**STBD**		
1st overshoot angle			deg	25
Initial turning:	**PORT**	**STBD**		
Distance to turn 10 deg with 10 deg rudder			Ship lengths	2.5
Stopping distance:				
Track reach			Ship lengths	15 to 20

REMARKS:

---

* See notes on the reverse of the page.

I:\CIRC\MSC\1053.DOC

Form for reporting manoeuvring data to IMO

Notes:

1 Reference no. assigned by the Administration for internal use.

2 Ship type such as container ship, tanker, gas carrier, ro-ro ship, passenger ship, car carrier, bulk carrier, etc.

3 Rudder type such as full spade, semi-spade, high lift, etc.

4 Propeller tune such as fixed pitch, controllable pitch, with/without nozzle, etc.

5 Engine type such as diesel, steam turbine, gas turbine, diesel-electric, etc.

6 IMO criteria for 10°/10° zig-zag test vary with L/V. Refer to paragraphs 5.3.3.1 and 5.3.3.2 of the Standards for ship manoeuvrability (resolution MSC.[ ]( )).

附錄IV

野本氏船舶操縱運動方程式

(a) 水平面內的聯立運動方程

船舶漂浮在靜水中的操縱運動，可看作是船艏尾方向及正橫方向的並進運動與繞船重心垂直軸的迴轉運動，及前進、橫移和迴旋三者的複合運動。

現在考慮一下給舵角δ以後，船在水平面內的運動。

如圖A-3.1所示，在地球表面取固定的直角座標（x_0, y_0）時，則可寫出船重心G的牛頓運動方程式如下：

$$X_0 = m\ddot{x}_{OG}$$

$$Y_0 = m\ddot{y}_{OG}$$

$$N = I_{ZZ}\ddot{\psi} \quad \cdots\cdots (A\text{-}3.1)$$

式中：

x_0：作用於船的，x_0軸方向上的合力

y_0：作用於船的，y_0軸方向上的合力

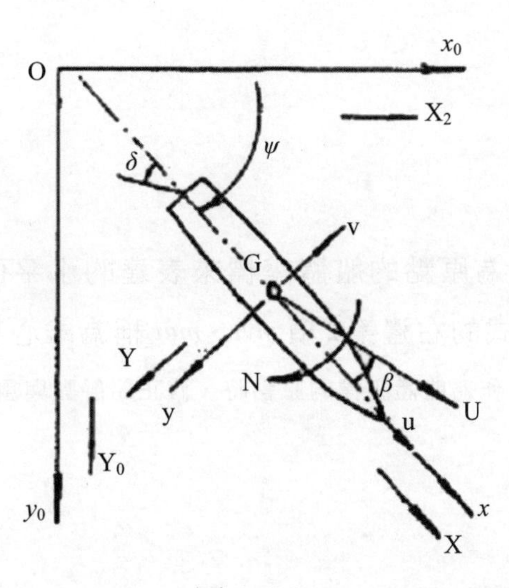

圖 A-3.1

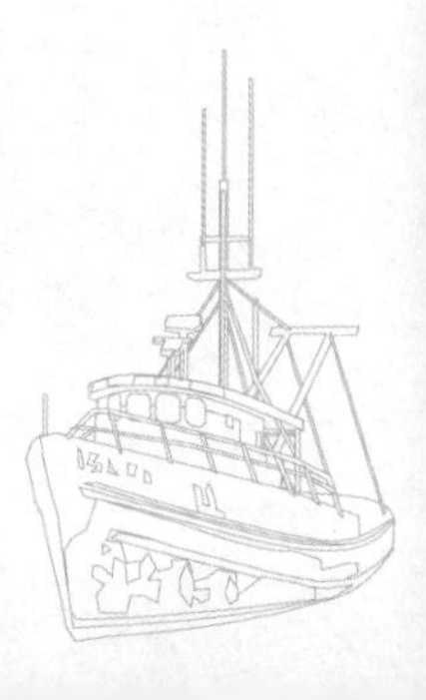

N：繞船的重心垂直軸（z 軸）作用的合力矩

m：船的質量

ψ：船的轉頭角

x_{OG}；y_{OG}：在 t_0 時刻重心 G 的座標

I_{ZZ}：繞 z 軸的船的質量慣性矩

如圖A-3.1所示，考察一下通過船重心的船體座標〔注〕（符號中箭頭所指方向為正，而向下的垂直方向取 z 軸）

將（A-3.1）式轉換為船體座標時，則得：

$$\left.\begin{array}{l} X=X_0\cos\varphi+Y_0\sin\varphi \\ Y=Y_0\cos\varphi+X_0\sin\varphi \end{array}\right\} \cdots\cdots \text{(A-3.2)}$$

又

$$\left.\begin{array}{l} \dot{x}_{OG}=u\cos\varphi-v\text{sim}\varphi \\ \dot{y}_{OG}=u\sin\varphi+v\cos\varphi \end{array}\right\} \cdots\cdots \text{(A-3.3)}$$

由（A-3.3）式可以得到：

$$\left.\begin{array}{l} \ddot{x}_{OG}=\dot{u}\cos\varphi-\dot{v}\sin-(u\sin\varphi+v\cos\varphi)\dot{\varphi} \\ \ddot{y}_{OG}=\dot{u}\sin\varphi+\dot{v}\cos+(u\cos\varphi-v\sin\varphi)\dot{\varphi} \end{array}\right\} \cdots\cdots \text{(A-3.4)}$$

因此，使用船體座標的式（A-3.2），根據式（A-3.1）、（A-3.3）、（A-3.4），又可得到下式：

$$X=m(\tilde{\dot{u}}vr)$$

$$Y=m(\tilde{\dot{v}}ur) \cdots\cdots \text{(A-3.5)}$$

$$N=I_{ZZ}\dot{r}$$

式中：

r：迴轉角速度（φ）

X，Y：作用於船的船艏尾方向及橫向的力

u，v：船速 U 在船艏尾方向及橫向的分力

這就是以船體重心為原點的船體座標來表達的水平面內的運動方程式。式（A-3.5）的第1，2式的右邊第2項 $mv\tau$、$mu\tau$ 稱為離心項。

〔註〕在以船舯點（O 點）作為船體座標的原點時，修正船舯點與重心位置之差後，（A-3.5）式變成為：

$$X=m(\dot{u}-v\tau-y_G\dot{\tau}-x_G\tau^2)$$

$$Y=m(\dot{v}+u\tau-y_G\tau^2+x_G\dot{\tau}) \cdots\cdots \text{(A-3.5)}$$

$$N=I_{ZZ}\dot{r}+m[x_G(\dot{v}+u\tau)-y_G(\dot{u}-v\tau)]$$

式中：

x_G，y_G：在以 O 為原點的船體座標中重心 G 的座標。

(b) 線性操縱方程式

船在水平面內的運動，如式（A-3.5），是前進、橫移、迴旋三者的複合運動。但在施用舵以後之迴旋或保向的操縱運動中，由於前進速度的變化與其他運動即與橫移和迴旋的複合作用微弱，所以在操縱運動中將前進運動以複合中除掉。〔即在式（A-3.5）中將第1式除掉，而只取第2、第3式的聯立式。〕

其次，施予舵角（δ）後，船的迴旋是以各個瞬時的迴旋角速度（r）與橫移速度（v）運動著的，因此船要受到 δ、r、v 所引起的流體力作用。

同時又因 r、v 不斷地改變時使船體周圍水加速，所以由 $\dot{r}$、$\dot{v}$ 產生的力也作用於船上。再者，剛操舵之後的運動還要受到操舵速度（$\dot{\delta}$）的影響，所以在操縱運動中將 δ 考慮進去也是必要的。

把這些綜合起來，作用於船的流體力以及力矩可用函數式表達為：

$$Y,\ N = f(v,\dot{v},r,\dot{r},\delta,\delta) \quad \cdots\cdots\cdots\cdots \text{(A-3.6)}$$

式（A-3.6），為了容易進行數學方法處理，按泰勒（Tailor）公式展開後一般只取其一次項即可線性化為下式：

$$\left.\begin{aligned} Y &= Y_{\dot{v}}\dot{v} + Y_v v + Y_{\dot{r}}\dot{r} + Y_r r + Y_r\dot{\delta} + Y\delta_\delta \\ N &= N_{\dot{v}}\dot{v} + N_v v + N_{\dot{r}}\dot{r} + N_r r + N_{\dot{\delta}}\dot{\delta} + N\delta_\delta \end{aligned}\right\} \quad \cdots\cdots\cdots\cdots \text{(A-3.7)}$$

式中：$Y_{\dot{v}}, Y_v, N_{\dot{v}}, N_v$，分別為 $\partial Y/\partial\dot{v}, \partial Y/\partial v, \partial N/\partial\dot{v}, \partial N/\partial v$，稱為微分導數。其餘類推。

將式（A-3.7）代入式（A-3.5），使之無因次化，則變為：

$$(m' - Y'_{\dot{v}})\dot{v} - Y'_{\dot{x}}\dot{r}$$

$$= Y'_v v' + (-m' + Y'_x)r' + Y_{\dot{\delta}}'\dot{\delta} + Y_\delta'\delta'(I_{ZZ}' - N_{\dot{x}}')r - N_{\dot{v}}'\dot{v}' \quad \cdots\cdots\cdots\cdots \text{(A-3.8)}$$

$$= N_v' v' + N'_x r + N_{\dot{\delta}}'\dot{\delta} + N'_\delta\delta'$$

設：$-Y'_v = m_y'$：y 軸方向的附加質量。

$-N_{\dot{r}}' = J_{ZZ}'$：附加慣性矩。

$-Y'_{\dot{r}} \fallingdotseq 0$，$-N'_{\dot{v}} \fallingdotseq 0$

$Y'_x = mx' + Y'_x$：（m'_x：x 軸方向的附加質量）

$v' \fallingdotseq -\beta'\dot{v}' \fallingdotseq -\dot{\beta}'$

則以式（A-3.8）可得：

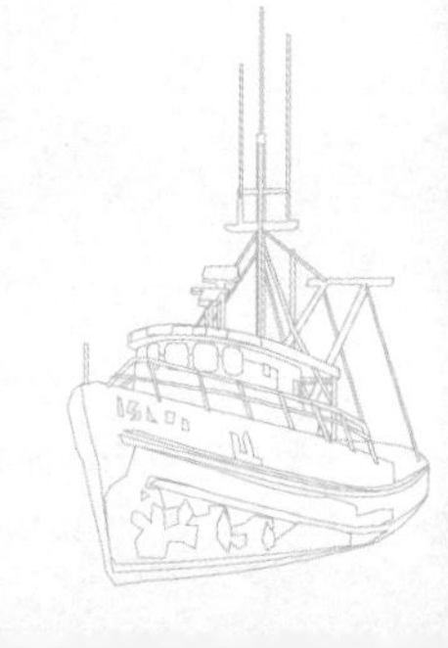

$$\left.\begin{aligned}-(m'+m'_y)\beta' &= \{-(m'+m'_x)+Y'_r\}+Y'_B\beta'+Y'_{\dot\delta}\dot\delta'+Y'_\delta\delta' \\ (I_{ZZ}+J_{ZZ}')r &= N'_x+N'_B\beta'+N'_{\dot\delta}\dot\delta+N'_\delta\delta'\end{aligned}\right\} \cdots\cdots\cdots\cdots \text{(A-3.9)}$$

設：$m', m'_x, m'_y = m, m_x, m_y / \frac{\rho}{2}L^2d$；$I_{ZZ}', J_{ZZ}' = I_{ZZ}, J_{ZZ} / \frac{\rho}{2}L^4d$，

$v' = v/U$，

$\dot{v} = \dot{v}/U^2$，

$r' = rL/U$，

$r' = \dot{r}L^2/U^2$，

$\delta' = \delta \cdot \frac{\pi}{180}$，

$\delta' = \dot{\delta}L/U$，

$\beta' = \beta \cdot \frac{\pi}{180}$，

$\beta' = \dot{\beta}L/U$，

$t' = tU/L$，

$Y'_Y = Y_Y / \frac{\rho}{2}LdU$，

$Y_{\dot v} = Y_{\dot v} / \frac{\rho}{2}L^2d$，

Y'_r，$Y'_{\dot\delta}$，N'_Y，$Y'_r = Y_r$，$Y_{\dot\delta}$，N_Y，$Y_r / \frac{\rho}{2}L^2dU$，

$Y'_\delta = Y_\delta / \frac{\rho}{2}LdU^2$，

$N_{\dot v}$，$Y_{\dot r} = N_{\dot v}$，$Y_{\dot r} / \frac{\rho}{2}L^3d$，

N'_r，$N'_{\dot\delta} = N_r$，$N_{\dot\delta} / \frac{\rho}{2}L^3dU$，

$N'_\delta = N_\delta / \frac{\rho}{2}L^2dU^2$，

$Nr' = N\dot{r} / \frac{\rho}{2}L^4d$

解（A-3.9）聯立式，（給與單位量化而消去β），則可得：

$$T_1T_2\ddot{r}+(T_1+T_2)\dot{r}+r = K\delta+KT_3\dot{\delta} \cdots\cdots\cdots\cdots \text{(A-3.10)}$$

此即操縱運動式。

式中 $T_1T_2 = (L/U)^2a'_1/a'_3$

$T_1+T_2 = (L/U)a'_2/a'_3$

$K = (U/L)a'_4/a'_3$

$$T_3=(L/U)[(m'+my')N'_\delta-N'_BY'_\delta+Y'_BN'_\delta']/a'_3$$

$$a'_1=(m'+my')(I_{ZZ}'+J_{ZZ}')$$

$$a'_2=Y'_B(I_{ZZ}'+J_{ZZ}')-N'_r(m'+my')$$

$$a'_3\{-(m'+my')+y'_x\}N'_B-Y'_BN'_x$$

$$a'_4=Y'_BN'_\delta-Y'_\delta N'_B$$

(c) 一階操縱運動式

野本氏以為構成（A-3.10）式的各項指數不是全部同樣重要的，可以 K 用 T 與作為近似，也就是說，可以將 T_2、T_3 包括在 T_1 中表示出來。

即，解式（A-3.10）求其中的傳遞關係，並展開為：

$$G(p)=\frac{K(1+pT_3)}{(1+pT_1)(1+pT_2)}$$
$$=K\{1-(T_1+T_2-T_3)p+(T_1^2+T_2^2+T_1T_2-T_2T_3-T_3T_1)p^2\}$$

〔但，$|P|$= 很小〕

再將 T_2、T_3 包括在 T_1 中並由 K 與 T 構成的傳遞函數展開為：

$$G(p)=\frac{K}{1+T_p}=K\{1-T_p+T^2p^2\}$$

將兩者進行比較，如果 $T=T_1+T_2-T_3$，則兩者相近似（$|p|$ 很小，所以高次項可以忽略）。

因此，操縱運動式可近似地用一階導數式來代替式（A-3.10）。

一階導數式為：

$$T\dot{r}+r=K\delta \quad \cdots\cdots\cdots\cdots \text{(A-3.11)}$$

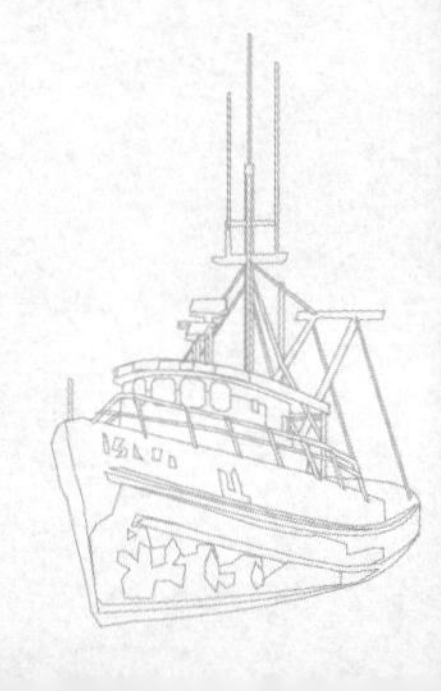

國家圖書館出版品預行編目資料

船舶操縱：理論與實務／徐國裕著. --二版.--臺北市：五南圖書出版股份有限公司，2011.03

面； 公分.

ISBN 978-957-11-6236-2（平裝）

1.船舶 2.航運管理

444.8 100003397

5I18

船舶操縱—理論與實務(第二版)

作　　者 — 徐國裕(179.5)

發 行 人 — 楊榮川

總 經 理 — 楊士清

總 編 輯 — 楊秀麗

主　　編 — 高至廷

責任編輯 — 張維文

文字編輯 — 施榮華

封面設計 — 簡愷立

出 版 者 — 五南圖書出版股份有限公司

地　　址：106 台北市大安區和平東路二段 339 號 4 樓

電　　話：(02)2705-5066　傳　　真：(02)2706-6100

網　　址：https://www.wunan.com.tw

電子郵件：wunan@wunan.com.tw

劃撥帳號：01068953

戶　　名：五南圖書出版股份有限公司

法律顧問　林勝安律師事務所　林勝安律師

出版日期　2008 年元月初版一刷

2011 年 3 月二版一刷

2022 年 9 月二版三刷

定　　價　新臺幣 780 元